Hubert Hinzen

Basiswissen Maschinenelemente

De Gruyter Studium

Weitere empfehlenswerte Titel

Maschinenelemente 1, 4. Auflage
Hubert Hinzen, 2017
ISBN 978-3-11-054082-6, e-ISBN 978-3-11-054087-1,
e-ISBN (EPUB) 978-3-11-054104-5

Maschinenelemente 2, 4. Auflage
Lager, Welle-Nabe-Verbindungen, Getriebe
Hubert Hinzen, 2018
ISBN 978-3-11-059707-3, e-ISBN 978-3-11-059708-0,
e-ISBN (EPUB) 978-3-11-059758-5

Maschinenelemente 3, 2. Auflage
Verspannung, Schlupf und Wirkungsgrad, Bremsen, Kupplungen,
Antriebe
Hubert Hinzen, 2020
ISBN 978-3-11-064546-0, e-ISBN 978-3-11-064707-5,
e-ISBN (EPUB) 978-3-11-064714-3

Maschinendynamik
Marcus Schulz, 2017
ISBN 978-3-11-046579-2, e-ISBN 978-3-11-046582-2,
e-ISBN (EPUB) 978-3-11-046597-6

Technische Mechanik
Statik-Elastostatik-Kinematik-Kinetik
Eberhard Brommundt/Gottfried Sachs/Delf Sachau, 2019
ISBN 978-3-11-064324-4, e-ISBN 978-3-11-064357-2,
e-ISBN (EPUB) 978-3-11-064477-7

Hubert Hinzen

Basiswissen Maschinenelemente

3., überarbeitete und erweiterte Auflage

DE GRUYTER
OLDENBOURG

Autor
Prof. Dr.-Ing. Hubert Hinzen
Hochschule Trier
FB Technik
Schneidershof
54293 Trier
hubert.hinzen@t-online.de

ISBN 978-3-11-069233-4
e-ISBN (PDF) 978-3-11-069214-3
e-ISBN (EPUB) 978-3-11-069261-7

Library of Congress Control Number: 2020942833

Bibliografische Information der Deutschen Nationalbibliothek
Die Deutsche Nationalbibliothek verzeichnet diese Publikation in der Deutschen
Nationalbibliografie; detaillierte bibliografische Daten sind im Internet über
http://dnb.dnb.de abrufbar.

© 2020 Walter de Gruyter GmbH, Berlin/Boston
Umschlaggestaltung: Autor
Satz: le-tex publishing services GmbH, Leipzig
Druck und Bindung: CPI books GmbH, Leck

www.degruyter.com

Vorwort

Das Fach Maschinenelemente ...

... hat besonders im deutschsprachigen Raum eine lange Tradition: Bevor sich der Student mit der Komplexität einer vollständigen Maschine beschäftigt, macht er sich mit deren Komponenten vertraut. Dabei wird die Maschine in leichter überschaubare Elemente (z. B. Federn, Schrauben und Lager) aufgegliedert, die in abgewandelter Form immer wieder Verwendung finden und in ihrer Gesamtheit einen „Baukasten" des Maschinenbaus ergeben. Im klassischen Maschinenbaustudium setzt dieses Fach Grundkenntnisse in Mathematik, Physik, Mechanik mit ihren Teilbereichen Statik, Festigkeitslehre und Dynamik, technisches Zeichnen und Werkstoffkunde voraus und ist seinerseits Wegbereiter für die meisten weiterführenden Fächer. Wie kaum ein anderes Fach des Maschinenbaustudiums treten die Maschinenelemente dabei in vielfältige Wechselwirkung mit anderen Lehrfächern.

In der jüngeren Vergangenheit hat sich das Fach allerdings deutlich gewandelt: Die Maschinenelemente als purer Katalog sind dank des Internets heutzutage in überbordender Reichhaltigkeit jederzeit in aktueller Form verfügbar, wobei diese Präsentation allerdings nicht frei von kommerziellen Interessen ist. Der Hochschule kommt dabei die besondere Aufgabe zu, diese schier unübersehbare Vielfalt auf wesentliche Sachverhalte zu konzentrieren und in ingenieurwissenschaftlicher Manier so zu strukturieren, dass sie für den zunächst noch unbedarften Studenten effizient zu erfassen ist.

Die Maschinenelemente sind wegen ihrer zentralen Bedeutung auch in den Fokus benachbarter Ingenieurdisziplinen gerückt: Für die Studienrichtungen Wirtschaftsingenieurwesen, Sicherheitsingenieurwesen, Automatisierungstechnik, Mechatronik, Sport- und Rehatechnik, Mikrosystemtechnik, Elektrotechnik, Versorgungstechnik und sogar Informatik sind die Maschinenelemente entweder bereits als Pflichtfach im Lehrplan verankert oder stellen als Wahlpflichtfach eine wichtige Zusatzqualifikation dar. Aus didaktischer Sicht ergeben sich dabei zwei Probleme:

- Die Maschinenelemente werden entsprechend den besonderen Anforderungen der Studienrichtung in reduziertem Umfang gelehrt.
- Die oben erwähnten vorbereitenden und flankierenden Grundlagenfächer sind weniger ausgeprägt: Die Mechanik ist möglicherweise nur als ein Teilbereich der Physik bekannt.

Hieraus ergibt sich eine Lücke in der Lehrbuchliteratur, die es zu schließen gilt. Die vorliegenden Ausführungen reduzieren einerseits die ausführliche Version des dreibändigen Werkes desselben Autors auf einen einzigen Band, bereiten aber andererseits die für das Fach erforderlichen Grundlagen intensiver auf.

https://doi.org/10.1515/9783110692143-201

„Probieren geht über Studieren"

So übertrieben diese Volksweisheit auch formuliert sein mag, sie bringt einen wichtigen Sachverhalt auf den Punkt, der gerade für die Maschinenelemente von besonderer Bedeutung ist: Erst durch selbstständiges Bearbeiten von Problemstellungen wird Wissen in Können überführt. Optimal ist der ständige Wechsel zwischen Stoffvermittlung in Form der Vorlesung und Stoffverarbeitung als Übung. Aus diesem Grund ist jedem Kapitel ein Aufgabenteil angefügt, der sich genau auf diesen Lehrstoff bezieht und sich dessen Struktur anpasst. Im Vorlesungsteil sind auch entsprechende Hinweise angebracht, an welcher Stelle welche Aufgabe eingeschoben werden kann. Dabei sind die Aufgaben knapp und prägnant im Stil von Prüfungsaufgaben gehalten. Die Lösungen werden in tabellarischer Form im Anhang des Buches zusammengefasst und in ausführlicher Form auf der Internetseite des Buches über die Homepage des Verlages als Zusatzmaterial bereitgestellt:

www.degruyter.com/view/title/575172.

Die Aufgaben können unter Zuhilfenahme der DIN-Normen leicht zu kleinen Konstruktionsübungen erweitert werden. Normen werden im vorliegenden Buch aber nur dort wiedergegeben, wo sie für die Vermittlung des Lehrstoffs unverzichtbar sind und für das Bearbeiten von Beispielaufgaben benötigt werden. Weiterhin ist am Ende eines jeden Kapitels ein ausführliches Verzeichnis an Fachliteratur und Normen angefügt.

Ein herzliches Dankeschön ...

... gilt allen, die an der Entstehung dieses Buches mitgewirkt haben:

Dabei haben sich vor allen Dingen die Studenten der Hochschule Trier und des „Institut Universitaire de Technologie de Bourgogne" in Dijon hervorgetan, die mit zahllosen Anmerkungen, Fragen und Bildbeiträgen die Mosaiksteinchen geliefert haben, mit denen die Struktur dieses Lehrkonzepts ausgefüllt worden ist. Weiterhin sei den Kollegen anderer Hochschulen gedankt, die mit ihren zahlreichen Zuschriften manche Diskussion in Gang gebracht und viele Verbesserungsbeiträge geliefert haben.

Inhaltsverzeichnis

Einleitung

Die Aufgliederung der Maschine in ihre Komponenten ergibt eine schier unüberschaubare Anzahl und Vielfalt. Besonders für die vorliegende einbändige Ausgabe ist es angebracht, diese Fülle auf die wesentlichen Basiskapitel zu reduzieren. Die dabei erforderliche Auswahl orientiert sich vorrangig an den folgenden Aspekten:

- Es werden die Maschinenelemente ausgewählt, anhand derer sich die Formulierung von Ansätzen besonders übersichtlich demonstrieren lässt. Die spezielle Kenntnis eines einzelnen Maschinenelementes steht dabei weniger im Vordergrund als vielmehr das Bestreben, zentrale, allgemeingültige Aussagen zu erarbeiten, die sich mit gewissen Modifikationen auch bei anderen Maschinenelementen anwenden lassen oder zumindest bei deren Erfassung hilfreich sind. Damit wird der Student gezielt darauf vorbereitet, sich ohne fremde Hilfe mit weiteren Maschinenelementen vertraut zu machen, auf die hier nicht gesondert eingegangen werden kann.
- Ein Lehrbuch über Maschinenelemente muss in erster Linie auf die Befähigung hinwirken, mit weiterführender Fachliteratur umzugehen. Es wäre vermessen, in diesem Rahmen den Stoff in der Ausführlichkeit vertiefender Fachliteratur zu behandeln.
- Der Nutzen des Studiums kann nicht darin bestehen, **Fertig**keiten zu erarbeiten, die auf ein Spezialgebiet beschränkt bleiben, sondern es geht vielmehr darum, **Fähig**keiten von allgemeingültigem Nutzen zu vermitteln.
- Im Sinne eines möglichst effizienten Studiums wird im vorliegenden Lehrbuch die Reihenfolge der Maschinenelemente so angelegt, dass zunächst von möglichst einfachen, für den Studienanfänger überschaubaren Zusammenhängen ausgegangen wird und dann bei jedem weiteren Schritt neue Sachverhalte in gezielter Dosierung hinzukommen.

Das vorliegende Buch widmet sich besonders dem Problem, ingenieurmäßig sinnvolle Ansätze zu formulieren. Zu Beginn des Ingenieurstudiums wird mit den klaren und eindeutigen Aussagen der Mathematik vertraut gemacht. Die klassische Physik versucht, diese Vorgehensweise durch Modellbildung weitgehend aufrechtzuerhalten. Im Gegensatz dazu müssen im Fach Maschinenelemente aber zunehmend unschärfere Ansätze formuliert werden, was häufig zu einer Gratwanderung führt:

- Einerseits soll eine übertriebene Theoretisierung vermieden werden, weil damit zuweilen sehr komplexe Ansätze und aufwendige Berechnungen verbunden sind, die für ingenieurmäßiges Arbeiten häufig untauglich sind.
- Andererseits sind Dimensionierungsangaben, die auf „bewährten Größengleichungen" beruhen und in der betrieblichen Praxis noch weitverbreitet sind, ebenfalls unbrauchbar. Solche „Erfahrungsformeln" sind häufig in ihrem Anwendungsbereich stark eingeschränkt,

https://doi.org/10.1515/9783110692143-202

verleiten zum bloßen „Formelmanagement" und täuschen vielfach eine Aussagekraft vor, die sich bei exakter Analyse häufig als zweifelhaft herausstellt. Sie sind deshalb für eine allgemeingültige Lehre kaum geeignet.

Problematisch wird diese Gratwanderung bei komplexen Maschinenelementen (beispielsweise Wälzlager). Das vorliegende Buch diskutiert die Problematik zwar in seiner Vielschichtigkeit grundsätzlich an, für die weitere Behandlung des Sachverhaltes wird jedoch unter Verzicht auf allzu aufwendige rechnerische Beschreibungen eine ingenieurmäßig sinnvolle Vereinfachung gesucht: „Der Ingenieur muss nicht alles wissen, er muss sich aber zu helfen wissen." Der Aufwand muss schließlich immer im vernünftigen Verhältnis zum Nutzen stehen. Der Ingenieur strebt stets eine Maschine mit bestmöglichem „Wirkungsgrad" (= Nutzen/Aufwand) an, dieses Streben muss aber schließlich auch seine eigene Arbeitsweise betreffen.

Die moderne Datenverarbeitung gibt dem Studenten ein komfortables und schnelles Hilfsmittel an die Hand, dessen numerisch akkurate Ergebnisse aber nicht selten täuschen: Tatsächlich sind die Eingangsgrößen für eine Berechnung (beispielsweise die Annahme oder die Messung der angreifenden Kraft) schon so ungenau, dass die rechnerisch mögliche Präzision bei der Darstellung des Ergebnisses häufig trügerisch ist. Das Fach Maschinenelemente eignet sich besonders dazu, den Umgang mit diesen Unschärfen zu erlernen, die für den weiteren Verlauf des Studiums und erst recht für die berufliche Praxis typisch sind.

Auch wenn das konkrete Maschinenelement im Vordergrund steht, wird eine isolierte Betrachtung des einzelnen Elements vermieden. Der Übergang zu den weiterführenden Lehrveranstaltungen gelingt dann besonders gut, wenn das Zusammenspiel des einzelnen Elements mit seiner konstruktiven Umgebung in die Überlegung einbezogen wird. Wenn beispielsweise eine Schraubverbindung betrachtet wird, so sollte der Student erkennen, wie die Belastung zustande kommt. Eine Angabe wie: „... die Schraube wird mit soundso viel Newton belastet", fördert nicht das Erfassen übergeordneter Zusammenhänge. Es ist vielmehr angebracht, das Zustandekommen dieser Kraft auf vorzugsweise einfache physikalische Zusammenhänge zurückzuführen. Im Eingangskapitel „Grundlagen der Mechanik" werden die Lastannahmen ganz einfach als Gewichts-, Seil- oder Kettenkräfte angebracht. Mit fortschreitendem Stoff können dann mehrere Maschinenelemente miteinander verknüpft werden, sodass das Zusammenspiel der Kräfte in einen komplexeren Zusammenhang gestellt werden kann. Wo immer es möglich und sinnvoll erscheint, wird das Zusammenspiel mit benachbarten Maschinenelementen betrachtet, denn das einzelne Maschinenelement ist eben nur Bestandteil der Maschine. Besonders die Übungsbeispiele betonen diese Grundsätzlichkeit immer wieder und werden damit zum integralen Bestandteil des vorliegenden Lehrbuchs.

Literatur

Die einzelnen Kapitel verweisen in ihrem jeweiligen Schlussabschnitt auf die weiterführende Fachliteratur. In Ergänzung dazu versucht die folgende Auflistung, die Literatur zusammenzustellen, die die Gesamtheit der Maschinenelemente betrifft bzw. zu deren Verständnis beiträgt.

[1]   Beitz; Küttner: Dubbel, Taschenbuch für den Maschinenbau; Springer
[2]   Böttcher; Forberg: Technisches Zeichnen; Teubner
[3]   Decker: Maschinenelemente; Hanser
[4]   Haberhauer; Bodenstein: Maschinenelemente. Gestaltung, Berechnung, Anwendung; Springer
[5]   Hinzen, H.: Maschinenelemente, Band 1, 2 und 3; De Gruyter/Oldenbourg
[6]   Hoischen: Technisches Zeichnen; Girardet
[7]   Hütte: Die Grundlagen der Ingenieurwissenschaften; Springer
[8]   Klein: Einführung in die DIN-Normen; Teubner
[9]   Köhler; Rögnitz: Maschinenteile 1 und 2; Teubner
[10] Konrad, K.-J.: Grundlagen der Konstruktionslehre; Hanser
[11] Künne: Einführung in die Maschinenelemente; Teubner
[12] Mott, R. L.: Machine Elements in Mechanical Design; Prentice Hall
[13] Niemann, G.: Maschinenelemente, Band 1 und 2; Springer
[14] Roloff; Matek: Maschinenelemente; Vieweg
[15] Schlecht, B.: Maschinenelemente 1 und 2; Pearson Studium
[16] Steinhilper, W. und Sauer, B.: Konstruktionselemente des Maschinenbaus, Band 1 und 2; Springer Lehrbuch

https://doi.org/10.1515/9783110692143-203

0   Grundlagen der Mechanik

Dieses nullte Kapitel betrifft noch nicht die eigentlichen Maschinenelemente, sondern versucht vielmehr, den Weg dorthin zu ebnen (deshalb die nicht ganz übliche Nummerierung „0"), und führt in die Grundlagen der Mechanik ein, vor allen Dingen in die Teilgebiete Statik und Festigkeitslehre. Es wird an gewisse minimale Vorkenntnisse aus der Schulphysik angeknüpft und schließlich ersatzweise ein Fundament geschaffen, auf dem die Festigkeitsbetrachtungen der weiteren Kapitel aufbauen. Dabei muss zwangsläufig in Kauf genommen werden, dass ein solch umfangreiches Fachgebiet natürlich nicht mit der ansonsten praktizierten Gründlichkeit präsentiert werden kann. Für ein vertiefendes Studium dieser Disziplin wird das im gleichen Verlag erscheinende Werk von Bruno Assmann *Technische Mechanik 1–3* empfohlen.

0.1   Grundlagen der Statik

0.1.1   Kraft und Gleichgewicht der Kräfte

Eine Kraft im Sinne der Physik kann vielerlei Ursachen haben. Für die hier vorkommenden Belange mag es ausreichen, diese Vielfalt auf drei Beispiele nach Bild 0.1 zu konzentrieren.

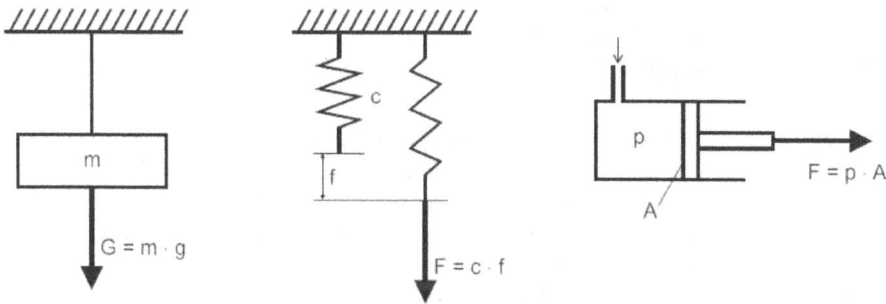

Bild 0.1: Ursachen von Kräften

Die **Gewichtskraft** G kommt dadurch zustande, dass eine Masse m dem Einfluss der Erdbeschleunigung ausgesetzt ist:

$$G = m \cdot g \qquad\qquad\qquad \text{Gl. 0.1}$$

https://doi.org/10.1515/9783110692143-001

Die Definition der „Beschleunigung" als Änderung der Geschwindigkeit ist hier nicht ziel-
führend. Für die Statik ist es vielmehr angebracht, die Erdbeschleunigung $g = 9{,}81 \, \text{m/s}^2$ als
eine Konstante zu verstehen, die angibt, wie viel Gewichtskraft in Newton [N] von einer in kg
gemessenen Masse unter dem Einfluss des Erdschwerefeldes ausgeht.

Eine **Federkraft** F kommt dadurch zustande, dass eine Feder mit der Steifigkeit c (meist in
N/mm angegeben) aus einer unverformten Lage heraus um den in mm gemessenen Federweg f
verformt wird:

$$F = c \cdot f \tag{Gl. 0.2}$$

Die klassische Schulphysik nutzt diesen Zusammenhang für eine Federwaage aus: Mit einer
Feder, deren Steifigkeit bekannt ist, werden Kräfte gemessen.

Die **Kraft aufgrund eines Druckes** kommt dadurch zustande, dass ein unter dem Druck p
stehendes Medium auf eine Kolbenfläche A wirkt:

$$F = p \cdot A \tag{Gl. 0.3}$$

Eine Begleiterscheinung der Kraft ist es, dass sie stets mit einer Reaktionskraft verbunden ist.
Dort, wo eine Kraft wirkt, wird stets eine Reaktionskraft hervorgerufen. Dies lässt sich besonders anschaulich am Beispiel des Tauziehens in der ersten Zeile von Bild 0.2 demonstrieren:
Die Mannschaft am einen Tauende kann nur dann eine Kraft aufbringen, wenn gleichzeitig am
anderen Tauende eine Gegenkraft aufgebaut wird. Das Tauziehen ist ein besonders anschaulicher Anwendungsfall des Prinzips „actio = reactio", weil es sich hier um ein „eindimensionales" Problem handelt.

Die Betrachtung dieses ersten Beispiels in der rechten Bildspalte, die das Gleichgewicht von
Kraft und Gegenkraft in einem eindimensionalen „Krafteck" demonstriert, ist an sich trivial,
bereitet aber auf die nachstehenden Betrachtungen vor. Dieses simple Ausgangsbeispiel macht
auch mit einem weiteren Begriff der Mechanik vertraut: Das Seil des Tauziehens nimmt nur
Zugkräfte auf. Alle weiteren Elemente der Mechanik, die ebenfalls nur Zug aufnehmen können, werden ebenfalls als „Seil" bezeichnet, auch wenn es sich dabei nicht um ein Seil im
engeren Sinne des Wortes handelt: Eine Kette oder ein Flachriemen sind in diesem Sinne auch
„Seile".

Wird ein Element der Mechanik in genau umgekehrter Richtung auf Druck belastet (Beispiel b), so muss dieses Bauteil eine feste Struktur aufweisen. Der im allgemeinen Sprach-
gebrauch naheliegende Begriff „Stab" gewinnt dabei im Sinne der Mechanik ein besonderes
Merkmal: Ein Stab ist ganz allgemein ein Bauteil, welches sowohl Zugkraft als auch Druckkraft, aber keine weiteren Belastungen (s. weiter unten) übertragen kann. Gegebenenfalls wird
hier auch nach Zugstab und Druckstab unterschieden. Auch hier gilt das Prinzip des Gleichgewichtes der Kräfte: Eine Kraft an einem Ende des Stabes ruft in jedem Fall eine Reaktionskraft
am anderen Stabende hervor, wobei das Gleichgewicht auch hier „eindimensional" ist.

Werden in einer erweiterten Überlegung dem belasteten Bauteil über die Eigenschaften eines
Seils und eines Stabes hinaus noch weitere Kraftübertragungsfunktionen aufgetragen, so kann
das Gleichgewicht auch zweidimensional (Fall c) betrachtet werden. Der Fall ist insofern noch
sehr übersichtlich, da er sich aus zwei „eindimensionalen" Problemen zusammensetzt: Sowohl

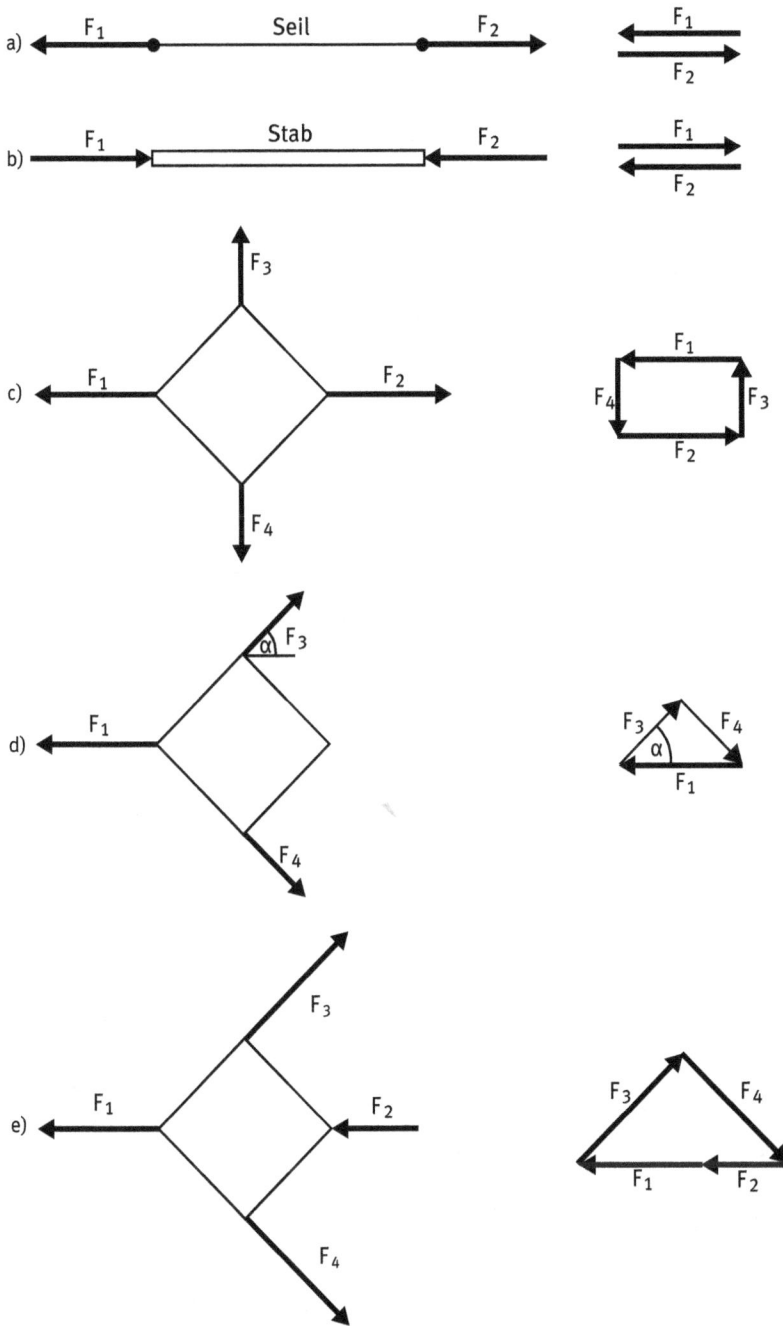

Bild 0.2: Kraftgleichgewicht

in x- als auch in y-Richtung muss Gleichgewicht herrschen. Formal gelingt der Nachweis des Gleichgewichtes, indem alle vier Kräfte als Vektoren in einer gesonderten Betrachtung so hintereinander angeordnet werden, dass sie sich zu einem geschlossenen „Krafteck" zusammenfügen, wobei sich die Vektorsumme Null ergibt.

Im Fall d werden die Größe und Richtung der Kraft F_1 beibehalten und es werden die Kräfte F_3 und F_4 gesucht, die in der dargestellten Richtung wirken und das System im Gleichgewicht halten. Mit dem rechts skizzierten Krafteck wird die Lösung dieses „zweidimensionalen" Problems deutlich: Die Kräfte F_3 und F_4 müssen auf ihrer vorgegebenen „Wirkungslinie" genau so groß werden, dass das Krafteck geschlossen wird. Rechnerisch kann zunächst einmal das Kräftegleichgewicht in x-Richtung formuliert werden:

$$F_1 = F_{3x} + F_{4x} \qquad\qquad\qquad\qquad\qquad\qquad \text{Gl. 0.4}$$

F_{3x} und F_{4x} müssen aber aus Symmetriegründen gleich sein:

$$F_{3x} = F_{4x} = \frac{F_1}{2} \qquad\qquad\qquad\qquad\qquad\qquad \text{Gl. 0.5}$$

Die senkrechte Komponente der Kräfte F_3 und F_4 gewinnt man aus der Formulierung des Gleichgewichtes in y-Richtung:

$$\tan\alpha = \frac{F_{3y}}{\frac{F_1}{2}} = \frac{F_{4y}}{\frac{F_1}{2}} \quad\Rightarrow\quad F_{3y} = F_{4y} = \frac{F_1}{2}\cdot\tan\alpha \qquad\qquad \text{Gl. 0.6}$$

Die Gesamtkraft ergibt sich schließlich durch die Vektoraddition ihrer Komponenten:

$$F_3 = \sqrt{F_{3x}^2 + F_{3y}^2} = \sqrt{\left(\frac{F_1}{2}\right)^2 + \left(\frac{F_1}{2}\cdot\tan\alpha\right)^2} = \frac{F_1}{2}\cdot\sqrt{1+(\tan\alpha)^2} = F_4 \quad \text{Gl. 0.7}$$

Der Fall e geht davon aus, dass F_1, F_3 und F_4 gleich groß sind und auf den angegebenen Wirkungslinien liegen. In Erweiterung zu Fall d kann das Krafteck nur dann geschlossen werden, wenn eine weitere Kraft F_2 in der im Krafteck angegebenen Weise wirksam wird.

Diese Betrachtung gilt darüber hinaus auch für beliebig viele Kräfte und kann auch auf eine dritte Dimension erweitert werden. Dann ist es sinnvoll, das Kräftegleichgewicht in x-, y- und z-Richtung aufzustellen.

Die bisherigen Überlegungen bezogen sich jeweils auf ein Bauteil, welches klar abgegrenzt ist. In ähnlicher Weise kann auch ein Gebilde betrachtet werden, welches seinerseits aus mehreren Einzelteilen besteht. Dabei ist lediglich entscheidend, welche Kräfte von außen auf das zusammengefügte Gesamtgebilde einwirken. Andererseits kann auch ein einteiliges Bauteil gedanklich in mehrere Bestandteile zerlegt werden, wobei dann jedes einzelne dieser Bestandteile mit der gleichen Systematik bezüglich seines Kräftegleichgewichtes betrachtet wird. Im Falle eines Seils oder eines Stabes ist dies besonders übersichtlich, weil an jeder beliebigen Stelle des Bauteils genau die Längskraft wirkt, die von seinen Enden her eingeleitet wird. Diese Analyse nach dem „Schnittprinzip" ist immer dann angebracht, wenn die Belastung an einer beliebigen Stelle innerhalb des Bauteils ermittelt werden soll.

Aufgaben A.0.1 und A.0.2

0.1.2 Moment und Gleichgewicht der Momente

Die vorangegangenen Betrachtungen orientierten sich am denkbar einfachsten Fall der reinen Zug- bzw. Druckbelastung, der in der Praxis lediglich als Spezialfall auftritt. Wenn man mit bloßen Händen eine Holzleiste zerstören will, so wird man nicht etwa an ihr ziehen, sondern sie biegen. Diese simple Beobachtung mag demonstrieren, dass für die Belastung eines Bauteils die Biegebelastung meist viel kritischer ist als die oben erwähnte Zug- oder Druckbelastung. Aber was hat man sich unter dem umgangssprachlichen Begriff „Biegung" genau vorzustellen?

Die Schulphysik führt in diese Problematik mit dem Hebelgesetz ein (Bild 0.3, linke Spalte): Ein waagerecht angeordneter, doppelarmiger Hebel wird in der Mitte über ein Gelenk an ein festes Gestell angebunden (oberes Bild). Wenn er an beiden Enden mit einer gleich großen Kraft belastet wird, so ist der Hebel im Gleichgewicht. Diese Aussage trifft auch dann zu, wenn auf der rechten Seite der Hebelarm halbiert, dafür aber die Kraft verdoppelt wird (zweites Bild). Daraus resultiert das Hebelgesetz, welches fordert, dass das Produkt aus Kraft und

Hebelgesetz   **Biegebalken**

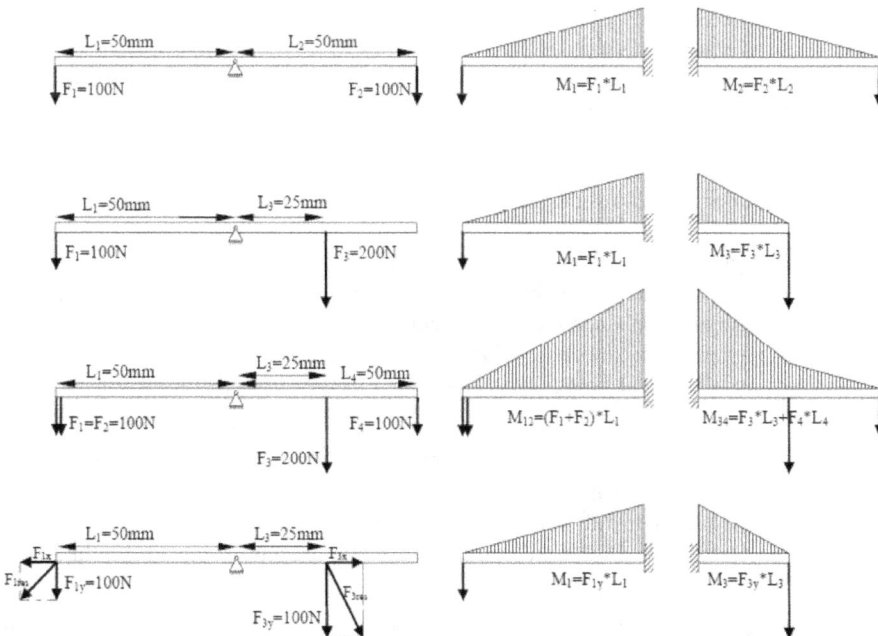

Bild 0.3: Hebelgesetz, Biegebalken und Biegemoment

Hebelarm gleich sein muss:

$$F_1 \cdot L_1 = F_2 \cdot L_2 \hspace{6cm} \text{Gl. 0.8}$$

Das Hebelgesetz gilt auch dann, wenn mehrere Kräfte mit ihrem jeweiligen Hebelarm beteiligt sind. Werden beispielsweise die Belastungen der ersten und zweiten Bildzeile zusammenge-fasst, so steht auch der Hebel im dritten Bild im Gleichgewicht. Wird der Fall der zweiten Bildzeile noch einmal aufgegriffen und in der letzten Bildzeile durch zwei gleich große Kräfte ergänzt, die an den beiden Hebelenden in x-Richtung in entgegengesetzte Richtungen wirken, so wird das Gleichgewicht nicht gestört. Die jeweils links und rechts wirkenden Vektorsum-men können mit ihrem jeweiligen Hebelarm, der senkrecht auf der Wirkungslinie der Kraft steht, ebenfalls als Gleichgewichtsbedingung formuliert werden.

Werden die in der linken Spalte dargestellten Anordnungen am Gelenk aufgetrennt und in der rechten Spalte als zwei separate Systeme dargestellt, so macht sich das in Gl. 0.8 formulierte Produkt aus Kraft und Hebelarm an der Übergangsstelle der beiden Teilsysteme als „Moment" bemerkbar:

$$M = F \cdot L \hspace{6cm} \text{Gl. 0.9}$$

Damit das Moment an der Übergangsstelle übertragen werden kann, muss das Gelenk der lin-ken Bildspalte durch zwei „feste Einspannungen" in der rechten Bildspalte ersetzt werden. Die Teile des Hebels werden jetzt als „Balken" bezeichnet, womit nicht nur der Holzbalken gemeint ist, sondern grundsätzlich jedes Bauteil, welches in der Lage ist, ein Biegemoment zu übertragen. Darüber hinaus kann das Moment an jeder beliebigen Stelle des Balkens als Produkt aus der Kraft und dem jeweiligen Hebelarm formuliert werden. Da der Hebelarm mit dem Abstand zur Kraftwirkungslinie linear anwächst, lässt sich die Biegemomentenbelastung als dreieckförmige Fläche darstellen. Damit wird offensichtlich, dass im hier skizzierten Fall das Biegemoment an der Einspannstelle am größten ist, der Balken also bei Überlast an dieser Stelle versagen wird. Die weiteren Detaildarstellungen in der rechten Spalte leiten sich jeweils aus der gegenüberliegenden Hebeldarstellung ab. An der Übergangsstelle des jeweils linken und rechten Teilsystems sind die beiden Momente gleich. Während am Seil und am Stab jede angreifende Kraft eine entsprechende Gegenkraft zur Folge hat, muss an jedem Balken Mo-mentengleichgewicht herrschen: In den hier dargestellten Fällen ruft das als Produkt aus Kraft und Hebelarm erzeugte Moment an der Einspannstelle ein gleich großes Reaktionsmoment hervor.

Wendet man das Schnittprinzip am Balken an, so müssen aber nicht nur das Moment und das Reaktionsmoment und ggf. die Längskraft als Aktion und Reaktion im Gleichgewicht stehen. Am Schnitt selber wird auch die Kraft, die für die Entstehung des Momentes verantwortlich ist, senkrecht zur Balkenachse als „Querkraft" wirksam, die am gegenüberliegenden Schnittufer als Gegenkraft abgestützt werden muss.

Mit der Gleichgewichtsbedingung der Momente können auch weitere Fragestellungen nach Bild 0.4 geklärt werden.

a)

b)

c)

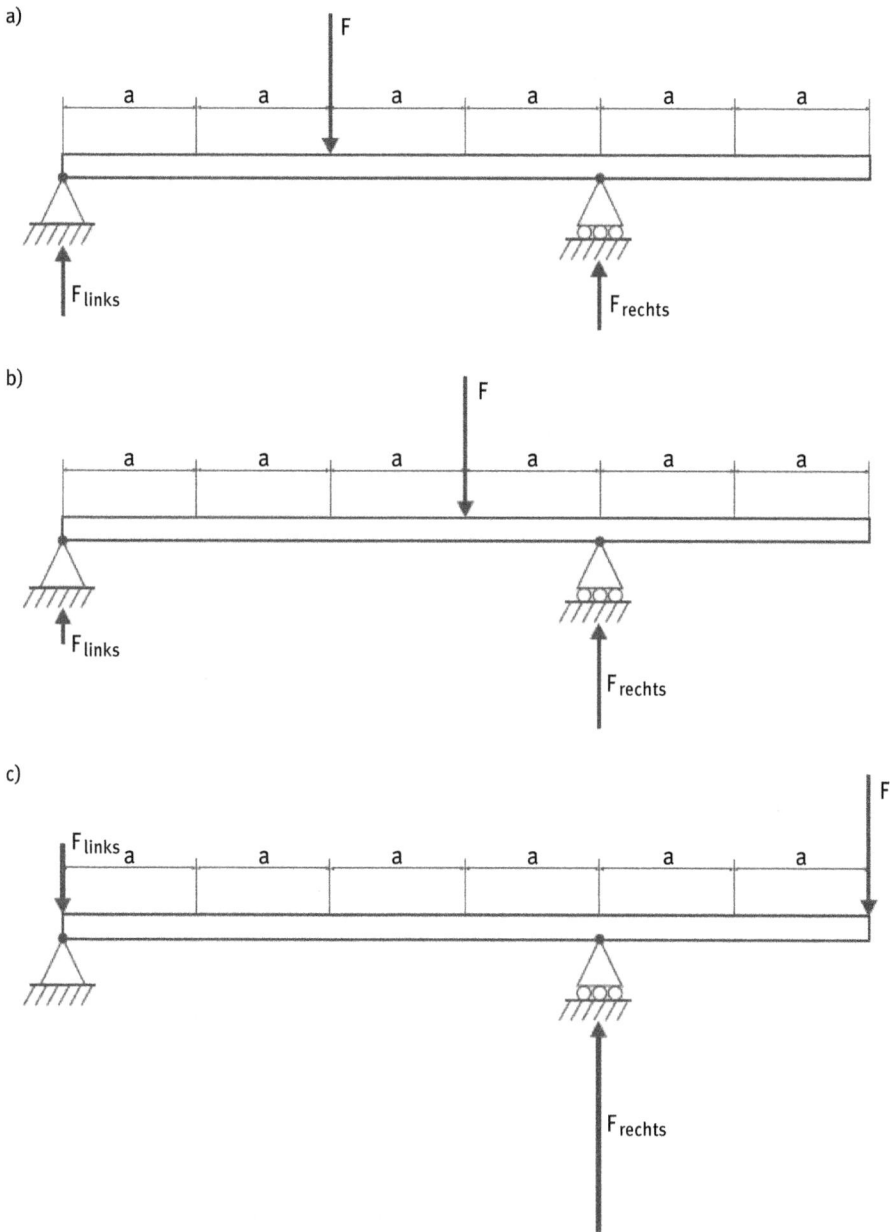

Bild 0.4: Doppelseitig abgestützter Biegebalken

Der hier dargestellte Biegebalken wird durch zwei gelenkige Auflager abgestützt. Das jeweils rechte Gelenk wird konstruktiv so ausgeführt, dass es nicht nur kein Moment, sondern auch keine Kraft in x-Richtung übertragen kann und wird damit zum „Loslager". Damit wird eine statische Überbestimmtheit vermieden: Mögliche Horizontalkräfte, die in dieser Überlegung aber keine Rolle spielen, würden im Fall a dann gezielt am linken „Festlager" abgeleitet. Wenn eine Kraft F mittig auf den Balken nach unten einwirkt, so wird sich diese Kraft wegen der Symmetrie des Lastzustandes je zur Hälfte auf das linke und rechte Lager abstützen:

$$F_{links} = F_{rechts} = \frac{F}{2} \qquad \qquad \text{Gl. 0.10}$$

Zum gleichen Ergebnis gelangt man, wenn man formal ein Momentengleichgewicht um das linke Gelenk aufstellt:

$$F \cdot 2a = F_{rechts} \cdot 4a \quad \Rightarrow \quad F_{rechts} = \frac{2a}{4a} \cdot F = \frac{1}{2} \cdot F \qquad \text{Gl. 0.11}$$

Das Momentengleichgewicht für das rechte Gelenk ergibt in ähnlicher Weise die Kraft F_{links}:

$$F \cdot 2a = F_{links} \cdot 4a \quad \Rightarrow \quad F_{links} = \frac{2a}{4a} \cdot F = \frac{1}{2} \cdot F \qquad \text{Gl. 0.12}$$

Während bei mittigem Kraftangriff die Formulierung des Momentengleichgewichtes wegen der Symmetrie des Lastfalls eigentlich überflüssig ist, liefert es bei außermittigem Lastangriff (Fall b) die entscheidende Bestimmungsgleichung:

$$F \cdot 3a = F_{rechts} \cdot 4a \quad \Rightarrow \quad F_{rechts} = \frac{3a}{4a} \cdot F = \frac{3}{4} \cdot F \qquad \text{Gl. 0.13}$$

Analog dazu gilt für das rechte Gelenk:

$$F \cdot a = F_{links} \cdot 4a \quad \Rightarrow \quad F_{links} = \frac{a}{4a} \cdot F = \frac{1}{4} \cdot F \qquad \text{Gl. 0.14}$$

Die Zusammenstellung der Ergebnisse macht auch klar, dass das Gleichgewicht der Kräfte in der Senkrechten gewährleistet ist: Die nach unten gerichtete Kraft F und die nach oben gerichteten Auflagerkräfte stehen im Gleichgewicht:

$$F = F_{rechts} + F_{links} = \frac{3}{4} \cdot F + \frac{1}{4} \cdot F \qquad \text{Gl. 0.15}$$

Die gleiche Vorgehensweise klärt auch die Auflagerkräfte, wenn im Fall c die belastende Kraft F am rechten überkragenden Ende des Balkens angreift. Das Momentengleichgewicht um das linke Auflager ergibt dann:

$$F \cdot 6a = F_{rechts} \cdot 4a \quad \Rightarrow \quad F_{rechts} = \frac{6a}{4a} \cdot F = \frac{3}{2} \cdot F \qquad \text{Gl. 0.16}$$

In ähnlicher Weise gilt dann für das rechte Auflager:

$$F \cdot 2a = F_{links} \cdot 4a \quad \Rightarrow \quad F_{links} = \frac{2a}{4a} \cdot F = \frac{1}{2} \cdot F \qquad \text{Gl. 0.17}$$

Für das hier vorliegende System folgt auch wieder das Gleichgewicht der Kräfte in der Senkrechten:

$$F = F_{rechts} - F_{links} = \frac{3}{2} \cdot F - \frac{1}{2} \cdot F$$

Vor der Formulierung der Gleichungen wurde die Richtung der zu erwartenden Kräfte bereits vorzeichenrichtig angesetzt, was im vorliegenden Fall unproblematisch ist, weil nur zwei Momente ins Gleichgewicht zu setzen sind. Wirken weitere Kräfte, so ist auch deren Momentenwirkung zu berücksichtigen. In solchen Fällen ist es ratsam, zur Aufstellung des Momentengleichgewichtes eine (beliebige) Drehrichtung als positive Momentenrichtung festzulegen und alle Einzelmomente auf einer Gleichungsseite zusammenzufassen. Für Beispiel c ergäbe sich für den Fall, dass der Gegenuhrzeigersinn als positiv deklariert wird:

$$\sum M = 0 \text{ für linkes Gelenk:} \quad -F \cdot 6a + F_{rechts} \cdot 4a = 0$$

$$F_{rechts} = \frac{6a}{4a} \cdot F = \frac{3}{2} \cdot F \qquad \text{Gl. 0.18}$$

$$\sum M = 0 \text{ für rechtes Gelenk:} \quad -F \cdot 2a + F_{links} \cdot 4a = 0$$

$$F_{links} = \frac{2a}{4a} \cdot F = \frac{1}{2} \cdot F \qquad \text{Gl. 0.19}$$

Mit zunehmender Komplexität wird die vorzeichenrichtige Annahme der gesuchten Kräfte immer problematischer. Grundsätzlich kann die Richtung der gesuchten Kraft auch willkürlich angenommen werden. Für den Fall, dass die zunächst getroffene Annahme falsch war, ergibt sich für die gesuchte Kraft dann ein negativer Wert, sodass das Resultat schließlich formal korrekt ist.

In Zusammenhang mit Bild 0.3 ist modellhaft nach „Gelenk" (überträgt kein Moment) und „fester Einspannung" (überträgt das gesamte Moment) unterschieden worden. Diese Differenzierung kann in vielen technischen Anwendungen eindeutig erkannt werden. Ist dies nicht der Fall, so liegt man häufig mit der modellhaften Annahme eines Gelenks auf der sicheren Seite, obwohl es konstruktiv gar nicht vorhanden ist. Wird beispielweise eine gitterförmige Brücke aus Stäben zusammengesetzt, so werden diese Stäbe an den Knotenpunkten zwar durch Schweißen oder Niete fest miteinander verbunden, aber wegen der Verformungswilligkeit der Verbindung ist die Übertragbarkeit eines Momentes sehr fraglich und kaum zu quantifizieren.

Bei großen Belastungen wird die konstruktive Ausführung einer festen Einspannung zum Problem, welches man zu vermeiden sucht. Ein einfaches Beispiel nach Bild 0.5 soll dies verdeutlichen: Einen Baumstamm wird man zum Transport vorzugsweise etwa am Schwerpunkt anheben (links), sodass an dieser Verbindungsstelle nur die unvermeidbare Gewichtskraft übertragen werden muss. Dann kann der Kontakt zum Baumstamm als Gelenk betrachtet werden. Der Versuch, den Baumstamm vom Ende her anzuheben (rechts), würde bedeuten, dass neben der Gewichtskraft auch ein völlig überflüssiges Moment zu übertragen wäre, wozu man den

Bild 0.5: Gelenk und feste Einspannung

Baumstamm mit einer schwer auszuführenden „festen Einspannung" anfassen müsste. In vielen weiteren Fällen kann eine konstruktiv unnötig aufwendige „feste Einspannung" vermieden werden, wenn die als Gelenk betrachtete Krafteinleitungsstelle günstig platziert wird.

Wird der in Bild 0.3 dargestellte doppelarmige Hebel nur einarmig ausgeführt und das Gelenk konstruktiv als Lagerung gestaltet, so entsteht eine Konstruktion nach Bild 0.6:

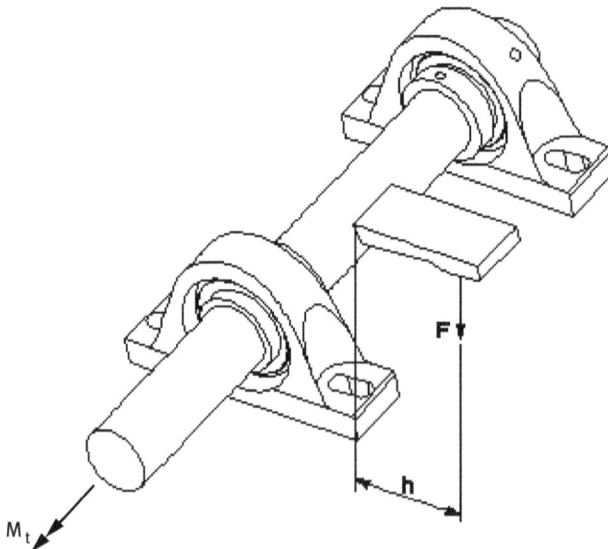

Bild 0.6: Biegemoment und Torsionsmoment

Das Moment wird als Biegemoment mit Kraft F und Hebelarm h eingeleitet. Da die beiden Lager als Gelenk aber kein Moment abstützen können, muss das System durch ein Torsionsmoment in der Welle im Gleichgewicht gehalten werden. Damit wird in zwei weitere wichtige Begriffe der Mechanik eingeführt:

- Der Begriff „Welle" steht als Sammelbegriff für alle Bauteile, die ein Moment in Form eines Torsionsmomentes übertragen. Da eine Welle in der Regel gelagert werden muss, ist sie in den meisten Fällen rund.
- Während das Zustandekommen des Biegemomentes meist noch als Produkt von Kraft und Hebelarm erkennbar ist, muss das Torsionsmoment vorrangig als bloßer Momentenvektor M_t (unten links im Bild) verstanden werden.

Aufgaben A.0.3 und A.0.4

0.2 Grundlagen der Festigkeitslehre

Jedes Maschinenelement muss mit mehr oder weniger Aufwand „dimensioniert" werden, d. h., dass seine Abmessungen so festgelegt werden, dass es den zu erwartenden Belastungen standhält. Jede Dimensionierung wird durch folgende Umstände eingegrenzt:

- Ist das Bauteil zu klein, zu schlank oder zu dünn ausgelegt, so wird es der Belastung nicht standhalten und versagen, weil es „unterdimensioniert" ist.
- Ist das Bauteil zu dick, zu wuchtig oder zu voluminös ausgelegt, so wird nicht nur unnötig viel von möglicherweise teurem Material eingesetzt, sondern das Bauteil ist auch zu groß, zu schwer oder zu sperrig, was z. B. im Fahrzeugbau oder erst recht im Flugzeugbau nicht akzeptiert werden kann, das Bauteil ist „überdimensioniert".

Ein Bauteil ist also optimalerweise genau so zu dimensionieren, dass einerseits die Belastungen ohne Versagen oder Schaden aufgenommen werden können, andererseits aber auch der Materialeinsatz minimiert wird. Dazu müssen die Bauteile entsprechend den Gesetzmäßigkeiten der Festigkeitslehre ausgelegt werden.

Die nachfolgenden Ausführungen gehen zunächst einmal davon aus, dass sich die Belastung im Laufe der Zeit nicht ändert. Diese sog. „statische" Belastung ist einfacher zu beschreiben als eine solche, die sich zeitlich ändert und als „dynamisch" bezeichnet wird. Im Gegensatz zu den ruhenden Objekten des Bauingenieurwesens ist diese Randbedingung für die sich bewegende Maschine zwar eher unzutreffend, aber für eine erste Betrachtung wird vorausgesetzt, dass sich die Belastung so langsam ändert, dass das Bauteil sie als konstant wahrnimmt und damit als „quasistatisch" bezeichnet wird.

0.2.1   Normalspannung

0.2.1.1   Zug- und Druckspannung

Wenn das bereits zuvor zitierte Seil unter einer gewissen Zugkraft F reißt, dann wird ein dickeres Seil derselben Belastung u. U. standhalten können. Die Kraft alleine ist also nicht ausschlaggebend für die Beschreibung des Lastzustandes im Seil, sondern entscheidend ist die *spezifische Belastung*, zu deren Kennzeichnung die sog. Spannung σ („Sigma") als Quotient von belastender Kraft und der (metallischen) Querschnittsfläche des Seils A formuliert wird:

$$\sigma = \frac{F}{A} \qquad\qquad\qquad\qquad\qquad\qquad\qquad\qquad \text{Gl. 0.20}$$

Elektrotechniker mögen Verständnis dafür haben, dass deren Begriff von Spannung hier mit einer völlig anderen Bedeutung belegt wird. Die hier vorliegende mechanische Spannung wird meist in N/mm^2 angegeben, neuerdings wird auch vielfach die Einheit MPa verwendet, wobei die dabei ermittelten Zahlenwerte identisch sind:

$$1\,\text{MPa} = 1 \cdot 10^6\,\frac{N}{m^2} = 1 \cdot 10^6\,\frac{N}{10^6\,mm^2} = 1\,\frac{N}{mm^2}$$

Die vorstehende Definition der Spannung ist auch insofern einleuchtend, weil sich nach ihr die spezifische Belastung nicht ändert, wenn man beispielsweise bei doppelter Kraft gleichzeitig die Querschnittsfläche verdoppelt. Die spezifische Belastung und damit die Beanspruchung des Werkstoffs sind in beiden Fällen gleich. Man kann sich diesen Sachverhalt am hier vorliegenden Fall eines Seils auch modellhaft so vorstellen, dass die Spannung als die Kraft aufgefasst wird, die eine einzelne Faser des Seils belastet. Verschieden dicke Seile unterscheiden sich dann nur dadurch, dass sie entsprechend ihrer Querschnittsfläche mehr oder weniger dieser gleichartigen Fasern enthalten. Durch die Normierung der belastenden Kraft auf die lastübertragende Fläche wird übrigens auch klar, dass die Festigkeit des Bauteils bei dieser ersten Betrachtung unabhängig von der Formgebung dieser Fläche ist, der beim Seil vorliegende Kreisquerschnitt kann also auch durch andere geometrische Muster (z. B. Vielfachanordnung vieler kleiner Kreisquerschnitte oder auch Quadrate oder Rechtecke) ersetzt werden, ohne dass sich dabei die Beanspruchung ändert. Für die Formgebung dieser lastübertragenden Fläche sind meistens technologische oder auch konstruktive Erfordernisse maßgebend, so lässt sich beispielsweise ein Seil am einfachsten mit einem Kreisquerschnitt herstellen. Die hier vorliegende Spannung ist dadurch gekennzeichnet, dass sie als Folge der sie hervorrufenden Kraft *normal* auf der Querschnittsfläche A steht. Das Seil ist so beschaffen, dass es nach Bild 0.7 nur Zugkräfte als Zugspannung aufnehmen kann. Der oben erwähnte Stab kann hingegen auch eine Druckkraft F_D als Druckspannung σ_D übertragen.

Für jede beliebige Schnittebene im Stab lassen sich die dort wirkenden Spannungen ähnlich wie die Kräfte nach dem Prinzip „actio = reactio" sowohl in der einen als auch in der anderen Richtung auftragen. Wird ein Stab auf Druck belastet, so besteht darüber hinaus ab einer gewissen Stablänge auch die Gefahr, dass er ausknickt (mehr darüber im Abschnitt 0.3 der dreibändigen Ausgabe).

Zugkraft F_Z ruft   Druckkraft F_D ruft
Zugspannung σ_Z hervor Druckspannung σ_D hervor

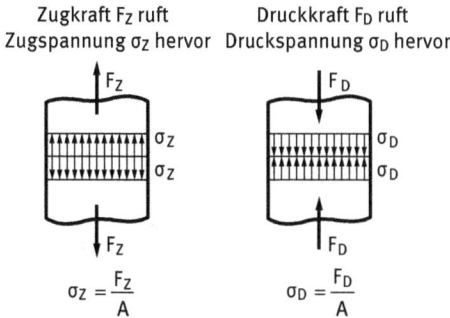

$$\sigma_Z = \frac{F_Z}{A} \qquad\qquad \sigma_D = \frac{F_D}{A}$$

Bild 0.7: Zug- und Druckspannung

Mit dieser Spannung lässt sich zwar das Lastniveau im Bauteil beschreiben, aber damit ist noch nicht die Frage geklärt, ob das Bauteil dieser Belastung standhält oder nicht. Zur Klärung dieses Sachverhaltes ist vielmehr die Kenntnis der Belastungsfähigkeit des Werkstoffs erforderlich. Dazu wird eine Werkstoffprobe mit standardisierten Abmessungen einer definierten Zugbelastung ausgesetzt und dabei ihr Verhalten beobachtet. Bild 0.8 zeigt den schematischen Aufbau einer dazu verwendeten Zugprüfmaschine.

Unter dem Einfluss der Zugspannung wird der Stab geringfügig länger, wobei diese Längung zunächst im Promillebereich verbleibt, sodass sie mit dem bloßen Auge kaum wahrgenommen werden kann. Ist die Belastung nicht allzu hoch, so ist sie rein elastisch, d. h., bei Zurücknahme der Zugbelastung nimmt der Zugstab wieder seine ursprüngliche Länge an, er federt in seine Ausgangslage zurück. Dieser Sachverhalt lässt sich anschaulich im sog. Spannungs-Dehnungs-Diagramm nach Bild 0.9 darstellen.

Auf der Abszisse ist die Längung des Zugstabes zunächst als absolute Längenänderung ΔL aufgetragen. Zur Verallgemeinerung dieser Aussage ist es jedoch sinnvoll, auch diese Größe durch Division durch die Ursprungslänge L zu normieren, was auf die „relative Längenänderung ε" führt:

$$\varepsilon = \frac{\Delta L}{L} \qquad\qquad\qquad\qquad \text{Gl. 0.21}$$

Der Zusammenhang zwischen Spannung σ und relativer Längenänderung ε beschreibt das Verformungsverhalten eines Werkstoffes unabhängig von den speziellen Bauteilabmessungen. Die Steigung der Geraden im Spannungs-Dehnungs-Diagramm kann aber auch als Geradengleichung der Form $y = m \cdot x$ beschrieben werden:

$$\sigma = E \cdot \varepsilon \qquad\qquad\qquad\qquad \text{Gl. 0.22}$$

Dadurch wird das „Hooke'sche Gesetz" zum Ausdruck gebracht, nach dem Belastung und Verformung proportional zueinander sind. Die Größe E wird dabei zunächst einmal als rein rechnerisches Steigungsmaß der dadurch entstandenen Geraden aufgefasst. Der Zahlenwert von E ist ähnlich wie das spezifische Gewicht nur vom Werkstoff abhängig und wird als „Elastizitätsmodul" bezeichnet. Da ε dimensionslos ist, muss der Elastizitätsmodul E die Dimension einer Spannung, also N/mm^2 bzw. MPa annehmen. Tabelle 0.1 beziffert den Elastizitätsmodul

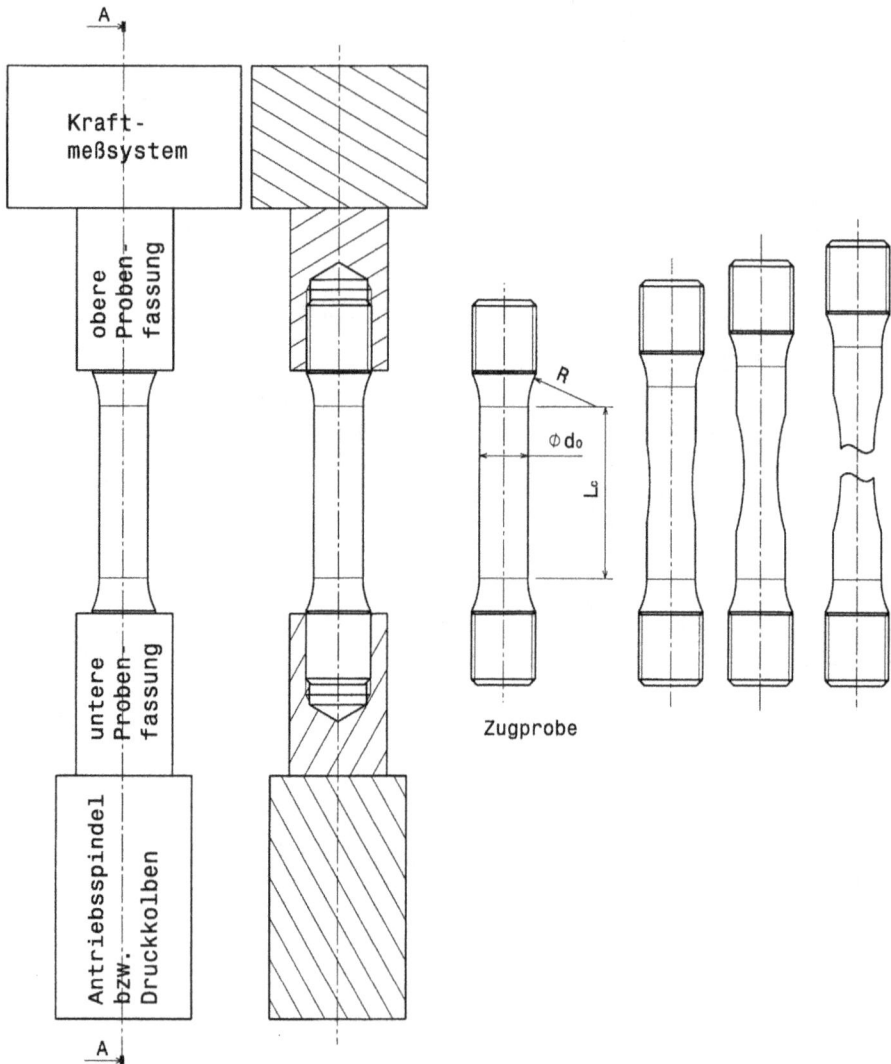

Bild 0.8: Zugprüfmaschine und standardisierte Zugprobe

einiger im Maschinenbau verwendeter Werkstoffe (von dem in der rechten Spalte aufgeführten Schubmodul wird weiter unten noch die Rede sein).

Eine grundsätzliche Forderung an Bauteile des Maschinenbaus kann darin bestehen, sich unter Belastung möglichst wenig zu verformen. Aus diesem Grund ist in vielen Fällen eine möglichst steile Gerade im Spannungs-Dehnungs-Diagramm erwünscht, was einen möglichst hohen Elastizitätsmodul erstrebenswert macht. Stahl nimmt diesbezüglich eine Spitzenstellung

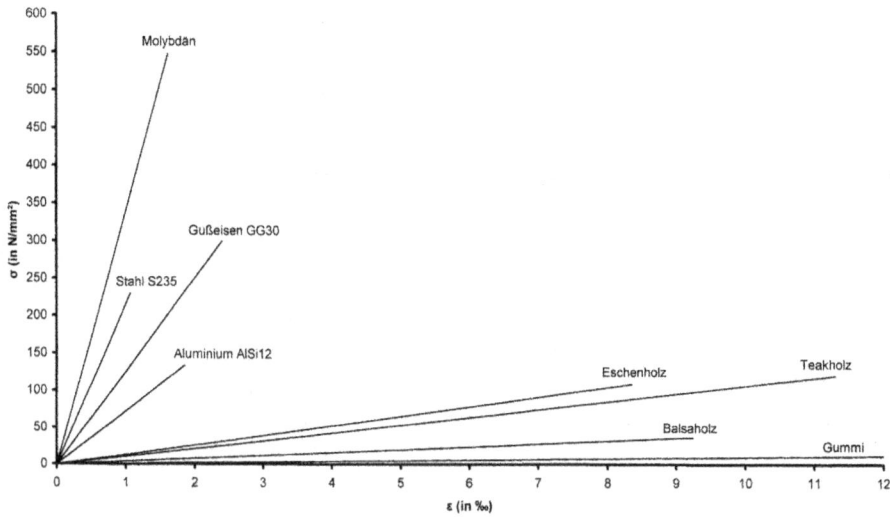

Bild 0.9: Elastischer Bereich des Spannungs-Dehnungs-Diagramms

Tabelle 0.1: Elastizitätsmodul und Schubmodul

Werkstoff	Elastizitätsmodul in N/mm^2	Schubmodul in N/mm^2
Gummi	bis ca. 45	
Balsaholz (längs zur Faserrichtung)	ca. 4.000	
Teakholz (längs zur Faserrichtung)	10.400–10.900	
Magnesium	40.000–45.000	
Aluminium	72.000	27.000
Gusseisen GG 20	105.000	40.000
Gusseisen GG 30	125.000	48.000
Gusseisen GG 40	125.000–155.000	
Gusseisen GGG 38–GGG 72	175.000–185.000	63.500–71.300
CuZn 37 nach DIN 17628	110.000	
Grauguss	110.000	43.000
CuSn 6 nach DIN 17628	115.000	
Kupfer	125.000	46.000
CuNi18Zn20 nach DIN 17663	140.000	
nichtrostende Stähle nach DIN 17224	176.600	
warmgeformte Stähle nach DIN 17221	196.200	
Stahlguss GS	200.000–215.000	81.000
kaltgezogene Drähte nach DIN 17223	206.000	
kaltgewalzte Stahlbänder nach DIN 17222	206.000	
Stahl allgemein	215.000	82.000
Molybdän	338.000	
Wolfram	400.000	150.000

ein, was neben seiner Belastungsfähigkeit ein weiterer Grund dafür ist, dass dieser Werkstoff im Maschinenbau bevorzugt eingesetzt wird. Molybdän weist zwar einen noch deutlich höheren Elastizitätsmodul auf, kommt aber wegen seiner hohen Kosten als Konstruktionswerkstoff kaum infrage. Im Gegensatz zum Gusseisen ist der Elastizitätsmodul von Stählen annähernd konstant und lässt sich auch durch Legierung kaum beeinflussen. Gummi hingegen kommt mit seinem geringen E-Modul als Konstruktionswerkstoff im Maschinenbau nur dann infrage, wenn bewusst hohe Verformungen angestrebt werden, was bei Federn (Kapitel 2) zutrifft.

Wird die belastende Spannung zurückgenommen, so federt der Werkstoff wieder in seine Ursprungslänge ($\varepsilon = 0$) zurück. Im Umkehrschluss sagt das Spannungs-Dehnungs-Diagramm auch aus, dass eine dem Bauteil aufgezwungene Verformung ε eine Spannung σ zur Folge hat. Wenn die dem Werkstoff aufgezwungene Deformation ε zurückgenommen wird, so geht auch die im Werkstoff herrschende Spannung σ wieder zurück.

Die Hooke'sche Gerade des Spannungs-Dehnungs-Diagramms gibt allerdings nur den *rein elastischen* Bereich des Werkstoffverhaltens wieder und setzt sich nicht beliebig fort. In Bild 0.10 (zunächst linke Bildhälfte) ist der weitere Verlauf dieses Diagramms für Baustahl modellhaft skizziert.

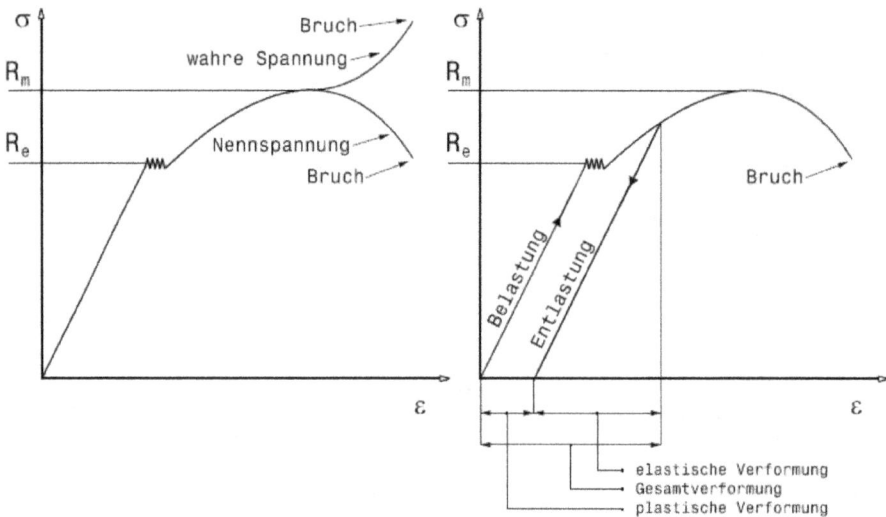

Bild 0.10: Spannungs-Dehnungs-Diagramm

Zum besseren Verständnis geht man von der Deformation ε als unabhängiger Variablen aus. Bei weiter fortschreitender Dehnung weicht das reale Werkstoffverhalten zunehmend von der Hooke'schen Geraden ab. Die Spannung, bei der die Elastizitätsgerade verlassen wird, wird **Streckgrenze** genannt und mit R_e bezeichnet. Dabei wird die Bezeichnung R aus dem angelsächsischen „resistance" abgeleitet und der Index e deutet auf das rein elastische Verhalten hin. Wird der Zugstab über diese Streckgrenze hinaus gedehnt, so steigt zunächst je nach Werkstoff die Spannung kaum an bzw. fällt sogar etwas ab. Es schließt sich ein Bereich an, in dem sich die Spannung σ bei fortschreitender Dehnung ε nicht wesentlich ändert. Bei weiterhin ansteigender Dehnung erhöht sich die Spannung wieder bis zu einem Maximalwert, den man Zugfestigkeit R_m nennt, wobei der Index m so viel wie „maximum" bedeutet. Nach Erreichen dieses Wertes fällt die auf den Ausgangsquerschnitt bezogene Spannung schließlich wieder ab. Dieser Spannungsabfall geht mit der **Einschnürung** (Bild 0.8 rechts) der Werkstoffprobe einher. Während der Zugstab über weite Teile seiner Erstreckung seine zylindrische Form und damit seine ursprüngliche Querschnittsfläche nur unwesentlich ändert, kommt es in einem lokal begrenzten Bereich zu einer deutlichen Verjüngung der Probenquerschnittsfläche. Da aber die in der Einschnürung verbleibende Restquerschnittsfläche messtechnisch nicht so ohne Weiteres erfasst werden kann, beschränkt man sich in der Formulierung der Spannung σ = F/A auf den ursprünglich vorhandenen Ausgangsquerschnitt im lastlosen Zustand A. Die so ermittelte „Nenn-"Spannung ist dann zunehmend kleiner als die im Einschnürungsbereich tatsächlich vorliegende „wahre" Spannung, die weiterhin ansteigt. In diesem Bereich ist deshalb auch die Formulierung der Dehnung ε als Quotient ΔL/L problematisch.

Mit dem Überschreiten der Streckgrenze ist die Dehnung des Werkstoffs nicht mehr rein elastisch, sondern teilweise *plastisch*, was sich aus folgender Beobachtung ableiten lässt: Wird das Bauteil über die Streckgrenze hinaus belastet und anschließend wieder entlastet (rechte Hälfte von Bild 0.10), so wandert der Belastungspunkt wegen der zwischenzeitlich eingetretenen teilplastischen Verformung nicht etwa auf dem gleichen Kurvenzug zum Ursprung des Diagramms zurück, sondern bewegt sich parallel zur Elastizitätsgeraden abwärts, sodass schließlich bei völliger Entlastung (σ = 0) eine plastische Dehnung ε zurückbleibt, die nicht mehr zurückfedert. In diesem Fall setzt sich die dadurch bedingte Dehnung ε aus einem elastischen und einem plastischen Anteil zusammen.

Kann eine plastische Verformung zugelassen werden, so kann der Werkstoff bei quasistatischer Belastung im Extremfall bis zum Wert R_m belastet werden. Diese für den Werkstoffkundler interessante Fragestellung ist für den Maschinenbauer allerdings nicht von vorrangiger Bedeutung. Da reale Bauteile in den allermeisten Fällen keine plastischen Dehnungen erfahren dürfen, ist normalerweise die Streckgrenze der größtmögliche Spannungswert, den man dem Werkstoff unter optimalen Bedingungen (quasistatische, einmalige Belastung) zumuten kann. Für diese Spannung wird meist folgende Indizierung verwendet:

zulässige Spannung für Zugbelastung: R_e (Streckgrenze)

zulässige Spannung für Druckbelastung: σ_{dF} (Quetschgrenze)

Der Index „dF" steht für „Druckfließ". Versuchstechnisch sind diese Werte aber nicht immer mit der gewünschten Genauigkeit zu ermitteln, da je nach Werkstoffbeschaffenheit eine ausgeprägte Streckgrenze nicht vorhanden ist. Insofern ist die sog. **0,2-Dehngrenze $R_{p0,2}$** als ein weiterer Werkstoffkennwert von großer praktischer Bedeutung. Er gibt die Spannung an, bei der nach der Entlastung eine bleibende (plastische) Dehnung von 0,2 % noch zugelassen wird:

zulässige Spannung für Zugbelastung: $\sigma_{z\,zul} = R_{p0,2}$

Die Tabelle 0.2 führt die 0,2-Dehngrenze $R_{p0,2}$ für einige im Maschinenbau übliche metallische Werkstoffe auf.

Tabelle 0.2: Dehngrenze wichtiger Konstruktionswerkstoffe

Gusseisen nach DIN 1693	Werkstoffnummer	R_e bzw. $R_{p0,2}$ in N/mm^2
GGG-40	0.7040	250
GGG-60	0.7050	380
GGG-70	0.7070	440

Stahlguss nach DIN 1681	Werkstoffnummer	R_e bzw. $R_{p0,2}$ in N/mm^2
GS-38	1.0416	190
GS-45	1.0443	230
GS-52	1.0551	260
GS-60	1.0553	300
GS-62	1.0555	350
GS-70	1.0554	420

Baustähle nach DIN 17100	Werkstoffnummer	R_e bzw. $R_{p0,2}$ in N/mm^2
S 235 (früher RSt 37-2)	1.0038	225–235
S 275 (früher St 44-3)	1.0144	265–275
E 295 (früher St 50-2)	1.0050	285–295
S 335 (früher St 52-3)	1.0570	345–355
E 335 (früher St 60-2)	1.0060	325–335
E 360 (früher St 70-2)	1.0070	355–365

Vergütungsstähle nach DIN 17200	Werkstoffnummer	R_e bzw. $R_{p0,2}$ in N/mm^2
C35	1.0501	365
C45	1.0503	410
C60	1.0601	490
28Mn6	1.5065	490
34Cr4	1.7033	590
41Cr4	1.7035	665
34CrMo4	1.7220	665
42CrMo4	1.7225	765
34CrNiMo6	1.6582	885
30CrNiMo8	1.6580	1030

Einsatzstähle nach DIN 17210	Werkstoffnummer	R_e bzw. $R_{p0,2}$ in N/mm^2
C10	1.0301	295
Ck15	1.1141	355
15Cr3	1.7015	440
16MnCr5	1.7131	590
20MnCr5	1.7147	700
25MoCr4	1.7325	685
15CrNi6	1.5919	635
18CrNi8	1.5920	800
17CrNiMo6	1.6587	785
20MoCrS4	1.7323	590

Die bei GGG, GS und St nachgestellten Zahlenangaben geben die Bruchlast in der historischen Einheit [kp/mm^2] an. Die elastisch ausnutzbare Werkstoffspannung ist natürlich deutlich geringer.

Aufgaben A.0.4 und A.0.5

Ein Bauteil hält also einer quasistatischen Normalspannungsbelastung stand, wenn die tatsächliche Zug- oder Druckspannung σ_{tats} kleiner ist als die zulässige, vom Werkstoff ertragbare Spannung σ_{zul}, wobei der Wert für σ_{zul} hier zunächst mit R_e bzw. $R_{p0,2}$ gleichgesetzt wird. Bei der Konstruktion muss also in jedem Fall folgende Bedingung erfüllt sein:

$$\sigma_{tats} \leq \sigma_{zul} \qquad\qquad\qquad\qquad\qquad\qquad\qquad\qquad\qquad\text{Gl. 0.23}$$

Meist ist jedoch eine differenziertere Information erwünscht: Es soll angegeben werden, wie weit der Belastungszustand noch von der Versagensgrenze entfernt ist. Dies führt auf die Definition der Sicherheit S als Quotient der zulässigen zur tatsächlichen Spannung:

$$S = \frac{\sigma_{zul}}{\sigma_{tats}} \qquad\qquad\qquad\qquad\qquad\qquad\qquad\qquad\qquad\text{Gl. 0.24}$$

Diese Sicherheit drückt in anschaulicher Weise aus, wie viele „Reserven" das Bauteil gegenüber einer möglichen Überlast hat:

- Sicherheitsfaktoren von $S < 1$ können nicht zugelassen werden, weil dann das Bauteil planmäßig versagen bzw. plastisch deformiert werden würde.
- Ist $S = 1$ (d. h. $\sigma_{tats} = \sigma_{zul}$), so sind die Werkstoffreserven völlig erschöpft, eine auch nur geringfügige Überlast oder auch nur eine geringfügige Unsicherheit bei der Ermittlung von σ_{tats} würde zum Versagen bzw. zu einer plastischen Deformation des Bauteils führen. Eine Sicherheit von 1 ist deshalb kaum praktikabel.
- Es werden also stets Sicherheiten von über 1 angestrebt. Ist beispielsweise $S = 2$, so könnte das Bauteil eine doppelte Belastung aufnehmen, bevor es versagt. Da die Belastung in aller Regel nicht genau ermittelt werden kann, strebt man stets eine Sicherheit an, die größer als 1 ist. Andererseits führt eine übermäßig hohe Sicherheit aber auch zu einem hohen Materialeinsatz, der mit überflüssigem Gewicht (besonders Fahrzeug- und Flugzeugbau) oder unnötig hohen Kosten verbunden ist.

Wie eingangs bemerkt wurde, treffen die vorstehenden Betrachtungen und Festigkeitswerte nur für quasistatische, also weitgehend ruhende Belastungen zu, die für den Werkstoff besonders vorteilhaft zu ertragen sind. Dies tritt im Maschinenbau nicht häufig auf und ist eher typisch für den Stahlbau und das Bauingenieurwesen.

Aufgaben A.0.7–A.0.9

0.2.1.2   Biegespannung

Das Spannungs-Dehnungs-Diagramm sagt aus, dass jede Belastung eine Verformung zur Folge hat. Während der Zugstab unter dem Einfluss einer Kraft gelängt wird, erfährt der mit Bild 0.3 eingeführte Biegebalken nach Bild 0.11 unter dem Einfluss des belastenden Biegemomentes eine Biegeverformung, die hier völlig übertrieben groß dargestellt ist:

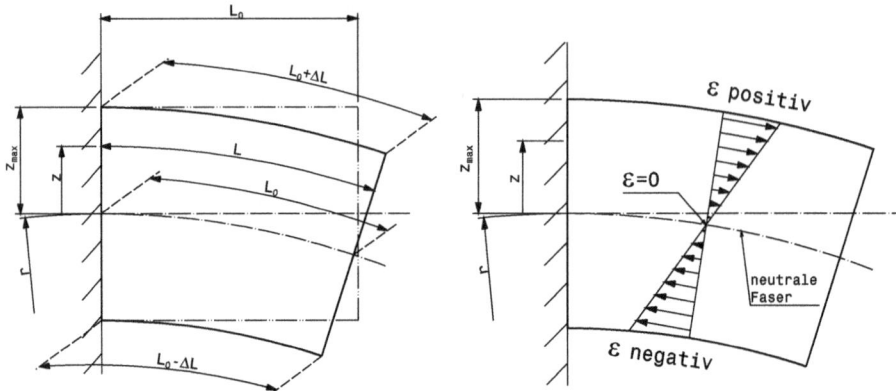

Bild 0.11: Absolute und relative Verformungen des Biegebalkens

a. Absolute elastische Verformungen

Die Verformung des Balkens kann an jedem beliebigen Punkt seiner Länge durch einen Kreisbogenabschnitt mit dem Radius r beschrieben werden. Daraus lassen sich zunächst folgende qualitative Schlussfolgerungen ableiten: An der Oberkante des Balkens wird der Werkstoff gedehnt, weil die Ursprungslänge des unbelasteten Balkenelementes L_0 durch die Balkenkrümmung auf $L_0 + \Delta L$ vergrößert wird. An der Unterkante des Balkens wird der Werkstoff aus ähnlichen Gründen von L_0 auf $L_0 - \Delta L$ gestaucht. Bei symmetrischem Querschnitt tritt in der Mitte des Balkens keine Verformung auf, sodass diese Linie als „neutrale Faser" bezeichnet wird. Der an beliebiger z-Koordinate platzierte Kreisbogen L lässt sich mit dem in der neutralen Faser vorliegenden Kreisbogen L_0 geometrisch ins Verhältnis setzen:

$$\frac{L}{r+z} = \frac{L_0}{r} \quad \Rightarrow \quad L = L_0 \cdot \frac{r+z}{r} \qquad\qquad \text{Gl. 0.25}$$

b. Relative elastische Verformungen

Die Verformung verhält sich proportional zum Abstand zur neutralen Faser: Ausgehend von der unverformten Länge der neutralen Faser tritt nach oben hin immer mehr Längung auf, die an der Balkenoberkante ihren maximalen Wert erreicht. Unterhalb der neutralen Faser erfährt der Werkstoff eine Stauchung, die an der Balkenunterkante maximal wird. Dadurch ergibt sich die dargestellte dreieckförmige Verformungsverteilung $\varepsilon = f_{(z)}$. Setzt man für diesen Fall die relative Dehnung $\varepsilon = \Delta L / L_0$ nach Gl. 0.21 an, so ergibt sich:

$$\varepsilon = \frac{L - L_0}{L_0} = \frac{L_0 \cdot \frac{r+z}{r} - L_0}{L_0} = \frac{z + r}{r} - 1 = \frac{z + r - r}{r} = \frac{z}{r} \qquad \text{Gl. 0.26}$$

Durch Kürzen von L_0 wird die Gleichung von der speziellen Länge des Balkenelementes unabhängig.

c. Spannungsverteilung

Geht man nun davon aus, dass diese Verformungen noch im elastischen Bereich liegen, so resultiert daraus nach der Gesetzmäßigkeit der elastischen Verformung ($\sigma = E \cdot \varepsilon$) eine ebenfalls dreieckförmige Spannungsverteilung $\sigma = f_{(z)}$ nach der linken Hälfte von Bild 0.12.

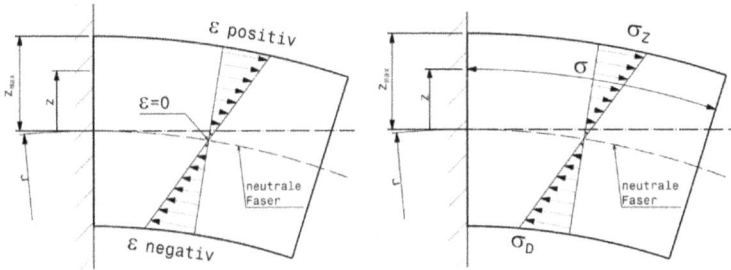

Bild 0.12: Spannungen und Momentengleichgewicht am Balkenquerschnitt

Damit lässt sich die Biegebeanspruchung mit der zuvor erörterten Zug- und Druckbeanspruchung in Zusammenhang bringen. Da die Werkstoffdehnung und damit die Werkstoffbelastung an der Randfaser am größten sind, wird ein Zusammenhang für die dort auftretende Spannung in Form von $\sigma_{max} = f_{(M)}$ gesucht. Dazu kann in der dreieckförmigen Spannungsverteilung der Strahlensatz angesetzt werden:

$$\frac{z}{z_{max}} = \frac{\sigma}{\sigma_{max}} \quad \text{bzw.} \quad \sigma = \sigma_{max} \cdot \frac{z}{z_{max}} \qquad \text{Gl. 0.27}$$

d. Momentengleichgewicht

Die auftretenden Spannungen müssen mit dem in den Balken eingeleiteten Biegemoment M_b im Gleichgewicht stehen, welches in der neutralen Faser des Balkens angreift und sich auf den einzelnen Spannungsanteilen mit dem dazugehörenden Hebelarm z abstützt (rechte Hälfte von Bild 0.12):

$$M_b = \int_{-z_{max}}^{z_{max}} dF \cdot z$$

Die Kraft dF lässt sich in Anlehnung an Gl. 0.20 als $dF = \sigma \cdot dA$ ausdrücken:

$$M_b = \int_{-z_{max}}^{z_{max}} \sigma \cdot dA \cdot z \qquad\qquad \text{Gl. 0.28}$$

Führt man für σ den Ausdruck nach Gl. 0.27 ein, so erhält man:

$$M_b = \int_{-z_{max}}^{z_{max}} \sigma_{max} \cdot \frac{z}{z_{max}} \cdot dA \cdot z = \frac{\sigma_{max}}{z_{max}} \cdot \int_{-z_{max}}^{z_{max}} z^2 \cdot dA \qquad\qquad \text{Gl. 0.29}$$

Sowohl σ_{max} als auch z_{max} sind von der Integration nicht betroffen. Mit dieser Gleichung lässt sich nun die Frage nach der maximal im Balken auftretenden Spannung σ_{max} beantworten:

$$\sigma_{max} = \frac{M_b}{\dfrac{\int_{-z_{max}}^{z_{max}} z^2 \cdot dA}{z_{max}}} \qquad\qquad \text{Gl. 0.30}$$

Der Nennerausdruck dieser Gleichung hängt nur von der Geometrie des Balkenquerschnitts ab und wird als das axiale oder äquatoriale Widerstandsmoment W_{ax} bezeichnet. Damit gewinnt man einen übersichtlichen Ausdruck für die im Balken wirkende Biegespannung:

$$\sigma_{bmax} = \frac{M_b}{W_{ax}} \quad \text{mit} \quad W_{ax} = \frac{\int_{-z_{max}}^{z_{max}} z^2 \cdot dA}{z_{max}} \qquad\qquad \text{Gl. 0.31}$$

So wie bei der Berechnung von Zug- und Druckspannungen nach Gl. 0.20 die Querschnittsfläche A im Nenner steht, so muss bei der Berechnung der Biegespannung durch das „axiale Widerstandsmoment" W_{ax} dividiert werden. Im Gegensatz zur Zug- und Druckbelastung ist aber bei der Biegung nicht nur die Größe der Querschnittsfläche maßgebend, sondern auch ihre geometrische Anordnung. Die dadurch hervorgerufene Normalspannung σ wird dann auch nicht mehr als Zugspannung σ_Z an der Balkenoberseite bzw. Druckspannung σ_D an der Balkenunterseite, sondern einfach als Biegespannung σ_b bezeichnet.

Der in der oberen Hälfte von Bild 0.13 abgebildete Zugstab weist an jeder Stelle die gleiche Spannung auf. Die Spannung im Biegebalken hingegen wächst nicht nur ausgehend vom rechten Balkenende linear mit dem Hebelarm, sondern auch linear mit dem Abstand von der neutralen Faser an. Die größte Spannung tritt in der Randfaser an der Einspannstelle auf. In Anlehnung an Gl. 0.23 lässt sich nun formulieren:

$$\sigma_b = \frac{M_b}{W_{ax}} \leq \sigma_{zul} \qquad\qquad \text{Gl. 0.32}$$

Während diese Ungleichung nur das Standhalten oder das Versagen des Bauteils angibt, kann auch hier in Analogie zu Gl. 0.24 die Sicherheit S in einer differenzierteren Betrachtung als

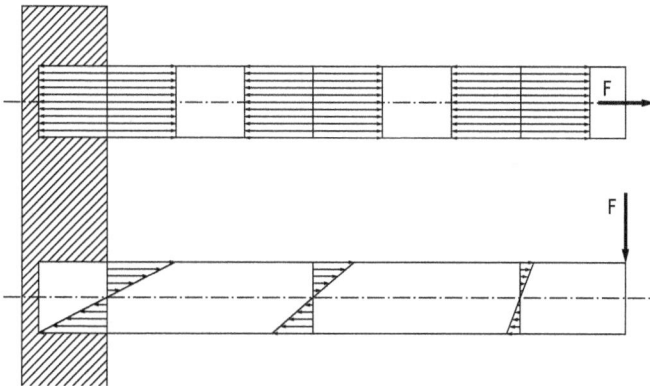

Bild 0.13: Biegespannungsverteilung entlang eines einseitig eingespannten Biegebalkens

Quotient von zulässiger zu tatsächlicher Spannung formuliert werden:

$$S = \frac{\sigma_{zul}}{\sigma_b}$$ Gl. 0.33

In Erweiterung zu Gl. 0.30 lässt sich aber nicht nur die maximale Biegespannung σ_b an der Randfaser, sondern auch die allgemein an irgendeiner Stelle des Balkenquerschnitts auftretende Spannung σ in Funktion des Abstandes von der neutralen Faser formulieren:

$$\sigma_{(z)} = \frac{M_b}{\frac{\int_{-z_{max}}^{z_{max}} z^2 \cdot dA}{z}} = \frac{M_b}{I_{ax}} \cdot z \quad \text{mit} \quad I_{ax} = \int_{-z_{max}}^{z_{max}} z^2 \cdot dA$$ Gl. 0.34

I_{ax} wird als das axiale oder äquatoriale Flächenmoment bezeichnet und hat über die vorliegende Betrachtung hinaus bei der Berechnung der Biegeverformung eine entscheidende Bedeutung (s. Kapitel 2.2.4, Biegefedern). Das axiale Widerstandsmoment W_{ax} lässt sich nach Gl. 0.31 und das axiale Flächenmoment nach Gl. 0.34 für jeden beliebigen Balkenquerschnitt berechnen. Die Festigkeitslehre als Bestandteil des Lehrgebietes Mechanik (z. B. [0.2]) geht dieser Fragestellung weiter nach.

Flächen- und Widerstandsmomente genormter Profile

Da genormte Walzprofile im Querschnitt standardisiert sind, lassen sie sich bezüglich ihrer Widerstands- und Flächenmomente tabellieren, sodass sich die rechnerische Auswertung der Gleichungen 0.31 und 0.34 erübrigt. Dabei ist allerdings zu beachten, dass bei Biegung um die y-Achse (also wenn die momentenerzeugende Kraft in z-Richtung angreift) I_{ax} als I_y und W_{ax} als W_y anzusetzen sind. Wird hingegen die Momentenbelastung um die z-Achse eingeleitet (also wenn die momentenerzeugende Kraft in y-Richtung angreift), so sind die entsprechenden z-Werte aus den Bildern 0.14–0.17 zu übernehmen.

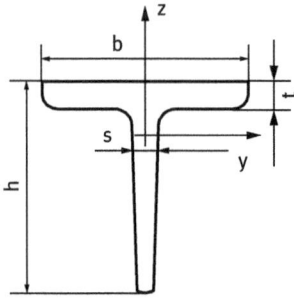

T-Stahl (h = b)

Bild 0.14: Rundkantiger, hoch-
stegiger T-Stahl nach DIN 1024

Kurz-zeichen	$h = b$ mm	$s = t$ mm	A mm^2	I_y $[10^3]$ mm^4	W_y $[10^3]$ mm^3	I_z $[10^3]$ mm^4	W_z $[10^3]$ mm^3
T20	20	3	112	3,80	0,27	2,00	0,20
T25	25	3,5	164	8,70	0,49	4,30	0,34
T30	30	4	226	17,20	0,80	8,70	0,58
T35	35	4,5	297	31,0	1,23	15,70	0,90
T40	40	5	377	52,8	1,84	25,80	1,29
T45	45	5,5	467	81,3	2,51	40,10	1,78
T50	50	6	566	121	3,36	60,6	2,42
T60	60	7	794	238	5,48	122,0	4,07
T70	70	8	1060	445	8,79	221,0	6,32
T80	80	9	1360	737	12,00	370,0	9,25

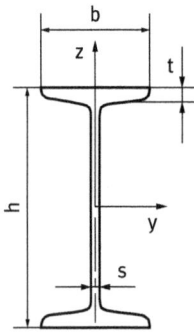

Bild 0.15: Warmge-
walzter I-Träger nach
DIN 1025 T1

Kurz-zeichen	h mm	b mm	t mm	A mm^2	I_y $[10^3]$ mm^4	W_y $[10^3]$ mm^3	I_z $[10^3]$ mm^4	W_z $[10^3]$ mm^3
I 80	80	42	5,9	757	778	19,5	62,9	3,00
I 100	100	50	6,8	1.060	1.710	34,2	122	4,88
I 120	120	58	7,7	1.420	3.280	54,7	215	7,41
I 140	140	66	8,6	1.820	5.730	81,9	352	10,7
I 160	160	74	9,5	2.280	9.350	117	547	14,8
I 180	180	82	10,4	2.790	14.500	161	813	19,8
I 200	200	90	11,3	3.340	21.400	214	1.170	26,0
I 220	220	98	12,2	3.950	30.600	278	1.620	33,1
I 240	240	106	13,1	4.610	42.500	354	2.210	41,7
I 260	260	113	14,1	5.330	57.400	442	2.880	51,0
I 280	280	119	15,2	6.100	75.900	542	3.640	61,2
I 300	300	125	16,2	6.900	98.000	653	4.510	72,2

Für $h \leq 240$ mm: $s = 0,03h + 1,5$ mm; für $h \geq 260$ mm: $s = 0,036h$.

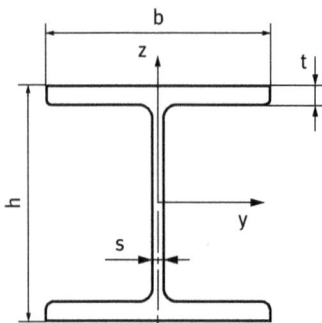

Bild 0.16: Warmgewalzter
I-Träger (breiter I-Träger)
nach DIN 1025 T2

Kurz-zeichen	$h = b$ mm	s mm	t mm	A mm^2	I_y $[10^3]$ mm^4	W_y $[10^3]$ mm^3	I_z $[10^3]$ mm^4	W_z $[10^3]$ mm^3
IPB 100	100	6	10	2.600	4.500	89,9	1.670	33,5
IPB 120	120	6,5	11	3.400	8.640	144	3.180	52,9
IPB 140	140	7	12	4.300	15.100	216	5.500	78,5
IPB 160	160	8	13	5.430	24.900	311	8.890	111
IPB 180	180	8,5	14	6.530	38.300	426	13.600	151
IPB 200	200	9	15	7.810	57.000	570	20.000	200
IPB 220	220	9,5	16	9.100	80.900	736	28.400	258
IPB 240	240	10	17	10.600	112.600	938	39.200	327
IPB 260	260	10	17,5	11.800	149.200	1.150	51.300	359
IPB 280	280	10,5	18	13.100	192.700	1.380	65.900	471
IPB 300	300	11	19	14.900	251.700	1.680	85.600	571

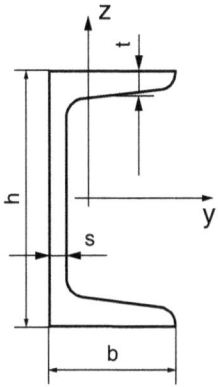

Bild 0.17: Warmgewalzter rundkantiger U-Stahl nach DIN 1026

Kurzzeichen	h mm	b mm	s mm	t mm	A mm²	I_y [10^3] mm⁴	W_y [10^3] mm³	I_z [10^3] mm⁴	W_z [10^3] mm³
U30x15	30	15	4	4,5	221	25,3	1,69	3,8	0,39
U30	30	33	5	7	544	63,9	4,26	53,3	2,68
U40x20	40	20	5	5,5	366	75,8	3,79	11,4	0,86
U40	40	35	5	7	621	141	7,05	66,8	3,08
U50x25	50	25	5	6	492	168	6,73	24,9	1,48
U50	50	38	5	7	712	264	10,6	91,2	3,75
U60	60	30	6	6	646	318	10,5	45,1	2,16
U65	65	42	5,5	7,5	903	575	17,7	141	5,07
U80	80	45	6	8	1.100	1.060	26,5	194	6,36
U100	100	50	6	8,5	1.350	2.060	41,2	293	8,49
U120	120	55	7	9	1.700	3.640	60,7	432	11,1
U140	140	60	7	10	2.040	6.050	86,4	627	14,8
U160	160	65	7,5	10,5	2.400	9.250	116	853	18,3
U180	180	70	8	11	2.800	13.500	150	1.140	22,4
U200	200	75	8,5	11,5	3.220	19.100	191	1.480	27,0

Weitere Halbzeugprofile sind in den Normblättern [0.21–0.38] aufgeführt.

Aufgaben

Normprofile: Aufgaben A.0.10 und A.0.11

Suche nach der kritischen Stelle innerhalb eines Bauteils: Aufgabe A.0.12

Last ändert Kraftangriffspunkt: Aufgaben A.0.13 und A.0.14

Axiales Flächenmoment und Widerstandsmoment eines Rechtecks W_{ax}

Während die vorgenannten Normprofile vorwiegend im Stahlbau verwendet werden, müssen die Gleichungen 0.31 und 0.34 für allgemeine Belange erneut aufgegriffen werden. An dieser Stelle soll nur der in Bild 0.18 skizzierte rechteckige Balkenquerschnitt hinsichtlich seines axialen Flächenmomentes und seines Widerstandsmomentes betrachtet werden:

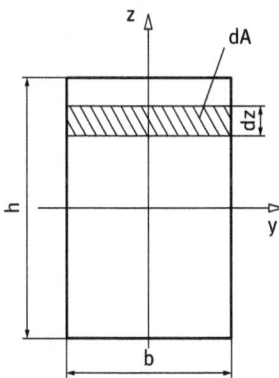

Da die Balkenbreite b konstant ist, lässt sich die Fläche dA einfach als Rechteckfläche ausdrücken:

$$dA = dz \cdot b$$

Der maximale Randfaserabstand entspricht dabei wegen der Querschnittssymmetrie genau der halben Balkenhöhe:

$$z_{max} = \frac{h}{2}$$

Bild 0.18: Rechteckförmiger Balkenquerschnitt

Damit ist das Integral des Flächenmomentes nach Gl. 0.34 einfach zu ermitteln:

$$I_{axy} = \int\limits_{-z_{max}}^{z_{max}} z^2 \cdot dA = \int\limits_{-\frac{h}{2}}^{\frac{h}{2}} z^2 \cdot b \cdot dz = b \cdot \int\limits_{-\frac{h}{2}}^{\frac{h}{2}} z^2 \cdot dz = b \cdot \left[\frac{z^3}{3}\right]_{-\frac{h}{2}}^{\frac{h}{2}}$$

$$I_{axy} = \frac{b}{3} \cdot \left[\left(\frac{h}{2}\right)^3 - \left(-\frac{h}{2}\right)^3\right] = \frac{b}{3} \cdot \frac{1}{8} \cdot [h^3 + h^3] = \frac{b \cdot h^3}{12} \qquad \text{Gl. 0.35}$$

Das Widerstandsmoment ergibt sich nach Gl. 0.31 zu

$$W_{axy} = \frac{I_{axy}}{z_{max}} = \frac{\frac{b \cdot h^3}{12}}{\frac{h}{2}} = \frac{b \cdot h^2}{6} \qquad \text{Gl. 0.36}$$

An diesem Ausdruck wird auch klar, dass ein auf Biegung belasteter Balken mit rechteckförmigem Querschnitt vorteilhafterweise „hochkant" angeordnet werden sollte. Dann nämlich geht die größere Rechteckseite als Höhe quadratisch, die kleinere Rechteckbreite als Breite nur linear in das Widerstandsmoment ein. Würde man das Rechteck nicht hochkant, sondern rechtwinklig dazu anordnen, so würde die relativ geringe Breite zwar quadratisch eingehen, die sehr viel größere Balkenhöhe aber nur linear, es würde sich ein geringeres Widerstandsmoment ergeben, der Balken wäre weniger belastungsfähig.

Axiales Flächenmoment und Widerstandsmoment weiterer Grundmuster

Grundsätzlich kann jeder beliebige Balkenquerschnitt in seinem Widerstandsmoment berechnet werden. Ist der Balken nicht rechteckig, so muss die Breite der Fläche dA in Funktion der Koordinate z formuliert werden, was die Auflösung des Integrals erschwert. Bild 0.19 führt die Flächen- und Widerstandsmomente einiger weiterer Grundmuster auf.

Bei kreisförmigen Querschnitten ist die Unterscheidung nach der Belastungsrichtung wegen der Rotationssymmetrie gegenstandslos. Die in dieser Zusammenstellung aufgeführten Gleichungen für Flächenmomente können addiert (oder subtrahiert) werden, wenn der Schwerpunkt der einzelnen Flächenanteile mit der neutralen Faser zusammenfällt. Die Widerstandsmomente können nur dann addiert werden, wenn der äußere Randfaserabstand für die einzelnen Flächenanteile gleich ist. Mehr darüber finden Sie im Abschnitt 0.1.2.5 der dreibändigen Ausgabe bzw. in Standardwerken der Mechanik.

Wenn ein auf Biegung beanspruchter Kreisquerschnitt zu dimensionieren ist, lässt sich einerseits aus dem anliegenden Moment M_b die Biegespannung σ_b berechnen:

$$\sigma_b = \frac{M_b}{W_{ax}} = \frac{32 \cdot M_b}{\pi \cdot d^3} \quad \text{mit} \quad W_{ax} = \frac{\pi}{32} \cdot d^3 \qquad \text{Gl. 0.37}$$

Andererseits kann auch danach gefragt werden, wie groß der Wellendurchmesser d sein muss, damit er bei einer vorgegebenen zulässigen Spannung σ_{zul} der Biegebelastung M_b noch stand-

Querschnitt	I_{ax}	W_{ax}
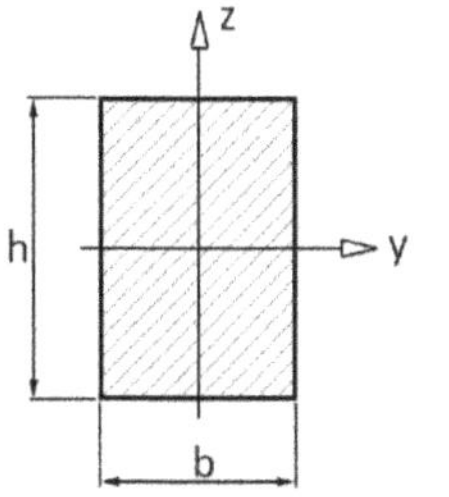 (Rechteck, Achsen z, y, Höhe h, Breite b)	$I_y = \dfrac{b \cdot h^3}{12}$ $I_z = \dfrac{h \cdot b^3}{12}$	$W_y = \dfrac{b \cdot h^2}{6}$ $W_z = \dfrac{b^2 \cdot h}{6}$
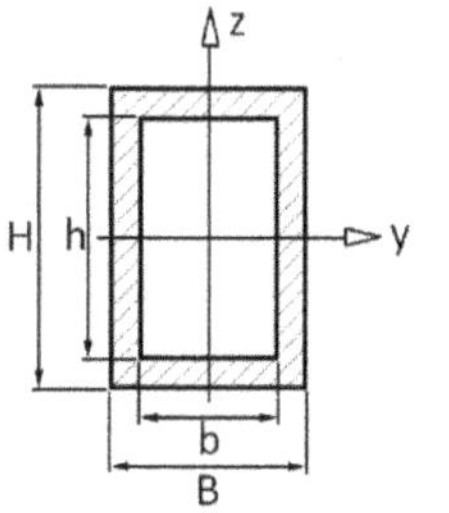 (Hohlrechteck, H, h, b, B)	$I_y = \dfrac{B \cdot H^3 - b \cdot h^3}{12}$ $I_z = \dfrac{H \cdot B^3 - h \cdot b^3}{12}$	$W_y = \dfrac{B \cdot H^3 - b \cdot h^3}{6 \cdot H}$ $W_z = \dfrac{H \cdot B^3 - h \cdot b^3}{6 \cdot B}$
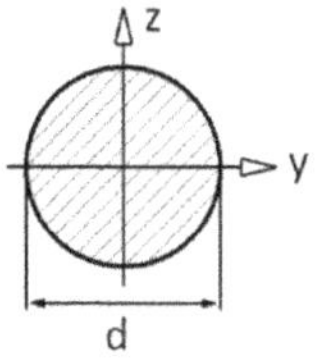 (Kreis, Durchmesser d)	$I_y = I_z = \dfrac{\pi}{64} \cdot d^4$	$W_y = W_z = \dfrac{\pi}{32} \cdot d^3$
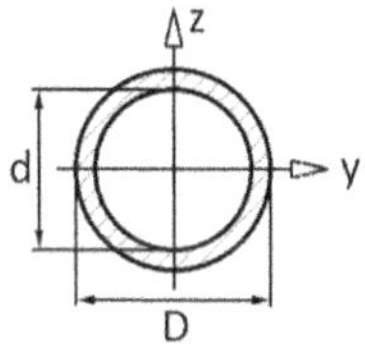 (Kreisring, d, D)	$I_y = I_z = \dfrac{\pi}{64} \cdot (D^4 - d^4)$	$W_y = W_z = \dfrac{\pi}{32} \cdot \dfrac{D^4 - d^4}{D}$

Bild 0.19: Grundmuster axialer Flächen- und Widerstandsmomente

hält. In diesem Falle wird Gl. 0.37 so umgestellt, dass sich der minimal erforderliche Wellendurchmesser d_{min} als Funktion des Biegemomentes M_b und der zulässigen Spannung σ_{bzul} ergibt:

$$\sigma_{bzul} = \frac{32 \cdot M_b}{\pi \cdot d_{min}^3} \quad \Rightarrow \quad d_{min} = \sqrt[3]{\frac{32 \cdot M_b}{\pi \cdot \sigma_{bzul}}} \qquad \text{Gl. 0.38}$$

Aufgabe A.0.15

0.2.2   Tangentialspannung

Die zuvor erläuterte Normalspannung σ steht normal auf der Querschnittsfläche A, ungeachtet dessen, ob sie durch eine Längskraft F oder ein Biegemoment M_b zustande kommt. Grundsätzlich kann aber die Schnittfläche in einem beliebigen Winkel angelegt werden. Als zweiter Modellfall wird die Spannung tangential zur Querschnittsfläche A nach Bild 0.20 betrachtet.

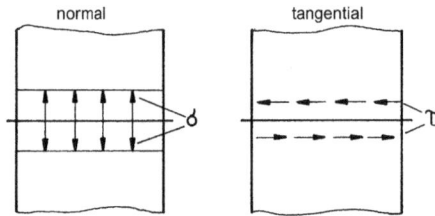

Bild 0.20: Gegenüberstellung Normalspannung–Tangentialspannung

Analog zur Normalspannung σ wird die Tangentialspannung τ („Tau") formuliert zu:

$$\tau = \frac{F}{A}$$ Gl. 0.39

Im Gegensatz zur Normalspannung σ, die ja nach Zugspannung σ_Z und Druckspannung σ_D unterscheidet, ist hier eine Differenzierung nach Vorzeichen zunächst nicht angebracht. Im allgemeinen Fall liegt je nach Lage der Schnittebene ein Mischverhältnis von Normalspannung σ und Tangentialspannung τ vor (s. [0.2]).

0.2.2.1   Querkraftschub

Der einfachste Fall der Tangentialspannung liegt dann vor, wenn ein Bauteil mit einer Querkraft nach Bild 0.21 belastet wird:

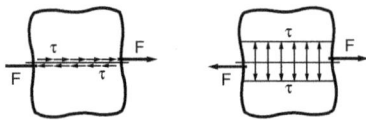

Bild 0.21: Darstellung der Tangentialspannung

Die Spannungsvektoren sind in der linken Darstellung in der korrekten Richtung dargestellt. Um die Höhe der Tangentialspannung im Maßstab anschaulicher darstellen zu können, werden die Tangentialspannungsvektoren nach der rechten Bildhälfte häufig wirklichkeitswidrig senkrecht zur Querschnittsfläche aufgetragen.

Der oben angedeutete Fall, dass die Tangentialspannung als „Querkraftschub" durch eine Querkraft Q hervorgerufen wird, tritt in reiner Form ohne weitere Belastungsanteile allerdings sehr selten auf, da dann die Kraft genau in der betrachteten Schnittebene angreifen und genau in dieser Ebene als Reaktion auch wieder abgeleitet werden müsste. Genau diesen Fall strebt man mit einer Schere nach Bild 0.22 an, um Werkstücke durch bewusstes Überschreiten einer zulässigen Schubspannung zu zertrennen:

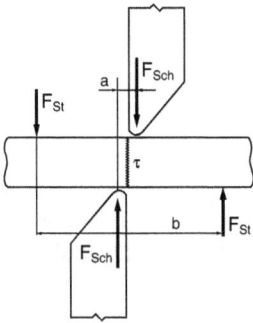

Bild 0.22: Querkraftschub an der Schere

Dazu muss die Schnittkraft der beiden Schneiden F_{Sch} als „actio" auf der einen und als „re-actio" auf der anderen Seite möglichst in der gleichen Ebene eingeleitet werden. Um dieser Forderung weitgehend zu entsprechen, muss eine Schere „scharf" sein. Diese Bedingung lässt sich jedoch nie ganz erfüllen, da das Kräftepaar F_{Sch} wegen der unvermeidlichen Rundung der Schneidkante stets einen gewissen Abstand a zueinander aufweist, der als Hebelarm a wirksam wird. Dadurch entsteht ein Moment, welches als Stützkraft F_{St} über einen weiteren Hebelarm b abgeleitet werden muss.

$$F_{Sch} \cdot a = F_{St} \cdot b$$

Das Werkstoffverhalten bei Schubbeanspruchung lässt sich ähnlich wie im Falle der Normal-spannungsbelastung durch ein Spannungs-Dehnungs-Diagramm nach der rechten Hälfte von Bild 0.23 beschreiben:

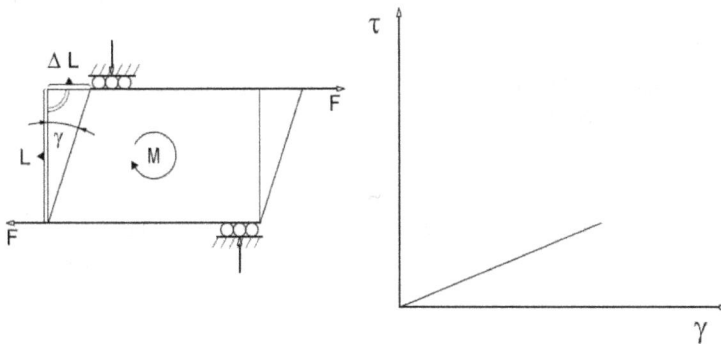

Bild 0.23: Werkstoffverhalten bei Querkraftschub

So wie jeder reale Körper unter Einfluss einer Normalkraft eine Verformung ε erfährt, so ver-formt er sich auch unter Einfluss einer Tangentialkraft um den Winkel γ. Um in diesem Fall eine elastische Verformung zu ermöglichen, muss das Kräftepaar einen gewissen Abstand zu-einander aufweisen. Das dadurch entstehende Moment muss aber durch weitere Kräfte abgestützt werden, die senkrecht zur Schubspannung wirken und deshalb auf den Betrag der Schubspannung selber keinen Einfluss haben.

$$\tan\gamma \approx \gamma = \frac{\Delta L}{L}$$ Gl. 0.40

Während die Verformung bei Zugspannungsbelastung noch als $\varepsilon = \Delta L/L$ normiert werden musste, liegt hier die Verformung bereits in normierter Form als Winkel γ vor. Die Proportionalitätskonstante zwischen der Tangentialspannung τ und der Verformung γ wird hier als der Schub- oder Gleitmodul G bezeichnet:

$$\tau = G \cdot \gamma$$ Gl. 0.41

Der Zahlenwert von G ist für einige Werkstoffe in Tabelle 0.1 des Abschnitts 0.2.1.1 aufgeführt bzw. kann aus den einschlägigen Tabellenwerken entnommen werden. Wegen der erforderlichen Abstützung ist der Schubmodul G versuchstechnisch allerdings schwieriger zu ermitteln als der Elastizitätsmodul E. In den weitaus meisten Fällen reicht es jedoch völlig aus, für die hier verwendeten metallischen Werkstoffe eine Näherungsbeziehung zwischen Elastizitäts- und Schubmodul auszunutzen (Näheres s. Werkstoffkunde):

$$G = \frac{E}{2 \cdot (1 + \nu)} \qquad \nu: \text{Querkontraktionszahl}$$ Gl. 0.42

Für metallische Werkstoffe kann die Querkontraktionszahl mit $\nu = 0{,}3$ angesetzt werden, sodass sich näherungsweise ergibt:

$$G \approx 0{,}385 \cdot E$$ Gl. 0.43

Ähnlich wie es die zulässigen Werte für Zug- und Druckspannungen gibt, werden auch Werkstoffkenndaten für die zulässige Schubspannung tabelliert, sodass für das Standhalten eines Bauteils analog zu Gl. 0.23 das Kriterium formuliert werden kann:

$$\tau_{\text{tats}} \leq \tau_{\text{zul}}$$ Gl. 0.44

Auch für diesen Belastungsfall ist eine differenzierte Betrachtung dadurch möglich, dass entsprechend Gl. 0.24 eine Sicherheit als Quotient von zulässiger Spannung τ_{zul} zu tatsächlich auftretender Spannung τ_{tats} formuliert wird:

$$S = \frac{\tau_{\text{zul}}}{\tau_{\text{tats}}}$$ Gl. 0.45

Aufgabe A.0.16

0.2.2.2   Torsionsschub

In Abschnitt 0.2.1.2 wurde demonstriert, dass die *Biege*momentenbelastung eines Balkens in dessen Querschnitt eine *Zug-* und *Druck*spannung hervorruft. In vergleichbarer Weise verursacht eine *Torsions*momentenbelastung eines Bauteils in dessen Querschnittsfläche eine *Schub*spannung. Der Erklärungsversuch nach Bild 0.24 geht in seiner linken Detaildarstellung zunächst einmal von einem Rohr aus, welches mit einem Torsionsmoment belastet wird.

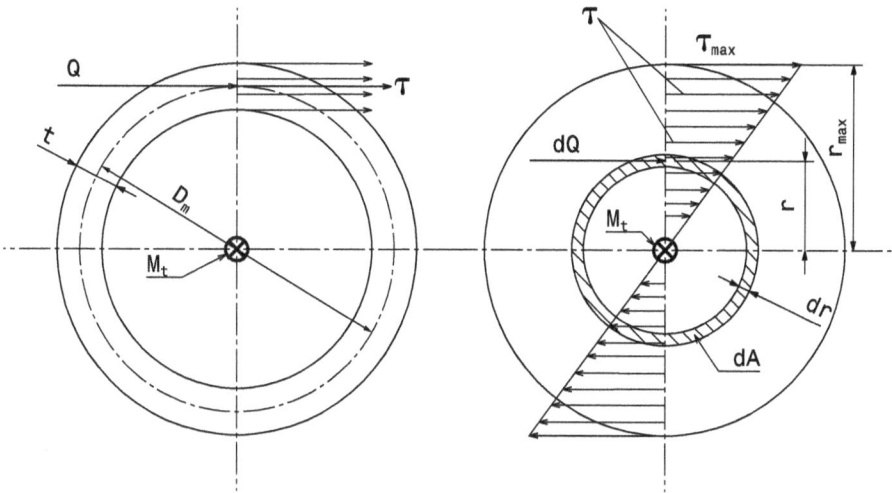

Bild 0.24: Torsionsschub

Unter der Annahme, dass die Wandstärke des Rohres t gegenüber seinem mittleren Durchmesser D_m sehr klein ist, kann eine fiktive Querkraft Q eingeführt werden, die das eingeleitete Torsionsmoment M_t auf dem halben mittleren Rohrdurchmesser $D_m/2$ als Hebelarm abstützt:

$$M_t = Q \cdot \frac{D_m}{2} \quad \Rightarrow \quad Q = M_t \cdot \frac{2}{D_m} \qquad\qquad \text{Gl. 0.46}$$

Diese Querkraft Q verursacht ihrerseits in der Querschnittsfläche der Rohrwandung A in Umfangrichtung eine Schubspannung τ:

$$\tau_t = \frac{Q}{A} = \frac{2 \cdot M_t}{D_m \cdot A} \qquad\qquad \text{Gl. 0.47}$$

Mit der Annahme $t \ll D_m$ lässt sich die Kreisringfläche als Rechteck mit dem Umfang $D \cdot \pi$ als langer Rechteckseite und der Wandstärke t als kurzer Rechteckseite formulieren. Mit $A = D_m \cdot \pi \cdot t$ erhält man:

$$\tau_t = \frac{2 \cdot M_t}{D_m^2 \cdot \pi \cdot t} \qquad\qquad \text{Gl. 0.48}$$

Diese einfache Formulierung wird nur möglich, weil aufgrund der dünnen Wandstärke des Rohres t eine konstante Schubspannungsverteilung angenommen werden kann. Der Torsionsschub tritt hier ohne weitere Belastungsanteile auf, eine Abstützung wie beim Querkraftschub entfällt also. Wird aber nach der rechten Bildhälfte ein Vollkreisquerschnitt mit Torsion belastet, so tritt eine nicht konstante Schubspannung auf. Die Schubspannungsverteilung ergibt sich vielmehr als Folge der dem Bauteil durch die Belastung aufgezwungenen Verformung:

- Die Schubspannung τ ist am Außenrand des Kreisquerschnitts maximal, weil dort aufgrund der Verdrehung eine maximale Verformung entsteht.
- Da um die Mitte des Kreises verdreht wird, liegt dort keine Verformung und damit auch keine Schubspannung vor.
- Da von innen nach außen die Verdrehverformung linear ansteigt, wird sich auch die dadurch hervorgerufene Schubspannung linear verhalten, wenn vorausgesetzt wird, dass die Verformungen im elastischen Bereich verbleiben.

Die Schubspannungsverteilung ist in Bild 0.24 für die senkrechte Schnittebene skizziert. Darüber hinaus findet sich diese Schubspannungsverteilung jedoch in jedem anderen Radialschnitt wieder. Das in Kreismitte angreifende Torsionsmoment M_t stützt sich auf die einzelnen Querkraftanteile dQ mit dem jeweils dazugehörenden Hebelarm r ab:

$$M_t = \int_0^{r_{max}} dQ_{(r)} \cdot r \qquad \text{Gl. 0.49}$$

Dabei ist dQ die Kraft, die sich aus der Schubspannung auf der dünnwandigen Kreisringfläche dA der rechten Darstellung von Bild 0.24 ergibt:

$$dQ_{(r)} = \tau_{(r)} \cdot dA \quad \Rightarrow \quad M_t = \int_0^{r_{max}} \tau_{(r)} \cdot dA \cdot r \qquad \text{Gl. 0.50}$$

Für die Festigkeitsbetrachtung ist die Größe der am Außenrand auftretenden maximalen Schubspannung τ_{max} von besonderer Bedeutung. Zu deren Berechnung kann zunächst einmal in der dreieckförmigen Spannungsverteilung der Strahlensatz angesetzt werden:

$$\frac{\tau_{max}}{\tau_{(r)}} = \frac{r_{max}}{r} \quad \Rightarrow \quad \tau_{(r)} = \tau_{max} \cdot \frac{r}{r_{max}} \qquad \text{Gl. 0.51}$$

Führt man diesen Ausdruck für τ in Gl. 0.50 ein, so ergibt sich:

$$M_t = \int_0^{r_{max}} \tau_{max} \cdot \frac{r}{r_{max}} \cdot dA \cdot r = \frac{\tau_{max}}{r_{max}} \cdot \int_0^{r_{max}} r^2 \cdot dA \qquad \text{Gl. 0.52}$$

Dabei sind sowohl τ_{max} als auch r_{max} nicht von der Integration betroffen. Diese Gleichung kann nun nach der maximal im Querschnitt auftretenden Torsionsspannung τ_{max} aufgelöst werden:

$$\tau_{max} = \frac{M_t}{\dfrac{\int_0^{r_{max}} r^2 \cdot dA}{r_{max}}} \qquad \text{Gl. 0.53}$$

Der Nennerausdruck hängt nur von der Geometrie des Rundstabquerschnitts ab und wird als das „polare Widerstandsmoment" W_{pol} bezeichnet:

$$\tau_{max} = \frac{M_t}{W_{pol}} \quad \text{mit} \quad W_{pol} = \frac{\int_0^{r_{max}} r^2 \cdot dA}{r_{max}} \qquad \text{Gl. 0.54}$$

Das polare Widerstandsmoment W_{pol} lässt sich grundsätzlich für jeden beliebigen Querschnitt ermitteln.

Polares Widerstandsmoment W_{pol} und Torsionswiderstandsmoment W_t

Die Formulierung von W_{pol} nach Gl. 0.54 ist für rotationssymmetrische Querschnitte geeignet, da sich diese einfach mit Polarkoordinaten darstellen lassen. Für den hier vorliegenden Kreisquerschnitt kann die anteilige Fläche des Kreisringes dA als Rechteck mit dem Kreisumfang als langer Rechteckseite und der Wandstärke als kurzer Rechteckseite erfasst werden:

$$dA = 2 \cdot \pi \cdot r \cdot dr$$

Damit lässt sich das Integral des polaren Widerstandsmomentes einfach auflösen:

$$W_{pol} = \frac{\int_0^{r_{max}} r^2 \cdot 2 \cdot \pi \cdot r \cdot dr}{r_{max}} = \frac{2 \cdot \pi}{r_{max}} \cdot \int_0^{r_{max}} r^3 \cdot dr$$

$$W_{pol} = \frac{2 \cdot \pi}{4 \cdot r_{max}} \cdot [r^4]_0^{r_{max}} = \frac{\pi}{2} \cdot r_{max}^3 = \frac{\pi}{2} \cdot \left(\frac{d}{2}\right)^3 = \frac{\pi}{16} \cdot d^3 \qquad \text{Gl. 0.55}$$

Die Beschreibung nicht kreisförmiger Querschnitte ist deutlich umständlicher und bleibt der Lehrveranstaltung Festigkeitslehre vorbehalten (s. [0.10], Kap. 2.7 und [0.15], Kap. 11). Außerdem muss dann nach dem „polaren Widerstandsmoment W_{pol}" und dem „Torsionswiderstandsmoment W_t" unterschieden werden. Ähnlich wie im Falle des axialen Widerstandsmomentes (Bild 0.19) lassen sich auch einige Grundmuster nach Bild 0.25 tabellieren.

Die Faktoren K_y und K_w sind vom Breiten-/Höhenverhältnis des Rechtecks abhängig und lassen sich der folgenden Tabelle entnehmen:

$\frac{h}{b}$	1	1,5	2	3	4	6	8	10	∞
K_y	0,209	0,230	0,247	0,269	0,284	0,299	0,307	0,312	0,333
K_w	0,141	0,196	0,229	0,263	0,281	0,298	0,307	0,312	0,333

Während das axiale Widerstandsmoment und das axiale Flächenmoment im allgemeinen Fall nach der Belastungs*richtung* differenziert werden müssen, entfällt für die Torsionsbelastung eine solche Unterscheidung. In Erweiterung zu Gl. 0.54 muss also für den allgemeinen Fall, der auch den nicht kreisförmigen Querschnitt einschließt, gelten:

$$\tau_{max} = \frac{M_t}{W_t} \qquad \text{Gl. 0.56}$$

Querschnitt	I_t	W_t
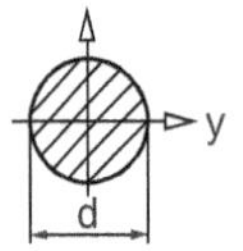	$I_{pol} = I_t = \dfrac{\pi}{32} \cdot d^4$	$W_{pol} = W_t = \dfrac{\pi}{16} \cdot d^3$
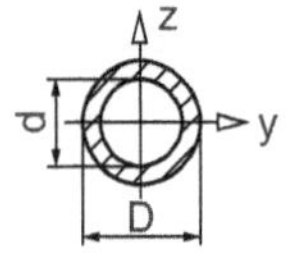	$I_{pol} = I_t = \dfrac{\pi}{32} \cdot (D^4 - d^4)$	$W_{pol} = W_t = \dfrac{\pi}{16} \cdot \dfrac{D^4 - d^4}{D}$
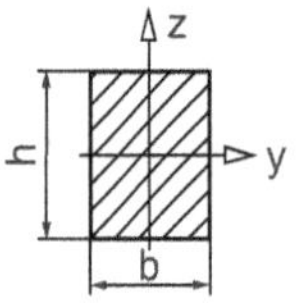	h: größere Rechteckseite b: kleinere Rechteckseite $I_t = K_w \cdot h \cdot b^3$	h: größere Rechteckseite b: kleinere Rechteckseite $W_t = K_y \cdot h \cdot b^2$

Bild 0.25: Polare Flächen- und Widerstandsmomente

Darüber hinaus hat das polare Flächenmoment eine besondere Bedeutung bei der Verformungsanalyse unter Torsionsbeanspruchung und spielt bei der Beschreibung von Federsteifigkeiten eine wichtige Rolle (z. B. Gl. 2.6). Der in Gl. 0.54 formulierte Torsionsschub lässt sich für den praktisch sehr häufig auftretenden Fall der Vollwelle mit dem polaren Widerstandsmoment nach Gl. 0.55 leicht spezifizieren:

$$\tau_t = \frac{M_t}{W_{pol}} = \frac{16 \cdot M_t}{\pi \cdot d^3} \leq \tau_{zul} \qquad\qquad \text{Gl. 0.57}$$

Mit dieser Gleichung kann zunächst einmal die Torsionsspannung bei bekanntem Torsionsmoment und vorgegebenem Wellendurchmesser ermittelt werden. Durch Umstellung der Gleichung lässt sich aber auch die Frage beantworten, wie groß der Wellendurchmesser d_{min} sein muss, damit bei vorgegebenem Torsionsmoment M_t die zulässige Schubspannung τ_{zul} nicht überschritten wird:

$$d_{min} = \sqrt[3]{\frac{16 \cdot M_t}{\pi \cdot \tau_{zul}}} \qquad\qquad \text{Gl. 0.58}$$

Aufgaben A.0.17 und A.0.18

0.3 Arbeit, Energie und Leistung

Die bisherigen Betrachtungen hatten entweder ein starres System zum Gegenstand (Statik, Abschnitt 0.1) oder ein System, welches sich verformte (Festigkeitslehre, Abschnitt 0.2). In beiden Fällen fand aber keine globale Bewegung statt. Da aber die Bewegung das kennzeichnende Merkmal einer Maschine ist, müssen auch einige Grundbegriffe des sich bewegenden Systems geklärt werden. Dabei unterscheidet Bild 0.26 nach Geradeausbewegung (Translation, links) und Drehbewegung (Rotation, rechts):

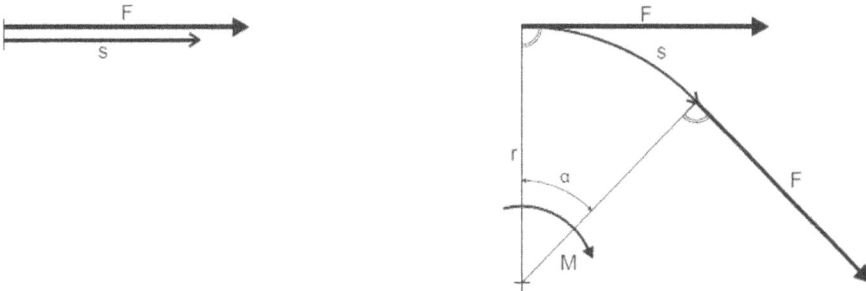

Bild 0.26: Translatorische und rotatorische Arbeit

Aus der Schulphysik ist die Arbeit („**work**") als Produkt aus Kraft F und Weg s bekannt:

$$W = F \cdot s \qquad \text{Gl. 0.59}$$

Das gleiche Produkt bezeichnet auch die Energie. Der Unterschied ist lediglich, dass die Arbeit geleistet wird oder geleistet worden ist, während der Begriff „Energie" meist die Fähigkeit betont, Arbeit zu leisten. Die Dimension der Arbeit ist zunächst einmal Nm, was zu Missverständnissen führen kann, weil das Moment die gleiche Dimension aufweist. Aus diesem Grund wird das Nm der Arbeit oder Energie zuweilen auch mit der Einheit J (Joule) bezeichnet.

Mit dem Begriff „Leistung" („**power**") wird ausgedrückt, dass pro Zeiteinheit eine gewisse Arbeit verrichtet wird:

$$P = \frac{W}{t} = \frac{F \cdot s}{t} = F \cdot \frac{s}{t} = F \cdot v \quad \text{Gl. 0.61}$$

Da aber der Quotient s/t auch als Geschwindigkeit bekannt ist, kann die Leistung auch als das Produkt von Kraft und Geschwindigkeit verstanden werden.

Im Falle der Rotation wird der Weg s als Bogen eines Kreises ausgedrückt:

$$s = r \cdot \alpha$$

Damit gewinnt die bereits aus Gl. 0.59 bekannte Arbeit folgende Formulierung: Da aber das Produkt aus Kraft und Hebelarm gleich dem Moment ist, ergibt sich die Arbeit für die Rotation als Produkt aus Moment M und Verdrehwinkel α (in Bogenmaß):

$$W = M \cdot \alpha \qquad \text{Gl. 0.60}$$

Leitet man daraus die Leistung für die Rotation als Arbeit pro Zeiteinheit ab, so gewinnt man:

$$P = \frac{W}{t} = \frac{M \cdot \alpha}{t} = M \cdot \frac{\alpha}{t}$$
$$= M \cdot \omega \qquad \text{Gl. 0.62}$$

Durch den Quotienten α/t stößt man auf die „Winkelgeschwindigkeit" ω, die den pro Sekunde zurückgelegten Winkel in Bogenmaß angibt.

Diese Winkelgeschwindigkeit steht mit der in der Technik vorwiegend verwendeten Bezeichnung der Drehgeschwindigkeit als Drehzahl in Zusammenhang:

$$\omega = 2 \cdot \pi \cdot n \qquad\qquad\qquad\qquad\qquad\qquad\qquad Gl.\ 0.63$$

Dabei muss berücksichtigt werden, dass die Drehzahl meist in Umdrehungen pro Minute angegeben wird, was eine Umrechnung erforderlich macht. Eine Drehzahl von 1.000 Umdrehungen pro Minute hat beispielsweise folgende Winkelgeschwindigkeit zur Folge:

$$\omega = 2 \cdot \pi \cdot \frac{1.000}{60\,s} = 104,7\,s^{-1}$$

0.4   Anhang

0.4.1   Literatur

[0.1]   Agne, K.; Agne, S.: Technische Mechanik in der Feinwerktechnik, Vieweg, 1988

[0.2]   Assmann, B.; Selke, P.: Technische Mechanik: Band 1–3, Oldenbourg, 2006

[0.3]   Böge, A.: Formeln und Tabellen zur Mechanik und Festigkeitslehre: Band 1 und 2, Vieweg, 1994

[0.4]   Dankert, H.; Dankert, J.: Technische Mechanik computerunterstützt, Teubner, 1995

[0.5]   Dietman, H.: Einführung in die Elastizitäts- und Festigkeitslehre, Kroner, 1992

[0.6]   DIN-Taschenbuch 69: Stahlhochbau. Beuth

[0.7]   Fink, K.; Rohrbach, C.: Handbuch der Spannungs- und Dehnungsmessung, VDI-Verlag, 1965

[0.8]   Gobrecht, J.: Werkstofftechnik – Metalle. 3. Auflage, Oldenbourg Verlag, 2009

[0.9]   Gross, D.; Hauger, W.; Schnell, W.: Technische Mechanik, Springer, 2005

[0.10]   Gross, D.; Hauger, W.; Wriggers, P.: Technische Mechanik 4, Springer Vieweg, 2018

[0.11]   Hänchen, R.: Neue Festigkeitsberechnung für den Maschinenbau, Hanser, 1967

[0.12]   Holzmann, G.; Meyer, H.; Schumpick, G.: Technische Mechanik: Band 1: Statik, Teubner, 1990

[0.13]   Hütte: Taschenbuch der Stoffkunde. Berlin

[0.14]   Issler, L.; Ruoß, H.; Häfele, P.: Festigkeitslehre – Grundlagen, Springer, 1995

[0.15]   Läpple, V.: Einführung in die Festigkeitslehre, Springer Vieweg, 2016

[0.16]   NN: Werkstoffhandbuch Stahl und Eisen. Düsseldorf, 1974

[0.17]   NN: Werkstoffhandbuch Nichteisenmetalle. Düsseldorf, 1960

[0.18]   Oberbach, K.: Kunststoffkennwerte für Konstrukteure. München, 1974

[0.19] Rösler, J.; Harders, H.; Baker, M.: Mechanisches Verhalten der Werkstoffe, B. G. Teubner-Verlag, 2003

[0.20] Schweigerer, S.: Festigkeitsberechnung im Dampfkessel-, Behälter- und Rohrleitungsbau, Springer, 1978

0.4.2 Normen

[0.21] DIN 1013-1: Warmgewalzter Rundstahl für allgemeine Verwendung

[0.22] DIN 1013-2: Warmgewalzter Rundstahl für besondere Verwendung

[0.23] DIN 1014-1 und DIN 1014-2: Warmgewalzter Vierkantstahl

[0.24] DIN 1015: Warmgewalzter Sechskantstahl

[0.25] DIN EN 10048: Warmgewalzter Bandstahl

[0.26] DIN 1017-1: Warmgewalzter Flachstahl für allgemeine Verwendung

[0.27] DIN 1018: Warmgewalzter Halbrundstahl und Flachhalbrundstahl

[0.28] DIN 1022: Warmgewalzter gleichschenkliger scharfkantiger Winkelstahl (LS-Stahl)

[0.29] DIN EN 10055: Warmgewalzter gleichschenkliger T-Stahl mit gerundeten Kanten und Übergängen

[0.30] DIN 1025-1: Warmgewalzte I-Träger – schmale I-Träger

[0.31] DIN 1025-2: Warmgewalzte I-Träger – I-Träger, IPB-Reihe

[0.32] DIN 1025-3: Warmgewalzte I-Träger – breite Träger, leichte Ausführung

[0.33] DIN 1025-4: Warmgewalzte I-Träger – breite Träger, verstärkte Ausführung

[0.34] DIN 1025-5: Warmgewalzte I-Träger – mittelbreite I-Träger, IPE-Reihe

[0.35] DIN 1026: Warmgewalzter rundkantiger U-Stahl

[0.36] DIN 1027: Warmgewalzter rundkantiger Z-Stahl

[0.37] DIN 1028: Warmgewalzter gleichschenkliger rundkantiger Winkelstahl

[0.38] DIN 1029: Warmgewalzter ungleichschenkliger rundkantiger Winkelstahl

0.5   Aufgaben: Grundlagen der Mechanik

Statik

A.0.1   Schiefe Ebene

Eine Walze mit einer Masse von 120 kg befindet sich auf einer schiefen Ebene mit dem Steigungswinkel $\varphi = 20°$.

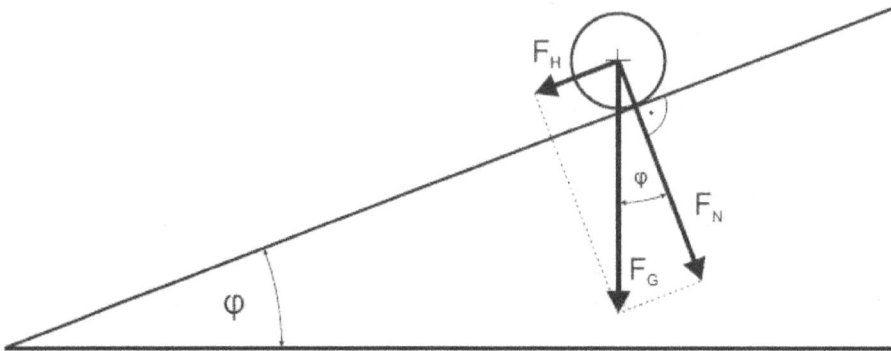

Wie groß ist die Gewichtskraft?	F_G	N	
Wie groß ist die Normalkraft, mit der die Walze senkrecht auf die schiefe Ebene drückt?	F_N	N	
Wie groß ist die Hangabtriebskraft?	F_H	N	

A.0.2   Gleichgewicht mit drei Seilkräften

Die Massen m_1 und m_2 sind nach unten stehender Skizze über ein Seil verbunden, welches über die reibungsfrei gelagerten Rollen geführt wird. In Bildmitte ist ein weiteres Seil angebunden, an dem eine Masse $m = 10$ kg befestigt wird.

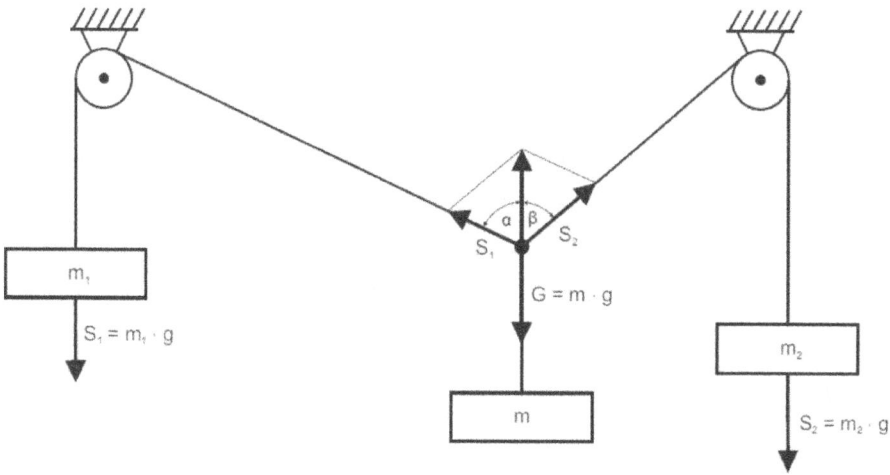

Wie groß müssen die Massen an den äußeren Seilen sein, damit sich die Winkel $\alpha = 65°$ und $\beta = 50°$ einstellen?

m_1	kg		m_2	kg	

A.0.3   Öse an der Decke

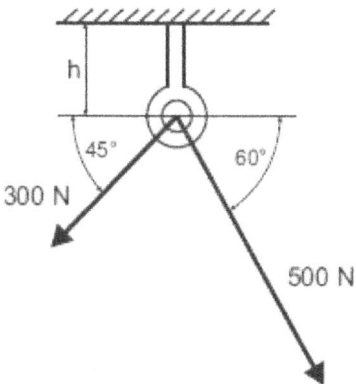

Eine in der Decke befestigte Öse wird mit den skizzierten Kräften belastet.

Wie groß ist ...		$h = 100\,\text{mm}$	$h = 200\,\text{mm}$
... die Längskraft in der Öse?	N		
... die Querkraft in der Öse?	N		
... das Biegemoment an der Einspannstelle der Öse?	Nm		

A.0.4   Steg

Der unten skizzierte Steg dient dazu, vom möglicherweise unwegsamen Ufer trockenen Fußes auf die offene Wasserfläche hinauszugelangen, um beispielsweise in ein Boot zu steigen. Der Steg selber ist zwar mit hier nicht dargestellten Querbrettern belegt, aber das Tragelement ist der hier dargestellte Balken, der fast ausschließlich auf Biegung belastet wird. Um eine problematische feste Einspannung dieses Balkens am Ufer zu vermeiden, ist bei x = 3.550 mm eine senkrechte Stütze angebracht, die sowohl am Steg selber als auch auf dem Grund des Gewässers selber kein nennenswertes Biegemoment überträgt. Im Sinne der Mechanik ist sie ein Druckstab, der oben und unten gelenkig angebunden ist.

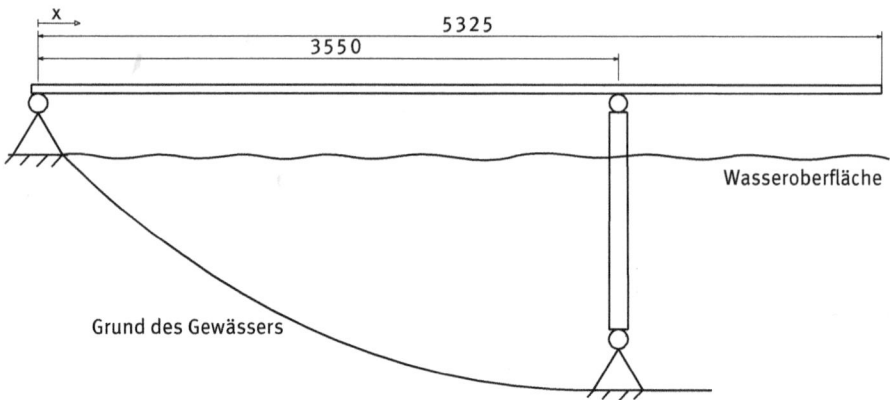

Eine Person mit einer Masse von 80 kg betritt den Steg und bewegt sich von x = 0 mm bis an das Stegende bei x = 5.325 mm. Wie groß sind in den unten angegebenen Stellungen die Auflagerkräfte am linken und rechten Gelenk des Steges?

x	mm	0	1.775	3.550	5.325
$F_{\text{Gelenk Ufer}}$	N				
$F_{\text{Gelenk Stütze}}$	N				

Spannungs-Dehnungs-Diagramm

A.0.5   Spannungs-Dehnungs-Diagramm

Die rechte Darstellung gibt das vollständige Spannungs-Dehnungs-Diagramm des Stahlwerkstoffs E360 wieder, während links der Bereich der Hooke'schen Geraden in seiner Dehnungsachse deutlich vergrößert ist, wodurch die Dehnungswerte in diesem Bereich sehr viel genauer dargestellt und abgelesen werden können.

$\sigma\,[N/mm^2]$

$\sigma\,[N/mm^2]$

700
600
500
400
300
200
100

0,5 1,0 1,5 $\varepsilon\,[10^{-3}]$

700
600
500
400
300
200
100

10 20 30 40 50 60 70 80 90 100 110 $\varepsilon\,[10^{-3}]$

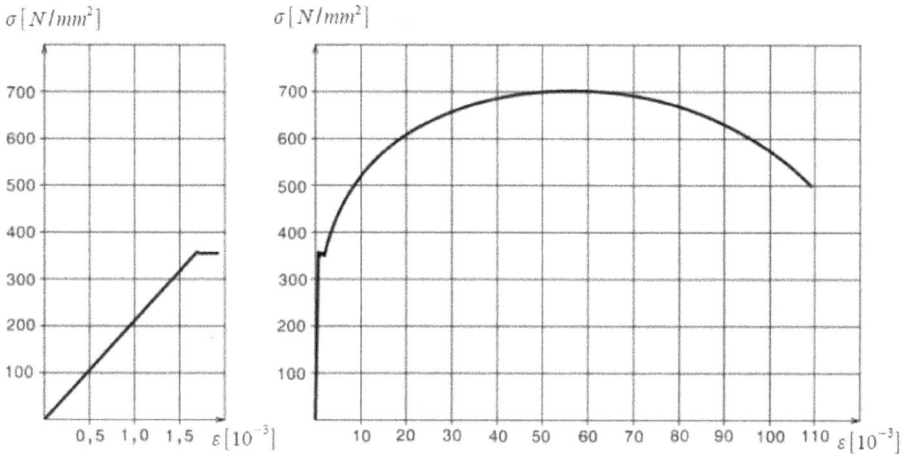

Der Zugstab hat eine verformbare Länge von 150 mm und ist in Form eines Blechstreifens von 3 mm Dicke und 12 mm Breite ausgeführt. Die Probe wird mit einer Zugkraft von 5 kN, 10 kN und 20 kN belastet. Ermitteln Sie für diese Belastungen aus dem Diagramm die relativen und absoluten, elastischen und plastischen Verformungen:

Zugkraft	kN	5	10	20
Zugspannung	N/mm^2			
$\varepsilon_{\text{elast}}$	10^{-3}			
$\varepsilon_{\text{plast}}$	10^{-3}			
ΔL_{elast}	mm			
ΔL_{plast}	mm			

Wie groß ist der Elastizitätsmodul dieses Werkstoffs?

E [N/mm^2]	

Wie groß ist die maximale Kraft F_{max}, die diese Werkstoffprobe aufnehmen kann, wenn eine plastische Verformung ...	
... ausgeschlossen werden soll?	... zugelassen wird?
F_{maxelast} [N]	F_{maxplast} [N]

A.0.6   Werkstoffvergleich im Spannungs-Dehnungs-Diagramm

σ[N/mm²]

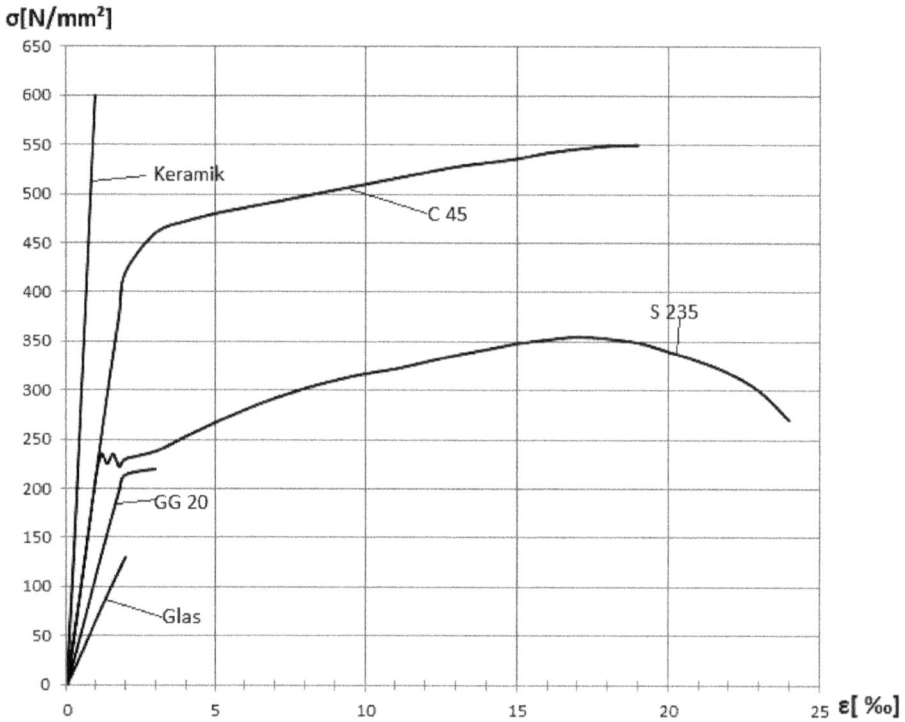

In obenstehendem Spannungs-Dehnungs-Diagramm sind fünf Werkstoffe gegenübergestellt. Ordnen Sie in nachfolgendem Schema die Werkstoffe nach der Höhe der aufgeführten Kenngrößen!

Ordnen Sie die Werkstoffe nach ...	C 45	S 235	GG 20	Keramik	Glas
... dem Elastizitätsmodul!					
... der Steifigkeit!					
... der Streckgrenze!					
... der Bruchlast!					
... der maximalen elastischen Dehnung!					
... der maximalen plastischen Dehnung!					

Zugspannung

A.0.7   Zugspannung homogener Werkstoffe

Eine runde, stabförmige Probe mit 10 mm Durchmesser wird aus E335 (früher St60) gefertigt. Mit welcher Kraft darf sie in Längsrichtung maximal belastet werden, wenn eine plastische Verformung in jedem Fall ausgeschlossen werden soll?	F	N	
Eine quadratische, stabförmige Probe mit 12 mm Kantenlänge besteht aus dem Werkstoff 42CrMo4 und wird mit einer Kraft von 60 kN in Längsrichtung belastet. Wie groß ist die Sicherheit?	S	–	

A.0.8   Seilaufhängung

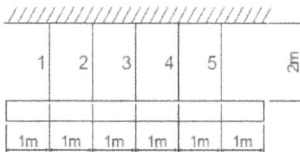

Die nebenstehende Anordnung eines homogenen Massebalkens ist mit 5 Seilen an der Decke befestigt. Die Seile sind in verschiedenen Werkstoffen ausgeführt und weisen unterschiedliche Querschnittsflächen auf. Die Anordnung der Seile ist allerdings symmetrisch, sodass der Balken bei Belastung der Seile zwar absinkt, aber stets waagerecht bleibt.

Wie groß darf die durch den Balken eingeleitete Gewichtskraft maximal werden, ohne dass dabei eins der Seile überlastet wird? Gehen Sie dazu folgendermaßen vor:

- Welches Seil verträgt die geringste relative Verformung ε?
- Welche relative elastische Verformung stellt sich daraufhin in den Seilen ein?
- Welche Spannungen treten dann in den einzelnen Seilen auf?
- Welche Längenänderung ΔL tritt dabei auf?
- Welche Seilkräfte S treten dann in den einzelnen Seilen auf?
- Mit welcher Gewichtskraft G darf dann die gesamte Anordnung belastet werden?

			Seil 1	Seil 2	Seil 3	Seil 4	Seil 5
Werkstoff			Stahl	Kupfer	Alu	Kupfer	Stahl
zul. Spannung	σ_{zul}	N/mm^2	700	300	200	300	700
Elastizitätsmodul	E	10^5 N/mm^2	2,1	1,25	0,72	1,25	2,1
Querschnittsfläche	A	mm^2	10	20	30	20	10
relative Verformung	ε	10^{-3}					
tatsächliche Spannung	σ_{tats}	N/mm^2					
absolute Verformung	ΔL	mm					
Seilkraft	S	N					
Gesamtbelastung	G	N					

A.0.9   Flaschenzug

Doppelter Seilzug

Funktionsskizze:
(SCHNITT B-B / 1:5)

SCHNITT A-A (1:1)

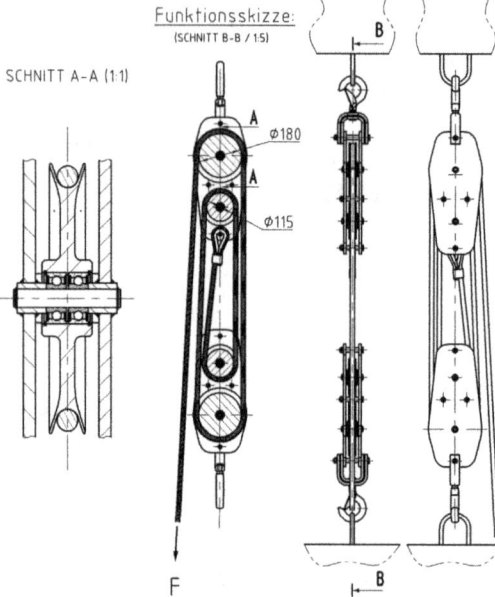

ϕ180

ϕ115

F

B

Mit dem nebenstehend abgebildeten Flaschenzug wird eine Masse von 1.250 kg angehoben. Die Hubhöhe beträgt 12 m, alle anderen Abmessungen sind demgegenüber vernachlässigbar klein.

Der Seilzug wird vom Boden aus bedient, die Gegenkraft am freien Seilende wird also unabhängig von der Laststellung stets vom Boden aus abgestützt.

Es wird wahlweise ein Seil aus Stahl oder Aluminium verwendet.

Wie groß ist die Gewichtskraft?	G	N	
Wie groß ist die Seilkraft, die vom Bediener am freien Seilende aufgebracht werden muss, um das System im Gleichgewicht zu halten?	F	N	
Wie groß ist die Kraft, mit der der Flaschenzug die Decke belastet?	D	N	

			Stahl	Alu
σ_{zul}	N/mm^2		300	200
E	N/mm^2		$2{,}1 \cdot 10^5$	$0{,}7 \cdot 10^5$
Wie groß muss der metallische Querschnitt im Seil sein, wenn die zulässige Spannung vollständig ausgenutzt werden soll?	A	mm^2		
Das Seil wird mit dem minimal möglichen Querschnitt ausgeführt. Wie groß ist die relative elastische Dehnung, die das Seil bei Aufbringung dieser Last erfährt?	ε	10^{-3}		
Diese Längenänderung soll durch den Bediener am freien Seilende durch zusätzliches Einziehen des Seils ausgeglichen werden. Wie groß ist dieser Seileinzug, wenn sich die Last auf Bodenniveau befindet?	ΔL Last unten	mm		
Wie groß ist dieser zusätzliche Seileinzug, wenn sich die Last auf halber Höhe befindet, der Bediener aber nach wie vor auf dem Boden steht?	ΔL Last halbe Höhe	mm		
Wie groß ist dieser zusätzliche Seileinzug, wenn sich die Last in höchstmöglicher Stellung befindet?	ΔL Last oben	mm		

Biegung mit genormten Halbzeugen

A.0.10   U-Profil nach Norm

Ein warmgewalzter U-Stahl 40×20 nach DIN 1026 wird in der unten dargestellten Weise belastet.

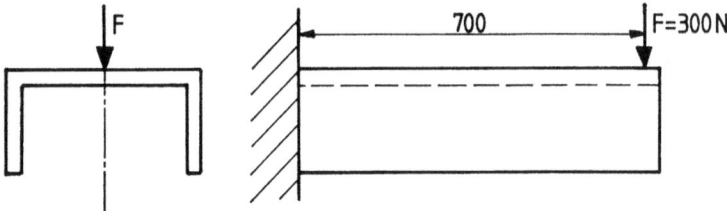

| Wie groß ist die größte auftretende Biegespannung? | σ_b | $\frac{N}{mm^2}$ | |
| Wie groß ist die Sicherheit bezüglich dieser Biegespannung, wenn der Werkstoff S335 (früher St52-3, Werkstoff-Nr. 1.0570) verwendet wird? | S | – | |

A.0.11   I-Profil nach Norm

Ein warmgewalzter I-Träger 120 nach DIN 1025 T1 aus dem Material S 275 (früher St44-3 Werkstoff-Nr. 1.0144) wird in der unten dargestellten Weise belastet.

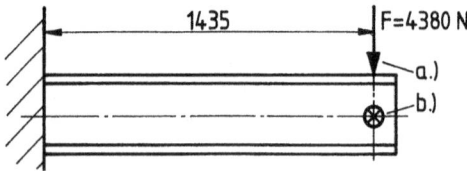

| | | | Kraftangriffsrichtung | |
			a	b
Wie groß ist das größte auftretende Biegemoment?	M_{bmax}	Nm		
Wie groß ist die größte auftretende Biegespannung?	σ_b	$\frac{N}{mm^2}$		
Wie groß ist die Sicherheit bezüglich dieser Biegespannung?	S	–		
Hält das Bauteil dieser Belastung stand?			○ Ja ○ Nein	○ Ja ○ Nein

Biegung, Suche nach der kritischen Stelle innerhalb eines Bauteils

A.0.12   Hubvorrichtung mit starrem Ausleger

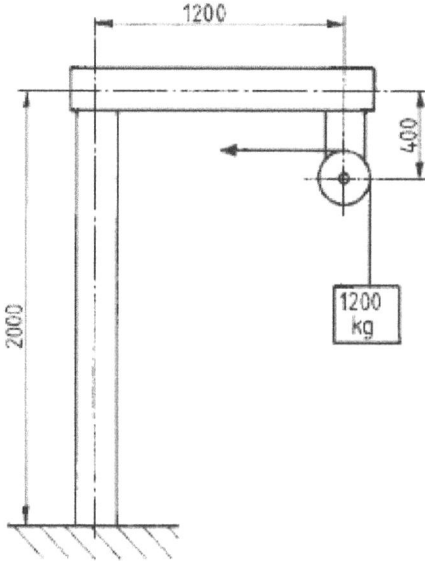

Mit der nebenstehend skizzierten Hubvorrichtung soll eine Last von maximal 1.200 kg angehoben werden.

Tragen Sie graphisch die Größe des Biegemomentes entlang der drei Balken auf! Wenden Sie dabei zweckmäßigerweise das Superpositionsprinzip an: In einem ersten Schritt werden nur die Reaktionen auf die an der Seilrolle in y-Richtung eingeleitete Kraft betrachtet. Ein zweiter Schritt berücksichtigt nur die Reaktionen auf die an der Seilrolle in x-Richtung eingeleitete Kraft. Die Überlagerung von Schritt 1 und 2 ergibt dann den resultierenden Biegemomentenverlauf.

An welcher Stelle der Konstruktion tritt das größte Biegemoment auf?

Berechnen Sie das größte Biegemoment!	M_{bmax}	Nm	18.840
Die zulässige Biegespannung beträgt $\sigma_{bzul} = 150\,\text{N/mm}^2$. Welches minimale Widerstandsmoment ist erforderlich, um die Belastung aufzunehmen?	W_{axmin}	10^3mm^3	125,6

Wählen Sie durch Ankreuzen ein genormtes, „hochkant" angeordnetes I-Profil aus, welches das vorliegende Biegemoment aufnehmen kann.	entweder DIN 1025 T1 ○ I 160 ○ I 180 ○ I 200	oder DIN 1025 T2 ○ I 100 ○ I 120 ○ I 140

Biegung mit veränderlichem Kraftangriffspunkt

A.0.13   Hubvorrichtung mit höhenverstellbarem Ausleger

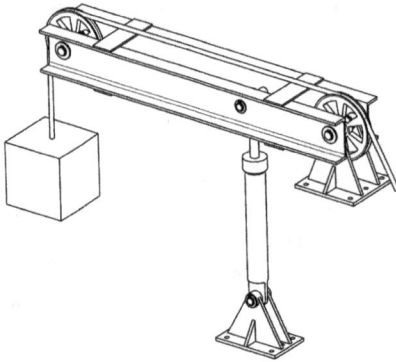

Mit der abgebildeten Hubvorrichtung soll eine maximale Masse von 2,2 t angehoben werden. Der Schwenkarm des Auslegers ist am rechten Ende drehbar am Gestell angelenkt. Das Hubseil wird über die beiden dargestellten Rollen geführt, wovon die rechte auf der gleichen Achse angebracht ist wie der schwenkbare Ausleger selber, der aus zwei warmgewalzten, rundkantigen U-Trägern nach DIN 1026 besteht. Der Ausleger kann durch einen Hydraulikzylinder aus der Horizontalen um 60° angehoben werden.

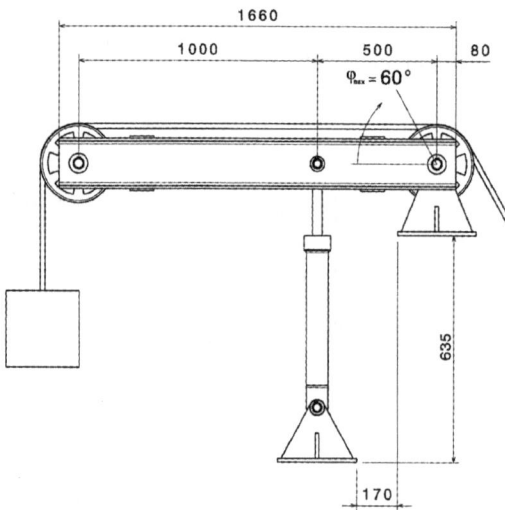

Die Festigkeit des Auslegers soll betrachtet werden. Dabei wird nur auf Biegung dimensioniert, wobei unter Berücksichtigung der gebotenen Sicherheiten eine Spannung von 60 N/mm² zugelassen werden kann.

In welcher Stellung φ erfährt der Ausleger seine höchste Biegebeanspruchung?	φ	°	
Wie groß ist in dieser Stellung das größte auf den Ausleger wirkende Biegemoment?	M_{bmax}	Nm	
Welches Widerstandsmoment müssen dann beide U-Träger gemeinsam mindestens aufweisen?	W_{axmin}	mm³	
Welcher normgerechte U-Stahl (Kurzzeichen) muss dann verwendet werden?	–	–	

<">

A.0.14   Rollenlaufbahn

An die unten dargestellte Rollenlaufbahn werden Lasten mit einer Masse von bis zu 1,5 t angehängt und in der Horizontalen verfahren.

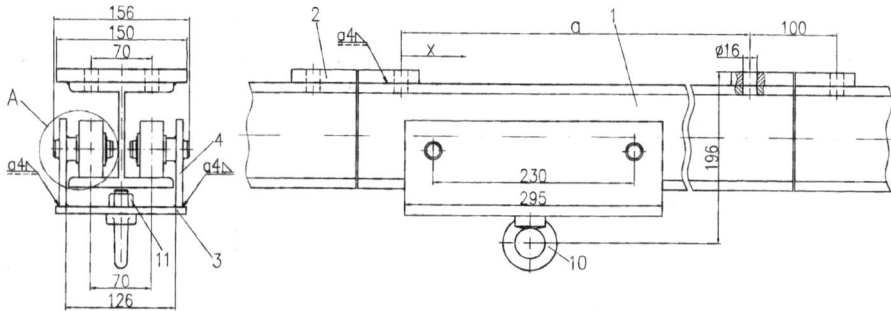

Die Laufschiene wird als Profil IPB 120 nach DIN 1025 T2 (Bild 0.15) ausgeführt. Für die Dimensionierung der Rollenlaufbahn können folgende Annahmen getroffen werden:

- Für die Festigkeit ist nur der Biegeanteil maßgebend und das Eigengewicht des Trägers ist zu vernachlässigen.
- Unter Berücksichtigung einer erforderlichen Sicherheit kann ein Biegespannung von $\sigma_{bzul} = 140 \, \text{N/mm}^2$ zugelassen werden.
- Die Laufschiene wird abschnittsweise mit der Länge a an die Decke montiert, wobei die Befestigung als Gelenk angenommen werden kann.
- Es ist sichergestellt, dass sich nur jeweils eine einzige Laufkatze auf einem Laufbahnabschnitt befindet.

Welche Stellung der Katze x ist für die Belastung des horizontalen Trägers (Pos. 1) kritisch? Geben Sie x in Funktion der noch nicht berechneten Länge a an.	$x = f_{(a)}$	–	
Wie weit dürfen die Befestigungspunkte des horizontalen Trägers (Pos. 1) für einen Laufbahnabschnitt a_{max} maximal auseinander liegen?	a_{max}	mm	

Berechnung von axialen Widerstandsmomenten

A.0.15   Widerstandsmomente nach Grundmustertabelle, Rechteckquerschnitt

Die folgende Tabelle enthält 12 Querschnitte, die alle einen Flächeninhalt von 2.000 mm² aufweisen. Die daraus gefertigten Balken weisen also alle gleiches Volumen und damit gleiches Konstruktionsgewicht auf.

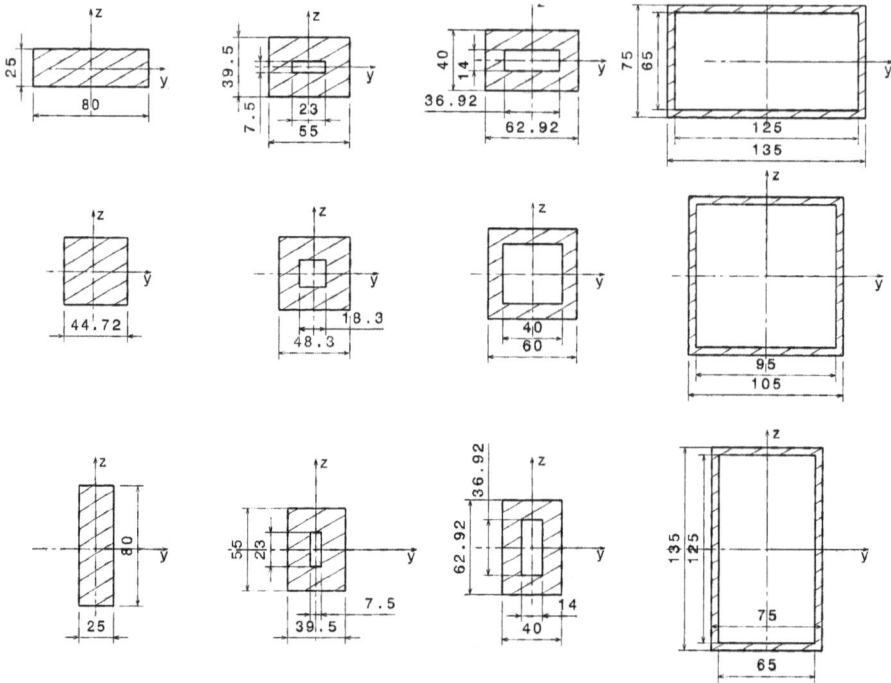

Berechnen Sie für alle Balkenquerschnitte sowohl das Flächenmoment als auch das Widerstandsmoment um die y-Achse. Platzieren Sie Ihre Ergebnisse in die Felder des unten stehenden Schemas, dessen Aufteilung der Anordnung in der oben stehenden Skizze entspricht.

Alle Balken werden gleichermaßen mit einem Moment von 10 kNm belastet. Welche Biegespannung erfährt der Werkstoff?

			Voll-querschnitt	mitteldicke Wandstärke	mitteldünne Wandstärke	dünne Wandstärke
quer	I_{axy}	mm^4				
	W_{axy}	mm^3				
	σ_b	N/mm^2				
Quadrat	I_{axy}	mm^4				
	W_{axy}	mm^3				
	σ_b	N/mm^2				
hochkant	I_{axy}	mm^4				
	W_{axy}	mm^3				
	σ_b	N/mm^2				

Schubspannung

A.0.16   Lochzange für Leder

Mit der unten dargestellten Lochzange sollen Löcher in einen 3 mm dicken Lederriemen gestanzt werden. Es kann angenommen werden, dass Leder bei einer Schubspannung von 12 N/mm^2 sicher abschert. Die Lochzange verfügt über eingeschraubte, auswechselbare Einsätze (Positionen 1 und 2), mit denen die unten aufgeführten Lochdurchmesser ausgeführt werden können.

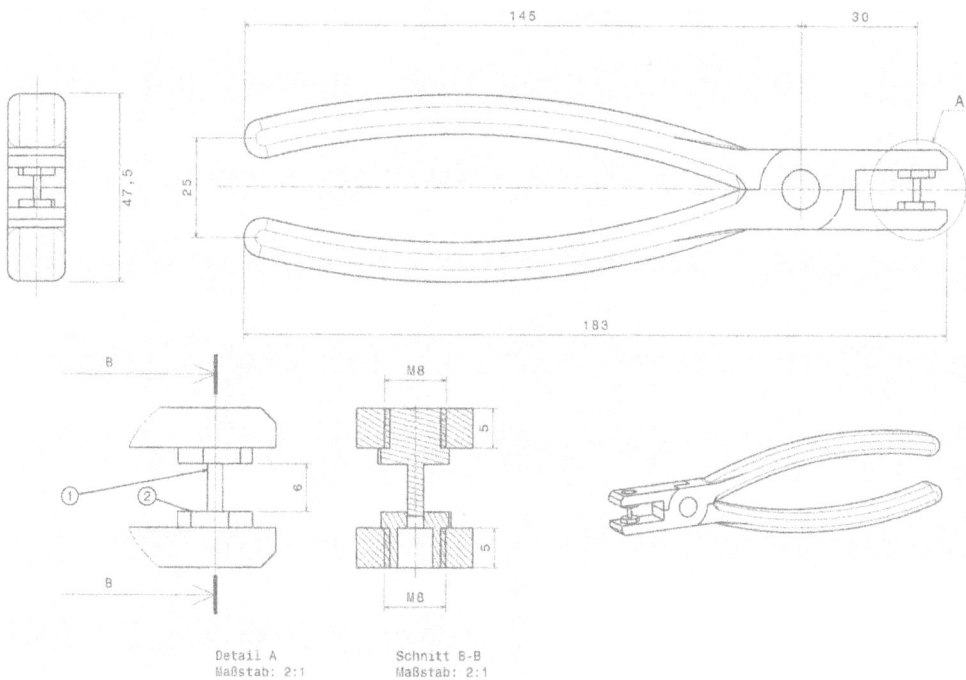

Detail A
Maßstab: 2:1

Schnitt B-B
Maßstab: 2:1

a. Wie groß ist die Kraft, die für den Stanzvorgang erforderlich ist?
b. Wie groß ist die Handkraft, wenn sie im Extremfall am äußeren Ende der Zange eingeleitet wird?

	Lochdurchmesser	mm	2,0	2,5	3,0	3,5	4,0
a	Stanzkraft	N					
b	Handkraft	N					

A.0.17   Kreuzförmiger Schraubschlüssel

Vor allen Dingen für den Radwechsel von Kraftfahrzeugen wird häufig ein kreuzförmiger Schraubschlüssel verwendet, an dessen vier Enden unterschiedlich große glockenförmige „Nüsse" angeordnet sind. Das Anzugsmoment wird querkraftfrei über die beiden jeweils quer stehenden Stangen mit zwei entgegengesetzt gerichteten, aber betragsmäßig gleich großen Handkräften an gleichen Hebelarmen eingeleitet. Die Handkraft von maximal 1.000 N kann im Extremfall am äußersten Ende des quer stehenden Hebelarmes eingeleitet werden.

Welches **Torsions**moment kann maximal in Verlängerung der Schraubenachse auftreten?	Nm	
Wie groß ist das Torsionswiderstandsmoment des auf Torsion belasteten Abschnitts?	mm^3	
Wie hoch ist die maximale Torsionsspannung?	N/mm^2	
Wie groß ist das **Biege**moment an der festigkeitsmäßig kritischen Stelle des quer stehenden Hebelarmes?	Nm	
Wie groß ist das axiale Widerstandsmoment an dieser Stelle?	mm^3	
Wie groß ist die maximale Biegespannung?	N/mm^2	
An welcher Stelle wird der Schraubschlüssel bei Überlast versagen, wenn bedacht wird, dass bei den hier verwendeten Werkstoffen die zulässige Schubspannung in aller Regel geringer ist als die zulässige Biegespannung?	○ in der Verlängerung der Schraubenachse ○ am Querhebel	

A.0.18   Widerstandsmomente nach Grundmustertabelle, Kreisquerschnitt

In der folgenden Tabelle finden Sie 3 Kreis- bzw. Kreisringquerschnitte, die ähnlich wie in Aufgabe A.0.15 alle einen Flächeninhalt von 2.000 mm^2 aufweisen. Die daraus gefertigten Balken weisen also alle gleiches Volumen und damit gleiches Konstruktionsgewicht auf.

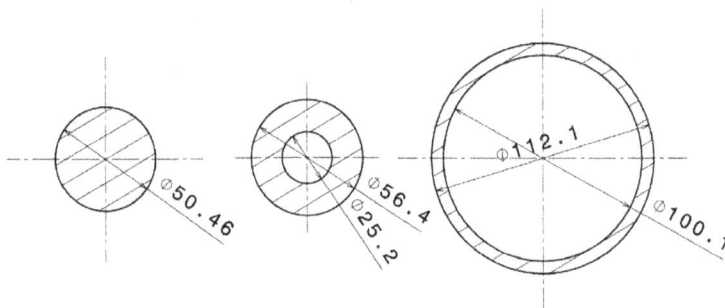

Berechnen Sie für alle Balkenquerschnitte sowohl die axialen als auch die polaren Widerstandsmomente. Platzieren Sie Ihre Ergebnisse in die Felder des unten stehenden Schemas, dessen Aufteilung der Anordnung in der oben stehenden Skizze entspricht.

Alle Balken werden sowohl auf Biegung als auch auf Torsion gleichermaßen mit einem Moment von 10 kNm belastet. Welche Biegespannung bzw. Torsionsspannung erfährt der Werkstoff?

			Vollquerschnitt	dickwandiges Rohr	dünnwandiges Rohr
Biegung	W_{ax}	mm^3			
	σ_b	N/mm^2			
Torsion	W_t	mm^3			
	τ_t	N/mm^2			

1   Achsen, Wellen, Betriebsfestigkeit

In Erweiterung des Eingangskapitels ist das reale Bauteil in einer realen Maschine im allgemeinen Fall einem komplexen Belastungszustand ausgesetzt, der zuweilen nur mit erheblichem Aufwand beschrieben werden kann. In Kapitel 0 wurden zur Vermeidung dieser Komplexität zunächst noch modellhaft einfache Anwendungen betrachtet, die den Aufwand zur Behandlung des Problems reduzierten und damit das Verständnis erleichterten.

Im weiteren Verlauf des vorliegenden Kapitels entfallen diese Vereinfachungen schrittweise, sodass in zunehmendem Maße ein allgemeingültiger, praxisgerechter Zustand erfasst werden kann. Eine vollkommene Übereinstimmung des Rechenmodells mit der praktischen Wirklichkeit ist aber meist nicht zu erzielen, da die Formulierung des Ansatzes zu komplex und der Rechenaufwand zu hoch wäre. Wie in anderen Ingenieurdisziplinen auch wird hier angestrebt, mit möglichst geringem Aufwand ein möglichst präzises Ergebnis zu erzielen. Dabei müssen häufig Unzulänglichkeiten in Kauf genommen werden, was den praktisch tätigen Ingenieur dazu verpflichtet, diese Ungenauigkeiten zu erkennen und mit ihnen so umzugehen, dass sie für das Ergebnis seiner Arbeit keine nachteiligen Konsequenzen haben.

Eine zusätzliche wesentliche Erweiterung des vorliegenden Kapitels besteht darin, die zunächst angenommene zeitlich konstante Last zu einem zeitlich sich verändernden Lastverlauf zu erweitern. Die Dynamik einer Belastung kann von sehr komplexer Natur sein. Um diese Fragestellung jedoch im überschaubaren Rahmen zu halten, wird die damit verbundene Problematik ab Abschnitt 1.3 an den für den Maschinenbau wichtigen Elementen Achsen und Wellen erörtert.

1.1   Überlagerung von Spannungszuständen

Die folgende Gegenüberstellung erinnert an die in Kapitel 0 formulierten Spannungen:

	Normalspannung	Schubspannung
elementare Form	$\sigma_{ZD} = \dfrac{F}{A}$	$\tau_Q = \dfrac{F}{A}$
abgewandelte Form	$\sigma_b = \dfrac{M_b}{W_{ax}}$	$\tau_t = \dfrac{M_t}{W_t}$

https://doi.org/10.1515/9783110692143-002

Die Betrachtungen von Kapitel 0 beschränkten sich darauf, nur jeweils eine einzige Belastungsform zu untersuchen. Die dabei vorgestellten Beispiele wurden so angelegt, dass diese Lastannahmen auch modellhaft zutrafen. Die technische Realität sieht aber oft sehr viel komplexer aus, weil in den meisten Fällen mehrere verschiedene Belastungsformen gleichzeitig auf das Bauteil einwirken. Damit stellt sich die Frage, wie das Nebeneinander verschiedener Belastungsformen für den Festigkeitsnachweis zu bewerten ist.

Eine Gesamtspannung lässt sich noch einfach darstellen, wenn es sich entweder um die Zusammensetzung mehrerer Normalspannungen oder aber um eine Zusammensetzung mehrerer Tangentialspannungen handelt. Wie die Beispiele nach Bild 1.1 zeigen, können in diesen Fällen die einzelnen Spannungsanteile einfach unter Berücksichtigung ihres Vorzeichens verrechnet werden.

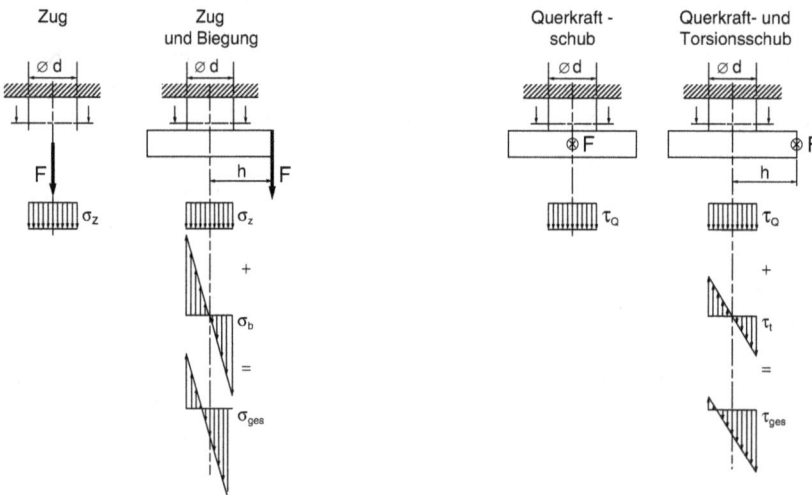

Bild 1.1: Überlagerung von Spannungszuständen

Im linken Beispiel wird ein in der Decke fest eingespannter Balken am unteren Ende mit einem Querbalken verbunden. Wird diese Zusammenstellung zentrisch auf Zug belastet, so hat der Querbalken überhaupt keine Bedeutung und im senkrechten Balken stellt sich die darunter skizzierte reine Zugspannung σ_Z ein. Wird die Kraft F jedoch am Querbalken als Hebelarm eingeleitet, so entsteht zusätzlich ein Biegemoment, welches im senkrechten Balken eine zusätzliche Biegespannung hervorruft. Die Gesamtbelastung ergibt sich dann als Superposition von Zugspannung σ_Z und σ_b:

$$\sigma_{ges} = \sigma_b + \sigma_Z \leq \sigma_{zul}$$

$$\text{bzw.} \quad S = \frac{\sigma_{zul}}{\sigma_Z + \sigma_b} \qquad \text{Gl. 1.1}$$

Die gleiche Betrachtung lässt sich auch dann anwenden, wenn die Kraft F in die Zeichenebene hineinwirkt: Greift sie zentrisch an (links), so resultiert daraus eine über dem Querschnitt konstante Schubspannung τ_Q. Wenn die Kraft F am Querbalken eingeleitet wird, so wird ein zusätzliches Torsionsmoment hervorgerufen, das sich im senkrechten Bauteil als Torsionsspannung τ_t abstützt. Die Gesamtbelastung lässt sich dann als Superposition von τ_t und τ_Q formulieren:

$$\tau_{ges} = \tau_t + \tau_Q \leq \tau_{zul}$$

$$\text{bzw.} \quad S = \frac{\tau_{zul}}{\tau_Q + \tau_t} \qquad \text{Gl. 1.2}$$

Auch in diesem Fall liegt die höchste Belastung in der rechten Randfaser. Mit der Annahme ei-

Aus dieser Überlegung wird auch unmittelbar klar, dass in der rechten Randfaser des senkrechten Balkens die höchste Beanspruchung vorliegt. Ein mögliches Bauteilversagen würde also von dieser Stelle ausgehen.

nes sehr kurzen Torsionsstabes soll modellhaft sichergestellt werden, dass durch die belastende Kraft F bezüglich der Einspannung keine Biegebelastung auftritt. Die dadurch entstehende Normalspannung ließe sich nicht mit den voranstehenden Überlegungen in Einklang bringen.

Aufgabe A.1.1

Wenn im allgemeinen Fall sowohl Normalspannungen als auch Tangentialspannungen gleichzeitig auf das Bauteil einwirken, so lassen diese sich *nicht* ohne Weiteres addieren, sondern es muss eine sog. „Vergleichsspannung" formuliert werden, die die einzelnen Spannungsanteile σ und τ entsprechend bewertet. Diese Modellvorstellungen sind so angelegt, dass die damit ermittelte Vergleichsspannung σ_V von der Werkstoffbeanspruchung her gleichbedeutend ist mit dem zuvor beschriebenen Normalspannungszustand. Aus diesem Grund wird die Vergleichsspannung ebenfalls mit σ bezeichnet, obwohl diese Spannung neben den Normalspannungen auch Tangentialspannungen beinhaltet. Grund für diese Kennzeichnung ist der Umstand, dass in den allermeisten Fällen die Normalspannung aufgrund der dominanten Biegung den größeren Belastungsanteil einbringt.

Dafür bietet die Werkstoffkunde eine Reihe von Festigkeitshypothesen an, die jeweils für verschiedene Werkstoffe ihre Berechtigung haben. Für die hier verwendeten Werkstoffe trifft vor allen Dingen die sog. „Gestaltänderungsenergiehypothese"zu, die für die im Maschinenbau verwendeten Stahlwerkstoffe in die relativ einfache Formulierung mündet:

$$\sigma_V = \sqrt{\sigma_{ges}^2 + 3 \cdot \tau_{ges}^2} \quad \text{(Stahl)} \qquad\qquad\qquad \text{Gl. 1.3}$$

Dabei setzen sich die Einzelkomponenten σ_{ges} und τ_{ges} jeweils aus den einachsigen Überlagerungen nach der vorstehenden Überlegung zusammen:

$$\sigma_{ges} = \sigma_b + \sigma_{ZD} \quad \text{und} \quad \tau_{ges} = \tau_t + \tau_Q \qquad\qquad\qquad \text{Gl. 1.4}$$

Die nach dieser Hypothese errechnete Vergleichsspannung σ_V lässt sich in anschaulicher, aber wissenschaftlich nicht ganz korrekter Weise interpretieren als Hypotenuse in einem rechtwinkligen Dreieck, in dem die Normalspannung σ_{ges} und die darauf senkrecht stehende Tangentialspannung τ_{ges} die beiden Katheten sind. Da aber normale Stahlwerkstoffe gegenüber Schub weniger belastbar sind, muss die Tangentialspannung mit dem in Gl. 1.3 aufgeführten „Gewichtungsfaktor" (in diesem Fall $\sqrt{3}$) bewertet werden. Weitergehende Erörterungen zur Formulierung der Vergleichsspannung sollen der Werkstoffkunde und der Festigkeitslehre vorbehalten bleiben (z. B. [1.5], Kapitel 8 und 9).

Aufgaben A.1.2 bis A.1.4

1.2 Zeitlich veränderliche Belastung

Alle bisherigen Betrachtungen bezogen sich auf den „quasistatischen Belastungszustand", wobei zunächst vorausgesetzt wurde, dass die Belastung (Kraft, Moment) und die daraus resultierenden Spannungen (σ und τ) sich nicht bzw. so langsam ändern, dass dies für die Bauteilbelastung ohne Bedeutung ist. Der zeitliche Verlauf dieser Belastung lässt sich graphisch als horizontale Gerade in Bild 1.2 verdeutlichen:

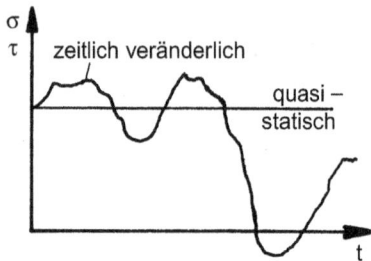

Bild 1.2: Quasistatischer und zeitlich veränderlicher Belastungsverlauf

Sowohl die Kräfte und Momente als auch die Spannungen zeigen dabei qualitativ den gleichen konstanten Verlauf. Der Fall der quasistatischen Belastung tritt im praktischen Maschinenbau allerdings eher selten auf, denn schließlich sind die Bewegung und die damit verbundene Laständerung ja das kennzeichnende Merkmal einer Maschine, sodass es im allgemeinen Fall zu zeitlich nicht konstanten Spannungszuständen kommt. Alle bisherigen Betrachtungen und Berechnungen für die Normalspannungen σ als Folge von Längskräften und Biegemomenten und für die Schubspannungen τ aufgrund von Querkräften und Torsionsmomenten behalten zwar weiterhin ihre Gültigkeit, es muss allerdings die zeitliche Veränderung der Belastung berücksichtigt werden. Der in Bild 1.2 dargestellte zeitlich veränderliche Belastungsverlauf ist rechnerisch nicht ohne Weiteres zu beschreiben, sodass auch hier nach modellhaften Vereinfachungen gesucht wird. Die Kennzahl κ definiert die Dynamik als Quotient der unteren zur oberen Belastung:

$$\kappa = \frac{F_u}{F_o} = \frac{M_{bu}}{M_{bo}} = \frac{M_{tu}}{M_{to}} = \frac{\sigma_u}{\sigma_o} = \frac{\tau_u}{\tau_o} \qquad\qquad \text{Gl. 1.5}$$

Dabei bezeichnet der Index „u" jeweils den unteren und der Index „o" den oberen Belastungswert. Für den Fall der rein statischen Belastung sind Zähler und Nenner gleich, womit trivialerweise $\kappa = 1$ wird. Werkstoffkundliche Beobachtungen haben gezeigt, dass es zumindest für die im Maschinenbau verwendeten Metalle ausreicht, den Mittelwert zwischen dem oberen Lastpunkt o und dem unteren Lastpunkt u als statische Last zu begreifen, dem modellhaft eine zwischen o und u pendelnde Sinusfunktion als dynamischer Anteil überlagert wird. Dabei ist es unerheblich, ob die Dynamikfunktion tatsächlich sinusförmig ist oder komplexe Anteile enthält. Weiterhin sind die dabei auftretenden Belastungsgeschwindigkeiten bzw. die damit angenommenen modellhaften Frequenzen von untergeordneter Bedeutung. Bei der weiteren Schematisierung der dynamischen Belastung lassen sich die Modellfälle nach Bild 1.3 unterscheiden.

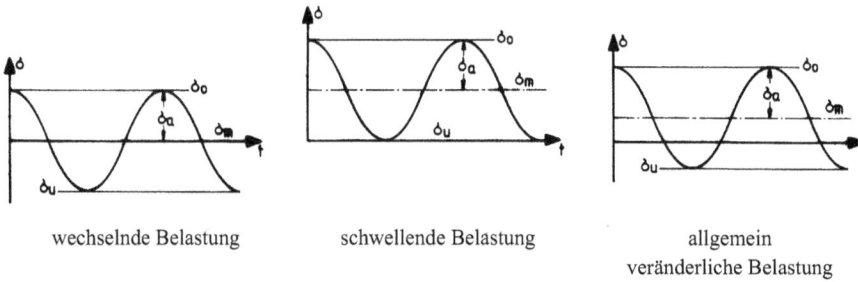

wechselnde Belastung	schwellende Belastung	allgemein veränderliche Belastung

Die wechselnde Belastung entspricht in ihrem modellhaften Verlauf einer Sinusfunktion, die mit der Angabe einer Ausschlagsspannung σ_a als Amplitude vollständig beschrieben werden kann, weil in diesem speziellen Fall die Mittelspannung σ_m null ist:

$$\sigma_m = 0$$

Wahlweise kann dieser Sachverhalt auch durch die Angabe der Oberspannung σ_o und der Unterspannung σ_u charakterisiert werden, die hier jedoch genauso groß sind wie die Ausschlagsspannung σ_a:

$$\sigma_o = \sigma_a$$
$$\sigma_u = -\sigma_a$$

In diesem speziellen Fall ist:

$$\kappa = \frac{\sigma_u}{\sigma_o} = -1$$

Die schwellende Belastung pendelt zwischen einem Maximalwert σ_o und einem Minimalwert $\sigma_u = 0$, woraus sich eine Sinusfunktion mit dem Mittelwert σ_m ergibt:

$$\sigma_m = \frac{\sigma_o}{2} \quad \text{und} \quad \sigma_a = \sigma_m$$
$$\sigma_o = 2 \cdot \sigma_m$$

Dieser Fall wird als „Zugschwellbelastung" bezeichnet. Dabei ist:

$$\kappa = \frac{\sigma_u}{\sigma_o} = 0 \,.$$

Die schwellende Belastung kann auch ausschließlich als Druckspannung vorliegen. In diesem Fall ist:

$$\sigma_o = 0$$
$$\sigma_m = -\sigma_a$$
$$\sigma_u = -2 \cdot \sigma_a$$

Der etwas allgemeinere Fall stellt sich als Sinusfunktion dar, deren Mittelwert σ_m eine beliebige Lage einnimmt und von der Ausschlagsspannung σ_a überlagert wird. Dieser Belastungsverlauf lässt sich dann kennzeichnen entweder durch:

$$\sigma_o = \sigma_m + \sigma_a$$

und

$$\sigma_u = \sigma_m - \sigma_a$$

oder wahlweise durch:

$$\sigma_m = \frac{\sigma_o + \sigma_u}{2}$$

und

$$\sigma_a = \frac{\sigma_o - \sigma_u}{2}$$

So lange σ_m im positiven Bereich verbleibt, nimmt κ einen Wert zwischen -1 und 1 an:

$$-1 \leq \kappa = \frac{\sigma_u}{\sigma_o} \leq 1$$

Bild 1.3: Modellfälle zeitlich veränderlicher Belastungen

In Bild 1.3 wird κ als Verhältnismäßigkeit der Normalspannung σ betrachtet, aber grundsätzlich lässt sich der Zahlenwert von κ auch als Quotient der Schubspannung τ, der Kraft F oder des Momentes M ausdrücken.

1.3 Darstellung des Belastungszustandes im Smith-Diagramm

Den Festigkeitsnachweis für statische Belastung der Form $\sigma_{tats} \leq \sigma_{zul}$ bzw. $\tau_{tats} \leq \tau_{zul}$ könnte man graphisch als „eindimensionales Problem" auf dem Zahlenstrahl darstellen. Diese Aussage an sich ist trivial, soll aber beim Verständnis der folgenden Erweiterung helfen: Wenn sich die Belastung aus statischem und dynamischem Anteil zusammensetzt, so liegt ein „zweidimensionales" Problem vor, welches im vorliegenden Abschnitt zunächst einmal in der zweidimensionalen Ebene dargestellt werden soll. In einem weiteren Schritt (Abschnitt 1.5.3) wird dann in dieser zweidimensionalen Ebene das werkstoffkundlich zulässige Gebiet abgesteckt. In der Gegenüberstellung des zweidimensionalen Belastungszustandes gegenüber der zweidimensional zulässigen Belastung kann dann schließlich der Sicherheitsnachweis geführt werden (Abschnitt 1.6).

Das sog. Smith-Diagramm stellt nach Bild 1.4 die Dynamik eines jeden Belastungsverlaufs eindeutig dar, indem die zeitlich veränderliche Spannung σ über der zeitlich *un*veränderlichen Spannung σ_m aufgetragen wird:

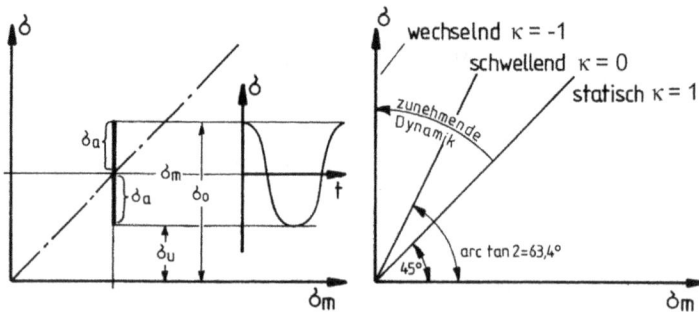

Bild 1.4: Smith-Diagramm schematisch

Die statische Belastung als einfachster Belastungsfall findet sich dann auf der Winkelhalbierenden des Diagramms wieder ($\sigma = \sigma_o = \sigma_m = \sigma_u$; $\sigma_a = 0$). Je größer die statische Belastung wird, desto mehr bewegt sich der Lastpunkt auf der Winkelhalbierenden nach rechts oben. Bei zeitlich sich verändernder Belastung kann eine Mittelspannung σ_m als zeitlich konstanter Wert verstanden werden, der sich auch hier auf der Winkelhalbierenden wiederfindet. Die aktuelle Spannung σ pendelt aber um diesen Mittelwert herum auf der Senkrechten zwischen σ_o und σ_u, sodass sich der Lastzustand als Strecke zwischen σ_o und σ_u darstellt. Da jedoch sowohl σ_o als auch σ_u zur σ_m-Achse den gleichen Abstand aufweisen, kann der Lastzustand auch durch die bloße Lage des Punktes σ_o eindeutig gekennzeichnet werden. In diesem Diagramm lassen sich auch die bereits diskutierten Modellfälle darstellen (Bild 1.4, rechter Bildteil):

- Jeder statische Lastzustand liegt auf der Winkelhalbierenden, weil kein σ_a-Anteil vorhanden ist: $\sigma = \sigma_m$. In diesem Fall ist $\kappa = \sigma_u/\sigma_o = 1$.
- Wechselnde Belastungen finden sich auf der senkrechten σ-Achse wieder, weil ein σ_m-Anteil nicht vorhanden ist. In diesem Fall ist $\kappa = \sigma_u/\sigma_o = -1$.

- Schwellende Belastungen finden sich auf einer Geraden wieder, die die Steigung 2 aufweist (Steigungswinkel = arctan 2 = 63,4°). In diesem Fall ist $\kappa = \sigma_u/\sigma_o = 0$.

Grundsätzlich gilt, dass die Dynamik des Betriebszustandes mit zunehmender Steigung der κ-Geraden ansteigt und dass die Belastung mit der Entfernung vom Koordinatenursprung zunimmt. Das Smith-Diagramm ist für alle weiteren Betrachtungen von überragender Bedeutung, weil sich damit nicht nur die Bauteilbelastungen, sondern auch die werkstoffkundlich zulässigen Beanspruchungen in besonders anschaulicher Weise darstellen lassen (s. Abschnitt 1.5.3).

1.4 Belastung von Achsen und Wellen

Kennzeichnendes Merkmal einer Maschine ist die Bewegung, die sowohl als „Geradeausbewegung" (Translation) oder als „Drehbewegung" (Rotation) von Achsen und Wellen auftreten kann. Deren Dimensionierung ist ein besonders wichtiges und häufig auftretendes Problem des Maschinenbaus, wobei für die Festigkeitsbetrachtung folgender Unterschied von entscheidender Bedeutung ist:

- **Wellen** übertragen ein Torsionsmoment (Beispiel: Motor treibt Arbeitsmaschine an).
- **Achsen** übertragen im Gegensatz dazu kein Torsionsmoment (Beispiel: Lagerung Seilrolle).

Achsen und Wellen müssen gelagert werden, weil sie sich drehen oder weil sich die Umgebungskonstruktion um sie herum dreht. Lager sind zwar erst Gegenstand von Kapitel 5, für die Festigkeitsbetrachtung von Achsen und Wellen müssen jedoch an dieser Stelle bereits einige grundsätzliche Betrachtungen zum Lastübertragungsverhalten von Lagern angestellt werden. Wegen der fehlenden Torsion ist dies bei Achsen zunächst einmal übersichtlicher.

1.4.1 Lagerung von Achsen

Bild 1.5 führt in die Fragestellung der Belastung von Achsen ein, wobei beispielhaft eine Rolle betrachtet wird, die eine radiale Kraft F übertragen soll. Die in diesem Bild verwendeten Lager sind einfache Gleitlager, die jeweils aus einer Buchse (Hohlzylinder) aus Gleitlagermaterial bestehen, die an ihrem Außendurchmesser in ihre Umgebungskonstruktion eingepresst sind und an ihrem Innendurchmesser gegenüber der Achse eine Drehbewegung ermöglichen.

Wird die Lagerung zwischen Achse und Rolle angebracht, so dreht sich die Achse nicht (obere Bildzeile). Wird die Achse an beiden Enden an das Gestell angekoppelt (linke Bildspalte), so ergibt sich die sog. „beidseitige Lagerung". Wird die Achse einseitig an die Umgebung angebunden (oben rechts), so liegt eine sog. „fliegende Lagerung" vor. Bezüglich ihrer Dimensionierung wird die Achse in beiden Fällen als Biegebalken betrachtet. Die Biegebelastung ist zwar bei beidseitiger Lagerung erheblich geringer, weil der Biegebalken doppelseitig abgestützt ist, aber die fliegende Lagerung bietet den Vorteil der vereinfachten Montage und Austauschbarkeit der Rolle.

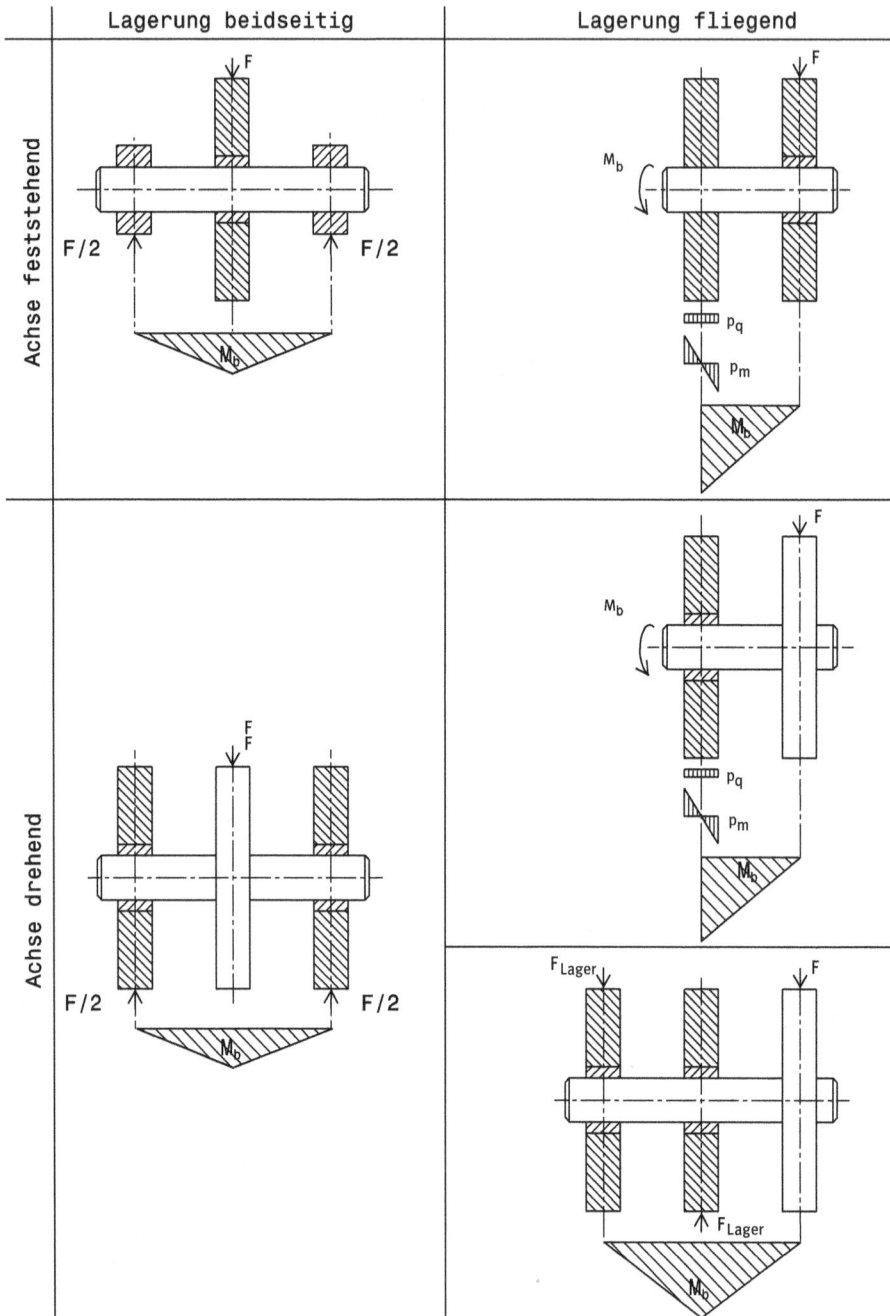

Bild 1.5: Lagerung von Achsen

Die beidseitige Lagerung kann in der Ausführung unten links auch so modifiziert werden, dass die Rolle fest auf der Achse angebracht wird, wobei die Drehbewegung dann zwischen der Achse und dem Gestell stattfindet. In diesem Fall stehen zwei Lager zur Verfügung und die Kraft auf das einzelne Lager wird halbiert.

Bei dem Versuch, die fliegende Lagerung in ähnlicher Weise mit einer drehenden Achse aus-zuführen (mittlere Detailskizze rechts), treten jedoch Probleme auf: Würde man versuchen, die Lagerung mit nur einem einzigen Lager auszustatten, so müsste der „drehbare Biegebal-ken" im Sinne der Mechanik mit einer „festen Einspannung" kombiniert werden: Das Lager müsste drehen können, dabei aber gleichzeitig ein Biegemoment abstützen. In diesem Zusam-menhang sei an die Darstellung von Bild 0.5 erinnert: Der Baumstamm müsste nicht nur an seinem Ende getragen werden, sondern er müsste dabei auch noch eine Drehung ausführen. Im hier vorliegenden Fall führt dies dazu, dass im Lager neben der querkraftbedingten Pressung p_q auch noch eine Pressung p_m auftritt, die das Biegemoment abstützen muss. Der am Rand vorliegende Spitzenwert von p_m ist deutlich größer als p_q und damit unzulässig hoch. Auch bei allen anderen Lagern (z. B. Wälzlagern) tritt die Lastüberhöhung in ähnlicher Form auf und ist deshalb zu vermeiden. Die Lagerung darf also nur dann mit einem einzigen Lager bestückt werden, wenn sichergestellt ist, dass das Lager kein nennenswertes Biegemoment überträgt.

Dieses Problem kann nur durch die paarweise Anordnung von zwei Lagern gelöst werden (Detailskizze unten rechts), die einen Abstand zueinander aufweisen, womit ein Hebelarm bereitgestellt wird, auf dem das Biegemoment sinnvoll abgestützt wird. Dabei wird jedoch sowohl das die Achse belastende Biegemoment als auch die Radialkraft auf das Lager größer als bei der beidseitigen Lagerung.

1.4.2   Lagerung von Wellen

Bei der Betrachtung der Belastung von Wellen können die zuvor angestellten Überlegungen in ähnlicher Form übernommen werden. Die zusätzliche Torsionsbelastung der Welle macht allerdings noch einige entscheidende Erweiterungen erforderlich:

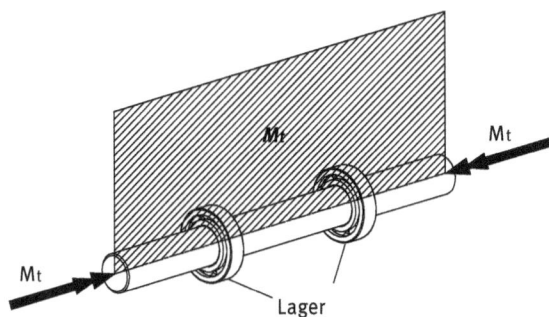

Bild 1.6: Welle Momenteneinleitung querkraftfrei–
querkraftfrei

Wird das durch die Welle übertragene Torsionsmoment sowohl querkraftfrei eingeleitet als auch wieder querkraft-frei abgestützt, so wird die Welle zwar auf ihrer gesamten Länge durch das Torsionsmoment beansprucht, es treten aber keine weiteren Belastun-gen auf. In diesem Fall dienen die La-ger nur zur Führung der Welle, neh-men aber keine Kraft auf und können ggf. weggelassen werden (beispiels-weise Mittelteil einer Gelenkwelle). Die nebenstehende Darstellung ist ei-gentlich trivial, soll aber den Unter-schied zu den Fällen 1.7 und 1.8 Fäl-len erleichtern.

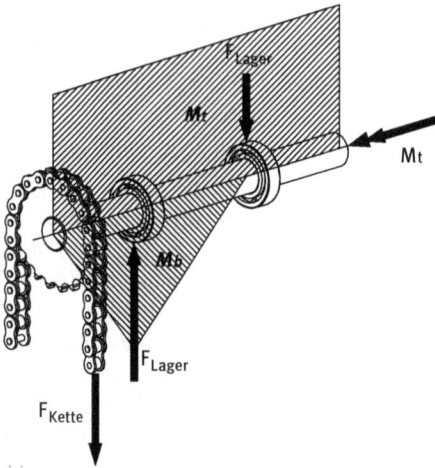

Bild 1.7a: Welle Momenteneinleitung querkraftbehaftet–querkraftfrei

Torsionsmomente werden meist durch Elemente der Antriebstechnik (Zahnräder, Riemenscheiben, Kupplungen usw.) in die Welle eingeleitet, wodurch zusätzliche Belastungen in der Welle hervorgerufen werden. Das hier abgebildete Kettenrad beispielsweise bringt das Torsionsmoment mit dem Produkt aus der Kettenkraft und dem Kettenradradius als Hebelarm ein. Die Kettenkraft wird nicht nur als Querkraft wirksam, sondern belastet die Welle als „drehbaren Biegebalken" wie im zuvor betrachteten Fall der drehbaren, fliegend gelagerten Achse. Der Biegebalken muss an den Lagerstellen mit einer Kraft abgestützt werden.

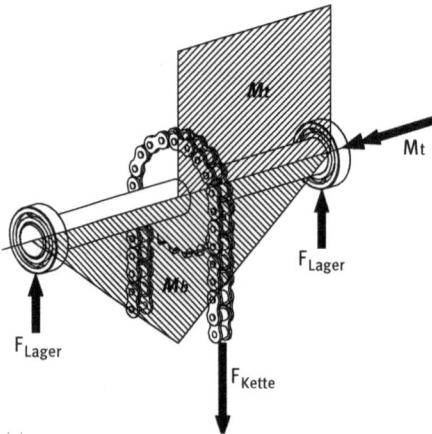

Bild 1.7b: Welle Momenteneinleitung querkraftbehaftet–querkraftfrei

Wird das Kettenrad zwischen die beiden Lager platziert, so ergeben sich ähnliche Konsequenzen, allerdings wird die Welle als doppelseitig aufgestützter Biegebalken wesentlich weniger belastet.

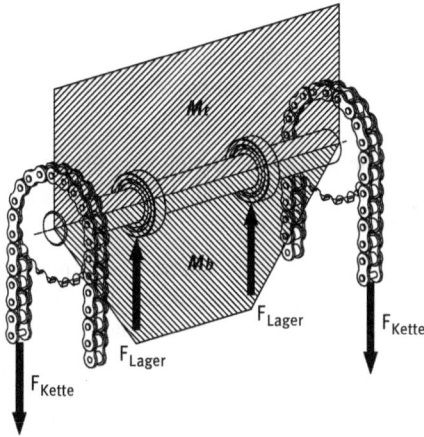

Wird das Torsionsmoment sowohl querkraftbehaftet eingeleitet als auch querkraftbehaf-
tet abgeleitet und werden beide Krafteinleitungsstellen fliegend ausgeführt, so ergibt
sich die nebenstehende Torsions- und Biege-
momentenbelastung. Da hier vereinfachend
eine symmetrische Anordnung angenommen
wurde, ist auch die Biegemomentenverteilung
symmetrisch.

Bild 1.8a: Welle Momenteneinleitung querkraftbehaftet–querkraftbehaftet

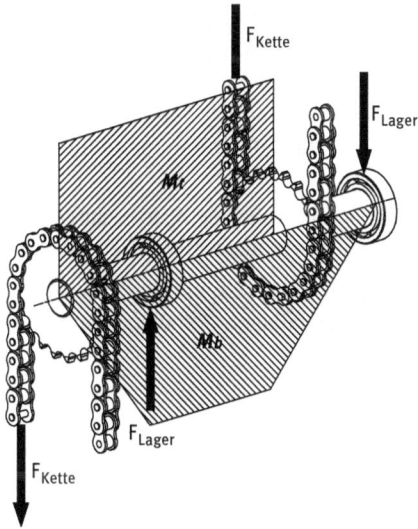

Wird das Torsionsmoment querkraftbehaftet
über eine fliegende Lagerung eingeleitet und
querkraftbehaftet über eine beidseitig abgestützte Lagerung abgeleitet, so erfährt die
Welle nicht nur eine Torsionsmomentenbelastung zwischen den beiden Kettenrädern,
sondern auch eine Biegemomentenbelastung
über ihre gesamte Länge nach nebenstehen-
der Darstellung.

Bild 1.8b: Welle Momenteneinleitung querkraftbehaftet–querkraftbehaftet

Neben den hier skizzierten Lagerungen sind auch weitere Kombinationen von fliegender und beidseitiger Lagerung möglich. Zusätzliche Varianten ergeben sich, wenn die Welle über mehr als zwei Momenteneinleitungs- bzw. -ableitungsstellen verfügt. In den hier aufgeführten Darstellungen wirken alle Kräfte in einer Ebene. Im allgemeinen Fall greifen die Kräfte jedoch nicht nur in einer Ebene an, sodass eine räumliche Betrachtung erforderlich wird. In diesen Fällen ist es dann meist übersichtlicher, die wirkenden Kräfte komponentenweise in zwei zueinander senkrechte Ebenen zu zerlegen.

Nicht nur die Dimensionierung der Lager, sondern auch die Festigkeitsberechnung der Welle erfordert also eine differenzierte Analyse. Für die Welle ist in vielen Fällen die Biegebeanspruchung die für die Festigkeitsberechnung vorherrschende Belastungsart.

Wie bereits im Zusammenhang mit Bild 1.4 erwähnt wurde, kann das einzelne Lager in aller Regel kein Biegemoment aufnehmen. Kann aufgrund der Umgebungskonstruktion und der Lasteinleitung tatsächlich eine Biegemomentenbelastung an der Lagerstelle ausgeschlossen werden, so wird die Lösung besonders einfach (Abschnitt 1.3.3). Muss hingegen im allgemeinen Fall ein Biegemoment übertragen werden, so sind zwei Lager erforderlich, die im Abstand untereinander den Hebelarm zur Verfügung stellen, auf dem das zu übertragende Biegemoment abgestützt werden kann (Abschnitt 1.3.4). Diese Überlegung muss allerdings noch um zwei wesentliche Fragestellungen erweitert werden:

- Auch wenn wie in den vorangegangenen Betrachtungen keine Axialkräfte vorhanden sind, so muss die Welle relativ zum Gehäuse axial geführt werden. Dies bringt fertigungs- bzw. montagetechnische Schwierigkeiten mit sich, da zwar einerseits axial festgelegt werden muss, andererseits die einzelnen Lager aber untereinander nicht axial verklemmt werden dürfen. Dieses Problem wird noch dadurch verschärft, dass Welle und Gehäuse i. Allg. unterschiedliche Wärmeausdehnungen erfahren.
- Bei Auftreten von Axialkräften darf das System nicht statisch überbestimmt sein. Es muss vielmehr durch konstruktive Maßnahmen festgelegt werden, welches der beiden Lager die Axialkraft aufnimmt.

Zur weiteren Diskussion dieses Sachverhaltes ist es angebracht, neben dem zuvor aufgeführten radialen Gleitlager noch einige weitere einfache Lagerbauformen nach Bild 1.9 zu betrachten.

Neben Gleit- und Wälzlagern werden zwar auch noch weitere Lagerarten verwendet (s. Bild 5.1), aber die grundsätzliche Unterscheidung nach Radiallager, Axiallager und kombiniertem Radial-/Axiallager bleibt jedoch stets erhalten.

	radial	axial	radial und axial
Gleitlager			
	Ein einfaches Gleitlager in Form einer auf der Innenseite spielbehafteten und außen in der Umgebungskonstruktion eingepressten Hülse kann nur Radialkräfte übertragen.	Eine plane Anordnung der kreisringförmigen Kontaktfläche erlaubt nur eine Übertragung von Axialkraft, die angesetzte kurze Hülse dient nur zur Führung.	Die Kombination der beiden links aufgeführten Konstruktionen erlaubt die Übertragung von Radial- und Axialkraft.
Wälzlager			
	Dieses Kugellager kann nur Radialkraft übertragen, da der Außenring mit Spiel in das Gehäuse eingefügt und axial nicht abgestützt ist.	Das Axialrillenkugellager kann nur Axialkraft übertragen, weil Radialkräfte die Kugeln aus ihrer Laufrille herausheben würden.	Wird der Innenring axial auf der Welle und der Außenring axial im Gehäuse abgestützt, so können sowohl Radial- als auch Axialkräfte übertragen werden.

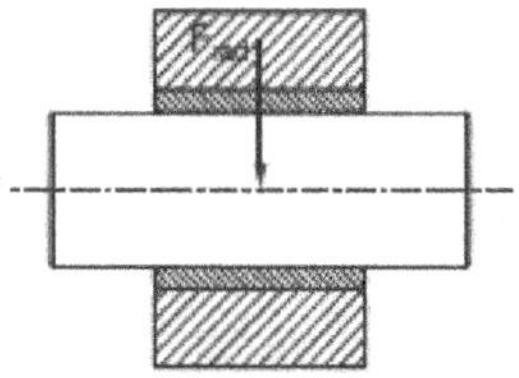

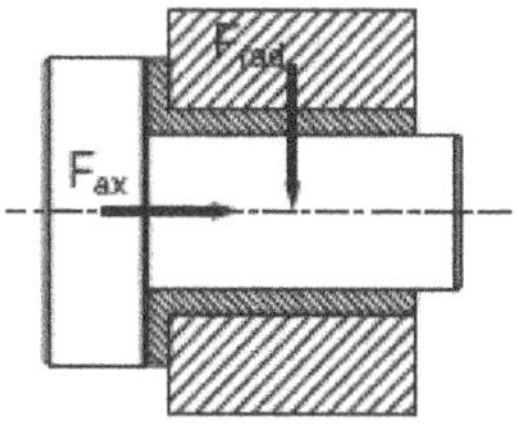

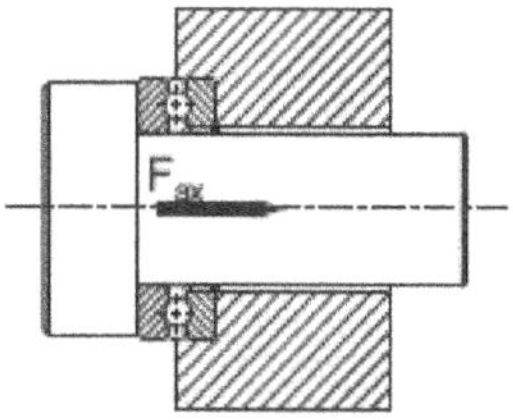

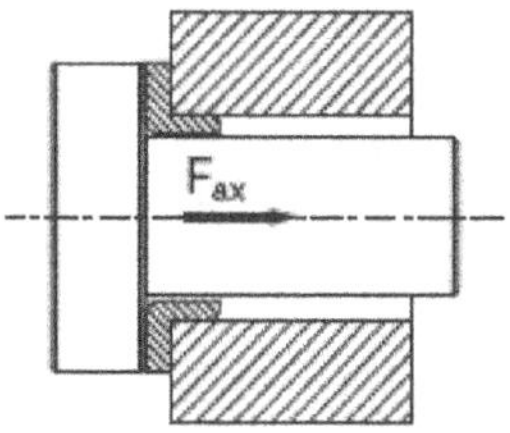

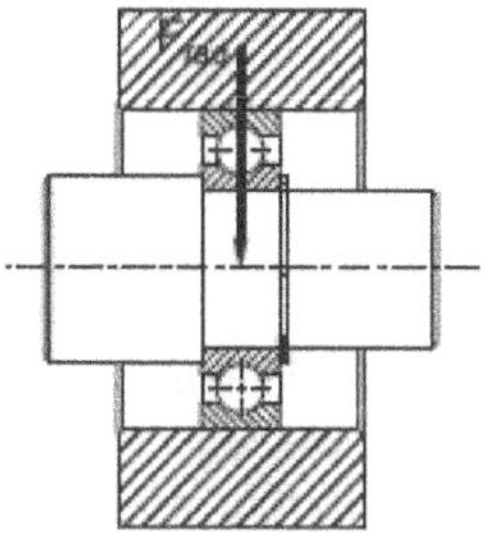

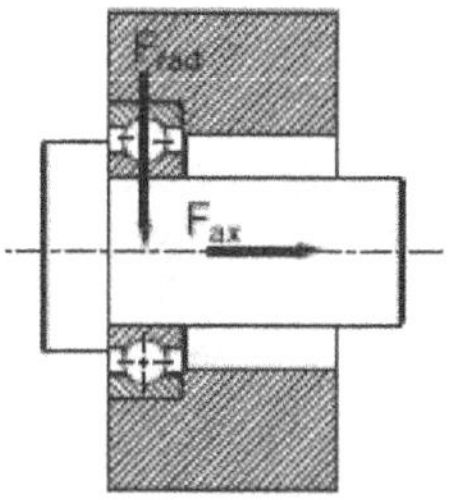

Bild 1.9: Kraftübertragung durch verschiedene Lagerbauformen

1.4.3   Lagerung mit einem einzigen Lager

Ein einzelnes Lager kann nur dann für sich alleine als funktionsfähige Lagerung verwendet werden, wenn eine Biegemomentenbelastung ausgeschlossen ist. Dies trifft bei Radialrillen-kugellagern dann zu, wenn sichergestellt ist, dass die belastende Kraft nur in der Ebene einge-leitet wird, die durch die Kugelmittelpunkte aufgespannt wird. Dieser Fall liegt beispielsweise bei der Lagerung einer Riemenspannrolle nach Bild 1.10 vor.

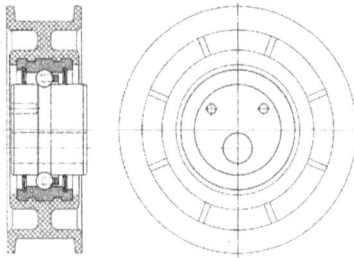

Bild 1.10: Riemenspannrolle

Diese Spannrolle besteht aus einem Zapfen mit eingearbeiteten Laufbahnen, dem Kugelkranz und dem Außenring mit aufgespritzter Riemenscheibe aus Kunststoff. Die Bohrung für die Schraube zur Befestigung der Achse am Maschinengestell ist exzentrisch angeordnet, sodass sich durch Drehen des Zapfens um seine Schraubbefestigung die Riemenspannung variieren lässt. Viele Seilrollen der Fördertechnik können ähnlich gelagert werden: Durch die Lage des Riemens oder des Seils ist die Ebene der auf die Lagerung wirkenden Kraft vorgegeben. Wird dieses einzelne Lager genau in dieser Krafteinleitungsebene angeordnet, so wird eine Biege-momentenbelastung auf das Lager ausgeschlossen.

1.4.4   Fest-Los-Lagerung

Die klassische Bauform einer Wälzlagerung mit zwei Wälzlagern zur Aufnahme von Kräften und eines damit verbundenen Biegemomentes ist die sog. Fest-Los-Lagerung, die in Bild 1.11 in modellhaft einfacher Version dargestellt ist:

In allen aufgeführten Konstruktionsvarianten nehmen beide Lager entsprechend den konstruk-tiv vorgegebenen Abständen und den damit verbundenen Hebelarmen Radialkräfte auf. Im Fall a wird die in die Welle eingeleitete Axialkraft ausschließlich vom linken Festlager auf-genommen, weil der Lagerinnenring fest mit der Welle und der Lageraußenring fest mit dem Gehäuse verbunden ist. Das rechts angeordnete Loslager ist zwar ebenfalls fest mit der Welle verbunden, aber aufgrund des Schiebesitzes im Gehäuse weicht es jeglicher Axialbelastung aus und überbrückt Montage- und Fertigungsfehler. Im Fall b ist der aus den gleichen Grün-den angestrebte Schiebesitz zwischen Innenring und Welle angeordnet. Bei den Fällen c und d ist das rechte Lager ebenfalls Loslager, weil die hier verwendeten Rollen- bzw. Nadellager aufgrund ihrer Konstruktion jeglicher Axialkraft ausweichen, obwohl der Innenring fest mit

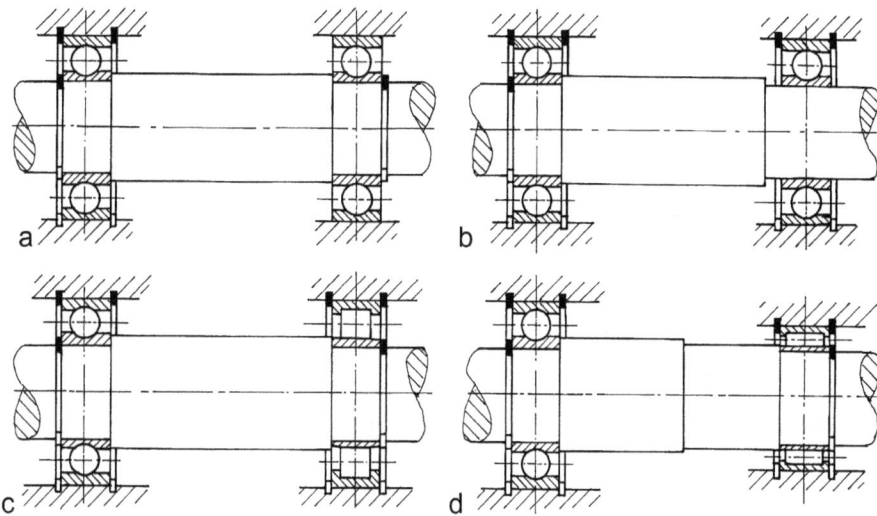

Bild 1.11: Fest-Los-Lagerungen

der Welle und der Außenring fest mit dem Gehäuse verbunden ist. Die axiale Festlegung der Lagerringe wird hier einheitlich mit Wellenabsätzen und Federringen ausgeführt.

1.4.5 Umlaufbiegung

Die Drehung führt zwangsläufig dazu, dass sich die Lage der Achse oder Welle relativ zu ihrer Umgebungskonstruktion ändert. Nach Bild 1.12 kann dabei die relative Lage zur Belastung erhalten bleiben oder sich ebenfalls ändern.

Ausgangspunkt ist in beiden Fällen die mittlere Bildspalte mit gleicher, aus zwei Rillenkugellagern bestehender Lagerung.

- Im unteren Fall wird die Biegebelastung durch eine Unwucht hervorgerufen, deren Biegebelastung mit umläuft, sodass sich die relative Lage von Belastung einerseits und Achse bzw. Welle andererseits zueinander **nicht** ändert: Ungeachtet der Stellung der Achse oder Welle herrscht in der Randfaser 1 stets Zug, bei 3 stets Druck und die Punkte 2 und 4 liegen stets in der neutralen Faser. Der in der rechten Bildspalte dargestellte Verlauf der Spannung in Funktion des Drehwinkels φ erübrigt sich eigentlich, weil die Biegebelastung statisch ist.
- Im oberen Fall wird die Belastung durch eine raumfeste Kraft F (Andruckkraft der Rolle auf den Untergrund) eingeleitet. Punkt 1 erfährt in dieser Stellung Druck, Punkt 3 Zug und 2 und 4 liegen in der neutralen Faser. Da sich diese Punkte aber durch Drehung der Welle relativ zur raumfesten Kraft ständig verlagern, ruft das (an sich konstante) Biegemoment eine dynamische Spannung hervor, bei jeder Umdrehung der Welle wird ein Lastspiel durchlaufen, es liegt „Umlaufbiegung" vor.

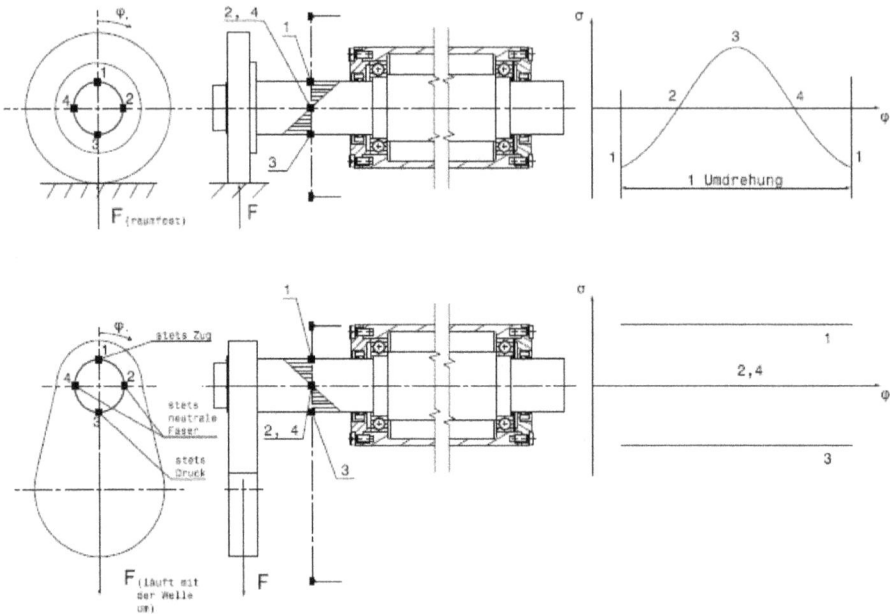

Bild 1.12: Achse oder Welle bei Biegung und Umlaufbiegung

Eine ähnliche Unterscheidung ist auch bei der Querkraftbelastung angebracht. Diese Gegenüberstellung kann jedoch zunächst nur als modellhaft gelten. Im praktischen Anwendungsfall
müssen in der Regel noch weitere Differenzierungen getroffen werden.

Aufgaben A.1.5 bis A.1.8

1.5 Werkstoffkundlich zulässige Belastung bei zeitlich veränderlicher Beanspruchung

Wie bei quasistatischer stellt sich auch bei dynamischer Belastung die entscheidende Frage, ob ein Bauteil standhält oder versagt. Während bei quasistatischer Lastaufbringung die
Häufigkeit der Belastung naturgemäß keine Rolle spielt, nimmt bei dynamischem Lastverlauf
die Lastwechselzahl Einfluss auf die zulässige Werkstoffbeanspruchung. Auch unterhalb der
Streckgrenze liegende Belastungen verursachen Schäden durch Anrissbildung und Rissfort-
schritt, was schließlich zum Versagen des Bauteils führt. Diese Beobachtung macht deutlich,
dass auch in diesem Bereich im Werkstoff mikroplastische Vorgänge ablaufen, die schließlich
durch Anhäufung der schädigenden Wirkung eines jeden Lastspiels das Versagen des Bauteils
durch Werkstoffermüdung herbeiführen.

1.5.1   Betriebsfestigkeit

Die Werkstoffkunde macht für den Fall der dynamischen Bauteilbelastung folgende wichtige Beobachtungen:

- Liegt ein hohes Lastniveau (Kraft, Moment, Spannung) vor, so versagt das Bauteil nach einer relativ geringen Lastwechselzahl. Ein Absenken des Lastniveaus erhöht die bis zum Bauteilversagen ertragbare Lastwechselzahl.
- Das Versagen des Bauteils ist nicht eine Funktion der Betriebsdauer, sondern vielmehr der Anzahl der aufgebrachten Lastwechsel.
- Wird das Lastniveau unter einen gewissen Wert abgesenkt, versagt das Bauteil nicht mehr, es „hält ewig".

Diese Beobachtungen lassen sich im sog. „Wöhlerdiagramm" nach Bild 1.13 anschaulich zusammenfassen.

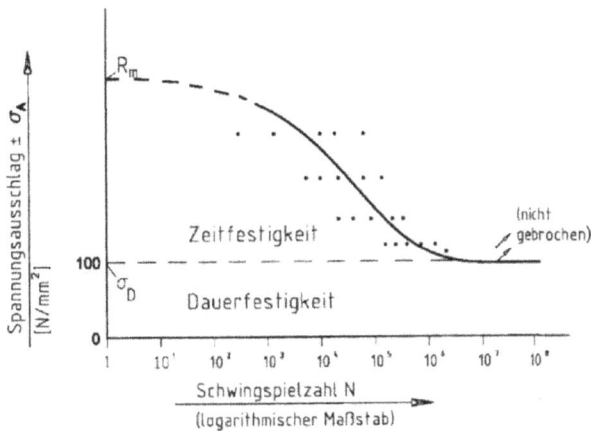

Bild 1.13: Wöhlerdiagramm schematisch (nach [1.12])

Wird die im Werkstoff vorliegende Spannung über der ertragbaren Lastwechselzahl (oder auch „Schwingspielzahl") N aufgetragen, so bildet sich der Hochlastbereich als abfallender Kurvenzug ab, wobei die Lastwechselzahl zur Erfassung des gesamten Bereiches sinnvollerweise logarithmisch aufgetragen wird. Da das Versagen des Bauteils bei diesem hohen Lastniveau nur eine Frage der Zeit ist, wird dieser Bereich „Zeitfestigkeitsbereich" genannt. Da im rechten Bereich der Kurve das Bauteil dauernd der Belastung standhält, spricht man hier von „Dauerfestigkeitsbereich". Die Zeitfestigkeit und die Dauerfestigkeit ergeben zusammen die sog. „Betriebsfestigkeit". Die Versuchsbeobachtungen zeigen weiterhin, dass bei Stahlwerkstoffen ungeachtet ihrer Festigkeitswerte der Übergang von der Zeitfestigkeit zur Dauerfestigkeit bei etwa $2 \cdot 10^6 \ldots 10^7$ Lastwechseln liegt. Bei Nichteisenmetallen und deren Legierungen sowie bei austenitischen Stählen kann eine Dauerfestigkeit nicht beobachtet werden, sodass auch bei Lastwechselzahlen von 10^7 noch mit einem Bauteilversagen zu rechnen ist.

Wöhlerdiagramme können sowohl für Normalspannung als auch für Schubspannung und für jede beliebige Zusammensetzung von statischer und dynamischer Belastung versuchstechnisch erstellt werden. In der Praxis genügt es jedoch, das Wöhlerdiagramm für die schwellende

und die wechselnde Belastung zu ermitteln. Die statische Belastbarkeit als weiterer Werkstoffkennwert braucht diese Darstellung nicht, weil sie von der Lastwechselzahl unabhängig ist und
wie bisher sich als einzelner Wert angeben lässt.

1.5.2   Dauerfestigkeitskennwerte

Da Maschinen vielfach eine Lastwechselzahl von $2 \cdot 10^6$ Lastwechseln überdauern sollen,
werden sie und damit deren Bauteile meist dauerfest ausgelegt, sodass vor allen Dingen die
zulässigen Werte für den Dauerfestigkeitsbereich interessieren. Für spezielle Anwendungen
kann eine Dimensionierung im Zeitfestigkeitsbereich sinnvoll sein, was aber nicht Gegenstand
der vorliegenden Betrachtungen ist. Dauerfestigkeitswerte werden versuchstechnisch ermittelt
und in Tabellen zusammengestellt. Für die weiteren Betrachtungen werden vor allen Dingen
folgende Materialkennwerte benötigt:

Lastaufbringung	Zug/Druck	Biegung	(Torsions-)Schub
statisch $\kappa = +1$	Zugstreckgrenze σ_{zS}	Biegestreckgrenze σ_{bS}	Torsionsstreckgrenze τ_{tS}
schwellend $\kappa = 0$	Zugschwellfestigkeit σ_{zSch}	Biegeschwellfestigkeit σ_{bSch}	Torsionsschwellfestigkeit τ_{tSch}
wechselnd $\kappa = -1$	Zugwechselfestigkeit σ_{zW}	Biegewechselfestigkeit σ_{bW}	Torsionswechselfestigkeit τ_{tW}

Praktisch auftretende Lastfälle weisen zwar ein beliebiges $-1 \leq \kappa \leq 1$ auf, aber nach den folgenden Betrachtungen lassen sich diese mit den oben aufgeführten Materialkennwerten ein-
grenzen. Aus umfangreichen Versuchen wurden die folgenden Materialkennwerte gewonnen.
Alle Zahlenwerte der Tabellen 1.1 bis 1.9 sind in [N/mm^2] bzw. in [MPa] angegeben.

Tabelle 1.1: Dauerfestigkeitskennwerte unlegierte Baustähle; (3 mm < Nenndicke < 100 mm für
Zugfestigkeit); (Nenndicke < 16 mm für Mindeststreckgrenze); Werkstoffbezeichnung nach EN 10027-
1 und CR 10260; Werkstoffnummer nach EN 10027-2

Baustähle nach DIN EN 10025-2:2004		Zug/Druck				Biegung			(Torsions-)Schub		
Werkstoff-bezeichnung	Werkstoff-nummer	R_m	R_{eH}	σ_{zS}	σ_{zSch}	σ_{zW}	σ_{bS}	σ_{bSch}	σ_{bW}	τ_{tS}	τ_{tSch}	τ_{tW}
S 185	1.0035	290–510	185	220	220	160	300	280	170	130	130	100
S 235 JR	1.0038	360–510	235	240	240	170	340	320	190	140	140	110
S 275 JR	1.0044	420–500	275	270	270	190	380	380	220	150	150	130
E 295	1.0050	470–610	295	320	320	220	450	400	250	180	180	150
S 355 JR	1.0570	490–630	355	340	340	240	450	400	270	190	190	160
E 335	1.0060	570–710	335	380	380	260	540	530	320	220	220	180
E 360	1.0070	670–830	360	450	450	320	620	620	370	260	260	200

Tabelle 1.2: Dauerfestigkeitskennwerte Vergütungsstähle im vergüteten Zustand (+QT) nach DIN EN 10083-2:1996 (maßgebliche Querschnitte d oder Flacherzeugnisse einer Dicke t von d < 16 mm oder t < 8 mm)

Vergütungsstähle				Zug/Druck			Biegung			(Torsions-)Schub		
Kurzname	Nummer	R_m	R_e	σ_{zS}	σ_{zSch}	σ_{zW}	σ_{bS}	σ_{bSch}	σ_{bW}	τ_{tS}	τ_{tSch}	τ_{tW}
C22	1.0402	500–650	340	300	280	210	410	350	250	170	160	140
C35	1.0501	630–780	430	350	330	250	450	450	300	190	190	160
C45	1.0503	700–850	490	390	390	290	530	530	350	210	210	170
C60	1.0601	850–1000	580	450	450	340	600	600	400	260	260	200

Tabelle 1.3: Dauerfestigkeitskennwerte Vergütungsstähle (legierte Stähle) im vergüteten Zustand (+QT); (maßgebliche Querschnitte d oder Flacherzeugnisse einer Dicke t von d < 16 mm oder t < 8 mm)

Vergütungsstähle nach DIN EN 10083-3:2006				Zug/Druck			Biegung			(Torsions-)Schub		
Kurzname	Nummer	R_m	R_e	σ_{zS}	σ_{zSch}	σ_{zW}	σ_{bS}	σ_{bSch}	σ_{bW}	τ_{tS}	τ_{tSch}	τ_{tW}
25CrMo4	1.7218	900–1100	700	450	450	320	600	600	350	260	260	200
20MnB5	1.5530	900–1050	700	450	450	320	630	600	350	260	260	200
38MnB5	1.5532	1050–1250	900	450	450	320	630	600	350	260	260	200
27MnCrB5-2	1.7182	1000–1250	800	550	550	360	700	680	400	320	320	230
39MnCrB6-2	1.7189	1100–1350	900	550	550	360	700	680	400	320	320	230
42CrMo4	1.7225	1100–1300	900	550	550	360	800	690	400	320	320	230
50CrMo4	1.7228	1100–1300	900	700	700	400	1000	770	450	400	400	260
34CrNiMo6	1.6582	1200–1400	1000	800	780	450	1100	880	500	460	460	290
38Cr2	1.7003	800–950	550	900	790	450	1260	850	500	470	470	290
30CrNiMo8	1.6580	1250–1450	1050	900	850	500	1260	960	550	500	500	320

Tabelle 1.4: Dauerfestigkeitskennwerte Einsatzstahl

Einsatzstähle nach DIN 17210		Zug/Druck			Biegung			(Torsions-)Schub		
	R_m	σ_{zS}	σ_{zSch}	σ_{zW}	σ_{bS}	σ_{bSch}	σ_{bW}	τ_{tS}	τ_{tSch}	τ_{tW}
C10, Ck10	420–520	250	250	190	350	350	220	150	150	130
C15, Ck15	500–620	300	300	230	420	420	250	180	180	150
15Cr3	600–850	400	400	270		520	300		250	170
16MnCr5	800–1100	600	600	360	840	670	400	350	350	230
20MnCr5	1000–1300	700	700	450	1000	850	500	410	410	300
18CrNi8	1200–1450	800	800	530	1100	1040	600	460	460	350

Tabelle 1.5: Dauerfestigkeitskennwerte Federstahl (Durchmesser $< 16\,\text{mm}$) im vergüteten Zustand (+QT)

Federstahl nach DIN EN 10089-04:2003		R_m	$R_{p0,2}$	Zug/Druck			Biegung			(Torsions-) Schub		
Kurzname	Nummer			σ_{zS}	σ_{zSch}	σ_{zW}	σ_{bS}	σ_{bSch}	σ_{bW}	τ_{tS}	τ_{tSch}	τ_{tW}
56Si7	1.5026	–	1200–1700	1100	700	430		1000	560		480	350
51CrV4	1.8159	1100–1300	900	1200	750	470		1100	620		530	390
67SiCr5	1.7103			1350	800	490		1150	640		550	400

Tabelle 1.6: Dauerfestigkeitskennwerte Gusseisen mit Lamellengraphit (getrennt gegossene Probestücke, Wand von $10\,\text{mm}$ bis $300\,\text{mm}$)

Gusseisen nach DIN EN 1561:1997		R_m	Zug/Druck			Biegung			(Torsions-)Schub		
Kurzzeichen	Nummer		σ_{zS}	σ_{zSch}	σ_{zW}	σ_{bS}	σ_{bSch}	σ_{bW}	τ_{tS}	τ_{tSch}	τ_{tW}
EN-GJL-150	EN-JL 1020	150–250		65	40	240	110	70		90	70
EN-GJL-200	EN-JL-1030	200–300		80	50	300	140	90		110	80
EN-GJL-250	EN-JL-1040	250–350		100	60	360	175	110		130	90
EN-GJL-300	EN-JL-1050	300–400		110	70	420	200	130		150	100
EN-GJL-350	EN-JL-1060	350–450		130	80	450	230	150		180	120

Tabelle 1.7: Dauerfestigkeitskennwerte Temperguss (bezogen auf Durchmesser der Probe 12 mm)

Temperguss nach DIN EN 1562-08:1997		R_m	Zug/Druck			Biegung			(Torsions-)Schub		
Kurzzeichen	Nummer		σ_{zS}	σ_{zSch}	σ_{zW}	σ_{bS}	σ_{bSch}	σ_{bW}	τ_{tS}	τ_{tSch}	τ_{tW}
EN-GJMW-350-4	EN-JM1010	350		180	100		250	140		130	100
EN-GJMW-400-5	EN-JM1030	400		200	140	280	330	200	180	280	120
EN-GJMW-350-10	EN-JM1130	350		150	80	280	220	120	190	180	100
EN-GJMW-450-6	EN-JM1140	450		220	160	360	370	220	220	210	130

Tabelle 1.8: Dauerfestigkeitskennwerte Gusseisen mit Kugelgraphit (getrennt gegossene Probestücke)

Gusseisen mit Kugelgraphit nach DIN EN 1563		R_m	Zug/Druck			Biegung			(Torsions-)Schub		
Kurzzeichen	Nummer		σ_{zS}	σ_{zSch}	σ_{zW}	σ_{bS}	σ_{bSch}	σ_{bW}	τ_{tS}	τ_{tSch}	τ_{tW}
EN-GJS-350-22-LT	EN-JS1015	350	250	200	110	300	300	190	200	170	100
EN-GJS-400-15	EN-JS1030	400	280	230	130	400	350	210	230	200	120
EN-GJS-500-7	EN-JS1050	500	350	260	150	500	430	250	300	250	150
EN-GJS-600-3	EN-JS1060	600	420	320	180	600	510	300	350	290	170
EN-GJS-700-2	EN-JS1070	700	500	380	210	690	600	350	400	340	200

Tabelle 1.9: Dauerfestigkeitskennwerte Stahlguss (Probendicke < 100 mm)

Stahlguss DIN EN 10293-06:2005				Zug/Druck			Biegung			(Torsions-)Schub		
Name	Nummer	R_m	$R_{p0,2}$	σ_{zS}	σ_{zSch}	σ_{zW}	σ_{bS}	σ_{bSch}	σ_{bW}	τ_{tS}	τ_{tSch}	τ_{tW}
GE-200	1.0420	380–530	200	180	180	130	260	260	160	110	110	95
GE-240	1.0446	450–600	240	220	220	150	300	300	190	130	130	110
GS-300	1.0556	520–670	300	250	250	180	350	350	220	150	150	130
G24Mn6	1.1118	700–800	550	360	360	210	500	500	260	210	210	140

1.5.3 Darstellung der zulässigen Bauteilbelastung im Smith-Diagramm

Für den Festigkeitsnachweis eines Bauteils müssen die tatsächlich auftretenden Spannungen mit den oben genannten zulässigen Spannungen verglichen werden. Eine einfache Gegenüberstellung $\sigma_{vorh} \leq \sigma_{zul}$ ist hier allerdings nicht möglich, weil i. Allg. eine Überlagerung von statischer und dynamischer Belastung vorliegt. Da die Darstellung des Lastzustandes nach dem Smith-Diagramm (Abschnitt 1.3) eine Differenzierung nach statischem und dynamischem Anteil ermöglicht, liegt es nahe, den Sicherheitsnachweis mithilfe dieses Diagramms zu führen. Wahlweise können auch andere Darstellungen, wie z. B. das Haigh-Diagramm (s. 1.7 der dreibändigen Ausgabe), genutzt werden. Zunächst muss geklärt werden, welcher Werkstoff vorliegt und ob Zug/Druck, Biegung oder Schub als vorwiegend bzw. kritisch zu betrachten sind. Damit sind auch die drei maßgebenden Werkstoffkennwerte Streckgrenze, Schwellfestigkeit und Wechselfestigkeit nach den Tabellen 1.1–1.8 festgelegt. Für das folgende Beispiel sei angenommen, dass die Biegebelastung dominant ist und dass der Werkstoff 50CrMo4 verwendet wird. Damit sind die folgenden drei Werkstoffkennwerte maßgebend:

50CrMo4	$\sigma_{bS} = 1000\,\text{N/mm}^2$	$\sigma_{bSch} = 770\,\text{N/mm}^2$	$\sigma_{bW} = 450\,\text{N/mm}^2$

Daraus ergibt die graphische Konstruktion des Smith-Diagramms nach Bild 1.14.

- Die Streckgrenze (hier $\sigma_{bS} = 1000\,\text{N/mm}^2$) wird auf der Geraden mit 45° Steigung bei D aufgetragen und repräsentiert damit sowohl die Belastbarkeit hinsichtlich der Mittelspannung σ_m als auch der Gesamtspannung σ, weil dieser Werkstoffkennwert keinerlei dynamischen Anteil enthält.
- Die Wechselfestigkeit (hier $\sigma_{bW} = 450\,\text{N/mm}^2$) wird als senkrechter Wert bei $\sigma_m = 0$ markiert, also dort, wo die Mittelspannung null ist. Die Wechselfestigkeit wird sowohl nach oben (Punkt A des Diagramms) als auch nach unten (Punkt G) aufgetragen, weil bei wechselnder Belastung die Amplitude sowohl einen positiven Maximalwert als auch einen negativen Minimalwert erreicht.
- Die Schwellfestigkeit (hier $\sigma_{bSch} = 770\,\text{N/mm}^2$) wird als senkrechter Wert $\overline{BF}$ aufgetragen, wobei der waagerechte Wert $\overline{OF} = \sigma_{bSch}/2$ ist. Damit befindet sich der Punkt B auf einer Geraden mit der Steigung $\arctan 2 = 63{,}4°$ ($\kappa = 0$).

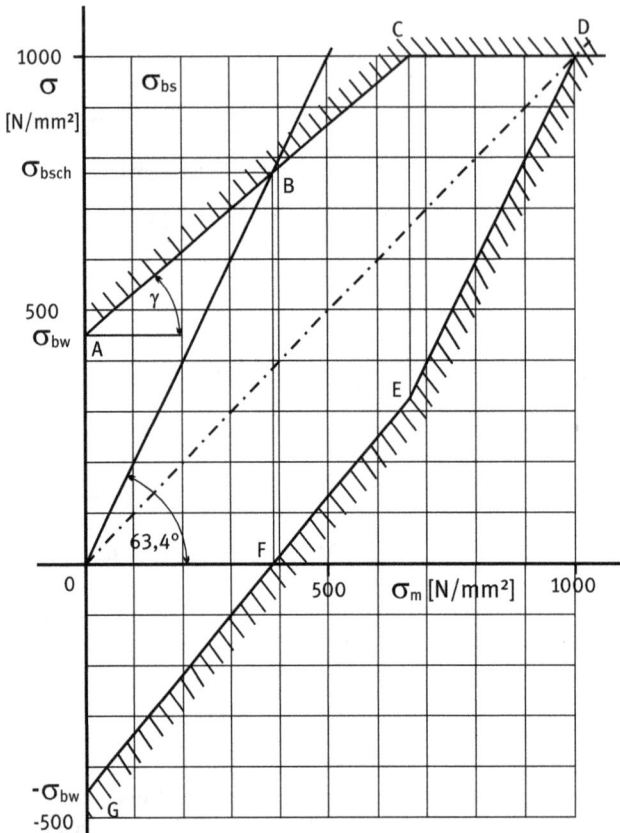

Bild 1.14: Smith-Diagramm Werkstoffprobe

Die zuvor genannten und aufgetragenen Werkstoffkennwerte geben zunächst nur die Belastbarkeitsgrenze für rein statischen Betrieb ($\kappa = 1$) bei D, bei rein schwellendem Betrieb ($\kappa = 0$) bei B bzw. F und bei rein wechselndem Betrieb ($\kappa = -1$) bei A bzw. G an. Zur Erfassung von Belastungen mit beliebigem κ werden die Zwischenbereiche graphisch folgendermaßen ergänzt: Die Punkte A über B werden miteinander verbunden, wobei diese Verbindungslinie über B hinaus verlängert und bei C mit einer bei D angelegten waagerechten Linie zum Schnitt gebracht wird. In ähnlicher Weise werden die Punkte G über F verbunden und diese Linie über F hinaus bis E verlängert, wobei C und E auf einer gemeinsamen Senkrechten liegen müssen. Durch den Kurvenzug von A nach G wird schließlich das Gebiet abgegrenzt, in dem sich der Betriebspunkt für ein beliebiges Mischverhältnis von statischer und dynamischer Belastung befinden muss, wenn das betrachtete Bauteil dauerfest sein soll. Bei der graphischen Konstruktion des Dauerfestigkeitsschaubildes lassen sich noch einige zeichnerische Vereinfachungen praktizieren:

- Der tatsächliche Lastpunkt wandert bei konstantem σ_m (Abszissenwert) während eines Lastspiels auf einer senkrechten Linie auf und ab, wobei der obere und der untere Lastpunkt gleich weit von der Winkelhalbierenden entfernt sind. Bei einer Überlastung werden also die obere Begrenzungslinie ABCD und die untere Begrenzungslinie GFED des dauerfesten Gebietes gleichzeitig erreicht. Da beide Aussagen die gleiche Information ergeben, braucht nur die obere Grenzlinie gezeichnet zu werden, sodass auf die Darstellung der unteren Grenzlinie verzichtet werden kann. Bei dieser Vorgehensweise wird also kein ganzes Lastspiel zwischen σ_o und σ_u, sondern nur noch die Oberspannung σ_o betrachtet. Daher wird die senkrechte Achse des Diagramms nicht mehr mit σ, sondern mit σ_o bezeichnet.
- Der Steigungswinkel der Linie von A nach B (in Bild 1.14 mit γ bezeichnet) weist für metallische Werkstoffe meist einen Wert von etwa 40° auf. Fehlt der Wert für die Schwellfestigkeit (im vorliegenden Beispiel $\sigma_{bSch} = 770\,\mathrm{N/mm^2}$), so kann das Dauerfestigkeitsschaubild ersatzweise mit $\gamma = 40°$ konstruiert werden. Diese Näherungslösung führt jedoch zuweilen zu kleinen Ungenauigkeiten.

Im obigen Beispiel wurde exemplarisch ein auf Biegung beanspruchtes Bauteil betrachtet. In genau der gleichen Weise lassen sich auch die Modellfälle Zug/Druck bzw. Schub- und Torsionsbelastung unter Berücksichtigung der jeweils gegebenen Materialkennwerte behandeln. Wird eine Vergleichsspannung σ_v gebildet, so ist in vielen praktischen Fällen die Biegung vorherrschend, sodass für diesen Fall das Dauerfestigkeitsschaubild für die zulässigen Biegewerte zu erstellen ist.

Das Dauerfestigkeitsschaubild nach Bild 1.14 ist allerdings nur vorläufig, da es an die standardisierten Randbedingungen der Werkstoffkunde gebunden ist, wobei vorausgesetzt wurde, dass das Bauteil

- eine zylindrische Form mit dem konstanten Durchmesser von 10 mm aufweist,
- eine glatte, polierte Oberfläche hat.

Die Anwendung dieses Diagramms für reale Konstruktionen macht also in den folgenden Abschnitten noch Verkleinerungen des zulässigen Gebietes im Dauerfestigkeitsschaubild erforderlich.

1.5.3.1   Erste Verkleinerung durch Größeneinfluss

Im praktischen Biegeversuch stellt sich heraus, dass trotz der Formulierung der Biegebelastung als Biegespannung eine Berücksichtigung der Bauteilgröße für die Festlegung der ertragbaren Spannung erforderlich wird: Die Werkstoffkunde hat beobachtet, dass größere Bauteile nur eine geringere Biegespannung ertragen können. Dieser Sachverhalt wird durch die Einführung eines sog. Größenbeiwertes b_G berücksichtigt. Bild 1.15 gibt diesen Einfluss exemplarisch für kreisrunde Querschnitte mit dem Durchmesser d an:

Wird das o. g. Beispiel weiter ausgeführt und für das betrachtete Bauteil ein Durchmesser von 20 mm angenommen, so ergibt sich aus Bild 1.15 ein Größenbeiwert $b_G = 0,94$, um den alle drei Materialkennwerte von 42CrMo4 verkleinert werden müssen. Damit gewinnt man Werte

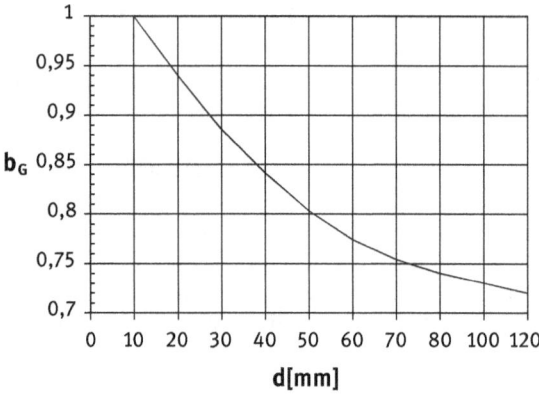

Bild 1.15: Größenbeiwert b_G

mit ähnlicher Indizierung, die mit dem Index „Strich" (') gekennzeichnet sind:

$$\sigma'_{bS} = b_G \cdot \sigma_{bS} = 0{,}94 \cdot 1000\,\text{N/mm}^2 = 940\,\text{N/mm}^2 \qquad \text{Gl. 1.6}$$

$$\sigma'_{bSch} = b_G \cdot \sigma_{bSch} = 0{,}94 \cdot 770\,\text{N/mm}^2 = 724\,\text{N/mm}^2 \qquad \text{Gl. 1.7}$$

$$\sigma'_{bW} = b_G \cdot \sigma_{bW} = 0{,}94 \cdot 450\,\text{N/mm}^2 = 423\,\text{N/mm}^2 \qquad \text{Gl. 1.8}$$

Das in Bild 1.14 abgesteckte Gebiet wird nun mit diesen Werten verkleinert wiedergegeben, wobei sich Bild 1.16 aus oben genannten Gründen auf die obere Begrenzungslinie beschränkt.

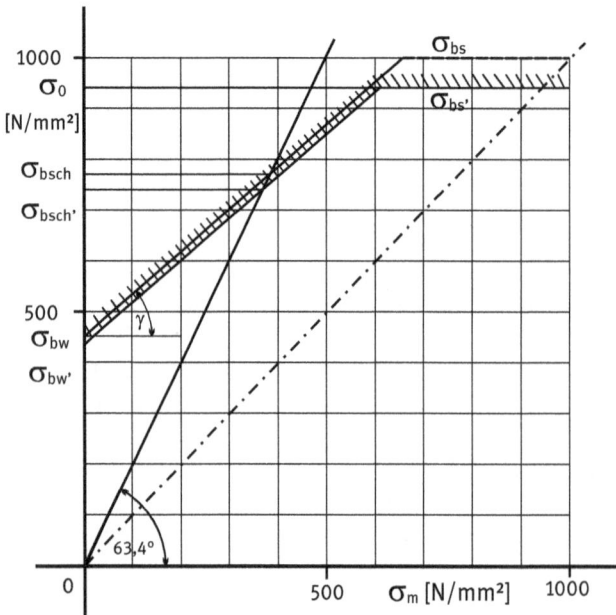

Bild 1.16: Smith-Diagramm nach erster Verkleinerung

Für andere als kreisrunde Querschnitte kann näherungsweise angenommen werden:

- bei Biegung für Quadrat: Kantenlänge $\cong$ d,
- bei Biegung für Rechteck: in Biegeebene (Biegerichtung) liegende Kantenlänge $\cong$ d,
- bei Torsion (s. u.) für Quadrat und Rechteck: Flächendiagonale $\cong$ d.

Der Größeneinfluss bleibt unberücksichtigt, also der Größenbeiwert $b_G = 1$ ist zu setzen bei:

- einfacher Zug- und Druckbeanspruchung,
- gewalzten, geschmiedeten oder gegossenen Bauteilen.

1.5.3.2   Zweite Verkleinerung durch Kerbwirkungszahl und Oberflächenbeiwert (E)

Zu den bisherigen vereinfachenden Annahmen gehörte auch, dass das Bauteil eine polierte und völlig regelmäßige Begrenzungsfläche in Form eines idealen Kreiszylinders aufweist. Auch diese Voraussetzungen sind in der Praxis kaum gegeben und müssen durch eine weitere Verkleinerung des zulässigen Gebietes berücksichtigt werden. Wie aus der Werkstoffkunde bekannt ist, wird die Festigkeit eines Bauteils durch Unregelmäßigkeiten in seiner Gestalt z. T. ganz erheblich geschwächt, wobei diese Abweichungen von der Idealgeometrie pauschal als „Kerbe" bezeichnet werden. Die homogene Spannungsverteilung einer idealen Probe mit zylindrischer Begrenzungsfläche wird durch die „Kerben" z. T. erheblich gestört. Wie die Gegenüberstellung von Bild 1.17 allerdings deutlich macht, sind die Auswirkungen einer Kerbe bei statischer und dynamischer Belastung grundverschieden:

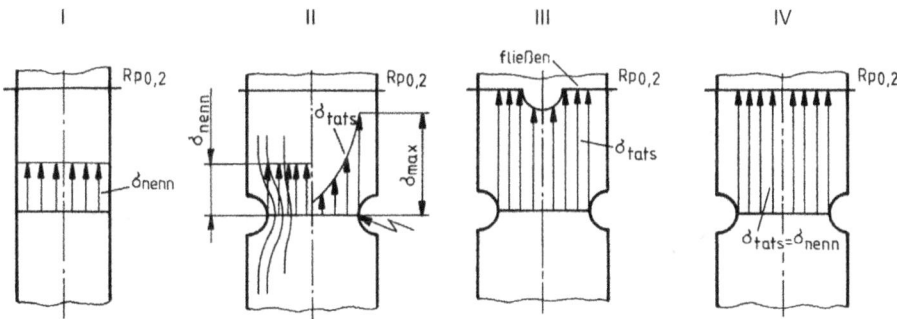

Bild 1.17: Kerbwirkung

I. Ausgangspunkt für die weiteren Überlegungen ist der bereits zuvor erwähnte Zugstab nach Bild 0.7, bei dem sich eine homogene Spannungsverteilung einstellt.

$$\sigma_{nenn} = \frac{F}{A}$$

Unter diesen modellhaften Bedingungen braucht noch nicht nach „tatsächlicher Spannung" und „Nennspannung" unterschieden zu werden.

II. Wird ein gekerbter Stab betrachtet, der an der dünnsten Stelle die gleiche Querschnittsflä-
    che aufweist wie der ungekerbte, so ergibt sich im Kerbgrund wegen der Mehrachsigkeit
    des Spannungszustandes eine Spannungsüberhöhung, die im elastischen Bereich mit der
    sog. Formzahl α_k erfasst wird:

$$\alpha_k = \frac{\sigma_{max}}{\sigma_{nenn}}$$

Die Größe der Formzahl α_k kann sowohl versuchstechnisch (Reißlackverfahren, Deh-
nungsmessstreifen, Spannungsoptik) als auch theoretisch (rechnerisch mithilfe der Finite-
Elemente-Methode) bestimmt werden.

III. Bei weiterhin steigender Last wird in den Bereichen größter Spannung die Streckgrenze
    erreicht. Das Bauteil versagt jedoch noch nicht sofort, weil der Werkstoff bei Überschrei-
    ten der Streckgrenze zu fließen beginnt und damit der Spannungsüberhöhung ausweicht.
    Dabei werden weiter innen liegende Bereiche zunehmend an der Lastübertragung betei-
    ligt, durch das Fließen wird die Spannung gleichmäßiger verteilt. Diese modellhafte Be-
    trachtung setzt allerdings voraus, dass der Werkstoff ideal fließfähig ist und auch die Zeit
    zum Fließen hat.

IV. Bei weiterer Lasterhöhung fließen zunehmend weiter innen liegende Bereiche des Zugsta-
    bes, bis schließlich die gesamte Querschnittsfläche bis an die Streckgrenze belastet wird.
    Wird die Last noch weiter gesteigert, so wird das Bauteil versagen. Im Augenblick des
    Versagens stellt sich also eine Spannungsverteilung wie im ungekerbten Stab ein (Fall I).

Für die Bauteildimensionierung ergeben sich daraus folgende Konsequenzen:

- Bei allmählicher, also quasistatischer Lastaufbringung hat die Kerbwirkung keinen Einfluss auf die zulässige Belastung. Die Belastbarkeit des Bauteils ist identisch mit der des
  ungekerbten Stabes.

- Bei dynamischer Belastung stellt sich der gleiche Sachverhalt allerdings völlig anders dar:
  Die Belastungsgeschwindigkeit lässt ein Fließen des Werkstoffs nur bedingt zu. Es wird
  sich also qualitativ eine Spannungsverteilung einstellen, wie sie bei der Erläuterung der
  Formziffer α_k (Fall II) skizziert worden ist.

Werkstoffkundliche Beobachtungen zeigen jedoch, dass sich im allgemeinen Fall eine Kerbe
im Bauteil nicht so verheerend auswirkt, wie es die Größe der Formzahl α_k erwarten lässt.
Die dann eintretende praktische Spannungserhöhung wird durch die Kerbwirkungszahl β_k beschrieben:

$$\beta_k = \frac{\sigma_{Agekerbt}}{\sigma_{Aglatt}}$$

Dabei steht σ_A für die Ausschlagspannung, da nur der dynamische Belastungsanteil betroffen
ist. Wegen des eingeschränkten Fließverhaltens ist β_K einerseits größer als 1, andererseits muss
β_k aber auch immer kleiner als α_k sein:

$$1 \leq \beta_k \leq \alpha_k$$

Im Gegensatz zur Formzahl α_k lässt sich die Kerbwirkungszahl β_k nur versuchstechnisch ermitteln. Die Tabellen 1.10–1.14 geben einige Beispiele für gängige Bauteilgeometrien und Werkstofffestigkeiten an. Dabei muss in bestimmten Fällen nach β_{kb} für Biegung und β_{kt} für Torsion unterschieden werden.

Tabelle 1.10: Kerbwirkungszahl β_k für Seeger-Ring-Einstiche sowie Keil- und Kerbzahnwellen

Einstiche für Seeger-Ringe bei $R_m = 600\,\text{N/mm}^2$ und $d = 20\,\text{mm}$:	$\beta_k = 1{,}6$
Einstiche für Seeger-Ringe bei $R_m = 600\,\text{N/mm}^2$ und $d = 40\,\text{mm}$:	$\beta_k = 1{,}9$
Keilwellen:	$\beta_k = 3{-}5$
Kerbzahnwellen:	$\beta_k = 2{-}2{,}5$

Tabelle 1.11: Kerbwirkungszahl β_{kb} für Biegung von Wellen mit Absätzen

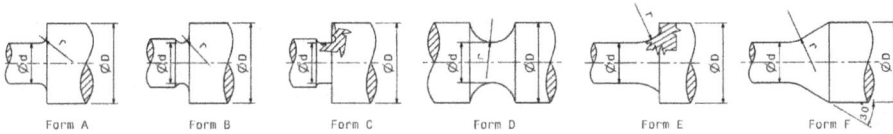

Form A   Form B   Form C   Form D   Form E   Form F

Form	r/d	Wellenwerkstoff mit R_m [N/mm²]			
		400–600	800	1.000	1.200
A–C	0,00	2,2–2,7	3,40	3,50	4,50
	0,05	1,7–1,8	2,10	2,30	2,80
	0,10	1,50	1,70	1,80	2,10
	0,15	1,40	1,50	1,60	1,70
	0,20	1,30	1,35	1,40	1,60
	0,25	1,25	1,30	1,35	1,50
D	0,10	1,36	1,64	1,68	1,72
	0,20	1,22	1,40	1,42	1,45
	0,30	1,18	1,32	1,34	1,36
	0,40	1,13	1,24	1,26	1,27
	0,60	1,10	1,16	1,17	1,18
E, F		1,10	1,20	1,30	1,40

Die Werte für die Formen A bis D gelten für ein Durchmesserverhältnis von $D/d = 2$. Für andere Durchmesserverhältnisse muss noch eine Korrektur eingeführt werden:

$$\beta_{kb} = 1 + c_1 \cdot (\beta_{kb(D/d=2)} - 1) \,,$$

wobei der Beiwert c_1 folgender Tabelle zu entnehmen ist:

D/d	2,0	1,8	1,6	1,5	1,4	1,3	1,2	1,0
c_1	1,00	0,95	0,85	0,78	0,70	0,58	0,44	0,00

Tabelle 1.12: Kerbwirkungszahl β_{kt} für Wellenabsätze bei Torsion
d: kleiner Wellen-$\varnothing$; D (großer Wellen-$\varnothing$) $= 1,4 \cdot d$; r: Ausrundungsradius in der Kehle

r/d	0,025	0,050	0,075	0,100	0,150	0,200	0,250	0,300
$R_m = 600$	1,60	1,40	1,27	1,20	1,12	1,08	1,08	1,08
$R_m = 1.000$	1,76	1,51	1,35	1,26	1,17	1,13	1,12	1,12

Diese Werte gelten für ein Durchmesserverhältnis von $D/d = 1,4$. Für andere Durchmesserverhältnisse muss noch eine Korrektur eingeführt werden:

$$\beta_{kt} = 1 + c_2 \cdot (\beta_{kt(D/d=1,4)} - 1) \,,$$

wobei der Beiwert c_2 folgender Tabelle zu entnehmen ist:

D/d	1,40	1,35	1,30	1,25	1,20	1,15	1,10	1,00
c_2	1,00	0,98	0,93	0,90	0,80	0,68	0,50	0,00

Tabelle 1.13: Kerbwirkungszahl β_{kb} bei Biegung von Wellen mit Querbohrungen
d: $\varnothing$ der Querbohrung; D: $\varnothing$ der Welle

d/D	$R_m = 400$	$R_m = 500$	$R_m = 1.000$
0,1	1,40	1,50	1,55
0,2	1,45	1,60	1,65
0,3	1,40	1,55	1,70
0,4	1,35	1,50	1,65
0,6	1,25	1,35	1,45

Tabelle 1.14: Kerbwirkungszahl β_k bei Biegung und Torsion von Wellen mit eingefräster Längsnut

R_m [N/mm^2]		300	400	500	600	700	800
β_{kb}	Scheibenfräser	1,40	1,45	1,50	1,55	1,58	1,62
	Fingerfräser	1,60	1,70	1,80	1,90	2,00	2,10
β_{kt}	Scheibenfräser		1,30		1,40		1,60
	Fingerfräser		1,50		1,70		2,00

Die Kerbwirkungszahl β_k steigt mit zunehmender Werkstofffestigkeit an, weil hochfeste Werkstoffe weniger fließfähig sind. Die höhere Grundfestigkeit eines Werkstoffs geht also teilweise wieder durch die höhere Kerbwirkungszahl verloren.

Neben der „makroskopischen Kerbe", die die Abweichung der Bauteilgeometrie von der idealen zylindrischen Form erfasst, macht sich an der Oberfläche auch eine „Mikrokerbe" als Abweichung von der idealen polierten Probe bemerkbar, die durch den Oberflächenbeiwert b_O nach Bild 1.18 beschrieben wird. In der Historie der Werkstoffkunde wurden b_G und b_O als Faktoren (kleiner als 1) formuliert, während β_k als Divisor (größer als 1) ausgedrückt worden sind. Insgesamt ergibt sich also für die Berücksichtigung des makroskopischen und des mikroskopischen Kerbeinflusses:

$$\sigma_{azul} = \sigma_A \cdot \frac{b_O}{\beta_k} \qquad\qquad\text{Gl. 1.9}$$

Auch für den Oberflächenbeiwert b_O stellt die Werkstoffkunde differenzierte Informationen bereit. Bild 1.18 fasst diese Angaben zu einem einzigen Diagramm zusammen.

Oberflächenbeiwert b_o

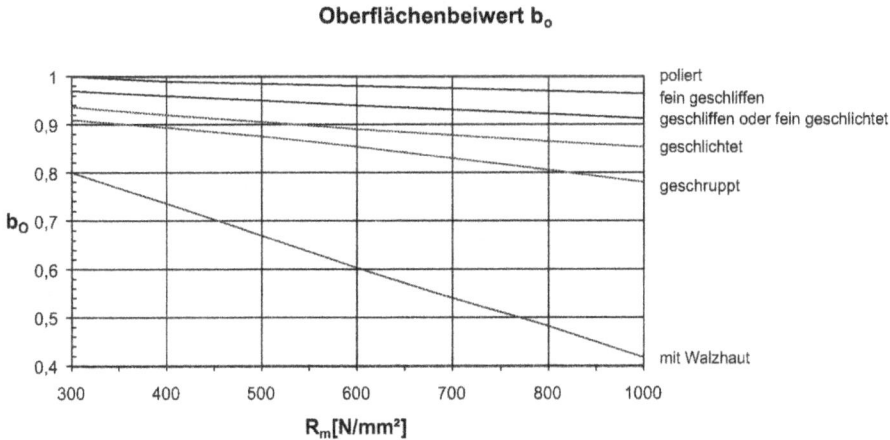

Bild 1.18: Oberflächenbeiwert b_O

Aus diesem Diagramm lassen sich zwei Feststellungen ableiten:

- Die Bauteilschwächung wird umso intensiver, je grober die Bearbeitung und damit die Oberfläche ist.
- Eine höhere Grundfestigkeit macht zwar den Werkstoff belastbarer, führt aber zu einer geringeren Fließfähigkeit und damit zu einer steigenden Beeinträchtigung durch die Mikrokerbe.

Das wegen des Größenbeiwertes b_G in Bild 1.16 bereits verkleinerte Dauerfestigkeitsschaubild muss also wegen der beiden Kerbeinflüsse einer zweiten Reduktion unterzogen werden, wobei allerdings zu berücksichtigen ist, dass diese Verkleinerung aus oben genannten Gründen nur den dynamischen Belastungsanteil betrifft. Mit dieser zweiten Reduktion gewinnt man in Bild 1.19 die sog. Gestaltdauerfestigkeitswerte, die mit einem „G" indiziert werden.

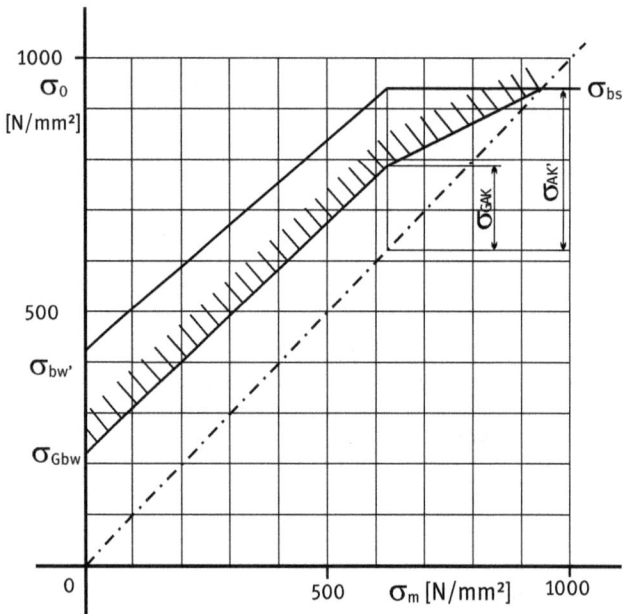

Bild 1.19: Smith-Diagramm nach der zweiten Verkleinerung

- Der Wert für σ'_{bW} wird von der Verkleinerung voll erfasst, weil an dieser Stelle nur dynamische Beanspruchung vorliegt.

$$\sigma_{GbW} = \frac{b_O}{\beta_k} \cdot \sigma'_{bW} \qquad\qquad\qquad \text{Gl. 1.10}$$

- Der Wert für σ'_{bS} wird von der Verkleinerung überhaupt nicht beeinflusst, da die Belastung rein statisch ist.

- Zur Vervollständigung der zweiten Verkleinerung bietet sich der Punkt an, an dem der Kurvenzug der ersten Verkleinerung einen Knick aufweist. An dieser Stelle wird der dynamische Anteil σ'_{AK} auf σ_{GAK} verkleinert:

$$\sigma_{GAK} = \frac{b_O}{\beta_k} \cdot \sigma'_{AK} \qquad\qquad \text{Gl. 1.11}$$

Der für die Rechnung notwendige Wert σ'_{AK} ist in der bisherigen Berechnung noch nicht aufgetaucht und muss aus der ersten Reduktion des Diagramms abgelesen werden (hier $320\,\text{N}/\text{mm}^2$). Zur weiteren Verfolgung des begonnenen Zahlenbeispiels seien folgende Annahmen getroffen:

$$\beta_k = 1,5 \quad\text{und}\quad b_O = 0,78 \quad\text{(geschruppt)}$$

$$\sigma_{Gbw} = \frac{b_O}{\beta_k} \cdot \sigma'_{bW} = \frac{0,78}{1,5} \cdot 423\,\frac{\text{N}}{\text{mm}^2} = 220\,\frac{\text{N}}{\text{mm}^2} \qquad\qquad \text{Gl. 1.12}$$

$$\sigma_{GAK} = \frac{b_O}{\beta_k} \cdot \sigma'_{AK} = \frac{0,78}{1,5} \cdot 320\,\frac{\text{N}}{\text{mm}^2} = 166\,\frac{\text{N}}{\text{mm}^2} \qquad\qquad \text{Gl. 1.13}$$

Der nach der zweiten Reduktion entstandene Kurvenzug wird als „Gestaltdauerfestigkeitsschaubild" bezeichnet. Es macht auf anschauliche Weise deutlich, wie stark die zunächst sehr hohe Festigkeit der idealen Probe im realen Fall geschwächt wird.

1.6 Dauerfestigkeitsnachweis im Smith-Diagramm

Während Abschnitt 1.3 den Lastzustand eines Bauteils im Smith-Diagramm dargestellt, zeigt Abschnitt 1.5 das Gebiet auf, in dem die Last dauerfest zu ertragen ist. Dies führt zunächst einmal zu der einfachen Aussage, dass ein Bauteil dann dauerfest ist, wenn der Lastpunkt innerhalb des ermittelten Gebietes liegt. Die folgenden beiden Spezialfälle sind dabei besonders übersichtlich:

- Ist die Belastung rein statisch, so ist der Festigkeitsnachweis als „eindimensionales" Problem (hier $\sigma_{btats} \leq \sigma_{bS}$) auf der Winkelhalbierenden des Smith-Diagramms darstellbar. Die Konstruktion des Diagramms ist dann wie bei den Übungsbeispielen von Kapitel 0 überflüssig.
- Ist die Belastung rein dynamisch (wechselnd), so lässt sich der Festigkeitsnachweis ebenfalls als „eindimensionales" Problem (hier $\sigma_{btats} \leq \sigma_{GbW}$) auf der senkrechten Achse des Smith-Diagramms darstellen. Die Konstruktion des Diagramms wäre auch in diesem Fall überflüssig.
- Ähnliches gilt für den Fall der schwellenden Beanspruchung, die auf der Geraden mit der Steigung 2 als „eindimensionales" Problem zu betrachten ist.

Liegt jedoch eine beliebige Zusammensetzung von statischer und dynamischer Belastung vor, so wird eine „zweidimensionale" Betrachtung erforderlich, die sich mit dem Smith-Diagramm übersichtlich ausführen lässt.

Die Formulierung einer Sicherheit erfordert in diesem Fall aber eine differenzierte Betrachtung. Dazu greift Bild 1.20 das oben erläuterte Beispiel erneut auf, wobei wegen der Übersichtlichkeit nur die Konstellation nach der zweiten Reduktion eingezeichnet ist.

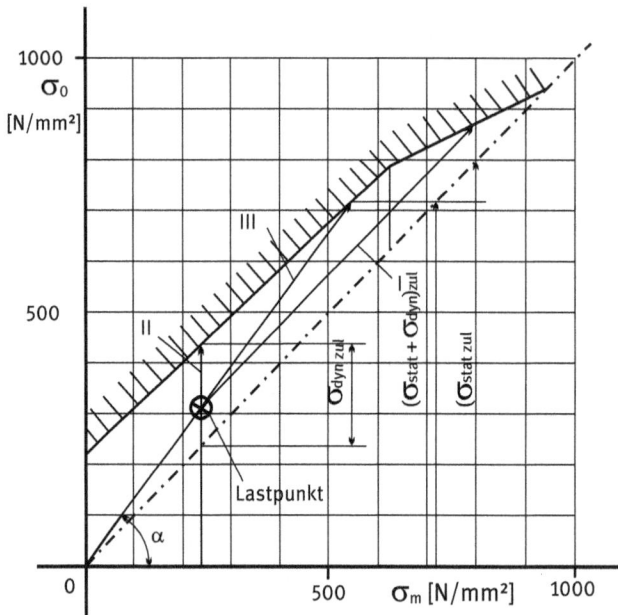

Bild 1.20: Sicherheitsnachweis im Smith-Diagramm

Zur Formulierung der Sicherheit muss nun die Frage geklärt werden, in welche Richtung die Überlast den Betriebspunkt verlagert. Dazu wird die von außen auf das Bauteil wirkende Belastung näher analysiert. Der Einfachheit halber wird ein Fall angenommen, bei dem nach Bild 1.21 die Belastung praktisch nur aus Biegung besteht:

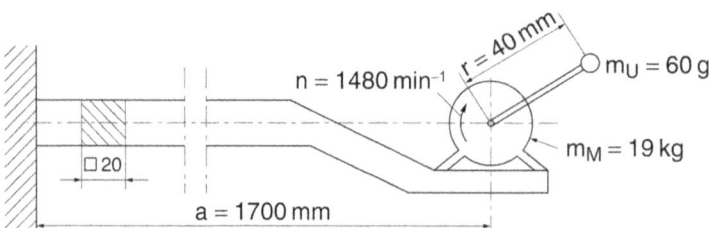

Bild 1.21: Dynamisch belasteter Biegebalken

Die Festigkeit dieses Biegebalkens wird an der Einspannstelle überprüft, weil dort das höchste Biegemoment vorliegt. Die Belastung wird am freien Ende des Biegebalkens durch einen auf dem Biegebalken befestigten Motor eingeleitet, der eine Unwuchtmasse antreibt. Das axiale Widerstandsmoment an der Einspannstelle beträgt nach Gl. 0.36:

$$W_{ax} = \frac{b \cdot h^2}{6} = \frac{(20\,\text{mm})^3}{6} = 1333\,\text{mm}^3$$

Die statische Biegespannung an der Einspannstelle wird praktisch ausschließlich durch das Motorgewicht hervorgerufen, weil die Unwuchtmasse als vernachlässigbar klein betrachtet werden kann:

$$\sigma_{bstat} = \frac{M_{bstat}}{W_{ax}} = \frac{m_M \cdot g \cdot a}{W_{ax}} = \frac{19\,\text{kg} \cdot 9{,}81\,\frac{m}{s^2} \cdot 1700\,\text{mm}}{1333\,\text{mm}^3} = 238\,\frac{N}{mm^2}$$

Die dynamische Biegespannung an der Einspannstelle wird durch die Unwuchtmasse hervorgerufen, die mit $\omega = 2 \cdot \pi \cdot n = 155\,s^{-1}$ rotiert:

$$\sigma_{bdyn} = \frac{M_{bdyn}}{W_{ax}} = \frac{m_U \cdot r \cdot \omega^2 \cdot a}{W_{ax}} = \frac{0{,}060\,\text{kg} \cdot 0{,}040\,\text{m} \cdot (155\,s^{-1})^2 \cdot 1700\,\text{mm}}{1333\,\text{mm}^3} = 74\,\frac{N}{mm^2}$$

Zur Festlegung der Sicherheit gilt weiterhin die allgemeingültige Formulierung:

$$S = \frac{\sigma_{zul}}{\sigma_{tats}}$$

Für das Erreichen der Grenzkurve in Bild 1.20 sind verschiedene Modellfälle denkbar, die sich in einer unterschiedlichen Verlagerung des Lastpunktes im Dauerfestigkeitsschaubild ausdrücken:

	Überlast durch	σ_{stat}	σ_{dyn}
I	größere Motormasse m_M	steigt mit m_M (linear)	unverändert
II	größere Unwuchtmasse m_U	unverändert	steigt mit m_U (linear)
	größeren Unwuchtradius r	unverändert	steigt mit r (linear)
	höhere Winkelgeschwindigkeit ω	unverändert	steigt mit ω (quadratisch)
III	größeren Hebelarm a	steigt mit a (linear)	steigt mit a (linear)

Entsprechend der speziellen Überlastannahme bewegt sich der Lastpunkt im Smith-Diagramm in eine ganz bestimmte Richtung und verlässt dabei das „zulässige" Gebiet an einer für den Überlastfall charakteristischen Stelle. Für die Berechnung der Sicherheit ergeben sich also Zahlenwerte, die von der jeweiligen Überlastannahme abhängen.

I. Der Betriebspunkt wandert auf einer Parallelen zur Winkelhalbierenden (dynamische Belastung bleibt konstant und statische Belastung steigt) nach rechts oben und verlässt in diesem Beispiel bei (abgelesenen) 875 N/mm² das „erlaubte" Gebiet. Die dabei vorliegende zulässige statische Spannung beträgt $\sigma_{statzul} = 800\,\text{N/mm}^2$. Die ohne Überlast vorliegende Mittelspannung $\sigma_{stat} = 238\,\text{N/mm}^2$ darf also bis $\sigma_{statzul} = 800\,\text{N/mm}^2$ gesteigert werden, erst darüber hinaus ist die Dauerfestigkeit nicht mehr gegeben. Die Sicherheit formuliert sich also zu:

$$S_I = \frac{\sigma_{statzul}}{\sigma_{stat}} = \frac{800\,\frac{N}{mm^2}}{238\,\frac{N}{mm^2}} = 3{,}36 \qquad\qquad \text{Gl. 1.14}$$

II. Der Betriebspunkt wandert senkrecht nach oben (statische Belastung konstant, dynamische Belastung steigt) und verlässt in diesem Beispiel bei (abgelesenen) $430\,\text{N/mm}^2$ das „erlaubte" Gebiet. Die dabei vorliegende zulässige dynamische Spannung beträgt $\sigma_{dynzul} = 195\,\text{N/mm}^2$. Die ohne Überlast vorliegende Mittelspannung $\sigma_{dyn} = 74\,\text{N/mm}^2$ darf also bis $\sigma_{dynzul} = 195\,\text{N/mm}^2$ gesteigert werden, erst darüber hinaus ist die Dauerfestigkeit nicht mehr gegeben. Die Sicherheit formuliert sich also zu:

$$S_{II} = \frac{\sigma_{dynzul}}{\sigma_{dyn}} = \frac{195\,\frac{N}{mm^2}}{74\,\frac{N}{mm^2}} = 2{,}64 \qquad\qquad \text{Gl. 1.15}$$

III. Weil statische und dynamische Belastung in gleichem Maße steigen ($\kappa = \text{const.}$), bewegt sich der Betriebspunkt auf einem Leitstrahl, der den Lastpunkt mit dem Koordinatenursprung verbindet, weiter vom Koordinatenursprung weg und verlässt in diesem Beispiel bei (abgelesenen) $725\,\text{N/mm}^2$ das „zulässige" Gebiet. Die ohne Überlast vorliegende Spannung $\sigma_{stat} + \sigma_{dyn} = 238\,\text{N/mm}^2 + 74\,\text{N/mm}^2 = 312\,\text{N/mm}^2$ darf also bis $(\sigma_{stat} + \sigma_{dyn})_{zul} = 725\,\text{N/mm}^2$ gesteigert werden, erst darüber hinaus ist die Dauerfestigkeit nicht mehr gegeben. Die Sicherheit formuliert sich damit zu:

$$S_{III} = \frac{(\sigma_{stat} + \sigma_{dyn})_{zul}}{\sigma_{stat} + \sigma_{dyn}} = \frac{725\,\frac{N}{mm^2}}{(238 + 74)\,\frac{N}{mm^2}} = 2{,}32 \qquad\qquad \text{Gl. 1.16}$$

Zur Steigerung der Zeichengenauigkeit ist es meist hilfreich, den Steigungswinkel des Leitstrahls α durch eine geometrische Beziehung rechnerisch zu ermitteln:

$$\alpha = \arctan \frac{\sigma_{stat} + \sigma_{dyn}}{\sigma_{stat}} \qquad\qquad \text{Gl. 1.17}$$

$$\text{Hier:} \quad \alpha = \arctan \frac{238\,\frac{N}{mm^2} + 74\,\frac{N}{mm^2}}{238\,\frac{N}{mm^2}} = 52{,}7°$$

Soweit dieses einführende Beispiel. Die in der Praxis auftretenden Überlastfälle sind aber normalerweise nicht so leicht zu differenzieren. In vielen Fällen müssen Überlastannahmen genauer analysiert werden (s. Übungsbeispiele). Im allgemeinen Fall liegt nicht nur Biegung vor, sondern es müssen sowohl für die statische als auch für die dynamische Belastung Vergleichsspannungen formuliert werden.

Aufgaben A.1.9 bis A.1.12

In Ergänzung zum Smith-Diagramm wird im Abschnitt 1.7 der dreibändigen Ausgabe auch das Haigh-Diagramm vorgestellt.

1.7   Anhang

1.7.1   Literatur

[1.1]   Agne, K.; Agne, S.: Technische Mechanik in der Feinwerktechnik, Vieweg, 1988

[1.2]   Assmann, B.; Selke, P.: Technische Mechanik: Band 1–3, Oldenbourg, 2006

[1.3]   Biederbick, K.: Kunststoffe kurz und bündig. Würzburg, 1970

[1.4]   Böge, A.: Formeln und Tabellen zur Mechanik und Festigkeitslehre: Band 1 und 2, Vieweg, 1994

[1.5]   Buxbaum, O.: Betriebsfestigkeit, Stahleisenverlag, 1986

[1.6]   Dankert, H.; Dankert, J.: Technische Mechanik computerunterstützt, Teubner, 1995

[1.7]   Dietman, H.: Einführung in die Elastizitäts- und Festigkeitslehre, Kroner, 1992

[1.8]   DIN-Taschenbuch 69: Stahlhochbau. Beuth

[1.9]   Domke, W.: Werkstoffkunde und Werkstoffprüfung. Essen, 1982

[1.10]   Fink, K.; Rohrbach, C.: Handbuch der Spannungs- und Dehnungsmessung, VDI-Verlag, 1965

[1.11]   Fronius, S.: Antriebselemente, VEB-Verlag, 1982

[1.12]   Gobrecht, J.: Werkstofftechnik – Metalle. 3. Auflage, Oldenbourg Verlag, 2009

[1.13]   Gross, D.; Hauger, W.; Schnell, W.: Technische Mechanik, Springer, 2005

[1.14]   Haibach, E.: Betriebsfestigkeit – Verfahren und Daten zur Bauteilberechnung, VDI-Verlag, 1989

[1.15]   Hänchen, R.: Neue Festigkeitsberechnung für den Maschinenbau, Hanser, 1967

[1.16]   Holzmann, G.; Meyer, H.; Schumpick, G.: Technische Mechanik: Band 1–3, Teubner, 1990

[1.17]   Hütte: Taschenbuch der Stoffkunde. Berlin

[1.18]   Issler, L.; Ruoß, H.; Häfele, P.: Festigkeitslehre – Grundlagen, Springer, 1995

[1.19]   Neuber, H.: Kerbspannungslehre, Verlag, 1988

[1.20]   NN: Werkstoffhandbuch Stahl und Eisen. Düsseldorf, 1974

[1.21]   NN: Werkstoffhandbuch Nichteisenmetalle. Düsseldorf, 1960

[1.22]   Oberbach, K.: Kunststoffkennwerte für Konstrukteure. München, 1974

[1.23]   Schmidt, F.: Berechnung und Gestaltung von Wellen. Konstruktionsbücher Band 10, Springer, 1967

[1.24]   Schmitt-Thomas, Karlheinz G: Metallkunde für das Maschinenwesen, Springer

[1.25]   Schweigerer, S.: Festigkeitsberechnung im Dampfkessel-, Behälter- und Rohrleitungsbau, Springer, 1978

[1.26]   Tauscher, H.: Berechnung der Dauerfestigkeit. Leipzig, 1964

[1.27] VDI-Richtlinie 2227: Festigkeit bei wiederholter Beanspruchung; Zeit- und Dauer-
        festigkeit metallischer Werkstoffe, insbesonder von Stählen. VDI-Verlag

[1.28] Zammert, W. U.: Betriebsfestigkeitsberechnung, Vieweg, 1985

1.7.2   Normen

[1.29] DIN 1651: Automatenstähle

[1.30] DIN 1681: Stahlguß für allgemeine Verwendungszwecke

[1.31] DIN 1691: Gußeisen mit Lamellengraphit (Grauguß)

[1.32] DIN 1692: Temperguß; Begriffe; Eigenschaften

[1.33] DIN 1693 T1: Gußeisen mit Kugelgraphit; Werkstoffsorten, unlegiert und niedrigle-
        giert

[1.34] DIN 1693 T2: Gußeisen mit Kugelgraphit; unlegiert und niedriglegiert; Eigenschaf-
        ten im angegossenen Probestück

[1.35] DIN 1694: Austenitisches Gußeisen

[1.36] DIN 1712: Aluminium

[1.37] DIN 1725: Aluminiumlegierungen; Knetlegierungen

[1.38] DIN 1729: Magnesiumlegierungen

[1.39] DIN 4114: Stahlbau; Stabilitätsfälle (Knickung, Kippung, Beulung), Berechnungs-
        grundlagen, Vorschriften

[1.40] DIN 7728: Kunststoffe

[1.41] DIN 17006: Eisen und Stahl; Systematische Benennung, Stahlguß, Grauguß, Hart-
        guß, Temperguß

[1.42] DIN 17007: Werkstoffnummern

[1.43] DIN 17100: Allgemeine Baustähle, Gütenormen

[1.44] DIN 17111: Kohlenstoffarme, unlegierte Stähle für Schrauben, Muttern und Niete

[1.45] DIN E 17200: Vergütungsstähle

[1.46] DIN 17210: Einsatzstähle

[1.47] DIN 17221 und 17222: Federstahl

[1.48] DIN 17240: Warmfeste und hochwarmfeste Werkstoffe für Schrauben und Muttern

[1.49] DIN 17245: Warmfester ferritischer Stahlguß

[1.50] DIN 17445: Nichtrostender Stahlguß

[1.51] DIN 50100, DIN 50113, DIN 50142: Wöhlerdiagramme, Smithdiagramme

[1.52] DIN 50103 T1: Prüfung metallischer Werkstoffe; Härteprüfung nach Rockwell; Ver-
        fahren C, A, B, F

[1.53] DIN 50106: Prüfung metallischer Werkstoffe; Druckversuch

[1.54] DIN 50115: Prüfung metallischer Werkstoffe; Kerbschlagbiegeversuch

[1.55] DIN 50118: Prüfung metallischer Werkstoffe; Zugstandversuch unter Zugbeanspru-
        chung

[1.56] DIN 50133: Prüfung metallischer Werkstoffe; Härteprüfung nach Vickers; Bereich
        HV 5 bis HV 100

[1.57] DIN 50141: Prüfung metallischer Werkstoffe; Scherversuch

[1.58] DIN 50145: Prüfung metallischer Werkstoffe; Zugversuch

[1.59] DIN 50150: Prüfung von Stahl und Stahlguß; Umwertungstabelle für Vickershärte,
        Brinellhärte, Rockwellhärte und Zugfestigkeit

[1.60] DIN 50551: Prüfung metallischer Werkstoffe; Härteprüfung nach Brinell

1.8   Aufgaben: Achsen, Wellen, Betriebsfestigkeit

Zusammengesetzte Spannungen

A.1.1   Transporteinrichtung mit Laufkatze

Die unten skizzierte Transporteinrichtung besteht aus zwei Trägern IPB100 nach DIN 1025
T2. Es können Güter bis zu einer Masse von 3,2 t angehoben und in der Horizontalen verfahren
werden. Das Eigengewicht der Konstruktion bleibt unberücksichtigt.

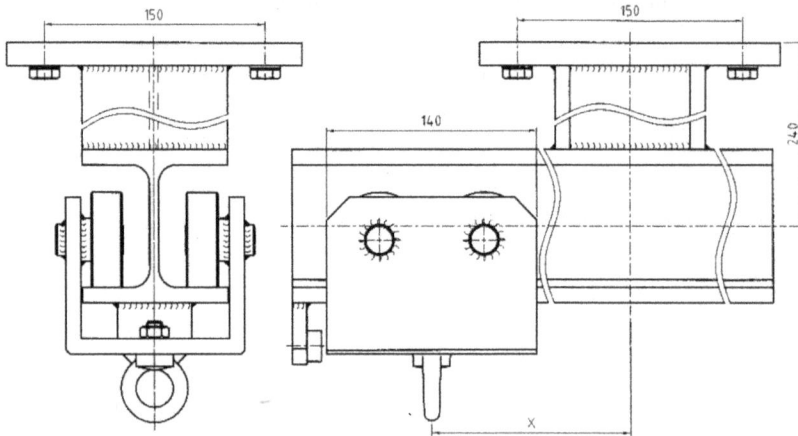

Der senkrecht angeordnete Träger soll bezüglich seiner Festigkeit betrachtet werden. Klären
Sie zunächst, an welcher Stelle er am höchsten belastet wird.

○ höchste Belastung am oberen Ende des Trägers
○ höchste Belastung am unteren Ende des Trägers
○ das obere und untere Ende des Trägers erfahren die gleiche Belastung

Berechnen Sie die Spannungen an der festigkeitsmäßig kritischen Stelle für die unten aufgeführten, von der Mittellinie aus gezählten Verfahrwege.

		für x = 0	für x = 200 mm	für x = 400 mm
σ_Z	N/mm^2			
σ_b	N/mm^2			
σ_{ges}	N/mm^2			

Wie groß darf der Verfahrweg x maximal werden, wenn für den Werkstoff eine maximale
Normalspannung von 120 N/mm^2 zugelassen werden darf?

x_{max}	mm	

Quasistatische Vergleichsspannung

A.1.2 Kran mit I-Trägern

Gegeben ist der unten skizzierte Kran, mit dem Lasten von 8 t angehoben werden können. Die Laufrolle am rechten Ende des Kragarmes wird in der dargestellten Weise zwischen *zwei* Trägern I 260 nach DIN 1025 T1 angebracht. Es kann vorausgesetzt werden, dass die Last quasistatisch aufgebracht wird.

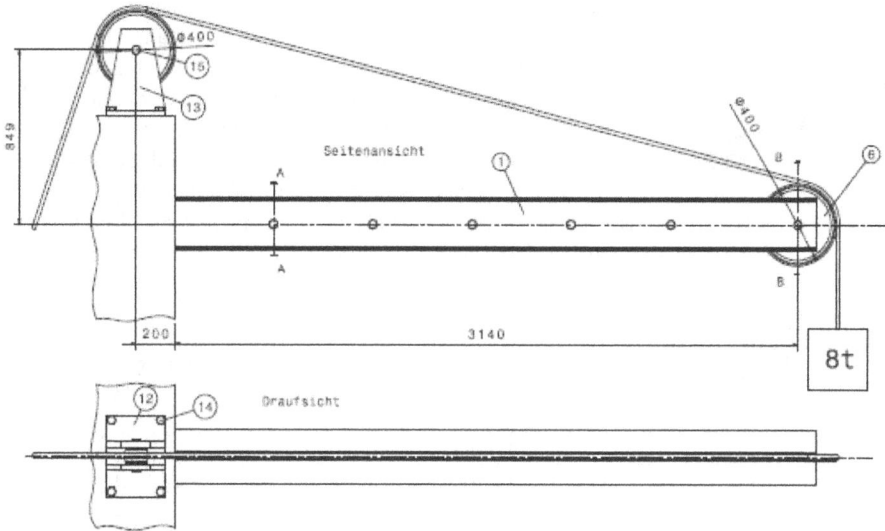

a) Berechnen Sie in der ersten Spalte des nachstehenden Schemas die an der Einspannstelle auftretenden Kräfte (Längskraft L und Querkraft Q) sowie das dort vorliegende Biegemoment M_b!
b) Berechnen Sie rechts daneben die jeweils daraus resultierenden Spannungen!
c) Berechnen Sie schließlich in der letzten Zeile die an der Einspannstelle vorliegende Vergleichsspannung σ_v!

L [N] =	σ_{ZD} [N/mm^2] =
Q [N] =	τ_Q [N/mm^2] =
M_b [Nm] =	σ_b [N/mm^2] =
	σ_v [N/mm^2] =

A.1.3   Bohrrohr für Erdbohrungen

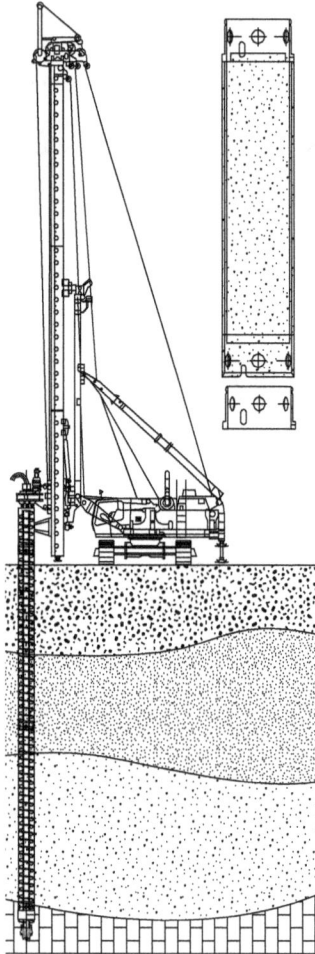

Das nebenstehende Gerät wird im Tiefbau zum Einbringen von Erdbohrungen benutzt. Die Bohrlöcher werden beim Hochziehen des Bohrgestänges mit Beton aufgefüllt. Diese Betonsäule dient als Fundament für den Hochbau (z. B. für den Brückenbau). Wird eine Reihe solcher Säulen nebeneinander angeordnet, so entsteht eine geschlossene Wand, mit der auf der einen Seite ein benachbartes Gebäude abgestützt wird, während auf der anderen Seite eine Baugrube ausgehoben werden kann. Das Bohrgestänge besteht aus einem außenliegenden Rohr und einer innenliegenden Förderschnecke, die beide unten stirnseitig mit Schneiden bestückt sind. Rohr und Schnecke werden abschnittsweise mit Kupplungen zusammengesetzt und gegenläufig angetrieben. Das außenliegende Rohr kann sowohl einwandig (Bild links und Aufgabenteil 1) als auch doppelwandig (Bild unten und Aufgabenteil 2) ausgeführt werden. Benutzen Sie zur Dokumentierung Ihrer Ergebnisse das unten stehende Schema.

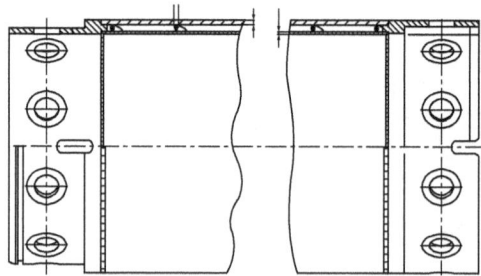

Einwandiges Rohr:

In einem ersten Fall wird ein einwandiges Rohr mit einem Außendurchmesser D und einem Innendurchmesser d verwendet, welches mit einem Torsionsmoment M_t und einer Druckkraft F_D belastet wird. Berechnen Sie die Querschnittsfläche A, das Torisonswiderstandsmoment W_t, die Druckspannung σ_D, die Torsionsspannung τ_t und die Vergleichsspannung σ_V.

Doppelwandiges Rohr:

In einem zweiten Anwendungsfall wird ein doppelwandiges Rohr verwendet, bei dem nach Außendurchmesser des Außenrohres D_a, Innendurchmesser des Außenrohres d_a, Außendurchmesser des Innenrohres D_i und Innendurchmesser des Innenrohres d_i unterschieden wird. In den Raum zwischen den beiden Rohren ist ein wendelförmiger Rundstab eingebracht, der die beiden Rohrwandungen auf Distanz hält, aber ansonsten auf das Festigkeitsverhalten keinen Einfluss nimmt. Berechnen Sie auch für diesen Fall die in der unteren Tabellenhälfte aufgeführten Kenngrößen.

		einwandiges Rohr	doppelwandiges Rohr		
M_t	kNm	360	585	kNm	M_t
F_D	kN	300	490	kN	F_D
D	mm	368	600	mm	D_a
d	mm	333	576	mm	d_a
			536	mm	D_i
			520	mm	d_i
A	mm^2			mm^2	A
W_t	mm^3			mm^3	W_t
σ_D	N/mm^2			N/mm^2	σ_D
τ_t	N/mm^2			N/mm^2	τ_t
σ_V	N/mm^2			N/mm^2	σ_V

A.1.4   Steinschleuder

Eine Steinschleuder (sog. „Flitsche") wird mit der einen Hand am unteren zylindrischen Handgriff (Ø 20) gehalten. Die beiden am oberen Ende der gabelförmigen Verzweigung (Ø 14) angebrachten Gummizüge werden in einer hinteren Verbindungslasche zusammengeführt. In diese Lasche wird der abzuschießende Körper eingelegt, mit der anderen Hand nach hinten gezogen und aus dieser Lage heraus zum Abschuss losgelassen.

Mit welcher **Gesamt**kraft kann der abzuschießende Körper maximal nach hinten gezogen werden, wenn im Gummizug eine Spannung von $30\,\text{N}/\text{mm}^2$ nicht überschritten werden darf?	N	

Der Gummizug wird mit dieser maximal möglichen Kraft vorgespannt. Die Festigkeit des gabelförmigen Grundgestells kann dann an zwei Stellen kritisch werden:

1. oberes Ende des zylindrischen Handgriffs unmittelbar unterhalb der Verzweigung
2. Gabel unmittelbar neben der Verzweigung

Ermitteln Sie an beiden Stellen die Vergleichsspannung.

	L	Q	M_b	M_t	σ_{ZD}	τ_Q	σ_b	τ_t	σ_V
Stelle	N	N	Nm	Nm	$\frac{\text{N}}{\text{mm}^2}$	$\frac{\text{N}}{\text{mm}^2}$	$\frac{\text{N}}{\text{mm}^2}$	$\frac{\text{N}}{\text{mm}^2}$	$\frac{\text{N}}{\text{mm}^2}$
1 Handgriff									
2 Gabel									

Unterscheidung statische/dynamische Spannung

A.1.5 Wagenachse

Gegeben ist die unten skizzierte Achse eines Wagens. Der Wagen wiegt 325 kg und es kann angenommen werden, dass sich diese Last auf alle vier Räder gleichmäßig verteilt.

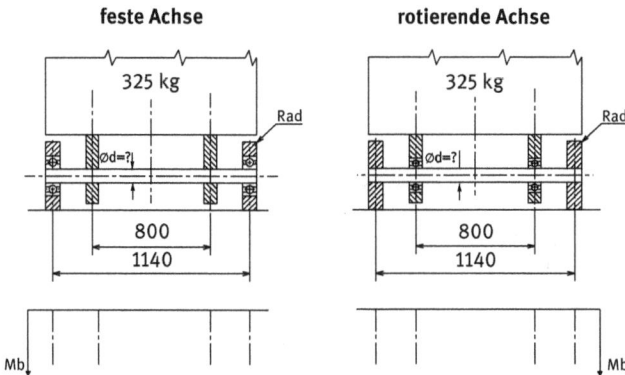

Der Achsenwerkstoff kann mit einer statischen Biegespannung von $\sigma_{zulstat} = 120\,\text{N/mm}^2$ und dynamischen Biegespannung von $\sigma_{zuldyn} = 60\,\text{N/mm}^2$ belastet werden. Skizzieren Sie im Schema unterhalb des Bildes qualitativ die Biegemomentenfläche entlang der Wagenachse.

Berechnen Sie das größte Biegemoment in der Achse!	M_{bmax}	Nm	
Wie groß muss der Achsendurchmesser …			
… im linken Fall mindestens sein, wenn die Achse relativ zum Wagen keine Drehung ausführt und die Räder auf der Achse gelagert sind?	d	mm	
… im rechten Fall mindestens sein, wenn die Achse am Wagen gelagert ist und die Räder mit der Achse umlaufen?	d	mm	

A.1.6 Belastung einer Achse in Abhängigkeit von der Lagerung

Die unten stehenden vier Varianten einer Achse unterscheiden sich zwar durch die Lagerung, sind aber allesamt aus dem gleichen Werkstoff gefertigt, der unter Berücksichtigung aller Konstruktionsparameter eine statische Biegespannung von $100\,\text{N/mm}^2$ und eine dynamische Biegespannung von $70\,\text{N/mm}^2$ zulässt. Der Querkraftschub ist zu vernachlässigen.

- Stellen Sie zunächst für jede der vier Varianten fest, ob die Biegespannung statisch oder dynamisch ist.
- Berechnen Sie weiterhin das zulässige Biegemoment an der kritischen Stelle.
- Ermitteln Sie schließlich die jeweils maximale Kraft, die auf die sich drehende Laufrolle ausgeübt werden kann.

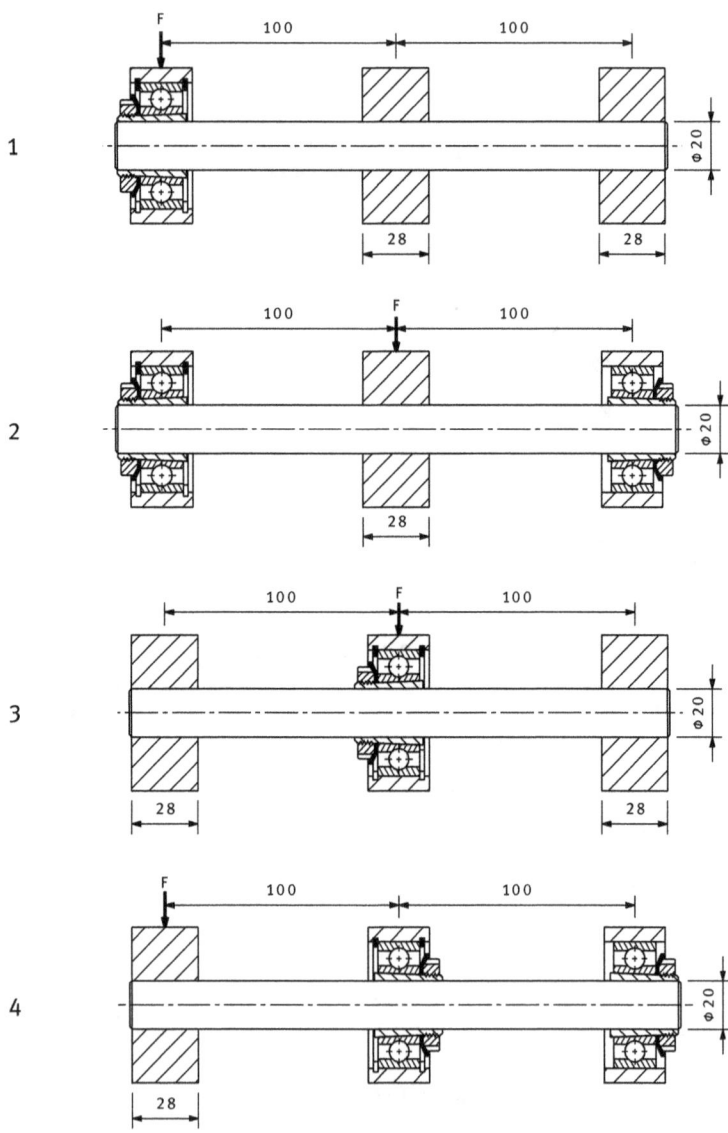

	statisch?	dynamisch?	M_{bzul} [Nm]	F_{zul} [N]
Variante 1	○	○		
Variante 2	○	○		
Variante 3	○	○		
Variante 4	○	○		

A.1.7   Belastung von Achsen und Wellen

Nachfolgend ist eine fliegende Anordnung einer Achse bzw. Welle skizziert, die auf sechs verschiedene Arten (Aufgabenteile a–f) belastet wird. Da die Welle bzw. Achse einen gleichbleibenden Durchmesser von 20 mm aufweist, ist deren Festigkeit im Bereich des vorderen Lagers kritisch. An dieser Stelle sind die vorliegenden Spannungen zu ermitteln.

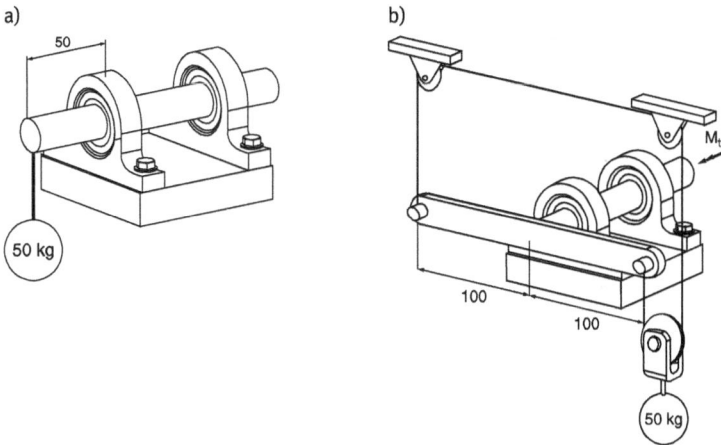

a)

b)

a) Die stillstehende Achse wird am vorderen Ende mit einer Masse von 50 kg belastet. Klären Sie zunächst, welche der im folgenden Schema aufgeführten Belastungen tatsächlich vorliegen und welche nicht. Wie hoch sind die auftretenden Belastungen und die daraus resultierenden Spannungen? Errechnen Sie schließlich die Vergleichsspannung!

L [N] =	σ_{ZD} [N/mm^2] =
Q [N] =	τ_Q [N/mm^2] =
M_b [Nm] =	σ_b [N/mm^2] =
M_t [Nm] =	τ_t [N/mm^2] =
	σ_v [N/mm^2] =

b) Die stillstehende Welle wird an einem doppelarmigen Hebel mit einer Masse von 50 kg über den dargestellten Seilmechanismus belastet. Welche Belastungen treten nun auf? Wie hoch sind die tatsächlich vorliegenden Belastungen und welche Spannungen werden dadurch verursacht?

L [N] =	σ_{ZD} [N/mm^2] =
Q [N] =	τ_Q [N/mm^2] =
M_b [Nm] =	σ_b [N/mm^2] =
M_t [Nm] =	τ_t [N/mm^2] =
	σ_v [N/mm^2] =

c)

d)

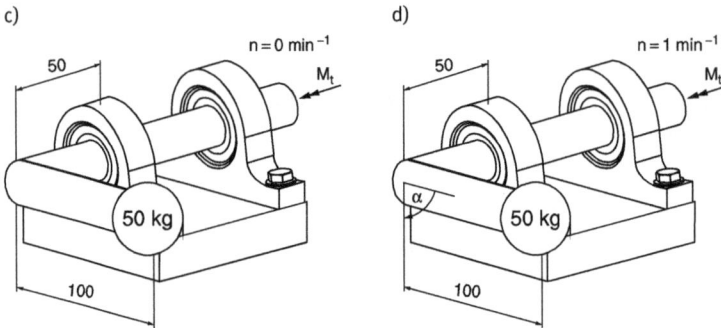

c) Die weiterhin stillstehende Welle wird an einem einarmigen Hebel mit einer Masse von 50 kg belastet. Ermitteln Sie ebenfalls die vorliegenden Belastungen und die daraus resultierenden Spannungen!

L [N] = Q [N] = M_b [Nm] = M_t [Nm] =	σ_{ZD} [N/mm^2] = τ_Q [N/mm^2] = σ_b [N/mm^2] = τ_t [N/mm^2] =
	σ_v [N/mm^2] =

d) Die unter c) betrachtete Anordnung wird nun in eine Drehung versetzt, die sich allerdings so langsam vollzieht, dass weiterhin von einer quasistatischen Belastung ausgegangen werden kann. Die durch die Drehung verursachte Laständerung macht es erforderlich, die Belastung und die daraus resultierenden Spannungen in Funktion des Winkels α zu betrachten. Nutzen Sie zur Darstellung der Ergebnisse das unten aufgeführte Schema:

	$\alpha = 0°$	$\alpha = 90°$	$\alpha = 180°$	$\alpha = 270°$
Q [N]				
τ_Q [N/mm^2]				
M_b [Nm]				
σ_b [N/mm^2]				
M_t [Nm]				
τ_t [N/mm^2]				
σ_V [N/mm^2]				

e)

f)

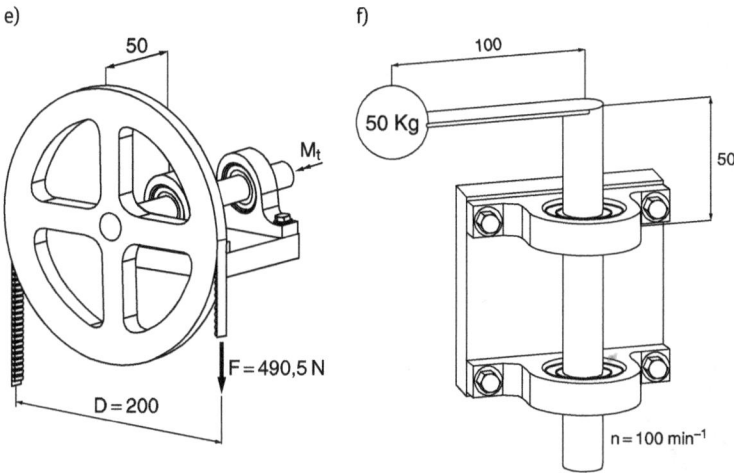

e) Die Belastung wird nunmehr durch eine Zahnriemenscheibe eingeleitet, wobei die Zugtrumkraft 490,5 N beträgt und die Leertrumkraft vernachlässigt werden kann. Durch die schnelle Drehung der Welle wird eine Unterscheidung nach statischer und dynamischer Belastung erforderlich. Ermitteln Sie nach unten stehendem Schema die Belastungen und die daraus resultierenden statischen und dynamischen Spannungen und formulieren Sie schließlich für beide Anteile eine Vergleichsspannung!

	statisch	dynamisch
L [N] =	σ_{ZDstat} [N/mm^2] =	σ_{ZDdyn} [N/mm^2] =
Q [N] =	τ_{Qstat} [N/mm^2] =	τ_{Qdyn} [N/mm^2] =
M_b [Nm] =	σ_{bstat} [N/mm^2] =	σ_{bdyn} [N/mm^2] =
M_t [Nm] =	τ_{tstat} [N/mm^2] =	τ_{tdyn} [N/mm^2] =
	σ_{vstat} [N/mm^2] =	σ_{vdyn} [N/mm^2] =

f) Wird die Achse mit dem einarmigen Hebel aus Beispiel c) senkrecht angeordnet und mit einer Drehzahl von n = 100 min^{-1} betrieben, so tritt neben der Gewichtskraft eine Zentrifugalkraft auf. Die Unterscheidung nach statischer und dynamischer Spannung muss hier aus der Sicht der sich drehenden Achse getroffen werden.

	statisch	dynamisch
L [N] =	σ_{ZDstat} [N/mm^2] =	σ_{ZDdyn} [N/mm^2] =
Q [N] =	τ_{Qstat} [N/mm^2] =	τ_{Qdyn} [N/mm^2] =
M_b [Nm] =	σ_{bstat} [N/mm^2] =	σ_{bdyn} [N/mm^2] =
M_t [Nm] =	τ_{tstat} [N/mm^2] =	τ_{tdyn} [N/mm^2] =
	σ_{vstat} [N/mm^2] =	σ_{vdyn} [N/mm^2] =

A.1.8   Welle Kettentrieb

Mit dem unten dargestellten Kettentrieb wird eine Leistung von 1,8 kW bei einer Drehzahl von 220 min^{-1} übertragen.

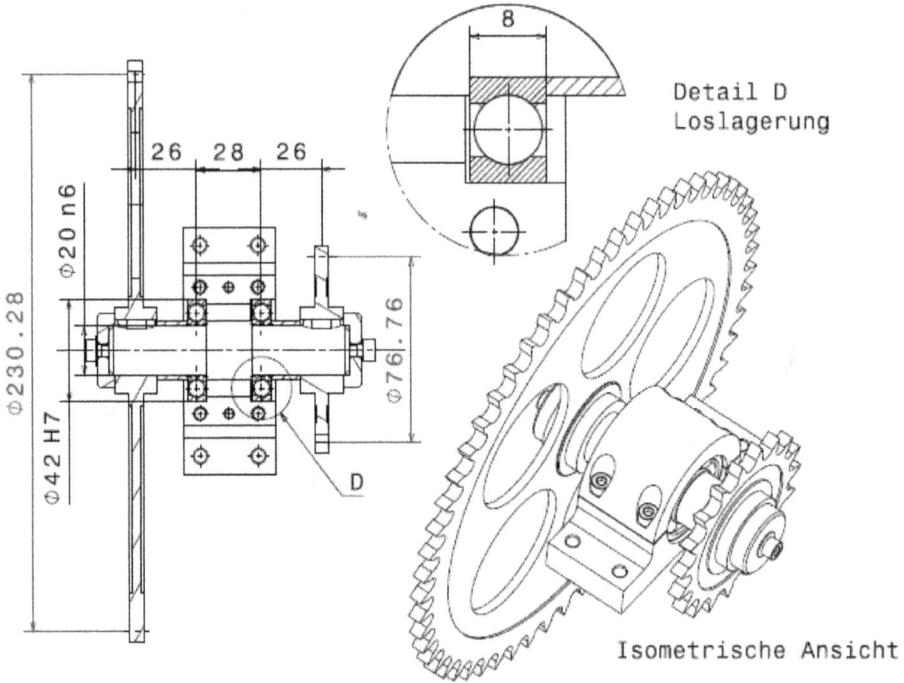

Detail D
Loslagerung

Isometrische Ansicht

Alle Kettenkräfte sind nach unten gerichtet und greifen an den hier bezeichneten Wirkradien der Kettenräder an. Es kann angenommen werden, dass nur im Zugtrum der Kette eine Kraft vorliegt, während der Leertrum lastlos ist. Die kritische Belastung ist an einer der beiden Lagerstellen zu erwarten. Versuchen Sie zunächst abzuklären, an welcher der beiden Lagerstellen die größere Belastung auftritt. Sollte Ihnen dies gelingen, so brauchen Sie nur eins der beiden unten aufgeführten Schemata zu bearbeiten, andernfalls sind beide Schemata auszufüllen.

linkes Lager	statisch	dynamisch
L [N] =	σ_{ZDstat} [N/mm^2] =	σ_{ZDdyn} [N/mm^2] =
Q [N] =	τ_{Qstat} [N/mm^2] =	τ_{Qdyn} [N/mm^2] =
M_b [Nm] =	σ_{bstat} [N/mm^2] =	σ_{bdyn} [N/mm^2] =
M_t [Nm] =	τ_{tstat} [N/mm^2] =	τ_{tdyn} [N/mm^2] =
	σ_{vstat} [N/mm^2] =	σ_{vdyn} [N/mm^2] =

rechtes Lager	statisch	dynamisch
L [N] =	σ_{ZDstat} [N/mm^2] =	σ_{ZDdyn} [N/mm^2] =
Q [N] =	τ_{Qstat} [N/mm^2] =	τ_{Qdyn} [N/mm^2] =
M$_b$ [Nm] =	σ_{bstat} [N/mm^2] =	σ_{bdyn} [N/mm^2] =
M$_t$ [Nm] =	τ_{tstat} [N/mm^2] =	τ_{tdyn} [N/mm^2] =
	σ_{vstat} [N/mm^2] =	σ_{vdyn} [N/mm^2] =

A.1.9   Smith-Diagramm

Eine auf Biegung belastete Werkstoffprobe aus C35 soll bezüglich ihrer Dauerfestigkeit untersucht werden. Das Bauteil wird mit $\sigma_{stat} = 100$ N/mm^2 bei $\kappa = 0,333$ belastet. Wie groß ist σ_{dyn}? Zeichnen Sie den Lastpunkt L in das unten stehende Smith-Diagramm ein!

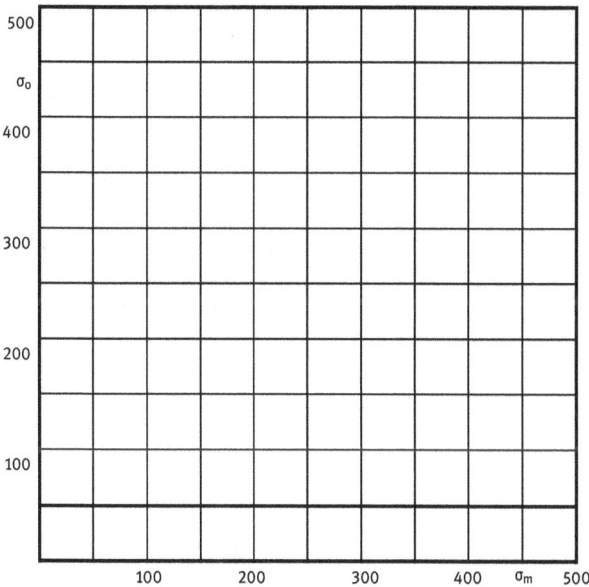

Wie groß ist die Sicherheit gegenüber Dauerbruch für eine standardisierte Werkstoffprobe?	⌀ 10 mm $b_O = 1$ $\beta_k = 1$	$S_I =$ $S_{II} =$ $S_{III} =$
Wie groß sind die Sicherheiten, wenn eine Probe von 50 mm Durchmesser untersucht wird?	⌀ 50 mm $b_O = 1$ $\beta_k = 1$	$S_I =$ $S_{II} =$ $S_{III} =$
Wie groß sind die Sicherheiten, wenn eine Probe von 50 mm Durchmesser untersucht wird und wenn eine reale Oberfläche und eine Kerbwirkung angenommen werden?	⌀ 50 mm $b_O = 0,8$ $\beta_k = 2,5$	$S_I =$ $S_{II} =$ $S_{III} =$

Sicherheit S_I: Die Überlast wird bei konstanter dynamischer Last durch eine Überhöhung der statischen Last verursacht.

Sicherheit S_{II}:   Die Überlast wird bei konstanter statischer Last durch eine Überhöhung der dynamischen Last verursacht.

Sicherheit S_{III}:   Die Überlast wird durch eine gleich große Überhöhung von statischer und dynamischer Last verursacht.

A.1.10   Dauerfestigkeitsnachweis Kettenradwelle

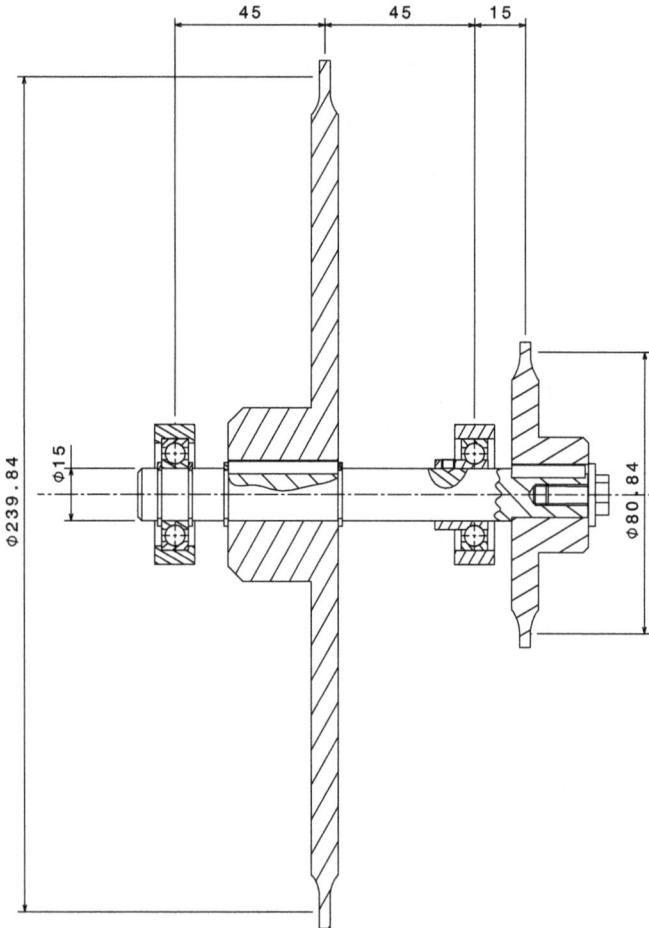

Mit der nebenstehend dargestellten Kettenradwelle wird eine Leistung von 457 W bei einer Drehzahl von 180 min^{-1} übertragen. Die Welle ist am Seeger-Ringeinstich rechts neben dem rechten Lager gefährdet, sodass für diese Stelle ein Dauerfestigkeitsnachweis durchgeführt werden muss (Restquerschnitt Ø 13 mm). Ermitteln Sie zunächst alle Belastungen (Kräfte und Momente) und Spannungen nach unten stehendem Schema. Unterscheiden Sie nach statischem und dynamischem Anteil und berechnen Sie die jeweilige Vergleichsspannung. Die Welle besteht aus dem Werkstoff C22. Der Oberflächenbeiwert beträgt 0,89 und die Kerbwirkungszahl 1,6. Zeichnen Sie das Dauerfestigkeitsschaubild und tragen Sie in das darunter stehende Schema die entsprechenden Festigkeitswerte in N/mm^2 ein!

	statisch	dynamisch
L [N] =	σ_{ZDstat} [N/mm^2] =	σ_{ZDdyn} [N/mm^2] =
Q [N] =	τ_{Qstat} [N/mm^2] =	τ_{Qdyn} [N/mm^2] =
M$_b$ [Nm] =	σ_{bstat} [N/mm^2] =	σ_{bdyn} [N/mm^2] =
M$_t$ [Nm] =	τ_{tstat} [N/mm^2] =	τ_{tdyn} [N/mm^2] =
	σ_{vstat} [N/mm^2] =	σ_{vdyn} [N/mm^2] =

Zeichnen Sie das Dauerfestigkeitsschaubild und ermitteln Sie dabei folgende Zahlenwerte:

σ_{bW}		σ_{bSch}		σ_{bS}	
σ'_{bW}		σ'_{bSch}		σ'_{bS}	
σ_{GbW}		σ'_{AK}		σ_{GAK}	

Welche Sicher-heit muss ermit-telt werden?	◯ statische Belastung steigt, dynamische Belastung bleibt konstant
	◯ statische Belastung bleibt konstant, dynamische Belastung steigt
	◯ statische und dynamische Belastung steigen

Wie groß ist die Sicherheit gegenüber Dauerbruch?	–	
Welche maximale Leistung kann unter Beibehaltung der Drehzahl dauerfest übertragen werden?	W	

A.1.11   Dauerfestigkeitsnachweis Getriebewelle Zahnrad-Reibrad

Mit der unten stehend dargestellten Getriebewelle wird eine Leistung von 10 kW bei einer Drehzahl von 800 min^{-1} übertragen. Das Torsionsmoment wird am rechten Ende über das Reibrad mit dem Reibwert 0,6 eingeleitet und am Zahnrad zwischen den beiden Lagern abgestützt.

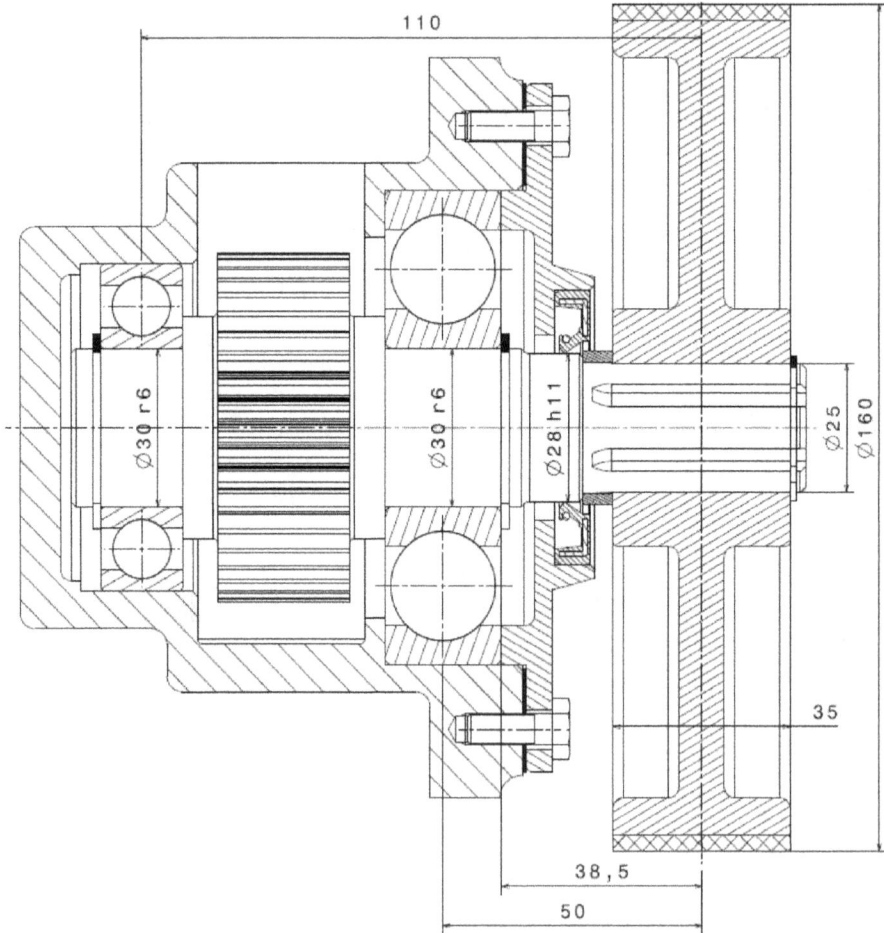

Die Welle ist am Seeger-Ringeinstich (1 mm tief) rechts neben dem rechten Lager gefährdet, sodass an dieser Stelle ein Dauerfestigkeitsnachweis durchzuführen ist. Ermitteln Sie zunächst alle Belastungen (Kräfte und Momente) und Spannungen nach unten stehendem Schema. Unterscheiden Sie nach statischem und dynamischem Anteil und berechnen Sie die jeweilige Vergleichsspannung.

	statisch	dynamisch
L [N] =	σ_{ZDstat} [N/mm^2] =	σ_{ZDdyn} [N/mm^2] =
Q [N] =	τ_{Qstat} [N/mm^2] =	τ_{Qdyn} [N/mm^2] =
M_b [Nm] =	σ_{bstat} [N/mm^2] =	σ_{bdyn} [N/mm^2] =
M_t [Nm] =	τ_{tstat} [N/mm^2] =	τ_{tdyn} [N/mm^2] =
	σ_{vstat} [N/mm^2] =	σ_{vdyn} [N/mm^2] =

Es kann angenommen werden, dass stets genau so viel Anpresskraft aufgebracht wird, wie zur Aufrechterhaltung des Reibschlusses erforderlich ist. Die Welle besteht aus dem Werkstoff C22. Der Oberflächenbeiwert beträgt 0,85 und die Kerbwirkungszahl 1,8. Zeichnen Sie das Dauerfestigkeitsschaubild und tragen Sie in das darunter stehende Schema die entsprechenden Festigkeitswerte in N/mm^2 ein!

σ_{bW}		σ_{bSch}		σ_{bS}	
σ'_{bW}		σ'_{bSch}		σ'_{bS}	
σ_{GbW}		σ'_{AK}		σ_{GAK}	

Welche Sicherheit muss ermittelt werden?	◯ statische Belastung steigt, dynamische Belastung bleibt konstant
	◯ statische Belastung bleibt konstant, dynamische Belastung steigt
	◯ statische und dynamische Belastung steigen

Wie groß ist die Sicherheit gegenüber Dauerbruch, wenn angenommen werden kann, dass stets genau so viel Anpresskraft aufgebracht wird, wie zur Aufrechterhaltung des Reibschlusses erforderlich ist?	–	
Welche maximale Leistung kann unter Beibehaltung der Drehzahl dauerfest übertragen werden?	kW	

A.1.12   Trommelwelle Haushaltswaschmaschine

Die links unten skizzierte Trommel einer Haushaltswaschmaschine wird von der Frontseite (im Bild rechts) befüllt. Die rechts dargestellte Trommelwelle ist fliegend in zwei Rillenkugellagern gelagert. Am linken Ende der Trommelwelle ist die Riemenscheibe für den Antrieb befestigt.

Masse der Trommel: 5,5 kg
Masse des Füllgutes (nasse Wäsche):   6,5 kg
Unwuchtradius des Füllgutes: 130 mm

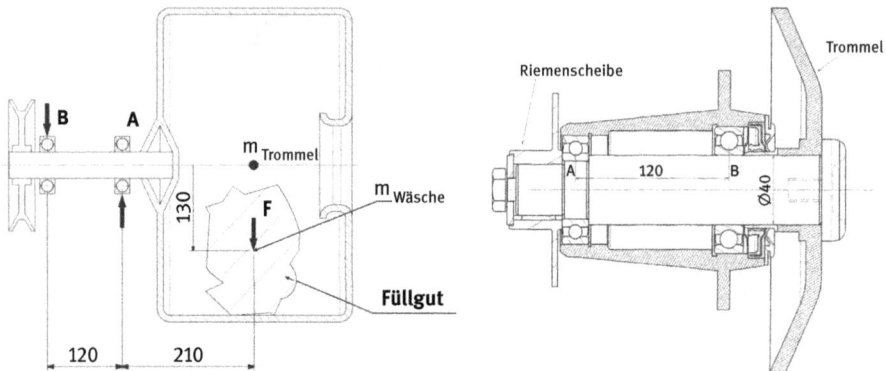

Die höchste Belastung der Trommelwelle ist am A zu erwarten, sodass an dieser Stelle die Festigkeit zu untersuchen ist. Dazu können folgende Annahmen getroffen werden:

- Der von der linken Seite eingeleitete Riemenzug ist vernachlässigbar klein.
- Querkrafteinflüsse brauchen nicht berücksichtigt zu werden.
- Beschleunigungsmomente spielen ebenfalls keine Rolle.
- Die Wirkungslinien der Massewirkungen können bei F angenommen werden.

Die größte Wellenbelastung tritt ein, wenn die Maschine mit 600 min^{-1} schleudert. Der Wellenwerkstoff sei C45. Die Kerbwirkungszahl ist $\beta_k = 1{,}9$, die Welle ist geschlichtet.

Berechnen Sie das Biegemoment in [Nm], welches die Welle … … statisch belastet … und dynamisch belastet.	
Berechnen Sie die an dieser Stelle vorliegende … … statische Spannung in [N/mm^2] … und dynamische Spannung in [N/mm^2]!	
Wie groß ist die Sicherheit gegen Dauerbruch, wenn eine Überlastung durch … das Einfüllen einer größeren Wäschemenge herbeigeführt wird? … eine überhöhte Schleuderdrehzahl herbeigeführt wird?	

2 Federn

Aus den „Grundlagen der Festigkeitslehre" (Kapitel 0) ist das Spannungs-Dehnungs-Diagramm bekannt, welches mit seiner anfänglichen Hooke'schen Geraden den Zusammenhang zwischen der Spannung σ und der relativen Verformung $\varepsilon = \Delta L/L$ beschreibt (linke Hälfte von Bild 2.1):

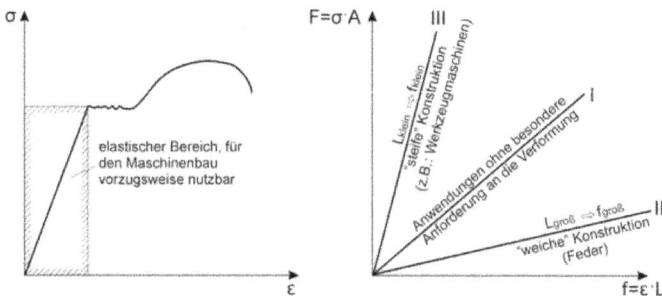

Bild 2.1: Elastische Werkstoffdeformation als Grundlage für Federn

Die meisten technischen Anwendungen erfordern, dass die Verformungen im elastischen Bereich verbleiben, weil plastische Verformungen in aller Regel die Funktion des Bauteils beeinträchtigen und langfristig zu dessen Zerstörung führen. Während die linke Darstellung das Werkstoffverhalten unabhängig von seinen konstruktiven Abmessungen wiedergibt, lässt sich in der rechten Bildhälfte die Hooke'sche Gerade für einen konkret dimensionierten Zugstab auch als Funktion der Zugkraft $F = \sigma \cdot A$ über der Längenausdehnung $f = \varepsilon \cdot L$ aufzeigen. Grundsätzlich kann jedes Bauteil als deformierbarer Körper angesehen werden, dessen Verformungsverhalten sich in dieser Weise dokumentieren lässt. Bezüglich der spannungs- bzw. kraftbedingten Verformungen lassen sich in einer ersten groben Einteilung drei Bereiche differenzieren:

I. Bei den in den Kapiteln 0 und 1 betrachteten Beispielen ging es vorrangig um die Frage, ob das Bauteil den auftretenden Belastungen standhält. Dabei spielte die Höhe der elastischen Verformungen nur eine untergeordnete Rolle, die Steigung der Geraden war ohne Bedeutung für die Funktion des Bauteils.

II. Eine Feder liegt dann vor, wenn die elastischen Verformungen möglichst groß sein sollen, die Gerade soll also möglichst flach verlaufen. Dies lässt sich im Fall des Zugstabs beispielsweise durch eine möglichst große Länge L des Bauteils verwirklichen.

https://doi.org/10.1515/9783110692143-003

III. Im Gegenzug dazu sind bei manchen Anwendungsfällen (z. B. Werkzeugmaschinenbau, Präzisionsmaschinenbau) selbst elastische Verformungen unerwünscht. Verformt sich beispielsweise eine Welle unter der anliegenden Belastung, so wird dadurch die Geometrie des Zahneingriffs eines auf ihr angebrachten Zahnrades beeinträchtigt. Verformt sich eine Schleifmaschine unter dem Einfluss der Schleifkraft, so ist das Arbeitsergebnis ungenau. In solchen Fällen wird versucht, die elastischen Verformungen durch entsprechende konstruktive Maßnahmen möglichst zu minimieren, es wird also eine möglichst steile Hooke'sche Gerade angestrebt. Im Falle des Zugstabes lässt sich dies durch eine möglichst geringe Länge L und einen möglichst großen Querschnitt des Bauteils erzielen.

Federn finden nicht nur in der Technik vielfältige Anwendungen. Die folgende Auflistung versucht eine Systematisierung anhand einiger Beispiele:

- Die Größe einer Kraft lässt sich ermitteln, indem der Federweg gemessen wird, den sie an einer Feder mit bekannten Deformationseigenschaften hervorruft (z. B. Federwaage).
- Soll andererseits eine definierte Kraft aufgebracht werden, so kann der gleiche Sachverhalt in umgekehrter Weise ausgenutzt werden (z. B. Kupplungseinrückkraft, Ventilkraft). Beim Drehmomentenschlüssel tritt dieser Zusammenhang nicht als Längenänderung infolge einer Kraft, sondern als Winkeländerung infolge eines Momentes auf.
- Soll eine Last bei statischer Überbestimmtheit aufgenommen werden, so lässt sich durch Anbringung federnder Zwischenelemente die Lastverteilung gezielt beeinflussen. Ein vierrädriger Wagen beispielsweise würde bei unebenem Untergrund seine Last nur auf drei Räder übertragen können, weil eine Ebene mit drei Punkten bereits bestimmt ist. Werden die Räder jedoch mit nachgiebigen Federn ausgestattet, so können sie alle zur Lastübertragung herangezogen werden. Eine Fahrzeugfederung hat also nicht nur etwas mit Komfort, sondern auch mit der Optimierung der Lastübertragung zu tun.
- Federn können bei Belastung mechanische Arbeit speichern und zu einem späteren Zeitpunkt wieder abgeben und übernehmen dabei die Funktion eines Energiespeichers (z. B. Uhrfeder, Federmotor eines Spielzeuges, Luftgewehr).
- Wenn es darum geht, zerstörerische Energien „unschädlich" zu machen, so kann diese Energie von einer Feder aufgenommen (z. B. Pufferfeder) und durch weitere Maßnahmen („Dämpfung") in Wärme überführt werden.
- Durch gezielte Kopplung von Federn und Massen können schwingungsfähige Systeme mit definierten Schwingfrequenzen entstehen, die z. B. von Rüttlern, Schwingsieben oder Förderern genutzt werden.

Da grundsätzlich jedes reale Bauteil ein deformierbarer Körper ist, treffen alle Aussagen dieses Kapitels nicht nur für Federn zu, sondern sind auch für alle anderen elastischen Verformungsanalysen anwendbar, wobei möglicherweise die rechnerische Beschreibung des Problems entsprechend anzupassen ist. Beispielsweise muss auch die Schraube (Kapitel 4) häufig als (sehr steife) Zugfeder betrachtet werden, wenn die Lastverteilung innerhalb der Schraube geklärt werden soll. Kapitel 8 der dreibändigen Ausgabe widmet sich schließlich der Analyse und dem Zusammenspiel unterschiedlicher Verformungen.

2.1   Grundbegriffe

2.1.1   Federsteifigkeit

Die in der rechten Hälfte von Bild 2.1 betrachtete Steigung der Hooke'schen Geraden ist die wichtigste Kenngröße der Feder und wird als Steifigkeit c bezeichnet. Im Falle eines linearen Verlaufs lässt sie sich besonders einfach als Quotient von Kraft und Weg ausdrücken:

$$c = \frac{F}{f} \quad \text{Federsteifigkeit} \qquad \qquad \text{Gl. 2.1}$$

Sie lehnt sich damit in ihrer Definition an den aus der linken Bildhälfte bekannten Zusammenhang $E = \sigma/\varepsilon$ an. In älteren Publikationen wird die Steifigkeit c auch als „Federrate R" bezeichnet. Zuweilen ist es vorteilhafter, diesen Sachverhalt durch die „Nachgiebigkeit" δ als den Kehrwert der Steifigkeit auszudrücken:

$$\delta = \frac{f}{F} \quad \text{Federnachgiebigkeit} \qquad \qquad \text{Gl. 2.2}$$

Die die Steifigkeit und die Nachgiebigkeit einer Feder beeinflussenden Parameter haben drei Ursachen:

- Federwerkstoff
- konstruktive Abmessungen
- Art der Belastung der Feder

Wie die Betrachtung des Spannungs-Dehnungs-Diagramms im Kapitel 0 bereits zeigte, drückt sich der werkstoffspezifische Einfluss bei Normalspannungsbelastung durch den Elastizitätsmodul E und bei Schubspannungsbelastung durch den Schubmodul G aus. Die folgende Tabelle 2.1 führt diese Werte für die wichtigsten metallischen Federwerkstoffe auf und ordnet sie nach steigender Verformungswilligkeit, also fallendem Elastizitätsmodul bzw. Schubmodul:

Tabelle 2.1: Metallische Federwerkstoffe

Werkstoff	E [N/mm^2]	G [N/mm^2]
Federstahldraht (patentiert gezogen) DIN 17223 T1	206.000	81.500
Stähle nach DIN 17221	206.000	78.500
Federstahldraht (unlegiert) DIN 17223 T2 (FD und VD)	200.000	79.500
Nichtrostende Stähle DIN 17224 X7CrNiAl177	195.000	73.000
Nichtrostende Stähle DIN 17224 X12CrNi177	185.000	70.000
Nichtrostende Stähle DIN 17224 X5CrNiMo1810	180.000	68.000
Kupfer-Kobalt-Beryllium-Leg. CuCoBe nach DIN 17682	130.000	48.000
Kupfer-Beryllium-Leg. CuBe2 nach DIN 17682	120.000	47.000
Zinnbronze CuSn6F95 nach DIN 17682 federhart gezogen	115.000	42.000
Kupfer-Zink-Leg. CuZn 36 F70 DIN 17682 federhart gezogen	110.000	39.000

2.1.1.1   Steifigkeit einer Modellfeder

Um einen Überblick über die beiden anderen Einflussgrößen zu gewinnen, wird in der folgenden modellhaften Betrachtung nach Bild 2.2 ein einheitlicher zylindrischer Körper drei verschiedenen Belastungsarten ausgesetzt, wobei versucht wird, die dabei auftretende Steifigkeit durch eine Gleichung zu beschreiben:

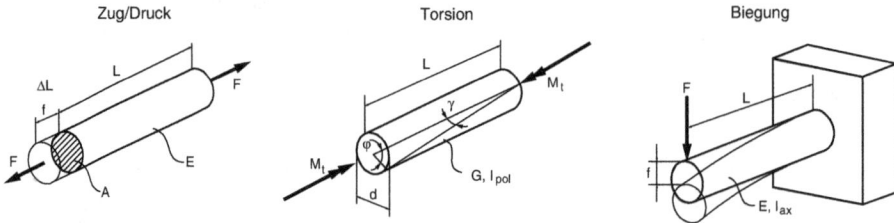

Bild 2.2: Modellfeder als Zug-/Druck-, Torsions- und Biegefeder

Zug-/Drucksteifigkeit

Die Formulierung wird besonders übersichtlich, wenn dieser zylindrische Körper auf Zug beansprucht wird und demzufolge als **Zugfeder** zu betrachten ist. Seine diesbezügliche Zugsteifigkeit c_Z lässt sich rechnerisch beschreiben, wenn man zunächst den Zusammenhang zwischen Spannung und Dehnung mit $\sigma = E \cdot \varepsilon$ ansetzt und dabei die Spannung durch $\sigma = F/A$ und die Dehnung durch $\varepsilon = \Delta L/L$ ausdrückt:

$$\frac{F}{A} = E \cdot \frac{\Delta L}{L}\,.$$

Die Längenänderung ΔL steht hier für den Federweg f. Durch Umstellen der Gleichung erhält man:

$$\frac{F}{f} = E \cdot \frac{A}{L} \quad \Rightarrow \quad c_Z = E \cdot \frac{A}{L} \qquad\qquad\qquad\qquad \text{Gl. 2.3}$$

Die linke Gleichungsseite mit ihrem Quotienten F/f beschreibt bereits explizit die Zugsteifigkeit c_Z. Die gleiche Formulierung gilt grundsätzlich auch dann, wenn der Körper auf Druck belastet wird. Da die Querschnittsfläche A aus Festigkeitsgründen ein gewisses Mindestmaß nicht unterschreiten darf, kann ein realistisches Verformungsverhalten und die damit angestrebte geringe Steifigkeit nur durch eine übermäßig große Länge realisiert werden, was die Feder sehr sperrig macht. Aus diesem Grunde werden häufig modifizierte Bauformen angewendet (Bild 2.10).

Torsionssteifigkeit

Der gleiche zylindrische Körper kann auch auf **Torsion** belastet werden. Während die o. g. Beziehungen für „translatorische" Federn verwendet werden (translatorische Kraft ruft translatorische Verformung hervor), liegt hier eine Torsionsfeder vor: Die rotatorische Belastung in

Form eines Torsionsmomentes M_t hat eine rotatorische Verformung in Form eines Verdrehwinkels φ zur Folge. Die Federsteifigkeit bleibt zwar als Quotient von Belastung durch Verformung erhalten, wird hier aber sinnvollerweise als Verdrehsteifigkeit (Torsionssteifigkeit) c_T
definiert:

$$c_T = \frac{M_t}{\varphi}$$ Gl. 2.4

Zur rechnerischen Beschreibung der Torsionssteifigkeit mit Werkstoff- und Konstruktionsdaten lassen sich die Gleichungen für Torsionsschub nach Gl. 0.41 und 0.56 gleichsetzen:

$$\tau = \frac{M_t}{W_t} \quad \text{und} \quad \tau = G \cdot \gamma \quad \Rightarrow \quad \frac{M_t}{W_t} = G \cdot \gamma$$ Gl. 2.5

Durch die Verdrehung verlagert sich ein Punkt am Umfang der vorderen Stirnfläche um einen
Kreisbogenabschnitt u, der von der Achse des Zylinders unter dem Verdrehwinkel φ und von
der Einspannstelle unter dem Scherwinkel γ gesehen wird. Wenn beide Winkel in Bogenmaß
ausgedrückt werden, lässt sich die folgende geometrische Beziehung formulieren:

$$\gamma \cdot L = \varphi \cdot \frac{d}{2} \quad \Rightarrow \quad \gamma = \frac{\varphi \cdot d}{2 \cdot L}$$

Durch Einsetzen dieses Ausdrucks in Gl. 2.5 erhält man:

$$\frac{M_t}{W_{pol}} = G \cdot \frac{\varphi \cdot d}{2 \cdot L}$$

Durch Umstellen der Gleichung ergibt sich die Torsionssteifigkeit c_T explizit:

$$\frac{M_t}{\varphi} = G \cdot \frac{W_t \cdot d}{2 \cdot L}$$

Da für Kreisquerschnitte $W_t = 2 \cdot I_t/d$ ist, so vereinfacht sich der Ausdruck zu:

$$c_T = \frac{M_t}{\varphi} = G \cdot \frac{I_t}{L}$$ Gl. 2.6

Bei Benutzung dieser Gleichung ist allerdings stets zu berücksichtigen, dass der Winkel φ in
Bogenmaß einzusetzen ist. Da diese Winkelangabe dimensionslos ist, ergibt sich die Dimension der Torsionssteifigkeit c_T in [Nm].

Biegesteifigkeit

Wird der gleiche zylindrische Körper auf **Biegung** belastet, so verursacht die Kraft F eine
Verformung f senkrecht zur Balkenachse. Nach der elementaren Festigkeitslehre lässt sich die
Durchbiegung f eines einseitig eingespannten Balkens mit der Länge L beschreiben durch:

$$f = \frac{L^3}{3 \cdot I_{ax} \cdot E} \cdot F$$ Gl. 2.7

Die Herleitung zu dieser Gleichung ist u. a. in [2.1, Kap. 4] zu finden. Durch Umstellung ergibt sich die Biegesteifigkeit c_B zu:

$$c_B = \frac{F}{f} = E \cdot \frac{3 \cdot I_{ax}}{L^3}$$ Gl. 2.8

2.1.1.2   Federkennlinie

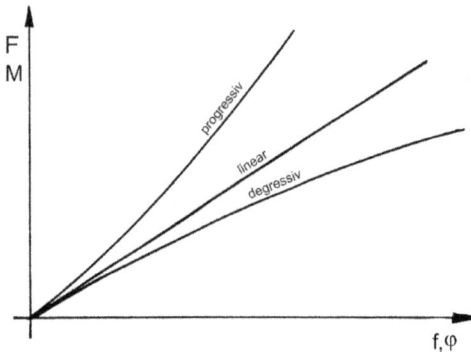

Bild 2.3: Steifigkeitskennlinien

Der in obiger Grundsatzbetrachtung vorausgesetzte lineare Zusammenhang zwischen Kraft und Verformung erlaubt die Formulierung einer linearen Steifigkeitskennlinie, die sich durch einen einzigen Zahlenwert angeben lässt, was für viele technische Anwendungen besonders mit metallischen Federn auch tatsächlich zutrifft. Wenn aber der Zusammenhang zwischen Kraft und Verformung nicht linear ist, kann nach einer „degressiven" bzw. einer „progressiven" Kennlinie nach Bild 2.3 unterschieden werden.

Die Steifigkeit einer nicht linearen Kennlinie lässt sich nicht durch einen einzigen Zahlenwert angeben, sondern wird in der Regel durch einen Kurvenzug dokumentiert. Die Formulierung der Steifigkeit muss dann punktweise bzw. differenziell erfolgen:

$$c = \frac{\Delta F}{\Delta f} = \frac{dF}{df}$$ Gl. 2.9

Die geschlossene Darstellung einer nicht linearen Steifigkeit in Form einer mathematischen Funktion ist meist mit einem hohen Aufwand verbunden.

2.1.1.3   Zusammenschalten mehrerer Federn

Vielfach wird eine Feder nicht einzeln eingesetzt, sondern mit anderen Federn kombiniert, wobei sich die Forderung ergibt, das Verformungsverhalten der ganzen Federkombination durch eine Gesamtsteifigkeit c_{ges} auszudrücken. Dabei gibt es grundsätzlich aber nur zwei verschiedene Kombinationsvarianten, die sich aber in Mehrfachanordnung zu einem möglicherweise unübersichtlichen Gesamtsystem anhäufen können. In den folgenden Darstellungen nach Bild 2.4 bis 2.6 wird die einzelne Feder symbolisch als Schraubenfeder dargestellt, die Betrachtung betrifft aber sämtliche Federbauformen.

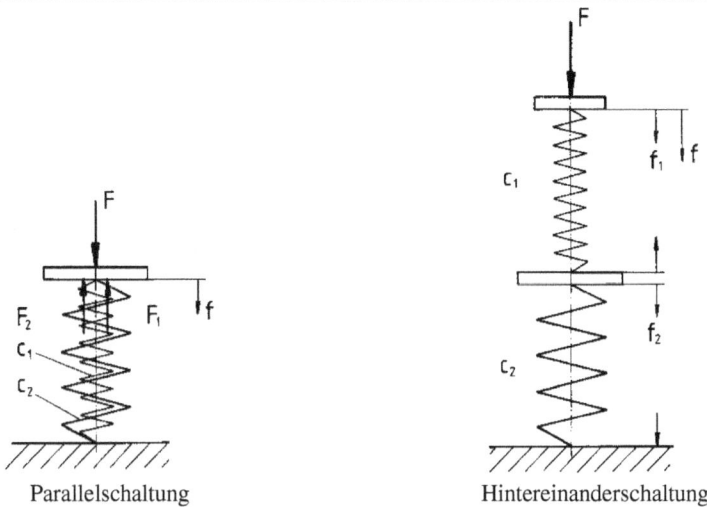

| Parallelschaltung | Hintereinanderschaltung |

Die Parallelschaltung ist dadurch gekennzeichnet, dass sich die Gesamtkraft F auf mehrere Federn aufteilt, die jede für sich um den gleichen Federweg verformt werden:

$$F = F_1 + F_2 \quad \text{und} \quad f_1 = f_2 = f$$

Versucht man für die Kombination dieser beiden Federn c_1 und c_2 eine Gesamtsteifigkeit c_{PS} zu formulieren, so muss die Summe der beiden Kräfte auf den gemeinsamen Federweg bezogen werden:

$$c_{PS} = \frac{F}{f} = \frac{F_1 + F_2}{f} = \frac{F_1}{f} + \frac{F_2}{f}$$

$$c_{PS} = c_1 + c_2$$

Die Gesamtsteifigkeit ergibt sich also denkbar einfach aus der Summe der Einzelsteifigkeiten. Dieser Zusammenhang gilt natürlich auch dann, wenn die einzelnen Steifigkeiten unterschiedliche Größen haben. Es können auch weitere Federn parallel geschaltet werden, die Gesamt**steifigkeit** ergibt sich stets als Summe der Einzel**steifigkeit**en der beteiligten Federn.

Bei einer Hintereinanderschaltung sind die Federkräfte gleich groß, weil der Kraftfluss nacheinander alle Federn durchläuft, während sich die Federwege addieren:

$$f_{ges} = f_1 + f_2 \quad \text{und} \quad F = F_1 = F_2$$

Die Gesamtsteifigkeit c_{HS} ergibt sich also als gemeinsame Federkraft zur Summe der Federwege:

$$c_{HS} = \frac{F}{f_{ges}} = \frac{F}{f_1 + f_2}$$

Mit $f_1 = F/c_1$ und $f_2 = F/c_2$ wird dann:

$$c_{HS} = \frac{F}{\frac{F}{c_1} + \frac{F}{c_2}} = \frac{1}{\frac{1}{c_1} + \frac{1}{c_2}} \quad \text{oder}$$

$$\frac{1}{c_{HS}} = \frac{1}{c_1} + \frac{1}{c_2}$$

Die Gesamtnachgiebigkeit ergibt sich in diesem Fall also aus der Summe der Einzelnachgiebigkeiten. Dieser Zusammenhang gilt natürlich auch dann, wenn die einzelnen Steifigkeiten unterschiedlich sind. Es können auch weitere Federn hintereinander geschaltet werden, die Gesamt**nachgiebigkeit** ergibt sich stets als Summe der Einzel**nachgiebigkeit**en der beteiligten Federn.

Bild 2.4: Schaltungsarten von Federn

Zusammenfassend ergibt sich das folgende Schema:

	Parallelschaltung	Hintereinanderschaltung
Feder-verformung	gleiche Wege (translatorisch) gleiche Winkel (rotatorisch)	Addition Wege (translatorisch) Addition Winkel (rotatorisch)
Feder-belastung	Addition der Kräfte (translatorisch) Addition der Momente (rotatorisch)	gleiche Kräfte (translatorisch) gleiche Momente (rotatorisch)
Gesamt-feder	Gesamt**steifigkeit** ergibt sich als die Summe der Einzel**steifigkeit**en $$c_{PS} = c_1 + c_2 + c_3$$ $$+ \cdots + c_n \qquad \text{Gl. 2.10}$$	Gesamt**nachgiebigkeit** ergibt sich als die Summe der Einzel**nachgiebigkeit**en $$\frac{1}{c_{HS}} = \frac{1}{c_1} + \frac{1}{c_2}$$ $$+ \frac{1}{c_3} + \cdots + \frac{1}{c_n} \quad \text{bzw.}$$ $$\delta_{HS} = \delta_1 + \delta_2 + \delta_3$$ $$+ \cdots + \delta_n \qquad \text{Gl. 2.11}$$

Auch andere Energiespeicher können in Parallel- oder Hintereinanderschaltung angeordnet werden (z. B. Induktivitäten und Kapazitäten in der Elektrotechnik). Die daraus abgeleiteten Gleichungen weisen eine ähnliche Systematik auf.

Alle denkbaren Zusammenstellungen von Federn lassen sich durch ein möglicherweise vielfältiges Zusammenspiel von Parallel- und Hintereinanderschaltungen beschreiben. Darüber hinaus lassen sich alle Kombinationen elastisch deformierbarer Körper auf eine u. U. sehr komplexe Kombination von Parallel- und Hintereinanderschaltungen einzelner Steifigkeiten zurückführen. Die Ausnutzung dieses Zusammenhangs ermöglicht es, eine Anordnung von beliebig vielen Federn formal als eine einzige Feder mit der Gesamtsteifigkeit c_{ges} zu betrachten.

Die folgenden beiden Beispiele gehen von den obigen Modellfällen aus und sind so angelegt, dass eine Gesamtsteifigkeit zustande kommt, die zwar auch abschnittsweise linear ist, insgesamt aber einen progressiven (Bild 2.5) bzw. degressiven (Bild 2.6) Verlauf nimmt.

Für Bild 2.5 gilt:

- Bleibt der Federweg f innerhalb des Abschnittes a, so ist nur die mittlere Feder im Eingriff, die Gesamtsteifigkeit c_{ges} beruht also lediglich auf der Einzelsteifigkeit der mittleren Feder: $c_{ges} = c$.
- Nach Überbrückung des Federweges a kommen auch die beiden seitlichen Federn in Eingriff, es liegt also eine Parallelschaltung von drei Federn vor. In diesem Bereich beträgt die Gesamtsteifigkeit $c_{ges} = 3 \cdot c$.

Für Bild 2.6 gilt:

- An beiden Seiten eines horizontal verschiebbaren Blocks wird je eine Feder mit der Einzelsteifigkeit c nicht befestigt, sondern nur eingelegt, sodass sie nur Druckkräfte aufnehmen

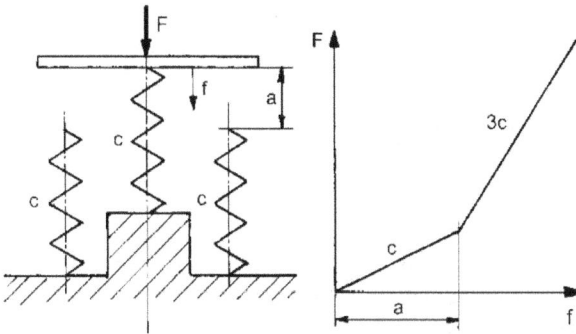

Bild 2.5: Progressive Gesamtsteifigkeit aus linearen Einzelsteifigkeiten

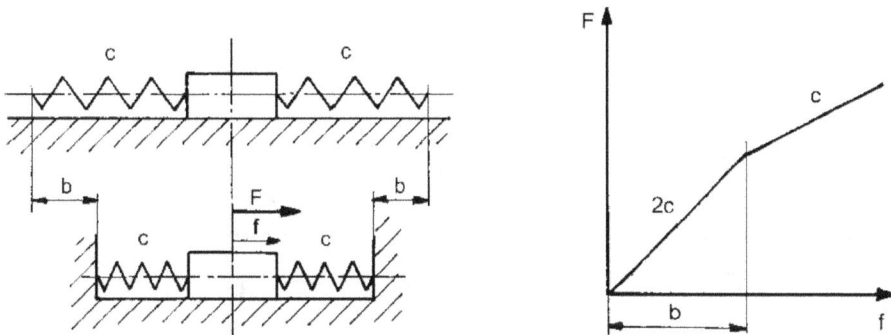

Bild 2.6: Degressive Gesamtsteifigkeit aus linearen Einzelsteifigkeiten

kann, in umgekehrter Richtung aber abhebt (linke Bildhälfte oben). Dieses System wird zwischen die beiden senkrechten Wände montiert (unten), wobei jede der beiden Federn um den Betrag b vorgespannt werden muss (unten). Diese Vorspannung belastet die Federn in Hintereinanderschaltung, da beide Federn mit der gleichen Vorspannkraft belastet werden und die beiden Vorspannwege b sich zu einem gesamten Vorspannweg summieren. In diesem Zustand wirkt allerdings zunächst von außen keine Kraft F auf das System.

- Von dieser lastlosen Mittelstellung aus wird der Federweg f gezählt (rechte Bildhälfte). Greift nun eine äußere Kraft F an, so sind bezüglich dieser Belastung die beiden Federn parallel geschaltet, weil sie zwangsläufig mit gleichen Federwegen bewegt werden. Die Gesamtsteifigkeit ergibt sich als Summe der Einzelsteifigkeiten: $c_{ges} = 2 \cdot c$.
- Hat der Federweg f die Wegstrecke b überbrückt, so ist die linke Druckfeder völlig entspannt. Man könnte sie sogar entfernen, ohne das System dadurch zu beeinträchtigen. Die darüber hinaus vorliegende Gesamtsteifigkeit reduziert sich also auf die Steifigkeit einer einzelnen Feder: $c_{ges} = c$.

Aufgaben A.2.1 und A.2.2

2.1.2   Federungsarbeit

Zu den wesentlichen Aufgaben einer Feder gehört die Speicherung mechanischer Arbeit. Nach Gl. 0.59 und 0.60 ist die translatorische Arbeit W_{trans} als Produkt aus Kraft F und Weg s bzw. die rotatorische Arbeit W_{rot} aus Moment M und Verdrehwinkel φ bekannt:

$$W_{trans} = F \cdot s \quad bzw. \quad W_{rot} = M \cdot \varphi$$

Diese einfache Formulierung setzt jedoch voraus, dass die Kraft F während des gesamten Weges s bzw. das Moment M während des gesamten Verdrehwinkels φ konstant ist. Diese Arbeit lässt sich graphisch als schraffierte Rechteckfläche im linken Drittel von Bild 2.7 darstellen (hier nur für Translation):

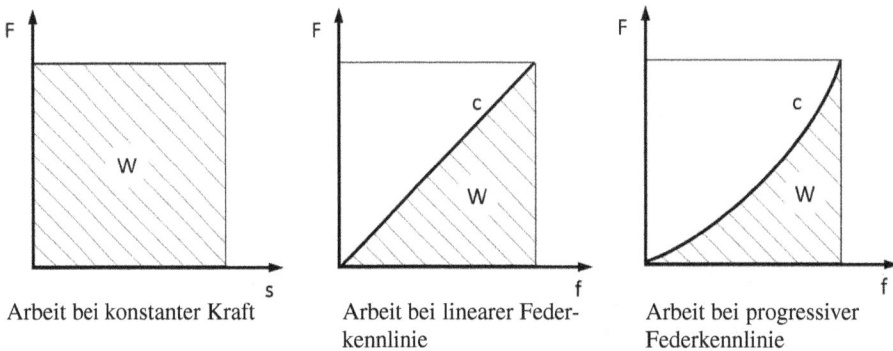

Arbeit bei konstanter Kraft   Arbeit bei linearer Feder-   Arbeit bei progressiver
                                  kennlinie   Federkennlinie

Bild 2.7: Graphische Darstellung von Arbeit und Federarbeit

Diese Darstellung an sich ist zwar trivial, erleichtert aber das Verständnis der Federarbeit in den beiden anderen Bilddritteln. Da die Kraft einer Feder nicht konstant ist, sondern mit zunehmendem Federweg f anwächst, lässt sich die in einer Feder gespeicherte Arbeit für die lineare Federkennlinie im mittleren Bilddrittel als Dreieckfläche (halbe Rechteckfläche) unterhalb der Federkennlinie verstehen:

$$W_{trans} = \frac{F \cdot f}{2} \quad bzw. \quad W_{rot} = \frac{M_t \cdot \varphi}{2} \qquad Gl. 2.12$$

Damit wird auch erkennbar, dass ein möglichst großer Federweg für das Arbeitsspeichervermögen einer Feder vorteilhaft ist, während sich mit steifen Federn kaum Arbeit speichern lässt. Ist die Federkennlinie nicht linear (rechtes Bilddrittel), so muss auf die integrale Formulierung zurückgegriffen werden:

$$W_{trans} = \int F_{(f)} \cdot df \quad bzw. \quad W_{rot} = \int M_{(\varphi)} \cdot d\varphi \qquad Gl. 2.13$$

Die Nutzung dieser Formulierung setzt aber voraus, dass die Federkennlinie auch als mathematische Funktion bekannt ist, was in der Praxis eher selten der Fall ist.

Bei Nutzung dieser beiden Gleichungen muss sowohl die Belastung als auch die Verformung bekannt sein. Da jedoch beide Größen über die Steifigkeit gekoppelt sind, kann auch formuliert werden:

$$c = \frac{F}{f} \quad \Rightarrow \quad F = c \cdot f$$

Eingesetzt in Gl. 2.12: $\quad W_{trans} = \dfrac{F^2}{2 \cdot c}$ $\qquad\qquad\qquad\qquad\qquad$ Gl. 2.14

$$c = \frac{F}{f} \quad \Rightarrow \quad f = \frac{F}{c}$$

Eingesetzt in Gl. 2.12: $\quad W_{trans} = \dfrac{c}{2} \cdot f^2$ $\qquad\qquad\qquad\qquad\qquad$ Gl. 2.15

Auf ähnliche Weise gewinnt man für die rotatorische Federarbeit die folgenden Ausdrücke:

$$W_{rot} = \frac{M_t^2}{2 \cdot c_T} \qquad\qquad\qquad\qquad\qquad\qquad\qquad\qquad \text{Gl. 2.16}$$

$$\text{und} \quad W_{rot} = \frac{c_T}{2} \cdot \varphi^2 \qquad\qquad\qquad\qquad\qquad\qquad\qquad \text{Gl. 2.17}$$

2.1.3   Belastbarkeit von Federn

Die vorangegangenen modellhaften Herleitungen widmeten sich ausschließlich dem Aspekt der Steifigkeit. Da Federn bewusst Verformungen zulassen sollen, wird meist eine eher geringe Steifigkeit angestrebt, sie werden also möglichst „dünn" und „schlank" ausgeführt (geringe Querschnittsfläche A, geringes Flächenmoment I_t und I_{ax}). Wie aber bereits im Bild 2.1 klar wurde, ist die Länge der Hooke'schen Geraden begrenzt, es ist also wie bei jedem anderen Bauteil auch der Aspekt der Belastbarkeit zu berücksichtigen: Die Feder muss so dimensioniert werden, dass sie die vorliegenden Belastungen tatsächlich ohne Schädigung oder gar Zerstörung aufnehmen kann. Dies verlangt nach einer eher großzügigen Dimensionierung (große Querschnittsfläche A, hohes Widerstandsmoment W_t und W_{ax}). Dieser Zielkonflikt läuft auf die folgenden Forderungen hinaus:

- Die vorhandene Werkstofffestigkeit soll durch eher knappe Dimensionierung möglichst weitgehend ausgenutzt werden, um die Verformung nicht zu behindern. Überdimensionierungen sind zu vermeiden.
- Hochbelastbare Werkstoffe sind ideale Federwerkstoffe, weil sie eine knappe Dimensionierung erlauben.

Die Festigkeitswerte von Federwerkstoffen hängen stark von der verwendeten Federbauform ab, sodass sie erst weiter unten angegeben werden. Prinzipiell sind jedoch auch bei Federn die entsprechenden, im Kapitel 0 aufgeführten Festigkeitsansätze anzuwenden.

Werden mehrere Federn miteinander kombiniert, so ist noch ein weiterer Aspekt zu berücksichtigen. Auch hier ist die Unterscheidung nach Parallel- und Hintereinanderschaltung nach Bild 2.8 hilfreich, wobei in beiden Fällen eine härtere, höher belastbare Feder 1 und eine weichere, weniger belastbare Feder 2 gegenübergestellt werden:

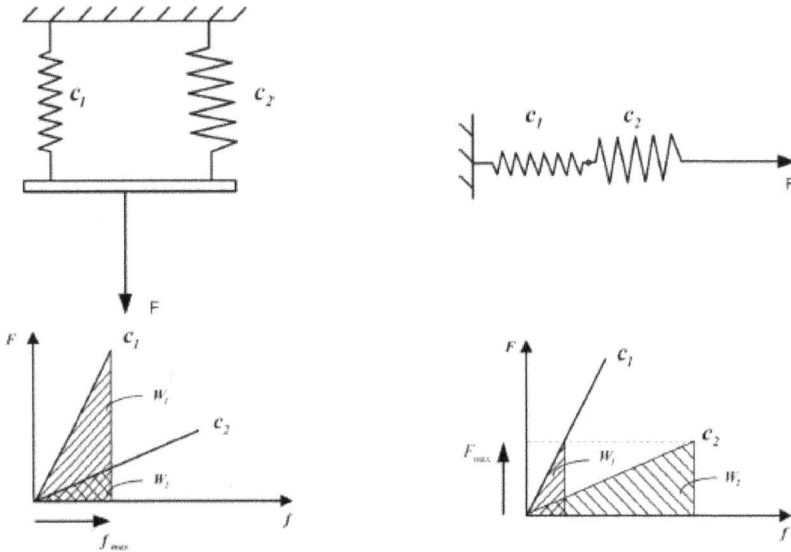

Bild 2.8: Belastbarkeit von parallel und hintereinander geschalteten Federn

Parallel geschaltete Federn:

Wird die hier dargestellte Anordnung durch eine gemeinsame Kraft F belastet, so werden beide Federn um den gleichen Federweg verformt. Dabei wird Feder 1 nach der unteren Bildhälfte als erste an ihre Belastungsgrenze herangeführt. Während Feder 1 also voll beansprucht werden kann und dabei auch bezüglich ihres Arbeitsspeichervermögens W_1 voll ausgenutzt wird, kann Feder 2 wegen des begrenzten gemeinsamen Federweges weder in ihrer Belastbarkeit noch in ihrem Arbeitsspeichervermögen ausgenutzt werden.

Hintereinander geschaltete Federn:

Werden die gleichen Federn hintereinander geschaltet, so kann diese Anordnung nur so weit belastet werden, wie es die Feder mit der geringeren Festigkeit zulässt, die dann aber auch bezüglich ihres Arbeitsspeichermögens W_2 vollständig ausgenutzt wird. Die andere Feder wird dann wegen der begrenzten gemeinsamen Kraft sowohl hinsichtlich ihrer Belastbarkeit als auch ihres Arbeitsspeichervermögens W_1 unterfordert.

Aufgabe A.2.3

2.1.4 Federreibung (Hysterese)

Alle bisherigen Betrachtungen gingen von einer reibungsfreien Feder aus: Die bei der Belastung in die Feder eingebrachte Energie ist bei Entlastung auch wieder nutzbar. Tatsächlich treten jedoch bei jeder realen Feder mehr oder weniger große Reibeinflüsse auf, die sich zunächst einmal modellhaft in Bild 2.9 darstellen lassen.

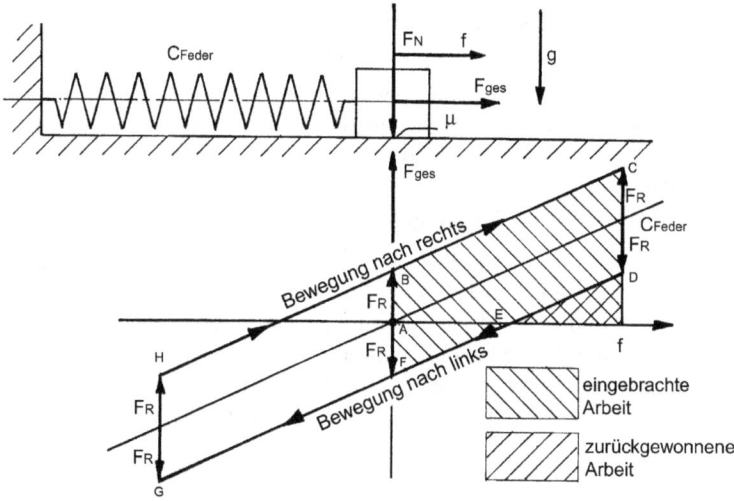

Bild 2.9: Reibungsbehaftete Feder

Eine reibungsfreie, auf Zug und Druck belastbare Schraubenfeder wird mit ihrem linken Ende an die Umgebung angebunden. An ihrem rechten Ende ist eine Masse angebracht, die ihre Normalkraft F_N auf dem Untergrund abstützt. Mit der Kraft F_{ges} wird das System nun in horizontaler Richtung so langsam bewegt, dass Massenkräfte keine Rolle spielen. Liegt zwischen Masse und Unterlage keine Reibung vor, so braucht zur Ermittlung der in das System einzubringenden Gesamtkraft F_{ges} lediglich die Definition der Federsteifigkeit c_{Feder} umgestellt zu werden:

$$F_{ges} = c \cdot f$$

Wird jedoch zwischen Masse und Unterlage Reibung wirksam, so setzt sich die von außen in das Federsystem einzuleitende Kraft F_{ges} aus der Summe von Federkraft F_F und Reibkraft F_R zusammen:

$$F_{ges} = c \cdot f + F_R$$

Wird das System ausgehend von der ungespannten Lage bei A nach rechts ausgelenkt, so muss im Federdiagramm ausgehend vom Koordinatenursprung erst die Reibkraft F_R überwunden werden, bevor die Feder ab B verformt werden kann. Da sich die Gesamtkraft bei der weiteren Federdehnung aus (hier konstanter) Reibkraft und Federkraft zusammensetzt, vollzieht sich die Belastung auf einer Geraden, die parallel zur Steifigkeitskennlinie liegt. Wird die Bewegung des Systems bei C gestoppt und die in das System eingeleitete Gesamtkraft wieder reduziert, so bewegt sich das System zunächst nicht, weil es durch die Reibung daran gehindert wird. Die Reibkraft, die vorher die Bewegung nach rechts behindert hat, kehrt sich schließlich um und lässt erst bei D eine Rückwärtsbewegung nach links zu. Wird die von außen eingeleitete Gesamtkraft völlig zurückgenommen, so stoppt die Rückfederung allerdings bei E. Um das System über den Punkt F wieder in die Ausgangslage A zurückzubefördern, muss die Gesamtkraft nach links, also negativ angelegt werden.

Wird die Feder über F hinaus durch eine Steigerung der negativen Kraft F_{ges} zusammengedrückt, so kann diese Stauchung bei G wieder umgekehrt werden. Eine Rückbewegung tritt aber erst dann wieder ein, wenn bei H die nunmehr wieder bewegungshemmend nach links wirkende Reibkraft überwunden ist. Der Vorgang bleibt bei I wieder stehen, wenn nicht erneut durch Umkehr der Gesamtkraft die Ausgangslage angesteuert wird.

Im Federdiagramm müssen also im allgemeinen Fall eine Belastungs- und eine Entlastungskennlinie unterschieden werden: Für die *Belastung* der Feder ist der obere, für die *Entlastung* der untere Kurvenzug maßgebend. In diesem Modellfall mit konstanter Reibkraft sind sowohl die Belastungs- als auch die Entlastungskurve bezüglich ihrer Kraft jeweils um den Ordinatenwert F_R von der idealen, reibungsfreien Steifigkeitskennlinie entfernt. Für die Federungsarbeit ergeben sich daraus beispielhaft für ein vollständiges Lastspiel über ABCDEFA die folgenden Konsequenzen:

- Die von der Feder aufgenommene Arbeit erscheint hier als Fläche unter der Belastungskurve.
- Die von der Feder abgegebene Arbeit wird durch die Fläche unter der Entlastungskurve repräsentiert.
- Die als Differenz dazwischen liegende Fläche stellt die Arbeit dar, die im Gesamtsystem in Wärme umgesetzt wird.

Diese Umsetzung von mechanischer Arbeit in Wärme wird auch als „**Reibungshysterese**" bezeichnet und lässt sich im Federdiagramm stets als ein geschlossener Kurvenzug darstellen, der die in Wärme umgesetzte Arbeit in einer Rechtsdrehung umfährt. Je nach Anwendungsfall muss die Hysterese völlig unterschiedlich bewertet werden:

- Die Federhysterese ist *unerwünscht*, wenn die in der Feder gespeicherte Arbeit später wieder genutzt werden soll (Beispiel Uhrfeder). In diesen Fällen wird bei der Konstruktion der Feder darauf geachtet, sämtliche Hystereseeinflüsse so weit wie möglich zurückzudrängen.
- Die Federhysterese ist jedoch *erwünscht*, wenn die Feder nicht nur Stöße aufnehmen soll, sondern auch die dabei aufgenommene Arbeit dem System entzogen werden soll. In solchen Fällen werden entweder zusätzlich zur eigentlichen Feder reibungsbehaftete Elemente als Dämpfer eingebracht oder bereits vorhandene Berührflächen gezielt als Reibflächen genutzt (z. B. Eisenbahnpuffer).

Im allgemeinen Fall ist die Reibkraft nicht konstant. Sie kann sich beispielsweise proportional zur Federkraft verhalten oder auch geschwindigkeitsproportional wirksam werden. Das Kap. 2 der dreibändigen Ausgabe geht dieser Frage weiter nach.

2.2   Einige Bauformen metallischer Federn

Die mit Bild 2.2 erläuterte Verwendung eines zylindrischen Körpers als Zugfeder, Biegefeder oder Torsionsfeder ergab jeweils einen Ansatz für die rechnerische Beschreibung dieser Feder. Diese zunächst nur modellhafte Betrachtung soll nun für einige technisch reale Federn erweitert werden. Bild 2.10 skizziert die wichtigsten Federbauformen und behält dabei die systematische Einteilung nach Zug- bzw. Druckbeanspruchung, Torsionsbeanspruchung und Biegebeanspruchung bei. Weiterhin wird unterschieden, ob die Feder reibungsfrei bzw. reibungsarm ist (mittleres Bilddrittel) oder ob die Feder einen erheblichen Reibungsanteil aufweist (unteres Bilddrittel).

Eine weitere Differenzierung würde eine fast unüberschaubar große Vielfalt von verschiedenen Konstruktionsvarianten ergeben. Im Rahmen der folgenden Zusammenstellung ist aber eine Konzentration auf einige wenige charakteristische Bauformen angebracht, wobei vor allen Dingen jene Bauformen betrachtet werden, die für das grundsätzliche Verständnis des gesamten Sachgebietes besonders förderlich sind.

2.2.1   Zugstabfeder

Das in Abschnitt 2.1.3 angesprochene Zusammenspiel zwischen Belastbarkeit und Steifigkeit lässt sich für die Zugstabfeder nach Bild 2.11 veranschaulichen. Die im rechten Quadranten dargestellte Belastbarkeit betrachtet die Zugstabfeder ausschließlich als einen Zugstab, dessen Festigkeit gewährleistet werden muss. Dazu wird Gl. 0.20 für einen kreisrunden Querschnitt mit dem Durchmesser d spezifiziert:

$$\sigma = \frac{F}{A} = \frac{F}{\frac{\pi}{4} \cdot d^2} = \frac{4 \cdot F}{\pi \cdot d^2} \quad \Rightarrow \quad d_{min} = \sqrt{\frac{4 \cdot F}{\pi \cdot \sigma_{zul}}} \qquad \text{Gl. 2.18}$$

Der für die Übertragung einer Kraft erforderliche Stabdurchmesser kann durch Umstellen dieser Gleichung ermittelt werden. Soll eine Kraft von beispielsweise 10.000 N übertragen werden, so ergibt sich der erforderliche Stabdurchmesser als Hyperbel:

$$d_{min} = \sqrt{\frac{4 \cdot 10.000\,N}{\pi}} \cdot \frac{1}{\sqrt{\sigma_{zul}}} = 112{,}8 \cdot \sqrt{N} \cdot \frac{1}{\sqrt{\sigma_{zul}}}$$

Wird ein Werkstoff mit einer zulässigen Spannung von $500\,N/mm^2$ verwendet, so muss der Durchmesser mindestens 5,04 mm betragen. Der rechte Quadrant von Bild 2.11 macht auch klar, dass höher belastbare Werkstoffe einen kleineren Durchmesser zulassen, während weniger belastbare Werkstoffe sehr viel mehr Querschnitt erfordern.

Wird diese zulässige Spannung ausgenutzt und der minimal mögliche Durchmesser auch tatsächlich ausgeführt, so kann eine geforderte Steifigkeit nach Gl. 2.3 nur noch durch eine An-

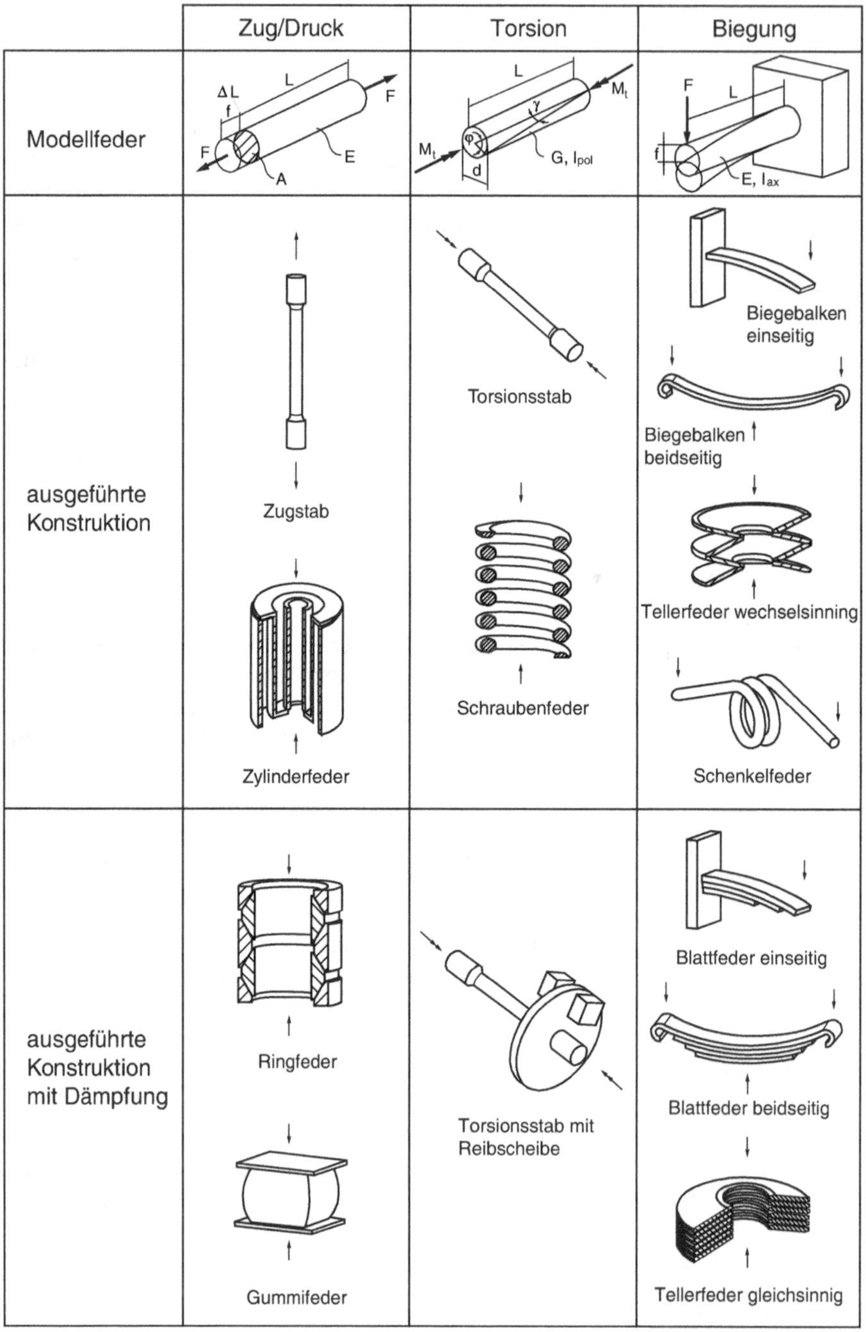

	Zug/Druck	Torsion	Biegung
Modellfeder			
ausgeführte Konstruktion	Zugstab Zylinderfeder	Torsionsstab Schraubenfeder	Biegebalken einseitig Biegebalken beidseitig Tellerfeder wechselsinnig Schenkelfeder
ausgeführte Konstruktion mit Dämpfung	Ringfeder Gummifeder	Torsionsstab mit Reibscheibe	Blattfeder einseitig Blattfeder beidseitig Tellerfeder gleichsinnig

Bild 2.10: Einteilung und Bauformen metallischer Federn

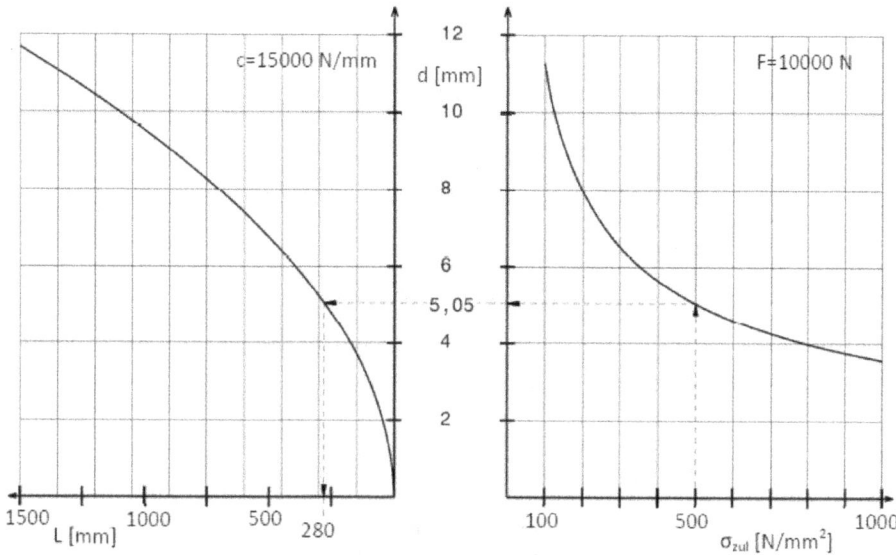

Bild 2.11: Zusammenspiel Belastbarkeit-Steifigkeit einer Zugstabfeder

passung der Federlänge realisiert werden.

$$c_Z = E \cdot \frac{A}{L} = E \cdot \frac{\pi \cdot d^2}{4 \cdot L} \quad \Rightarrow \quad L = E \cdot \frac{\pi \cdot d^2}{4 \cdot c_Z} \qquad \text{Gl. 2.19}$$

Wenn hier beispielhaft eine Steifigkeit von 15.000 N/mm ausgeführt werden soll, so ergibt sich für L eine quadratische Abhängigkeit von d, was im linken Quadranten von Bild 2.11 dargestellt ist:

$$L = 210.000 \, \frac{N}{mm^2} \cdot \frac{\pi}{4 \cdot 15.000 \, \frac{N}{mm}} \cdot d^2 = 10{,}996 \cdot d^2 \, \frac{1}{mm}$$

Bei dem durch die Belastbarkeit bereits festgelegten Durchmesser von 5,04 mm wird also eine Federlänge von 280 mm erforderlich. Das Zusammenspiel der beiden Quadranten demonstriert auch, dass hochwertige Werkstoffe („Federstahl") sehr kompakte Federn ergeben, während Werkstoffe geringer Festigkeit zu großen und schweren Federn führen. Der Begriff „Federwerkstoff" hat **nichts** mit seiner Verformungswilligkeit zu tun, sondern kennzeichnet nur seine besonders hohe Belastbarkeit. Diese Gegenüberstellung macht aber auch klar, dass im Sinne einer kompakten Konstruktion Federn vorwiegend an der Grenze ihrer Werkstoffbelastbarkeit betrieben werden sollten. Aus diesem Grunde werden Federwerkstoffe bei sehr knapper Sicherheit und häufig im Zeitfestigkeitsbereich eingesetzt.

2.2.2   Drehstabfeder

Auch die Zusammenhänge von Belastbarkeit und Steifigkeit einer Drehstabfeder wurden bereits im Eingangskapitel geklärt. Wenn es um die Belastbarkeit geht, dann ist die Drehstabfeder ungeachtet ihrer Länge lediglich eine Welle, die ein Torsionsmoment zu übertragen hat. Dieser Zusammenhang wurde bereits mit Gl. 0.40 ausgeführt:

$$M_{tmax} = \tau_{zul} \cdot W_t = \tau_{zul} \cdot \frac{\pi \cdot d^3}{16} \quad \Rightarrow \quad d_{min} = \sqrt[3]{\frac{16 \cdot M_t}{\pi \cdot \tau_{zul}}}$$

Soll beispielsweise ein Moment von 150 Nm übertragen werden, so ergibt sich der erforderliche Stabdurchmesser als Hyperbel:

$$d_{min} = \sqrt[3]{\frac{16 \cdot 150\,\text{Nm}}{\pi}} \cdot \frac{1}{\sqrt[3]{\tau_{zul}}} = 91{,}42 \cdot \sqrt[3]{\text{Nmm}} \cdot \frac{1}{\sqrt[3]{\tau_{zul}}}$$

Wird ein Werkstoff mit einer zulässigen Spannung von $500\,\text{N/mm}^2$ verwendet, so muss der Durchmesser mindestens 11,5 mm betragen. Der rechte Quadrant von Bild 2.12 lässt auch erkennen, dass höher belastbare Werkstoffe einen kleineren Durchmesser zulassen, während weniger belastbare Werkstoffe einen sehr viel dickeren Federstab erfordern.

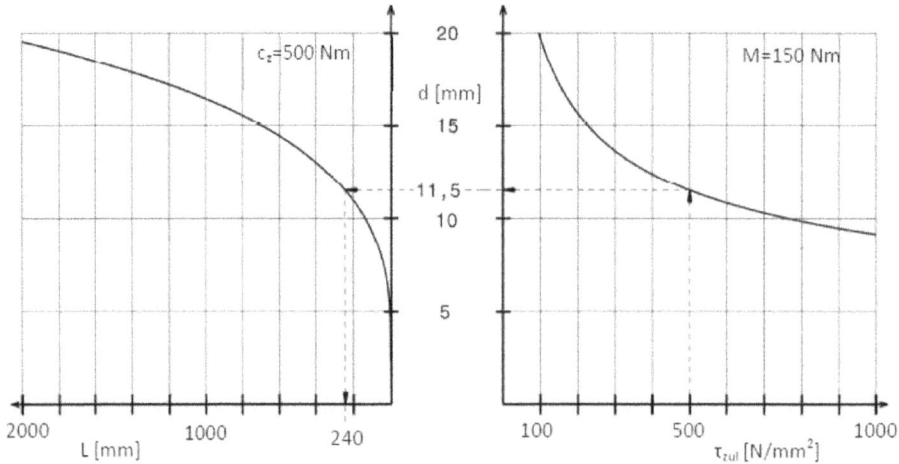

Bild 2.12: Zusammenspiel Belastbarkeit-Steifigkeit einer Drehstabfeder

Wird diese Werkstofffestigkeit ausgenutzt und der minimal mögliche Durchmesser auch tatsächlich ausgeführt, so kann eine geforderte Steifigkeit nach Gl. 2.6 nur noch durch eine Anpassung der Federlänge realisiert werden.

$$c_T = \frac{M_t}{\varphi} = G \cdot \frac{I_t}{L} = G \cdot \frac{\pi \cdot d^4}{32 \cdot L} \quad \Rightarrow \quad L = G \cdot \frac{\pi \cdot d^4}{32 \cdot c_T} \qquad \text{Gl. 2.20}$$

Wenn hier beispielhaft eine Steifigkeit von 500 Nm ausgeführt werden soll, so ergibt sich für L eine Abhängigkeit von d in der vierten Potenz, was im linken Quadranten von Bild 2.12 als Parabel dargestellt ist:

$$L = 70.000 \, \frac{N}{mm^2} \cdot \frac{\pi}{32 \cdot 500 \, Nm} \cdot d^4 = 0,01374 \cdot \frac{1}{mm^3} \cdot d^4$$

Bei dem durch die Belastbarkeit im rechten Quadranten bereits festgelegten Durchmesser von 11,5 mm wird also eine Federlänge von 240 mm erforderlich. Auch hier führen wie in Bild 2.11 höherwertige Werkstoffe zu sehr viel kompakteren und minderwertige Werkstoffe zu sehr großen und schweren Federn.

Ein besonderes Problem bei der Verwendung von Drehstabfedern besteht darin, das Torsionsmoment in den Drehstab einzuleiten. In der Regel greift man auf besonders hochwertige und kerbunempfindliche Welle-Nabe-Verbindungen (s. Kapitel 6) zurück, Bild 2.13 gibt in der linken Hälfte zwei Beispiele an:

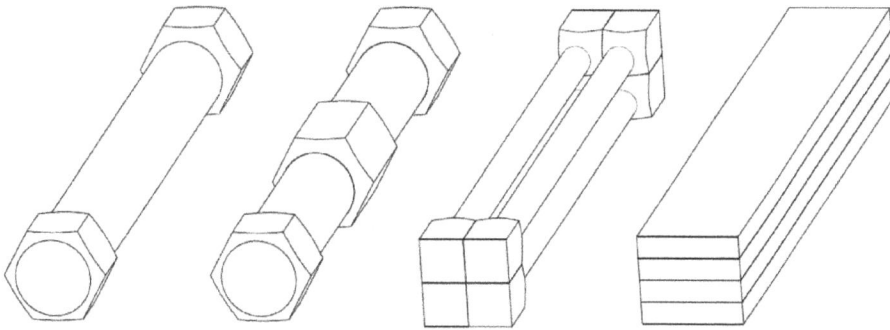

Bild 2.13: Drehstabfedern und Drehstabbündel

Der fließende Übergang zwischen Feder und Einspannung wirft allerdings das Problem auf, dass die für die Verformung maßgebende Länge der Drehstabfeder nicht ohne Weiteres zu erkennen ist und mit einer detaillierten Betrachtung ermittelt werden muss. Wie Bild 2.13 in der rechten Hälfte zeigt, können Drehstabfedern auch zu einem Bündel zusammengefasst werden, was in erster grober Näherung einer Parallelschaltung der einzelnen Federstäbe entspricht. Durch die Reibung der einzelnen Flachstäbe untereinander kommt es zu einer Hysterese. Bild 2.14 zeigt die Hinterradfederung eines Kraftfahrzeuges, welche mit Drehstabfedern ausgerüstet ist.

Die Drehstabfeder ist unten links im Bild angelenkt und verläuft diagonal durch das Bild. Die durch das Rad eingeleitete Belastung wirkt über einen Hebelarm als Torsion auf den Drehstab. Ein in der Nähe des Hebels angebrachtes Gelenk nimmt die Querkräfte auf, sodass die Drehstabfeder selbst kein nennenswertes Biegemoment erfährt. Mit der einstellbaren Drehmomentenstütze unten links im Bild kann die Vorspannung der Feder variiert werden. Die senkrecht stehenden zylindrischen Bauteile sind Dämpfer.

Aufgaben A.2.4 bis A.2.7

Bild 2.14: Drehstabfeder mit einstellbarer Drehmomentenstütze nach [2.6]

2.2.3   Schraubenfeder als Zug-/Druckfeder

Wird die oben vorgestellte Drehstabfeder schraubenförmig gewendelt, so entsteht eine Feder
nach Bild 2.15, die von außen auf Zug oder Druck belastet werden kann.

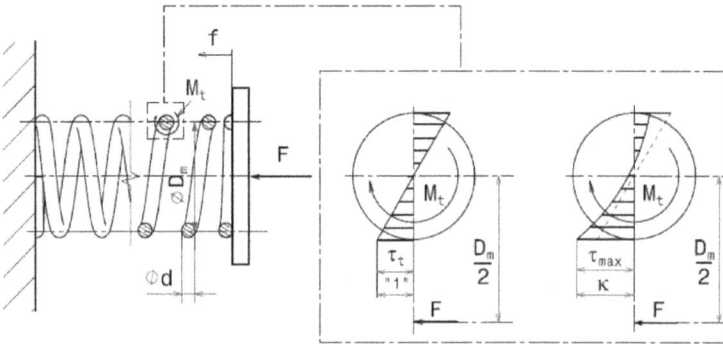

Bild 2.15: Schraubenfeder

2.2.3.1   Belastbarkeit

Die zentrisch auf die Feder wirkende Kraft F belastet den Federdraht an jeder beliebigen
Schnittstelle mit dem Torsionsmoment M_t, wobei der halbe mittlere Windungsdurchmesser
$D_m/2$ als Hebelarm wirksam wird:

$$M_t = F \cdot \frac{D_m}{2}$$

Gl. 2.21

Für die Festigkeitsbetrachtung der Feder wird deshalb nach der Skizze in der Mitte von Bild 2.15 angesetzt:

$$\tau_t = \frac{M_t}{W_t} \quad \text{mit} \quad W_t = \frac{\pi}{16} \cdot d^3 \qquad \text{d: Drahtdurchmesser}$$

$$\tau_t = \frac{16 \cdot M_t}{\pi \cdot d^3} = \frac{8 \cdot F \cdot D_m}{\pi \cdot d^3} \qquad\qquad\qquad\qquad\qquad \text{Gl. 2.22}$$

Dieser ideale Torsionsspannungsansatz trifft die Realität jedoch nicht vollständig, da die Kraft F einen zusätzlichen Querkraftschub im Federdraht hervorruft und wegen der Drahtkrümmung an der Innenseite eine Überhöhung der Schubspannung nach der rechten Darstellung in Bild 2.15 auftritt. Zur Vermeidung einer Vergleichsspannung wird die Torsionsspannung einfach mit einem Überhöhungsfaktor multipliziert:

$$\tau_{max} = \tau_t \cdot K = \frac{8 \cdot F \cdot D_m}{\pi \cdot d^3} \cdot K \qquad\qquad\qquad\qquad \text{Gl. 2.23}$$

Dieser sog. „Wahl'sche Faktor" K wird so gefasst, dass er nur vom geometrischen Verhältnis d/D_m („Wicklungsverhältnis" w) abhängig ist:

$$K = 1 + \frac{5}{4} \cdot \frac{d}{D_m} + \frac{7}{8} \cdot \left(\frac{d}{D_m}\right)^2 + \left(\frac{d}{D_m}\right)^3 \qquad\qquad \text{Gl. 2.24}$$

$$\text{oder:} \quad K = 1 + \frac{5}{4} \cdot \frac{1}{w} + \frac{7}{8} \cdot \left(\frac{1}{w}\right)^2 + \left(\frac{1}{w}\right)^3 \quad \text{mit} \quad w = \frac{D_m}{d} \qquad \text{Gl. 2.25}$$

Die graphische Darstellung dieser Gleichung entsprechend Bild 2.16 macht die quantitative Abhängigkeit von K deutlich:

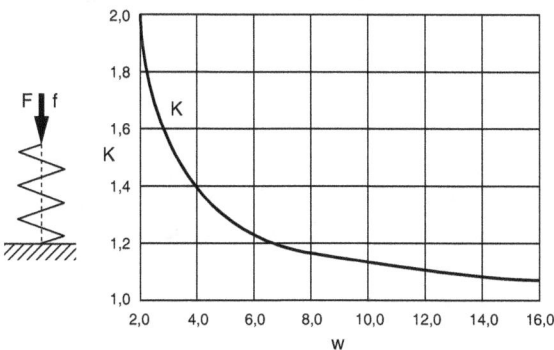

Bild 2.16: Überhöhungsfaktor K für schraubenförmig gewendelte Federn

Der Faktor K strebt für große Wicklungsverhältnisse gegen 1, was einer nahezu idealen Torsionsspannungsverteilung entspricht. Für kleiner werdende Wicklungsverhältnisse wird er zunehmend größer, weil der Querkrafteinfluss und die Drahtkrümmung an Bedeutung gewinnen. Ein besonders kleines Wicklungsverhältnis führt zu einer übermäßigen Spannungsüberhöhung und damit zu einer ungünstig dimensionierten Feder. Durch Umstellung von Gl. 2.22 kann die Belastbarkeit der Feder in Funktion der zulässigen Schubspannung ausgedrückt werden:

$$F_{max} = \frac{\pi \cdot d^3}{K \cdot 8 \cdot D_m} \cdot \tau_{zul} \qquad\qquad\qquad \text{Gl. 2.26}$$

Bei vorgegebener Belastung F_{max} und vorgegebener zulässiger Schubspannung τ_{zul} kann die Feder durch Anpassung des Drahtdurchmessers oder des Windungsdurchmessers dimensioniert werden:

$$d_{min} = \sqrt[3]{\frac{F_{max} \cdot K \cdot 8 \cdot D_m}{\pi \cdot \tau_{zul}}} \qquad\qquad\qquad \text{Gl. 2.27}$$

$$\text{oder} \quad D_{mmax} = \frac{\pi \cdot d^3}{K \cdot 8 \cdot F_{max}} \cdot \tau_{zul} \qquad\qquad\qquad \text{Gl. 2.28}$$

In beiden Fällen ist der Faktor K zunächst unbekannt und es wäre rechnerisch sehr aufwendig, ihn nach Gl. 2.24 einzuführen. In solchen Fällen setzt man vorläufig den Faktor K = 1 und mit den daraus sich provisorisch ergebenden Federabmessungen lassen sich dann das endgültige Wicklungsverhältnis und der endgültige Faktor K iterativ ermitteln.

2.2.3.2   Steifigkeit

Die Steifigkeit der schraubenförmig gewendelten Zug-/Druckfeder kann ebenfalls in Anlehnung an die Drehstabfeder nach Gl. 2.6 formuliert werden:

$$c_T = \frac{M_t}{\varphi} = G \cdot \frac{I_t}{L} \quad \text{mit} \quad I_t = \frac{\pi}{32} \cdot d^4$$

Für das Torsionsmoment lässt sich auch hier der Ausdruck $M_t = F \cdot D_m/2$ nach Gl. 2.21 einführen. Die Verformung der Drehstabfeder φ äußert sich hier als Längenänderung der Feder f, wobei sich ein rein geometrischer Zusammenhang nach Bild 2.17 herstellen lässt:

$$f = \varphi \cdot \frac{D_m}{2} \quad \Rightarrow \quad \varphi = \frac{f}{\frac{D_m}{2}} = \frac{2 \cdot f}{D_m} \qquad\qquad\qquad \text{Gl. 2.29}$$

Die Länge des gewundenen Federstabes L ergibt sich aus dem Umfang der kreisförmigen Wendel auf dem Windungsdurchmesser D_m:

$$L = \pi \cdot D_m \cdot i_w , \qquad\qquad\qquad \text{Gl. 2.30}$$

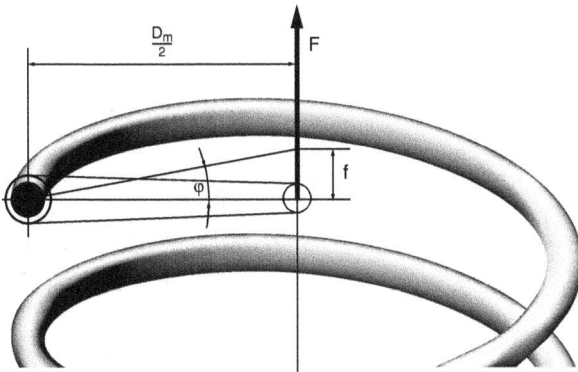

Bild 2.17: Verformungen an der schraubenförmig gewendelten Zug-/Druckfeder

wobei i_w die Anzahl der federnden Windungen bedeutet. Werden die geometrischen Zusammenhänge nach Gl. 2.29 und Gl. 2.30 in Gl. 2.6 eingesetzt, so wird der Zusammenhang zwischen Kraft und Verformungsverhalten der schraubenförmig gewendelten Zug-/Druckfeder beschrieben:

$$\frac{F \cdot \frac{D_m}{2}}{\frac{2 \cdot f}{D_m}} = G \cdot \frac{\frac{\pi \cdot d^4}{32}}{\pi \cdot D_m \cdot i_w} \quad \Rightarrow \quad \frac{F \cdot D_m^2}{4 \cdot f} = G \cdot \frac{\pi \cdot d^4}{32 \cdot \pi \cdot D_m \cdot i_w}$$

Dieser Ausdruck enthält bereits implizit den Ausdruck F/f als Gesamtsteifigkeit c der Schraubenfeder. Stellt man die Gleichung entsprechend um, so folgt für c:

$$c = \frac{F}{f} = G \cdot \frac{d^4}{8 \cdot D_m^3 \cdot i_w} \qquad\qquad\qquad \text{Gl. 2.31}$$

Da besonders bei Druckfedern die an der Umgebungskonstruktion anliegenden Windungen nicht federn können, muss die rechnerische Anzahl der federnden Windungen um zwei weitere Windungen erhöht werden, sodass sich die Anzahl der gesamten Windungszahl i_{ges} ergibt zu:

$$i_{ges} = i_w + 2 \qquad\qquad\qquad\qquad\qquad \text{Gl. 2.32}$$

2.2.3.3 Zusammenspiel von Belastbarkeit und Steifigkeit

Bei dem Versuch, das Zusammenspiel zwischen Belastbarkeit und Steifigkeit in Anlehnung an die Bilder 2.11 und 2.12 zu demonstrieren, ergibt sich das Problem, dass die schraubenförmig gewendelte Feder einen zusätzlichen Parameter aufweist. Wird der Windungsdurchmesser vorgegeben, so hat Gl. 2.27 bereits den erforderlichen Drahtdurchmesser formuliert. Im weiteren Verlauf der Betrachtung wird zur Reduzierung des Rechenaufwandes der Faktor K einheitlich zu 1 gesetzt. Soll beispielsweise eine maximale Kraft von 15 N übertragen werden, so ergibt sich der erforderliche Drahtdurchmesser in einer hyperbolischen Abhängigkeit von τ_{zul}:

$$d_{min} = \sqrt[3]{\frac{15\,N \cdot 1 \cdot 8 \cdot D_m}{\pi}} \cdot \frac{1}{\sqrt[3]{\tau_{zul}}}$$

Bild 2.18 führt die Darstellung im rechten Quadranten beispielhaft sowohl für den Windungs-durchmesser 5 mm als auch 10 mm aus. Wird ein Werkstoff mit einer zulässigen Spannung von $500\,N/mm^2$ verwendet, so muss der Drahtdurchmesser mindestens 0,72 mm bzw. 0,91 mm betragen. Diese Werte sinken mit steigender Belastbarkeit des Werkstoffs ab und nehmen für weniger belastbare Werkstoffe deutlich zu.

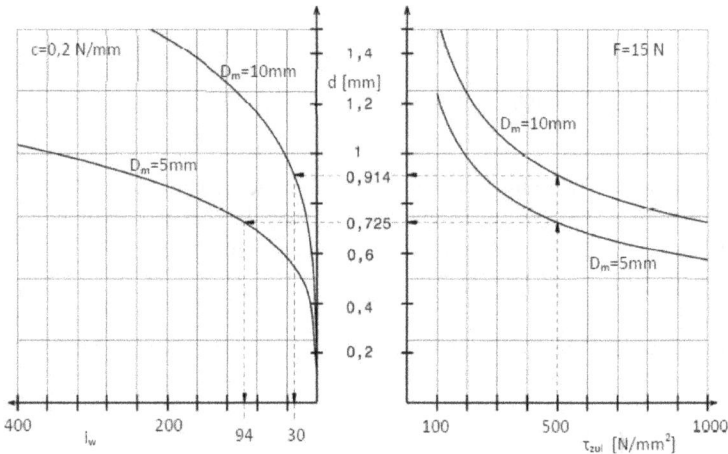

Bild 2.18: Zusammenspiel Belastbarkeit-Steifigkeit einer schraubenförmig gewendelten Feder

Wird diese Werkstofffestigkeit vollständig ausgenutzt und der minimal mögliche Drahtdurch-messer auch tatsächlich ausgeführt, so kann eine geforderte Steifigkeit nach Gl. 2.31 nur noch durch eine Anpassung der Anzahl der federnden Windungen umgesetzt werden.

$$c = G \cdot \frac{d^4}{8 \cdot D_m^3 \cdot i_w} \quad \Rightarrow \quad i_w = G \cdot \frac{d^4}{8 \cdot D_m^3 \cdot c} \qquad \qquad \text{Gl. 2.33}$$

Wenn hier beispielhaft eine Steifigkeit von 0,2 N/mm ausgeführt werden soll, so ergibt sich für die Anzahl der federnden Windungen eine Abhängigkeit von d in der vierten Potenz, was im linken Quadranten von Bild 2.18 als Parabel dargestellt ist:

$$i_w = 70.000\,\frac{N}{mm^2} \cdot \frac{1}{8 \cdot D_m^3 \cdot 0,2\,\frac{N}{mm}} \cdot d^4$$

Bei dem durch die Belastbarkeit bereits festgelegten Drahtdurchmesser von 0,72 mm werden 30 federnde Windungen und für den Drahtdurchmesser von 0,91 mm 94 federnde Windun-gen erforderlich. Ein höherwertiger Werkstoff würde die Anzahl der federnden Windungen deutlich reduzieren, während sie bei einem minderwerten Werkstoff vervielfacht wird.

Aufgaben A.2.8 bis A.2.13

2.2.4   Biegefeder

Die Biegefeder in ihrer wohl einfachsten Form als „einseitig eingespannter Biegebalken" wurde bereits mit Gl. 2.7 und 2.8 vorgestellt und wird in Bild 2.19 erneut aufgegriffen.

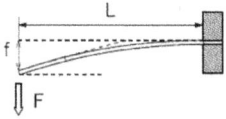

Bild 2.19: Einseitig eingespannte Biegefeder

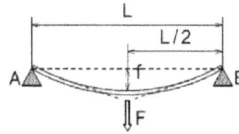

Bild 2.20: Doppelseitig gelenkig abgestützte symmetrische Biegefeder

Federweg	$f = \dfrac{1}{3} \cdot \dfrac{L^3}{I_{ax} \cdot E} \cdot F$ Gl. 2.7	$f = \dfrac{1}{3} \cdot \dfrac{\left(\frac{L}{2}\right)^3}{I_{ax} \cdot E} \cdot \dfrac{F}{2}$ $= \dfrac{1}{48} \cdot \dfrac{L^3}{I_{ax} \cdot E} \cdot F$ Gl. 2.34	
Steifigkeit	$c = \dfrac{F}{f} = \dfrac{3 \cdot I_{ax} \cdot E}{L^3}$ Gl. 2.8	$c = \dfrac{F}{f} = \dfrac{48 \cdot I_{ax} \cdot E}{L^3}$ Gl. 2.35	

Die feste Einspannung ist zwar in der Feinwerktechnik und den dabei auftretenden geringen Einspannmomenten anwendbar, bereitet aber bei großen Momenten erhebliche konstruktive Probleme, was bereits in Bild 0.5 zum Ausdruck kam. Wird die Biegefeder aber nach Bild 2.20 gelenkig an die Umgebung angebunden, so kann sie als Parallelschaltung von zwei einseitig eingespannten Biegebalken aufgefasst werden, die in Bildmitte zusammengefügt werden und jeweils eine Federlänge von L/2 aufweisen und mit der Kraft F/2 belastet werden. An der Verbindungsstelle dieser beiden Federhälften liegt zwar die für einen einseitig eingespannten Biegebalken charakteristische waagrechte Tangente vor, aber die aufwendige feste Einspannung braucht nicht konstruktiv ausgeführt zu werden. Nach dieser Überlegung können dann die Gleichungen 2.7 und 2.8 verwendet werden, wenn die Kraft F aus Bild 2.19 durch F/2 und der Hebelarm L durch L/2 ersetzt werden, was dann die Gleichungen 2.34 und 2.35 ergibt.

Aufgaben A.2.14 und A.2.15

Band 1 der dreibändigen Ausgabe betrachtet in Kapitel 2.2.4 weitere Biegebelastungen und Bauformen. Band 3 stellt schließlich in Kapitel 8 verschiedene Biegeverformungen zusammen und kombiniert sie mit weiteren Verformungsanteilen.

2.3 Anhang

2.3.1 Literatur

[2.1] Assmann, B.; Selke, P.: Technische Mechanik: Band 2: Festigkeitslehre, Oldenbourg, 2005

[2.2] Assmann, B.; Selke, P.: Technische Mechanik: Band 3: Kinematik und Kinetik, Oldenbourg, 2004

[2.3] Brügemann, G.: Schrauben- und Tellerfedern im Werkzeug- und Maschinenbau, Fachbuchverlag Leipzig, 1953

[2.4] Damerow, E.: Grundlagen der praktischen Federprüfung. Essen, 1953

[2.5] DIN-Taschenbuch 29: Federn. Beuth, 1991

[2.6] Fischer, F.; Vondracek, H.: Warmgeformte Federn, Hoesch Hohenlimburg AG, 1987

[2.7] Göbel, E. F.: Gummifedern. Berechnung und Gestaltung, Springer, 1969

[2.8] Groß, S.; Lehr, E.: Die Federn, ihre Gestaltung und Berechnung. Berlin-Düsseldorf, 1938

[2.9] Groß, S.; Lehr, E.: Berechnung und Gestaltung von Metallfedern. Berlin-Göttingen-Heidelberg, 1960

[2.10] Meissner, M.; Wanke, K.: Handbuch Federn. Berechnung und Gestaltung im Maschinen- und Gerätebau, Verlag Technik, 1993

[2.11] VDI-Richtlinie 3361: Zylindrische Druckfedern aus runden oder flachrunden Drähten und Stäben für Stanzwerkzeuge. VDI-Verlag, 1964

[2.12] VDI-Richtlinie 3362: Gummifedern für Stanzwerkzeuge. VDI-Verlag, 1964

[2.13] Wolf, W. A.: Die Schraubenfedern. Essen, 1966

2.3.2 Normen

[2.14] DIN 1777: Federbänder aus Kupfer-Knetlegierungen

[2.15] DIN 2076: Runder Federdraht; Maße, Gewichte, zulässige Abweichungen

[2.16] DIN 2088: Zylindrische Schraubendruckfedern aus runden Drähten und Stäben; Berechnung, Konstruktion von Drehfedern (Schenkelfedern)

[2.17] DIN 2089 T1: Zylindrische Schraubendruckfedern aus runden Drähten und Stäben; Berechnung und Konstruktion

[2.18] DIN 2089 T2: Zylindrische Schraubenfedern aus runden Drähten und Stäben; Berechnung und Konstruktion von Zugfedern

[2.19] DIN 2090: Zylindrische Schraubendruckfedern aus Flachstahl; Berechnung

[2.20] DIN 2091: Drehstabfedern mit rundem Querschnitt; Berechnung und Konstruktion

[2.21] DIN 2092: Tellerfedern; Berechnung

[2.22] DIN 2093: Tellerfedern; Maße, Werkstoff, Eigenschaften

[2.23] DIN 2094: Blattfedern für Straßenfahrzeuge; Anforderungen

[2.24] DIN 2095: Zylindrische Schraubenfedern aus runden Drähten; Gütevorschriften für kaltgeformte Druckfedern

[2.25] DIN 2096 T1: Zylindrische Schraubendruckfedern aus runden Drähten und Stäben; Güteanforderungen bei warmgeformten Druckfedern

[2.26] DIN 2096 T2: Zylindrische Schraubendruckfedern aus runden Stäben; Güteanforderungen für die Großserienfertigung

[2.27] DIN 2097: Zylindrische Schraubenfedern aus runden Drähten; Gütevorschriften für kaltgeformte Zugfedern

[2.28] DIN 2098 T1: Zylindrische Schraubenfedern aus runden Drähten; Baugrößen für kaltgeformte Druckfedern ab 0,5 mm Drahtdurchmesser

[2.29] DIN E 2099 T1: Zylindrische Schraubenfedern aus runden Drähten und Stäben; Angaben für Druckfedern, Vordruck

[2.30] DIN E 2096 T2: Zylindrische Schraubenfedern aus runden Drähten; Angaben für Zugfedern, Vordruck

[2.31] DIN ISO 2162: Technische Zeichnungen; Darstellung von Federn

[2.32] DIN 5544: Parabelfedern für Schienenfahrzeuge

[2.33] DIN 17221: Warmgewalzte Stähle für vergütbare Federn

[2.34] DIN 17222: Kaltgewalzte Stahlbänder für Federn

[2.35] DIN 17223: Runder Federstahldraht

[2.36] DIN 17224: Federdraht und Federband aus nichtrostenden Stählen

[2.37] DIN 17682: Runde Federdrähte aus Kupfer-Knetlegierungen

[2.38] DIN 53504: Prüfungen von Kautschuk und Elastomeren; Bestimmung von Reißfestigkeit, Zugfestigkeit, Reißdehnung und Spannungswerten im Zugversuch

[2.39] DIN 53505: Prüfungen von Kautschuk und Elastomeren und Kunststoffen; Härteprüfung nach Shore A und Shore B

[2.40] DIN 53313: Prüfungen von Kautschuk und Elastomeren; Bestimmung der viskoelastischen Eigenschaften von Elastomeren bei erzwungenen Schwingungen außerhalb der Resonanz

2.4   Aufgaben: Federn

Ersatzfedersteifigkeiten

A.2.1   Drei Schraubendruckfedern

Drei Schraubendruckfedern unterschiedlicher Steifigkeit werden in den folgenden beiden Anordnungen zusammengestellt:

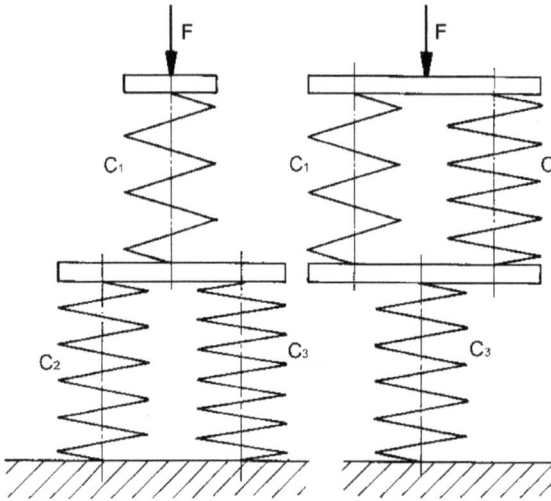

Die Einzelfedersteifigkeiten sind:

$$c_1 = 6\,\text{N/mm}$$
$$c_2 = 12\,\text{N/mm}$$
$$c_3 = 4\,\text{N/mm}$$

Berechnen Sie die Gesamtfederstei-
figkeit $c_{\text{ges links}}$ der linken Federkombination und die Gesamtfedersteifig-
keit $c_{\text{ges rechts}}$ der rechten Federkombination.

$$c_{\text{ges links}}\ [\text{N/mm}] =$$
$$c_{\text{ges rechts}}\ [\text{N/mm}] =$$

A.2.2   Beidseitige Einspannung

Zwei untereinander gleichartige Federn werden in der unten skizzierten Weise zwischen einen
beweglichen Block und eine jeweils benachbarte Wand montiert. An dem beweglichen Block
greift eine Betriebskraft F_B an, wodurch eine Auslenkung f des Gesamtsystems hervorgerufen
wird, die aber stets kleiner als 20 mm bleibt.

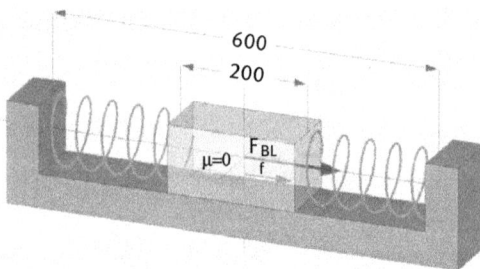

Für diese Konstruktion stehen verschiedene Federtypen zur Auswahl. Bestimmen Sie jeweils die Gesamtsteifigkeit des Systems.

	unverformte Federlänge	Steifigkeit einer einzelnen Feder	Steifigkeit des Gesamtsystems
Druckfeder	200 mm	10 N/mm	
Zug-/Druckfeder	200 mm	10 N/mm	
Druckfeder	220 mm	10 N/mm	

A.2.3   Gesamtsteifigkeit Schraubenzugfeder

Eine Schraubenzugfeder hat eine lineare Steifigkeit von 200 N/mm. Es stehen mehrere Federn zur Erzielung verschiedener Gesamtsteifigkeiten zur Verfügung. Um die Festigkeit des Federsystems optimal auszunutzen, soll die Belastung aller Federn gleich sein.

a) Skizzieren Sie, wie zwei Federn zusammengeschaltet werden müssen, damit eine Gesamtsteifigkeit von 400 N/mm entsteht.

b) Skizzieren Sie, wie drei Federn zusammengeschaltet werden müssen, damit eine Gesamtsteifigkeit von 600 N/mm entsteht.

c) Skizzieren Sie, wie zwei Federn zusammengeschaltet werden müssen, damit eine Gesamtsteifigkeit von 100 N/mm entsteht.

d) Skizzieren Sie, wie vier Federn zusammengeschaltet werden müssen, damit eine Gesamtsteifigkeit von 50 N/mm entsteht.

e) Skizzieren Sie, wie sechs Federn zusammengeschaltet werden müssen, damit eine Gesamtsteifigkeit von 300 N/mm entsteht.

f) Skizzieren Sie, wie sechs Federn zusammengeschaltet werden müssen, damit eine Gesamtsteifigkeit von 133,3 N/mm entsteht.

Federbauformen

Drehstabfeder

A.2.4   Drehstabfeder, Variation von Steifigkeit und Belastbarkeit

Es ist eine Drehstabfeder mit folgenden Werkstoffdaten gegeben:

zul. Schubspannung τ_{zul} 640 N/mm^2
Schubmodul G   70.000 N/mm^2
Dichte ρ 7,84 g/cm^3

Zur Dokumentierung der Ergebnisse benutzen Sie bitte das nachstehende Schema:

	b. gleiche Belastbarkeit doppelte Steifigkeit	a. Ausgangsfall	c. doppelte Belastbarkeit gleiche Steifigkeit
Federdurchmesser d [mm]		18	
Federlänge L [mm]		282	
Federsteifigkeit c_t [Nm]			
Belastbarkeit M_{tmax} [Nm]			
speicherbare Arbeit W_{max} [Nm]			
Federmasse m [g]			

a) Zunächst wird die Feder a. mit 18 mm Federdrahtdurchmesser und 282 mm Federlänge ausgeführt (mittlere Spalte im oben stehenden Schema). Berechnen Sie die Steifigkeit, die Belastbarkeit, die speicherbare Arbeit und Masse dieser Konstruktion, vervollständigen Sie also die mittlere Spalte. Bei der Ermittlung der Federmasse ist nur die verformte Federlänge L zu berücksichtigen.

b) Eine weitere Feder b. soll bei gleicher Belastung unter Beibehaltung der Werkstoffparameter und unter Ausnutzung der zulässigen Schubspannung mit doppelter Steifigkeit ausgeführt wird. Ermitteln Sie sämtliche dazu erforderlichen Federdaten und füllen Sie die linke Spalte vollständig aus.

c) Eine weitere Feder c. soll für die gleiche Steifigkeit des Falles a. und unter Beibehaltung der Werkstoffparameter und unter Ausnutzung der zulässigen Schubspannung mit doppelter Belastbarkeit ausgeführt werden. Ermitteln Sie sämtliche dazu erforderlichen Federdaten und füllen Sie die rechte Spalte vollständig aus.

A.2.5 Variation der Momenteneinleitungsstelle

Eine Drehstabfeder mit einem Durchmesser d = 18 mm wird an beiden Seiten fest eingespannt. Der Schubmodul des Federwerkstoffs beträgt G = 70.000 N/mm^2. Über eine Scheibe mit zwei gegenüberliegend tangential ablaufenden Seilen wird ein Torsionsmoment eingeleitet, sodass die Drehstabfeder nur mit einem Torsionsmoment und nicht mit Querkräften oder mit Biegemomenten belastet wird. Die Schubspannung im Federwerkstoff darf einen Wert von 540 N/mm^2 nicht überschreiten. Zur Dokumentation Ihrer Ergebnisse bedienen Sie sich des unten stehenden Schemas. Gesucht werden die Werte für das Gesamtsystem, wobei es u. U. hilfreich sein kann, zuvor die Zahlenwerte für die beiden Einzelsysteme zu ermitteln.

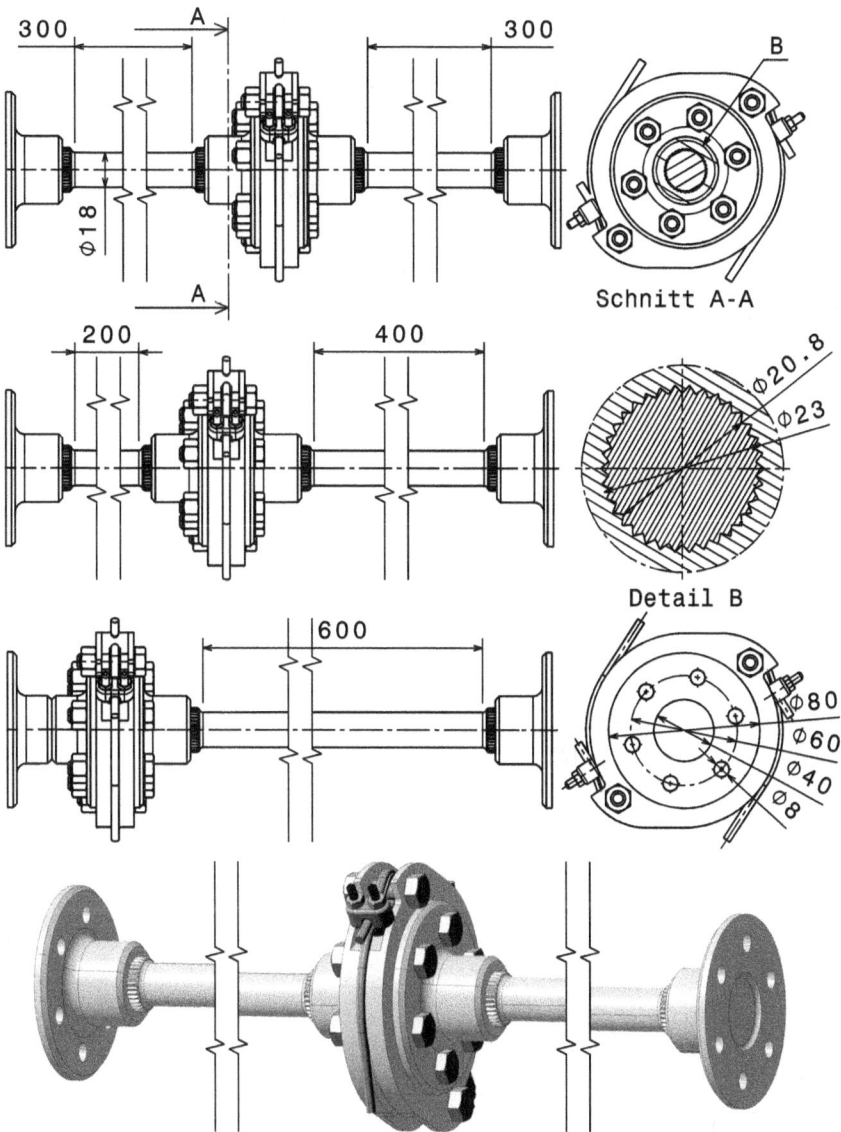

Schnitt A-A

Detail B

A. Im oberen Fall wird die momenteneinleitende Scheibe genau mittig zwischen den beiden festen Einspannungen angebracht, wobei sowohl für die rechte als auch für die linke Feder jeweils eine freie Verdrehlänge von $L_L = L_R = 300\,\text{mm}$ entsteht. Wie groß ist in diesem Fall die Torsionssteifigkeit des Gesamtsystems c_{Tges} und mit welchem maximalen Moment M_{tmax} darf das System belastet werden?

B. Im mittleren Fall wird die momenteneinleitende Scheibe so montiert, dass eine freie Verdrehlänge von $L_L = 200\,mm$ und $L_R = 400\,mm$ entsteht. Wie groß ist in diesem Fall die Torsionssteifigkeit des Gesamtsystems und mit welchem maximalen Moment darf das System belastet werden?

C. Im unteren Fall wird die momenteneinleitende Scheibe in unmittelbarer Nähe der linken Wand montiert ($L_L = 0\,mm$ und $L_R = 600\,mm$). Berechnen Sie die gleichen Werte wie zuvor.

	Fall A			Fall B			Fall C		
	linke Feder	rechte Feder	Gesamt-system	linke Feder	rechte Feder	Gesamt-system	linke Feder	rechte Feder	Gesamt-system
maximales Lastmoment M_{tmax} [Nm]									
Torsions-steifigkeit c_T [Nm]									
Verdrehwinkel φ_{max} [°] bei Maximallast									

A.2.6   Drei rohrförmige Federn

Gegeben ist die unten stehende Federkonstruktion, die aus drei ineinander geschachtelten Rohren besteht. Die Belastung wird von oben in das innere Rohr eingeleitet, welches am unteren Ende mit dem mittleren Rohr verbunden ist. Dieses mittlere Rohr ist an seinem oberen Ende mit dem äußeren Rohr verbunden, welches die Belastung an seinem unteren Ende gegenüber der hier nicht dargestellten Umgebungskonstruktion abstützt.

$$E = 210.000\,N/mm^2 \quad \sigma_{zul} = 820\,N/mm^2$$
$$G = 70.000\,N/mm^2 \quad \tau_{zul} = 700\,N/mm^2$$

Wird die Belastung als Kraft F eingeleitet, so wird die Konstruktion als Zug-/Druckfeder beansprucht, wird die Belastung als Torsionsmoment M_t eingeleitet, so wird aus der Konstruktion eine Drehstabfeder. Ermitteln Sie für beide Fälle die unten aufgeführten Kenngrößen der Feder.

	Zug-/Druckfeder	Drehstabfeder
Belastbarkeit	F_{max} [N] =	M_{tmax} [Nm] =
Steifigkeit inneres Rohr	c_i [N/μm] =	c_{ti} [Nm] =
Steifigkeit mittleres Rohr	c_m [N/μm] =	c_{tm} [Nm] =
Steifigkeit äußeres Rohr	c_a [N/μm] =	c_{ta} [Nm] =
Gesamtsteifigkeit	c_{ges} [N/μm] =	c_{tges} [Nm] =
max. speicherbare Arbeit	W_{max} [Nm] =	W_{max} [Nm] =

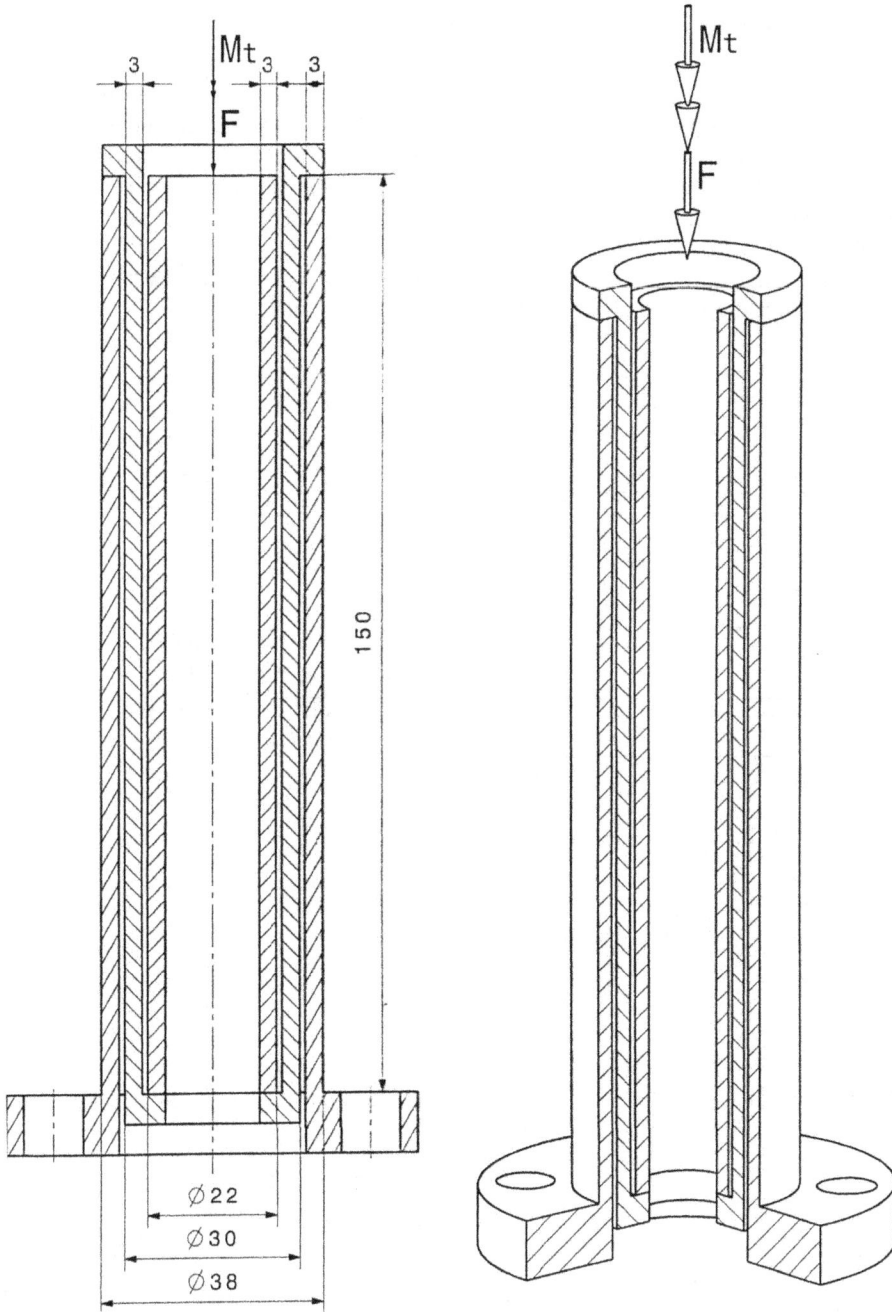

A.2.7   Drehstabfeder und rohrförmige Feder

Während die vorherige Aufgabe aus Gründen der Übersichtlichkeit das Problem der Verbindung der Federn untereinander und gegenüber der Umgebung noch ignoriert hat, werden in der vorliegenden Aufgabe Keilwellenverbindungen als reale Welle-Nabe-Verbindungen verwendet (Näheres s. Kapitel 6.2.1). Eine Federkonstruktion besteht aus einer innenliegenden Drehstabfeder und einer sie umgebenden Rohrfeder. Das Torsionsmoment wird über eine Keilwelle von rechts in die Drehstabfeder eingeleitet, welche am linken Ende über eine zweite Keilwelle mit der äußeren Rohrfeder verbunden ist, die sich ihrerseits am rechten Ende über eine dritte Keilwelle an der Umgebungskonstruktion abstützt. Der Schubmodul beträgt für beide Federn $G = 70.000\,\text{N/mm}^2$, die Belastbarkeit des Werkstoffs ist unterschiedlich.

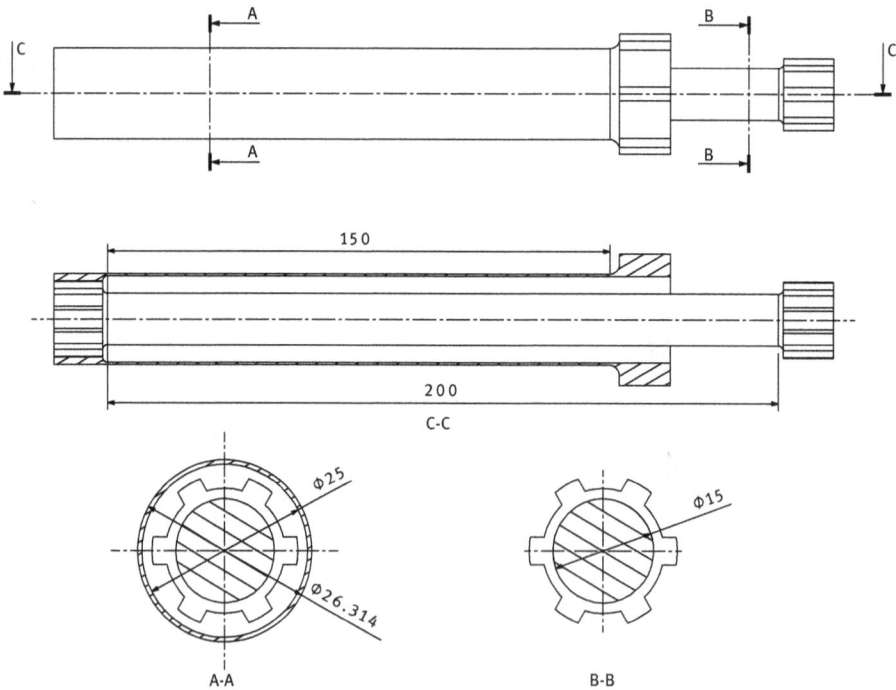

Ermitteln Sie sowohl für die beiden Einzelfedern als auch für die Gesamtkonstruktion die Belastbarkeit, die Steifigkeit und die speicherbare Arbeit.

			Drehstabfeder	Rohrfeder	Gesamtsystem
zul. Schubspannung	τ_{zul}	N/mm^2	720	580	———
Belastbarkeit	M_{tmax}	Nm			
Steifigkeit	c_t	Nm			
speicherbare Arbeit	W_{max}	Nm			

Schraubenfeder als Zug-/Druckfeder

A.2.8 Schraubenzugfeder

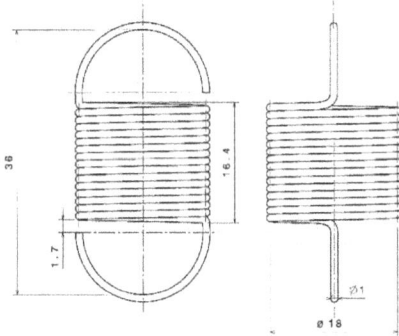

Die nebenstehend abgebildete Schraubenzugfeder besteht aus Stahl mit folgenden Werkstoffdaten:

$$E = 210.000\,\text{N/mm}^2$$
$$G = 85.000\,\text{N/mm}^2$$
$$\sigma_{zul} = 640\,\text{N/mm}^2$$
$$\tau_{zul} = 460\,\text{N/mm}^2$$

Welche maximale Zugkraft kann in die Feder eingeleitet werden?	F_{max}	N	
Wie groß ist die Steifigkeit dieser Feder?	c	N/mm	
Um welchen maximalen Federweg darf die Feder ausgelenkt werden?	f_{max}	mm	
Wie groß ist die Arbeit, die maximal in dieser Feder gespeichert werden kann?	W_{max}	Nm	

A.2.9 Schraubenzugfeder unter Volllast und Teillast

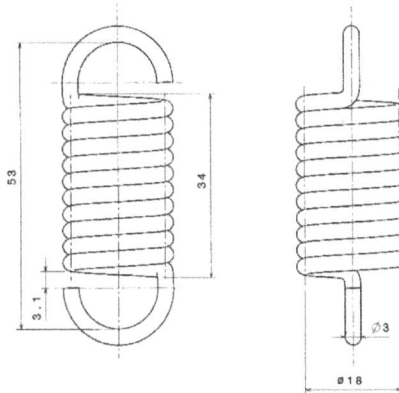

Die nebenstehend abgebildete Schraubenzugfeder aus Stahl weist folgende Werkstoffdaten auf:

$$E = 210.000\,\text{N/mm}^2$$
$$G = 85.000\,\text{N/mm}^2$$
$$\sigma_{zul} = 740\,\text{N/mm}^2$$
$$\tau_{zul} = 560\,\text{N/mm}^2$$

a) Welche maximale Zugkraft kann in die Feder eingeleitet werden? Wie groß sind dann der Federweg f und die in der Feder gespeicherte Arbeit W?

b) Um welchen Federweg wird die Feder ausgelenkt, wenn sie mit 200 N belastet wird? Welche Arbeit wird dann gespeichert?

c) Die Feder wird um 10 mm ausgelenkt. Welche Kraft stellt sich ein und welche Arbeit wird gespeichert?

d) In der Feder wird eine Arbeit von 2 Nm gespeichert. Welche Kraft F ist dazu erforderlich und welcher Federweg f stellt sich ein?

		Aufgabenteil a	Aufgabenteil b	Aufgabenteil c	Aufgabenteil d
		Volllast	Teillast mit	Teillast mit	Teillast mit
F	N		200		
f	mm			10	
W	Nm				2,000

A.2.10   Federwaage

Mit der Federwaage soll eine maximale Kraft von 80 N gemessen werden können und sie soll sich pro 10 N Belastung um 4 mm dehnen. Diese Federwaage ist mit einer schraubenförmig gewendelten Zugfeder mit einem mittleren Windungsdurchmesser von $D_m = 20$ mm ausgestattet. Die anderen wesentlichen Abmessungen sind zu dimensionieren.

Der verwendete Werkstoff weist einen Schubmodul von $70.000\,\text{N/mm}^2$ auf, die zulässige Schubspannung wird zwischen 300 und $700\,\text{N/mm}^2$ variiert. Das spezifische Gewicht von Stahl beträgt $7{,}84\,\text{g/cm}^3$.

a) Ermitteln Sie für alle Werkstoffe den Drahtdurchmesser d so, dass die Werkstoffbelastbarkeit so weit wie möglich ausgenutzt wird. Zur besseren Bewertung der Ergebnisse berechnen Sie den Wert auf μm genau und runden Sie den Wert **nicht**.

b) Mit wie vielen federnden Windungen i_w muss dann die Feder jeweils ausgestattet werden?

c) Welche Masse m weist die Feder auf, wenn nur die federnden Windungen berücksichtigt werden?

		a	b	c
τ_{zul}	K	d	i_W	m
N/mm^2	–	mm	–	g
300				
400				
500				
600				
700				

A.2.11   Schraubenzugfeder, Variation von Steifigkeit und Belastbarkeit

Es ist eine Schraubenzugfeder mit folgenden Werkstoffdaten gegeben:

zul. Schubspannung τ_{zul} $600\,N/mm^2$
Schubmodul G $70.000\,N/mm^2$
Dichte ρ $7,84\,g/cm^3$

Zur Dokumentierung der Ergebnisse benutzen Sie bitte das nachstehende Schema.

	gleiche Belastbarkeit doppelte Steifigkeit		Ausgangs- fall	doppelte Belastbarkeit gleiche Steifigkeit	
	c.	b.	a.	d.	e.
Federdurchmesser d [mm]		1,2	1,2	1,2	
Windungsdurch- messer D_m [mm]	15		15		15
Anzahl federnde Windungen i_w			12		
Federsteifigkeit c [N/mm]					
Federbelastbarkeit F_{max} [N]					
speicherbare Arbeit W_{max} [Nm]					
Federmasse m [g]					

a) Zunächst wird die Feder a. mit 1,2 mm Federdrahtdurchmesser, 15 mm mittlerem Windungsdurchmesser und 12 federnden Windungen ausgeführt (Ausgangsfall im oben stehenden Schema). Berechnen Sie zunächst die Steifigkeit, die Belastbarkeit, die speicherbare
   Arbeit und die Masse dieser Feder, vervollständigen Sie also die mittlere Spalte. Bei der
   Ermittlung der Federmasse berücksichtigen Sie nur die Anzahl der federnden Windungen.
b) Eine weitere Feder b. soll unter Beibehaltung der Werkstoffparameter mit doppelter Steifigkeit ausgeführt werden, wobei der Federdrahtdurchmesser beizubehalten ist und die zulässige Schubspannung vollständig ausgenutzt wird. Ermitteln Sie sämtliche dazu erforderlichen Federdaten.
c) Eine weitere Feder c. soll auf ähnliche Weise mit doppelter Steifigkeit ausgeführt werden,
   wobei der Windungsdurchmesser beizubehalten ist. Ermitteln Sie sämtliche dazu erforderlichen Federdaten und füllen Sie die Spalte c. vollständig aus.

d) Eine weitere Feder d. soll gegenüber dem Ausgangsfall a. die doppelte Belastbarkeit aufweisen, wobei der Federdrahtdurchmesser beibehalten wird. Ermitteln Sie sämtliche dazu erforderlichen Federdaten und füllen Sie die Spalte d. vollständig aus.

e) Eine weitere Feder e. soll in ähnlicher Weise mit doppelter Belastbarkeit ausgeführt werden, wobei der Windungsdurchmesser beibehalten wird. Ermitteln Sie sämtliche dazu erforderlichen Federdaten und füllen Sie die Spalte e. vollständig aus.

A.2.12   Vier schraubenförmig gewendelte Zug-/Druckfedern

Eine schraubenförmig gewendelte Zug-/Druckfeder weist folgende Konstruktionsdaten auf:

$$d = 3{,}6\,\text{mm} \qquad D_m = 43{,}2\,\text{mm} \qquad i_W = 4 \qquad G = 70.000\,\text{N/mm}^2 \qquad \tau_{zul} = 620\,\text{N/mm}^2$$

Wie groß ist die Belastbarkeit dieser einzelnen Feder?	$F_{maxeinzeln}$	N	
Wie groß ist die Steifigkeit dieser einzelnen Feder?	$c_{einzeln}$	N/mm	
Welcher Federweg stellt sich bei maximaler Belastung ein?	$f_{maxeinzeln}$	mm	

Vier dieser Federn werden nach unten stehender Skizze ohne Vorspannung zwischen zwei feste Wände angeordnet. Die Federn sind untereinander und an den beiden Wänden so angeordnet, dass sowohl Zug- als auch Druckkräfte übertragen werden können.

Welche Steifigkeit und welche Belastbarkeit ergibt sich für das Gesamtsystem, wenn eine horizontal gerichtete Kraft an den Punkten A, B, C, D oder E eingeleitet wird. Für die Berechnung der Gesamtsteifigkeit kann es sinnvoll sein, die Verformungen der einzelnen Federn zu ermitteln.

		A	B	C	D	E
c_{ges}	N/mm					
f_{1max}	mm					
f_{2max}	mm					
f_{3max}	mm					
f_{4max}	mm					
F_{gesmax}	N					

A.2.13   Zugstabfeder und schraubenförmig gewendelte Zugfeder

Ein Federwerkstoff weist folgende Werkstoffkenndaten auf:

$$\sigma_{zul} = 700\,N/mm^2 \qquad \tau_{zul} = 480\,N/mm^2$$
$$E = 210.000\,N/mm^2 \qquad G = 82.000\,N/mm^2$$

Mit diesem Werkstoff soll sowohl eine Zugstabfeder (linke Spalte) mit kreisrundem Querschnitt als auch eine schraubenförmig gewendelte Zugfeder (rechte Spalte) ausgeführt werden. Beide Federn sollen mit einer Kraft von 10.000 N belastet werden können und eine Steifigkeit von 20 N/mm aufweisen.

Hinweis: Die Zugstabfeder wird so lang, dass sie konstruktiv kaum ausgeführt werden kann.

Zugstabfeder		schraubenförmig gewendelte Zugfeder	
Wie groß muss der Stabdurchmesser d [mm] mindestens sein?		Wie groß muss der Drahtdurchmesser d [mm] mindestens sein, wenn ein Windungsverhältnis $D_m/d = 10$ ausgeführt wird?	
Welche Länge L [mm] muss die Feder dann aufweisen?		Wie viele federnde Windungen muss die Feder dann aufweisen?	
Wie groß ist die Federmasse [kg]?		Wie groß ist die Federmasse [kg]?	

Biegefeder

A.2.14   Leiterprüfung

Leitern sind im praktischen Betrieb einer komplexen Belastung ausgesetzt, die aber im Wesentlichen aus Biegung besteht. Aus diesem Grund werden Leitern zur Prüfung einer einfachen, definierten Biegebelastung ausgesetzt: Einteilige Leitern werden mit ihren beiden Enden in horizontaler Lage auf zwei Böcke aufgelegt. Eine mittig aufgebrachte Gewichtskraft von 80 kg muss ohne Schäden aufgenommen werden können. Die unten dargestellte Leiter besteht aus Holz ($E = 11.000\,\text{N/mm}^2$).

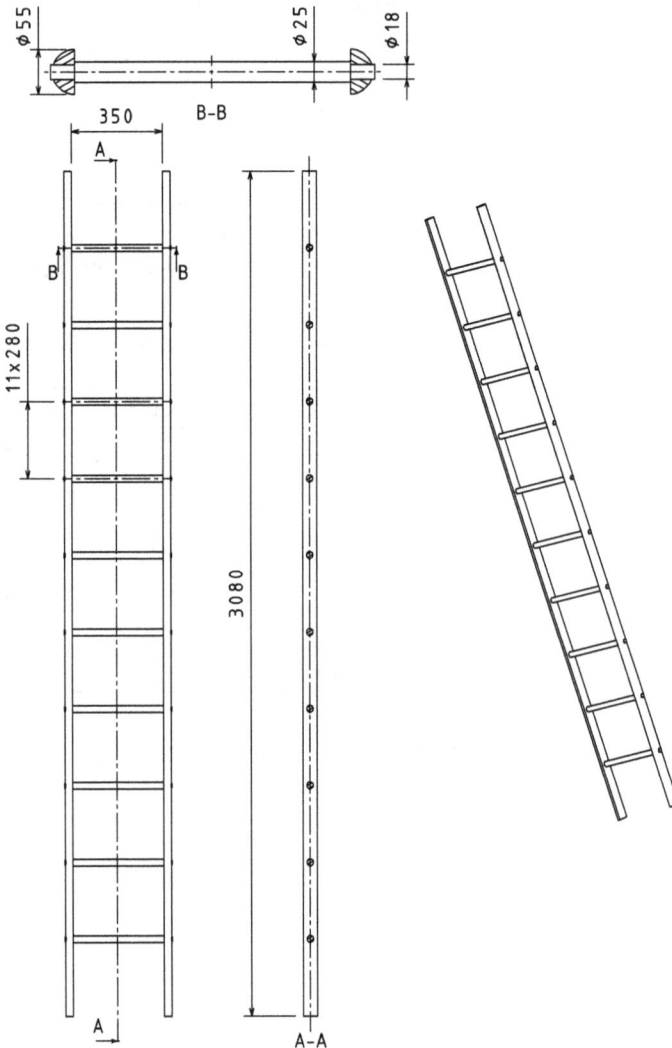

Wie groß ist das Widerstandsmoment eines einzelnen Leiterholms im Bereich der Querbohrung, die die Leitersprosse aufnimmt?	mm^3	
Wie groß ist das maximale Biegemoment, welches in der Leiter durch die Prüflast hervorgerufen wird?	Nm	
Wie groß ist die maximale Biegespannung, die sich bei der Prüfbelastung in den Leiterholmen einstellt, wenn angenommen wird, dass die Leiter im Bereich der Querbohrungen in ihrer Festigkeit gefährdet ist?	$\frac{N}{mm^2}$	
Wie groß ist das Flächenmoment eines einzelnen Leiterholms im ungeschwächten Querschnitt?	mm^4	
Wie groß ist die Durchbiegung der Leiter an der Stelle der Lasteinleitung, wenn vereinfachend angenommen werden kann, dass die Leiterholme im Wesentlichen aus ungeschwächtem Querschnitt bestehen?	mm	

A.2.15 Zimmermannssäge

Das metallische Sägeblatt der unten abgebildeten traditionellen Zimmermannssäge muss für den Sägeprozess vorgespannt werden. Zu diesem Zweck wird es in einen Rahmen gefasst, der aus zwei hölzernen seitlichen Schenkeln besteht, die ihrerseits in ihrer Mitte gelenkig mit einem mittleren hölzernen Druckstab verbunden sind. Der Begriff „Gelenk" deutet nicht etwa auf eine Drehbewegung hin, sondern legt lediglich fest, dass an dieser Stelle kein Moment vom senkrechten Schenkel auf den mittleren Druckstab übertragen wird. Die Vorspannung wird durch einen metallischen Zugstab als obere Rahmenseite eingeleitet, der seinerseits aus einer Gewindestange besteht, die an beiden Enden eine Flügelmutter trägt. Für die hölzernen Bestandteile wird Buchenholz ($\sigma_{bzul} = 90\,\text{N/mm}^2$, $E = 14.000\,\text{N/mm}^2$) verwendet.

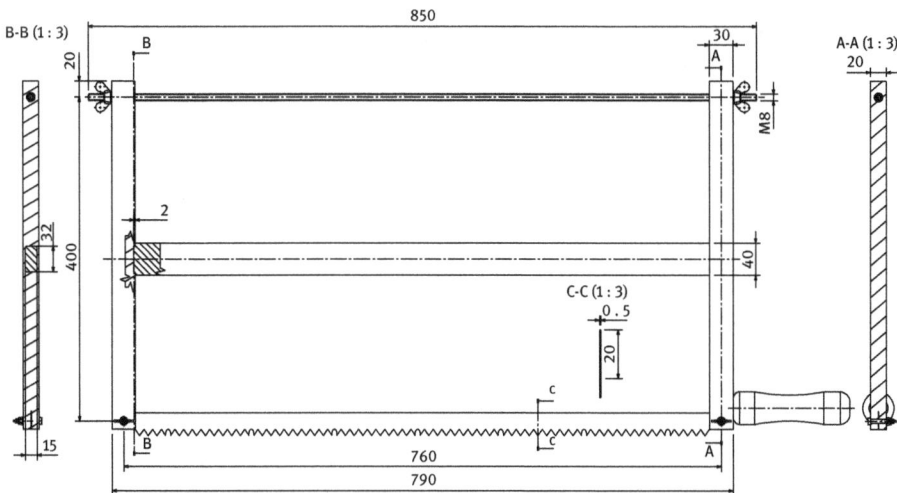

Mit welchem maximalen Biegemoment können die senkrechten Schenkel belastet werden, wenn deren Werkstofffestigkeit vollständig ausgenutzt werden soll?	Nm	
Welche maximale Zugkraft kann daraufhin in das Sägeblatt eingeleitet werden?	N	
Welche Druckkraft erfährt dabei der mittlere Druckstab?	N	

Diese Belastung hat Verformungen aller kraftübertragenden Teile zur Folge. Ermitteln Sie zunächst in der vorletzten Spalte des unten stehenden Schemas die Einzelverformungen!

		Federweg einzeln am Objekt	dadurch bedingter Verstellweg an der Flügelmutter
Sägeblatt	μm		
Gewindespindel	μm		
Druckstab	μm		
„halber" seitlicher Schenkel als Modellfall des „einseitig eingespannten Biegebalkens"	μm		
Summe	μm	————	

Ermitteln Sie schließlich in der letzten Spalte des Schemas den anteiligen Federweg, der dadurch insgesamt an der Flügelmutter eingeleitet werden muss.

Bei jeder Umdrehung der Flügelmutter wird ein Axialweg von 1,25 mm zurückgelegt. Wie viele Umdrehungen müssen dann an der Flügelmutter von der ersten Festkörperberührung bis zum endgültigen Vorspannungszustand ausgeführt werden?	–	

3 Verbindungselemente und Verbindungstechniken

Eine Maschine wird aus einer Vielzahl von Teilen zusammengesetzt, aber auch das einzelne Maschinenelement als Bestandteil dieser Maschine ist i. Allg. nicht „einstückig", sondern besteht seinerseits wiederum aus mehreren Komponenten.

- Werden diese Komponenten beweglich zueinander angeordnet, so werden meist Lagerungen oder Führungen verwendet, die im Kapitel 5 weiter ausgeführt werden.
- Werden diese Komponenten fest zueinander fixiert, so kommen Verbindungselemente und Verbindungstechniken zur Anwendung.

Verbindung**selemente** sind diskrete Elemente, die unter gewissen Einschränkungen lösbar sind und wiederverwendet werden können. Dazu gehören klassischerweise die unter 3.1 behandelten Niete, aber auch die Schraube ist als „Befestigungsschraube" ein Verbindungselement. In der vorliegenden Zusammenstellung ist ihr aber ein eigenes Kapitel 4 gewidmet, weil sie auch als Getriebe („Bewegungsschraube") verwendet werden kann. Bei Verbindung**stechniken** wird mit einem „Kontinuum" verbunden, welches in der Regel nicht lösbar ist und zur Demontage zerstört oder zumindest beschädigt werden muss. Während Kapitel 3.2 in das Löten und 3.3 in das Kleben einführt, ist das Schweißen unter Kap. 3.5 der dreibändigen Ausgabe weiter ausgeführt. Darüber hinaus geht das Kapitel 6 auf die Welle-Nabe-Verbindungen als spezielle Verbindung ein.

3.1 Nieten

Die industrielle Nutzung von Verbindungselementen nahm ihren Ausgang mit Nieten im Stahl-, Behälter- und Kesselbau. Auch wenn das Schweißen diese Aufgaben heute vielfach übernommen hat, so profitiert der Leichtbau (Flugzeugbau, Tragflächenbeplankung, Automobilbau) aber weiterhin von den fertigungstechnischen Besonderheiten des Nietens. Aus technologischer Sicht sind dafür die folgenden Aspekte maßgebend:

- Das Nieten erlaubt die Verbindung von *unterschiedlichen Werkstoffen*, z. B. beim Befestigen eines Bremsbelages auf seinem metallischen Träger. Diese Verschiedenartigkeit hat aber seine Grenzen, wo es wegen unterschiedlichen Wärmeausdehnungsverhaltens zum Lockern der Verbindung kommen kann oder wo aufgrund einer zu hohen elektrochemischen Potentialdifferenz Korrosionsschäden zu befürchten sind.

https://doi.org/10.1515/9783110692143-004

- Das Nieten belässt den Grundwerkstoff bei *Raumtemperatur* und vermeidet damit Gefüge-änderungen und Probleme durch übermäßigen Wärmeeintrag, wie sie z. B. beim Schwei-ßen unvermeidbar sind.

Ungeachtet der speziellen konstruktiven Ausführung stellt Bild 3.1 die wesentlichen Bestand-teile einiger Nietbauformen vor:

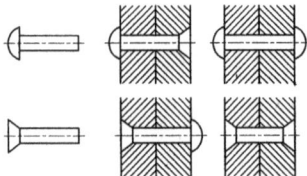

Bild 3.1: Einige Nietverbindungen

Der Niet verfügt im Anlieferungszustand bereits über einen sog. „Setzkopf". Der gegenüber-liegende „Schließkopf" wird erst nach dem Einfügen des Niets in das Nietloch in der ge-wünschten Weise durch plastische Verformung ausgebildet. Die grundsätzliche Unterschei-dung von Bild 3.2 nach Kaltnietung und Warmnietung betrifft nicht nur den Montagevorgang, sondern hat auch entscheidende Auswirkungen auf das Lastübertragungsverhalten:

Kaltnietung	Warmnietung
Stahlniete bis 8 mm Durchmesser und Niete aus Kupfer oder Aluminium wer-den meist kalt vernietet, d. h., dass der Schließkopf durch plastische Deforma-tion bei Umgebungstemperatur entsteht. Der Montagevorgang selbst leitet keine nennenswerte Belastung in den Niet ein.	Größere Stahlniete müssen zur Erleichterung der plasti-schen Deformierbarkeit des Schließkopfs vor dem Ein-führen in das Nietloch erwärmt werden. Die nach der Montage des erwärmten Niets eintretende Abkühlung hat eine Schrumpfung zur Folge und leitet damit eine Zug-kraft F_V in den Niet ein. die dann ständig als Längskraft erhalten bleibt, was die Nietverbindung im Behälter- und Rohrleitungsbau dicht macht.
Die nach der Montage von außen ein-geleitete Belastung F_{Niet} wird vor al-len Dingen als Querkraft wirksam. Die nachfolgenden Ausführungen beschrän-ken sich zunächst auf diesen Festigkeits-aspekt.	Die von außen in die Nietverbindung eingeleitete Belas-tung F_{Niet} wird als Reibkraft übertragen, wodurch der Niet selber querkraftfrei bleibt. Die Dimensionierung des Niets orientiert sich an der Zugspannung, die unabhän-gig von der Höhe der eigentlichen Betriebsbelastung F_{Niet} ist. Dieser Lastfall wird in der nachfolgenden Betrach-tung zunächst ausgespart und im Kapitel „Vorgespannte Schraubverbindungen" weiter ausgeführt.

Bild 3.2: Gegenüberstellung Kaltnietung-Warmnietung

3.1.1   Querkraftschub eines einzelnen kaltgeschlagenen Niets

Die bei der Kaltnietung vorliegende Querkraft belastet den Niet auf Querkraftschub und Loch-
leibung. Die Schubspannung ergibt sich nach Gl. 0.21 als Quotient von Kraft zu Fläche. Bei
einschnittiger Nietverbindung (Bild 3.3 links) steht eine Kreisfläche zur Verfügung, während
sich die Belastung bei zweischnittiger Verbindung (Bild 3.3 rechts) auf zwei übertragende
Flächen aufteilt.

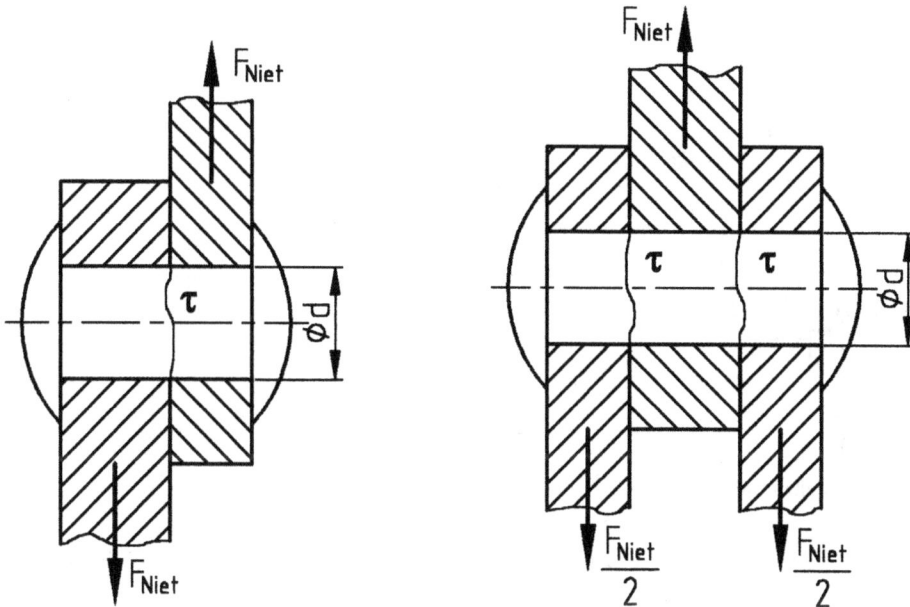

Schubspannungsbelastung bei   Schubspannungsbelastung bei
einschnittiger Nietverbindung   zweischnittiger Nietverbindung

$$\tau_Q = \frac{F_{Niet}}{\frac{d^2 \cdot \pi}{4}} \leq \tau_{zul} \qquad \text{Gl. 3.1}$$

$$\tau_Q = \frac{F_{Niet}}{2 \cdot \frac{d^2 \cdot \pi}{4}} \leq \tau_{zul} \qquad \text{Gl. 3.2}$$

Bild 3.3: Querkraftschub kaltgeschlagener Nietverbindungen

3.1.2   Lochleibungsdruck eines einzelnen kaltgeschlagenen Niets

Die im Niet übertragene Kraft muss aber zunächst einmal vom umliegenden Bauteil in den Niet eingeleitet und von dort aus in „Hintereinanderschaltung" wieder in der gegenüberliegenden Konstruktion abgestützt werden. Dabei wird an beiden Stellen eine Flächenpressung hervorgerufen, die in erster Näherung nach Bild 3.4 angesetzt und als „Lochleibungsdruck" bezeichnet wird.

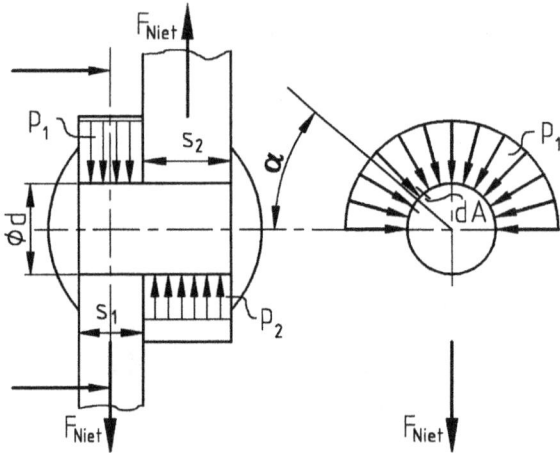

Bild 3.4: Lochleibungsdruck

Die Kraft F_{Niet} wird zunächst als Lochleibungsdruck p_1 am Bauteil 1 mit der Kontaktlänge s_1 übertragen:

$$F_{Niet} = \int_{\alpha=0}^{\alpha=180°} p_1 \cdot dA \cdot \sin\alpha \quad \text{mit} \quad dA = d\alpha \cdot \frac{d}{2} \cdot s_1$$

$$F_{Niet} = p_1 \cdot \frac{d}{2} \cdot s_1 \cdot \int_{\alpha=0}^{\alpha=180°} \sin\alpha \cdot d\alpha$$

$$F_{Niet} = p_1 \cdot \frac{d}{2} \cdot s_1 \cdot [-\cos\alpha]_{\alpha=0}^{\alpha=180°} = p_1 \cdot \frac{d}{2} \cdot s_1 \cdot 2 = p_1 \cdot d \cdot s_1$$

Durch Umstellen dieser Gleichung ergibt sich der Lochleibungsdruck p_1 ganz einfach als Quotient der belastenden Kraft zur projizierten Rechteckfläche des Kreiszylinders:

$$p_1 = \frac{F_{Niet}}{d \cdot s_1} \leq p_{zul} \qquad\qquad\qquad\qquad \text{Gl. 3.3}$$

Im allgemeinen Fall müssen beide pressungsübertragenden Paarungen bezüglich ihrer Flächenpressung überprüft werden, wenn

- unterschiedliche Materialpaarungen an den beiden pressungsübertragenden Stellen verwendet werden und damit zwei unterschiedliche Werte für p_{zul} vorliegen,
- die beiden zu verbindenden Bauteile unterschiedliche Kontaktlängen s aufweisen.

Die Kraft F_{Niet} tritt als Kräftepaar auf, deren beide Kräfte einen Hebelarm zueinander aufweisen, sodass der einzelne Niet auch ein Moment zu übertragen hat. Dieser Einfluss wird jedoch bei der hier vorgestellten klassischen Dimensionierung einer Nietverbindung vernachlässigt. Kap. 3.2 der dreibändigen Ausgabe nimmt eine differenzierte Betrachtung vor.

3.1.3 Zulässige Werkstoffbelastung eines kaltgeschlagenen Niets

Die angestrebte Deformierbarkeit kann bei der Auswahl des Nietwerkstoffs dazu führen, dass Materialien verwendet werden, die in ihrer Festigkeit dem Werkstoff der zu verbindenden Teile deutlich unterlegen sind.

In den meisten Fällen kann für die zulässige Schubspannung angenommen werden:

$$\tau_{zul} = \frac{1}{\sqrt{3}} \cdot \frac{R_{eNiet}}{S_{Niet}} \qquad \text{Gl. 3.4}$$

Der Wert für den zulässigen Lochleibungsdruck p_{zul} wird angesetzt zu:

$$p_{zul} = \frac{R_{eBlech}}{S_{Blech}} \qquad \text{Gl. 3.5}$$

Die Sicherheit S_{Niet} wird in der Regel zu 1,5 angenommen. Der Faktor $1/\sqrt{3}$ entspricht der in Gl. 1.3 vorgestellten Gewichtung bei der Umrechnung von Normalspannung in Schubspannung.

Die Sicherheit S_{Blech} wird meist zu 1,2 angenommen.

Tabelle 3.1 führt die zulässigen Werkstoffkennwerte für einige gebräuchliche Nietverbindungen auf:

Tabelle 3.1: Werkstoffkennwerte Nietverbindungen

τ_{zul} für den Nietwerkstoff in N/mm^2		p_{zul} für den links aufgeführten Nietwerkstoff in Kombination mit dem Werkstoff der zu verbindenden Bauteile in N/mm^2	
AlMgSi 1 F 28	64	AlMgSi 1 F 28	160
AlCuMg 1 F 40	105	AlCuMg 1 F 40	264
S235JR (früher St 37)	140	S235JR (früher St 37)	280
S355JO (früher St 52)	210	S275 (früher St 44)	420

3.1.4   Lastverteilung auf mehrere Niete

Die bisherigen Betrachtungen gingen davon aus, dass die auf den einzelnen Niet wirkende Kraft bekannt ist. In der Praxis besteht eine Nietverbindung aber in aller Regel aus mehreren Nieten, wodurch das System im Sinne der Mechanik zunächst statisch überbestimmt wird. Um die Verteilung der gesamten Kraft auf die einzelnen Niete zu klären, muss das Verformungs-verhalten nach Bild 3.5 in die Überlegung einbezogen werden.

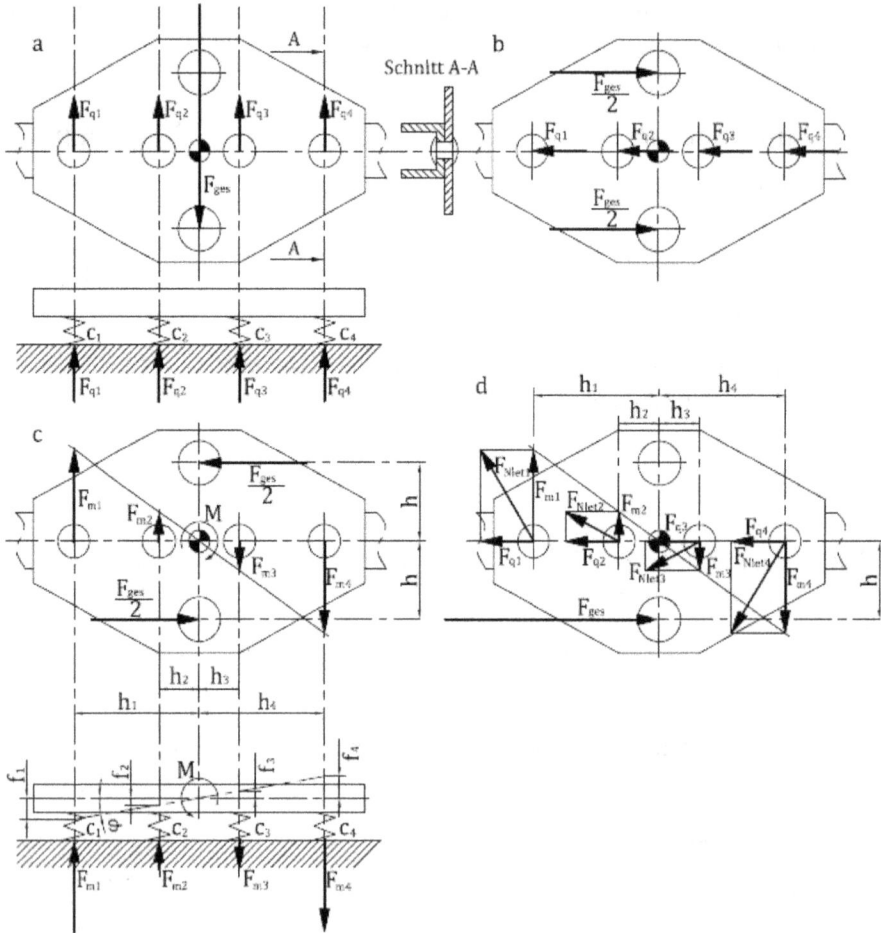

Bild 3.5: Lastverteilung auf mehrere Niete

3.1.4.1   Querkraftbelastete Nietverbindung

Die in Bild 3.5a skizzierte Nietverbindung stellt den einfachsten Fall dar, dass die Niete symmetrisch zur Wirkungslinie der belastenden Kraft F_{ges} angeordnet sind. Über einen hier nicht dargestellten Bolzen wird diese Kraft über eine Bohrung in eine Lasche eingeleitet, um von dort aus über vier gleichartige Niete in einer Trägerkonstruktion abgestützt zu werden. Zur Klärung der Lastverteilung wird jeder einzelne Niet mit seiner unmittelbaren Umgebung formal als Feder betrachtet. Trotz der statischen Überbestimmtheit kann die Gesamtkraft zu gleichen Anteilen auf die einzelnen Niete verteilt werden, weil gleiche Niete auch gleiche Steifigkeiten aufweisen. Zur besseren Veranschaulichung des Verformungsverhaltens werden diese Steifigkeiten im unteren Teil von Bild 3.5a als Federn gleicher Steifigkeit dargestellt.

$$c_1 = c_2 = c_3 = c_4 \quad \Rightarrow \quad \frac{F_{q1}}{f_1} = \frac{F_{q2}}{f_2} = \frac{F_{q3}}{f_3} = \frac{F_{q4}}{f_4}$$

Da die Federwege f_1 bis f_4 untereinander gleich sind, kann gefolgert werden:

$$F_{q1} = F_{q2} = F_{q3} = F_{q4} = \frac{F_{ges}}{4} \qquad\qquad \text{Gl. 3.6}$$

Wie Bild 3.5b zeigt, gilt die gleiche Lastaufteilung auch dann, wenn die Gesamtkraft in horizontaler Richtung angreift. Die beiden Einzelkomponenten $F_{ges}/2$ summieren sich zu einer Gesamtkraft F_{ges}, die waagerecht durch die Nietreihe verläuft. Beiden oberen Beispielen ist gemeinsam, dass die eingeleitete Kraft durch den Schwerpunkt der Nietverbindung verläuft.

3.1.4.2   Momentenbelastete Nietverbindung

Problematischer wird die Betrachtung dann, wenn die von außen eingeleitete Kraft F_{ges} nicht durch den Schwerpunkt der Nietverbindung verläuft, sondern von einem Moment um dessen Schwerpunkt begleitet wird. Das in Bild 3.5c dargestellte Beispiel betrachtet zunächst den einfach zu übersehenden Fall, dass das Moment querkraftfrei um den Schwerpunkt der Nietverbindung wirksam wird. Dieses von außen eingeleitete Moment muss auf alle vier Niete mit ihrem jeweiligen Hebelarm abgestützt werden:

$$M_{eingeleitet} = M_{abgestützt}$$

$$M = 2 \cdot \frac{F_{ges}}{2} \cdot h = F_{ges} \cdot h = F_{m1} \cdot h_1 + F_{m2} \cdot h_2 + F_{m3} \cdot h_3 + F_{m4} \cdot h_4 \qquad \text{Gl. 3.7}$$

Auch in diesem Fall lässt sich die Lastverteilung auf die Niete untereinander besser überblicken, wenn die vier Niete formal als Federsteifigkeit betrachtet werden:

$$c_1 = c_2 = c_3 = c_4 \quad \Rightarrow \quad \frac{F_{m1}}{f_1} = \frac{F_{m2}}{f_2} = \frac{F_{m3}}{f_3} = \frac{F_{m4}}{f_4} \qquad \text{Gl. 3.8}$$

Durch die Belastung erfährt der darunter ersatzweise skizzierte Balken eine Schiefstellung, die durch den Winkel φ gekennzeichnet ist. Die einzelnen Federwege f_1 bis f_4 lassen sich damit geometrisch untereinander in Beziehung setzen:

$$\varphi = \frac{f_1}{h_1} = \frac{f_2}{h_2} = \frac{f_3}{h_3} = \frac{f_4}{h_4} \quad \text{oder}$$

$$f_1 = \varphi \cdot h_1 \qquad f_2 = \varphi \cdot h_2 \qquad f_3 = \varphi \cdot h_3 \qquad f_4 = \varphi \cdot h_4$$

Setzt man diese Federwege in Gl. 3.8 ein, so ergibt sich:

$$\frac{F_{m1}}{\varphi \cdot h_1} = \frac{F_{m2}}{\varphi \cdot h_2} = \frac{F_{m3}}{\varphi \cdot h_3} = \frac{F_{m4}}{\varphi \cdot h_4} \quad \Rightarrow \quad \frac{F_{m1}}{h_1} = \frac{F_{m2}}{h_2} = \frac{F_{m3}}{h_3} = \frac{F_{m4}}{h_4}$$

Die von einem einzelnen Niet aufzunehmende Kraft verhält sich also proportional zu seinem Abstand vom Schwerpunkt der Nietverbindung:

$$F_{m1} = \frac{F_{m1}}{h_1} \cdot h_1 \ \text{(trivial)} \qquad F_{m2} = \frac{F_{m1}}{h_1} \cdot h_2 \qquad F_{m3} = \frac{F_{m1}}{h_1} \cdot h_3 \qquad F_{m4} = \frac{F_{m1}}{h_1} \cdot h_4$$

Setzt man diese Ausdrücke in Gl. 3.7 ein, so erhält man:

$$M = \frac{F_{m1}}{h_1} \cdot h_1^2 + \frac{F_{m1}}{h_1} \cdot h_2^2 + \frac{F_{m1}}{h_1} \cdot h_3^2 + \frac{F_{m1}}{h_1} \cdot h_4^2 = \frac{F_{m1}}{h_1} \cdot \left(h_1^2 + h_2^2 + h_3^2 + h_4^2 \right)$$

Damit lässt sich die Kraft F_{m1} auf den einzelnen Niet 1 berechnen:

$$F_{m1} = \frac{h_1}{h_1^2 + h_2^2 + h_3^2 + h_4^2} \cdot M$$

Auch die Kraft auf die anderen Niete lässt sich ähnlich formulieren und schließlich für alle beteiligten Niete verallgemeinern:

$$F_{mn} = \frac{h_n}{\sum h^2} \cdot M \qquad\qquad\qquad\qquad\qquad\qquad\qquad\qquad\text{Gl. 3.9}$$

Es wäre also wenig sinnvoll, einen weiteren Niet genau im Schwerpunkt der Nietverbindung anzubringen, da er wegen des fehlenden Hebelarmes überhaupt keine Last aufnehmen könnte. Zur Steigerung der Momentenbelastbarkeit der Nietverbindung ist es vielmehr angebracht, die einzelnen Niete möglichst weit vom Schwerpunkt entfernt anzuordnen.

3.1.4.3   Überlagerung von Querkraft- und Momentenbelastung

Im allgemeinen Fall wird eine Nietverbindung sowohl mit einer Querkraft als auch mit einem Moment belastet. Das vorangegangene Beispiel lässt sich dahingehend leicht vervollständigen: Das Moment wird nicht durch zwei entgegengesetzt gerichtete Kräfte $F_{ges}/2$, sondern durch eine einzige Kraft F_{ges} am Hebelarm h nach Bild 3.5d eingeleitet. Die Lastaufteilung auf z Niete vollzieht sich durch eine Überlagerung der beiden vorstehenden Fälle: Die Kraft

F_{ges} wird in den Schwerpunkt der Nietverbindung verschoben und verteilt sich von dort aus gleichmäßig auf alle vier Niete, an denen daraufhin die Kräfte F_{q1}–F_{q4} wirksam werden. Bei der Verlagerung von F_{ges} in den Schwerpunkt der Nietverbindung entsteht aber auch ein Moment $M = F_{ges} \cdot h$, welches sich über die Kräfte F_{m1} bis F_{m4} abstützt. An jedem einzelnen Niet entsteht die Kraft F_{Niet} schließlich durch vektorielle Addition von F_q und F_m. Bei der Aufteilung und Zusammenstellung der Kräfte möge Bild 3.6 als Orientierungshilfe dienen:

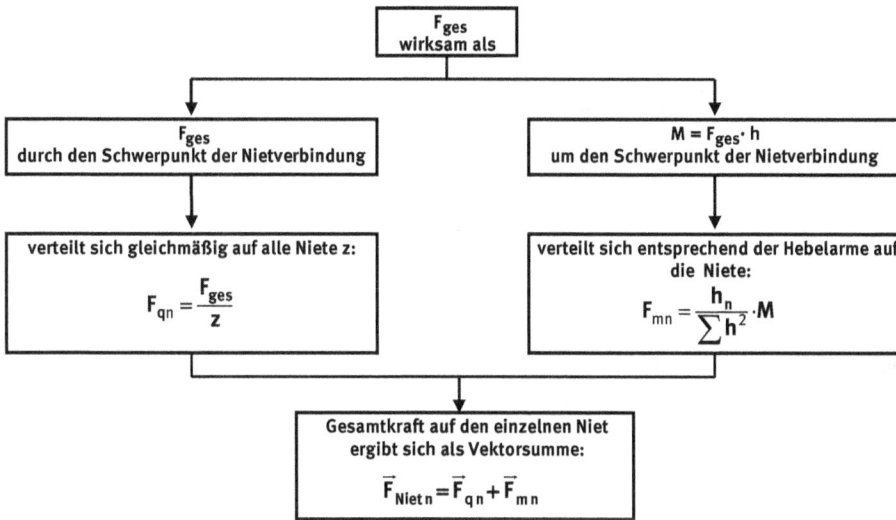

```
                    ┌─────────────────┐
                    │     F_ges       │
                    │   wirksam als   │
                    └─────────────────┘
            ┌──────────────┴──────────────┐
            ▼                             ▼
┌─────────────────────────┐   ┌──────────────────────────────┐
│         F_ges           │   │        M = F_ges · h          │
│ durch den Schwerpunkt   │   │  um den Schwerpunkt der       │
│ der Nietverbindung      │   │      Nietverbindung           │
└─────────────────────────┘   └──────────────────────────────┘
            ▼                             ▼
┌─────────────────────────┐   ┌──────────────────────────────┐
│ verteilt sich gleichmäßig│  │ verteilt sich entsprechend    │
│ auf alle Niete z:       │   │ der Hebelarme auf die Niete:  │
│                         │   │                               │
│   F_qn = F_ges / z      │   │   F_mn = (h_n / Σh²) · M       │
└─────────────────────────┘   └──────────────────────────────┘
            └──────────────┬──────────────┘
                           ▼
         ┌────────────────────────────────────┐
         │ Gesamtkraft auf den einzelnen Niet  │
         │ ergibt sich als Vektorsumme:        │
         │   F⃗_Niet n = F⃗_q n + F⃗_m n          │
         └────────────────────────────────────┘
```

Bild 3.6: Überlagerung von Momenten- und Querkraftbelastung

Aufgaben A.3.1 bis A.3.4

Diese Vorgehensweise kommt auch für andere Lastverteilungsprobleme (z. B. Schraubverbindungen, Punktschweißverbindungen, Bolzen- und Stiftverbindungen) in Frage. Die vorstehend getroffenen vereinfachenden Annahmen führen jedoch zu gewissen Einschränkungen in der Gültigkeit dieses Ansatzes, sodass ggf. Erweiterungen oder Modifizierungen notwendig werden. Bei der weiteren Verallgemeinerung dieses Ansatzes sind folgende Aspekte zu berücksichtigen:

- Die obige Formulierung ging von der Annahme *gleicher Federsteifigkeiten* der kraftübertragenden Elemente (gleiche Niete) aus. Ist dies nicht der Fall (ungleiche Niete), so müssen auch unterschiedliche Federsteifigkeiten formuliert und in die obige Betrachtung einbezogen werden.
- Der obige Ansatz ging davon aus, dass sämtliche *Verformungen nur im Verbindungselement* Niet stattfinden und dass die anderen im Kraftfluss liegenden Bauteile demgegenüber unendlich steif sind. Ist dies nicht der Fall, so müssen Parallel- bzw. Hintereinanderschaltungen von Einzelsteifigkeiten der im Kraftfluss liegenden Bauteile formuliert werden.

- Im obigen Ansatz wurde die Federsteifigkeit als linearer Zusammenhang beschrieben. Ist dies nicht der Fall (z. B. ist die Federsteifigkeit eines kraftübertragenden Wälzkörpers progressiv, s. Kap. 8.7.1 der dreibändigen Ausgabe), so müssen diese Nichtlinearitäten rechnerisch beschrieben und in die obigen Gleichungen eingeführt werden.
- Es wurde angenommen, dass die *Steifigkeit* des kraftübertragenden Gliedes (Niet) *unabhängig von der Richtung* ist, in der die Kraft eingeleitet wird, die Frage der Steifigkeit wurde sozusagen auf ein eindimensionales Problem reduziert. Im allgemeinen Fall ist die Steifigkeit jedoch von der Krafteinleitungsrichtung abhängig und wird damit zum dreidimensionalen Problem.

Der oben aufgeführte Ansatz kann also erweitert werden und ist damit auch auf komplexere Fälle anwendbar. Damit steigt jedoch der Rechenaufwand und macht sehr bald den Einsatz rechnergestützter Verfahren sinnvoll. Diese Vorgehensweise bildet damit auch eine wesentliche Grundlage für die Finite-Elemente-Berechnung.

3.2   Löten

Das Löten hat mit dem Schweißen die wesentliche Gemeinsamkeit, dass zwei Bauteile durch Erschmelzen und anschließendes Erstarren eines metallischen Verbindungsmaterials stoffschlüssig miteinander verbunden werden. Die beiden Verbindungstechniken unterscheiden sich dennoch ganz wesentlich in folgendem Merkmal:

- **Schweißen**: Das Verbindungsmaterial entspricht in den wesentlichen Eigenschaften und Kenndaten denen des Grundwerkstoffs, es muss also sowohl das Verbindungsmaterial als auch der Grundwerkstoff in den zu verbindenden Randzonen erschmolzen werden (Näheres dazu im Kap. 3.5 der dreibändigen Ausgabe).
- **Löten**: Das Verbindungsmaterial (Lot) hat i. Allg. einen wesentlich *niedrigeren Schmelzpunkt* als der Grundwerkstoff, der in seinen Verbindungszonen *nicht* erschmolzen wird.

Die Haftung des Lotes am Grundwerkstoff vollzieht sich im Gegensatz zum Schweißen über Diffusion, die von wenigen µm bis zu einigen mm in den Grundwerkstoff hineinwirkt. Durch die vergleichsweise geringe Verarbeitungstemperatur werden die Arbeitsbedingungen erleichtert und nachteilige Gefügeveränderungen im Grundwerkstoff vermieden. Die Andersartigkeit von Grundmaterial und Verbindungsmaterial kann zur Folge haben, dass es zu einer elektrolytischen Zerstörung der Lötstelle kommt, wenn ein zu großer Abstand in der Spannungsreihe der Elemente besteht.

3.2.1   Löttemperatur

Die Löttemperatur muss die sog. Solidustemperatur (Beginn der Erschmelzung) überschreiten, braucht aber nicht bis zur sog. Liquidustemperatur (vollständige Erschmelzung) gesteigert zu werden. Die Erschmelzungstemperatur des Grundwerkstoffs wird auf keinen Fall erreicht. Lötverfahren werden nach dem Temperaturniveau differenziert:

- **Weichlöten**: Die Verarbeitungstemperaturen reichen *bis ca. 450 °C.* Die verwendeten Lote basieren wegen des angestrebten niedrigen Schmelzpunktes meist auf Zinn oder Blei. Da dabei nur eine relativ geringe mechanische Festigkeit zu erzielen ist, wird die Weichlötung vor allem dann angewendet, wenn Forderungen nach Dichtigkeit oder elektrischer Leitfähigkeit im Vordergrund stehen (z. B. Kabelanschlüsse, Rohrleitungen mit geringer mechanischer Beanspruchung, Kühler, Dosen, Behälter). Bei Dauerbelastung neigen Weichlötverbindungen zum Kriechen (fortschreitende Verformung ohne Steigerung der Belastung). Wegen der niedrigen Arbeitstemperaturen und der damit verbundenen geringen Wärmeenergie ist das Weichlöten meist einfach zu handhaben.
- **Hartlöten**: Das Hartlöten erfordert Temperaturen von *über ca. 450 °C,* wobei meist teurere kupfer- oder edelmetallhaltige Lote verwendet werden. Es kann eine hohe Festigkeit erzielt werden, die teilweise an die des Grundwerkstoffs heranreicht und z. B. bei druckbeanspruchten Rohrleitungen, Drucktanks, Fahrrad- und Fahrzeugrahmen oder bei der Befestigung von Hartmetallplatten auf Werkzeugträgern ausgenutzt werden kann.
- **Hochtemperaturlöten**: Die Löttemperaturen liegen *über 900 °C.* Zur Steigerung der Festigkeit werden relativ teure Lote aus Kupfer, Nickel oder Edelmetall verwendet. Neben dem erhöhten Aufwand für den Wärmebedarf ist u. U. auch eine Schutzgasatmosphäre erforderlich, um Oxydation zu verhindern.

3.2.2   Lötverfahren

Folgende Lötverfahren können angewendet werden:

- **Kolbenlöten**: Die Erwärmung der Lötstelle und das Abschmelzen des Lotes wird mit einem meist von Hand geführten, gas- oder elektrisch beheizten Lötkolben ausgeführt. Wegen der geringen Arbeitstemperaturen bleibt die Kolbenlötung auf das Weichlöten beschränkt.
- **Badlöten oder Tauchlöten**: Die zu verbindenden Teile werden in ein Bad mit erschmolzenem Lot getaucht. So können in der Massenfertigung mehrere Lötungen gleichzeitig ausgeführt werden, was das Verfahren besonders produktiv macht. Um dem Lötbad beim Eintauchen großer Teile nicht zu viel Wärme zu entziehen und damit die Badtemperatur unzulässig abzusenken, kann ein Vorwärmen der Teile sinnvoll sein. Je nach Lot ist eine Flussmittelabdeckung des Lotbades erforderlich.
- **Flammlöten**: Die Wärmeenergie wird durch das Abbrennen von Gas zugeführt. Die Flamme darf allerdings nicht direkt auf die mit Flussmittel behandelte Lötstelle gerichtet werden, um dessen Wirksamkeit nicht zu beeinträchtigen. Bei Hart- oder Hochtemperaturlötung wird häufig Acetylen als Brenngas unter Hinzugabe von Sauerstoff verwendet. Das Lot wird entweder vor der Erwärmung eingelegt oder während der Erwärmung zugeführt.
- **Warmgaslöten**: Elektrisch vorgeheizte Luft wird durch eine Düse auf die Lötstelle geblasen. Das Lot wird entweder vor der Erwärmung eingelegt oder während der Erwärmung zugeführt.
- **Ofenlöten**: Die zu verlötenden Teile werden in einem meist gasbeheizten Ofen erwärmt, nachdem zuvor das Flussmittel aufgebracht und das Lot eingelegt worden ist. Häufig wird durch Einleiten einer Schutzgasatmosphäre die Oxydbildung verhindert. Das Verfahren ist besonders vorteilhaft bei der Massenfertigung kleiner Teile.

- **Lichtbogenlöten**: Die Wärmezufuhr erfolgt über einen Lichtbogen, dessen Elektrode allerdings im Gegensatz zum Lichtbogenschweißen nicht abgeschmolzen wird. Das Lot selbst wird stromlos hinzugefügt.
- **Induktionslöten**: Die Wärme wird durch einen induzierten Wechselstrom im zu verlötenden Teil erzeugt. Zur Verhinderung einer Oxydbildung wird zuweilen eine Schutzgasatmosphäre verwendet oder die Lötung wird im Vakuum ausgeführt.
- **Direktes Widerstandslöten**: Die Wärme wird durch Stromfluss durch die zu verlötenden Teile hervorgerufen.
- **Indirektes Widerstandslöten**: Die Wärme wird durch Strombeschickung eines externen elektrischen Widerstandes erzeugt.
- **Laserstrahllöten**: Die Wärme wird durch Absorption monochromatischer Laserstrahlung eingebracht. Die Laserstrahllötung wird bei hohen Temperaturen praktiziert und erfolgt unter Schutzgasatmosphäre. Es können hohe Energiedichten bei minimalen Wärmeeinbringflächen erzielt werden.
- **Elektronenstrahllöten**: Aufgrund der hohen Energiedichte können große Bauteile an örtlich begrenzten Lötstellen erwärmt werden.

Unabhängig vom Lötverfahren kann folgende Unterscheidung getroffen werden:

- **Spaltlöten**: Das erschmolzene Lot wird durch Kapillarwirkung in den parallelen, 0,05–0,25 mm weiten Spalt gezogen. Der Fluss des Lotes ist möglichst zu erleichtern, beispielsweise sind senkrecht zur Fließrichtung angeordnete Bearbeitungsriefen zu vermeiden.
- **Fugenlöten**: Die zu verlötenden Flächen werden in einem Abstand von ca. 0,5 mm zueinander positioniert und der dadurch entstehende Zwischenraum mit erschmolzenem Lot aufgefüllt. Ähnlich wie beim Schweißen kann die Fuge in Schnittrichtung auch x- oder v-förmig vorbereitet werden.

Da die metallische Verbindung durch Diffusion zustande kommt, ist eine besondere Vorbereitung der Lötflächen erforderlich:

- Die Fügestellen müssen sauber sein, die zu verlötenden Flächen sind ggf. mechanisch zu reinigen.
- Um die Benetzung mit Lot zu erleichtern, darf die Fläche nicht zu rau sein; die Rautiefe darf nicht über 20 µm betragen.
- Oxyde beeinträchtigen die Bindungsfähigkeit und damit die Belastbarkeit. Zur Verhinderung bzw. zur Entfernung von Oxydschichten werden sogenannte Flussmittel (DIN 8511) eingesetzt. Sie werden entweder als Flüssigkeit, Paste oder Pulver aufgetragen oder mit dem Lot der Lötstelle zugeführt (Lot als Hohlstab, Lotmantel). Flussmittelreste sind nach dem Lötvorgang zu entfernen, da sie u. U. langfristig chemische Reaktionen und damit Korrosion herbeiführen können.

3.2.3   Festigkeitsberechnung von Lötverbindungen

Die Belastbarkeit von Lötverbindungen wird nach den bekannten Ansätzen der elementaren Festigkeitslehre berechnet. In aller Regel beschränkt man sich dabei auf die Annahme eines einachsigen Zug- oder Schubspannungszustandes.

$$\sigma_{tats} = \frac{F}{A} \leq \sigma_{zul} \qquad \text{Gl. 3.10} \qquad \text{bzw.} \qquad \tau_{tats} = \frac{F}{A} \leq \tau_{zul} \qquad \text{Gl. 3.11}$$

Die Beanspruchung sollte vorzugsweise als Schub eingeleitet werden. Die zulässigen Spannungswerte hängen entscheidend von der Größe der Lötflächen, von der Weite des Lötspaltes, von der Lötart, von den Eigenschaften des Lotes und des Flussmittels und von der Arbeitssorgfalt ab. Wegen dieser Unsicherheit empfiehlt die DIN 8525 eine mindestens zweifache Sicherheit. Die folgende Tabelle 3.2 gibt einige Anhaltswerte für zulässige Schubspannungen beim Hartlöten:

Tabelle 3.2: Werkstoffkennwerte Lötverbindungen

Lot	τ_{zul} statisch	τ_{zul} schwellend	τ_{zul} wechselnd
Kupferlot L-Cu	$50 \ldots 70 \, N/mm^2$	$30 \ldots 40 \, N/mm^2$	$15 \ldots 25 \, N/mm^2$
Messinglot L-CuZn	$80 \ldots 90 \, N/mm^2$	$55 \ldots 65 \, N/mm^2$	$15 \ldots 25 \, N/mm^2$
Silberlot L-Ag	$50 \ldots 70 \, N/mm^2$	$30 \ldots 40 \, N/mm^2$	$15 \ldots 25 \, N/mm^2$
Neusilberlot L-CuNi	$80 \ldots 90 \, N/mm^2$	$55 \ldots 65 \, N/mm^2$	$15 \ldots 25 \, N/mm^2$

3.2.4 Gestaltung von Lötverbindungen

Aus den folgenden beispielhaften Gegenüberstellungen ausgeführter Lötverbindungen lassen sich einige allgemeingültige Gestaltungshinweise nach Bild 3.7 bis 3.12 ableiten.

Stumpfstöße sind wegen ihrer geringen Lötfläche ungeeignet. Deshalb sind Überlappung (a), Laschung (b), Doppellaschung (c) und Schäftung (d) vorzuziehen. Dadurch wird außerdem die äußere Belastung als vorteilhafte Schubspannung und nicht als Zugspannung in die Lötnaht eingeleitet.

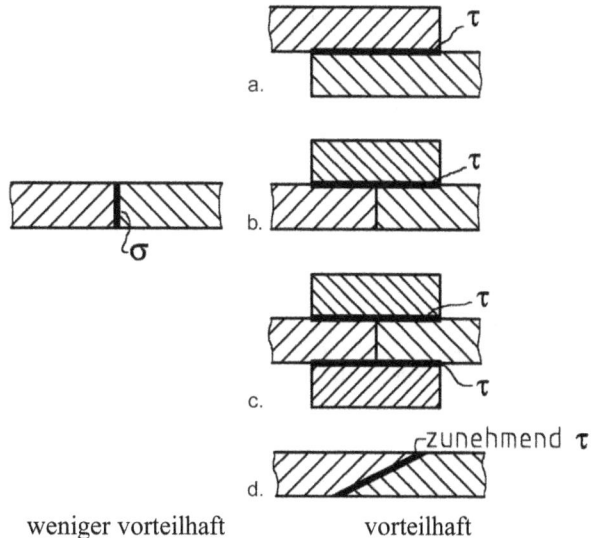

weniger vorteilhaft   vorteilhaft

Bild 3.7: Blechverbindungen

Überlappungen quer zur Lastrichtung haben eine ungleichmäßige Beanspruchung der Lötung auf Zug zur Folge. Die Falznaht verlagert die Kraftübertragung auf den Formschluss.

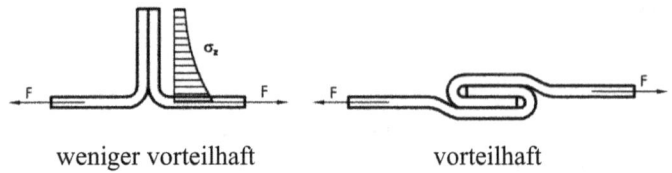

weniger vorteilhaft   vorteilhaft

Bild 3.8: Dünnblechverbindungen

Steckverbindungen sind zu bevorzugen, weil sie eine größere Verbindungsfläche erlauben und damit die Festigkeit steigern. Außerdem wird dann die Belastung vorzugsweise als vorteilhafte Schubspannung in die Lötnaht eingeleitet.

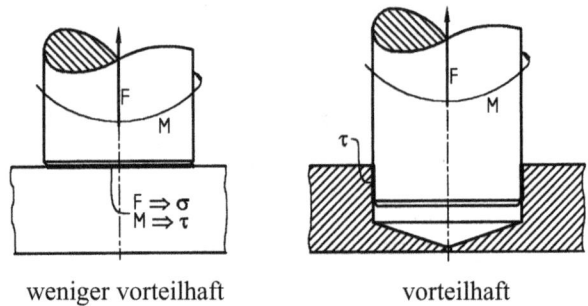

weniger vorteilhaft   vorteilhaft

Bild 3.9: Bolzenverbindungen

Der Lötring muss so eingelegt werden, dass die Benetzung des gesamten Lötspalts mit erschmolzenem Lot begünstigt wird.

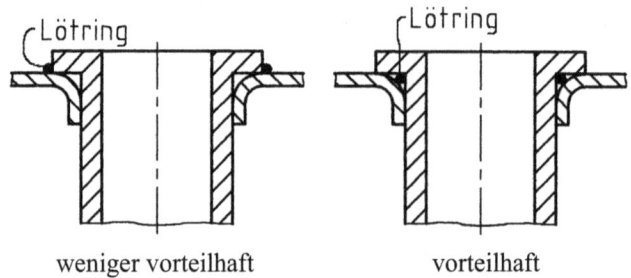

weniger vorteilhaft   vorteilhaft

Bild 3.10: Löten mit Lötformstück

Stumpf gelötete Rohrverbindungen weisen wegen ihrer kleinen Lötfläche eine geringe Festigkeit auf. Kegelige Stöße vergrößern die Fläche und leiten die Belastung vorzugsweise als Schub ein.

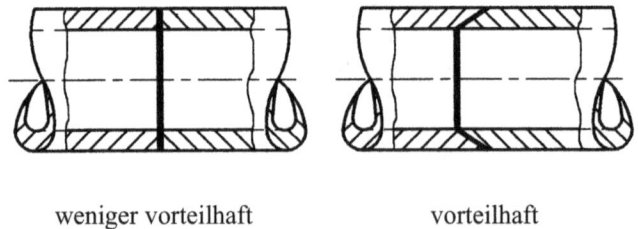

weniger vorteilhaft   vorteilhaft

Bild 3.11: Rohrverbindungen

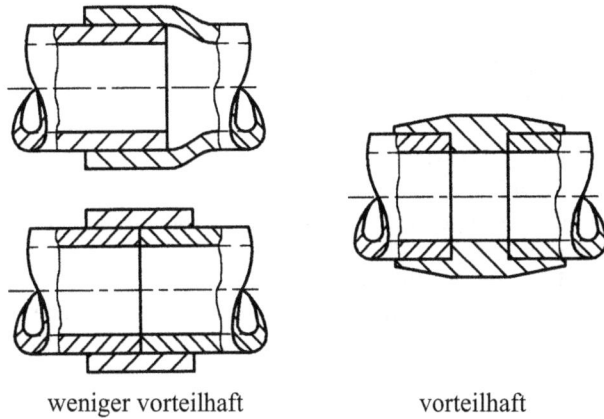

Gesteckte und vermuffte Verbindungen begünstigen die Belastbarkeit über größere Verbindungsflächen. Besonders bei dynamischer Belastung weist die Lötverbindung ein günstiges Festigkeitsverhalten auf, wenn Kerbwirkung
vermieden wird.

weniger vorteilhaft   vorteilhaft

Bild 3.12: Gemuffte Verbindungen

Aufgaben A.3.5 und A.3.6

3.3   Kleben

Kleben ist der Sammelbegriff für Verbindungstechniken, bei denen gleichartige oder verschie-
denartige Werkstoffe mit einem *nicht*metallischen Zusatzwerkstoff (Klebstoff) stoffschlüssig
miteinander verbunden werden. Auch wenn die Klebeverbindung mechanisch deutlich weniger belastbar ist als eine Hart- oder Hochtemperaturlötverbindung, so hat sich das Kleben auch
im Maschinenbau etabliert und kommt dann in Frage, wenn eine oder mehrere der folgenden
Forderungen erhoben werden:

*   Die zu verbindenden Bauteile dürfen nicht erwärmt und in ihrem Gefüge nicht beeinträch-
    tigt werden.
*   Die zu verbindenden Bauteile bestehen aus verschiedenartigen Werkstoffen.
*   Es müssen dünne Werkstücke (Bleche) miteinander verbunden werden, die beim Schwei-
    ßen wegen einer nicht zu unterschreitenden Schweißnahtdicke besondere Probleme berei-
    ten würden.
*   Die zu verbindenden Bauteile sind nicht löt- oder schweißbar.
*   Die Verbindung muss elektrisch isolierend sein.
*   Die Verbindung muss schwingungs- oder schalldämmend sein.
*   Das Fertigungspersonal ist für andere Verbindungstechniken nicht qualifiziert.
*   Die Verbindung weist Fugen auf, die aufgefüllt oder abgedichtet werden müssen.

Klebstoffe liegen in flüssiger oder pastöser Form oder als Folie vor und lassen sich nach der
Art des Abbindens unterscheiden:

Physikalisch abbindende Klebstoffe

- **Kontaktklebstoffe** werden beidseitig aufgetragen, abgelüftet und unter kurzem, hohem Druck gefügt.
- **Schmelzklebstoffe** werden in geschmolzenem Zustand (meist zwischen 150 und 190 °C) aufgetragen und vor dem Erstarren gefügt.
- **Plastisole** sind lösungsmittelfrei, werden in teigigem Zustand aufgetragen und binden bei Temperaturen von 140–200 °C ab.

Chemisch abbindende Klebstoffe

- **Einkomponentenkleber** binden meist durch Verflüchtigung eines Lösungsmittels oder durch erhöhte Temperatur ab.
- **Zweikomponentenkleber** werden erst unmittelbar vor der Verarbeitung miteinander vermischt, wodurch die Abbindung in Gang gesetzt wird. Ggf. kann durch erhöhte Temperatur die mechanische Festigkeit der Klebung gesteigert und die Abbindungszeit verkürzt werden.

Die Festigkeit einer Klebeverbindung hat zwei Dimensionierungsaspekte:

- **Adhäsion**: Der Klebstoff muss an der Oberfläche des Grundwerkstoffs haften. Die Festigkeit und langfristige Haltbarkeit einer Klebeverbindung hängen also ganz entscheidend von der Beschaffenheit und Vorbehandlung der zu verklebenden Flächen ab. Diese müssen grundsätzlich sowohl mechanisch von Rost, Oxyden, Zunder, Farbresten und Schmutz gesäubert, durch Bürsten, Schleifen, Schmirgeln oder Sandstrahlen aufgeraut und mit Aceton, Methylenchlorid, Perchloräthylen, Trichloräthylen oder Dampf entfettet werden.
- **Kohäsion**: Der Klebstoff muss den Kraftfluss in sich selber übertragen. Dieser Forderung kann der Anwender vor allen Dingen durch genaue Einhaltung der Verarbeitungshinweise und Mischverhältnisse entgegenkommen.

Die zulässige Schubspannung wird wesentlich beeinflusst durch

- die Art und Beschaffenheit des Grundmaterials,
- die Steifigkeit der Umgebungskonstruktion,
- die Größe des Klebespalts,
- die Oberflächenrauheit,
- die Einsatztemperatur,
- die Wärmealterung,
- den zeitlicher Belastungsverlauf (statisch, schwellend, wechselnd),
- die Art der Aushärtung.

Wegen dieser vielfältigen Einflussparameter lassen sich häufig keine gesicherten Daten für die mechanische Festigkeit eines Klebstoffs angeben. Grundsätzlich gilt die grobe Unterteilung nach Tabelle 3.3.

Wegen der geringen zulässigen Spannung kann eine hohe Festigkeit einer Klebverbindung häufig nur durch eine reichliche Bemessung der Klebefläche erreicht werden, wobei die Belastung vorzugsweise als Schub in die Klebefuge eingeleitet wird. Aus diesem Grund wird häufig nicht nur die Überlappung praktiziert, sondern wie bei Lötverbindungen auch die Schäftung oder Laschung angewandt. Große Überlappungslängen führen aber häufig zu einer nicht konstanten Schubspannungsverteilung. Bild 3.13 verdeutlicht modellhaft diesen Sachverhalt.

Tabelle 3.3: Werkstoffkennwerte Klebeverbindungen

Festigkeits-klasse	Zulässige Schubspannung	Umgebungsbedingungen	Einsatzbeispiele
gering	$\tau_{zul} < 5\,N/mm^2$	Nur für trockene Umgebung geeignet.	Feinwerktechnik, Modell- oder Möbelbau
mittel	$5\,N/mm^2 \leq \tau_{zul}$ $\leq 10\,N/mm^2$	Es muss mit ölhaltiger Umgebung gerechnet werden.	Maschinen- und Fahrzeugbau
hoch	$\tau_{zul} > 10\,N/mm^2$	Die Klebeverbindung ist wässriger Lösung, Öl, Treibstoff oder Lösungsmittel ausgesetzt.	Fahrzeug-, Flugzeug-, Schiff- oder Behälterbau

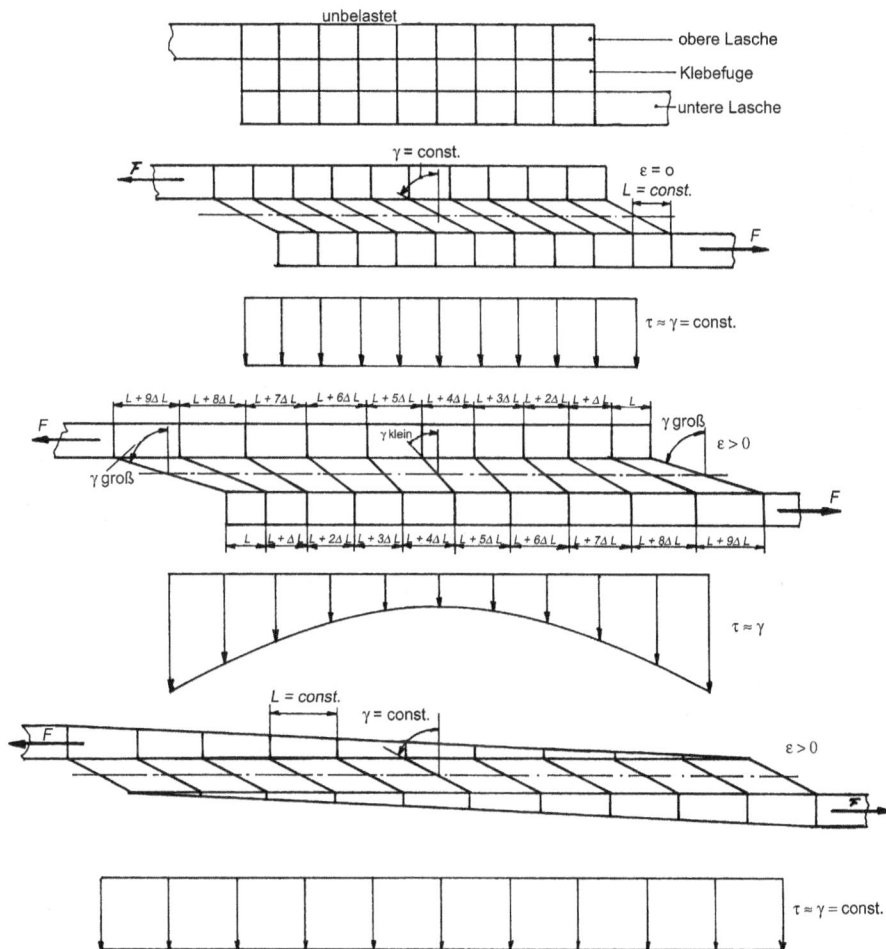

Bild 3.13: Spannungsverteilung einer schubbelasteten Klebefuge

- Das obere Bildviertel stellt schematisch eine unbelastete Klebeverbindung einer oberen mit einer unteren Lasche dar, wobei die Klebefuge selbst hier abschnittsweise durch kleine Rechtecke angedeutet ist.
- Wird die Klebefuge belastet (zweites Bildviertel), so erfahren die die Klebefuge repräsentierenden Rechtecke eine parallelogrammförmige Deformation, wobei sich der Scherwinkel γ proportional zur sich einstellenden Schubspannung τ verhält. Die Schubspannungsverteilung ist konstant, weil überall ein gleich großer Scherwinkel auftritt. Voraussetzung für die gleichmäßige Schubspannungsverteilung ist jedoch, dass die Elemente des Grundwerkstoffs bei der Belastung ihre Länge L beibehalten.
- Tatsächlich ist dies jedoch nicht der Fall, weil auch der zugspannungsbelastete Grundwerkstoff eine Deformation in Form einer relativen Längenänderung ε erfährt. Nur am unbelasteten Ende des Grundwerkstoffes bleibt die Länge des Grundwerkstoffelementes L erhalten, während zum belasteten Ende hin jeweils um eine weitere Längenänderung ΔL gedehnt wird. Diese Längenänderung nimmt zur Lasteinleitungsstelle hin immer weiter zu, weil das einzelne Längenelement der Lasche einer immer größeren Zugbelastung ausgesetzt ist.
- Weil zu den beiden Enden der Verbindung hin ein immer weniger belastetes Grundwerkstoffelement der einen Lasche einem zunehmend höher belasteten Grundwerkstoffelement der anderen Lasche gegenübersteht, ergeben sich zunehmend größere Scherwinkel in der Klebefuge. Durch die Proportionalität von Scherwinkel und Schubspannung wird die darunter skizzierte Schubspannungsüberhöhung zum jeweiligen Ende hin hervorgerufen.
- Da in allen Belastungsfällen gleiche Zugkräfte F_Z vorausgesetzt wurden, müssen beide Schubspannungsverteilungen den gleichen Flächeninhalt ergeben. Wegen der Überhöhung zu den Enden hin muss die Schubspannung in der Mitte geringer sein.
- Diese Schubspannungsüberhöhung fällt besonders deutlich aus, wenn die für das Kleben typischen großen Überlappungslängen vorliegen und wenn der Grundwerkstoff wegen seines geringen Elastizitätsmoduls oder seiner geringen Wandstärke besonders verformungswillig ist.
- Die Schubspannungsüberhöhung lässt sich im letzten Bildviertel reduzieren, wenn der jeweilige Laschenabschnitt so verjüngt wird, dass er trotz der unterschiedlichen Zugspannung die gleiche Längenänderung ΔL erfährt. Daraus resultiert letztlich die grundsätzliche Forderung, Steifigkeitssprünge an der Verbindungsstelle zu vermeiden.

Diese Probleme sind besonders ausgeprägt bei Klebeverbindungen dünner Laschen mit großen Überlappungslängen, treten in abgeschwächter Form aber auch bei anderen Verbindungstechniken auf. Die wichtigsten Metallklebstoffe sind in den VDI-Richtlinien 2229 zusammengestellt. Für die spezielle Eignung und Verarbeitung der Kleber sind die Herstellerhinweise zu beachten.

Aufgabe A.3.7

3.4   Anhang

3.4.1   Literatur

[3.1]   Bauer, C. O.: Handbuch der Verbindungstechnik, Hanser, 1990

[3.2]   Beckert, M.; Neumann, A.: Grundlagen der Schweißtechnik – Anwendungsbeispiele, Verlag Technik, 1991

[3.3]   Boese, U.; Werner, D.; Wirtz, H.: Das Verhalten der Stähle beim Schweißen, Teil II. Düsseldorf, 1984

[3.4]   Brockmann, W.: Grundlagen und Stand der Metallklebetechnik, VDI-Verlag, 1971

[3.5]   DIN-Taschenbuch 8: Schweißzusätze, Fertigung, Güte und Prüfung. Beuth, 1985

[3.6]   DIN-Taschenbuch 65, Schweißtechnik. Beuth, 1988

[3.7]   DIN-Taschenbuch 145: Schweißverbindungen. Beuth, 1985

[3.8]   DIN-Taschenbuch 196: Löten. Beuth, 1989

[3.9]   DS 952 01: Schweißen metallischer Werkstoffe an Schienenfahrzeugen und maschinentechnischen Anlagen. Deutsche Bundesbahn, 1991

[3.10]   Endlich, F.: Kleb- und Dichtstoffe in der modernen Technik. Essen, 1990

[3.11]   Fauner, G.; Endlich, W.: Angewandte Klebtechnik, Hanser

[3.12]   Habenicht, G.: Kleben, Springer

[3.13]   Käufer, H.: Konstruktive Gestaltung von Klebungen zur Fertigungs- und Festigkeitsoptimierung. Konstruktion 36 (1984), H. 10

[3.14]   Kennel, E.: Das Nieten im Stahl- und Leichtmetallbau. München, 1951

[3.15]   Krist, T.: Metallkleben, Vogel, 1970

[3.16]   Matting, A.: Metallkleben, Springer

[3.17]   Mewes, W.: Kleine Schweißkunde für Maschinenbauer, VDI-Verlag, 1978

[3.18]   Muschard, W. D.: Klebgerechte Gestaltung einer Welle-Nabe-Verbindung. Konstruktion 36 (1984), H. 9

[3.19]   Neumann, A.: Schweißtechnisches Handbuch für Konstrukteure, Deutscher Verlag für Schweißtechnik (DVS), 1990

[3.20]   Petrunin, J. E.: Handbuch Löttechnik, VEB-Verlag, 1988

[3.21]   Plath, E.: Taschenbuch der Kitte und Klebstoffe, Wiss. Verlagsgesellschaft Stuttgart

[3.22]   Rieberer, A.: Schweißgerechtes Konstruieren im Maschinenbau, Deutscher Verlag für Schweißtechnik (DVS), 1989

[3.23]   Ruge, J.: Handbuch der Schweißtechnik, Band 1–4, Springer, 1991

[3.24]   Saechtling, H.; Zebrowski, W.: Kunststoff-Taschenbuch, Hanser

[3.25]   Sahmel, P.; Veit, H. J.: Grundlagen der Gestaltung geschweißter Stahlkonstruktionen, Deutscher Verlag für Schweißtechnik (DVS), 1989

[3.26]   Schuler, V.: Schweißtechnisches Konstruieren und Fertigen, Vieweg, 1992

[3.27] Strauß, R.: Das Löten für den Praktiker, Franzis, 1984

[3.28] VDI-Richtlinie 258: Praxis des Metallklebens. VDI-Verlag, 1976

[3.29] VDI-Richtlinie 2229: Metallklebverbindungen, Hinweise für Konstruktion und Ferti-
        gung. VDI-Verlag

[3.30] Witt, W.: Klebverbindungen für hohe Temperaturen. Maschinenmarkt (1970), H. 8

3.4.2   Normen

[3.31] DIN 101: Niete; Technische Lieferbedingungen

[3.32] DIN 124: Halbrundniete, Nenndurchmesser 10 bis 36 mm

[3.33] DIN 302: Senkniete, Nenndurchmesser 10 bis 36 mm

[3.34] DIN 660: Halbrundniete, Nenndurchmesser 1 bis 8 mm

[3.35] DIN 661: Senkniete, Nenndurchmesser 1 bis 8 mm

[3.36] DIN 662: Linsenniete, Nenndurchmesser 1,6 bis 6 mm

[3.37] DIN 674: Flachrundniete

[3.38] DIN 675: Flachsenkniete (Riemenniete), Nenndurchmesser 3 bis 5 mm

[3.39] DIN 1910 T2: Schweißen; Schweißen von Metallen, Verfahren

[3.40] DIN 1912 T5: Zeichnerische Darstellung Schweißen, Löten: Symbole, Bemaßung

[3.41] DIN 1913 T1: Stabelektroden für das Verbindungsschweißen von Stahl, unlegiert
        und niedriglegiert; Einteilung und Bezeichnung, Technische Lieferbedingungen

[3.42] DIN 2559 T1: Schweißnahtvorbereitung; Richtlinien für Fugenformen, Schmelz-
        schweißen, von Stumpfstößen an Stahlrohren

[3.43] DIN 7331: Hohlniete, zweiteilig

[3.44] DIN 7338: Niete für Brems- und Kupplungsbeläge

[3.45] DIN 7339: Hohlniete, einteilig, aus Band gezogen

[3.46] DIN 7340: Rohrniete, aus Rohr gefertigt

[3.47] DIN 7341: Nietstifte

[3.48] DIN 8505: Löten

[3.49] DIN 8511: Flußmittel zum Löten metallischer Werkstoffe

[3.50] DIN 8513: Hartlote

[3.51] DIN 8514 T1: Lötbarkeit, Begriffe

[3.52] DIN 8515 T1: Fehler an Lötverbindungen aus metallischen Werkstoffen

[3.53] DIN 8525: Prüfung von Hartlötverbindungen

[3.54] DIN 8528 T2: Schweißbarkeit; Schweißeignung der allgemeinen Baustähle zum
        Schmelzschweißen

[3.55] DIN 8529 T1: Stabelektroden für das Verbindungsschweißen von hochfesten Fein-
        kornbaustählen; Basisch umhüllte Stabelektroden; Einteilung, Bezeichnung, Techni-
        sche Lieferbedingungen

[3.56] DIN 8551: Schweißnahtvorbereitung

[3.57] DIN 8554 T1: Schweißstäbe für Gasschweißen von ferritischen Stählen

[3.58] DIN 8563 T3: Sicherung der Güte von Schweißarbeiten; Schmelzschweißverbindungen an Stahl (ausgenommen Strahlschweißen)

[3.59] DIN 8570 T1: Allgemeintoleranzen für Schweißkonstruktionen

[3.60] DIN 8593 T7: Fertigungsverfahren Fügen; Fügen durch Löten

[3.61] DIN 8593 T8: Fertigungsverfahren Fügen; Fügen durch Kleben; Einordnung, Unterteilung, Begriffe

[3.62] DIN 16920: Klebstoffe; Klebstoffverarbeitung, Begriffe

[3.63] DIN E 32515: Bewertungsgruppen für Lötverbindungen; hart- und hochtemperaturgelötete Bauteile

[3.64] DIN 53281: Prüfen von Metallklebstoffen und -klebungen

[3.65] DIN 53282: Prüfen von Metallklebstoffen und -klebungen; Winkelschälversuch

[3.66] DIN 53283: Prüfen von Metallklebstoffen und -klebungen; Bestimmung der Klebfestigkeit von einschnittig überlappten Klebungen (Zugscherversuch)

[3.67] DIN 53284: Prüfen von Metallklebstoffen und -klebungen; Zeitstandversuch an einschnittig überlappten Klebungen

[3.68] DIN 53285: Prüfen von Metallklebstoffen und -klebungen; Dauerschwingversuch an einschnittig überlappten Klebungen

[3.69] DIN 53286: Prüfen von Metallklebstoffen und -klebungen; Bedingung für die Prüfung bei verschiedenen Temperaturen

[3.70] DIN 53287: Prüfen von Metallklebstoffen und -klebungen; Bestimmung der Beständigkeit gegenüber Flüssigkeiten

[3.71] DIN 53288: Prüfen von Metallklebstoffen und -klebungen; Zugversuch

[3.72] DIN 53289: Prüfen von Metallklebstoffen und -klebungen; Rollschälversuch

[3.73] DIN 53452: Prüfen von Metallklebstoffen und -klebungen; Druckscherversuch

[3.74] DIN 53454: Prüfen von Metallklebstoffen und -klebungen; Losbrechversuch an geklebten Gewinden

[3.75] DIN 53455: Prüfen von Metallklebstoffen und -klebungen; Torsionsscherversuch

3.5   Aufgaben: Verbindungselemente und Verbindungstechniken

Nieten

A.3.1   Lastverteilung Nietverbindung

Ein rechteckiges Blech wird über zwei gleiche Niete 1 und 2 mit einer nach oben herausragenden Trägerkonstruktion verbunden. Die Kraft F = 20.000 N greift entweder bei A, B, C, D, E oder F an.

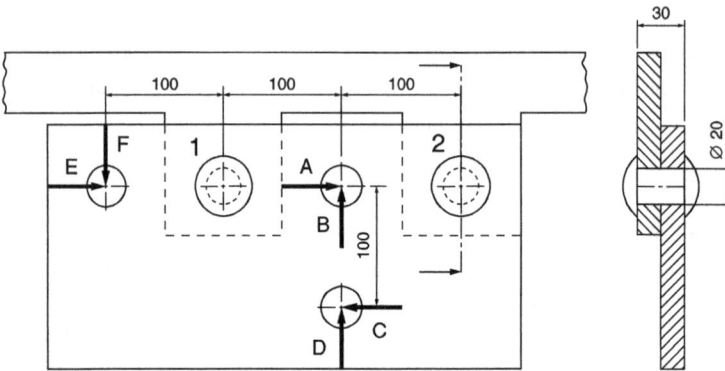

Problem der Lastverteilung:

Welche resultierende Kraft stellt sich daraufhin in den beiden Nieten ein?

		A	B	C	D	E	F
F_{Niet1}	N						
F_{Niet2}	N						

Dimensionierung des einzelnen Niets:

Betrachten Sie die höchste Belastung für einen einzelnen Niet aus dem vorangegangenen Aufgabenteil. Die Abmessungen der einzelnen Nietverbindung gehen aus der rechten Schnittdarstellung hervor. Mit welcher Schubspannung τ und welchem Lochleibungsdruck p wird der einzelne Niet belastet?

Wie groß ist die maximale Schubspannung im Niet?	τ_Q	N/mm^2
Wie groß ist der maximal auftretende Lochleibungs-druck (Berechnung wie ein kaltgeschlagener Niet)?	p_L	N/mm^2

A.3.2   Genietete Rohr-Muffe-Verbindung

Die flanschförmige Muffe (Pos. 1) wird auf das Rohr (Pos. 2) gesteckt und mit diesem über die Nieten (Pos. 3) verbunden. Es wird gleichzeitig eine Längskraft von 12 kN und ein Torsionsmoment von 800 Nm übertragen. Sowohl der Niet als auch die Anschlussbauteile bestehen aus AlCuMg 1 F 40.

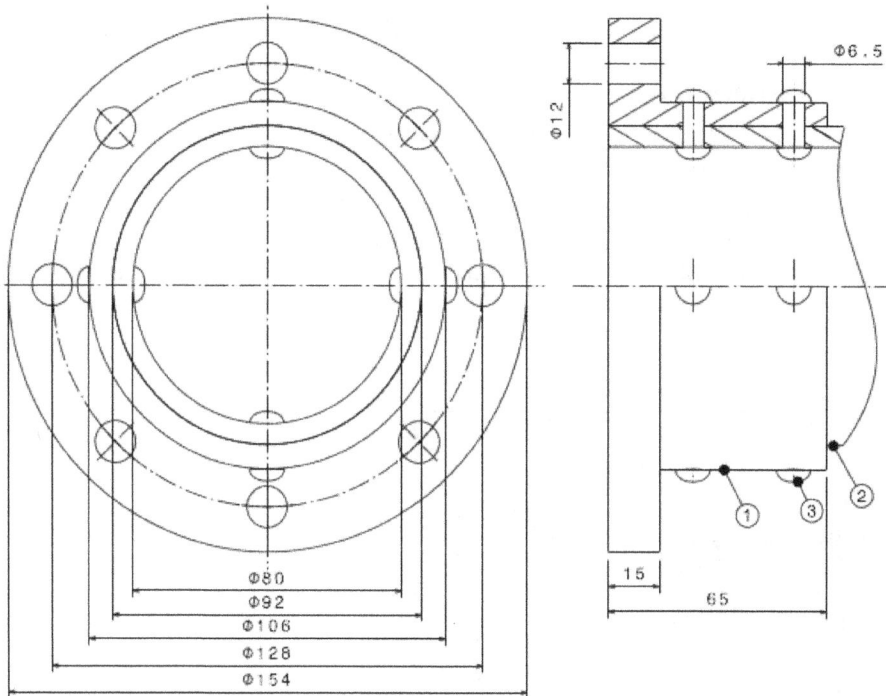

Wie groß ist die längsbedingte Kraft auf den einzelnen Niet?	F_q	N	
Wie groß ist die momentenbedingte Kraft auf den einzelnen Niet?	F_m	N	
Wie groß ist die gesamte auf den einzelnen Niet wirkende Kraft?	F_{Niet}	N	
Welche Schubspannung wirkt in den Nieten?	τ	N/mm^2	
Welcher Lochleibungsdruck entsteht zwischen Niet und Muffe?	p_{NM}	N/mm^2	
Welcher Lochleibungsdruck entsteht zwischen Niet und Rohr?	p_{NR}	N/mm^2	

Die Nietverbindung wird gewaltsam durch eine höhere Längskraft überlastet. Kreuzen Sie an, welcher Schadensfall eintritt.		Verbindungsstelle Niet-Muffe versagt
		Niet schert ab
		Verbindungsstelle Niet-Rohr versagt
Die Nietverbindung wird gewaltsam durch ein höheres Moment überlastet. Kreuzen Sie an, welcher Schadensfall eintritt.		Verbindungsstelle Niet-Muffe versagt
		Niet schert ab
		Verbindungsstelle Niet-Rohr versagt

A.3.3   Achshalter Güterwaggon

Gegeben ist der unten skizzierte Achshalter eines Güterwaggons, der mit vier Nieten in der dargestellten Weise am Längsträger des Fahrzeugrahmens befestigt ist.

Die Achse mit ihren beiden Rädern ist kopfseitig mit je einem Lager versehen, welches zwischen je zwei Achshaltern vertikal geführt wird. Das einzelne Rad und damit die Lagerung wird mit einer anteiligen Masse von Waggon und Ladegut belastet. Die daraus resultierende vertikale Belastung wird durch die hier skizzierte Blattfeder aufgenommen, belastet die Nieten also nicht.

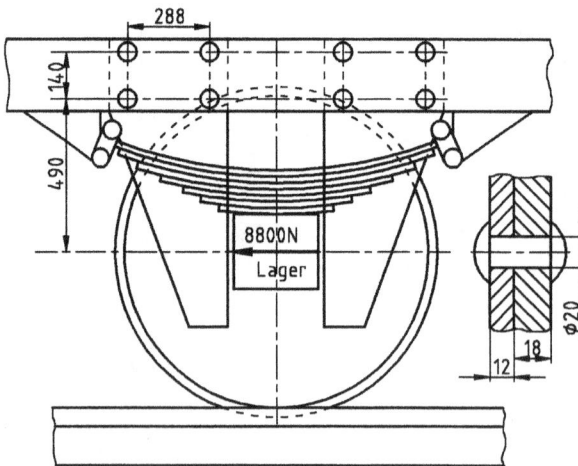

Die Bremskräfte werden in horizontaler Richtung wirksam und belasten den Achshalter und damit die Nietverbindung. Die Horizontalkraft F_H kann mit 8.800 N angenommen werden. Die Nietverbindung weist Abmessungen nach der obigen Detailskizze auf.

Wie groß ist die Kraft, die einen einzelnen Niet maximal belasten kann?	F_{Niet}	N	
Wie groß ist die maximale Schubspannung im Niet?	τ_Q	N/mm^2	
Wie groß ist der maximal auftretende Lochleibungsdruck (Berechnung wie ein kaltgeschlagener Niet)?	p_L	N/mm^2	

A.3.4   Verbindungslasche I-Träger

Die unten stehende Skizze zeigt einen Ausschnitt aus einer Stahlbaukonstruktion: Zwei Doppel-T-Träger werden in der dargestellten Weise mit zwei Blechen untereinander verbunden, die auf den beiden Seiten des Zwischensteges aufgenietet werden. Sowohl die linke als auch die rechte Verbindung ist jeweils mit 4 untereinander gleichen Nieten bestückt, sie unterscheiden sich allerdings entsprechend der Skizze in der Anordnung der Niete. Die Nietverbindung wird in der dargestellten Weise mit einer Kraft F = 1.800 N belastet.

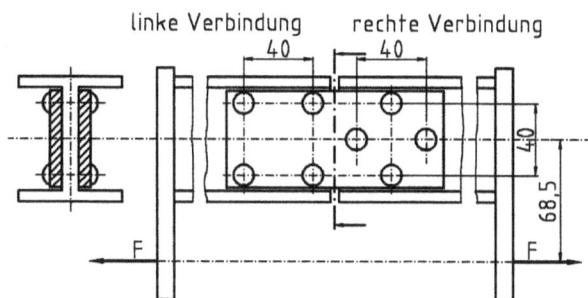

a) Ermitteln Sie zunächst die Belastungen für jeden einzelnen Niet, wobei sowohl die aus der Querkraft herrührende Belastung F_q als auch die durch das Moment eingeleitete Belastung F_m zu berechnen ist. Zur Darstellung der Ergebnisse bedienen Sie sich des folgenden Schemas, welches vorsieht, die einzelnen Kräfte zur übersichtlichen rechnerischen Weiterverarbeitung nach x- und y-Komponente zu zerlegen.

b) Ermitteln Sie sowohl für die linke als auch für die rechte Verbindung die Belastung für den am höchsten belasteten Niet. Bedienen Sie sich dabei ebenfalls des oben stehenden Schemas, welches jedoch nur an den am höchsten beanspruchten Stellen ausgefüllt werden muss.

c) Alle Bleche und Profile weisen eine Stärke von 4 mm auf. Die zulässige Schubspannung des Nietwerkstoffs beträgt $\tau_{zul} = 90\,N/mm^2$ und es kann ein Lochleibungsdruck von $p_{zul} = 120\,N/mm^2$ zugelassen werden. Welche Nietdurchmesser müssen für die linke und rechte Nietverbindung gewählt werden?

linke Verbindung		rechte Verbindung	
$F_q =$ $F_{qx} =$ $F_{qy} =$	$F_q =$ $F_{qx} =$ $F_{qy} =$	$F_q =$ $F_{qx} =$ $F_{qy} =$	
$F_m =$ $F_{mx} =$ $F_{my} =$	$F_m =$ $F_{mx} =$ $F_{my} =$	$F_m =$ $F_{mx} =$ $F_{my} =$	
$F_{Niet} =$	$F_{Niet} =$	$F_{Niet} =$	
		$F_q =$ $F_{qx} =$ $F_{qy} =$	$F_q =$ $F_{qx} =$ $F_{qy} =$
		$F_m =$ $F_{mx} =$ $F_{my} =$	$F_m =$ $F_{mx} =$ $F_{my} =$
		$F_{Niet} =$	$F_{Niet} =$
$F_q =$ $F_{qx} =$ $F_{qy} =$	$F_q =$ $F_{qx} =$ $F_{qy} =$	$F_q =$ $F_{qx} =$ $F_{qy} =$	
$F_m =$ $F_{mx} =$ $F_{my} =$	$F_m =$ $F_{mx} =$ $F_{my} =$	$F_m =$ $F_{mx} =$ $F_{my} =$	
$F_{Niet} =$	$F_{Niet} =$	$F_{Niet} =$	

A.3.5　Lastverteilung von zwei Nietgruppen

Der unten stehend dargestellte Ausschnitt aus einer Leichtbaukonstruktion wird mit einer Kraft $F = 5.300\,\text{N}$ belastet. Dabei wird die Belastung zunächst vom waagerechten Hebelarm über die Nietgruppe I auf ein Zwischenblech und von dort aus über die Nietgruppe II auf einen senkrechten Träger übertragen.

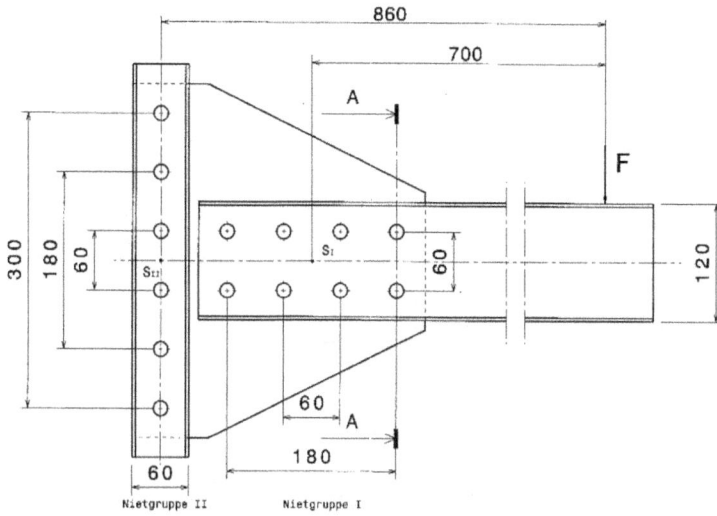

Ermitteln Sie die Kraft F_{Niet} für alle Niete! Orientieren Sie sich bei der Dokumentation Ihrer Ergebnisse an unten stehendem Schema. Berechnen Sie zunächst die Anteile F_q und F_m. Zur Ermittlung der Gesamtkraft F_{Niet} ist es zweckmäßig, die zuvor berechneten Werte in x- und y-Komponente zu zerlegen.

Nietgruppe I:

		Niet 1:	Niet 2:	Niet 3:	Niet 4:
F_{qx}	N				
F_{qy}	N				
F_{mx}	N				
F_{my}	N				
F_{Niet}	N				
		Niet 5:	Niet 6:	Niet 7:	Niet 8:
F_{qx}	N				
F_{qy}	N				
F_{mx}	N				
F_{my}	N				
F_{Niet}	N				

Nietgruppe II:

Niet 1:		
F_{qx}	N	
F_{qy}	N	
F_{mx}	N	
F_{my}	N	
F_{Niet}	N	

Niet 2:		
F_{qx}	N	
F_{qy}	N	
F_{mx}	N	
F_{my}	N	
F_{Niet}	N	

Niet 3:		
F_{qx}	N	
F_{qy}	N	
F_{mx}	N	
F_{my}	N	
F_{Niet}	N	

Niet 4:		
F_{qx}	N	
F_{qy}	N	
F_{mx}	N	
F_{my}	N	
F_{Niet}	N	

Niet 5:		
F_{qx}	N	
F_{qy}	N	
F_{mx}	N	
F_{my}	N	
F_{Niet}	N	

Niet 6:		
F_{qx}	N	
F_{qy}	N	
F_{mx}	N	
F_{my}	N	
F_{Niet}	N	

Löten

A.3.6   Verlötete Rohrverbindung

Zwei Rohre werden in der unten dargestellten Weise durch eine gelötete Muffe miteinander verbunden, wobei ein Lot verwendet wird, welches mit $\tau_{zul} = 18\,\text{N/mm}^2$ belastet werden kann.

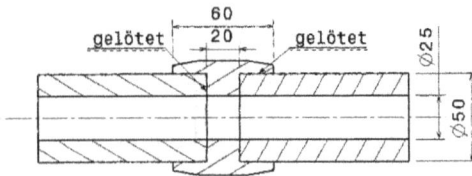

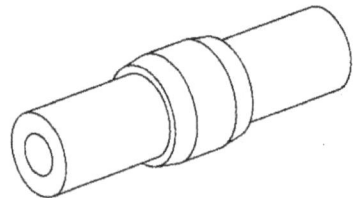

Ermitteln Sie das übertragbare Torsionsmoment, wenn die Rohre nur stirnseitig mit der Verbindungsmuffe verlötet werden.	M_t	Nm
Ermitteln Sie das übertragbare Torsionsmoment, wenn die Rohre nur an der Mantelfläche mit der Muffe verlötet werden.	M_t	Nm
Ermitteln Sie das übertragbare Torsionsmoment, wenn die Rohre sowohl stirnseitig als auch an der Mantelfläche mit der Muffe verlötet werden.	M_t	Nm
Ermitteln Sie die übertragbare Axialkraft F_L, wenn die Rohre nur an der Mantelfläche mit der Muffe verlötet werden.	F_L	N
Ermitteln Sie den maximal möglichen Rohrinnendruck p_i, wobei sicherheitshalber angenommen wird, dass die Rohre nur an der Mantelfläche mit der Muffe verlötet werden.	p_i	bar

A.3.7 Fahrradmuffe

Der vordere Teil des Rahmens eines Damenfahrrades besteht aus einem weitgehend senkrechten Rohr, welches die Lagerung der Gabel aufnimmt. Dieses Rohr ist nach unten stehender Zeichnung mit zwei weiteren Rahmenrohren verbunden eingelötet. Zur Vermeidung von Steifigkeitssprüngen werden die außen liegenden Rohre mit schlank auslaufenden Enden versehen.

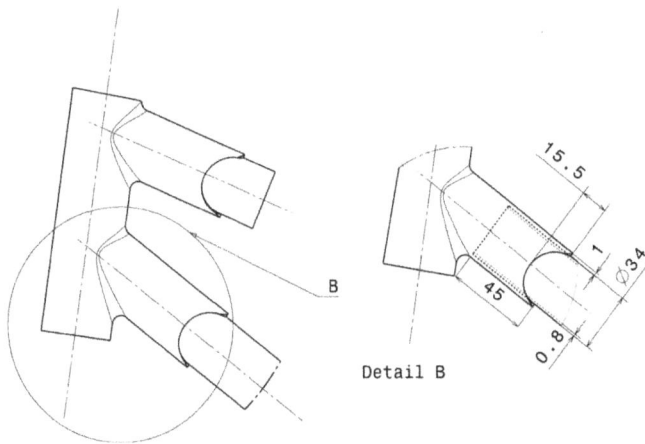

Detail B

Die Belastbarkeit der außen liegenden Rohrenden und der Lötverbindung zum Rahmenrohr hin soll mit den beiden modellhaften Kenndaten Torsionsbelastbarkeit und Zugbelastbarkeit ermittelt werden. Bedienen Sie sich zur Dokumentierung der Ergebnisse des unten stehenden Schemas.

Außen liegendes Rohrende:

Ermitteln Sie Zug- und die Torsionsbelastbarkeit des außen liegenden Rohrendes, wenn das Material eine Zugspannung von $350\,\text{N/mm}^2$ und einen Torsionsschub von $200\,\text{N/mm}^2$ aufnehmen kann.

Lötverbindung:

Treffen Sie eine vereinfachende, sinnvolle Annahme zur Formulierung der kraftübertragenden Lotfläche als Zylindermantelfläche. Bei der Verarbeitung mit Messinglot kann eine Schubspannung von $20\,\text{N/mm}^2$ zugelassen werden. Welche maximale Zugkraft F_{max} kann mit dieser Lötverbindung übertragen werden? Welches maximale Torsionsmoment M_{tmax} kann mit dieser Lötverbindung übertragen werden?

	F_{max} [N]	M_{tmax} [Nm]
außen liegendes Rohrende		
Lötverbindung		

Kleben

A.3.8   Aufgeklebte Lasche

Eine Blechlasche wird in der unten dargestellten Weise auf einen Grundträger aufgeklebt, wobei sich eine Klebefläche von $30\,\text{mm} \times 40\,\text{mm}$ ergibt. Der Kleber hat eine Scherfestigkeit von $15\,\text{N/mm}^2$. Bei der folgenden Betrachtung werden ausschließlich Schubspannungen (Torsions- und Querkraftschub) berücksichtigt.

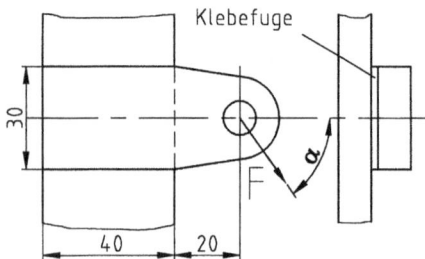

Wie groß kann die Kraft F werden, wenn sie unter dem Winkel

... $\alpha = 0°$ angreift?	F_{max}	N	
... $\alpha = 90°$ angreift?	F_{max}	N	

4   Schrauben

Schrauben zählen nicht nur zu den am häufigsten verwendeten Maschinenelementen, sondern finden auch über den Maschinenbau hinaus breite Verwendung. Diese vielfältigen Anwendungen lassen sich folgendermaßen einteilen:

	Schraube ohne nennenswerte Belastung	Befestigungs- schraube	Bewegungsschraube häufig:	selten:
Bewegung	setzt Drehung in Längsbewegung um	setzt Drehung in Längsbewegung um	setzt unter Last Drehung in Längsbewegung um	setzt unter Last Längsbewegung in Drehung um
Belastung	keine nennenswerte Belastung	setzt Drehmoment in Längskraft um	setzt Drehmoment in Längskraft um	setzt Längskraft in Drehmoment um
Beispiele	Messschraube, Mikrometer- schraube, Einstellschraube, Verschluss- schraube, Schraubdeckel, Ölablassschraube	Montageschraube zum Befestigen oder Verbinden, Spannschraube (Maueranker, Schraubstock, Schraubzwinge)	Gewindespindeln (Hub- und Vorschubspindel), Schraub- mechanismen zur Betätigung von Ventilen und Schiebern	Drillbohrer, Kinderkreisel
	Kapitel 4.1	Kapitel 4.2–4.6	Kapitel 4.7 (dreibändige Ausgabe)	

Befestigungsschrauben und Bewegungsschrauben lassen sich nicht immer eindeutig voneinander abgrenzen. Die folgenden Betrachtungen gehen zunächst von der Geometrie der Schraube aus, die für Schrauben ohne nennenswerte Betriebsbelastung meist schon ausreicht. Die weiteren Dimensionierungsaspekte konzentrieren sich vor allen Dingen auf die Befestigungsschraube. Die zusätzlichen Besonderheiten der Bewegungsschraube würden den Rahmen dieser Betrachtung sprengen und sind deshalb im Abschnitt 4.7 der dreibändigen Ausgabe zu finden.

https://doi.org/10.1515/9783110692143-005

4.1   Geometrie der Schraube

Bild 4.1 führt die dreidimensionale Geometrie der Schraube unter zulässiger Vereinfachung auf ein zweidimensionales Problem zurück:

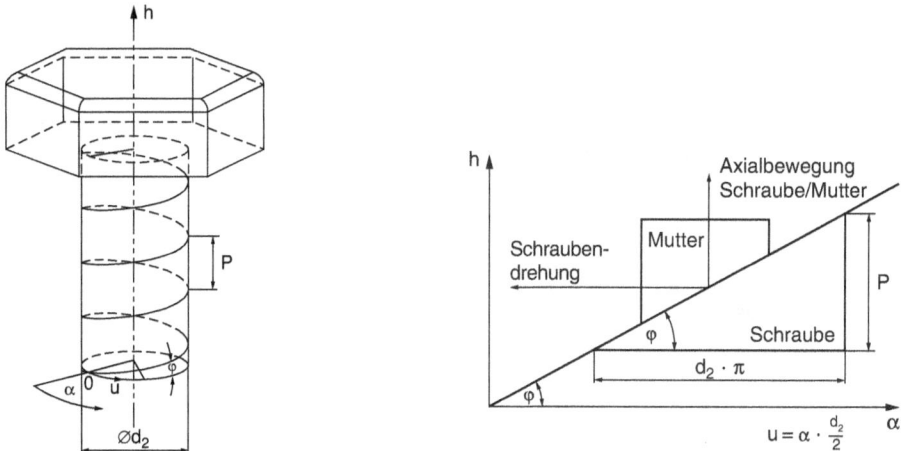

Bild 4.1: Schraubenlinie

Die aus den Grundlagen der Statik bekannte schiefe Ebene (rechts) wird auf der Mantelfläche eines Zylinders aufgewickelt (links). Die in Richtung der Schraubenachse markierte Koordinate h steht mit der am Umfang angetragenen Koordinate u über den Steigungswinkel φ in direktem Zusammenhang:

$$\tan \varphi = \frac{h}{u} \quad \Rightarrow \quad u = \frac{h}{\tan \varphi} \qquad \qquad \text{Gl. 4.1}$$

Dieser allgemeingültig formulierte Zusammenhang gilt auch für den speziellen Fall von genau einer Schraubenumdrehung:

$$\tan \varphi = \frac{p}{d_2 \cdot \pi} \qquad \qquad \text{Gl. 4.2}$$

Dabei bedeutet p die Steigung eines Gewindeganges (auch „Gewindesteigung" genannt). Die Umfangskoordinate u ihrerseits ergibt sich aus der Drehung des Zylinders um den Winkel α, der hier in Bogenmaß einzusetzen ist:

$$u = \alpha \cdot \frac{d_2}{2}$$ Gl. 4.3

Durch Gleichsetzen der Gleichungen 4.1 und 4.3 ergibt sich der Zusammenhang zwischen Drehbewegung und Längsbewegung:

$$\frac{h}{\tan\varphi} = \alpha \cdot \frac{d_2}{2} \quad \Rightarrow \quad h = \alpha \cdot \frac{d_2}{2} \cdot \tan\varphi$$ Gl. 4.4

Um die Schraube auch tatsächlich mechanisch belasten zu können, darf der Kontakt zwischen Schraube und Mutter nicht nur auf einen Punkt der Schraubenlinie beschränkt bleiben, sondern es muss eine Fläche zur Verfügung gestellt werden:

- In Umfangsrichtung wird der gesamte Abschnitt der Schraubenlinie genutzt, auf dem Schraube und Mutter miteinander in Verbindung stehen.
- In radialer Richtung findet der Kontakt nicht nur auf dem sog. „Flankendurchmesser" d_2 statt, sondern erstreckt sich vom inneren Kerndurchmesser d_3 bis zum äußeren Nenndurchmesser d.

Die Vielzahl der geometrischen Parameter macht eine Normung der Schraubenabmessungen im Sinne einer möglichst weitreichenden Austauschbarkeit erforderlich.

Die Bilder 4.2 und 4.3 geben die Schraubenabmessungen für das metrische ISO-Regelgewinde nach DIN 13 T 1 (stellvertretend für Befestigungsschrauben) und das Trapezgewinde nach DIN 103 (typisch für Bewegungsschrauben) auszugsweise wieder (weitere Schraubennormen unter Abschnitt 4.7.2). Der oben erwähnte Flankendurchmesser d_2 ist an der Schraube konstruktiv gar nicht vorhanden, sondern wird nur als arithmetischer Mittelwert von Kerndurchmesser d_3 und Nenndurchmesser d formuliert, um auf diesem „mittleren Durchmesser" die Bewegungsverhältnisse besonders einfach darstellen zu können und die Kraftwirkungen darauf beziehen zu können (s. u.):

$$d_2 = \frac{d_3 + d}{2}$$ Gl. 4.5

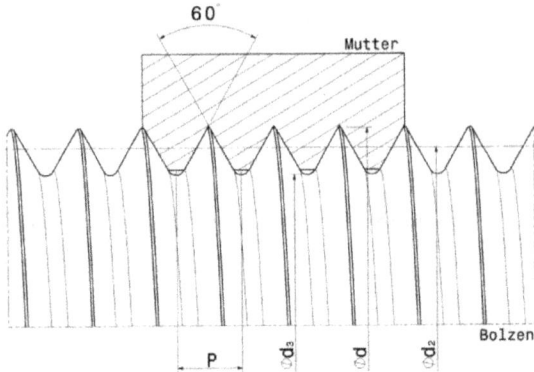

Bild 4.2: Spitzgewinde nach DIN 13 T 1

Gewinde-nenn-durch-messer	Steigung	Flanken-durch-messer	Stei-gungs-winkel	Kern-durch-messer	Span-nungs-quers-chnitt	Torsions-wider-stands-moment bei A_S	Kern-quer-schnitt	Schlüssel-weite
d [mm]	p [mm]	d_2 [mm]	φ [°]	d_3 [mm]	A_S [mm²]	W_t [mm³]	A_3 [mm²]	SW [mm]
1,0	0,25	0,838	5,43	0,693	0,460	0,088	0,377	2,5
1,2	0,25	1,038	4,38	0,893	0,732	0,177	0,626	3
1,6	0,35	1,373	4,64	1,170	1,27	0,404	1,075	3,5
2,0	0,40	1,740	4,19	1,509	2,07	0,842	1,788	4
2,5	0,45	2,208	3,71	1,948	3,39	2,381	2,980	5
3,0	0,50	2,675	3,41	2,387	5,03	3,184	4,475	5,5
4,0	0,70	3,545	3,60	3,141	8,78	7,336	7,749	7
5,0	0,80	4,480	3,25	4,019	14,2	15,068	12,69	8
6,0	1,00	5,350	3,41	4,773	20,1	25,461	17,89	10
8,0	1,25	7,188	3,17	6,466	36,6	62,477	32,84	13
10	1,50	9,026	3,03	8,160	58,0	124,585	52,30	17
12	1,75	10,863	2,94	9,853	84,3	218,201	76,25	19
14	2,00	12,701	2,87	11,546	115	349,876	104,7	22
16	2,00	14,701	2,48	13,546	157	553,168	144,1	24
20	2,50	18,367	2,48	16,933	245	1.079,60	225,2	30
24	3,00	22,051	2,48	20,319	353	1.866,87	324,3	36
30	3,50	27,727	2,30	25,706	561	3.744,28	519,0	46
36	4,00	33,402	2,19	31,093	817	6.584,42	759,3	55
42	4,50	39,077	2,10	36,479	1.121	10.586,4	1.045	65
48	5,00	44,752	2,04	41,866	1.473	15.950,1	1.377	75

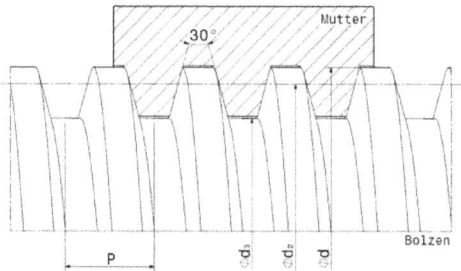

Bild 4.3: Trapezgewinde nach DIN 103

Gewinde-bezeichnung	Flanken-durchmesser	Steigungs-winkel eingängig	Kern-durchmesser Bolzen	Kern-querschnitt Bolzen	Torsionswider-standsmoment Bolzen bei A_3
$d \times P$ [mm]	d_2 [mm]	φ [°]	d_3 [mm]	A_3 [mm^2]	W_t [mm^3]
Tr 10×2	9,0	4,046	7,5	44,2	82,8
Tr 12×3	10,5	5,197	8,5	56,7	120,5
Tr 16×4	14,0	5,197	11,5	103,9	298,6
Tr 20×4	18,0	4,046	15,5	188,7	731,1
Tr 24×5	21,5	4,234	18,5	268,8	1.243,2
Tr 28×5	25,5	3,571	22,5	397,6	2.236,5
Tr 32×6	29,0	3,768	25,0	490,9	3.067,9
Tr 36×3	34,5	1,585	32,5	973,1	6.740,3
Tr 36×6	33,0	3,312	29,0	660,6	4.788,7
Tr 36×10	31,0	5,863	25,0	490,9	3.067,9
Tr 40×7	36,5	3,493	32,0	804,2	6.433,9
Tr 44×7	40,5	3,149	36,0	1.017,9	9.160,8
Tr 48×8	44,0	3,312	39,0	1.194,6	11.647
Tr 52×8	48,0	3,037	43,0	1.452,2	15.611
Tr 60×9	55,5	2,955	50,0	1.963,5	24.543
Tr 70×10	65,0	2,804	59,0	2.733,9	40.326
Tr 80×10	75,0	2,430	69,0	3.739,2	64.502
Tr 90×12	84,0	2,604	77,0	4.656,6	89.640
Tr 100×12	94,0	2,327	87,0	5.944,6	129.296
Tr 140×14	133,0	1,919	124,0	12.076	374.364

4.2   Kräfte und Momente beim Anziehen und Lösen der Schraube

4.2.1   Modellvorstellung reibungsfrei

Die Analogie zur schiefen Ebene macht auch eine Analyse der an der Schraube wirkenden Kräfte und Momente besonders anschaulich. In einer ersten modellhaften Betrachtung wird ein Schraubenbolzen mit einem „Rechteck"-Gewinde ($\beta = 0°$) angenommen, in dessen Nut eine ortsfeste, aber drehbar gelagerte Rolle eingreift. Durch diese Modellvorstellung konzentrieren sich alle zwischen Schraube und Mutter wirkenden Kräfte auf den Kontaktpunkt zwischen Rolle und Bolzengewinde, der zur Drehachse der Schraube den Abstand $d_2/2$ aufweist. Weiterhin werden hier Reibeinflüsse zunächst ausgeschlossen. Bild 4.4 betrachtet die Kräfte so, wie sie von der Schraube auf die Mutter wirken.

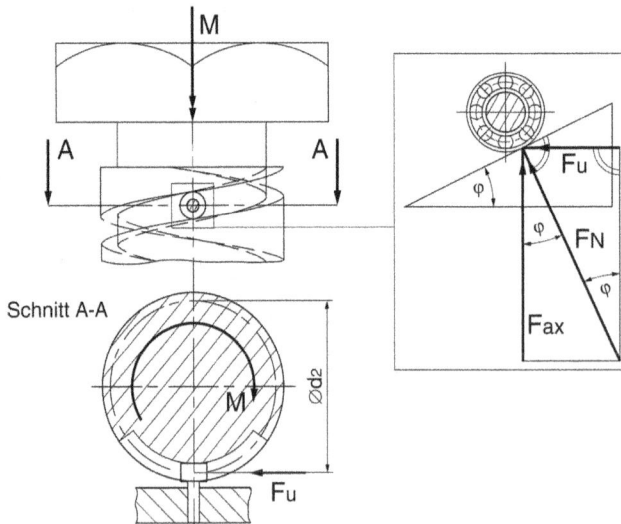

Bild 4.4: Kräfte und Momente im reibungsfreien Rechteckgewinde

Das in die Schraube eingeleitete Moment M stützt sich zunächst an der Rolle als Umfangskraft F_u ab:

$$M = F_u \cdot \frac{d_2}{2} \quad \Rightarrow \quad F_u = \frac{2 \cdot M}{d_2} \qquad\qquad \text{Gl. 4.6}$$

An der Kontaktstelle zwischen Rolle und schiefer Ebene kann eine Kraft nur als Normalkraft F_N übertragen werden. Deren eine Komponente ist die Umfangskraft F_u, die andere wird als Schraubenlängskraft F_{ax} wirksam. Der sich geometrisch nach Gl. 4.2 ergebende Gewindesteigungswinkel φ tritt auch in diesem Krafteck von Bild 4.4 auf:

$$\tan \varphi = \frac{F_u}{F_{ax}} \quad \Rightarrow \quad F_u = F_{ax} \cdot \tan \varphi \qquad\qquad \text{Gl. 4.7}$$

Durch Gleichsetzen der Gleichungen 4.6 und 4.7 folgt für diesen Modellfall (rechteckförmiger Gewindegang, reibungsfreie Kraftübertragung) ein direkter Zusammenhang zwischen Axialkraft und Moment:

$$M = F_{ax} \cdot \tan \varphi \cdot \frac{d_2}{2} \qquad\qquad \text{Gl. 4.8}$$

4.2.2   Gewindereibung

Über die obige Modellvorstellung hinaus wird jedoch am Gewinde einer realen Schraube Reibung wirksam, die auch schon bei der Federreibung (s. Abschnitt 2.1.4) durch die Reibzahl μ als Quotient aus Reibkraft F_R zur Normalkraft F_N ausgedrückt wurde:

$$\mu = \frac{F_R}{F_N}$$

Die hier vorliegende Fragestellung lässt sich jedoch anschaulicher darstellen, wenn die Reibung durch den Reibwinkel ρ ausgedrückt wird:

$$\rho = \arctan \mu$$

Während in Bild 4.4 wegen der Reibungsfreiheit nur eine Normalkraft F_N senkrecht zur Fläche übertragen wurde, ist im reibungsbehafteten Fall die Resultierende als Vektorsumme von Normalkraft F_N und Reibkraft F_R wirksam, die dann um den Reibwinkel ρ gegenüber der Flächennormalen geneigt ist. Als Ausgangspunkt für die weitere Überlegung dient der in der Mitte von Bild 4.5 skizzierte reibungsfreie Fall, der sich an Bild 4.4 anlehnt. Zur Berücksichtigung des Reibeinflusseswird in den beiden äußeren Bildspalten die Resultierende von Normalkraft F_N und Reibkraft F_R um den Reibwinkel ρ gegenüber der Flächennormalen geneigt. Da der

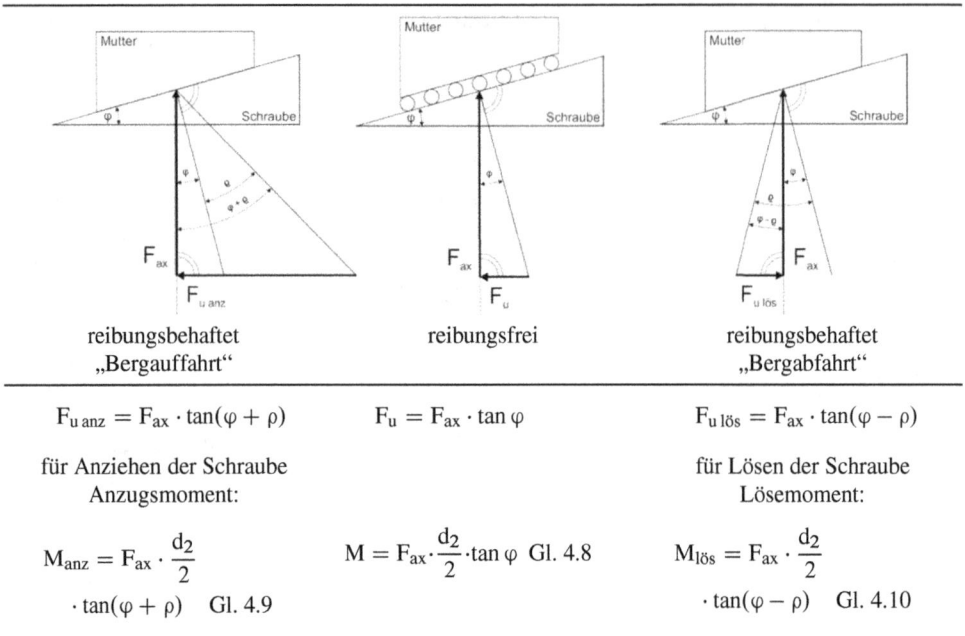

reibungsbehaftet „Bergauffahrt"	reibungsfrei	reibungsbehaftet „Bergabfahrt"
$F_{u\,anz} = F_{ax} \cdot \tan(\varphi + \rho)$	$F_u = F_{ax} \cdot \tan\varphi$	$F_{u\,l\ddot{o}s} = F_{ax} \cdot \tan(\varphi - \rho)$
für Anziehen der Schraube Anzugsmoment:		für Lösen der Schraube Lösemoment:
$M_{anz} = F_{ax} \cdot \dfrac{d_2}{2}$ $\cdot \tan(\varphi + \rho)$ Gl. 4.9	$M = F_{ax} \cdot \dfrac{d_2}{2} \cdot \tan\varphi$ Gl. 4.8	$M_{l\ddot{o}s} = F_{ax} \cdot \dfrac{d_2}{2}$ $\cdot \tan(\varphi - \rho)$ Gl. 4.10

Bild 4.5: Kräfte und Momente am reibungsbehafteten Rechteckgewinde

Reibeinfluss immer der Bewegung entgegengesetzt gerichtet ist, wird der Reibwinkel ρ von dieser Normalen aus in die Richtung aufgetragen, die der Schraubenbewegung entgegengesetzt gerichtet ist.

- Beim Anziehen der Schraube (linke Bildspalte) vergrößert der Reibwinkel ρ im Krafteck den Steigungswinkel der schiefen Ebene φ („Bergauffahrt"). Dadurch wird die Umfangskraft $F_{u\,anz}$ als Gegenkathete zu $\varphi + \rho$ entsprechend größer als im reibungsfreien Fall. Auch das Moment unterliegt diesem Reibeinfluss, sodass der Steigungswinkel φ um den Reibwinkel ρ vergrößert werden muss.
- Beim Lösen der Schraube (rechte Bildspalte) drehen sich die Verhältnisse um: Der Steigungswinkel der schiefen Ebene φ wird wegen der umgekehrten Bewegungsrichtung im Kraftreck um den Reibwinkel ρ verkleinert („Bergabfahrt"). Diese Verkleinerung führt zumindest bei Befestigungsschrauben dazu, dass zum Lösen der Schraube eine talwärts gerichtete Umfangskraft $F_{u\,l\ddot{o}s}$ als Gegenkathete zu $\varphi - \rho$ eingeleitet werden muss. Diese Vorzeichenumkehr muss auch in der Formulierung des Moments berücksichtigt werden.

Die Reibzahl μ, aus der der Reibwinkel $\rho = \arctan\mu$ ermittelt wird, ist vom Werkstoff, von der Werkstoffoberfläche, von der Gewindefertigung und vom Schmierungszustand abhängig. Die VDI-Richtlinien VDI 2230 (Tabelle 4.1) geben einen tabellarischen Überblick. In diesem Zusammenhang interessiert zunächst nur die obere Tabellenhälfte (Gewindereibung), die zweite Tabellenhälfte (Kopfreibung) wird weiter unten noch aufgegriffen werden.

Tabelle 4.1: Zahlenwerte für Gewindereibung (oben) und Kopfreibung (unten) nach VDI 2230

μ_G — Gewinde / Außengewinde (Schraube), Werkstoff Stahl (Innengewinde-Fertigung: geschnitten, Schmierung: trocken)

Innengewinde Werkstoff	Oberfläche	schwarzvergütet oder phosphatiert, gewalzt, trocken	gewalzt, geölt	gewalzt, MoS$_2$*	geschnitten, geölt	galvanisch verzinkt (Zn6), geschnitten oder gewalzt, trocken	Zn6, geölt	galvanisch cadmiert (Cd6), trocken	Cd6, geölt	Klebstoff, trocken
Stahl	blank	0,12 bis 0,18	0,10 bis 0,16	0,08 bis 0,12	0,10 bis 0,16	–	0,10 bis 0,18	–	0,08 bis 0,14	0,16 bis 0,25
Stahl	galvanisch cadmiert verzinkt	0,10 bis 0,16	–	–	–	0,12 bis 0,20	0,10 bis 0,18	–	–	0,14 bis 0,25
GG/GTS	blank	0,08 bis 0,14	–	–	–	–	–	0,12 bis 0,16	0,12 bis 0,14	–
GG/GTS	blank	–	0,10 bis 0,18	–	0,10 bis 0,18	–	0,10 bis 0,18	–	0,08 bis 0,16	–
AlMg	blank	–	0,08 bis 0,20	–	–	–	–	–	–	–

μ_K — Auflagefläche / Schraubenkopf, Werkstoff Stahl (Schmierung: trocken)

Gegenlage Werkstoff	Oberfläche	Fertigung	schwarz oder phosphatiert, gepreßt, trocken	gepreßt, geölt	gepreßt, MoS$_2$*	gedreht, geölt	gedreht, MoS$_2$	geschliffen, geölt	galvanisch verzinkt (Zn6), gepreßt, trocken	Zn6, geölt	galvanisch cadmiert (Cd6), gepreßt, trocken	Cd6, geölt
Stahl	blank	geschliffen	–	0,16 bis 0,22	–	0,10 bis 0,18	–	0,16 bis 0,22	0,10 bis 0,18	–	0,08 bis 0,16	–
Stahl	galvanisch cadmiert verzinkt	spanend bearbeitet	0,12 bis 0,18	0,10 bis 0,18	0,08 bis 0,12	0,10 bis 0,18	0,08 bis 0,12		0,10 bis 0,18		0,08 bis 0,16	0,08 bis 0,14
Stahl	galvanisch cadmiert verzinkt	spanend bearbeitet	0,10 bis 0,16			0,10 bis 0,16	–	0,10 bis 0,16	0,16 bis 0,18	0,10 bis 0,18	–	–
Stahl	galvanisch cadmiert verzinkt	spanend bearbeitet	0,08 bis 0,16						–	–	0,12 bis 0,20	0,12 bis 0,14
GG/GTS	blank	geschliffen	–	0,10 bis 0,18	–	–	–	0,10 bis 0,18			0,08 bis 0,16	–
GG/GTS	blank	spanend bearbeitet	–	0,14 bis 0,20	–	0,10 bis 0,18	–	0,14 bis 0,22	0,10 bis 0,18	0,10 bis 0,16	0,08 bis 0,16	–
AlMg	blank	spanend bearbeitet	–	0,08 bis 0,20					–	–	–	–

* Molybdändisulfid

Trotz der differenzierten Betrachtung ist der Reibwert nur mit großen Toleranzen zu erfassen. Wird die Axialkraft im linken Drittel von Bild 4.6 in zwei Hälften für die beiden Seiten eines modellhaften Rechteckgewindes aufgeteilt, so gilt der Reibwinkel ρ nach obiger Gleichung.

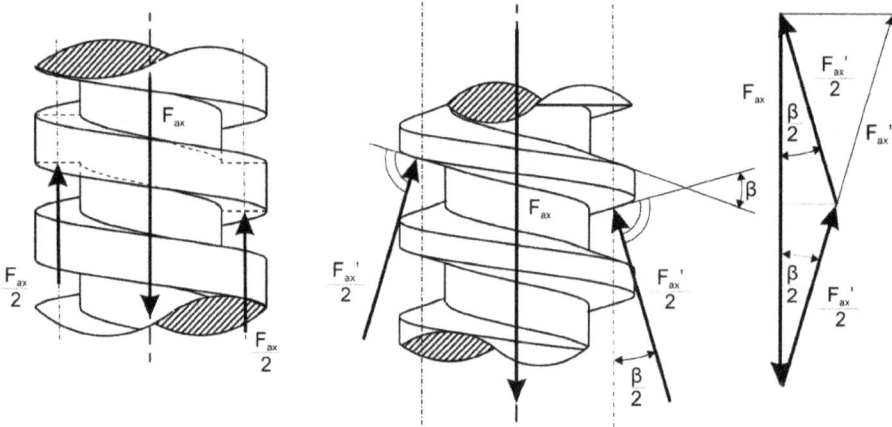

Bild 4.6: Reibzahl μ' unter Berücksichtigung von β

Wird die Gewindefläche um den Winkel $\beta/2$ nach außen geneigt, so neigt sich auch die für die Reibung verantwortliche Normalkraft $F_{ax}/2$ zu $F'_{ax}/2$ (mittleres Bilddrittel) und vergrößert sich dabei wegen der dadurch entstehenden Keilwirkung. An dem dabei entstehenden Krafteck (rechtes Bilddrittel) lässt sich formulieren:

$$\cos\frac{\beta}{2} = \frac{F_{ax}}{F'_{ax}} \quad \Rightarrow \quad F'_{ax} = \frac{F_{ax}}{\cos\frac{\beta}{2}}$$

Der gleiche Sachverhalt lässt sich auch dadurch zum Ausdruck bringen, dass der Reibwert μ in gleicher Weise zum effektiven Reibwert μ' vergrößert wird:

$$\mu' = \frac{\mu}{\cos\frac{\beta}{2}} \quad \Rightarrow \quad \rho' = \arctan\mu' = \arctan\frac{\mu}{\cos\frac{\beta}{2}} \qquad \text{Gl. 4.11}$$

Wird in den Gleichungen 4.9 und 4.10 anstelle des Reibwinkels ρ der Winkel ρ' eingeführt, so ergibt sich das im Gewinde wirksame Moment M_{Gew} zu:

$$M_{Gew\,anz} = F_{ax} \cdot \frac{d_2}{2} \cdot \tan(\varphi + \rho') \qquad \text{Gl. 4.12}$$

$$M_{Gew\,lös} = F_{ax} \cdot \frac{d_2}{2} \cdot \tan(\varphi - \rho') \qquad \text{Gl. 4.13}$$

4.2.3   Kopfreibung

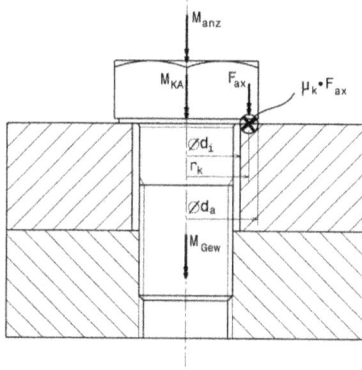

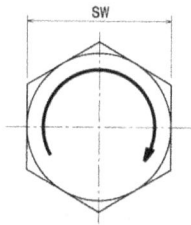

Der Schraubenkopf oder die Mutter wird gegen Ende des Anziehvorganges und zu Beginn des Lösevorganges mit der Kraft F_{ax} gegen die Unterlage gedrückt, wobei ein weiteres Reibmoment M_{KA} überwunden werden muss. Auf der Kreisringfläche (d_i innen, d_a außen) kommt es zu einer Flächenpressung, die hier auf eine Kraftwirkung am wirksamen Radius r_K reduziert werden kann. Das dadurch entstehende Reibmoment kann formuliert werden zu:

$$M_{KA} = \mu_K \cdot F_{ax} \cdot r_K$$

$$\text{mit} \quad r_K \approx \frac{d_a + d_i}{4} \qquad \text{Gl. 4.14}$$

Der konstruktiv nicht vorhandene Hebelarm r_K ergibt sich nach Bild 4.7 als Mittelwert aus einem inneren Radius r_i und einem äußeren Radius r_a. Bei normgerechten Schrauben mit metrischem Gewinde kann $d_a = s_w$ (Schlüsselweite) gesetzt werden.

Bild 4.7: Kopfreibung

Das gesamte Schraubenanzugsmoment ergibt sich also zu:

$$M_{ges} = M_{Gew} + M_{KA} \qquad \text{Gl. 4.15}$$

$$M_{ges} = F_{ax} \cdot \frac{d_2}{2} \cdot \tan(\varphi \pm \rho') + F_{ax} \cdot \mu_K \cdot r_K \qquad \text{Gl. 4.16}$$

$$M_{ges} = F_{ax} \cdot \left[\frac{d_2}{2} \cdot \tan(\varphi \pm \rho') + \mu_K \cdot r_K \right] \qquad \text{Gl. 4.17}$$

Für die Berechnung von Schraubverbindungen empfiehlt sich meist Gl. 4.16. Sie ist zwar etwas umständlicher, differenziert aber genau nach dem „Gewindeanteil" M_{Gew}, der den Schraubenschaft tatsächlich mechanisch belastet und deshalb bei der Festigkeitsberechnung (s. u.) angesetzt werden muss. Das Kopfreibungsmoment M_{KA} muss zwar auch mit dem Schraubenschlüssel beim Anziehen der Schraube aufgebracht werden, belastet aber den Schraubenschaft nicht, da es bereits abgeleitet wird, bevor es diesen erreicht.

4.2.4 Selbsthemmung

Eine Befestigungsschraube soll sich nach der Montage nicht von alleine lösen können. Diese Bedingung ist in jedem Fall dann erfüllt, wenn das Gewindemoment zum Lösen der Schraubverbindung in umgekehrter Richtung aufgebracht werden muss, das mit Gl. 4.13 formulierte Moment also negativ ist.

$$M_{Gewlös} = F_{ax} \cdot \frac{d_2}{2} \cdot \tan(\varphi - \rho') \leq 0 \qquad \text{Gl. 4.18}$$

Daraus folgt aber unmittelbar die Forderung, dass der Steigungswinkel des Gewindeganges φ kleiner sein muss als der Reibwinkel ρ bzw. ρ':

$$\varphi < \rho \quad \text{bzw.} \quad \varphi < \rho' \quad \text{Selbsthemmungsbedingung} \qquad \text{Gl. 4.19}$$

Bei Befestigungsschrauben mit einem Steigungswinkel φ in einem Bereich von etwa 3° liegt Selbsthemmung vor, wenn der Reibwert $\mu' = \tan \rho' > 0{,}044$ ist. Dieser Reibwert ist nach Tabelle 4.1 für alle denkbaren Schmierzustände und Oberflächenbeschaffenheiten normgerechter Befestigungsschrauben gegeben.

4.3 Festigkeitsnachweis von Schraubverbindungen

In aller Regel liegt in der Schraube ein zusammengesetzter Belastungszustand vor:

- Die Schraubenlängskraft belastet die Schraube mit einer Zugspannung.
- Das Gewindemoment belastet die Schraube mit Torsionsschubspannung.

Abgesehen von Ausnahmefällen muss also stets eine Vergleichsspannung σ_V gebildet werden. Darüber hinausgehende Belastungen, insbesondere Biegung, sollen durch konstruktive Maßnahmen ausgeschlossen werden. Der Sicherheitsnachweis einer statisch belasteten Schraube lässt sich für eine Befestigungsschraube ohne Gewindefreistich durch folgendes Schema wiedergeben:

Belastung	Zugkraft F_{Sstat}	Gewindemoment ohne Kopfreibung $M_{Gew} = F_V \cdot \dfrac{d_2}{2} \cdot \tan(\varphi + \rho')$
Spannung	Zugspannung $\sigma_{Zstat} = \dfrac{F_{Sstat}}{A_S}$	Torsionsschub $\tau_t = \dfrac{M_{Gew}}{W_t}$
Vergleichsspannung	$\sigma_{Vstat} = \sqrt{\sigma_{Zstat}^2 + 3 \cdot \tau_t^2}$	
Sicherheitsnachweis	$\sigma_{Vstat} \leq \sigma_{0,2}$? oder $S_{stat} = \dfrac{\sigma_{0,2}}{\sigma_{Vstat}} \geq 1$?	

Die statische Schraubenkraft F_{Sstat} ergibt sich zunächst einmal aus der Vorspannkraft F_V, wird aber ggf. noch um Betriebskräfte überlagert, die nach der Montage auf die Schraube einwirken (s. Kapitel 4.5). Der Gewindeschaft wird nur mit dem Gewindemoment M_{Gew}, nicht aber mit dem Kopfreibungsmomentes M_{KA} belastet, welches ja vom Schraubenkopf direkt in die Umgebungskonstruktion abgeleitet wird. In jedem Fall muss bei der Festigkeitsberechnung geklärt werden, welcher Schraubendurchmesser für die Berechnung der Spannung maßgebend ist. Durch die Konstruktionsdaten des Gewindes sind der Nenndurchmesser d und der Kerndurchmesser d_3 gegeben. Bild 4.8 klärt diese Frage in Abhängigkeit des Fertigungsverfahrens.

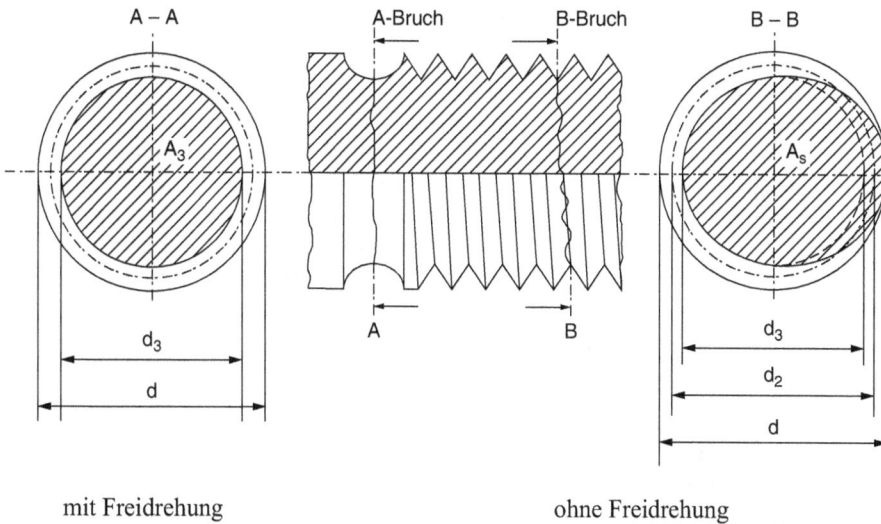

mit Freidrehung   ohne Freidrehung

Wird bei der Herstellung der Schraube ein Freistich bis zum Gewindegrund vorgesehen, so ist der Kerndurchmesser d_3 für die Festigkeitsberechnung maßgebend:

Fehlt jedoch dieser Freistich (z. B. beim „Rollen" der Gewindegänge, wie es bei der Massenfertigung von Befestigungsschrauben üblich ist), so entsteht als Bruchfläche der hier skizzierte „Spannungsquerschnitt" A_S, der etwas mehr Flächeninhalt aufweist als die Kernfläche A_3.

$A = A_3$

$$A = \frac{\pi}{4} \cdot d_3^2 \qquad \text{Gl. 4.20}$$

$A = A_S$

$$A_S \approx \frac{1}{2} \cdot \frac{\pi}{4} \cdot d_3^2 + \frac{1}{2} \cdot \frac{\pi}{4} \cdot \left(\frac{d_3 + d}{2}\right)^2$$

$$A_S \approx \frac{1}{2} \cdot \frac{\pi}{4} \cdot d_3^2 + \frac{1}{2} \cdot \frac{\pi}{4} \cdot d_2^2$$

$$A_S = \frac{\pi}{4} \cdot d_S^2 \quad \text{mit} \quad d_S = \frac{d_2 + d_3}{2} \qquad \text{Gl. 4.21}$$

$$W_t = \frac{\pi}{16} \cdot d_3^3 \qquad \text{Gl. 4.22}$$

$$W_t = \frac{\pi}{16} \cdot d_S^3 \qquad \text{Gl. 4.23}$$

Bild 4.8: Spannungsdurchmesser der Schraube

Dadurch gewinnt man formal den Spannungsdurchmesser d_S, der wie der Flankendurchmesser konstruktiv nicht vorhanden ist. Der Spannungsdurchmesser d_S und der Spannungsquerschnitt A_S werden häufig auch in den Normtabellen (z. B. in Zusammenhang mit den Bildern 4.2 und 4.3) aufgeführt. Aus diesem Spannungsdurchmesser ergibt sich auch das für die Berechnung der Torsionsspannung maßgebliche polare Widerstandsmoment W_t.

Der für statisch belastete Schraubverbindungen maßgebende Werkstoffkennwert $\sigma_{p0,2}$ wird durch die sog. Festigkeitsklasse oder Schraubengüte ausgedrückt. Die Kennzeichnung „Schraubengüte 8.8" beispielsweise besagt, dass die Schraube bis zu einer zulässigen Spannung von $800\,\text{N/mm}^2 \cdot 0{,}8 = 640\,\text{N/mm}^2$ belastet werden darf. Üblich sind die Festigkeitsklassen 3.6, 4.6, 4.8, 5.6, 5.8, 6.8, 8.8, 9.8, 10.9 und 12.9.

Die von der Schraube aufzunehmende Axialkraft belastet nicht nur den Schraubenschaft, sondern muss auch als Flächenpressung an den Flanken des Gewindes übertragen werden. Auf deren genauere Analyse soll an dieser Stelle allerdings verzichtet werden, weil dieses Festigkeitskriterium bei Verwendung normgerechter Befestigungsschrauben kaum in Erscheinung tritt. Im ungünstigsten Fall werden die Gewindeflanken bei vielfach wiederholtem Anziehen und Lösen einem Verschleiß ausgesetzt, was aber noch nicht den sofortigen Ausfall der Schraubverbindung nach sich zieht. Wird dieses fortschreitende Schadensbild bei wiederholter Montage bemerkt, so kann die Schraube noch rechtzeitig ausgetauscht werden.

4.4 Vorspannen von Schraubverbindungen

Die durch das Anziehen einer Befestigungsschraube hervorgerufene Vorspannung führt zu einer Belastung der Schraube, obwohl noch keine äußere Betriebskraft auf die Schraube einwirkt. Die endgültige Belastung der Schraube setzt sich schließlich aus den montagebedingten Belastungen und der anschließend aufgebrachten Betriebslast zusammen. Insofern ist es angebracht, zunächst einmal den Montagevorgang näher zu betrachten.

4.4.1 Vorspannung und Verformung

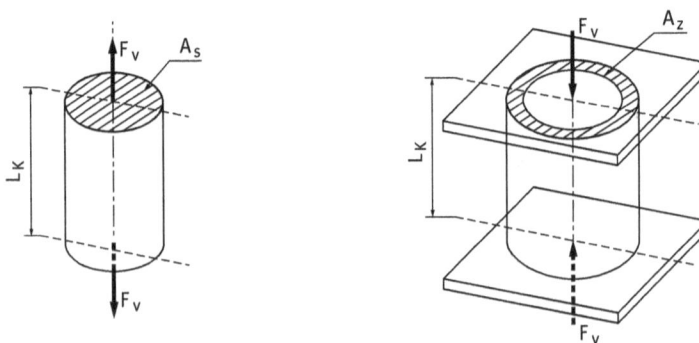

Bild 4.9: Steifigkeit von Schraube und Zwischenlage

Die Schraube wird durch die beim An-ziehen aufgebrachte Längskraft als elas-tischer Körper deformiert, sie verhält sich wie eine (sehr steife) Zugfeder (s. Abschnitt 2.2.1). Wird die Schraube näherungsweise als zylindrischer Körper aufgefasst, so lässt sich ihre Steifigkeit c_S nach Gl. 2.3 als Zugfeder formulie-ren:

Die Kraft, die aufgrund dieser Vorspannung die Schraube dehnt, wirkt als Reaktion auch auf die Teile, die durch die Schraube verspannt werden („Zwischenlage"). Diese Zwischenlage verhält sich ebenfalls wie ein elastischer, sehr steifer Körper, der durch die Schraubenkraft gestaucht wird. Um eine erste Betrachtung zu erleichtern, wird diese Zwischenlage zunächst als einfache zylindrische Hülse angenommen, sodass sich deren Steifigkeit in ähnlicher Weise rechnerisch beschreiben lässt.

$$c_S = E_S \cdot \frac{A_S}{L_K} \qquad \text{Gl. 4.24}$$

$$c_Z = E_Z \cdot \frac{A_Z}{L_K} \qquad \text{Gl. 4.25}$$

bzw. $\quad \delta_S = \dfrac{1}{c_S} = \dfrac{L_K}{E_S \cdot A_S} \quad$ Gl. 4.26

bzw. $\quad \delta_Z = \dfrac{1}{c_Z} = \dfrac{L_K}{E_Z \cdot A_Z} \qquad$ Gl. 4.27

Ähnlich wie nach Gl. 4.26 und 4.27 bei Federn kann das Verformungsverhalten auch durch die Angabe der „Nachgiebigkeit" δ (Kehrwert der Steifigkeit) beschrieben werden, was sich im Folgenden als vorteilhaft erweisen wird. Bild 4.10 zeigt die vorgespannte Kombination Schraube-Zwischenlage links in der technischen Ausführung und rechts als modellhaften Er-satz. Die Schraubensteifigkeit wird dabei zur Federsteifigkeit c_S, die Steifigkeit der Zwischen-lage durch zwei parallel geschaltete Federn mit den Steifigkeiten $c_Z/2$ symbolisiert. Das Vor-spannen der Schraube mit der Kraft F_V wird durch Ziehen an der Feder mit der Schraubenstei-figkeit c_S versinnbildlicht, als Reaktion darauf verteilt sich die Vorspannkraft je zur Hälfte als $F_V/2$ auf je eine Zwischenlagensteifigkeit $c_Z/2$.

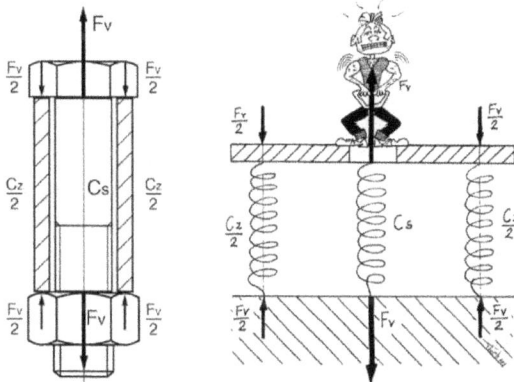

Schraube mit   Ersatzfedersteifigkeiten
Zwischenlage

Bild 4.10: Vorspannen von Schraube und Zwischenlage

Das Zusammenspiel der an Schraube und Zwischenlage wirkenden Kräfte und Verformungen lässt sich mithilfe der Steifigkeitskennlinien nach Bild 4.11 beschreiben:

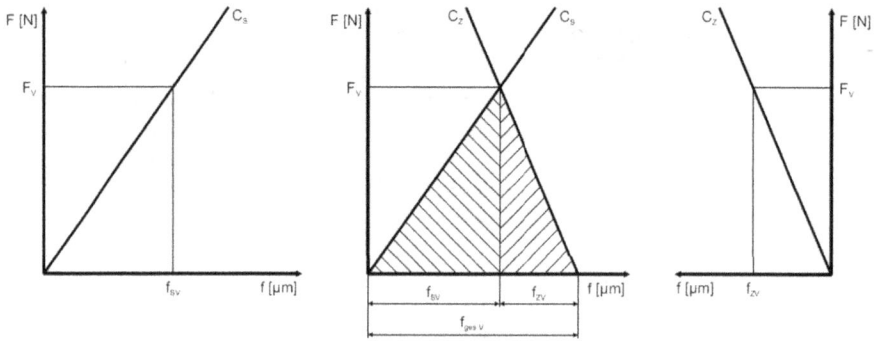

Bei einer Vorspannkraft F_V wird die Schraube mit der Steifigkeit c_S um den Betrag f_{SV} gelängt.

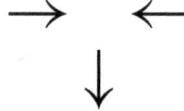

Wenn in beiden Diagrammen die gleichen Maßstäbe für Kraft und Verformung verwendet werden, lassen sich diese beiden Steifigkeitskennlinien zu einem einzigen Schaubild zusammenfügen, welches „Verspannungsdiagramm" genannt wird.

Bei der gleichen Vorspannkraft F_V wird die Zwischenlage ebenfalls entlang ihrer Federkennlinie c_Z um f_{ZV} deformiert. Da es sich hier um eine Stauchung handelt, wird diese Verformung in negativer Richtung aufgetragen.

Bild 4.11: Federkennlinien von Schraube und Zwischenlage führen zum Verspannungsdiagramm

Die Verformung $f_{gesV} = f_{SV} + f_{ZV}$ ist genau der Weg, der durch das Verdrehen der Schraube zwischen der ersten, festen Anlage der Kontaktflächen und dem endgültigen Montagezustand in das System eingeleitet werden muss, und entspricht damit der Schraubenlängskoordinate h des Abschnittes „Geometrie der Schraube" (Bild 4.1 und Gl. 4.4). Damit lässt sich auch der Winkel α ermitteln, um den Schraube und Mutter gegeneinander verdreht werden müssen, um den Vorspannweg f_{gesV} zu verwirklichen:

$$f_{gesV} = \alpha \cdot \frac{d_2}{2} \cdot \tan\varphi$$

$$\alpha = \frac{f_{gesV}}{\frac{d_2}{2} \cdot \tan\varphi} \qquad \alpha \text{ in Bogenmaß!} \qquad\qquad \text{Gl. 4.28}$$

Durch geometrische Betrachtungen im Verspannungsschaubild lässt sich nun auch eine Beziehung zwischen Vorspannweg f_{gesV} und Vorspannkraft F_V herstellen:

linkes Dreieck im Verspannungsdiagramm: rechtes Dreieck im Verspannungsdiagramm:

$$c_S = \frac{F_V}{f_{SV}} \quad\Rightarrow\quad f_{SV} = \frac{F_V}{c_S} \quad \text{Gl. 4.29} \qquad\qquad c_Z = \frac{F_V}{f_{ZV}} \quad\Rightarrow\quad f_{ZV} = \frac{F_V}{c_Z} \quad \text{Gl. 4.30}$$

$$f_{gesV} = f_{SV} + f_{ZV} = \frac{F_V}{c_S} + \frac{F_V}{c_Z} = F_V \cdot \left(\frac{1}{c_S} + \frac{1}{c_Z}\right) = \frac{F_V}{c_{ges}} \qquad\qquad \text{Gl. 4.31}$$

Die beiden Steifigkeiten c_S und c_Z sind in diesem Fall hintereinander geschaltet (vergleiche auch Bild 2.4): Die beiden Federwege werden addiert und die Kraft ist in beiden Federn gleich. Der zur Erzielung einer bestimmten Vorspannkraft erforderliche Verdrehwinkel ergibt sich durch Einsetzen von Gl. 4.29 und 4.30 in Gl. 4.28:

$$\alpha = \frac{\frac{1}{c_S} + \frac{1}{c_Z}}{\frac{d_2}{2}\tan\varphi} \cdot F_V \qquad \alpha \text{ in Bogenmaß!} \qquad\qquad\qquad \text{Gl. 4.32}$$

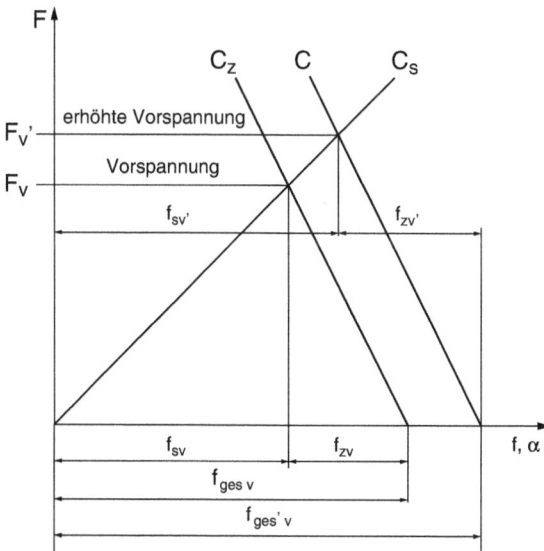

Die Steigerung der Vorspannkraft kann in Bild 4.12 durch eine Parallelverschiebung der Steifigkeitskennlinie der Zwischenlage dargestellt werden: Durch eine Erhöhung der Vorspannkraft von F_v auf F_v' wird die zuvor um f_{SV} gedehnte Schraube nunmehr auf f_{SV}' gelängt, während die Stauchung der Zwischenlage von f_{ZV} auf f_{ZV}' gesteigert wird. Dies wird durch weiteres Drehen an der Schraube herbeigeführt, wodurch der Vorspannweg von f_{gesV} auf f_{gesV}' vergrößert wird.

Bild 4.12: Verspannungsdiagramm, Variation der Vorspannkraft

Aufgabe A.4.1

4.4.2   Setzen der Schraube

Der Kraftfluss einer vorgespannten Schraubverbindung geht über mehrere Trennfugen hinweg, an denen nicht etwa geometrisch ideale, sondern vielmehr technisch reale Oberflächen mit einer fertigungsbedingten Rauheit aufeinanderliegen.

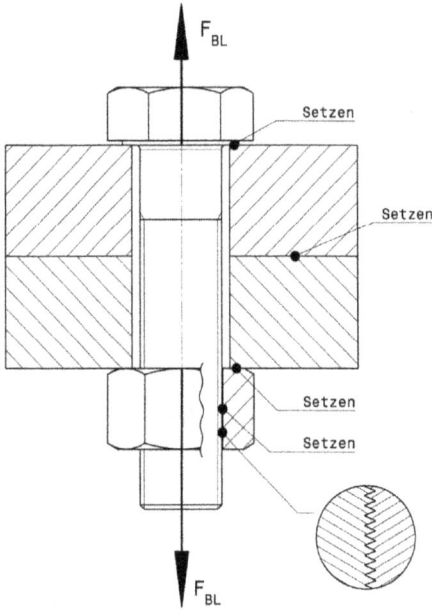

Bild 4.13 zeigt beispielhaft eine Schraubverbindung, die vier Trennfugen (einschließlich der Trennfuge im Gewindegang) aufweist. Diese Rauigkeiten werden durch die an der Trennfuge wirkenden Kräfte teilweise plastisch um den Weg Δf_V verformt und eingeebnet, wodurch es zum „Setzen" der Schraube kommt. Dadurch verringert sich der ursprünglich aufgebrachte Vorspannweg f_V um den Setzbetrag Δf_V, was wiederum einen Verlust der ursprünglich aufgebrachten Vorspannkraft F_V um ΔF_V zur Folge hat. Dieser Sachverhalt stellt sich im Verspannungsschaubild nach der linken Hälfte von Bild 4.14 durch eine Parallelverschiebung der Steifigkeitskennlinie c_Z um Δf_V nach links dar.

Bild 4.13: Schraubverbindung mit 4 Trennfugen

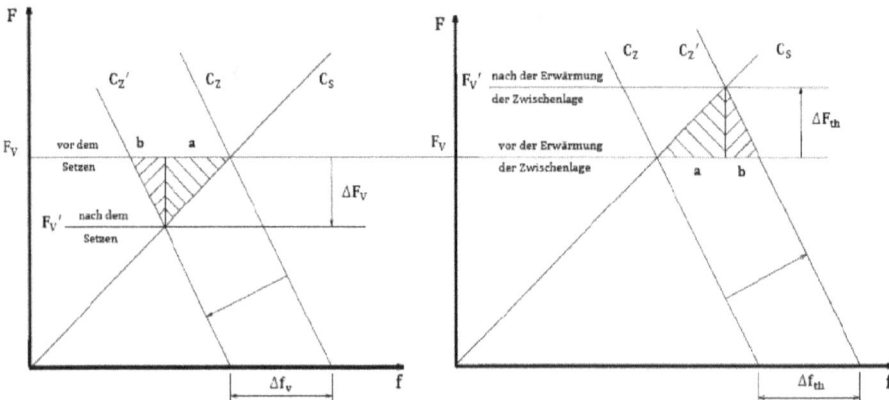

Bild 4.14: Vorspannungsverlust durch Setzen der Schraube (links) und Vorspannungserhöhung durch Erwärmung der Zwischenlage (rechts)

Aus dem linken Verspannungsschaubild von Bild 4.14 lässt sich ablesen:

abfallend schraffiertes Dreieck: aufsteigend schraffiertes Dreieck:

$$c_S = \frac{\Delta F_V}{a} \quad \Rightarrow \quad a = \frac{\Delta F_V}{c_S} \quad \text{Gl. 4.33} \qquad c_Z = \frac{\Delta F_V}{b} \quad \Rightarrow \quad b = \frac{\Delta F_V}{c_Z} \quad \text{Gl. 4.34}$$

$$\Delta f_V = a + b = \frac{\Delta F_V}{c_S} + \frac{\Delta F_V}{c_Z} = \Delta F_V \cdot \left(\frac{1}{c_S} + \frac{1}{c_Z} \right) \qquad \text{Gl. 4.35}$$

Durch Umstellen dieser Gleichung gewinnt man einen expliziten Zusammenhang zwischen dem Verlust an Vorspannweg und dem Verlust an Vorspannkraft:

$$\Delta F_V = \frac{\Delta f_V}{\frac{1}{c_S} + \frac{1}{c_Z}} \qquad \text{Gl. 4.36}$$

Der gesamte Verlust an Vorspannweg Δf_V ergibt sich aus der Summe der Setzbeträge der einzelnen Trennfugen, die ihrerseits von deren Oberflächen- bzw. Bearbeitungszustand abhängen. Für Schrauben und Zwischenlagen aus Stahl lässt er sich nach Tabelle 4.2 abschätzen:

Tabelle 4.2: Setzbeträge

Betriebsbeanspruchung	Setzbetrag im Gewinde	Setzbetrag bei feinbearbeiteter Oberfläche	Setzbetrag bei geschlichteter Oberfläche
längs	5 µm	2 µm	4 µm
quer oder kombiniert längs/quer	5 µm	4 µm	8 µm

Der Setzbetrag wird gering gehalten durch:

• geringe Rauheiten in den Kontaktflächen, was aber eine aufwendigere Fertigung zur Folge hat,
• geringe Anzahl der Trennfugen, d. h. Unterlegscheiben (und erst recht einen Stapel von Unterlegscheiben) möglichst vermeiden,
• Flächenpressung an den Trennfugen möglichst unterhalb der Streckgrenze halten, sodass keine plastische Verformung der Rauheiten eintreten kann.

Die Auswirkungen des Setzens können gemildert werden durch:

• hohe Vorspannung, sodass auch nach dem Setzen noch genügend Vorspannkraft zur Verfügung steht,
• geringe Steifigkeit der gesamten Schraubverbindung, sodass der Setzbetrag durch Nachfedern der Schraubverbindung aufgenommen werden kann.

Ein nachträglicher Ausgleich des Setzbetrages ist durch Nachziehen der Schrauben nach einiger Betriebszeit möglich. Um diesen Vorgang abzukürzen, kann die Schraubverbindung nach der Montage kurz überlastet und dann sofort nachgezogen werden.

4.4.3   Thermisches Anziehen und weitere thermische Einflüsse

Die Schraube kann aber nicht nur mechanisch, sondern auch thermisch vorgespannt werden: Dazu wird die Schraube vor der Montage auf eine definierte Temperatur erwärmt und sofort danach ohne Torsionsbelastung montiert. Beim anschließenden Abkühlen baut sich aufgrund der rückläufigen Wärmedehnung ein definierter Vorspannungszustand auf. Zur Ermittlung der erforderlichen Aufwärmtemperatur der Schraube wird folgende Gleichung umgestellt:

$$f_{gesV} = L_K \cdot \alpha_S \cdot \Delta\vartheta_S \quad \Rightarrow \quad \Delta\vartheta_S = \frac{f_{gesV}}{L_K \cdot \alpha_S} \qquad\qquad \text{Gl. 4.37}$$

L_K Klemmlänge der Schraube
α_S Wärmeausdehnungskoeffizient der Schraube $11 \cdot 10^{-6}/°C$ für Stahl
$\Delta\vartheta_S$ Aufwärmtemperatur der Schraube

Dieses Montageverfahren bringt zwar die gewünschte Zugspannung auf, schließt aber eine Torsionsbelastung aus. Damit hat das thermische Anziehen viele Gemeinsamkeiten mit dem Warmnieten (Bild 3.2 rechts).

Für eine bereits montierte Schraube kann eine Erwärmung aber auch die Festigkeit gefährden. Bild 4.11 dokumentiert den Verspannungszustand ja unter der Voraussetzung, dass alle an der Verbindung beteiligten Bauteile die gleiche Temperatur aufweisen. Zusätzliche Betrachtungen werden nötig, wenn bei einer bereits montierten Schraubverbindung (möglicherweise nur kurzfristige) Temperaturgradienten auftreten. Die rechte Hälfte von Bild 4.14 beschreibt den Fall, dass eine bereits montierte Schraubverbindung erwärmt wird, wobei im modellhaften Extremfall davon ausgegangen werden muss, dass die Zwischenlage erwärmt wird, während die Schraube selber ihr ursprüngliches Temperaturniveau beibehält. Durch Wärmeausdehnung der Zwischenlage wird der Vorspannungsweg in Anlehnung an Gl. 4.37 um Δf_{th} vergrößert, wodurch es zu einer Parallelverschiebung der Steifigkeitskennlinie der Zwischenlage nach rechts kommt, was die Vorspannkraft um ΔF_V vergrößert. Für die rechnerische Beschreibung dieses Sachverhaltes kann der gleiche Ansatz nach Gl. 4.36 mit den gleichen Formelzeichen verwendet werden wie beim Setzen der Schraube.

Aufgabe A.4.2

4.5   Betriebskraftbelastung der Schraube

Die angezogene Schraube wird mit einer Längskraft F_V belastet, auch wenn noch keine äußere Belastung in die Schraubverbindung eingeleitet wird. Eine zusätzlich wirkende Betriebskraft F_B kann grundsätzlich in jeder beliebigen Richtung auftreten, aber die folgenden Betrachtungen beschränken sich auf die beiden Modellfälle:

- Wenn die Betriebskraft F_B senkrecht zur Schraubenachse angreift, so liegt eine **querkraft-beanspruchte Schraubverbindung** vor (Abschnitt 4.5.1). Eine solche Betriebskraft wird im weiteren Verlauf dieser Ausführungen mit F_{BQ} bezeichnet.
- Greift die Betriebskraft F_B hingegen in Richtung der Schraubenachse an, so handelt es sich um eine **längskraftbeanspruchte Schraubverbindung**(Abschnitt 4.5.2). Die dabei wirkende Betriebskraft wird mit F_{BL} indiziert.

Grundsätzlich lassen sich diese beiden Modellfälle beliebig miteinander kombinieren, sodass jeder praktische Anwendungsfall erfasst werden kann (mehr darüber im Abschnitt 4.5.4 der dreibändigen Ausgabe).

4.5.1   Querkraftbeanspruchte Schraubverbindungen

Eine Schraube kann die von außen in die Verbindung eingeleitete Querkraft nur dann tatsächlich als Querkraftschub im Schraubenschaft aufnehmen, wenn sie konstruktiv dazu besonders ausgebildet ist. Ähnlich wie bei einer kaltgeschlagenen Nietverbindung muss die Querkraft als Schubspannung (vgl. Bild 3.3) und Lochleibungsdruck (vgl. Bild 3.4) übertragen werden.

$$\tau_{Qtats} \leq \tau_{Qzul} \quad \text{und} \quad p_{tats} \leq p_{zul} \qquad\qquad\qquad \text{Gl. 4.38}$$

Dazu darf der Schaft der Schraube im kraftübertragenden Bereich kein Gewinde aufweisen und muss an der Wand der Bohrung fest anliegen. Dies führt zur Konstruktion der sog. Passschraube (Bild 4.15 links). Für eine normale Befestigungsschraube wäre eine Pressungsübertragung an der Mantelfläche des Gewindes kaum möglich, da nur die Gewindespitzen als pressungsübertragende Fläche zur Verfügung stünden. Die Schraube muss also so weit vorgespannt werden, dass die als Querkraft eingeleitete Betriebskraft durch die Reibung der verspannten Teile nach der rechten Hälfte von Bild 4.15 untereinander übertragen werden kann:

$$F_V \geq \frac{F_{BQ}}{\mu} \qquad\qquad\qquad \text{Gl. 4.39}$$

Die Schraube selbst wird also nur mit der einmal aufgebrachten Vorspannkraft F_V in Längsrichtung, nicht aber mit der aktuellen Betriebskraft F_{BQ} in Querrichtung belastet. Bild 4.16 zeigt eine nicht schaltbare Kupplung, die ein Torsionsmoment von einer linken Welle auf einen darauf befestigten Flansch und von dort aus über Schrauben auf einen gegenüberliegenden Flansch und weiterhin auf eine rechte Welle überträgt. Die Konstruktion ist in drei verschiedenen Varianten ausgeführt.

- **Befestigungsschraube** (links): Die Schraube überträgt ihre Querkraft nicht an der Mantelfläche ihres Schaftes, sie braucht noch nicht einmal an der Bohrung anzuliegen. Die Schraube wird vielmehr so stark angezogen, dass die Querkraft durch Reibschluss an den Flanschflächen übertragen wird.
- **Passschraube** (Mitte): Der Schraubenschaft ist so ausgebildet, dass er an der Bohrung anliegt und damit die momentenbedingte Querkraft formschlüssig überträgt.

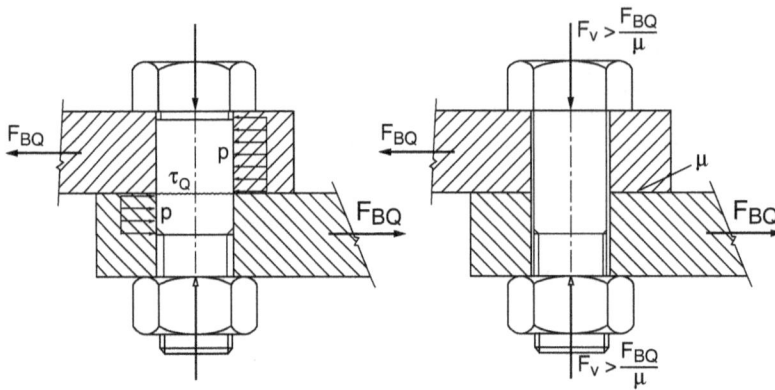

Schraubverbindung mit Passschraube   Schraubverbindung mit normaler Schraube
        bei Querkraftbelastung   bei Querkraftbelastung

Bild 4.15: Querkraftbelastete Schraubverbindungen

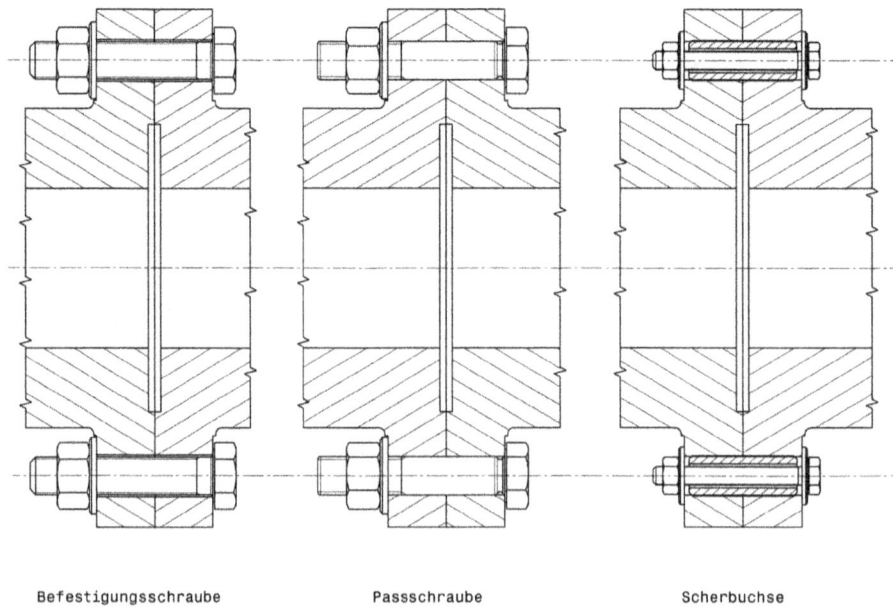

Befestigungsschraube   Passschraube   Scherbuchse

Bild 4.16: Flanschverbindung mit Schrauben

- **Scherbuchse** (rechts): Die Querkräfte können auch durch eine Scherbuchse aufgenommen werden, die auf Querkraftschub und Lochleibungsdruck dimensioniert wird. In diesem Fall liegt die Schraube nicht im Hauptkraftfluss und dient nur dazu, die Scherbuchse in Position zu halten.

Passschrauben werden jedoch wegen der folgenden Nachteile nur in Sonderfällen verwendet:

- Die Schraube ist wegen der eng tolerierten Außenmantelfläche des Schaftes sehr teuer.
- Auch die Vorbereitung der Umgebungskonstruktion ist sehr aufwendig. Selbst wenn die Schraubverbindung aus nur einer einzigen Schraube besteht, so müssen die Bohrungen aufgerieben werden.
- Besteht die Verbindung aus mehreren Schrauben, so besteht zusätzlich das Problem, dass sich die Bohrlöcher der zu verbindenden Teile genau gegenüberstehen müssen, die Lage der Bohrlöcher untereinander muss also genau toleriert werden. Diese Forderung wird häufig dadurch erfüllt, dass die beiden Bauteile in Montageposition gemeinsam gebohrt und aufgerieben werden.

Aufgaben A.4.3 und A.4.4

4.5.2 Längskraftbeanspruchte Schraubverbindungen

Wirkt die Betriebskraft in Richtung der Schraubenachse, so wird die Betrachtung deutlich komplexer. Die auf die Schraube einwirkende Kraft ergibt sich **nicht** etwa als Summe von Vorspannkraft F_V und Betriebskraft F_{BL}, sondern orientiert sich am Zusammenspiel der Steifigkeiten von Schraube und Zwischenlage.

4.5.2.1 Statische Betriebskraft

Für ein einführendes Beispiel wird eine Schraube nach Bild 4.17 links betrachtet, die mit einer Vielzahl gleichartiger Schrauben den Deckel mit einem unter Druck stehenden Kessel verbindet. Es wird angenommen, dass die durch den Kesselüberdruck hervorgerufene Betriebskraft F_{BL} am Schraubenkopf angreift und sich als Reaktion an der Mutter abstützt. Die aus Deckel und Flansch bestehende Zwischenlage wird hier modellhaft auf ein Stück Rohr reduziert.

Die durch die Betriebskraft F_{BL} verursachte Zusatzbelastung der Schraube ist zwar nicht direkt zu ermitteln, aber es lässt sich die Beobachtung ausnutzen, dass die Betriebskraft an der bereits vorgespannten Schraubverbindung eine zusätzliche Verformung Δf_B hervorruft, die in gleicher Weise sowohl die Schraube als auch die Zwischenlage betrifft und den Betriebspunkt von der ursprünglichen Lage im Schnittpunkt von c_S und c_Z gemeinsam verschiebt. Bezüglich der Betriebskraft sind die Steifigkeiten von Schraube und Zwischenlage also parallel geschaltet. Schraube und Zwischenlage erfahren dabei die folgenden Veränderungen:

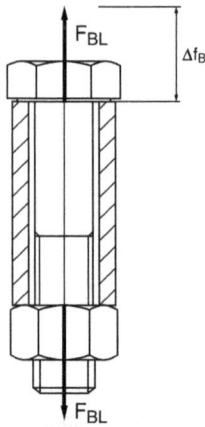

Schraube mit
Zwischenlage

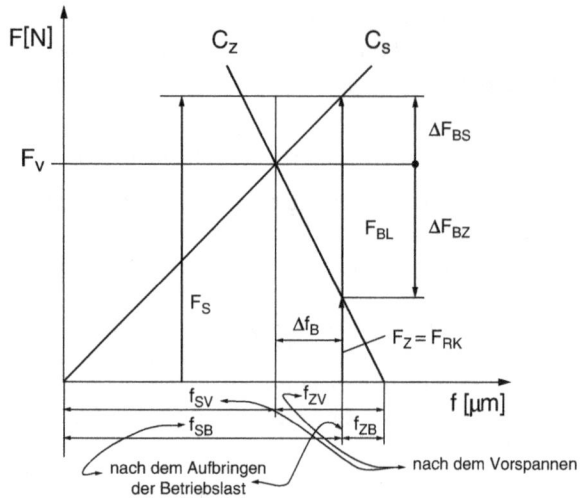

Schraube – Zwischenlage   Verspannungsdiagramm

Bild 4.17: Verspannungsdiagramm mit statischer Zugbetriebskraft

	Verformung	Kraft
Schraube	Die durch die Montage bereits um f_{SV} gelängte Schraube wird zusätzlich um Δf_B auf f_{SB} gedehnt, was im Verspannungs-schaubild eine Verlagerung des Betriebs-punktes um Δf_B nach rechts bedeutet: $$f_{SB} = f_{SV} + \Delta f_B$$	Die Schraubenbelastung wandert auf der c_S-Linie nach rechts oben, die die Schraube belastende Kraft wird dadurch um ΔF_{BS} vergrößert. Die Schraubenbelastung ergibt sich schließ-lich zu F_S: $$F_S = F_V + \Delta F_{BS}$$
Zwischen-lage	Die Zwischenlage wird um den gleichen Betrag Δf_B gelängt, der Betriebspunkt wird also ebenfalls nach rechts verlagert. Da die Zwischenlage aber zuvor durch die Vor-spannung um f_{ZV} gestaucht worden war, bedeutet die Längung um Δf_B eine Re-duzierung der ursprünglich aufgebrachten Stauchung auf nunmehr f_{ZB}. $$f_{ZB} = f_{ZV} - \Delta f_B$$	Die Belastung der Zwischenlage verla-gert sich auf der c_Z-Linie nach rechts unten, wobei die auf die Zwischenlage einwirkende Kraft um ΔF_{BZ} reduziert wird. Die Belastung der Zwischenlage ergibt sich schließlich zu F_Z: $$F_Z = F_V - \Delta F_{BZ}$$

In dem um Δf_B verschobenen Betriebszustand muss auch das Gleichgewicht der Kräfte gel-ten: Aus diesem Grund bildet sich zwischen den dadurch entstehenden Betriebspunkten von Schraube und Zwischenlage die Betriebskraft F_{BL} in der dargestellten Weise ab. Diese Be-trachtungsweise ist zwar schlüssig, aber unrealistisch, da sich der neue Betriebszustand im realen Betrieb nicht in Funktion von Δf_B, sondern vielmehr infolge der Betriebskraft F_{BL} einstellt. Dazu wird die Betriebskraft in Bild 4.17 maßstäblich so zwischen die beiden Steifigkeitskennlinien platziert, dass sich der Fußpunkt des Kraftvektors auf der Steifigkeitskennlinie der Zwischenlage befindet und die Spitze des Vektors gerade die Steifigkeitskennlinie der Schraube erreicht.

Unterhalb von F_{BL} bleibt noch die **Restklemmkraft** $F_Z = F_{RK}$ übrig, die die Zwischenlage auch nach Aufbringung der Betriebskraft noch belastet. Steigt die Betriebskraft F_{BL}, so wird die Restklemmkraft F_{RK} immer kleiner. Aus Gründen der Sicherheit der Schraubverbindung darf diese Restklemmkraft jedoch nicht verschwinden bzw. darf einen gewissen Betrag nicht unterschreiten, da es andernfalls zu einem Klaffen der Fugen oder zu einer Undichtigkeit der Schraubverbindung kommt.

Ändert die Betriebskraft ihr Vorzeichen (z. B. Unterdruck im Kessel), so kann nach Bild 4.18 die gleiche Betrachtung angestellt werden, allerdings tritt die betriebskraftbedingte Verformung Δf_B in die umgekehrte Richtung (hier also nach links) auf:

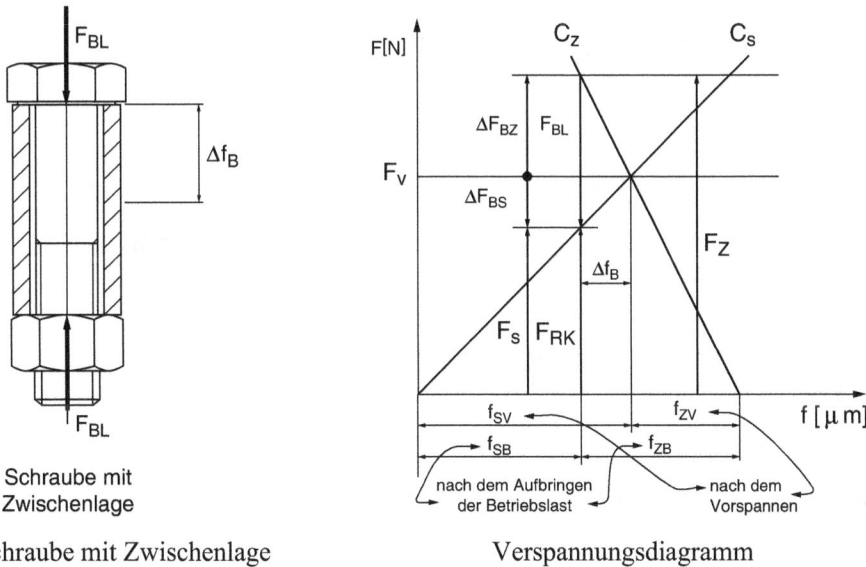

Schraube mit Zwischenlage   Verspannungsdiagramm

Bild 4.18: Verspannungsdiagramm mit statischer Druckbetriebskraft

Die Restklemmkraft F_{RK} bildet sich auch in diesem Fall unterhalb der Betriebskraft F_{BL} ab. Während aber vorher die Zwischenlagenkraft F_Z maßgebend war, ist es jetzt F_S.

Die vorangegangenen Überlegungen lassen als geometrische Beziehungen aus dem Verspannungsschaubild in Gleichungen fassen:

$$c_S = \frac{\Delta F_{BS}}{\Delta f_B} \quad \Rightarrow \quad \Delta f_B = \frac{\Delta F_{BS}}{c_S}$$

$$c_Z = \frac{\Delta F_{BZ}}{\Delta f_B} \quad \Rightarrow \quad \Delta f_B = \frac{\Delta F_{ZS}}{c_Z}$$

Durch Gleichsetzen gewinnt man:

$$\frac{\Delta F_{BS}}{c_S} = \frac{\Delta F_{ZS}}{c_Z} \quad \Rightarrow \quad \Delta F_{BZ} \cdot c_S = \Delta F_{BS} \cdot c_Z \qquad \text{Gl. 4.40}$$

Weiterhin gilt:

$$F_{BL} = \Delta F_{BS} + \Delta F_{BZ} \quad \Rightarrow \quad \Delta F_{BZ} = F_{BL} - \Delta F_{BS} \qquad \text{Gl. 4.41}$$

Die Steifigkeiten c_S und c_Z lassen sich nach den Gleichungen 4.24 und 4.25 berechnen und die Betriebskraft F_{BL} ist mit den Betriebsbedingungen bekannt. Durch Einsetzen von Gl. 4.41 in Gl. 4.40 ergibt sich:

$$(F_{BL} - \Delta F_{BS}) \cdot c_S = \Delta F_{BS} \cdot c_Z \qquad \text{Gl. 4.42}$$

Diese Gleichung wird schließlich nach ΔF_{BS} aufgelöst:

$$F_{BL} \cdot c_S - \Delta F_{BS} \cdot c_S = \Delta F_{BS} \cdot c_Z \quad \Rightarrow \quad \Delta F_{BS} \cdot (c_Z + c_S) = F_{BL} \cdot c_S$$

Damit folgt für die **Zusatzbelastung der Schraube** (Steigerung der Last gegenüber dem Vorspannungszustand):

$$\Delta F_{BS} = F_{BL} \cdot \frac{c_S}{c_Z + c_S} \qquad \text{Gl. 4.43}$$

Daraus resultiert für die gesamte Schraubenkraft F_S:

$$F_S = F_V + \Delta F_{BS} = F_V + F_{BL} \cdot \frac{c_S}{c_Z + c_S} \qquad \text{Gl. 4.44}$$

Das Steifigkeitsverhältnis $c_S/(c_S + c_Z)$ wird auch als Verspannungsfaktor Φ bezeichnet:

$$\Phi = \frac{c_S}{c_Z + c_S} \quad \Rightarrow \quad \Delta F_{BS} = F_{BL} \cdot \Phi \qquad \text{Gl. 4.45}$$

Analog dazu lässt sich für die Belastungsänderung der **Zwischenlage** (Reduzierung der Last gegenüber dem Vorspannungszustand) formulieren:

$$\Delta F_{BZ} = F_{BL} \cdot \frac{c_Z}{c_Z + c_S} \qquad \text{Gl. 4.46}$$

Unter Verwendung des Verspannungsfaktors Φ ergibt sich:

$$\Delta F_{BZ} = F_{BL} \cdot (1 - \Phi) \qquad \text{Gl. 4.47}$$

Aufgaben A.4.5 bis A.4.7

4.5.2.2   Dynamische Betriebskraft

In Erweiterung der vorangegangenen Betrachtung von Kapitel 4.5.2.1 tritt die Betriebskraft F_{BL} jedoch nicht nur statisch, sondern im allgemeinen Fall dynamisch auf. Der zunächst einfachste Fall liegt dann vor, wenn die Betriebskraft zwischen den Werten null und F_{BLmax} pendelt, also schwellend aufgebracht wird. Dieser Lastzustand ist im mittleren Drittel von Bild 4.19 dargestellt.

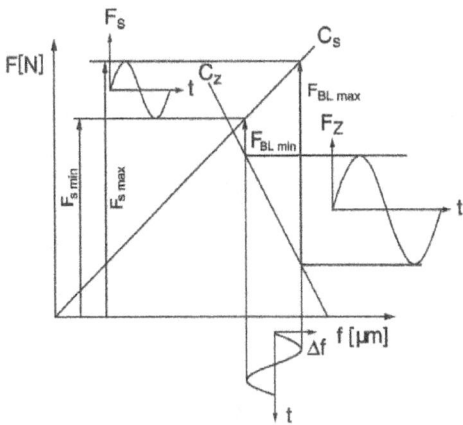

Betriebskraft im Zugbereich

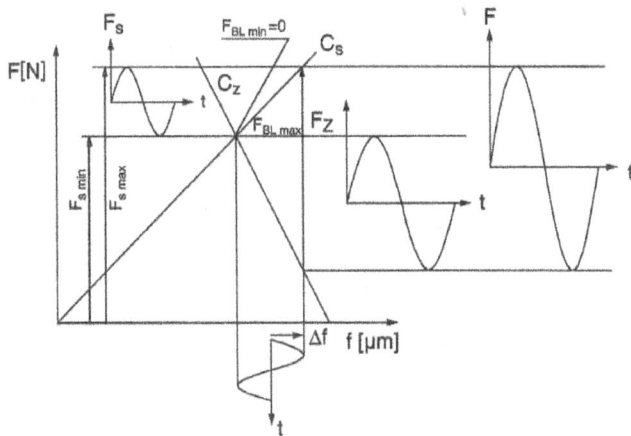

Betriebskraft im Zugschwellbereich

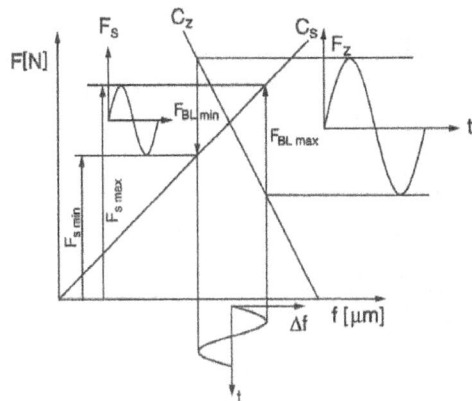

Betriebskraft im Zug-/Druckbereich

Bild 4.19: Verspannungsdiagramm mit dynamischer Betriebskraft

Sowohl die Schraube als auch die Zwischenlage werden dynamisch beansprucht, was sich durch zwei zusätzlich in das Schaubild eingefügte Zeitdiagramme $F_S = f_{(t)}$ und $F_Z = f_{(t)}$ veranschaulichen lässt. Der ganz rechts im Diagramm eingefügte Betriebskraftverlauf $F = f_{(t)}$ zeigt an, wie sich die Dynamik des Betriebskraftverlaufs auf die Schraubendynamik und die Zwischenlagendynamik aufteilt. Die Verformungsdynamik ist als $\Delta f_{(t)}$ darstellbar.

Das obere Bilddrittel zeigt den Fall, dass die Betriebskraft zwischen einem Minimalwert F_{BLmin} und einem Maximalwert F_{BLmax} pendelt. Wird die minimale Betriebskraft zu einer Druckkraft, also negativ, so ergibt sich das Verspannungsschaubild im unteren Bilddrittel.

Damit lässt sich die tatsächlich auf die Schraube wirkende Kraft durch die Angabe der maximalen Schraubenkraft F_{Smax} und der minimalen Schraubenkraft F_{Smin} ermitteln. Für Festigkeitsberechnung der Schraube ist eine Differenzierung nach statischem Anteil F_{Sstat} und dynamischem Anteil F_{Sdyn} erforderlich:

$$F_{Sstat} = \frac{F_{Smax} + F_{Smin}}{2} \qquad\qquad F_{Sdyn} = \frac{F_{Smax} - F_{Smin}}{2}$$

$$F_{Sstat} = \frac{F_V + \Delta F_{BSmax} + F_V + \Delta F_{BSmin}}{2} \qquad F_{Sdyn} = \frac{F_V + \Delta F_{BSmax} - F_V - \Delta F_{BLmin}}{2}$$

$$F_{Sstat} = F_V + \frac{\Delta F_{BSmax} + \Delta F_{BSmin}}{2} \qquad\qquad F_{Sdyn} = \frac{\Delta F_{BSmax} - \Delta F_{BLmin}}{2}$$

Unter Einbeziehung von Gl. 4.43 und Gl. 4.45 ergibt sich dann:

$$F_{Sstat} = F_V + \frac{F_{BSmax} + F_{BSmin}}{2} \cdot \frac{c_S}{c_S + c_Z} \qquad F_{Sdyn} = \frac{F_{BLmax} - F_{BLmin}}{2} \cdot \frac{c_S}{c_S + c_Z}$$

$$F_{Sstat} = F_V + \frac{F_{BSmax} + F_{BSmin}}{2} \cdot \Phi \quad \text{Gl. 4.48} \qquad F_{Sdyn} = \frac{F_{BLmax} - F_{BLmin}}{2} \cdot \Phi \quad \text{Gl. 4.49}$$

Aus dieser Gegenüberstellung wird auch ersichtlich, dass die Höhe der Vorspannkraft F_V ohne Einfluss auf die kritische dynamische Belastung der Schraube ist. Mit einer gezielten Dimensionierung der Steifigkeiten lässt sich bei vorgegebenem Betriebskraftverlauf die Belastung der Schraube entscheidend beeinflussen (s. folgender Abschnitt). Die gleiche Überlegung gilt in ähnlicher Weise auch für die Zwischenlage. Da aber die Schraube in ihrer Festigkeit kritischer belastet wird, konzentriert sich die Festigkeitsbetrachtung meist auf die Schraube.

In Ergänzung zu den bereits im Zusammenhang mit Bild 4.8 aufgeführten zulässigen Spannungen für die statische Belastung („Schraubengüte") sind hier auch die Werkstoffkennwerte für die dynamische Belastung von Bedeutung. Bild 4.20 zeigt das Dauerfestigkeitsschaubild nach Smith für schlussvergütete Schrauben (links) und gerollte Schrauben (rechts).

Wegen der Gewindekerbe sind Schrauben besonders dynamikempfindlich, wobei die zulässige Ausschlagsspannung σ_A weitgehend unabhängig von der statischen Belastung ist. Aus diesem Grund vereinfacht sich der im allgemeinen Fall zweidimensionale Festigkeitsnachweis mithilfe des Dauerfestigkeitsschaubildes für Schrauben auf getrennte Festigkeitsnachweise für statische und dynamische Belastung. Die statische Belastbarkeit wird mit der Schraubengüte geklärt und unabhängig davon wird die dynamische Belastbarkeit mit den Werten nach Tabelle 4.3 ermittelt. Dabei muss nach dem Fertigungsverfahren unterschieden werden: Schlussvergütete Gewinde werden geschnitten und sind deshalb besonders kerbempfindlich. Bei gerollten

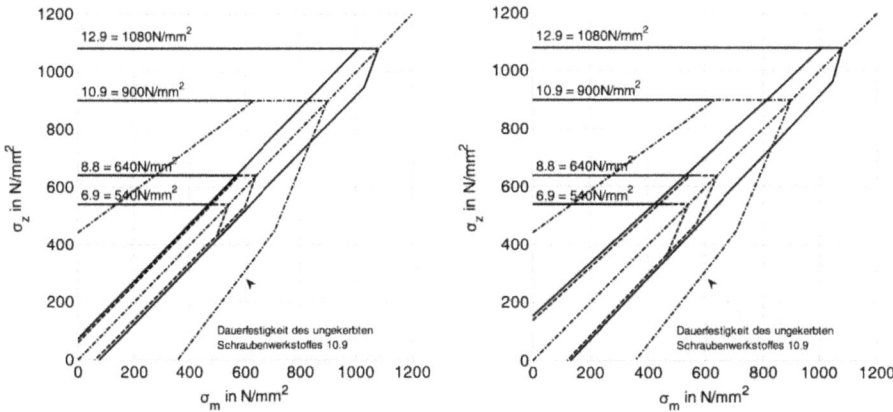

Bild 4.20: Dauerfestigkeitsschaubild nach Smith für schlussvergütete Schrauben mit geschnittenem Gewinde (links) und für Schrauben, deren Gewinde durch Rollen nach dem Vergüten hergestellt ist (rechts)

Gewinden bleibt die Werkstofffaser weitgehend erhalten, sodass die Schraube höher belastet werden kann.

Tabelle 4.3: Dauerhaltbarkeit von Schrauben (zulässige Ausschlagsspannung in N/mm^2)

	für schlussvergütete Schrauben mit geschnittenem Gewinde			für Schrauben, deren Gewinde durch Rollen nach dem Vergüten hergestellt ist		
	Durchmesserbereich			Durchmesserbereich		
Schraubengüte	M4–8	M10–16	M18–30	M4–8	M10–16	M18–30
6.9, 8.8	60	50	40	100	90	80
10.9, 12.9	70	60	50	110	100	90

Aufgabe A.4.14

4.5.3 Zusammenspiel der Steifigkeiten

Wie im Zusammenhang mit Bild 4.19 deutlich wurde, ist die Aufteilung der Betriebskraft F_{BL} auf die Schraubenmehrbelastung ΔF_{BS} von den Steifigkeiten der Schraube c_S und der Zwischenlage c_Z bzw. vom Verspannungsfaktor Φ abhängig. Diese Steifigkeiten lassen sich gezielt beeinflussen, um vor allen Dingen die dynamische Schraubenbelastung zu reduzieren. Dies lässt sich am Beispiel einer schwellenden Betriebskraft nach Bild 4.21 besonders übersichtlich demonstrieren.

Die durch die schwellende Betriebskraft F_{BL} (von 0 bis F_{BLmax}) hervorgerufene dynamische

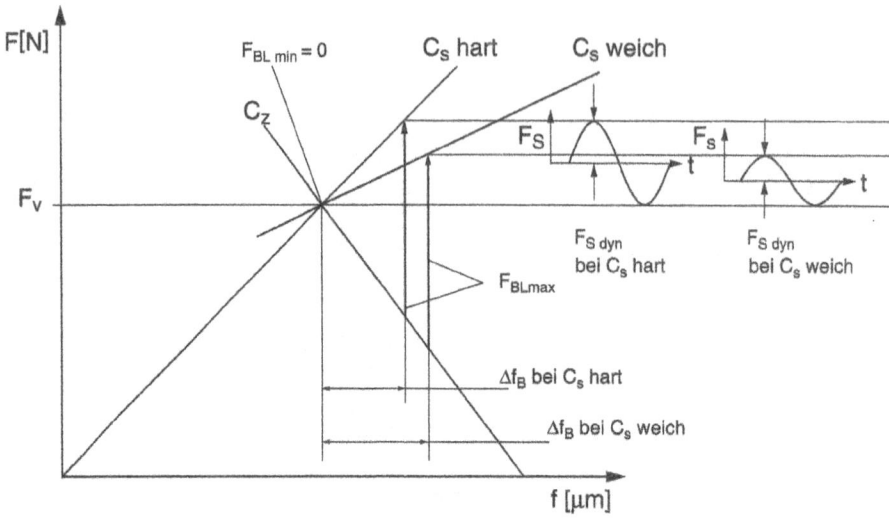

Bild 4.21: Einfluss der Schraubensteifigkeit auf die Schraubenkraft

Belastung der Schraube kann verringert werden, wenn die *Schrauben*steifigkeit vermindert wird, die Schraube also nachgiebiger gestaltet wird. Zu Vergleichszwecken wird sowohl die Zwischenlagensteifigkeit als auch die Betriebskraft beibehalten. Wie Bild 4.22 zeigt, kann das gleiche Ziel auch mit einer Steigerung der *Zwischenlagen*steifigkeit erreicht werden:

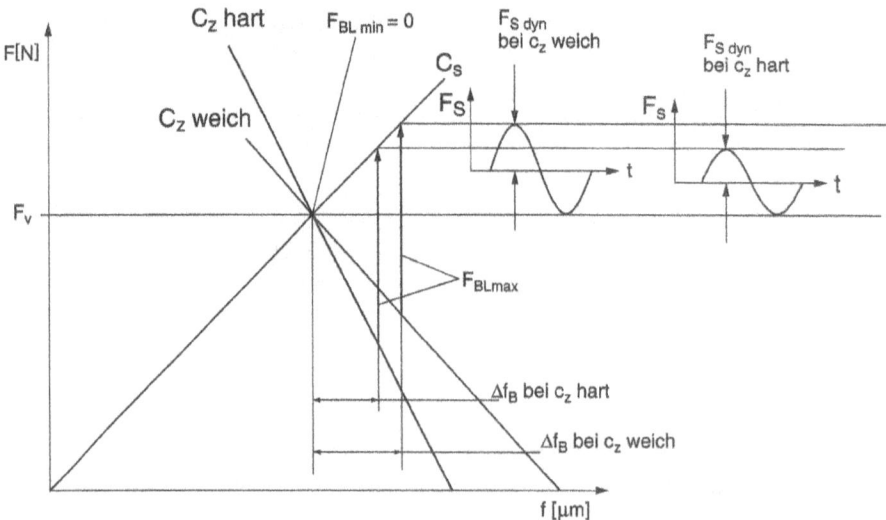

Bild 4.22: Einfluss der Zwischenlagensteifigkeit auf die Schraubenkraft

Dieser Feststellung kommt eine überragende Bedeutung zu, weil die Schraube wegen ihrer hohen Kerbwirkung im Gewinde besonders dynamikempfindlich ist.

4.5.3.1   Schraubensteifigkeit

Bereits mit Gl. 4.24 wurde die Steifigkeit der Schraube als Zugfeder beschrieben:

$$c_S = E \cdot \frac{A}{L_K}$$

Eine genauere Berechnung müsste die Schraube als Hintereinanderschaltung von Schaftanteil mit dem Nenndurchmesser d und Gewindeanteil mit dem Spannungsdurchmesser d_3 betrachten. Diese Differenzierung ist jedoch in den meisten Fällen überflüssig, wenn man zur „sicheren Seite hin", also zur härteren Schraube hin, abschätzt und die gesamte Klemmlänge L_K mit dem Nenndurchmesser d ansetzt.

Die folgenden Möglichkeiten können zur Reduzierung der Schraubensteifigkeiten in Betracht gezogen werden:

- Aus Gründen der Festigkeit werden Schrauben vorzugsweise in Stahl ausgeführt, womit der **Elastizitätsmodul** leider auf einen hohen Wert festgelegt ist.
- Die **Querschnittsfläche** der Schraube A bzw. A_S kann nur so weit reduziert werden, wie es die Festigkeit zulässt. Hochfeste Schraubenwerkstoffe erlauben kleine Querschnittsflächen und reduzieren damit die Steifigkeit.
- Eine große **Klemmlänge** L_K verringert die Steifigkeit, ohne dass davon die Festigkeit betroffen ist. Dies führt zur Konstruktion einer sog. „Dehnschraube" nach Bild 4.23.

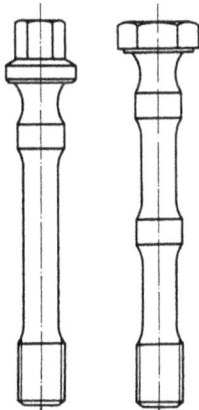

Der Schraubendurchmesser wird vorzugsweise an festigkeitsmäßig unbedenklichen Stellen reduziert. „Die Kette ist nur so stark wie ihr schwächstes Glied", überdimensionierte Kettenglieder können also ohne Gefährdung des Gesamtverbandes in ihrer Festigkeit reduziert werden. Der glatte Schraubenschaft ist im Gegensatz zum kerbbeeinflussten Gewindeteil nicht in seiner Festigkeit gefährdet und kann deshalb im Durchmesser verringert werden.

Bild 4.23: Dehnschrauben

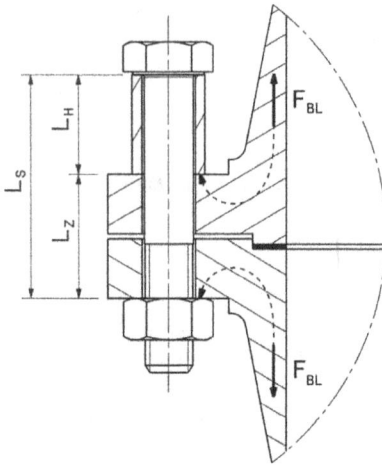

Die Verwendung einer vorteilhaft langen Schraube wird häufig mit einer **Hülse** nach Bild 4.24 kombiniert. Die Hülse weist eine eigene Steifigkeit $c_{Hülse}$ auf, die mit der Schraubensteifigkeit c_S hintereinander geschaltet wird. Die Gesamtsteifigkeit der Schraube c_{Sges} wird also durch das Vorhandensein der Hülse zusätzlich reduziert. Die Gesamtschraubensteifigkeit c_{Sges} berechnet sich zu:

$$\frac{1}{c_{Sges}} = \frac{1}{c_S} + \frac{1}{c_{Hülse}} \qquad \text{Gl. 4.50}$$

bzw. $\quad \delta_{Sges} = \delta_S + \delta_{Hülse} \qquad$ Gl. 4.51

Bild 4.24: Schraube mit Hülse

Bild 4.25 zeigt sowohl die vorteilhafte Anwendung einer erhöhten Schraubenfestigkeit als auch die Auswirkungen einer vergrößerten Klemmlänge in Kombination mit einer Hülse.

Ausgangpunkt dieser Überlegungen ist die Ausführung oben links mit einer geringen Festigkeit, die einen hohen Querschnitt erfordert, was wiederum eine harte Schraube zur Folge hat. Wird oben rechts eine lange Schraube in Kombination mit einer Hülse verwendet, so reduziert sich die Steifigkeit erheblich, was die Zusatzbelastung der Schraube deutlich absinken lässt. Wird der Ausgangsfall oben links mit einer höheren Schraubengüte ausgestattet, so kann die Querschnittsfläche deutlich reduziert werden, wodurch ebenfalls die Steifigkeit reduziert und die Zusatzbelastung der Schraube vermindert wird (unten links). Die Ausführung unten rechts kombiniert beide Maßnahmen miteinander.

Wie das Bild 4.26 als Ergebnis einer Finite-Elemente-Berechnung beispielhaft demonstriert, nimmt sowohl der Schraubenkopf als auch die Mutter an der Gesamtverformung teil. Da dieser Einfluss nur mit großem rechnerischen Aufwand zu erfassen ist, kann er ersatzweise dadurch berücksichtigt werden, dass der konstruktiv vorhandene Schraubenschaft zur Berechnung der Steifigkeit formal verlängert wird: Sowohl für die Mutter als auch für den Schraubenkopf wird die Schraubenschaftlänge rechnerisch um je $0,5 \cdot d$ vergrößert.

$L_{rechn} = L_K + 0,5 \cdot d$ (Berücksichtigung von Kopf **oder** Mutter) $\qquad$ Gl. 4.52

$L_{rechn} = L_K + 2 \cdot 0,5 \cdot d$ (Berücksichtigung von Kopf **und** Mutter) $\qquad$ Gl. 4.53

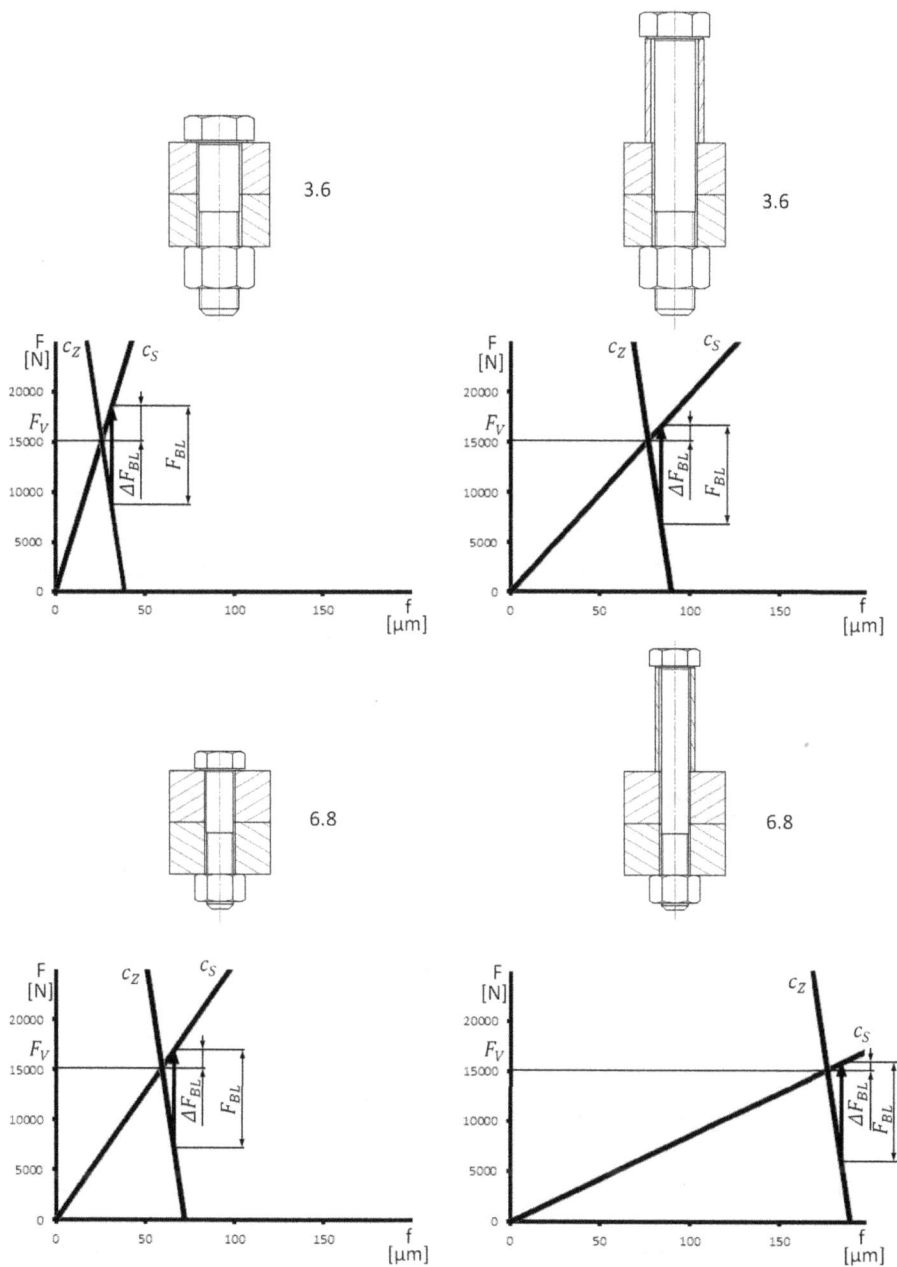

Bild 4.25: Minimierung der Schraubensteifigkeit

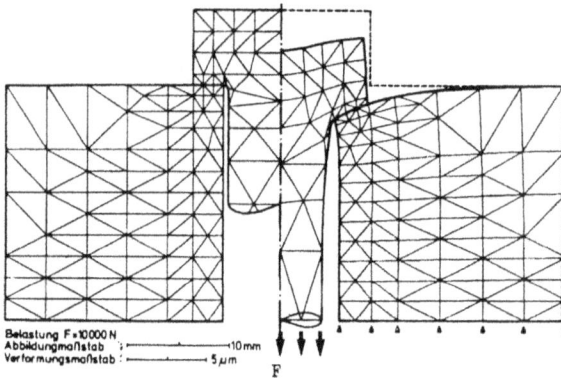

Bild 4.26: Federung des Schraubenkopfs

Weiterhin werden Schraubenkonstruktionen angewendet, deren Kopf gezielt nachgiebig ausgebildet ist, um die Gesamtsteifigkeit zu reduzieren. Diese Konstruktionen machen sich besonders bei kurzen Klemmlängen, die selbst nur geringe Nachgiebigkeiten aufweisen, vorteilhaft
bemerkbar. Bild 4.27 zeigt einige Ausführungsformen (b–e) im Vergleich zur Normalausfüh-
rung a:

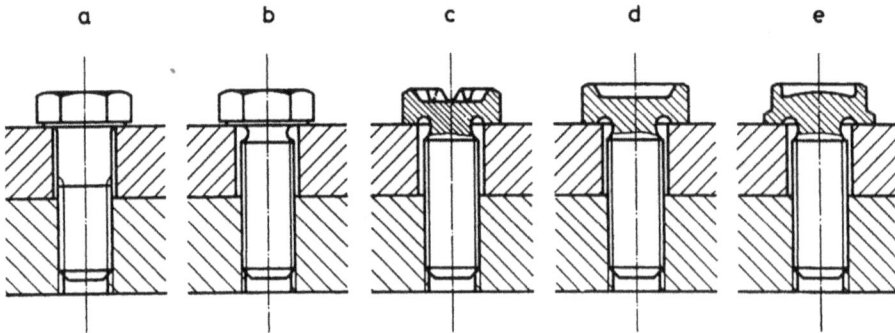

Bild 4.27: Nachgiebige Schraubenkopfkonstruktionen (aus Schraubenvademecum 1991)

Bild 4.28 stellt nochmals einige wichtige Einflüsse gegenüber:

a) Bezugsfall für die nachfolgende Parametervariation
b) Schraubenschaft im Sinne einer Dehnschraube verjüngt, dadurch nachgiebigere („weichere") Schraube
c) Anstatt Innensechskantschraube Sechskantschraube mit längerem Schraubenschaft; dadurch zusätzliche Reduktion der Schraubensteifigkeit
d) Unterlegscheibe (kurze Hülse) reduziert die Schraubensteifigkeit (Vorsicht: Setzen!)
e) Mit zunehmender Höhe der Unterlegscheibe bzw. deren Ausbildung als Hülse wird der
unter d) genannte Effekt noch verstärkt.

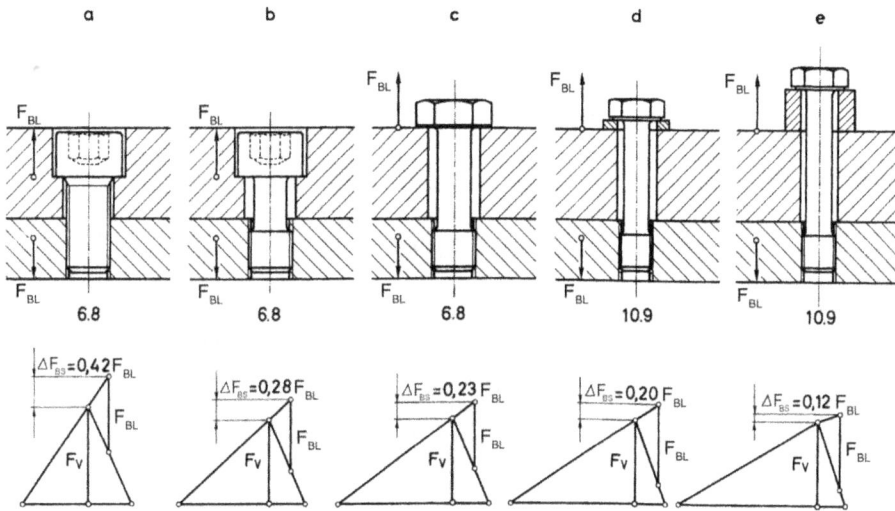

Bild 4.28: Schrauben mit reduzierter Steifigkeit (aus Schraubenvademecum 1991)

4.5.3.2   Zwischenlagensteifigkeit

Die Zwischenlage wurde mit Gl. 4.25 bezüglich ihrer Steifigkeit bisher modellhaft als Hohlzylinder beschrieben, was in der technischen Praxis allerdings nur selten der Fall ist (Fall a des Bildes 4.29). Meist handelt es sich um plattenförmige, mehr oder weniger ausgedehnte Körper (Fall b und c), deren Steifigkeitsberechnung sehr viel komplexer ist. Um dennoch den einfachen Ansatz $c_Z = E_Z \cdot A_{ers}/L_Z$ ausnutzen zu können, behilft man sich damit, dass für dessen Querschnittsfläche eine fiktive „Ersatz"-Fläche A_{ers} formuliert wird:

Fall a: $A_{ers} = \dfrac{\pi}{4} \cdot \left(D_A^2 - D_B^2\right)$ Gl. 4.54

Fall b: gültig für $d_K < D_A \leq 3 \cdot d_K$ und $L_K \leq 8 \cdot d$

$$A_{ers} = \frac{\pi}{4} \cdot \left(d_K^2 - D_B^2\right) + \frac{\pi}{8} \cdot \left(\frac{D_A}{d_K} - 1\right) \cdot \left(\frac{d_K \cdot L_K}{5} + \frac{L_K^2}{100}\right) \qquad\qquad \text{Gl. 4.55}$$

Fall c: gültig für $D_A > 3 \cdot d_K$ und $L_K \leq 8 \cdot d$

$$A_{ers} = \frac{\pi}{4} \cdot \left[\left(d_K + \frac{L_K}{10}\right)^2 - D_B^2\right] \qquad\qquad\qquad\qquad \text{Gl. 4.56}$$

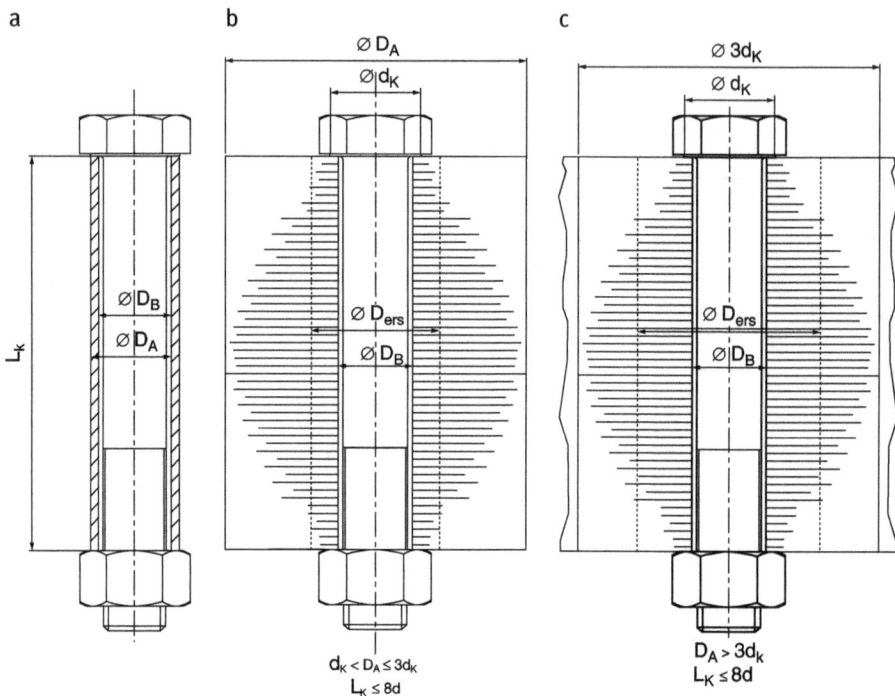

Bild 4.29: Ersatzfläche für Zwischenlage

4.5.3.3   Krafteinleitung innerhalb verspannter Teile

Die bisherigen Betrachtungen beziehen sich auf den Fall, dass die Betriebskraft F_{BL} an der Auflagefläche des Kopfes eingeleitet und an der Auflagefläche der Mutter wieder abgestützt wird. Dieser Fall wird im oberen Drittel von Bild 4.30 nochmals aufgegriffen.

Wird die Betriebskraft jedoch in einer weiter innen liegenden Ebene eingeleitet, so ändern sich auch die Steifigkeiten nach dem mittleren Drittel von Bild 4.30:

- Die Zwischenlagensteifigkeit c'_Z bezieht sich nur noch auf den zwischen den beiden Krafteinleitungsebenen verbleibenden Teil der Zwischenlage ($n \cdot L$), wird also härter als die ursprüngliche Steifigkeit c_Z.
- Der nach außen liegende Anteil der Zwischenlage wirkt dann als Hülse wie in Bild 4.24 und muss deshalb in Hintereinanderschaltung der Schraube zugerechnet werden. Dadurch entsteht eine Schraubensteifigkeit c'_S, die weicher ist als die ursprüngliche Schraubensteifigkeit c_S.

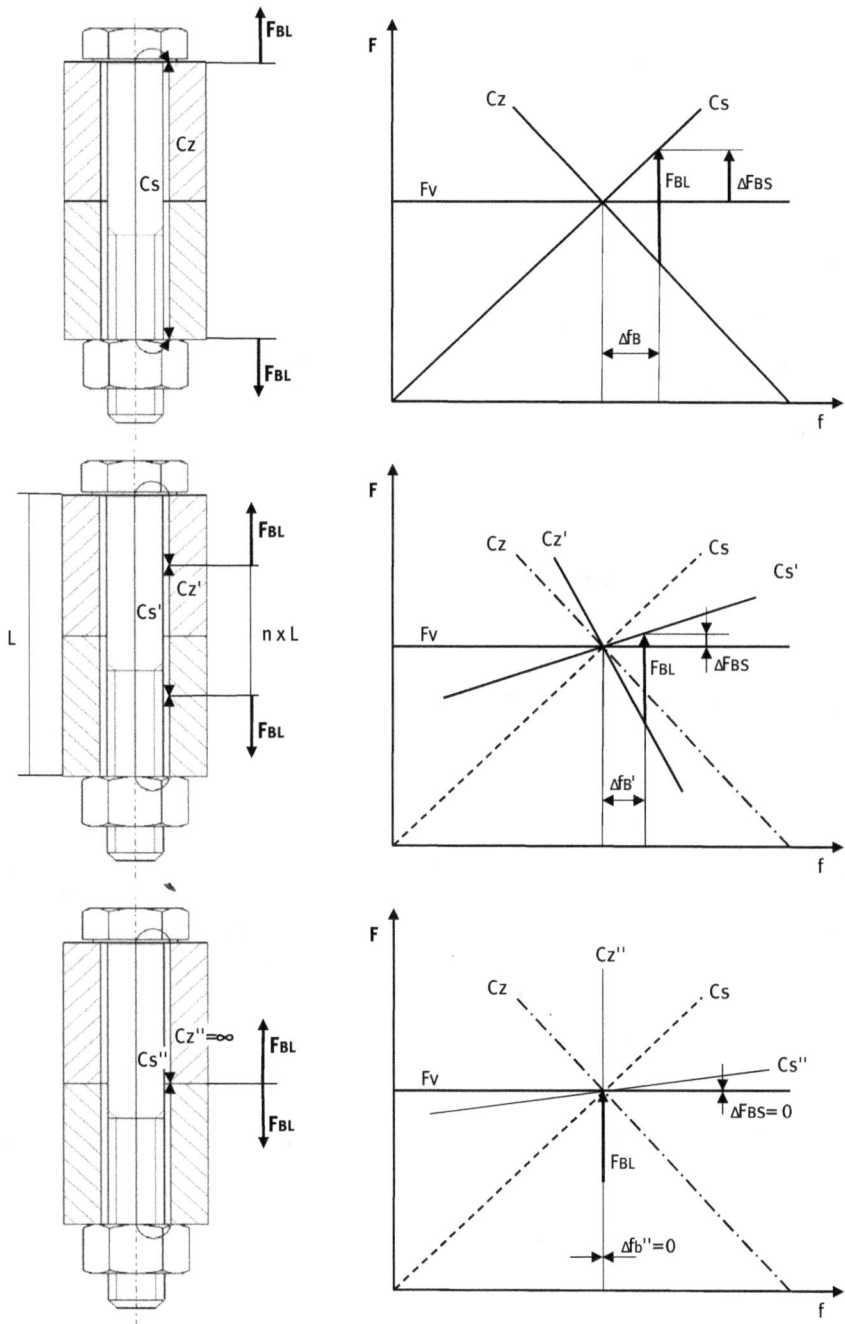

Bild 4.30: Krafteinleitung innerhalb verspannter Teile

Durch die Verlagerung der Krafteinleitungsebene nach innen wird demzufolge auch die Schraubenzusatzbelastung ΔF_{BS} kleiner, was besonders bei dynamischem Betriebskraftverlauf der Festigkeit der Schraube sehr zugute kommt. Je mehr sich die Einleitungsebenen der Betriebskräfte nach innen verlagern, desto geringer wird die der Schraube zugewiesene Steifigkeit c_S' und desto höher wird die der Zwischenlage zuzurechnende Steifigkeit c_Z'. Die Nachgiebigkeit der Zwischenlage wird dann auf den Faktor n reduziert, der bei Krafteinleitung am Kopf höchstens 1 werden kann:

$$\frac{1}{c_Z'} = n \cdot \frac{1}{c_Z} \qquad\qquad \text{Gl. 4.57}$$

Die Nachgiebigkeit der Schraube hingegen setzt sich dann zusammen aus der bereits vorher vorhandenen Schraubennachgiebigkeit und dem oben abgezogenen Anteil der Zwischenlagennachgiebigkeit:

$$\frac{1}{c_S'} = \frac{1}{c_S} + \frac{1-n}{c_Z} \qquad\qquad \text{Gl. 4.58}$$

Das Verspannungsverhältnis Φ wird dann zu Φ':

$$\Phi' = n \cdot \Phi \qquad\qquad \text{Gl. 4.59}$$

Die durch die Betriebskraft verursachte dynamische Belastung der Schraube wird dadurch kleiner. Ist die Krafteinleitungsebene nicht genau bekannt, so bleibt man mit n = 1 also stets auf der sicheren Seite, was die ursprüngliche Annahme einer Krafteinleitung am Schraubenkopf unterstützt.

Für den theoretischen Grenzfall, dass die Betriebskraft F_{BL} genau in der Teilungsebene angreift, trifft die untere Darstellung von Bild 4.30 zu: Sämtliche Steifigkeiten formieren sich in Hintereinanderschaltung zur Schraubensteifigkeit c_S'', während die Zwischenlagensteifigkeit c_Z'' unendlich wird und zu einer senkrechten Geraden entartet. Dieser Zustand ist insofern erstrebenswert, als dadurch die von außen eingebrachte Betriebskraft F_{BL} keinerlei Zusatzkraft in der Schraube hervorruft: $\Delta F_{BS} = 0$!

Um bei der rechnerischen Erfassung der Steifigkeiten keinen Anteil außer Acht zu lassen, ist es zuweilen hilfreich, den gesamten Verspannungsfluss zu skizzieren und ihn dann an der Einleitungsstelle der Betriebskraft aufzutrennen.

Bild 4.31 zeigt ein Beispiel, wie durch konstruktive Maßnahmen die Krafteinleitungsebene zur Teilungsebene hin verlagert wird.

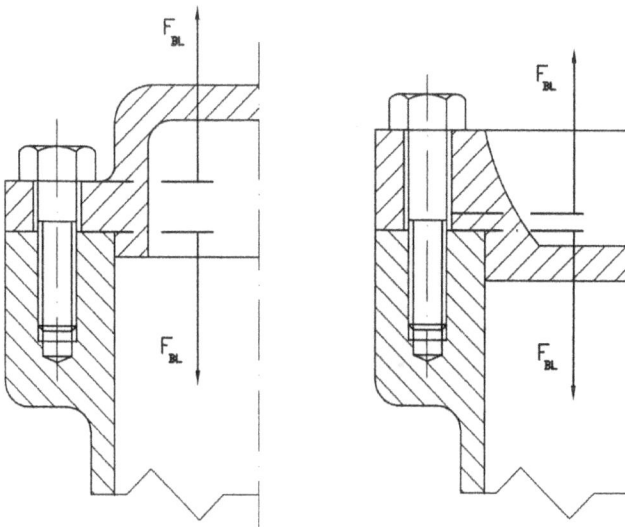

Verbesserungsbedürftige Ausführung: Die federnde Länge der Schraube ist kurz und weist damit eine unvorteilhaft hohe Steifigkeit auf. Durch die nach außen gerichtete Wölbung des Deckels greift die Betriebskraft am Schraubenkopf an.

Verbesserte Ausführung: Die Schraube ist länger und damit nachgiebiger. Der Deckel ist nach innen gewölbt und lenkt damit den Kraftfluss so um, dass die Einleitungsebene der Betriebskraft in der Nähe der Trennfuge angenommen werden kann.

Bild 4.31: Konstruktionsbeispiel Betriebskrafteinleitung innerhalb verspannter Teile

Aufgaben A.4.15 bis A.4.21

4.6 Gestaltung von Befestigungsschraubverbindungen

Das Normenwerk liefert umfassende Informationen über die vielfältigen Bauformen von Schrauben. Weiterhin geben die Fachliteratur und die Firmenschriften vielfältige Hinweise zur konstruktiven Gestaltung von Schraubverbindungen. Die nachstehenden Anmerkungen beschränken sich deshalb darauf, die voranstehenden Ausführungen um einige Aussagen zum Kraftübertragungsverhalten von Befestigungsschrauben zu ergänzen.

4.6.1   Schraubentypen

Bild 4.32: Schraubentypen

Die Durchsteckschraube (Bild 4.32 links) wird bevorzugt verwendet, weil auch die Mutter mit ihrem Gewinde als kostengünstiges Zukaufteil bezogen werden kann, setzt jedoch die Zugänglichkeit sowohl von der Mutternseite als auch von der Schraubenkopfseite voraus. Die Kopfschraube (Mitte) und die Stiftschraube (rechts) erfordern die spanabhebende und möglicherweise kostenintensive Bearbeitung des Mutterngewindes am Bauteil.

4.6.2   Schraubensicherungen

Die Selbsthemmungsbedingung $\varphi \leq \rho'$ soll ein unbeabsichtigtes Lösen der Schraubverbindung verhindern. Wenn die Schraube hoch vorgespannt ist, dann können auch Setzbeträge durch Nachfedern der Schraube aufgenommen und damit unschädlich gemacht werden. Insofern sind alle Maßnahmen zur Erhöhung der Schraubenvorspannung auch gleichzeitig Maßnahmen zur Erhöhung der Sicherheit gegen Lockern. Deshalb sind zusätzliche Sicherungen nicht erforderlich, häufig unwirksam und bei unbedachter Anwendung sogar schädlich. Losdrehsicherungen sind nur dann sinnvoll, wenn

- die Schraubverbindung querkraftbelastet ist und F_{BQ} dynamisch wirkt,
- die Schraubverbindung konstruktiv wenig nachgiebig ausgeführt werden muss (dies ist in der Regel der Fall, wenn das Klemmlängenverhältnis L_K/d kleiner als 5 ist),
- die geringe Festigkeit des Schraubenwerkstoffes (Schraubengüte unterhalb 8.8) keine hohe Vorspannkraft zulässt.

Schraubensicherungen können formschlüssig, reibschlüssig, sperrend oder stoffschlüssig ausgeführt werden. Verliersicherungen können zwar einen Verlust an Vorspannkraft nicht verhindern, sollen aber zumindest sicherstellen, dass die Schraubverbindung nicht vollständig auseinanderfällt. Die folgende Tabelle 4.4 gibt einen Überblick über die besonderen Eigenschaften von gebräuchlichen Schraubensicherungen.

Tabelle 4.4: Schraubensicherungen

Element bzw. Methode	Beispiel	Wieder-verwendbarkeit	Wirksamkeit
mitverspannte Federelemente	Federring DIN 127, 128, 7980 Federscheibe DIN 137 Zahnscheibe DIN 6797 Fächerscheibe DIN 6798	ja	unwirksam
formschlüssig	Scheibe mit Außennase DIN 432 Kronenmutter DIN 935, 937, 979 Drahtsicherung	nein ja, mit neuem Splint ja, mit neuem Draht	unwirksam bei Festigkeitsklasse 8.8 und darüber, sonst Verliersicherung
reibschlüssig	Mutter mit Polyamidstopfen	entfällt	unwirksam
	Mutter mit Klemmteil DIN 980, 982, 985, 986, 6924, 6925	ja	Verliersicherung
	Schraube mit Kunststoff-beschichtung im Gewinde DIN 982, 985, 986, 6924	ja	Verliersicherung
	Kontermutter und Sicherungsmutter DIN 7967	ja	unwirksam, Losdrehen möglich
	gewindefurchende Schraube	ja	Verliersicherung
sperrend	Schraube/Mutter mit Verzahnung Schraube/Mutter mit Rippen	ja ja	Losdrehsicherung, wenn die Oberfläche nicht gehärtet ist
stoffschlüssig	mikroverkapselter Klebstoff Flüssigkeitsklebstoff Silikonpaste im Gewinde	ja, 5-mal nein ja	Losdrehsicherung Losdrehsicherung Verliersicherung

Mitverspannte Federelemente sind meist unwirksam, weil sie schon bei einem Bruchteil der Vorspannkraft auf Block liegen und dann nur noch als Unterlegscheiben dienen, die den Setz-betrag durch die zusätzliche Trennfuge unnötigerweise erhöhen. Federringe nach DIN 127 beispielsweise liegen schon nach 5 % der Nennvorspannkraft von Schrauben der Festigkeits-klasse 8.8 auf Block. Sie können also erst dann wirksam werden, wenn 95 % der Vorspannkraft bereits verloren gegangen sind. Die unwirksamen Sicherungselemente stammen noch aus ei-ner Zeit, als es keine objektiven Prüfverfahren gab. Sie werden allerdings auch heute noch in großem Umfang eingesetzt, was vielleicht auch daran liegen mag, dass sie in der Norm verankert sind.

4.6.3   Unterlegscheiben

Unterlegscheiben gefährden durch eine zusätzliche Trennfuge und den damit verbundenen Setzbetrag den Vorspannungszustand. Sie sollen nur dann verwendet werden, wenn

- die Zwischenlage an der Kontaktfläche zur Schraube oder Mutter keine hohe Flächenpressung zulässt. Dies kann dann der Fall sein, wenn z. B. Holz- oder Kunststoffzwischenlagen verschraubt werden;
- die Oberfläche der verschraubten Zwischenlage nicht beschädigt werden darf. Dies ist vor allen Dingen dann der Fall, wenn die Schraubverbindung häufig gelöst und dann wieder angezogen wird;
- das Loch in der Zwischenlage als Langloch ausgeführt ist. Die Unterlegscheibe dient dann dazu, die Kraft am Schraubenkopf bzw. an der Mutter gleichmäßig einzuleiten und verhindert eine Deformation des Langlochs beim Anziehvorgang.

4.6.4   Torsionsfreies Anziehen

Werden Schrauben hoch beansprucht oder unterliegen sie besonderen Sicherheitsanforderungen, so wird häufig versucht, den durch das Anziehen bedingten Torsionsschub zu vermeiden. Im Abschnitt 4.4.3 (Thermisches Anziehen und weitere thermische Einflüsse) wurde bereits erläutert, wie durch Erwärmen vor der Montage die Schraube torsionsfrei vorgespannt werden kann. Bild 4.33 zeigt weitere drei Varianten, die versuchen, dieses Ziel auf mechanischem Weg zu erreichen:

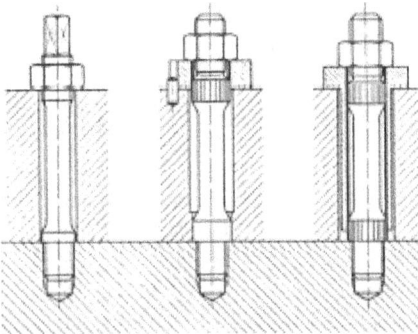

Bild 4.33: Torsionsfreies Anziehen mechanisch (aus [4.15])

In allen drei Fällen wird der Schraubbolzen zunächst einmal momentenlos in das untere Gewindeloch eingedreht.

- Der Schraubenschaft der linken Variante endet oben in einem Vierkant, an den ein zweiter Schraubenschlüssel angesetzt werden kann. Wenn an der Mutter das gesamte Anzugsmoment angelegt wird, so wird das Kopfreibungsmoment am unteren Rand der Mutter abgestützt, während idealerweise das Gewindemoment von oben „gegengehalten" wird, sodass kein weiteres Moment den unteren Schraubenschaft erreicht. Eine exakte gleichzeitige Kontrolle zweier unterschiedlicher Momente ist aber nicht ganz unproblematisch.

- Im mittleren Fall wird das Gewindemoment über eine Kerbverzahnung an einen Zwischen-ring abgeleitet, der sich seinerseits über einen Stift formschlüssig an der Umgebungskon-struktion abstützt. Der Abschnitt des Gewindebolzens unterhalb der Kerbverzahnung bleibt damit torsionsmomentenfrei.
- Im rechten Beispiel wird die Torsionsbelastung über zwei Kerbverzahnungen gezielt in eine Hülse eingeleitet, die den nunmehr torsionsfreien Schraubenschaft umgibt.

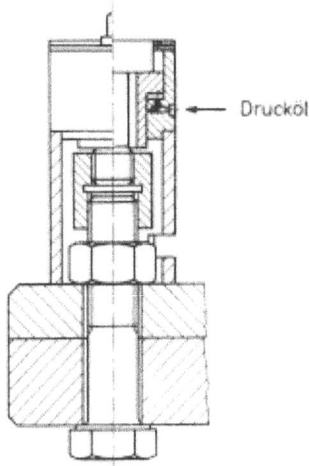

Bild 4.34: Torsionsfreies Anziehen hydraulisch (aus [4.15])

Bild 4.34 gibt eine Vorrichtung wieder, mit der Schrauben hydraulisch vorgespannt werden können: Nachdem die Schraube ohne nennenswertes Moment vorläufig montiert worden ist, wird die Vorrichtung über das nach oben überstehende Ende des Schraubenbolzens gestülpt, welches von einer weiteren Mutter erfasst wird, über die mit einem Hydrauliksystem die ge-wünschte Vorspannkraft eingeleitet werden kann. Die Mutter der Schraubverbindung kann dann ohne Moment beigedreht werden. Nach dem Ablassen des Öldrucks wird die Vorrich-tung dann wieder demontiert.

4.7   Anhang

4.7.1   Literatur

[4.1]   AD-Merkblatt W7: Schrauben und Muttern aus feritischen Stählen

[4.2]   AD-Merkblatt B7: Berechnung von Druckbehälterschrauben

[4.3]   Agatnonovic, P.: Beitrag zur Berechnung von Schraubenverbindungen. Draht-Welt 58 (1972), H. 2

[4.4]   Bauer, C. O.: Sicherung von Schraubenverbindungen aus nichtrostenden Stählen. Z. Werkstoffe und Korrosion (1970), S. 463–473

[4.5]   Bauer, C. O.: Verhalten von Schrauben- und Mutterverbindungen aus nichtrostenden
          Stählen unter schwindenden Lasten. Konstruktion 24 (1972), H. 7

[4.6]   Blume, D. Einfluß von Gewindeherstellung und -profil auf die Dauerhaltbarkeit von
          Schrauben

[4.7]   Blume, D.; Strelow, D. Gestaltung und Anwendung von Dehnschrauben. Verbin-
          dungstechnik H. 1 und 2, 1969. Maschinenmarkt 82 (1976), 22, S. 350–353

[4.8]   Blume, D.: Wann müssen Schraubenverbindungen gesichert werden? Verbindungs-
          technik (1969), H. 4

[4.9]   Blume, D.; Esser, J.: Mikroverkapselter Klebstoff als Schraubensicherung. Verbin-
          dungstechnik 5 (1973), H. 5 und 6

[4.10]   Boenik, U.: Untersuchungen an Schraubenverbindungen. Dissertation, Universität
          Berlin, 1966

[4.11]   Bossard, H.: Handbuch der Verschraubungstechnik, Expert-Verlag, 1982

[4.12]   DIN-Taschenbuch 10: Mechanische Verbindungselemente – Schrauben. Beuth

[4.13]   DIN-Taschenbuch 45: Gewindenormen. Beuth, 1988

[4.14]   DIN-Taschenbuch 140: Mechanische Verbindungselemente – Schrauben, Muttern,
          Zubehör. Beuth, 1986

[4.15]   Illgner, K. H.; Blume, D.: Schraubenvademecum, Firmenschrift von Bauer &
          Schaurte Karcher GmbH

[4.16]   Illgner, K. H.; Beelich, K. H.: Einfluß überlagerter Biegung auf die Haltbarkeit von
          Schraubenverbindungen. Konstruktion 18 (1966), S. 117–124

[4.17]   Illgner, K. H.: Das Verspannungs-Schaubild von Schraubenverbindungen. Draht-
          Welt 53 (1967), S. 43–49

[4.18]   Junker, G.: Flächenpressung unter Schraubenköpfen. Maschinenmarkt. (1961),
          Nr. 38, S. 29

[4.19]   Junker, G.; Blume, D.; Leusch, F.: Neue Wege einer systematischen Schraubenbe-
          rechnung, Michael Triltsch Verlag, 1965

[4.20]   Junker, G.; Boys, I. P.: Moderne Steuerungsmethoden für das motorische Anziehen
          von Schraubenverbindungen. VDI-Bericht 220 (1974), S. 87–98

[4.21]   Junker, G.; Strehlow, D.: Untersuchungen über die Mechanik des selbsttätigen Lö-
          sens und die zweckmäßige Sicherung von Schraubenverbindungen. Drahtwelt
          (1966), H. 3

[4.22]   Junker, G.; Strehlow, D.: Reibung – Störfaktor bei der Schraubenmontage. Verbin-
          dungstechnik 6 (1974), S. 25–36

[4.23]   Junker, G.; Meyer, G.: Neuere Betrachtungen über die Haltbarkeit von dynamisch
          belasteten Schraubenverbindungen. Draht-Welt 53 (1967), H. 7

[4.24]   Junker, G.: Reihenuntersuchungen über das Anziehen von Schraubenverbindungen
          mit motorischen Schraubern. Draht-Welt 56 (1970), H. 3

[4.25]   Klein, H.-Ch.: Hochwertige Schraubenverbindungen, einige Gestaltungsprinzipien
          und Neuentwicklungen. Konstruktion 11 (1959), S. 201–212 und 259–264

[4.26] Kübler, K.-H.; Mages, W. J.: Handbuch der hochfesten Schrauben, Girardet, 1986

[4.27] Paland, E. G.: Die Sicherheit der Schraube-Mutter-Verbindung bei dynamischer Axialbeanspruchung. Konstruktion 19 (1967), H. 12

[4.28] VDI-Richtlinie 2230: Systematische Berechnung hochbeanspruchter Schraubenverbindungen, VDI-Verlag, 1986

[4.29] Weber, H.: Untersuchungen über die Schraubenbeanspruchungen bei exzentrischer Belastung. Konstruktion 23 (1971), H. 4

[4.30] Weber, H.: Die Ermüdungsfestigkeit von Schrauben bei kombinierter Zug- und Biegebeanspruchung. Konstruktion 23 (1971), S. 401–404

[4.31] Wiegand, H.; Flemming, G.: Hochtemperaturverhalten von Schraubenverbindungen. VDI-Z 16 (1971), S. 1239–1244

[4.32] Wiegand, H.; Kloos, K. H.; Thomala, W.: Schraubenverbindungen, Springer, 1988

[4.33] Wiegand, H.; Illgner, K. H.: Berechnung und Gestaltung von Schraubenverbindungen. Konstruktionsbuch 5, Springer, 1962

[4.34] Wiegand, H.; Illgner, K. H.; Junker, G.: Neuere Erkenntnisse und Untersuchungen über die Dauerhaltbarkeit von Schraubenverbindungen. Konstruktion 13 (1961), S. 461–467

[4.35] Wiegand, H.; Illgner, K. H.; Beelich, K. H.: Über die Verminderung der Vorspannung von Schraubenverbindungen durch Setzvorgänge. Werkstatt und Betrieb 98 (1965), S. 823–827

[4.36] Wiegand, H.; Illgner, K. H.; Beelich, K. H.: Einfluß der Federkonstanten und der Anzugsbedingungen auf die Vorspannung von Schraubenverbindungen. Konstruktion 20 (1968), S. 130–137

[4.37] Wiegand, H.; Illgner, K. H.; Beelich, K. H.: Die Dauerhaltbarkeit von Gewindeverbindungen mit ISO-Profil in Abhängigkeit von der Einschraubtiefe. Konstruktion 16 (1964), S. 485–490

[4.38] Wiegand, H.; Strigens, P.: Die Haltbarkeit von Schraubenverbindungen mit Feingewinden bei wechselnder Beanspruchung. Industrie-Anzeiger 92 (1970), S. 2139–2144

4.7.2   Normen

[4.39] DIN 13 T1: Metrisches ISO-Gewinde; Regelgewinde von 1 mm bis 68 mm Gewindenenndurchmesser

[4.40] DIN 13 T2: Metrisches ISO-Gewinde; Feingewinde mit Steigungen 0,2–0,25–0,35 mm von 1 mm bis 50 mm Gewindenenndurchmesser

[4.41] DIN 76 T1: Gewindeausläufe, Gewindefreistiche für metrische ISO-Gewinde nach DIN 13

[4.42] DIN 84: Zylinderschrauben mit Schlitz; Produktklasse A

[4.43] DIN 93: Scheiben mit Lappen

[4.44] DIN 103: Metrische ISO-Trapezgewinde

[4.45] DIN 125: Scheiben; Ausführung mittel, vorzugsweise für Sechskantschrauben und -muttern

[4.46] DIN 126: Scheiben; Ausführung grob, vorzugsweise für Sechskantschrauben und -muttern

[4.47] DIN 127: Federringe, aufgebogen oder glatt, mit rechteckigem Querschnitt

[4.48] DIN 128: Federringe, gewölbt oder gewellt

[4.49] DIN 137: Federscheiben, gewölbt oder gewellt

[4.50] DIN 202: Gewinde; Übersicht

[4.51] DIN ISO 228 T1: Rohrgewinde für nicht im Gewinde dichtende Verbindungen

[4.52] DIN ISO 273: Mechanische Verbindungselemente: Durchgangslöcher für Schrauben

[4.53] DIN 405 T1: Rundgewinde

[4.54] DIN 417: Gewindestift mit Schlitz und Zapfen

[4.55] DIN 432: Scheiben mit Außennase (Sicherungsblech mit Nase)

[4.56] DIN 433: Scheiben, vorzugsweise für Zylinderschrauben

[4.57] DIN 435: Scheiben, vierkant, für I-Träger

[4.58] DIN 478: Vierkantschrauben mit Bund

[4.59] DIN 479: Vierkantschrauben mit Kernansatz

[4.60] DIN 480: Vierkantschrauben mit Bund und Ansatzkuppe

[4.61] DIN 513 T1: Metrisches Sägezahngewinde

[4.62] DIN 551: Gewindestift mit Schlitz und Kegelkuppe

[4.63] DIN 553: Gewindestift mit Schlitz und Spitze

[4.64] DIN 561: Sechskantschraube mit Zapfen und kleinem Sechskant

[4.65] DIN 564: Sechskantschraube mit Ansatzspitze und kleinem Sechskant

[4.66] DIN 609: Sechskant-Paßschrauben mit langem Gewindezapfen

[4.67] DIN 653: Rändelschrauben, niedrige Form

[4.68] DIN 835: Stiftschrauben

[4.69] DIN 912: Zylinderschrauben mit Innensechskant; ISO 4762 modifiziert

[4.70] DIN 913: Gewindestift mit Innensechskant und Kegelkuppe; ISO 4026 modifiziert

[4.71] DIN 931 T1: Sechskantschrauben mit Schaft; Gewinde M1,6 mit M 39, Produktklassen A und B

[4.72] DIN 931 T2: Sechskantschrauben mit Schaft; Gewinde M42 mit M 160x6, Produktklasse B

[4.73] DIN 933: Sechskantschrauben mit Gewinde bis Kopf; Gewinde M1,6 mit M 52, Produktklassen A und B

[4.74] DIN 934: Sechskantmuttern; Metrisches Regel- und Feingewinde; Produktklassen A und B

[4.75]   DIN 935 T1: Kronenmuttern; Metrisches Regel- und Feingewinde; Produktklassen A und B

[4.76]   DIN 936: Flache Sechskantmuttern; Gewinde M8 bis M52 und M8x1 bis M52x3; Produktklassen A und B

[4.77]   DIN 937: Kronenmuttern; niedrige Form

[4.78]   DIN 938 bis DIN 940: Stiftschrauben

[4.79]   DIN 962: Schrauben und Muttern; Bezeichnungsangaben; Formen und Ausführungen

[4.80]   DIN 971: Sechskantmuttern

[4.81]   DIN 985: Sechskantmutter mit Klemmteil; mit nicht metallischem Einsatz; niedrige Form

[4.82]   DIN 1804: Nutmuttern; Metrisches ISO-Feingewinde

[4.83]   DIN 1816: Kreuzlochmuttern; Metrisches ISO-Feingewinde

[4.84]   DIN 2244: Gewinde; Begriffe

[4.85]   DIN 2509: Schraubenbolzen

[4.86]   DIN 2510: Schraubverbindungen mit Dehnschaft

[4.87]   DIN 2781: Sägegewinde 45°; eingängig; für hydraulische Pressen

[4.88]   DIN 2999 T1: Witworth-Rohrgewinde für Gewinderohre und Fittings; Zylindrisches Innengewinde und kegeliges Außengewinde

[4.89]   DIN 3858: Witworth-Rohrgewinde für Rohrverschraubungen; Zylindrisches Innengewinde und kegeliges Außengewinde

[4.90]   DIN ISO 6410: Technische Zeichnungen; Darstellung von Gewinden

[4.91]   DIN 6797: Zahnscheiben

[4.92]   DIN 6798: Fächerscheiben

[4.93]   DIN 6900: Kombischrauben

[4.94]   DIN 6912: Zylinderschrauben mit Innensechskant; niedriger Kopf mit Schlüsselführung

[4.95]   DIN 6914: Sechskantschrauben mit großen Schlüsselweiten; für HV-Verbindungen in Stahlkonstruktionen

[4.96]   DIN 6915: Sechskantmuttern mit großer Schlüsselweite für Verbindungen mit HV-Schrauben in Stahlkonstruktionen

[4.97]   DIN 7967: Sicherungsmuttern

[4.98]   DIN 7968: Sechskant-Paßschrauben; ohne Muttern, mit Sechskantmutter, für Stahlkonstruktionen

[4.99]   DIN 7990: Sechskantschrauben mit Sechskantmuttern für Stahlkonstruktionen

[4.100]   DIN 17240: Warmfeste und hochwarmfeste Werkstoffe für Schrauben und Muttern

[4.101]   DIN 20400: Rundgewinde mit großer Tragtiefe

[4.102]   DIN 20401 T1: Sägegewinde mit Steigung 0,8 mm bis 2 mm

[4.103]   DIN 40430: Stahlpanzerrohr

4.8   Aufgaben: Schrauben

Befestigungsschrauben

Vorspannen von Schraubverbindungen

A.4.1   Winkelgesteuertes Anziehen

Es sind drei Stahlschrauben M8, M10 und M12 gegeben, die nach unten stehender Skizze zur Befestigung einer Deckelverschraubung dienen. Das Schraubenbohrloch misst im Durchmesser 1 mm mehr als der jeweilige Nenndurchmesser der Schraube. Die Steifigkeit der Zwischenlage beträgt in allen drei Fällen einheitlich 640 N/μm. Der Reibwert im Gewinde und am Schraubenkopf kann mit $\mu = 0,12$ angenommen werden. Das Gewinde erstreckt sich annähernd bis zum Kopf der Schraube.

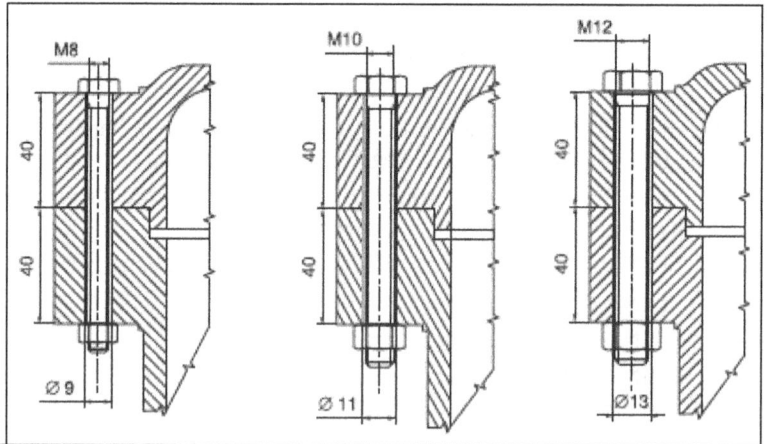

c_S	N/μm			
$M_{Gew\,anz}$	Nm			
$M_{Gew\,lös}$	Nm			
M_{KR}	Nm			
$M_{ges\,anz}$	Nm			
$M_{ges\,lös}$	Nm			
f_{SV}	μm			
f_{ZV}	μm			
α	°			
σ_Z	N/mm^2			
τ_t	N/mm^2			
σ_V	N/mm^2			

a) Berechnen Sie die Steifigkeit der Schraube c_S.
b) Die Schrauben sollen mit einer Vorspannkraft $F_V = 18\,\text{kN}$ angezogen werden. Wie groß ist das Gewindemoment beim Anziehen $M_{\text{Gew anz}}$ und beim Lösen $M_{\text{Gew lös}}$ der Schrauben? Wie groß ist das Kopfreibungsmoment M_{KR}? Welches Gesamtmoment muss aufgebracht werden, um die Schraube anzuziehen ($M_{\text{ges anz}}$) und zu lösen ($M_{\text{ges lös}}$)?
c) Um welchen Betrag f_{SV} wird die Schraube gelängt und um welchen Betrag f_{ZV} wird die Zwischenlage gestaucht?
d) Um welchen Winkel α muss die Schraube beim Anziehen zwischen der ersten festen Berührung der Kontaktflächen und dem endgültigen Montagezustand verdreht werden?
e) Welche Zugspannung σ_Z, welche Schubspannung τ_t und welche Vergleichsspannung σ_V tritt in der Schraube auf?

A.4.2 Verschraubung stromführender Leiterbahnen

Stromführende Leiterbahnen für Starkstromanlagen werden als Kupferschienen mit rechteckigem Querschnitt ausgeführt. Diese Leiterbahnen werden untereinander mit DIN-Schrauben M10 verbunden.

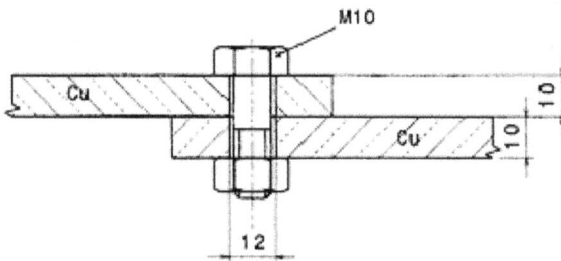

Es sind folgende weitere Daten gegeben:

Reibwert im Gewinde und an der Kopfauflage:	$\mu = 0{,}12$
Elastizitätsmodul von Kupfer:	$E_{Cu} = 1{,}1 \cdot 10^5\,\text{N/mm}^2$
thermischer Ausdehnungskoeffizient von Kupfer:	$\alpha_{Cu} = 16 \cdot 10^{-6}\,\text{1/K}$
thermischer Ausdehnungskoeffizient von Stahl:	$\alpha_{St} = 11 \cdot 10^{-6}\,\text{1/K}$

Es kann vereinfachend angenommen werden, dass die Zwischenlage eine durch das Anziehen der Schraube deformierte Querschnittsfläche aufweist, die so groß ist wie die 1,2-fache Querschnittsfläche der Schraube. Zur Dokumentation der Lösungen benutzen Sie bitte unten stehendes Schema.

a) Sowohl die Schraube als auch die Zwischenlage sind der Raumtemperatur von 20 °C ausgesetzt. Die Schraube wird mit einem Gesamtmoment von 60 Nm angezogen. Wie hoch ist dann die Vergleichsspannung in der Schraube?
b) Anschließend wird die Verbindung durch einen Kurzschlussstrom belastet. Es wird zunächst angenommen, dass sich dadurch nur die Kupferschiene auf 140 °C erwärmt, während die Schraube noch die Ursprungstemperatur beibehält. Wie hoch ist dann die Vergleichsspannung in der Schraube?

c) Es kann angenommen werden, dass nach einer gewissen Zeit sowohl die Schraube als auch die Kupferschiene auf 140 °C erwärmt sind. Wie hoch ist dann die Vergleichsspannung in der Schraube?

	Aufgabenteil a	Aufgabenteil b	Aufgabenteil c
Zwischenlage	20 °C	140 °C	140 °C
Schraube	20 °C	20 °C	140 °C
σ_Z [N/mm²]			
τ_t [N/mm²]			
σ_V [N/mm²]			

Querkraftbeanspruchte Schraubverbindungen

A.4.3   Wellenflansch mit einem Teilkreis

Mit einer einfachen, nicht schaltbaren Kupplung wird eine Leistung von 120 kW bei einer Drehzahl von 3.000 min^{-1} übertragen. Die beiden Wellenenden werden mit Flanschen versehen, die untereinander verschraubt werden.

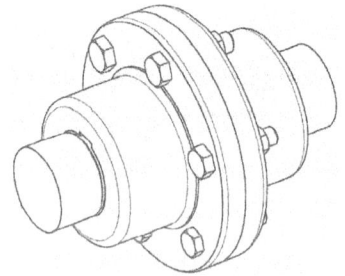

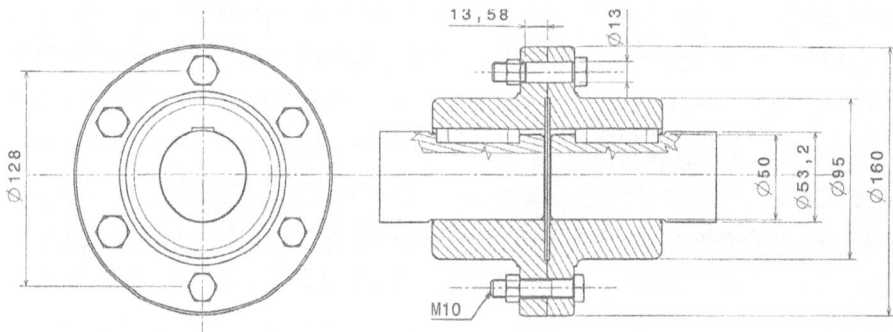

a) In einer ersten Ausführung wird die Kupplung mit Passschrauben (obere Bildhälfte) ausgestattet. Wie groß ist in diesem Fall der Lochleibungsdruck p_L zwischen Schraube und Flansch und Querkraftschub τ_Q in der Passschraube?

Lochleibungsdruck	p_L	N/mm^2	
Querkraftschub	τ_Q	N/mm^2	

b) In einer zweiten Ausführung wird die Kupplung mit normalen metrischen Schrauben ausgestattet (untere Bildhälfte). An den Flanschflächen liegt eine Reibzahl von $\mu = 0{,}06$ und im Gewinde ein Reibwert von $\mu_{Gew} = 0{,}12$ vor. Mit welcher Vorspannkraft F_V muss jede einzelne der Schrauben angezogen werden? Wie groß ist das Schraubenanzugsmoment M_{anz}, wenn angenommen werden kann, dass das Kopfreibungsmoment so groß ist wie das 0,8-Fache des Gewindemomentes? Welche Zugspannung σ_Z, welcher Torsionsschub τ_t und welche Vergleichsspannung σ_V liegen dann in der Schraube vor?

Mit welcher Vorspannkraft muss jede einzelne der Schrauben angezogen werden?	F_V	N	
Wie groß ist das Gewindemoment?	M_{Gew}	Nm	
Wie groß ist das Kopfreibungsmoment?	M_{KR}	Nm	
Wie groß ist das Schraubenanzugsmoment M_{anz}?	M_{anz}	Nm	
Welche Zugspannung σ_Z liegt vor?	σ_Z	N/mm^2	
Wie groß ist der Torsionsschub?	τ_t	N/mm^2	
Welche Vergleichsspannung ergibt sich?	σ_V	N/mm^2	

A.4.4   Wellenflansch mit drei Teilkreisen

Die beiden Flansche einer nicht schaltbaren Kupplung werden so verschraubt, dass das Wellenmoment durch Kraftschluss übertragen werden kann. Der Reibwert zwischen den beiden Flanschen wird mit $\mu = 0{,}08$ angenommen, während im Gewinde mit $\mu = 0{,}12$ zu rechnen ist.

a) Berechnen Sie das durch die Welle übertragbare Moment M_{tWelle}, wenn alle Schrauben mit einer Kraft von $F_V = 12.000\,\text{N}$ vorgespannt werden. Zur Dokumentation von Zwischenergebnissen differenzieren Sie danach, welcher Momentenanteil vom inneren, mittleren und äußeren Schraubenring übertragen wird.

b) Entsprechend ihrer Lage müssen nicht alle Schrauben mit der ursprünglich erwähnten Kraft von 12.000 N vorgespannt werden. Auf welchen Betrag kann die Vorspannkraft F_{Vmin} vermindert werden, ohne dass dabei das übertragbare Moment M_{tWelle} reduziert wird?

c) Welches Gewindemoment M_{Gew} ist erforderlich, um die Schrauben mit F_{Vmin} vorzuspannen?

d) Welche Schraubengüte ist erforderlich? Berechnen Sie die Vergleichsspannung und markieren Sie die erforderliche Schraubengüte durch Ankreuzen.

e) Mit welchem Anzugsmoment M_{anz} müssen die Schrauben angezogen werden, wenn angenommen werden kann, dass das Gewindemoment M_{Gew} gleich dem Kopfreibungsmoment
M_{KR} ist?

			innerer Lochkreis	mittlerer Lochkreis	äußerer Lochkreis	gesamt
a	M_{tWelle}	Nm				
b	F_{Vmin}	N				
c	M_{Gew}	Nm				
d	σ_Z	N/mm²				
	τ_t	N/mm²				
	σ_V	N/mm²				
	Schraubengüte		3.6 – 4.6 – 4.8 5.6 – 6.8 – 8.8 10.9 – 12.9	3.6 – 4.6 – 4.8 5.6 – 6.8 – 8.8 10.9 – 12.9	3.6 – 4.6 – 4.8 5.6 – 6.8 – 8.8 10.9 – 12.9	
e	M_{anz}	Nm				

Längskraftbeanspruchte Schraubverbindungen

A.4.5   Betriebskraft im Verspannungsschaubild

Eine Schraubverbindung steht unter der Vorspannkraft $F_V = 120\,kN$. Dabei wird die Schraube
um $f_{SV} = 60\,\mu m$ gelängt und die Zwischenlage um $f_{ZV} = 20\,\mu m$ gestaucht.

a) Zeichnen Sie das *maßstäbliche* Verspannungsschaubild!
b) Die auf Zug wirkende Betriebskraft F_{BL} beträgt $80\,kN$. Tragen Sie diese Kraft ein und
   ermitteln Sie zeichnerisch die dann vorliegende Belastung der Schraube F_{Smax} sowie die
   in der Trennfuge der Zwischenlage wirkende Restklemmkraft F_{RK}! Tragen Sie die Werte
   in das unten stehende Schema ein!
c) Welche zusätzliche Verformung Δf_B wird durch die Betriebskraft F_{BL} in die Schraube
   eingeleitet?
d) Ermitteln Sie die unter b) und c) geforderten Werte rechnerisch!

	F_{Smax} [kN]	F_{RK} [kN]	Δf_B [μm]
zeichnerisch			
rechnerisch			

A.4.6   Druckbehälter

Der unten skizzierte Behälter aus Stahl steht unter einem statischen Innendruck von 24 bar. Die Abdeckplatte des Einstiegloches wird mit 20 Schrauben verschlossen.

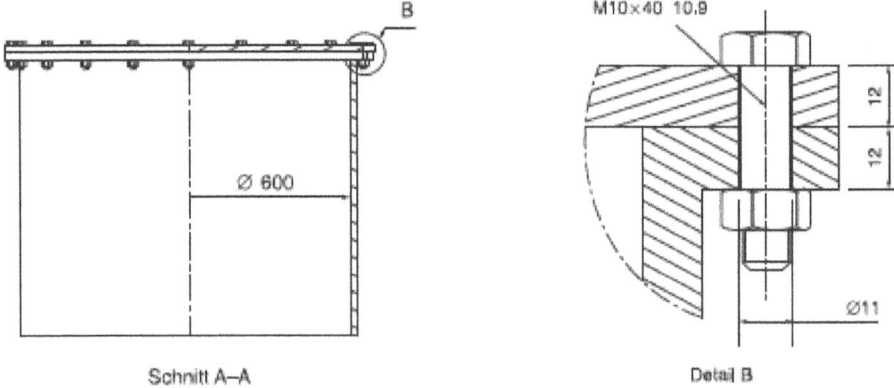

Schnitt A–A   Detail B

Die Steifigkeit der Zwischenlage beträgt $1.700\,N/\mu m$. Die Restdichtkraft muss noch 25 % der Betriebskraft betragen. Der Reibwert sowohl im Gewinde als auch an der Kopfauflage beträgt 0,12.

Skizzieren Sie zunächst qualitativ das Verspannungsschaubild und bezeichnen Sie die Betriebskraft F_{BL}, die Restdichtkraft F_{RK}, die maximale Schraubenkraft F_{Smax} sowie die Vorspannkraft F_V!

Berechnen Sie die Steifigkeit der Schraube!	c_S	$N/\mu m$	
Wie groß ist die Betriebskraft für jede einzelne Schraube?	F_{BL}	N	
Welche Restklemmkraft übt die einzelne Schraube aus?	F_{RK}	N	
Welche maximale Kraft erfährt die einzelne Schraube?	F_{Smax}	N	
Mit welcher Kraft muss jede Schraube vorgespannt werden?	F_V	N	
Welches Moment ist im Gewinde aufzubringen?	M_{Gew}	Nm	
Welches Kopfreibungsmoment wird wirksam?	M_{KR}	Nm	
Mit welchem Moment muss die Schraube angezogen werden?	M_{anz}	Nm	
Wie groß ist die Zugspannung in der Schraube?	σ_Z	N/mm^2	
Welche Torsionsspannung entsteht im Gewinde?	τ_t	N/mm^2	
Welche Vergleichsspannung belastet die Schraube?	σ_V	N/mm^2	
Ist die Festigkeit der Schraube ausreichend?			◯ ja ◯ nein

A.4.7   Rohrleitungsflansch

Die einzelnen Rohre einer Rohrleitung werden mit den nachfolgend dargestellten Flanschverbindungen untereinander verbunden.

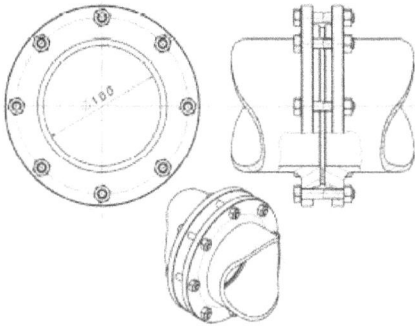

Die Schrauben M8 werden jeweils mit 12 Nm angezogen. Die Steifigkeit der Zwischenlage ist doppelt so groß wie die Schraubensteifigkeit. Die Restdichtkraft F_{RK} soll aus Sicherheitsgründen so groß sein wie die Betriebskraft F_{BL}. Im Gewinde liegt ein Reibwert von $\mu_{Gew} = 0{,}15$ vor. Es kann weiterhin angenommen werden, dass das Kopfreibungsmoment so groß ist wie das Gewindemoment.

Welches Moment wird im Gewinde wirksam?	M_{Gew}	Nm	
Welches Kopfreibungsmoment tritt auf?	M_{KR}	Nm	
Mit welcher Kraft wird jede Schraube vorgespannt?	F_V	N	
Wie groß ist die Betriebskraft für jede einzelne Schraube?	F_{BL}	N	
Welche Restklemmkraft übt die einzelne Schraube aus?	F_{RK}	N	
Welche maximale Kraft erfährt die einzelne Schraube?	F_{Smax}	N	
Welcher maximale Druck darf in der Rohrleitung wirksam werden?	p_{max}	bar	
Wie groß ist die Zugspannung in der Schraube?	σ_Z	N/mm^2	
Welche Torsionsspannung entsteht im Gewinde?	τ_t	N/mm^2	
Welche Vergleichsspannung belastet die Schraube?	σ_V	N/mm^2	
Welche Schraubengüte ist erforderlich?	3.6 – 4.6 – 5.6 – 5.8 – 6.8 – 8.8 – 10.9 – 12.9		

A.4.8   Druckbehälter statisch und dynamisch belastet

Ein Druckbehälter weist ähnlich wie Aufgabe A.4.6 eine zylindrische, als Flansch ausgebildete Öffnung auf, die mit einer kreisrunden Platte abgedeckt und mit 30 Schrauben befestigt wird. Die Verschraubung kann in drei verschiedenen Versionen ausgeführt werden. Sämtliche Bauteile bestehen aus Stahl.

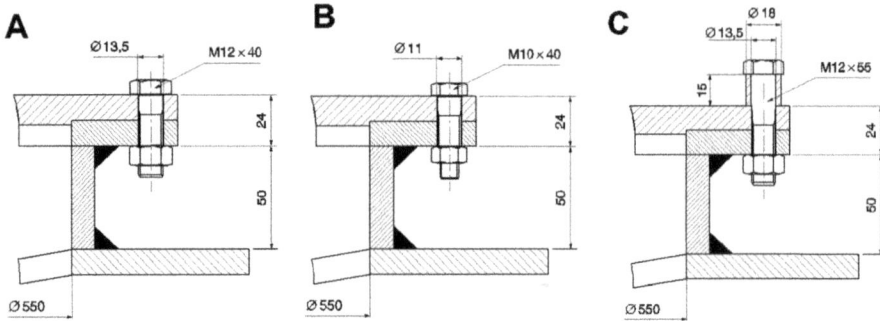

Es kann vereinfachend angenommen werden, dass die Steifigkeit der Zwischenlage in allen drei Fällen $c_Z = 1.200\,\text{N}/\mu\text{m}$ beträgt. Die Restdichtkraft soll aus Sicherheitsgründen doppelt so groß sein wie die maximale Betriebskraft.

- Die Betriebskraft wird an der Unterseite des Flansches und an der Oberseite des Deckels wirksam. Berechnen Sie zunächst die Schraubensteifigkeit c_S bzw. die aus Schraube und Hülse resultierende Steifigkeit c_{SH}!
- Ermitteln Sie für alle Konstruktionsvarianten die Betriebskraft F_{BL} und die Restklemmkraft F_{RK}!
- Berechnen Sie die erforderliche Vorspannkraft F_V und die sich daraus ergebende maximale Schraubenkraft F_{Smax} und die minimale Schraubenkraft F_{Smin} sowie die statische Schraubenkraft F_{Sstat} und die dynamische Schraubenkraft F_{Sdyn}!
- Bestimmen Sie schließlich die statische Zugspannung σ_{Sstat} und die dynamische Zugspannung σ_{Sdyn}!

		Variante A statischer Druck 18 bar	Variante A dynamischer Druck zwischen 0 und 18 bar pulsierend	Variante B dynamischer Druck zwischen 0 und 18 bar pulsierend	Variante C dynamischer Druck zwischen 0 und 18 bar pulsierend
c_Z	N/μm	1.200	1.200	1.200	1.200
c_S bzw. c_{SH}	N/μm				
F_{BL}	N				
F_{RK}	N				
F_V	N				
F_{Smax}	N				
F_{Smin}	N				
F_{Sstat}	N				
F_{Sdyn}	N				
σ_{Zstat}	N/mm^2				
σ_{Zdyn}	N/mm^2				

A.4.9   Amboss

Ein Amboss wird mit zentrischen Schlägen beaufschlagt. Er ist mit vier Schrauben M30 auf der Unterlage befestigt. Die Gesamtbetriebskraft beträgt 420 kN. Der Amboss selber wird bei dieser Betrachtung aus Sicherheitsgründen als masselos angesehen und es muss davon ausgegangen werden, dass die Schläge in rascher Folge hintereinander aufgebracht werden.

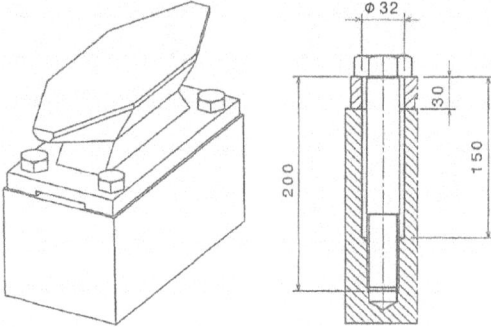

Die Detaildarstellung zeigt eine der vier Befestigungsschrauben. Die Steifigkeit der Zwischenlage ist doppelt so groß wie die Schraubensteifigkeit. Die Restklemmkraft F_{RK} soll genau so groß sein wie die Betriebskraft F_{BL}. Der Reibwert μ im Gewinde und in der Kopfauflage beträgt 0,125.

a	Skizzieren Sie das Verspannungsschaubild. Kennzeichnen und berechnen Sie		
	die Betriebskraft F_{BL},	kN	
	die Restklemmkraft F_{RK},	kN	
	die Vorspannkraft F_V,	kN	
	die maximale Schraubenkraft F_{Smax}	kN	
	und die minimale Schraubenkraft F_{Smin}!	kN	
b.	Wie groß ist die in der Schraube wirkende		
	statische Kraft F_{Sstat}	kN	
	und die dynamische Kraft F_{Sdyn}?	kN	
c.	Berechnen Sie das Gewindemoment M_{Gew},	Nm	
	das Kopfreibungsmoment M_{KR}	Nm	
	und das Anzugsmoment M_{anz}!	Nm	
d.	Wie groß ist die statische Vergleichsspannung σ_{Vstat}	N/mm^2	
	und die dynamische Vergleichsspannung σ_{Vdyn} der Schraube?	N/mm^2	

A.4.10   Pufferbefestigungsschraube

Ein Eisenbahnpuffer wird mit 4 Schrauben M30 mit der Schraubengüte 8.8 an der Pufferbohle befestigt. Der Gewindereibwert kann zu $\mu_{Gew} = 0{,}125$ angenommen werden, der Reibwert an der Kopfauflage beträgt $\mu_{KR} = 0{,}15$. Der Konstruktionswerkstoff der Zwischenlage ist Stahl.

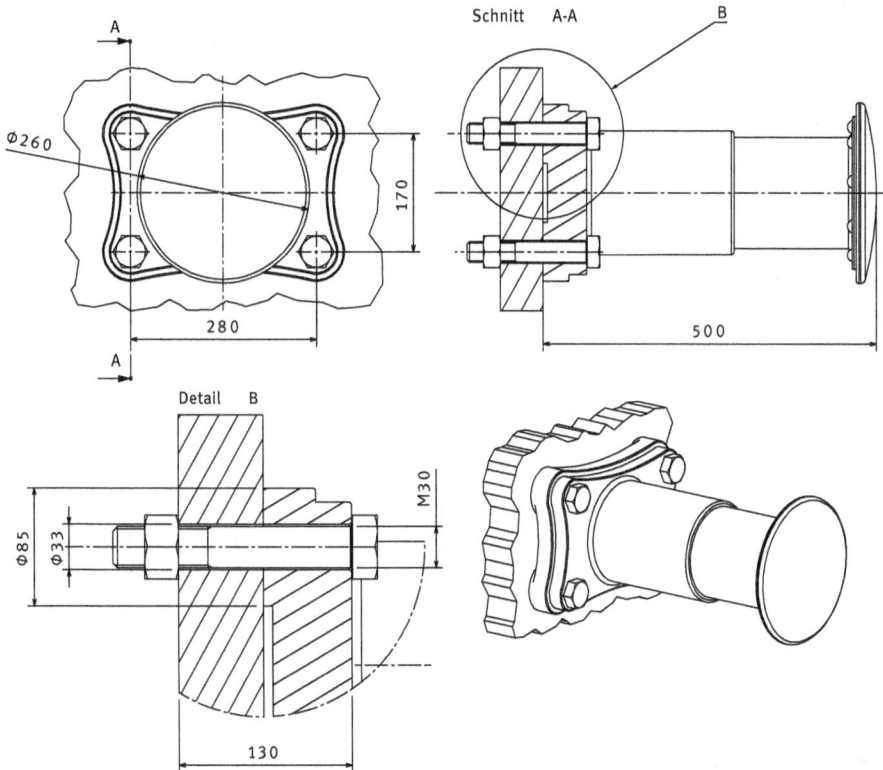

Der Puffer wird mit einer maximalen Kraft $F_{Pu} = 350\,kN$ belastet. Im Augenblick der Belastung soll an jeder Schraube eine Restklemmkraft von $140\,kN$ wirksam werden. Es soll angenommen werden, dass die Belastung dynamisch zwischen dem Minimalwert und Maximalwert variiert. Die qualitative Skizzierung des Verspannungsdiagramms kann bei der Lösung der Aufgabe sehr hilfreich sein. Berechnen Sie ...

die Betriebskraft	F_{BL}	N	
die minimale Schraubenkraft	F_{Smin}	N	
die Schraubensteifigkeit	c_S	$N/\mu m$	
die Ersatzfläche für die Zwischenlagensteifigkeit	A_{ers}	mm^2	
die Zwischenlagensteifigkeit	c_Z	$N/\mu m$	
die Vorspannkraft	F_V	N	
die maximale Schraubenkraft	F_{Smax}	N	
das Gewindemoment beim Anziehen	$M_{Gew\,anz}$	Nm	
das Kopfreibungsmoment	M_{KR}	Nm	
das Schraubenanzugsmoment	M_{anz}	Nm	
die statische Schraubenkraft	F_{Sstat}	N	
die dynamische Schraubenkraft	F_{Sdyn}	N	
die statische Vergleichsspannung in der Schraube	σ_{Vstat}	N/mm^2	
die dynamische Vergleichsspannung in der Schraube	σ_{Vdyn}	N/mm^2	

A.4.11   Verschraubung mit Titanhülse

Eine untere Platte aus Aluminium ($E_{Alu} = 71.500\,N/mm^2$) und eine obere aus Stahl werden mit einer Stahlschraube miteinander verbunden. Zwischen der Stahlplatte und dem Schraubenkopf wird in der dargestellten Weise eine Titanhülse ($E_{Titan} = 115.000\,N/mm^2$) eingefügt.

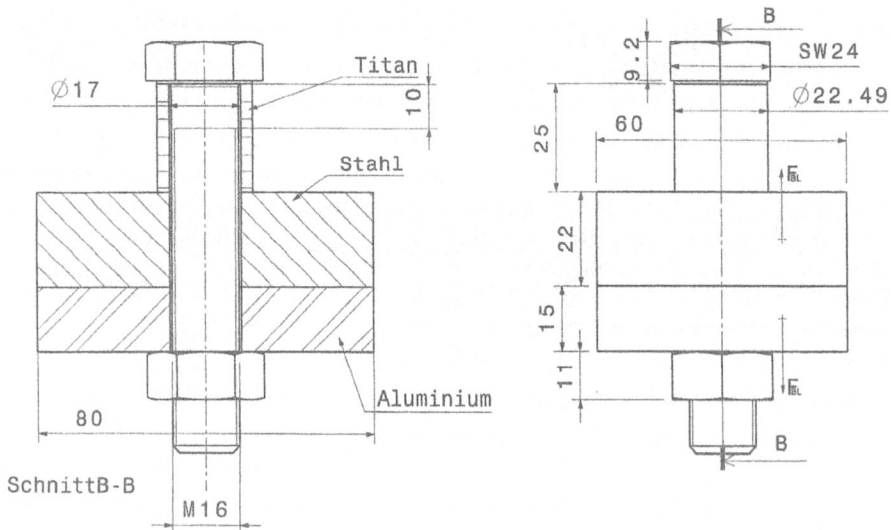

Berechnen Sie alle im Verspannungsfluss liegenden Steifigkeiten. Differenzieren Sie die Steifigkeit der Schraube nach Schaft, Gewinde, Kopf und Mutter. Die Ersatzfläche zur Berechnung der Zwischenlagensteifigkeit kann mit $A_{ers} = 530\,\text{mm}^2$ angenommen werden.

c_{Schaft}	$c_{Gewinde}$	c_{Kopf}	c_{Mutter}	$c_{Hülse}$	$c_{PlatteSt}$	$c_{PlatteAl}$

Die Betriebskraft wird in der Mitte der jeweiligen Platte eingeleitet. Berechnen Sie für diesen Betriebsfall die Schraubensteifigkeit c_S, die Zwischenlagensteifigkeit c_Z sowie das Kraftverhältnis Φ!

c_S	c_Z	Φ

5 Lagerungen

Das kennzeichnende Merkmal einer jeden Maschine ist die Bewegung: Entweder findet die Bewegung in der Maschine statt oder sie bewegt sich selber und wird damit zum Fahrzeug. Insofern unterscheiden sich die Objekte des Maschinenbaus grundlegend von denen vieler anderer Ingenieurdisziplinen. Die Bewegung lässt sich grundsätzlich unterscheiden nach

kreisförmig oder geradlinig,

Drehbewegung oder Geradeausbewegung,

Rotation oder Translation.

Entsprechend dieser Unterscheidung werden die Bewegungen konstruktiv als

Lagerungen oder Führungen

ausgeführt. In der technischen Realität treten Bewegungen häufig als reine Rotation oder als reine Translation auf, da man bemüht ist, den technischen Aufwand von Maschinen so gering wie möglich zu halten. Komplexere Bewegungsabläufe werden stets aus einer Überlagerung von mehreren Bewegungen dieser beiden Grundtypen zusammengesetzt (Beispiel: Erzeugung der Evolvente als Zahnflanke eines Zahnrades).

Während die detaillierte Analyse von Bewegungsabläufen Gegenstand der Kinematik als einem Teilgebiet der Mechanik und der Getriebelehre ist, besteht die Aufgabe des Fachgebietes Maschinenelemente vor allen Dingen darin, das Kraftübertragungsverhalten von Lagerungen und Führungen zu untersuchen, für die sich auch der etwas synthetisch anmutende Sammelbegriff „Bewegungskomponenten" verwenden lässt. Bild 5.1 gibt einen generellen Überblick über die mechanischen und hydraulischen Prinzipien, die für Bewegungskomponenten ausgenutzt werden. Darüber hinaus gibt es noch weitere physikalische (pneumatische, magnetische und elektrische) Prinzipien, die in dieser Grundlagenbetrachtung aber keine Rolle spielen. Diese Zusammenstellung versucht weiterhin einige qualitative, modellhaft einfache Aussagen über Tragfähigkeit, Reibung und Verschleiß, die im weiteren Verlauf dieser Ausführungen jedoch noch differenziert werden müssen.

https://doi.org/10.1515/9783110692143-006

	Festkörperreibung	Rollreibung	Flüssigkeitsreibung hydrodynamisch	Flüssigkeitsreibung hydrostatisch
translatorisch	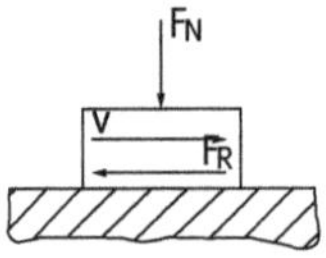 F_N, V, F_R	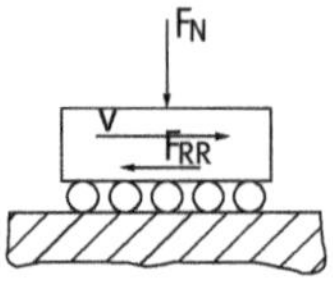 F_N, V, F_{RR}	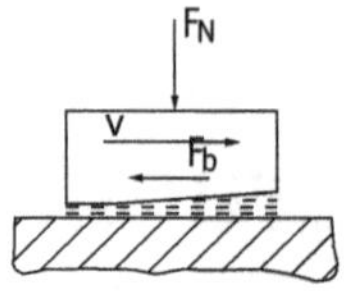 F_N, V, F_b	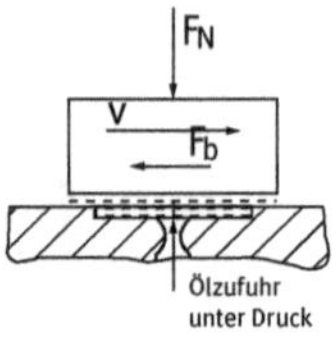 F_N, V, F_b; Ölzufuhr unter Druck
rotatorisch	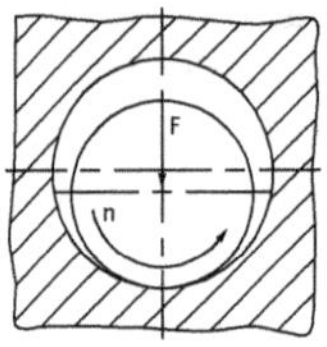 F, n	 n	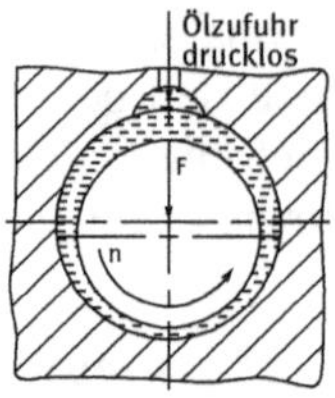 Ölzufuhr drucklos; F, n	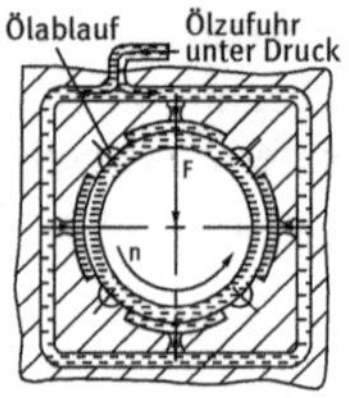 Ölablauf, Ölzufuhr unter Druck; F, n
Tragfähigkeit	basiert auf der zeitlich sich nicht ändernden Pressung an der lastübertragenden Fläche	basiert auf der zeitlich sich ständig verändernden Flächenpressung zwischen Wälzkörper und Ring	steigt mit der Geschwindigkeit und der Viskosität („Zähflüssigkeit") des Öls	steigt mit der Höhe des Öldruckes
Reibung	hoch; Reibkraft F_R ist der Bewegung entgegengesetzt gerichtet (Coulomb'sches Gesetz)	gering; Formulierung der Rollreibungskraft F_{RR} kann modellhaft an das Coulomb'sche Gesetz angelehnt werden	gering; steigt mit der Geschwindigkeit und der Viskosität („Zähflüssigkeit") des Öls	gering; steigt mit der Geschwindigkeit und der Viskosität („Zähflüssigkeit") des Öls
Verschleiß	hoch; bei zu hoher Flächenpressung Fressen und Kalt-verschweißung	gering; bei jeder Überrollung werden winzige Partikel aus der Oberfläche herausgelöst	im optimalen Fall verschleißfrei; in der An- und Auslaufphase wird jedoch Festkörper-reibung wirksam	verschleißfrei

Bild 5.1: Wirkprinzipien Lagerungen und Führungen

Besonders in der Historie des Maschinenbaus ließen sich Rotationen konstruktiv leichter ausführen als Translationen (Beispiel: Schraubstock, Kran). Wenn es sich nicht gerade um eine Schwenk- oder Pendelbewegung handelt, so können Drehbewegungen meist beliebig weit fortgeführt werden, während translatorische Bewegungen stets einen Endpunkt haben und dann umgekehrt werden müssen. Dies hat Beschleunigungen und damit Massenkräfte zur Folge und schränkt die erzielbaren Geschwindigkeiten vielfach erheblich ein, während rotatorische Bewegungen meist sehr viel höhere Geschwindigkeiten erlauben. Ein Beispiel aus der Fertigungstechnik möge das verdeutlichen: Eine Kreissäge bedient sich in ihrer Schnittbewegung der Rotation und lässt deshalb sehr hohe Geschwindigkeiten zu. Die Stich- und die Bügelsäge sind hingegen wegen der zyklisch umzukehrenden translatorischen Bewegung in der Höhe ihrer Geschwindigkeit eingeschränkt. Die Bandsäge versucht, diesen Nachteil zu vermeiden, in dem sie die prozesstechnisch wirkende Translation ohne Richtungsumkehr aus einer Rotation mit relativ hoher Geschwindigkeit ableitet. Die vorliegenden Betrachtungen beschränken sich auf die Lager als rotatorische Bewegungskomponenten und konzentrieren sich dabei auf Lager mit Festkörperreibung und Wälzlager.

5.1   Lager mit Festkörperreibung (Bolzen)

Der Bolzen ist die einfachste Art einer Lagerung, mit der Gelenke für Schwenkbewegungen oder langsame Drehbewegungen ausgeführt werden können. Bild 5.2 stellt ein oberes, gabelförmiges Bauteil dar, welches relativ zu einem nach unten herausgeführten Bauteil verdreht werden kann. In beiden Ausführungen verteilt sich die zu übertragende Kraft F wegen der Symmetrie der Konstruktion je zur Hälfte auf die linke und rechte Gabelseite. Dennoch unterscheiden sich die beiden Ausführungen in einem wichtigen Konstruktionsmerkmal:

Die Relativbewegung des Bolzens vollzieht sich im linken Beispiel im Kontakt zur unteren Lasche, wo zur Vermeidung von „Kaltverschweißungen" (s. u.) eine Buchse eingefügt wird. Damit die Relativbewegung tatsächlich zwischen Bolzen und Buchse und nicht etwa zwischen der Buchse und der nach unten herausragenden Lasche stattfindet, ist auf der Innenseite der Buchse eine Spielpassung, außen jedoch eine Presspassung erforderlich.

Die Relativbewegung des Bolzens vollzieht sich im rechten Beispiel im Kontakt zum oberen Gabelkopf. Zur Vermeidung von Kaltverschweißungen wird auf beiden Seiten des Gabelkopfes eine Buchse eingefügt. Damit die Relativbewegung tatsächlich zwischen Bolzen und Buchse und nicht etwa zwischen Buchse und dem Gabelkopf stattfindet, wird auf der Innenseite der Buchse eine Spielpassung, außen jedoch eine Presspassung vorgesehen.

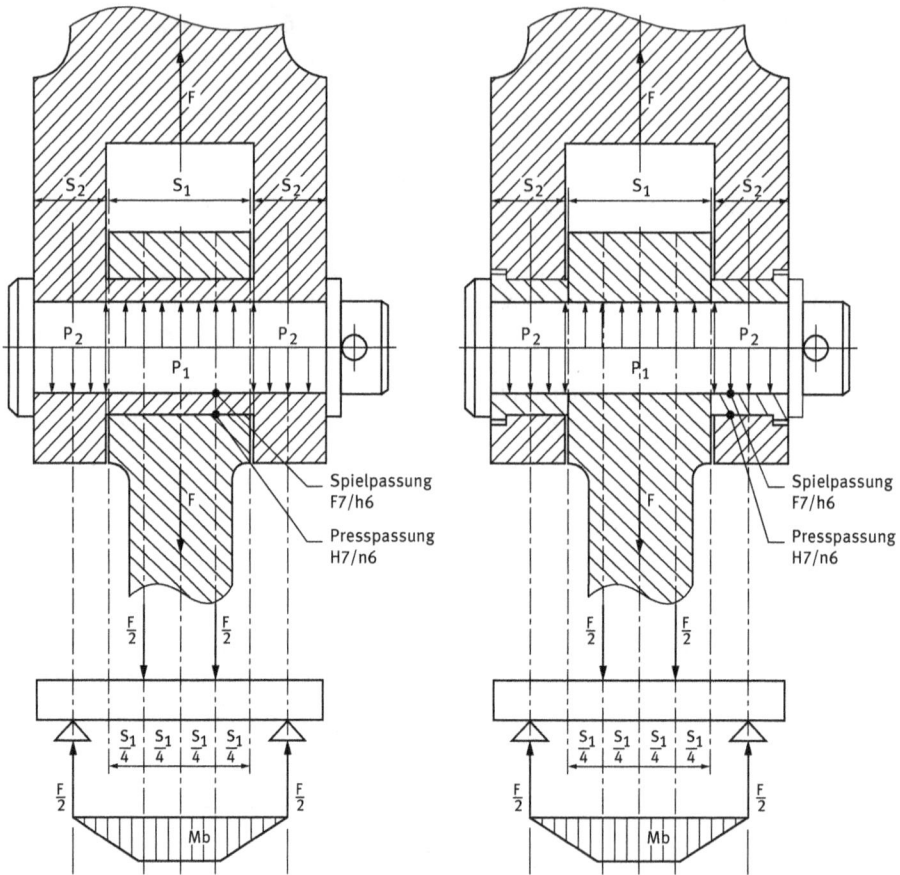

Bild 5.2: Bolzen

Die Belastbarkeit beider Verbindungen ist von drei Kriterien abhängig:

a. Die **Flächenpressung** kann im einfachsten Fall wie beim Niet (s. Kapitel 3.1.2) angesetzt werden, wobei auch hier die Kraft hintereinander an zwei Stellen übertragen werden muss:

$$p_1 = \frac{F}{d \cdot s_1} \leq p_{zul1} \qquad p_2 = \frac{F}{d \cdot 2 \cdot s_2} \leq p_{zul2} \qquad\qquad \text{Gl. 5.1}$$

Bei der Festlegung der Werkstoffkennwerte muss die o. g. Differenzierung berücksichtigt werden. Im linken Konstruktionsbeispiel soll die Relativbewegung bei s_1 stattfinden (Gleitsitz), während sie bei s_2 gezielt unterbunden wird (Festsitz). Im rechten Beispiel präsentiert sich dieser Sachverhalt genau umgekehrt. Beim Gleitsitz besteht die Gefahr des „Fressens" oder der „Kaltverschweißung", die nach einer vereinfachten tribologischen Modellvorstellung folgendermaßen erklärt werden kann: Der metallische Kontakt findet nicht gleichmäßig auf der gesamten Fläche statt, sondern konzentriert sich auf die Rauheitsspitzen der beiden in Berührung stehenden Kontaktflächen. Dadurch wird die tatsächliche, lokale Pressung an diesen Rauheitsspitzen deutlich höher als die hier als Mittelwert berechnete. Werden die beiden sich berührenden Flächen relativ zueinander bewegt, so kann an diesen Rauheitsspitzen so viel Reibungswärme entstehen, dass es zu einer lokalen Verschmelzung („Kalt"-Verschweißung als Verschweißung ohne äußere Energiezufuhr) kommt, die allerdings durch die fortschreitende Relativbewegung sofort wieder aufgebrochen wird. Obwohl dieser Effekt nur von lokaler Bedeutung ist, wird die Oberfläche dadurch langfristig beschädigt und damit in ihrer Funktion beeinträchtigt. Wegen der Fressgefahr ist die zulässige Flächenpressung für einen Gleitsitz wesentlich geringer als die für den unbeweglichen Festsitz. Die Werkstoffpaarung Stahl-Stahl ist wegen der hoher Materialsteifigkeit und der damit verbundenen Konzentration der Lastübertragung auf die Rauheitsspitzen besonders fressgefährdet und damit für Gleitsitze grundsätzlich nicht geeignet. Die Verwendung weniger steifer Materialien verteilt die Last aufgrund der Verformungswilligkeit des Werkstoffs auf größere Flächen, womit die Fressneigung deutlich herabgesetzt wird. Die Geschwindigkeit der relativ zueinander bewegten Flächen muss jedoch stark eingeschränkt werden, sodass mit solchen Materialpaarungen meist nur Schwenkbewegungen oder sehr langsame Drehbewegungen realisiert werden können. Tabelle 5.1 gibt die zulässigen Pressungswerte für einige gebräuchliche Werkstoffpaarungen wieder.

b. Der **Querkraftschub** wird wie beim Niet (s. Kapitel 3.1.1) formuliert, ist aber in den meisten Fällen unkritisch. Tabelle 5.2 gibt die zulässigen Schubspannungswerte für einige Bolzenwerkstoffe an.

c. Darüber hinaus spielt die **Biegemomentenbelastung** des Bolzens eine wichtige Rolle. Dazu wird vereinfachend angenommen, dass die an den äußeren Laschen wirkende Pressung zur Kraft F/2 in Laschenmitte zusammengefasst werden kann und sich die an der inneren Lasche wirkende Pressung durch zwei Kräfte F/2 ersetzen lässt, die untereinander den Abstand $s_1/2$ der inneren Laschenbreite zueinander aufweisen. Daraus ergibt sich die darunter skizzierte Biegemomentenverteilung entlang des Bolzens. Die maximale Biegemomentenbelastung formuliert sich zu:

$$\sigma_{bmax} = \frac{M_{bmax}}{W_{ax}} = \frac{\frac{F}{2} \cdot \left(\frac{s_1}{4} + \frac{s_2}{2}\right)}{\frac{\pi \cdot d^3}{32}} \leq \sigma_{bzul} \qquad \text{Gl. 5.2}$$

In Tabelle 5.2 sind weiterhin die zulässigen Biegespannungswerte für einige Bolzenwerkstoffe aufgelistet.

Tabelle 5.1: Zulässige Pressungswerte für einige gebräuchliche Werkstoffpaarungen

	p_{zul} in [N/mm^2] für Festsitz			p_{zul} in [N/mm^2] für Gleitsitz
	quasistatisch	schwellend	wechselnd	Gleitsitz
E295/GG	70	50	32	5
E295/GS	80	56	40	7
E295/Rg, Bz	32	22	16	8
E295/S235	90	63	45	nicht geeignet
E295/E295	125	90	56	nicht geeignet

Tabelle 5.2: Zulässige Biege- und Schubspannungen für Bolzen

	σ_{bzul} [N/mm^2]			τ_{zul} [N/mm^2]		
	quasistatisch	schwellend	wechselnd	quasistatisch	schwellend	wechselnd
9S20 (4.6)	80	56	35	50	35	25
E295 (6.8)	110	80	50	70	50	35
E335, C35, C45 (8.8)	140	100	63	90	63	45
E360	160	110	70	100	70	50

Aufgaben A.5.1 und A.5.2

5.2   Wälzlager

Wie bereits in Bild 5.1 demonstriert wurde, ist es das Grundprinzip aller Wälzlager, die reibungs- und verschleißbehaftete Coulomb'sche Reibung durch die sehr viel vorteilhaftere Rollreibung zu ersetzen. Wälzlager bestehen im Allgemeinen aus zwei konzentrischen Ringen, zwischen denen Wälzkörper angeordnet sind. Die am meisten verwendete Bauform des Wälzlagers ist das Kugellager, Bild 5.3 zeigt darüber hinaus auch Wälzkörper anderer Geometrien.

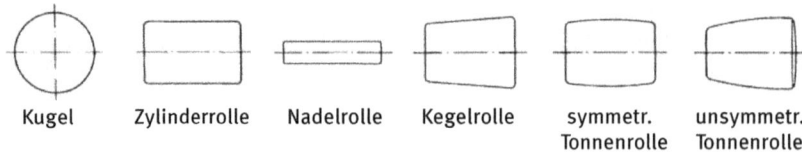

Kugel   Zylinderrolle   Nadelrolle   Kegelrolle   symmetr. Tonnenrolle   unsymmetr. Tonnenrolle

Bild 5.3: Wälzkörper

Entsprechend der Form der Wälzkörper handelt es sich dabei um ein Kugellager, ein Zylinder-rollenlager, ein Nadellager, ein Kegelrollenlager oder um ein Rollenlager (weitere Erläuterungen und spezielle Eignungen im Kapitel 5.2.2). In den meisten Fällen werden die Wälzkörper jedoch durch einen Käfig geführt, der sie untereinander auf Distanz hält und für eine gleichmä-ßige Teilung der Wälzkörper sorgt. Das Wälzlager kann aber auch „vollrollig" ausgeführt sein, sodass sich zwei benachbarte Wälzkörper unmittelbar berühren. Dadurch wird die Tragfähig-keit des Lagers zwar maximiert, allerdings ist die dann auftretende Reibung der Wälzkörper untereinander größer als die Reibung des Wälzkörpers gegenüber einem Käfig.

5.2.1   Lageranordnungen

Ein Lager soll aber nicht nur eine Drehung der beiden Lagerringe zueinander kinematisch er-möglichen, sondern auch Kräfte übertragen können. Wie bereits im Abschnitt 1.3.3 erläutert worden war, ist die Lagerung mit einem einzigen Lager nur dann möglich, wenn kein Biege-moment zu übertragen ist. In den weitaus meisten Fällen ist diese Bedingung allerdings nicht erfüllt.

5.2.1.1   Fest-Los-Lagerung

Im Kapitel 1.3.4 wurde im Zusammenhang mit der Dimensionierung von Achsen und Wellen bereits mit Bild 1.11 der Grundtyp der Fest-Los-Lagerung vorgestellt. Diese Lagerung kann nicht nur Radial- und Axialkräfte aufnehmen, sondern auch Biegemomente abstützen. Bild 5.4 zeigt eine Reihe weiterer konstruktiver Beispiele von Festlager-/Loslager-Anordnungen.

Bei den Beispielen c–h werden Zylinderrollenlager bzw. Nadellager verwendet, die aufgrund ihrer Bauform keine Axialkraft aufnehmen und deshalb die Funktion eines Loslagers überneh-men. Beispiel f teilt die Kraftübertragung am linken Festlager durch konstruktive Maßnahmen folgendermaßen auf: Die Radialkraft wird vom Zylinderrollenlager aufgenommen, welches aber aufgrund seiner Konstruktion der Axialkraft ausweicht. Die Axialkraft wird gezielt vom linken Vierpunktlager übertragen. Da dieses aber keine Radialkraft aufnehmen soll, wird die Gehäusebohrung am Außenring bewusst größer ausgeführt als der Außendurchmesser des La-geraußenringes. Im Gegensatz zu den nachfolgend aufgeführten Lagerungen nimmt die Fest-Los-Lagerung die Axialkraft stets vom gleichen Lager auf.

5.2.1.2   Schwimmende Lagerung

Eine weitere Art von Lageranordnung ist die sog. „schwimmende Lagerung", deren beide La-ger zwar axial verschiebbar sind, aber in ihrer axialen Bewegungsmöglichkeit durch konstruk-tive Maßnahmen eng eingeschränkt sind. Bild 5.5 zeigt diese Lageranordnung in Ergänzung zu den in Bild 1.11 aufgeführten Einbaufällen.

a. Festlager: Loslager:
   Rillen-   Rillenkugellager   kugellager

b. Festlager: Loslager:
   Pendel-   Pendelrollenlager   rollenlager

c. Festlager: Loslager:
   Rillen-   Nadel-
   kugellager   büchse

d. Festlager: Loslager:
   Pendel-   Zylinderrollenlager   rollenlager NU

e. Festlager: Loslager:
   Zweireihiges   Zylinder-
   Schrägkugellager rollenlager
                   NU

f. Festlager: Loslager:
   Vierpunktlager Zylinder-
   und Zylinder-   rollenlager
   rollenlager NU NU

g. Festlager: Loslager:
   Zwei Kegel-   Zylinderrollenlager   rollenlager NU

h. Festlager: Loslager:
   Zylinder-   Zylinderrollenlager NUP rollenlager NU

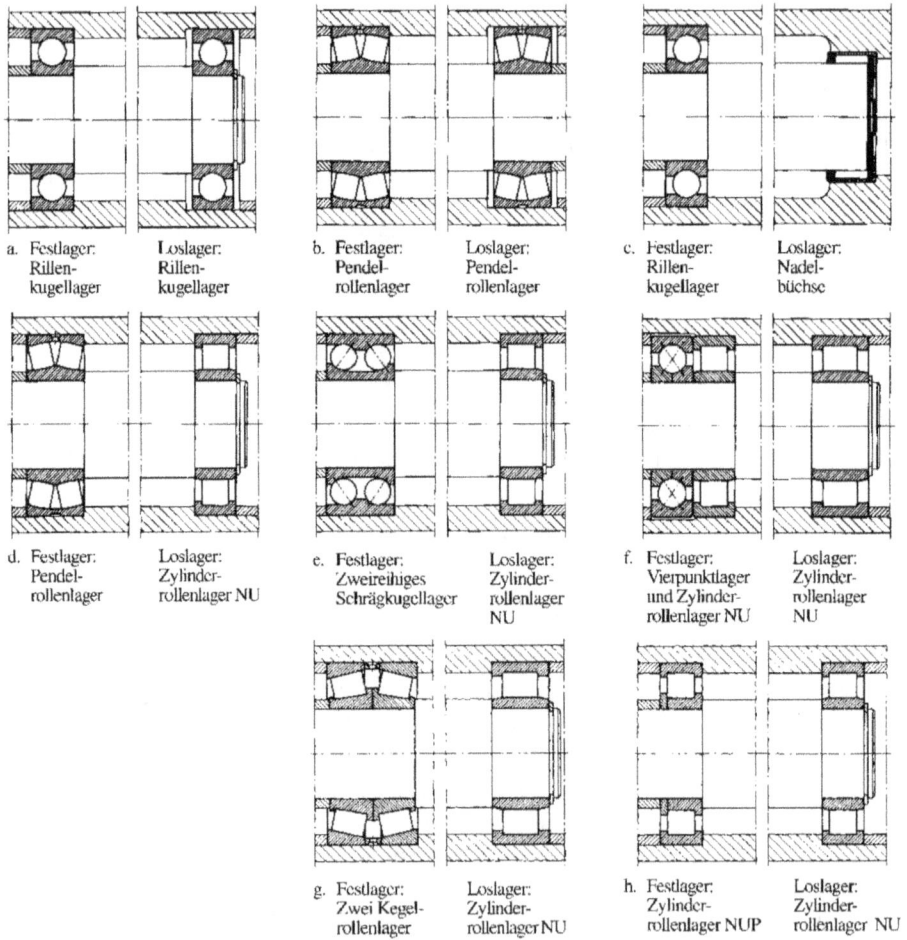

Bild 5.4: Beispiele von Festlager-/Loslager-Anordnungen [nach 5.2]

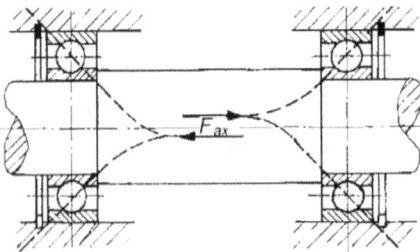

Bild 5.5: Schwimmende Lagerung   Bild 5.6: Angestellte Lagerung

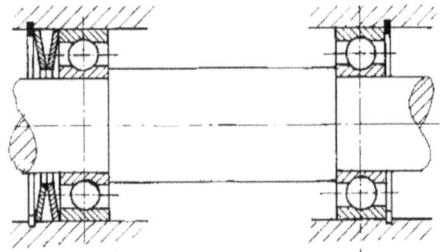

- Auch diese Art von Lageranordnung überträgt die Radialkräfte wie bei der Fest-Los-Lagerung, die Welle oder Achse kann auch hier bezüglich ihrer Belastung als „drehbarer Balken" betrachtet werden.
- Die Übertragung der Axialbelastung hängt allerdings von deren Richtung ab: Wirkt die Axialkraft in der Welle nach rechts, so wird die Welle geringfügig nach rechts verschoben und das rechte Lager kommt nach Überbrückung des konstruktiv vorgesehenen Zwischenraumes außen zur Anlage, sodass darüber die Kraft übertragen wird. Bei nach links wirkender Axialkraft kommt entsprechend das linke Lager zur Anlage. Die schwimmende Lagerung hat also in jedem Fall ein axiales Spiel, welches je nach Lagergröße bis zu mehreren Zehntel Millimeter beträgt. Im Gegensatz zu der obigen Darstellung ist das Axialspiel aber so klein, dass es nicht maßstabgerecht wiedergegeben werden kann, was zuweilen das Verständnis erschweren kann.
- Für eine schwimmende Lagerung können nahezu alle Lagerbauformen verwendet werden, die nicht „angestellt" (s. u.) werden müssen.
- Die schwimmende Lagerung erlaubt gegenüber der Festlager-/Loslager-Anordnung einige fertigungstechnische Vereinfachungen und ist grundsätzlich dann möglich, wenn durch das axiale Spiel die Funktion der gesamten Lagerung nicht gestört wird.

Das Bild 5.7 zeigt dazu ein Beispiel: Die Anordnung als schwimmende Lagerung auf einer Buchse ermöglicht den einfachen und schnellen Einbau des Kranlaufrades als komplette Baueinheit. Die in der oberen Bildhälfte dargestellte Ausführung mit kleineren Zylinderrollenlagern reicht für geringere Belastungen aus, bei hohen Lasten muss das Kranlaufrad mit größeren (und teureren) Zylinderrollenlagern (untere Bildhälfte) bestückt werden. Wegen der relativ geringen Geschwindigkeiten werden „vollrollige" Lager (also solche ohne Käfig) eingesetzt, wodurch eine besonders hohe Tragfähigkeit erzielt wird.

Die Lagerung des „Vibrationsmotors" nach Bild 5.8 ist ebenfalls schwimmend ausgeführt. An dessen Wellenenden sind Unwuchtmassen angebracht, die bei Rotation Zentrifugalkräfte hervorrufen und damit Schwingungen erzeugen, die z. B. zum Betrieb eines Schüttelsiebes ausgenutzt werden.

5.2.1.3   Angestellte Lagerung

Ist eine genaue axiale Führung der Welle erforderlich, so reicht die schwimmende Lagerung nicht mehr aus, die Lagerung muss „angestellt" werden. Wie Bild 5.6 zeigt, geht die angestellte Lagerung aus der schwimmenden Lagerung (Bild 5.5) dadurch hervor, dass das axiale Spiel durch Krafteinwirkung (hier Federkraft) überbrückt wird.

Bild 5.9 zeigt die Lagerung eines kleinen Elektromotors, welche durch eine scheibenförmige Feder angestellt ist, die den Außenring des linken Lagers gegenüber dem Gehäuse abstützt. Auf diese Weise wird auch im Leerlauf eine Mindestbelastung auf die Lager aufgebracht, wodurch die Kugeln zu einem eindeutigen Abrollen gezwungen werden und damit die Geräuschentwicklung minimiert wird.

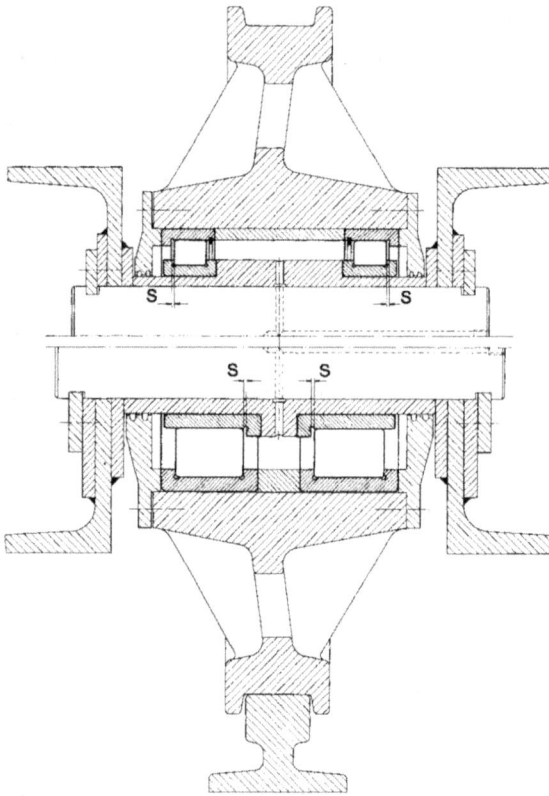

Bild 5.7: Kranlaufrad [Werksbild INA]

Die Kegelrollenlagerung in Bild 5.10 wird durch die Mutter am linken Wellenende angestellt. Diese Anstellung wird durch einen Zwischenring zwischen dem linken Lager und dem rechts daneben liegenden Wellenbund begrenzt, kann aber durch Abschleifen dieses Zwischenringes erhöht werden.

Zur definierten Aufbringung der Vorspannung müssen die Lager selber mit der gesamten Umgebungskonstruktion als (harte) Feder betrachtet werden. Die hohe Steifigkeit dieser Feder erfordert gegenüber dem Beispiel in Bild 5.9 eine genaue Fertigung, eine präzise Montage und ggf. eine Kontrolle der thermischen Ausdehnungen.

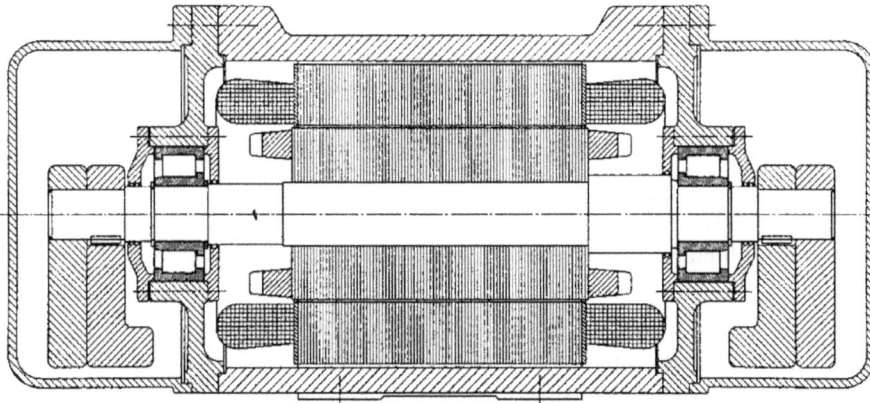

Bild 5.8: Schwimmende Lagerung eines Vibrationsmotors [Werksbild FAG]

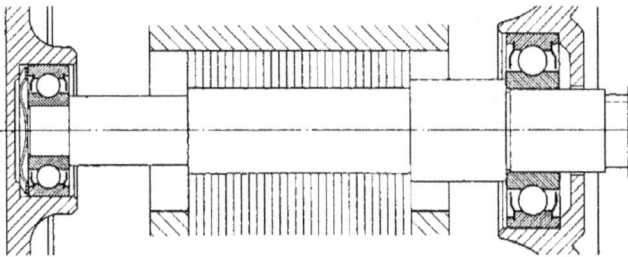

Bild 5.9: Angestellte Lagerung Elektromotor

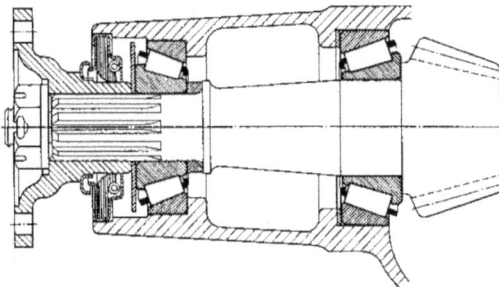

Bild 5.10: Angestellte Lagerung Ritzelwelle Kegelrad

5.2.2   Lagerbauformen

Die bisher nur sporadisch aufgeführten Bauformen von Wälzlagern sollen zu einer möglichst vollständigen Zusammenstellung ergänzt werden. Bei dieser Differenzierung spielen die folgenden Aspekte eine wesentliche Rolle:

- Funktion
- geforderte Genauigkeit
- Fertigungs- und Montagemöglichkeiten
- Belastung
- Kosten

Dementsprechend steht eine ganze Reihe von Lagerbauformen zur Verfügung, die in vielfachen Ausführungsformen standardisiert und international genormt sind. Im geometrischen Modellfall berührt der Wälzkörper den Lagerring entweder in einem einzigen Punkt oder entlang einer Linie, sodass nach **Punktberührung** und **Linienberührung** unterschieden werden kann. Lager mit Punktberührung sind mit Kugeln als Wälzkörper ausgestattet und werden deshalb Kugellager genannt, während Lager mit Linienberührung Rollen als Wälzkörper verwenden und damit als Rollenlager bezeichnet werden. Diese Differenzierung ist in mehrfacher Hinsicht von Bedeutung:

- Die Punktberührung zieht bei gleicher Belastung eine relativ hohe Pressung nach sich, wodurch das Lager insgesamt weniger tragfähig ist. Bei Linienberührung tritt bei gleicher äußerer Kraft eine deutlich geringere Pressung auf, wodurch die **Tragfähigkeit** des Lagers wesentlich gesteigert wird.
- Die Genauigkeit des Wälzkörpers Kugel ist durch die Toleranz des Durchmessers eindeutig beschrieben und lässt sich damit sehr **präzise** herstellen, was der **Laufgenauigkeit** des Lagers sehr zugutekommt. Eine Zylinderrolle muss ihren Durchmesser entlang der Mantellinie beibehalten und wird damit prinzipiell ungenauer. Bei Kegelrollen kommt die Kegelsteigung als weiterer genauigkeitsbestimmender Parameter hinzu und bei Tonnenrollen muss auch die Wölbung fertigungstechnisch exakt ausgeführt werden.
- Der für die Punktberührung typische Wälzkörper Kugel lässt sich sehr **kostengünstig** herstellen, weil viele Tausend Kugeln gleichzeitig in einer Kugelläppmaschine hergestellt werden. Alle anderen Wälzkörper müssen einzeln bearbeitet werden.

5.2.2.1   Kugellager

Die häufigste Bauform des Wälzlagers ist das einreihige Rillenkugellager (Bild 5.11 links). Beide Ringe haben Laufrillen mit gleich hohen Schultern, der Radius der Rillen im Radialschnitt ist geringfügig größer als der Kugelradius. Es ist vor allen Dingen wegen seiner universellen Verwendbarkeit und seiner relativ einfachen und billigen Herstellung weitverbreitet. Das Kugellager kann nicht nur Radial-, sondern in gewissem Maße auch Axialkräfte aufnehmen. Die Bauform als zweireihiges Rillenkugellager (Bild 5.11 rechts) erlaubt höhere Belastungen.

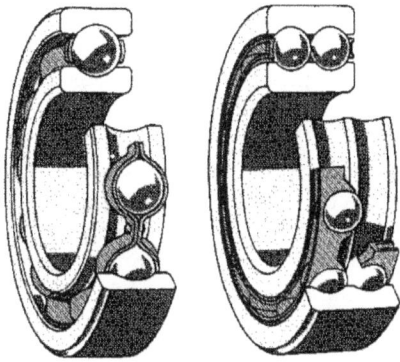

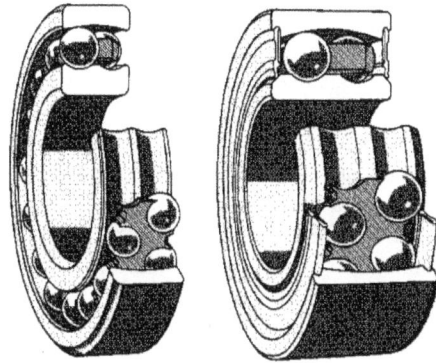

Bild 5.11: Radialrillenkugellager   Bild 5.12: Pendelkugellager

Pendelkugellager (Bild 5.12) sind am Innenring zweireihigen Rillenkugellagern sehr ähnlich. Der Außenring weist jedoch eine hohlkugelförmige Laufbahn auf, wobei der Mittelpunkt dieser Hohlkugel genau auf der Rotationsachse des Lagers liegt. Dadurch können die Lager Winkelfehler bis zu 4° aufnehmen und sind deshalb zum Ausgleich von Fluchtungsfehlern und Wellendurchbiegungen sehr gut geeignet. Pendelkugellager können mittlere Radiallasten und nur geringe Axialbelastungen in beiden Richtungen aufnehmen.

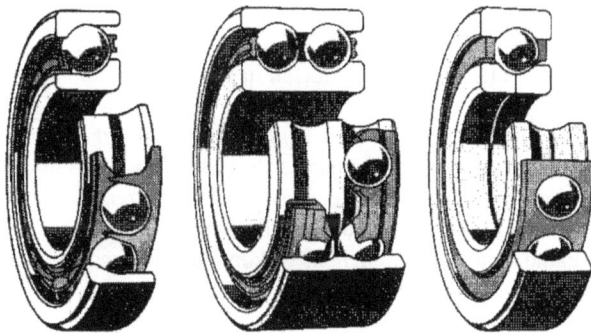

Bild 5.13: Schrägkugellager

Das Radialrillenkugellager ist zur Aufnahme von vorzugsweise radialer Belastung symmetrisch aufgebaut, sodass die Wirkungslinien der an den Kugeln übertragenen Kräfte idealerweise auf einer radial angeordneten Ebene liegen. Beim Schrägkugellager (Bild 5.13 links) entartet diese Ebene zu einem Kegel, sodass die Kräfte vorzugsweise im sog. Berührwinkel zur radialen Ebene geneigt übertragen werden, was eine unsymmetrische Ausbildung der Ringe erfordert. Mit zunehmend größerem Berührwinkel (Standard 40°, aber auch 25° und 30° lieferbar) können auch entsprechend größere Axialbelastungen aufgenommen werden. Selbst für den Fall, dass das Lager von außen nur mit Radialkraft belastet wird, entsteht eine in

Axialrichtung wirkende Kraft, was meist eine angestellte Lagerung erforderlich macht. Das
Lager ist zerlegbar, sodass Innen- und Außenring getrennt montiert werden können. Beide Lager können auch zu einem einbaufertigen zweireihigen, nicht zerlegbaren Schrägkugellager
zusammengefasst werden (Bild 5.13 Mitte). Vierpunktlager (Bild 5.13 rechts) können Axialkräfte in beide Richtungen aufnehmen. Im Radialschnitt besteht die Kontur von Innen- und
Außenring aus vier an der Kugel anliegenden Kreisbögen, sodass vier Berührpunkte zwischen
Kugel und Laufbahn möglich sind und damit sozusagen ein doppelseitiges Schrägkugellager
entsteht. Die Fertigung des Lagers erfordert eine Zweiteilung des Innenringes. Vierpunktlager sollen nur so eingesetzt werden, dass sie nicht in allen vier Berührpunkten gleichzeitig
belastet werden, die Lager kommen also vorwiegend zum Einsatz, wenn axiale Belastung bei
wechselnder Richtung aufgenommen werden muss.

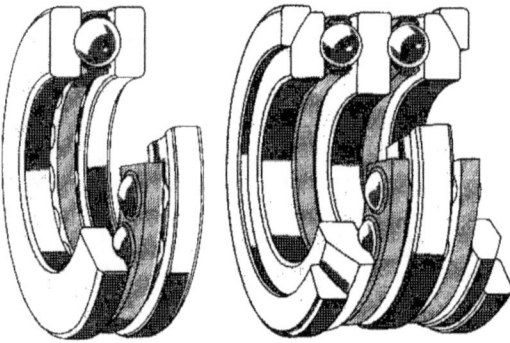

Bild 5.14: Axialrillenkugellager

Axialrillenkugellager nehmen nur reine Axialkräfte auf und dürfen in Einzelanordnung nach
Bild 5.14 links nur in eine Richtung belastet werden. Treten Axialkräfte in beide Richtungen
auf, so muss das Lager in Doppelanordnung nach der rechten Bildhälfte ausgeführt werden.
Ist die Belastung gering, so besteht bei höheren Drehzahlen die Gefahr, dass die Kugeln infolge der Fliehkraft aus dem Rillengrund herauslaufen. Deshalb erfordern diese Lager stets eine
axiale Mindestbelastung. Wird die gehäuseseitige Scheibe aus zwei Ringen zusammengesetzt,
die über eine kugelige Fläche untereinander in Kontakt stehen, so können Wellenschiefstellungen ausgeglichen werden.

5.2.2.2   Rollenlager

Beim Zylinderrollenlager (Bild 5.15) werden die Rollen entweder am Außenring (Bauform
NU) oder am Innenring (Bauform N) durch Borde in axialer Richtung geführt.

- Hat der jeweils gegenüberliegende Ring keinen Bord (Bauform N und NU), so kann das
  Lager nur als Loslager verwendet werden.
- Hat das Lager sowohl am Innen- als auch am Außenring zwei Borde (Bauform NUP, NJ
  oder HJ), so ist das Lager auch als Festlager verwendbar, kann allerdings nur eine geringe
  Axialkraft aufnehmen.
- Die Bauformen NJ, NU und HJ mit jeweils einem Bord auf der gegenüberliegenden Seite
  sind vorzugsweise für schwimmende Lagerung gedacht.

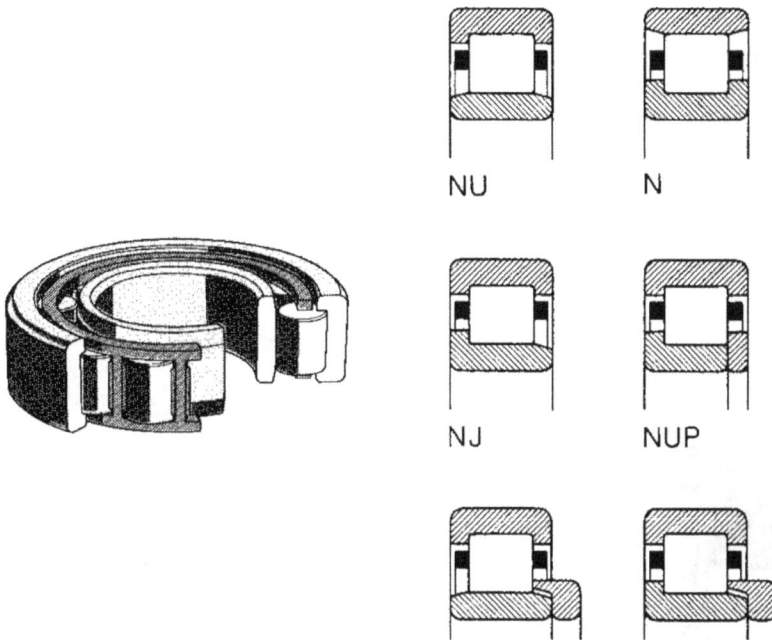

NU   N

NJ   NUP

Bild 5.15: Zylinderrollenlager

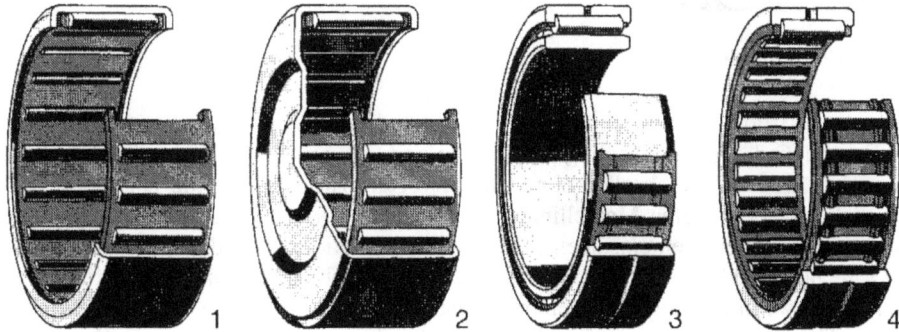

Bild 5.16: Nadellager

Die Lager sind je nach Bauform teilbar, sodass sich Innen- und Außenring getrennt montieren lassen. Zylinderrollenlager können hohe Radialbelastungen aufnehmen.

Nadellager (Bild 5.16) sind eine Sonderbauform des Zylinderrollenlagers mit langen, dünnen, also nadelförmigen Wälzkörpern. Sie werden durch Borde an einem der beiden Ringe geführt. Da sie wegen der kleinen Stirnfläche der Nadeln praktisch keine Axialkräfte aufnehmen könnten, werden sie ausschließlich als Loslager verwendet. Nadellager erfordern nur einen geringen radialen Bauraum. Aus diesem Grund werden sie auch ohne Innenring (Beispiel 1,

2 und 4) oder als sog. „Nadelkränze" gänzlich ohne Ringe (hier nicht dargestellt) geliefert. In diesen Fällen muss aber sichergestellt werden, dass die Welle bzw. das Gehäuse zur Übertragung der durch den Wälzkörper eingebrachten Pressung geeignet ist. Dies macht in aller Regel ein Härten und Schleifen erforderlich.

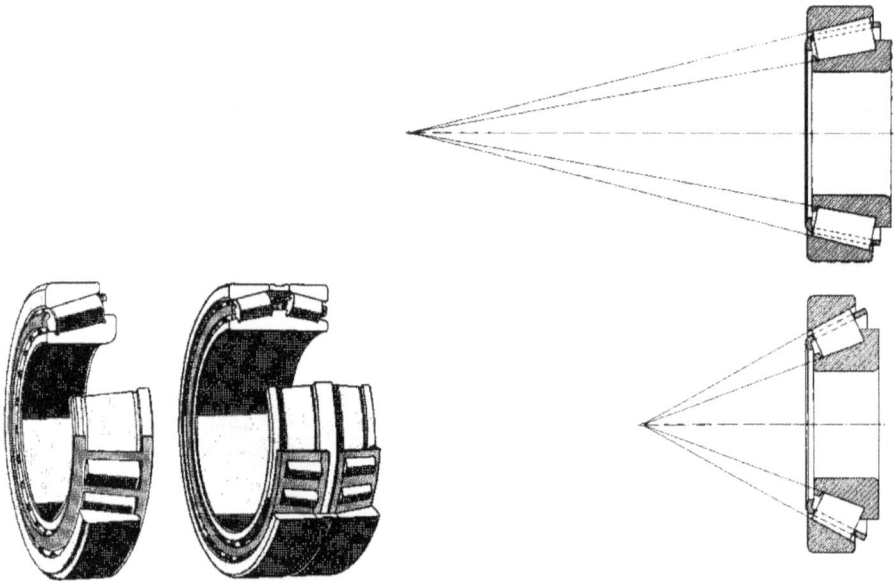

Bild 5.17: Kegelrollenlager

Kegelrollenlager (Bild 5.17) werden mit Wälzkörpern in Form eines Kegelstumpfes bestückt. Die Laufbahnen sind ebenfalls kegelig ausgebildet und in ihrer Neigung so orientiert, dass ein kinematisch eindeutiges Abrollen ohne Gleitbewegung zustande kommt. Dies setzt voraus, dass sich die verlängerten Mantellinien aller beteiligten Kegel (Wälzkörper, Innenring und Außenring) in einem gemeinsamen Punkt auf der Rotationsachse der Welle schneiden (Bild 5.17, rechte Bildhälfte). Kegelrollenlager nehmen sowohl Radial- als auch Axialkräfte auf. Selbst dann, wenn das Lager nur rein radial belastet wird, wird durch den Berührwinkel eine axial wirkende Kraft hervorgerufen, die entsprechend abgestützt werden muss. Die Lager werden deshalb meist paarweise als angestellte Lagerung verwendet. Diese Forderung erübrigt sich allerdings, wenn sie in spiegelbildlicher Anordnung verwendet werden (Bild 5.17, Mitte). In ihrer Ursprungsform (Bild 5.17, links) sind Kegelrollenlager zerlegbar, sodass Innen- und Außenring getrennt montiert werden können.

Pendelrollenlager (Bild 5.18) sind mit tonnenförmigen Wälzkörpern ausgestattet, die in zwei Reihen nebeneinander angeordnet sind. Weil die gemeinsame Außenlaufbahn der Abschnitt einer Hohlkugel mit Mittelpunkt auf der Rotationsachse des Lagers ist, sind Pendelrollenlager bis ca. 4° winkeleinstellbar und damit ähnlich wie Pendelkugellager unempfindlich gegen Fluchtungsfehler und Wellendurchbiegungen.

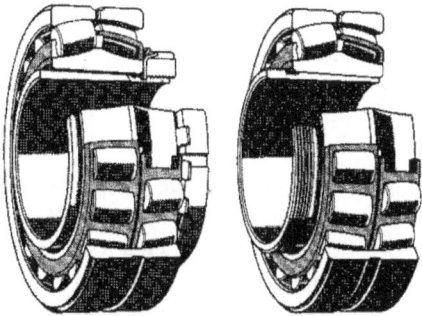

Lager auf Spannhülse   Lager auf Abziehhülse

Bild 5.18: Pendelrollenlager

Pendelrollenlager werden deshalb vorteilhafterweise bei langen Wellen verwendet und da sie dabei häufig auf einer Einheitswelle angebracht werden, sind sie wahlweise auch mit Spann- und Abziehhülse lieferbar. Pendelrollenlager sind in axialer Richtung nur wenig belastbar.

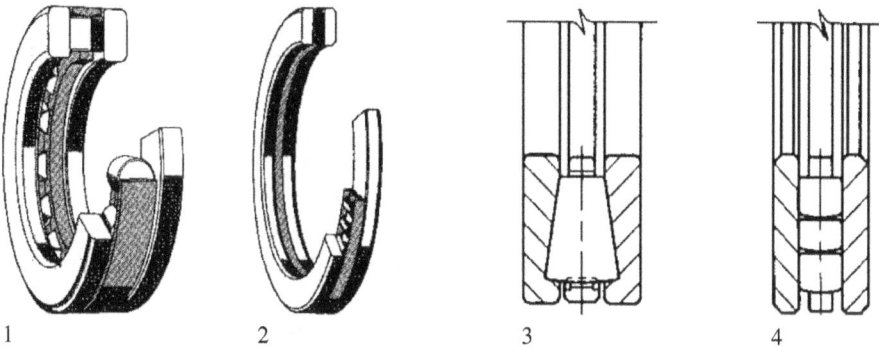

1   2   3   4

Bild 5.19: Axialzylinderrollenlager

Das Pendant zum Axialrillenkugellager mit Punktberührung sind die Axialzylinderrollenlager mit Linienberührung (Bild 5.19). In ihrer Standardkinematik (ebene Scheiben, zylinderförmige Rollen) wird das Abrollen der Wälzkörper stets von Reibung begleitet: Ohne weitere Zwänge würde eine Zylinderrolle auf der Ebene geradeaus laufen. Die hier erzwungene Bewegung auf einer Kreisbahn führt jedoch dazu, dass bei jeder Umdrehung des Lagers der Wälzkörper nicht nur eine Geradeausstrecke zurücklegt, die dem Umfang des Kreises entspricht, sondern sich dabei zusätzlich einmal um seine Hochachse drehen muss. Dieser letzte Bewegungsanteil führt zu einer erzwungenen Relativbewegung zwischen Rolle und Laufbahn, der sog. Bohrreibung. Das Axialnadellager (Bild 5.19, Bauform 2) stellt eine spezielle Bauform des Axialzylinderrollenlagers dar, dessen Wälzkörper lang und dünn sind. Die Bohrreibung steigt mit der Länge der Berührlinie an. Soll dieser Reibungsanteil reduziert werden, so sind mehrere nebeneinander liegende kürzere Rollen vorteilhaft (siehe Bild 5.19, Bauform 4). Um weiterhin die

Reibung der Rollen untereinander zu reduzieren, wird eine der beiden stirnseitigen Kontaktflächen ballig ausgeführt. Soll die Bohrreibung gänzlich vermieden werden, so müssen sowohl
die Wälzkörper als auch die Ringe kegelig ausgeführt werden (siehe Bild 5.19, Bauform 3).
Da sich in diesem Fall der Wälzkörper mit seiner Außenstirnseite am Käfig abstützen muss,
ist an dieser Kontaktstelle mit einer hohen Reibung zu rechnen.

Axialpendelrollenlager (Bild 5.20) sind mit Tonnenrollen bestückt, die unsymmetrisch und
leicht kegelförmig ausgebildet sind und deren größere, nach außen gerichtete Stirnfläche durch
einen Bord an der Welle abgestützt wird. Im Gegensatz zu praktisch allen anderen Axialwälz-
lagern können Axialpendelrollenlager auch Radialkräfte aufnehmen, deren Anteil allerdings
55 % der Axiallast nicht überschreiten darf. Die Wälzkörper können sich in der hohlkugeli-
gen Laufbahn des Außenringes einstellen, sodass das Lager ein Winkelspiel bis ca. 2° zulässt,
womit Fluchtungsfehler und Wellendurchbiegungen ausgeglichen werden können. Die Lager
sind nur für geringe Drehzahlen geeignet und erfordern eine Mindestaxialbelastung.

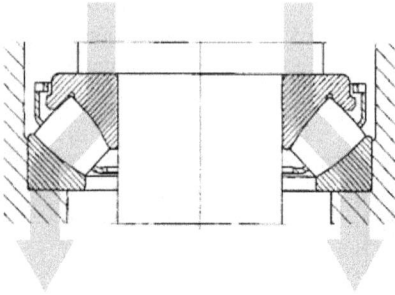

Bild 5.20: Axialpendelrollenlager

Kreuzrollenlager (Bild 5.21) sind eine Sonderbauform von Rollenlagern: Die Rollen sind gegenüber der Lagerachse um 45° geneigt, wobei die Rotationsachsen von je zwei benachbarten
Rollen um jeweils 90° (kreuzweise) versetzt angeordnet sind. Dazu ist sowohl der Innen- als
auch der Außenring mit jeweils zwei Laufbahnen ausgestattet. Mit dieser Wälzkörperanord-
nung kann ein einziges Lager nicht nur Radial- und Axialkräfte, sondern in Erweiterung zu den
Eingangsbemerkungen auch Biegemomente übertragen. Aus diesem Grund werden Kreuzrollenlager dann bevorzugt, wenn die Konstruktion keine axial ausgedehnte Welle mit einem
zweiten Lager zulässt (z. B. Schwenklager von Turmdrehkranen, Roboter, Handhabungsgerä-
te).

Darüber hinaus werden noch eine ganze Reihe von Sonderlagern für spezielle Anwendungen (z. B. Lauf-, Stütz- und Kurvenrollen) angeboten. Viele der oben vorgestellten Lager sind
auch mit Dichtung und umgebender Gehäusekonstruktion lieferbar und können als Stehlager
oder Flanschlager mit einer vorbereiteten Stahlbaukonstruktion verschraubt werden. Dadurch
wird vielfach eine sinnvolle Anbindung des Maschinenbaus an den gröber tolerierten Stahlbau
ermöglicht (z. B. Fördertechnik, Landmaschinenbau).

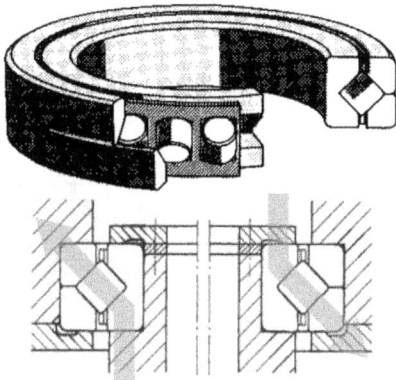

Bild 5.21: Kreuzrollenlager

5.2.3   Dimensionierung eines einzelnen Lagers

Der Abschnitt „Belastung von Achsen und Wellen" (Kapitel 1.3) führte bereits in die Ermittlung der radialen und axialen Lagerkräfte ein. Bei der Dimensionierung des einzelnen Lagers wird meist folgendermaßen vorgegangen:

a) Zunächst sind die von außen auf die gesamte Lagerung wirkenden Belastungen zu klären.

b) Vielfach sind die Lagerabstände sowie die Lage der einzelnen Lager relativ zu diesen äußeren Belastungen noch nicht bekannt, sodass zunächst einmal provisorische Annahmen getroffen werden müssen.

c) Es muss festgelegt werden, ob die Axialkraft durch eine Fest- und Loslagerung, eine schwimmende oder eine angestellte Lagerung aufgenommen wird.

d) Die Bauform der Lager wird nach den oben erwähnten Überlegungen festgelegt.

e) Mit diesen Eckdaten lassen sich nach den Gesetzmäßigkeiten der Statik und Festigkeitslehre (Kapitel 0) die Radial- und Axialkräfte auf das einzelne Lager bestimmen, wobei es meist hilfreich ist, die Welle oder Achse als „drehbaren Balken" zu betrachten.

f) In den meisten Fällen wird der Durchmesser der Achse oder Welle nach den Hinweisen von Kapitel 1 dimensioniert. Mit dem so gewonnenen Außendurchmesser der Welle oder Achse ist dann der Innendurchmesser des Lagers festgelegt.

Die vorstehend beschriebenen Überlegungen und Berechnungen sowie die nachfolgend vorgestellte Dimensionierung der Lager werden normalerweise mehrmals durchlaufen und iterativ zu einem Optimum geführt. Ist die (möglicherweise zunächst provisorische) Belastung des einzelnen Lagers bekannt, so kann es hinsichtlich seiner Tragfähigkeit dimensioniert werden. Zum Verständnis dieser Berechnung sind die folgenden Vorüberlegungen hilfreich.

5.2.3.1   Belastung im Wälzkontakt

Ausgangspunkt für eine solche Betrachtung sind die Lastverhältnisse im einzelnen Wälzkontakt als Bestandteil des ganzen Lagers nach Bild 5.22.

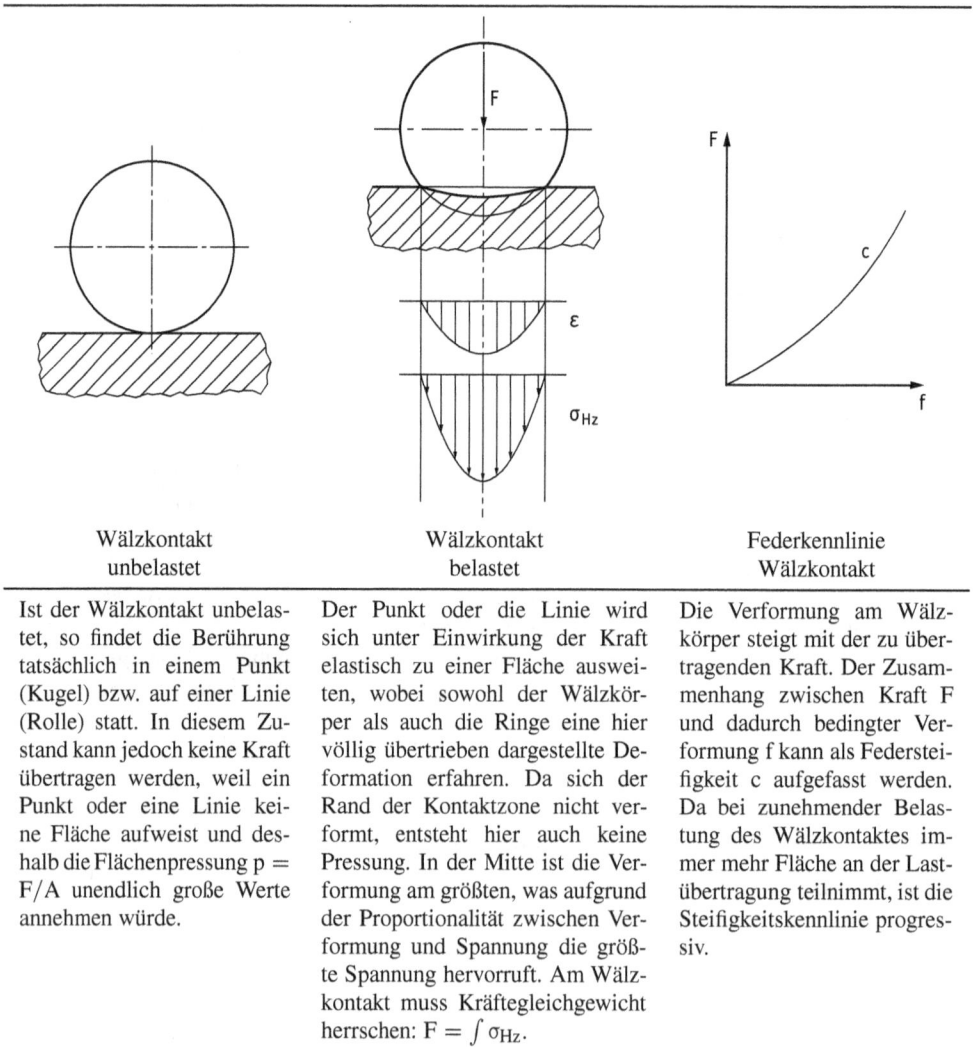

| Wälzkontakt unbelastet | Wälzkontakt belastet | Federkennlinie Wälzkontakt |

Ist der Wälzkontakt unbelastet, so findet die Berührung tatsächlich in einem Punkt (Kugel) bzw. auf einer Linie (Rolle) statt. In diesem Zustand kann jedoch keine Kraft übertragen werden, weil ein Punkt oder eine Linie keine Fläche aufweist und deshalb die Flächenpressung $p = F/A$ unendlich große Werte annehmen würde.

Der Punkt oder die Linie wird sich unter Einwirkung der Kraft elastisch zu einer Fläche ausweiten, wobei sowohl der Wälzkörper als auch die Ringe eine hier völlig übertrieben dargestellte Deformation erfahren. Da sich der Rand der Kontaktzone nicht verformt, entsteht hier auch keine Pressung. In der Mitte ist die Verformung am größten, was aufgrund der Proportionalität zwischen Verformung und Spannung die größte Spannung hervorruft. Am Wälzkontakt muss Kräftegleichgewicht herrschen: $F = \int \sigma_{Hz}$.

Die Verformung am Wälzkörper steigt mit der zu übertragenden Kraft. Der Zusammenhang zwischen Kraft F und dadurch bedingter Verformung f kann als Federsteifigkeit c aufgefasst werden. Da bei zunehmender Belastung des Wälzkontaktes immer mehr Fläche an der Lastübertragung teilnimmt, ist die Steifigkeitskennlinie progressiv.

Bild 5.22: Belastung im Wälzkontakt

Die dabei entstehende parabelförmige Flächenpressungsverteilung wird **Hertz'sche Pressung** genannt und lässt sich aus einer Analyse der elastischen Verformungen für den Kontakt beliebig gekrümmter Flächen berechnen. Eine solch umfassender Ansatz ist hier jedoch nicht erforderlich, weil sich die am Hertz'schen Kontakt beteiligten Körper stets auf die Kreisgeometrie zurückführen lassen, was die vereinfachende Anwendung folgender Gleichungen erlaubt:

$$\sigma_{Hz} = -\frac{1}{\pi} \cdot \sqrt[3]{\frac{6 \cdot F \cdot E^2}{d_0^2 \cdot (1 - \nu^2)}} \qquad \text{Kontakt Kugel-Ebene („Punkt"-Berührung)} \quad \text{Gl. 5.3}$$

$$\sigma_{Hz} = -\sqrt{\frac{F \cdot E}{\pi \cdot d_0 \cdot L \cdot (1 - \nu^2)}} \qquad \text{Kontakt Rolle-Ebene („Linien"-Berührung)} \quad \text{Gl. 5.4}$$

Dabei bedeuten:

σ_{Hz} maximale Hertz'sche Pressung

F   die den Wälzkontakt belastende Kraft

E   Elastizitätsmodul

d_0 Durchmesser des Wälzkörpers, der mit einer ebenen Fläche in Kontakt steht; berechnet sich bei Linienberührung als „Ersatzkrümmungsdurchmesser" aus dem Durchmesser des Wälzkörpers d_1 und dem Durchmesser des Ringes d_2 (mehr darüber in Kapitel 7.2.2, Belastungen im Wälzkontakt eines Wälzgetriebes):

$$d_0 = \frac{d_1 \cdot d_2}{d_1 \pm d_2} \qquad\qquad\qquad\qquad \text{Gl. 5.5}$$

  + für Krümmung konvex–konvex am Innenring
  – für Krümmung konvex–konkav am Außenring

L   Berührlänge bei Linienberührung

ν Querkontraktionszahl (bei Stahl $\nu = 0{,}3$)

Die Hertz'sche Pressung müsste korrekterweise als negativer Zahlenwert formuliert werden, um anzudeuten, dass es sich hierbei um einen Druck handelt. Da dieser Sachverhalt sich aber von selbst versteht, wird meist nur der Absolutwert genannt, der dann den Maximalwert der Pressung in der Mitte des Kontaktes angibt.

5.2.3.2   Lastverteilung auf die einzelnen Wälzelemente

Setzt man den zuvor betrachteten Wälzkontakt in Mehrfachanordnung zu einem vollständigen Lager zusammen, so kann entsprechend Bild 5.23 nach einem reinen Axiallager und einem reinen Radiallager unterschieden werden.

bildliche Darstellung	modellhafte Darstellung

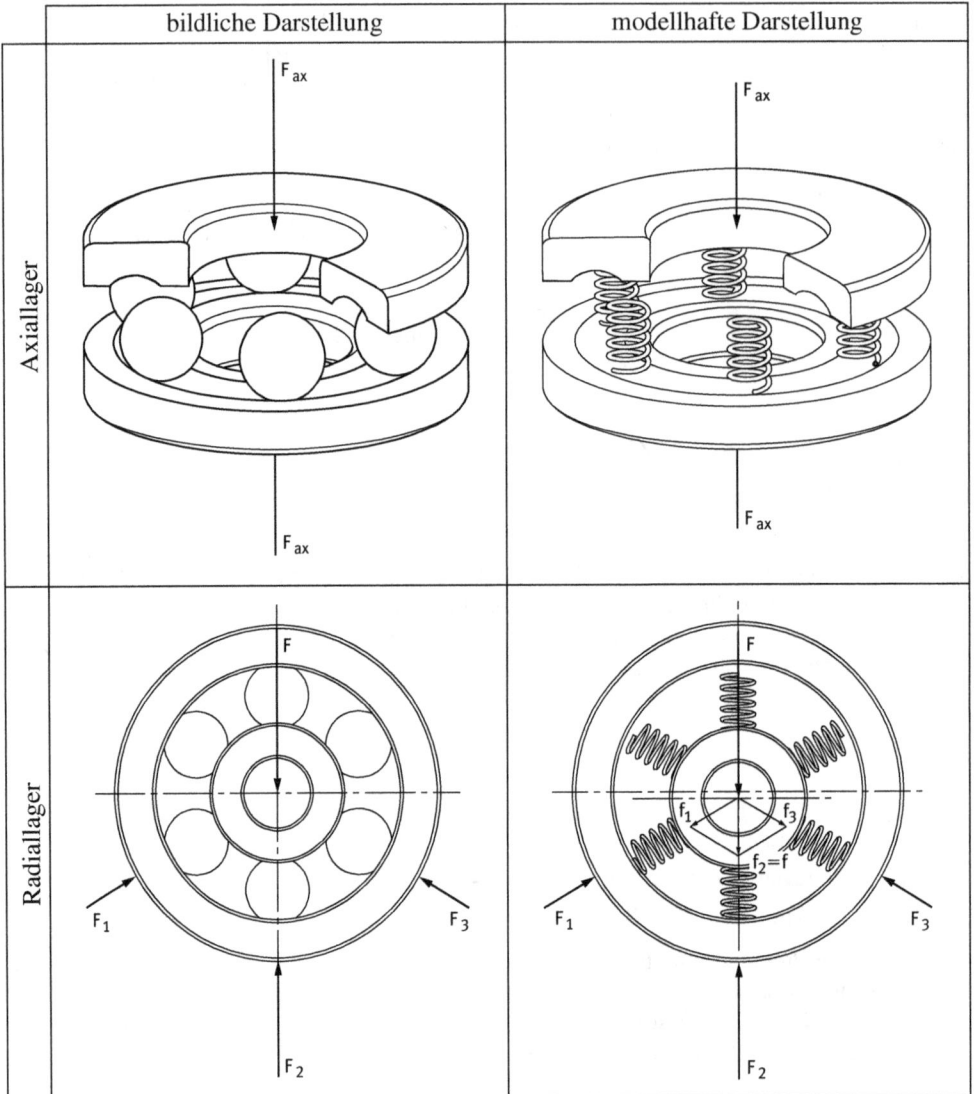

Bild 5.23: Lastverteilung beim Axial- und Radiallager

Für ein Axiallager lässt sich das Last- und Verformungsverhalten des gesamten Lagers nach der oberen Bildzeile als eine Parallelschaltung von einzelnen Wälzkontakten mit gleicher progressiver Federkennlinie auffassen, sodass sich die Gesamtbelastung gleichmäßig auf alle Wälzelemente verteilt.

Beim Radiallager in der unteren Bildzeile liegen zwar auch gleiche Elastizitäten mit progressiver Steifigkeit vor, aber aufgrund ihrer Stellung im Lager können sich die Wälzkörper aufgrund ihrer Lage nicht gleichmäßig an der Lastübertragung beteiligen, wodurch das Problem der Lastverteilung auf die einzelnen Wälzkörper erschwert wird.

- Da im einzelnen Wälzkontakt nur Druckkräfte übertragen werden können, sind die oberen drei Wälzkörper lastfrei, die Last kann sich also nur auf die unteren drei Wälzkörper abstützen.
- Die Wirkungslinien der von den drei unteren Wälzelementen übertragenen Kräfte stehen senkrecht auf der jeweiligen Berührfläche, also radial. Wird nun der Innenring gegenüber dem Außenring durch die von außen wirkende Kraft F_{rad} um f ausgelenkt, so macht sich genau diese Verlagerung als Federweg f_2 bemerkbar, wodurch in der Feder 2 eine Kraft F_2 hervorgerufen wird. Bei der gleichen Auslenkung f erfahren die Federn 1 und 3 jedoch nur einen trigonometrisch bedingten geringeren Federweg f_1 und f_3 und reagieren deshalb nur mit geringeren Kräften F_1 und F_3.
- Die Vektorsumme $\vec{F}_{rad} = \vec{F}_1 + \vec{F}_2 + \vec{F}_3$ ergibt schließlich die Kraft F_{rad}, die aufgebracht werden muss, um die zunächst willkürlich angenommene Verlagerung f erst hervorzurufen.

Diese Verhältnisse verändern sich mit der Drehung des Lagers ständig und wiederholen sich damit zyklisch. Mit dieser Betrachtung lassen sich grundsätzlich die folgenden Feststellungen treffen:

- Die Lastverteilung auf die einzelnen Wälzelemente ist berechenbar und damit ist die Tragfähigkeit des gesamten Lagers bei einer vorgegebenen Hertz'schen Pressung dimensionierbar.
- Die Steifigkeit des gesamten Lagers lässt sich ermitteln, was besonders für den Präzisions- und Werkzeugmaschinenbau wichtig ist (mehr darüber in Kap. 8.7 der dreibändigen Ausgabe).

5.2.3.3   Dimensionierung nach Tragzahlen

Die voranstehenden Überlegungen machen zwar die grundsätzlichen Zusammenhänge für die Lagerdimensionierung modellhaft deutlich, zeigen allerdings auch, dass diese Vorgehensweise für die praktische Auslegung viel zu unhandlich ist. Da Wälzlager im großen Stil standardisiert sind, liegt es nahe, ihre Tragfähigkeit durch Kennzahlen, den sog. **Tragzahlen**, zu beschreiben.

Dabei ist eine Differenzierung nach **statisch**er und **dynamisch**er Beanspruchung erforderlich, wobei diese Begriffe allerdings eine etwas andere Bedeutung haben als bei der im Kapitel 1 erörterten Betriebsfestigkeit.

- Bei **statisch**er Belastung führt das Lager lediglich Schwenkbewegungen aus bzw. läuft **langsam** um.
- Die meisten Lager werden jedoch **dynamisch** beansprucht: Sowohl mindestens einer der beiden Ringe als auch die Wälzkörper drehen sich kontinuierlich unter der Belastung hinweg.

Der praktische Anwendungsfall lässt sich nicht immer eindeutig einer der beiden Kategorien zuordnen.

Statisch beanspruchte Lager

Bei statischer Beanspruchung des Lagers muss sichergestellt werden, dass die im Wälzkontakt hervorgerufene Pressung keine unzulässig hohen plastischen Verformungen verursacht. Zu diesem Zweck wird für jedes Lager die statische Tragzahl C_0 formuliert, die für zunächst standardisierte Erfordernisse die maximale Kraft P_0 angibt, mit der das Lager belastet werden darf (Radialkraft für Radiallager und Axialkraft für Axiallager):

$$P_0 \leq C_0 \hspace{8cm} \text{Gl. 5.6}$$

Die statische Tragzahl C_0 wird definitionsgemäß so beziffert, dass in genau diesem Fall an der Berührstelle der Wälzkörper und Laufbahn eine plastische Gesamtverformung von etwa 1/10.000 des Wälzkörperdurchmessers auftritt. Unter diesen Bedingungen werden an der kritischen Stelle folgende Hertz'sche Pressungen hervorgerufen:

$\sigma_{Hz} = 4.600\,\text{N/mm}^2$ bei Pendelkugellagern

$\sigma_{Hz} = 4.200\,\text{N/mm}^2$ bei allen anderen Kugellagern

$\sigma_{Hz} = 4.000\,\text{N/mm}^2$ bei Rollenlagern

Für eine differenziertere Betrachtung wird die Kennzahl f_s formuliert:

$$f_s = \frac{C_0}{P_0} \hspace{8cm} \text{Gl. 5.7}$$

In Erweiterung der oben angestellten Modellbetrachtung für $f_s = 1$ werden für folgende Ansprüche die entsprechenden f_s-Werte angestrebt:

$f_s = 0{,}5{-}1{,}0$ für Lager, die nicht umlaufen und nur Schwenkbewegungen ausführen

$f_s = 1{,}0{-}1{,}5$ für langsam umlaufende Lager mit „normalen" Ansprüchen an die Laufruhe

$f_s = 1{,}5{-}2{,}5$ für langsam umlaufende Lager mit „hohen" Ansprüchen an die Laufruhe

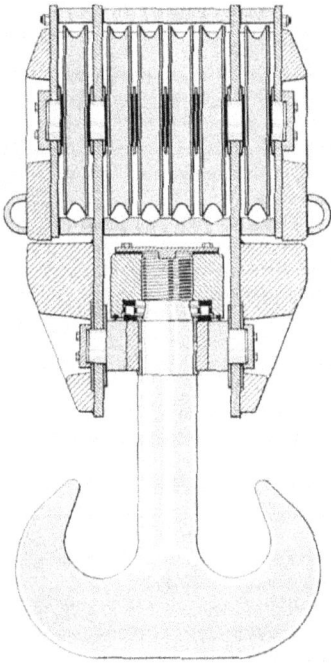

Bild 5.24: Lasthaken (nach INA)

Das in Bild 5.24 dargestellte Axiallager eines Lasthakens gibt beispielhaft den Fall eines statisch beanspruchten Lagers wieder.

Die Lasthaken von Kranen sind meist so ausgeführt, dass die Last während des Hubvorganges um die Hochachse gedreht werden kann, ohne die Hubseile zu verdrillen. Da das Gewicht der Last ausschließlich nach unten wirkt, tritt eine reine Axiallast in nur eine Richtung auf, es genügt also ein einseitig wirkendes Axiallager. Es muss lediglich durch die Umgebungskonstruktion sichergestellt werden, dass die Wellenscheibe nicht abhebt, wenn der Lasthaken auf dem Boden abgesetzt wird.

Die bisherige Betrachtung ging davon aus, dass das Radiallager mit einer reinen Radialbelastung F_r und das Axiallager mit einer reinen Axialbelastung F_a beansprucht wird. Diese Belastung kann für diesen einfachen Fall als Lagerbelastung P_0 in die obige Berechnung einbezogen werden. Im allgemeinen Fall wird das Lager jedoch mit einer gemischten Belastung beaufschlagt, wobei die Einzelkomponenten mit entsprechenden „Gewichtungsfaktoren" versehen und zur „äquivalenten Lagerbelastung P_0" zusammengefasst werden:

$$P_0 = X_0 \cdot F_r + Y_0 \cdot F_a \qquad \text{Gl. 5.8}$$

Die Faktoren X_0 und Y_0 können aus den Lagertabellen entnommen bzw. nach den dort angegebenen Algorithmen ermittelt werden.

Dynamisch beanspruchte Lager

Das lastübertragende Werkstoffelement am Umfang des Wälzelementes oder des Wälzlagerringes wird durch die Bewegung des Lagers auch bei konstanter äußerer Last dynamisch beansprucht: Bei jeder Überrollung baut sich die Hertz'sche Pressung zunächst auf, erreicht ihren Maximalwert und fällt dann wieder auf null zurück.

Für eine Dimensionierung unter solchen Bedingungen muss aber auch noch eine werkstoffkundliche Versuchsbeobachtung berücksichtigt werden: Die Hertz'sche Pressung kennt keine ausgeprägte Dauerfestigkeit, sondern spielt sich vielmehr im Zeitfestigkeitsbereich ab: Je höher die Belastung, desto eher fällt die Kontaktstelle durch Materialschädigung aus. Wird eine lange Gebrauchsdauer gewünscht, so muss durch entsprechende Dimensionierung die Hertz'sche Pressung herabgesetzt werden.

Die Lebensdauerberechnung nach DIN ISO 281 geht zunächst von standardisierten Schmierstoff- und Materialbedingungen sowie von einer normalen statistischen Ausfallwahrscheinlichkeit aus. Das genormte Berechnungsverfahren beruht auf der Werkstoffermüdung (Pittingbildung) als Ausfallursache. Das ausgeprägte Zeitfestigkeitsverhalten von Wälzkontakten wird dabei durch folgenden Ansatz beschrieben:

$$L_{10} = \left(\frac{C}{P}\right)^p \qquad\qquad\qquad\qquad\qquad \text{Gl. 5.9}$$

Die Bezeichnungen C und P haben grundsätzlich die gleiche Bedeutung wie bei der Berechnung statisch belasteter Lager, zur Kennzeichnung der dynamischen Lagerbelastung sind jedoch die Indizes weggelassen. Im Einzelnen sind:

L_{10}: Lebensdauer des Wälzlagers in 10^6 Umdrehungen, bis sich die ersten Materialermüdungen einstellen

C: dynamische Tragzahl des Lagers, aus den Lagertabellen (Katalog) zu entnehmen

P: Lagerlast

p: Lebensdauerexponent
       für Kugellager (Punktberührung) $p = 3$
       für Rollenlager (Linienberührung) $p = 10/3$

Bild 5.25 zeigt das Verschleißverhalten eines Wälzlagers am Beispiel des Innenringes eines Schrägkugellagers: Der fabrikneue Zustand der Laufbahn (links) weist bereits nach kurzer Gebrauchsdauer eine blanke, prägepolierte Fläche auf (Mitte). Gegen Ende der Gebrauchsdauer werden in der Laufbahn zunehmend Pittings sichtbar.

Bild 5.25: Kugellagerlaufbahn im Laufe ihrer Gebrauchsdauer

Da die Lebensdauerwerte stets einer deutlichen Streuung unterliegen, kann die obige Gleichung nur für eine bestimmte statistische Wahrscheinlichkeit gelten. Der Index „10" bei L_{10} gibt an, dass 10 % der Lager diesen Lebensdauerwert nicht erreichen, 90 % der Lager ihn aber z. T. beträchtlich überschreiten. Da in den meisten Fällen die Angabe der Lebensdauer in Betriebsstunden anschaulicher ist, wird die Gesamtzahl der Überrollungen zunächst auf die Drehzahl bezogen, was eine Betriebsdauer in Minuten ergibt und schließlich mit einer weiteren Division durch 60 [min/h] in Stunden umgerechnet.

$$L_h\,[h] = \frac{L_{10} \cdot 10^6}{60\left[\frac{min}{h}\right] \cdot n\,[min^{-1}]} \qquad\qquad\qquad \text{Gl. 5.10}$$

Dabei bedeuten:

L_h: nominelle Lebensdauer in Betriebsstunden

n: Drehzahl des Lagers in min^{-1}

Daraus können am Beispiel des Kugellagers vom Typ 6006 und des gleich großen Rollenlagers NU 1006 die folgenden tendenziellen Aussagen abgeleitet werden (Bild 5.26):

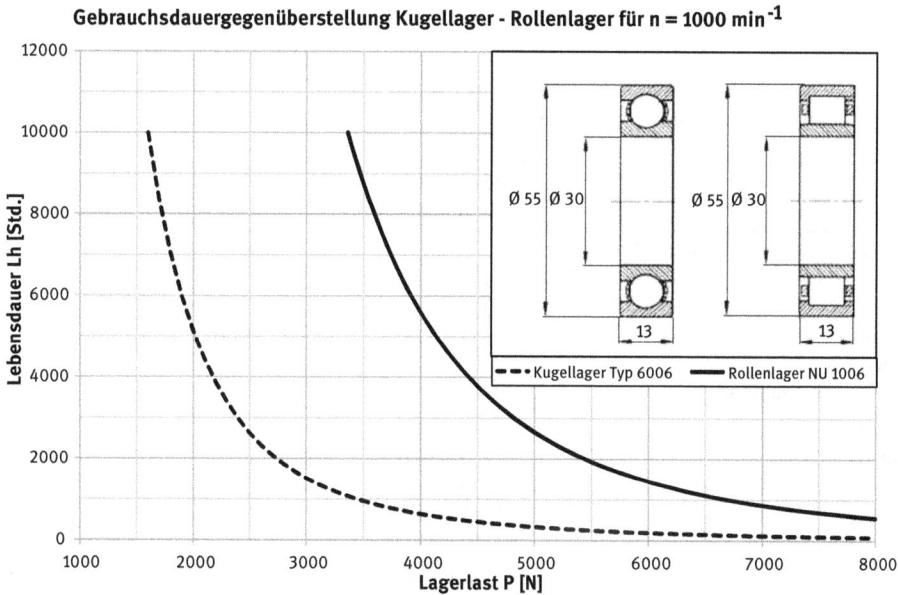

Bild 5.26: Beispielhafte Lagerlebensdauerberechnung

- Die Lebensdauer beider Lager sinkt mit zunehmender Belastung (Zeitfestigkeit).
- Bei gleicher Lagerlast erreicht das Rollenlager eine deutlich höhere Betriebsdauer als das Kugellager oder bei gleicher Betriebsdauer ist das Rollenlager deutlich belastbarer als das Kugellager.
- Das Diagramm wurde für eine Drehzahl von $1.000\,min^{-1}$ erstellt. Eine Erhöhung der Drehzahl würde die Gebrauchsdauer umgekehrt proportional verkürzen, weil die Anzahl der Überrollungen früher aufgebraucht ist (hier nicht dargestellt). Andererseits würde eine niedrigere Drehzahl die Gebrauchsdauer entsprechend verlängern.

Für andere Anwendungsbereiche (z. B. Landfahrzeuge) ist es jedoch zuweilen sinnvoll, die Lebensdauer in zurückgelegter Fahrstrecke zu beziffern, die aber meist mit der Anzahl der Überrollungen in einem einfachen geometrischen Zusammenhang steht.

Ähnlich wie beim statisch belasteten Lager tritt die Belastung häufig nicht in rein radialer oder rein axialer, sondern in gemischter Form auf. In diesen Fällen wird nach folgender Gleichung eine „äquivalente dynamische Lagerlast" formuliert, die sich aus der Radialbelastung F_r und der Axialbelastung F_a zusammensetzt:

$$P = X \cdot F_r + Y \cdot F_a \qquad \qquad \text{Gl. 5.11}$$

Die „Gewichtungsfaktoren" X und Y sind zur Kennzeichnung des allgemeinen dynamischen Lastfalles nicht indiziert und unterscheiden sich von den in Gl. 5.8 aufgeführten Werten für die statische Belastung. Sie können aus den Lagertabellen entnommen bzw. nach den dort angegebenen Algorithmen ermittelt werden.

Bei verschiedenartigen Konstruktionen werden höchst unterschiedliche Lebensdauerwerte gefordert, wofür Tabelle 5.3 einige Anhaltswerte gibt.

Tabelle 5.3: Richtwerte Lebensdauer Wälzlager

Anwendungsfall	geforderte Lebensdauer in Stunden
Kraftfahrzeug unter Volllast:	
Personenwagen	900–1.600
PKW-Getriebe (außer 1. Gang)	500–1.000
LKW-Getriebe (außer 1. Gang)	1.000–5.000
PKW- und LKW-Getriebe im 1. Gang	10–20
Lastwagen und Omnibusse	1.700–9.000
Schienenfahrzeuge:	
Straßenbahnwagen	30.000–50.000
Reisezugwagen	20.000–34.000
Lokomotiven	30.000–100.000
Getriebe von Schienenfahrzeugen	15.000–70.000
Landmaschinen	2.000–5.000
Baumaschinen	1.000–5.000
Elektromotoren für Haushaltsgeräte	1.000–2.000
Elektromotoren bis ca. 4 kW	8.000–10.000
mittelgroße Elektromotoren	10.000–15.000
Großmotoren	20.000–100.000
Werkzeugmaschinen	15.000–80.000
Getriebe im allgemeinen Maschinenbau	4.000–20.000
Schiffsgetriebe	20.000–30.000
Ventilatoren, Gebläse	12.000–80.000
Zahnradpumpen	500–8.000
Brecher, Mühlen, Siebe	12.000–50.000
Papier- und Druckmaschinen	50.000–200.000
Textilmaschinen	10.000–50.000

Die Dimensionierung eines Wälzlagers läuft in den meisten Fällen auf einen Kompromiss zwischen angestrebter hoher Lebensdauer einerseits (möglichst hohe Tragzahl) und dem zur Verfügung stehenden Konstruktionsraum sowie den Kosten andererseits (möglichst geringe Tragzahl) hinaus.

Aufgaben A.5.3 bis A.5.5

Das mit Gl. 5.9 vorgestellte Berechnungsverfahren ging zunächst davon aus, dass sich die Bedingungen während des Betriebes nicht ändern, dass also sowohl die Lagerdrehzahl als auch die Lagerbelastung konstant bleibt. Wenn sich jedoch die Drehzahl und die Kraft ändern, wird das Lager mit einem Kollektiv aus Drehzahlen n_1-n_n und Kräften P_1-P_n beansprucht, aus dem ein repräsentativer Wert für die Drehzahl n_m und die Kraft P_m als Grundlage für die Lebensdauergleichung ermittelt werden muss. Dazu wird die Gesamtbetriebsdauer nach Bild 5.27 in Zeitabschnitte $q_1, q_2, q_3 \ldots q_n$ unterteilt, für die jeweils sowohl die belastende Kraft $P_1, P_2, P_3 \ldots P_n$ als auch die vorliegende Drehzahl $n_1, n_2, n_3 \ldots n_n$ als konstanter Wert angenommen oder zumindest gemittelt werden kann.

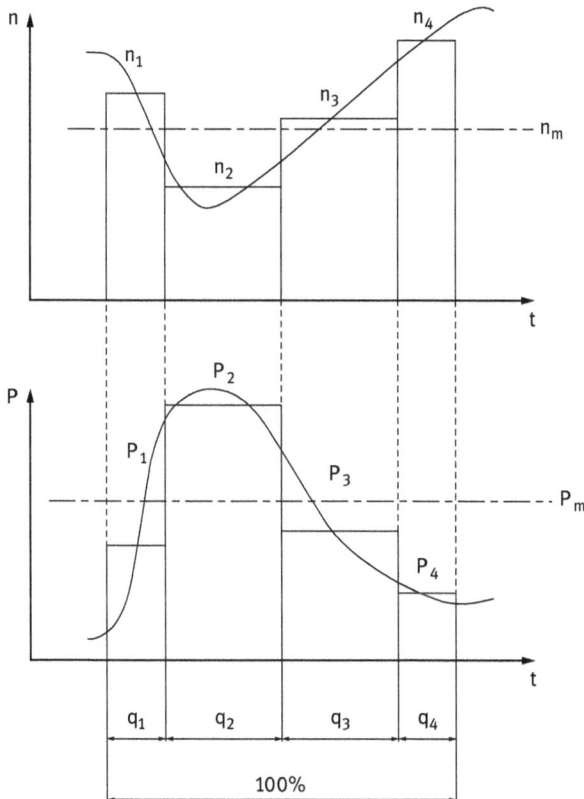

Bild 5.27: Zeitlich veränderliche Lagerlast und Drehzahl

Die Anzahl der Überrollungen, die ja für die Gebrauchsdauer maßgebend ist, kann rein formal als das Produkt einer fiktiven „mittleren" Drehzahl n_m und der Gesamtdauer t_{ges} aufgefasst werden:

Anzahl der Überrollungen $= n_m \cdot t_{ges}$

Da die variierende Drehzahl für den einzelnen Zeitabschnitt t_n als konstanter Wert n_n angenommen oder zumindest angenähert wird, kann für die Anzahl der Überrollungen eine Summenbildung vorgenommen werden:

$$\text{Anzahl der Überrollungen} = n_1 \cdot t_1 + n_2 \cdot t_2 + n_3 \cdot t_3 + \cdots + n_n \cdot t_n = n_m \cdot t_{ges}$$

Daraus folgt dann für n_m:

$$n_m = n_1 \cdot \frac{t_1}{t_{ges}} + n_2 \cdot \frac{t_2}{t_{ges}} + n_3 \cdot \frac{t_3}{t_{ges}} + \cdots + n_n \cdot \frac{t_n}{t_{ges}}$$

Ersetzt man das Verhältnis t_n/t_{ges} durch den Prozentanteil an der Gesamtzeit $q_n\,[\%]/100\,\%$, so ergibt sich:

$$n_m = n_1 \cdot \frac{q_1\,[\%]}{100\,\%} + n_2 \cdot \frac{q_2\,[\%]}{100\,\%} + n_3 \cdot \frac{q_3\,[\%]}{100\,\%} + \cdots + n_n \cdot \frac{q_n\,[\%]}{100\,\%} \qquad \text{Gl. 5.12}$$

Weiterhin erfährt das Lager bei jeder Überrollung eine Schädigung, die progressiv mit der Höhe der Kraft P_n ansteigt. Wird der Ausdruck P_n^p modellhaft als Maß für diese Schädigung interpretiert, so steht das Produkt $P_n^p \cdot n_n \cdot t_n$ für die Schädigung, die in der Zeitspanne t_n bei der Drehzahl n_n auf das Lager aufgebracht wird. Bildet man im Sinne der „Schadensakkumulationshypothese" die Schädigungssumme über mehrere Zeitabschnitte mit unterschiedlicher Belastung P_n, unterschiedlicher Drehzahl n_n und unterschiedlicher Zeitdauer t_n, so ergibt sich:

$$P_1^p \cdot n_1 \cdot t_1 + P_2^p \cdot n_2 \cdot t_2 + P_3^p \cdot n_3 \cdot t_3 + \cdots + P_n^p \cdot n_n \cdot t_n = P_m^p \cdot n_m \cdot t_{ges}$$

Setzt man diese Summe formal einer Gesamtschädigung $P_m^p \cdot n_m \cdot t_{ges}$ gleich, die mit einer äquivalenten Lagerlast P_m und der Drehzahl n_m über die gesamte Nutzungsdauer t_{ges} anhält, und löst diese Gleichung zunächst nach P_m^p auf, so ergibt sich:

$$P_m^p = P_1^p \cdot \frac{n_1}{n_m} \cdot \frac{t_1}{t_{ges}} + P_2^p \cdot \frac{n_2}{n_m} \cdot \frac{t_2}{t_{ges}} + P_3^p \cdot \frac{n_3}{n_m} \cdot \frac{t_3}{t_{ges}} + \cdots + P_n^p \cdot \frac{n_n}{n_m} \cdot \frac{t_n}{t_{ges}}$$

Ersetzt man auch hier das Verhältnis t_n/t_{ges} durch den Prozentanteil $q_n[\%]/100\,\%$ und löst die Gleichung nach P_m auf, so ergibt sich:

$$P_m = \sqrt[p]{P_1^p \cdot \frac{n_1}{n_m} \cdot \frac{q_1\,[\%]}{100\,\%} + P_2^p \cdot \frac{n_2}{n_m} \cdot \frac{q_2\,[\%]}{100\,\%} + P_3^p \cdot \frac{n_3}{n_m} \cdot \frac{q_3\,[\%]}{100\,\%} + \cdots + P_n^p \cdot \frac{n_n}{n_m} \cdot \frac{q_n\,[\%]}{100\,\%}}$$

$$\text{Gl. 5.13}$$

Der Lebensdauerexponent p nimmt (wie oben) den Wert 3 für Kugellager 3 und 10/3 für Rollenlager an. Bleibt bei variierender Belastung die Drehzahl konstant, so ist der Quotient n_n/n_m stets 1. In diesem Fall kann Gl. 5.14 vereinfacht werden:

$$P_m = \sqrt[p]{P_1^p \cdot \frac{q_1\,[\%]}{100\,\%} + P_2^p \cdot \frac{q_2\,[\%]}{100\,\%} + P_3^p \cdot \frac{q_3\,[\%]}{100\,\%} + \cdots + P_n^p \cdot \frac{q_n\,[\%]}{100\,\%}} \qquad \text{für} \quad n = const.$$

$$\text{Gl. 5.14}$$

Die Werte für n_m und P_m sind dann in die Lebensdauergleichung Gl. 5.10 bzw. 5.11 einzusetzen. Dieser Zusammenhang gilt sowohl für die Ermittlung einer äquivalenten Radialbelastung als auch Axialbelastung. Treten die Radialkraft F_{ra} und die Axialkraft F_{ax} gemeinsam auf, so müssen beide Lastanteile mit ihren jeweiligen Gewichtungsfaktoren X und Y zu einer Gesamtbelastung P_n zusammengesetzt werden:

$$P = X \cdot F_{rn} + Y \cdot F_{an} \qquad\qquad\qquad\qquad\qquad\qquad\qquad Gl. 5.15$$

Aufgaben A.5.6 bis A.5.9

5.2.4   Gestaltung von Wälzlagerungen

Die Gestaltung von Wälzlagerungen ist eine sehr umfangreiche und komplexe Problematik. Die folgenden Ausführungen konzentrieren sich auf die wichtigsten Aussagen. Weitere Aspekte finden sich in der Fachliteratur (z. B. [5.2]).

5.2.4.1   Axiale Festlegung des Lagers

Es versteht sich von selbst, dass zur Übertragung von Radialkräften der Innenring auf der Welle oder Achse und der Außenring am Gehäuse anliegen müssen (mehr über die spezielle Passungswahl in Kap. 5.2.4.2 der dreibändigen Ausgabe). Je nach Fest- oder Loslagerfunktion muss aber auch eine Axialkraft übertragen werden, wobei deren Höhe besonders am Kontakt am Innenring eine differenzierte Betrachtung erfordert. Bild 5.28 zeigt modellhaft einige konstruktive Ausführungen für von a bis d ansteigende Axialkraft, wobei in allen Beispielen der Außenring stets durch je einen Deckel sowohl nach links als auch nach rechts abgestützt wird:

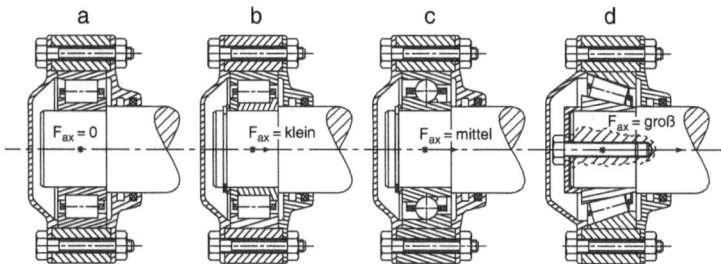

Bild 5.28: Axiale Festlegung der Lagerringe

a) Ein Rollenlager der Bauform NU oder N (s. auch Bild 5.15) ist konstruktionsbedingt bereits ein Loslager, welches auch dann keine Axialkraft überträgt, wenn beide Ringe axial fixiert sind. Der Innenring wird auf eine mit Übermaß gefertigte Welle aufgepresst, der rechts am Innenring anschließende Wellenabsatz dient lediglich als axialer Anschlag für die Montage.

b) Wenn mit einem Rollenlager der Bauform NUP eine geringe Axialkraft übertragen wird, so sollte die reibschlüssige Presspassung durch einen formschlüssigen Federring unterstützt werden.

c) Größere Axialkräfte werden hier durch ein Schulterkugellager übertragen. Das Aufbiegen des Federringes wird durch das Einfügen eines Zwischenringes verhindert.

d) Große Axialkräfte werden durch ein Kegelrollenlager übertragen, dessen Innenring durch eine stirnseitige Verschraubung axial auf der Welle gesichert wird.

Während die Kontaktfläche zwischen Lageraußenring und Gehäuse fast immer zylindrisch ist, kann der Lagerinnenring auch nach Bild 5.29 über eine kegelige Kontaktfläche mit der Welle verbunden werden:

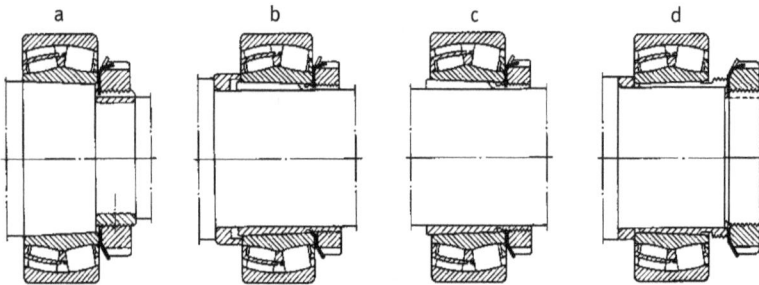

Bild 5.29: Lager mit kegeliger Innenfläche des Innenringes

a) Der Lagerinnenring wird mit seiner kegeligen Bohrung unmittelbar auf einen kegeligen Wellenabschnitt aufgebracht und mit einer Wellenmutter gesichert. Dies macht allerdings die fertigungstechnisch aufwendigere Kegelform des Wellenabschnitts erforderlich.

b) Bei zylindrischer Welle wird der Zwischenraum zwischen zylindrischer Welle und kegeliger Innenringbohrung durch einen entsprechenden Ring ausgefüllt. Um die Anpresswirkung nicht zu behindern, muss sich der Zwischenring möglichst ungehindert verformen können und ist deshalb geschlitzt. Wirkt die Axialkraft nach links, so kann sie am linken Wellenabsatz formschlüssig abgestützt werden. Wirkt die Axialkraft in umgekehrter Richtung, so wird sie reibschlüssig übertragen.

c) Bei Befestigung auf durchgehend zylindrischer Welle wird die Axialkraft in beiden Richtungen reibschlüssig abgestützt.

d) Die geschlitzte Zwischenhülse wird mit der Wellenmutter unter den Lagerinnenring geschoben. Die Zwischenhülse ist ebenfalls mit einem Gewinde versehen, über das sie mit einer weiteren Wellenmutter leicht demontiert werden kann.

5.2.4.2   Schmierung

Schmierstoffe haben vor allen Dingen die Aufgabe, Reibung und Verschleiß zu reduzieren. Vom Vorhandensein eines ausreichenden Schmierfilms hängt es ab, ob die nach den obigen Gleichungen ermittelte Lebensdauer in der Praxis auch tatsächlich erreicht wird. Etwa 90 % aller Wälzlager werden wegen der Einfachheit von Konstruktion und Betrieb mit **Fett** geschmiert, wobei zu beachten ist, dass nur so viel Fett eingefüllt wird, dass die Funktionsflächen ausreichend benetzt werden. Wird das Wälzlager voll befüllt, so stellt sich nur dann die optimale Fettmenge von selbst ein, wenn das überschüssige Fett verdrängt werden kann und damit keinen unnötigen Bewegungswiderstand bildet. Bei Fettschmierung ist keine Wärmeabfuhr durch das Schmiermittel möglich.

Die **Öl**schmierung wird dann bevorzugt, wenn in der Umgebung des Lagers schon Ölschmierung vorhanden ist (z. B. Zahnräder) oder wenn Drehzahl oder Temperatur eine Fettschmierung nicht zulassen. Es wird nach folgenden Ölschmierungsarten unterschieden:

- Bei **Ölbad-** oder **Tauchschmierung** soll die Ölmenge so bemessen werden, dass die Wälzkörper am unteren Punkt ihrer kreisförmigen Bahn etwa zur Hälfte in das Öl eintauchen.
- Bei der **Öleinspritzschmierung** wird das Öl über Düsen auf die Funktionsflächen gespritzt.
- Eine noch bessere Benetzung der Funktionsflächen wird durch die **Ölnebelschmierung** erzielt, bei der das Öl mittels Druckluft zerstäubt wird und damit den geringstmöglichen Bewegungswiderstand ergibt. In diesem Fall ist es aber aufgrund der geringen Wärmekapazität der Luft nur begrenzt möglich, die Lagerwärme durch das Öl abzuführen.

Tabelle 5.4 gibt Empfehlungen zur Auswahl des Schmierverfahrens. Bei dieser Betrachtung wird der sog. Drehzahlkennwert formuliert, der sich als Produkt aus der Lagerdrehzahl n und dem mittleren Lagerdurchmesser d_m ergibt und damit ein Maß für die Geschwindigkeit im Lager ist.

Tabelle 5.4: Schmierverfahren

Schmierverfahren	Drehzahlkennwert $n \cdot d_m$ in $(min^{-1} \cdot mm)$
Fettschmierung	bis $0,5 \cdot 10^6$
Fettschmierung mit Sonderfett	bis $1,5 \cdot 10^6$
Tropfölschmierung	bis $0,5 \cdot 10^6$
Ölbad- bzw. Öltauchschmierung	bis $0,5 \cdot 10^6$
Ölumlauf- oder Öldurchlaufschmierung	bis $0,8 \cdot 10^6$
Öleinspritzschmierung	bis $0,8 \ldots 4,0 \cdot 10^6$
Ölnebelschmierung	bis $1,5 \ldots 3,0 \cdot 10^6$

5.2.4.3   Abdichtung von Wälzlagerungen

Dichtungen haben die Aufgabe, sowohl ein Austreten des Schmierstoffs aus der Lagerung als auch ein Eindringen von Fremdkörpern zu verhindern. Auch die Dichtung soll möglichst reibungs- und verschleißarm sein. Bei der Auswahl der Dichtung spielen viele Aspekte eine Rolle:

- Art der Schmierung (Fett-, Tauchöl-, Spritzöl- oder Ölnebelschmierung)
- Geschwindigkeit im Dichtspalt
- Wellenanordnung waagerecht oder senkrecht
- Konstruktionsraum für den Einbau der Dichtung
- Konstruktionsaufwand und Kosten

Bei Fettschmierung genügt häufig die Verwendung eines Lagers mit integrierter Dichtung nach Bild 5.30.

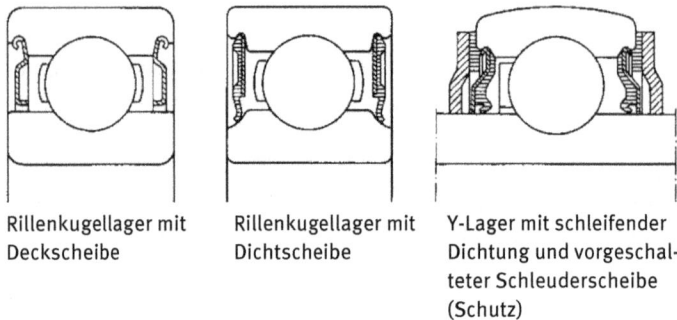

Rillenkugellager mit   Rillenkugellager mit   Y-Lager mit schleifender
Deckscheibe   Dichtscheibe   Dichtung und vorgeschal-
                                                      teter Schleuderscheibe
                                                      (Schutz)

Bild 5.30: Lager mit integrierter Dichtung

Wird ein Lager ohne integrierte Dichtung verwendet, so kann unterschieden werden nach

- berührender, „schleifender" Dichtung und
- berührungsloser, nicht schleifender Dichtung.

Berührende Dichtungen führen die Berührung der abzudichtenden Funktionsflächen durch eine geringe, definierte Andruckkraft über elastische, federnde Gestaltung der Dichtung herbei (Bild 5.31).

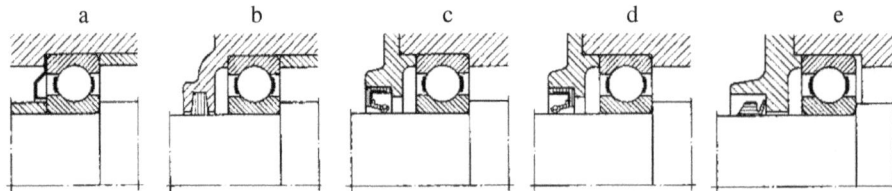

Bild 5.31: Berührende Dichtungen

a) Federnde Blechscheiben sind kostengünstige Dichtungen, die vor allen Dingen für fettgeschmierte, nicht einstellbare Lagerungen mit nicht zu hoher Drehzahl in Frage kommen.
b) Bei Fettschmierung und bei geringen Drehzahlen wird häufig die billige und einfache Filzringdichtung verwendet.
c) Radialwellendichtringe sind einbaufertige Dichtmanschetten aus viskoelastischem Material, die in der Regel mit einem versteifenden metallischen Blechmantel in das Gehäuse eingepresst werden und deren Dichtlippe durch eine rundherum eingelegte Schraubenzugfeder leicht gegen die Dichtfläche auf der Welle gedrückt wird. Bei der Bearbeitung der Wellenoberfläche sind die Hinweise des Dichtungsherstellers zu befolgen.

d) Muss besonders mit einem Eindringen von Fremdkörpern in das Lagerinnere gerechnet werden, so wird die Einbaulage der Dichtung im Gegensatz zu c) umgekehrt. In vielen Fällen wird dann eine doppelte, spiegelbildliche Anordnung praktiziert.

e) V-Ring-Dichtungen sind ebenfalls gummielastische Manschetten, die aber fest mit der Welle verbunden sind und mit ihrer Dichtlippe axial an einer vorbereiteten Lauffläche am Gehäuse anliegen. Bei großen Wellenschiefstellungen oder bei hoher Drehzahl hebt die Dichtlippe von der Gehäusefläche ab und wird damit zur Schleuderscheibe einer berührungslosen Dichtung.

Nicht berührende Dichtungen nach Bild 5.32 lassen bewusst einen Spalt zwischen den abzudichtenden Funktionsflächen, sind praktisch verschleißfrei und weisen nur ein geringes Reibmoment auf.

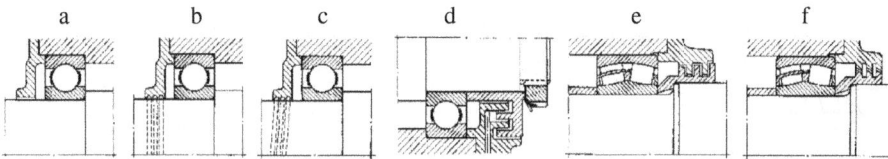

Bild 5.32: Berührungslose Abdichtung von Wälzlagern

a) Die Spaltdichtung (möglichst enger, glatter Spalt zwischen Welle und Gehäuse) stellt die einfachste Form der Dichtung für Fettschmierung dar.

b) Die Dichtwirkung kann durch das Eindrehen von Rillen im Gehäusedeckel verbessert werden. Das durch bewusste Überfettung nach außen dringende Fett lagert sich in diesen Rillen ab und wird damit selbst zum Dichtmedium.

c) Bei Ölschmierung können diese Rillen entweder auf der Welle oder im Gehäuse angebracht und schraubenförmig angeordnet werden, sodass bei Drehung der Welle eine Pumpwirkung eintritt, die das an der Welle entlangkriechende Öl ständig nach innen befördert. Entsprechend der Drehrichtung der Welle muss die schraubenförmige Wendel entweder rechts- oder linksgängig angeordnet werden, was die Dichtwirkung auf nur eine Drehrichtung beschränkt.

d) Ein mehrgängiges Labyrinth steigert die Dichtwirkung erheblich. Bei ungeteiltem Gehäuse müssen die Rillen so angeordnet werden, dass eine Montage in axialer Richtung möglich ist.

e) Bei geteiltem Gehäuse ist es meist einfacher, die Rillen radial anzuordnen.

f) Muss mit erheblichen Wellenschiefstellungen gerechnet werden, so muss eine dadurch bedingte Verengung oder sogar ein Verklemmen des Spaltes vermieden werden. Abgeschrägte Labyrinthstege sind vorteilhaft, weil dadurch der Spalt so angeordnet werden kann, dass die Wellenschiefstellung eine Verlagerung der Funktionsflächen in Richtung des Spaltes ergibt, nicht jedoch zu einer Verengung des Spaltes führt.

Berührungslose Dichtungen werden auch als einbaufertige Einheiten angeboten.

5.2.4.4   Konstruktionsbeispiele

Bild 5.33 zeigt beispielhaft ein Festlager mit konstruktiver Umgebung.

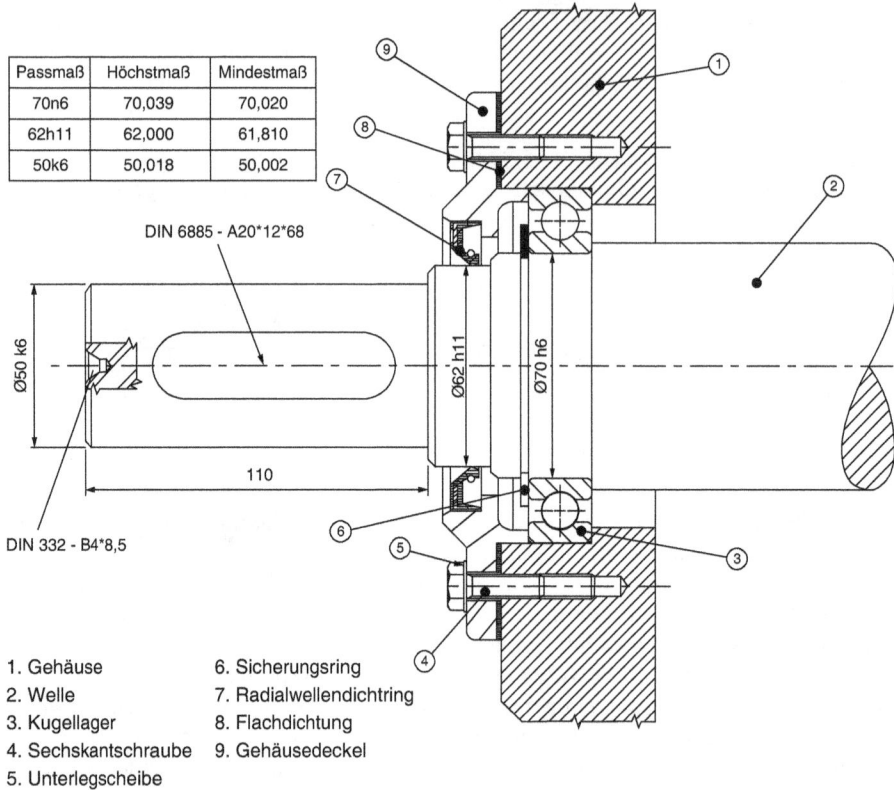

Passmaß	Höchstmaß	Mindestmaß
70n6	70,039	70,020
62h11	62,000	61,810
50k6	50,018	50,002

DIN 6885 - A20*12*68

DIN 332 - B4*8,5

110

Ø50 k6   Ø62 h11   Ø70 h6

1. Gehäuse
2. Welle
3. Kugellager
4. Sechskantschraube
5. Unterlegscheibe
6. Sicherungsring
7. Radialwellendichtring
8. Flachdichtung
9. Gehäusedeckel

Bild 5.33: Wellenlagerung

- Der Innenring des Lagers ist nach rechts gegenüber einer „Wellenschulter" abgestützt und wird nach links mit einem geschlitzten Federring 6 gesichert, der mit einer speziellen Zange elastisch aufgeweitet und in der Wellennut platziert wird.
- Der Außenring des Lagers wird nach rechts gegenüber einer „Gehäuseschulter" abgestützt und nach links mit dem Deckel 9 gesichert. Dieser liegt mit seinem nach rechts herausragenden kreisringförmigen Vorsprung direkt am Lageraußenring an, während der weiter außen liegende Bereich des Deckels zur Vermeidung einer Doppelzentrierung in axialer Richtung einen Spalt gegenüber dem Gehäuse lässt, der mit einer elastischen Dichtung 8 ausgefüllt wird.

- Der Radialwellendichtring 7 ist konzentrisch im Deckel eingebracht und da dieser gegenüber dem Gehäuse zentriert ist, läuft die Welle zentrisch im Wellendichtring. Die Passung
  im Bereich des Wellendichtrings kann wegen der Elastizität mit h11 relativ grob ausgeführt werden, muss aber zur Erzielung einer ausreichenden Dichtwirkung eine hohe Ober-
  flächengüte (in der Regel „drallfrei geschliffen") aufweisen.

Die Lagerung der Kreissägewelle nach Bild 5.34 ist als Festlager-/Loslager-Anordnung ausgeführt. Links ist das Sägeblatt mit einem axialen Klemmverband (Näheres s. Kapitel 6.3.1.1)
aufgebracht, während am rechten Wellenende die antreibende Riemenscheibe über eine Passfeder (Näheres s. Kapitel 6.2.2) angebunden ist. Die Antriebsleistung beträgt 22 kW bei
$6.000\,\text{min}^{-1}$. Die Fettschmierung erlaubt eine einfache berührungslose Dichtung.

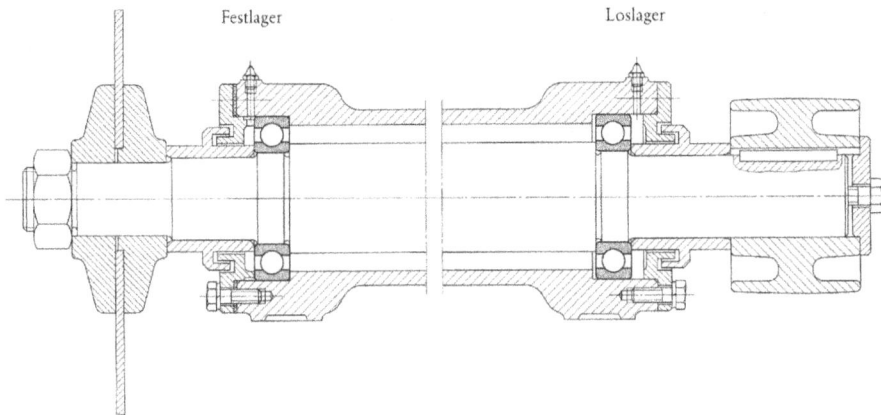

Bild 5.34: Kreissägewelle [nach FAG]

Auch die dargestellte Messerwelle einer Hobelmaschine nach Bild 5.35 ist als Fest-Los-
Lagerung ausgebildet. Beide Lager werden von je einem Stehlagergehäuse aufgenommen,
welches nach dem Baukastenprinzip mit verschiedenen Deckeln ausgestattet werden kann: Im
linken Fall machen die kreisringförmigen, bis zum Lageraußenring reichenden Vorsprünge

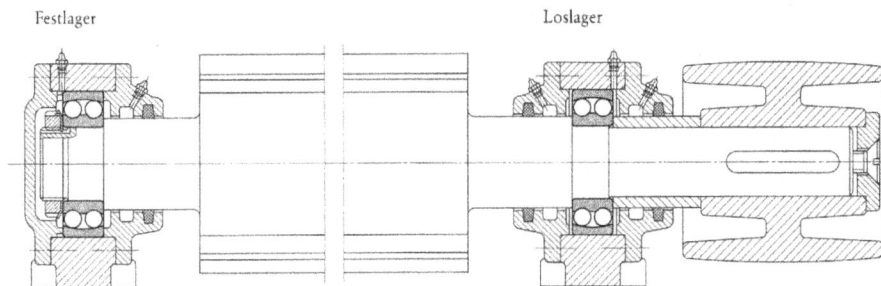

Bild 5.35: Messerwelle Hobelmaschine [nach FAG]

das Lager zum Festlager, während im rechten Fall zwischen diesen Vorsprüngen und dem Lageraußenring noch ein kleiner Spalt bleibt. Die Verwendung von Pendelkugellagern erlaubt sowohl Wellendurchbiegungen als auch Fluchtungsfehler, womit bei der Anbindung an die eher ungenaue umgebende Stahlbaukonstruktion zu rechnen ist. Die Antriebsleistung von 8,8 kW bei einer Drehzahl von 4.500 min^{-1} wird über einen Flachriemen aufgebracht. Die Abdichtung erfolgt über Filzringe.

Der in Bild 5.36 abgebildete Drehstrom-Normmotor leistet 3 kW bei einer Nenndrehzahl von 2.800 min^{-1}. Der Motor treibt durch sein links herausragendes Wellenende an, während sich auf der rechten Seite das Lüfterrad befindet, welches die Verlustwärme des Motors abführt. Eine schwimmende Lagerung wäre die fertigungstechnisch einfachste Lösung, aber bei geringer Lagerlast würden die Kugeln nicht zum eindeutigen Abrollen gezwungen werden, was eine erhebliche Geräuschentwicklung nach sich ziehen kann. Die unscheinbare Federscheibe links neben dem linken Lager stellt die beiden Lager gegeneinander an und sorgt dafür, dass unabhängig vom Betriebszustand ständig eine Minimallast anliegt. Die Deckscheiben verhindern den Austritt von Fett und schützen das Lager gleichzeitig gegen Fremdkörper aus dem Motorraum. Um das Lager auf der Antriebsseite zusätzlich gegen Staub und Nässe von außen zu schützen, ist der Wellendurchgang als langer Spalt ausgebildet und mit einer Schutzkappe abgedeckt.

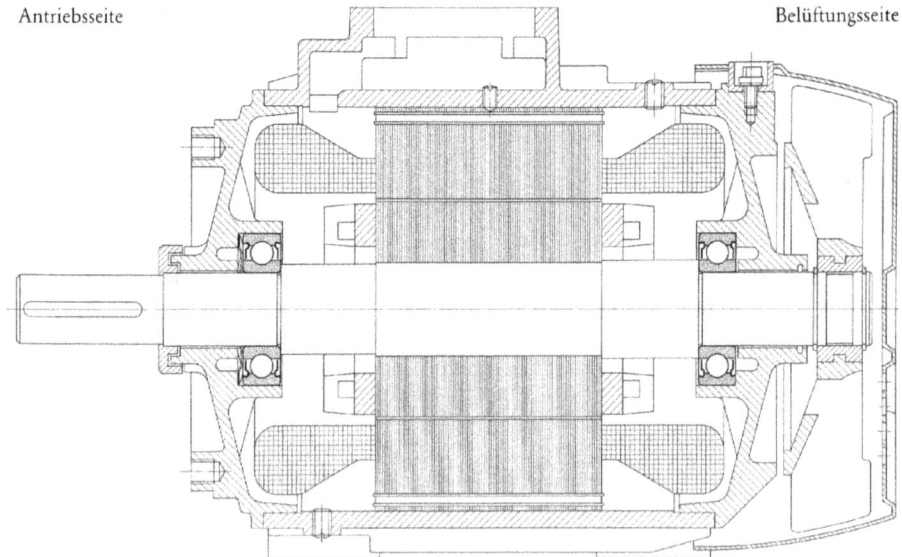

Bild 5.36: Drehstrom-Normmotor [nach FAG]

Die Lagerung der Umlenktrommel eines Förderbandes nach Bild 5.37 muss auf die rauen Umgebungsbedingungen besonders Rücksicht nehmen: Die Fest-Los-Lagerung wird mit besonders tragfähigen Pendelrollenlagern in Stehlagergehäusen ausgestattet, die die unvermeidlichen Fluchtungsfehler ausgleichen können. Zur Erleichterung von Montage und Demontage werden die Lagerinnenringe über Spannhülsen fixiert. Der Antrieb der gesamten Förderanlage („Gurtförderer") erfolgt von der Trommelwelle über Spannsätze. Bei einer Bandbreite von 2.300 mm, einer Bandgeschwindigkeit von 5,2 m/s und einer Förderleistung von 7.300 m³/h ist bei einem Trommeldurchmesser von 1.730 mm eine Leistung von $3 \cdot 430$ kW erforderlich, die mit drei Motoren auf zwei Antriebstrommeln aufgeteilt wird.

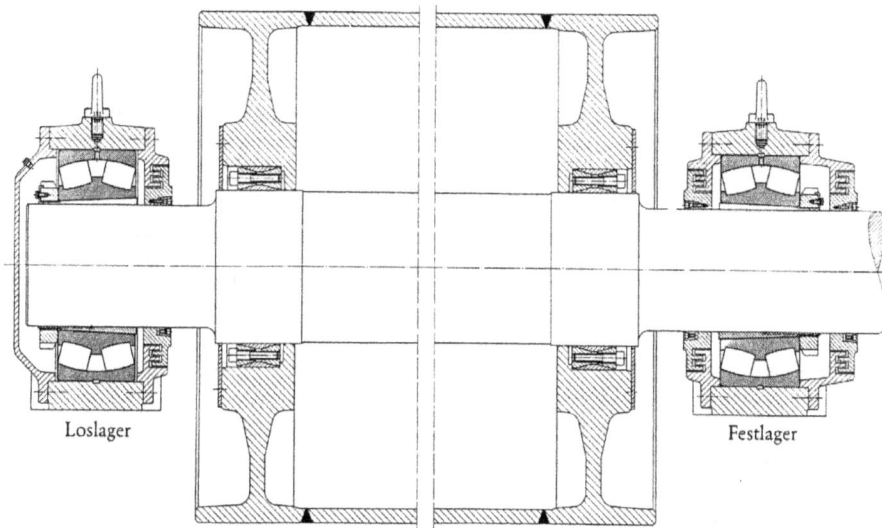

Bild 5.37: Lagerung der Antriebstrommel eines Gurtförderers [nach FAG]

5.2.4.5   Lagerauswahl

Bild 5.38 versucht, die in Kapitel 5.2.2 vorgestellten Lagerbauformen im Hinblick auf ihre Verwendbarkeit tabellarisch gegenüberzustellen. Die Firmenschriften geben darüber hinaus differenzierte Auskunft.

		Radiallast	Axiallast	Radial- und Axiallast	hohe Drehzahl	hohe Laufgenauigkeit	hohe Steifigkeit	Winkelfehler	Eignung als Festlager	Eignung als Loslager
Rillenkugellager	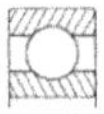	+	+	+	+++	+++	+	–	++	+
Schrägkugellager einreihig		+	+	++	++	+++	–	–	++	––
Schrägkugellager zweireihig	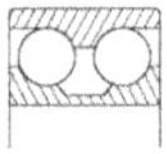	++	+	++	+	++	++	––	++	+
Vierpunktlager	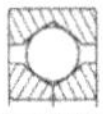	–	+	+	++	+	+	––	++	–
Pendelkugellager	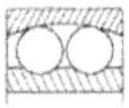	+	–	–	++	++	–	+++	+	+
Axialrillenkugellager		––	+	––	+	++	+	––	+	––
Zylinderrollenlager NU	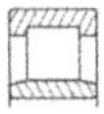	++	––	––	+++	++	++	–	––	+++
Zylinderrollenlager NUP	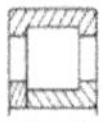	+++	+	–	–	+	+++	–	+	+
Nadellager		++	––	––	+	+	++	––	––	+++
Kegelrollenlager		++	++	+++	+	++	++	–	++	––
Pendelrollenlager		+++	+	+++	+	+	++	+++	++	+
Axialzylinderrollenlager		––	++	––	–	++	++	––	+	––

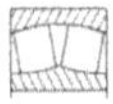

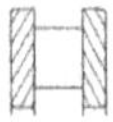

+++ sehr gut geeignet
++   gut geeignet
+   geeignet
–   weniger geeignet
––   ungeeignet

Bild 5.38: Wahl der Lagerbauform

5.3   Anhang

5.3.1   Literatur

[5.1]   Bartz, W. J.: Gleitlagertechnik, Expert-Verlag, Grafenau/Württemberg, 1981

[5.2]   Brändlein, J.; Eschmann, P.; Hasbargen, K.: Die Wälzlagerpraxis; Handbuch für die
          Berechnung und Gestaltung von Lagerungen, Vereinigte Fachverlage Mainz, 1995

[5.3]   Butenschön, H.-J.: Das hydrodynamische, zylindrische Gleitlager endlicher Breite
          unter stationärer Belastung. Dissertation, TU Karlsruhe, 1976

[5.4]   Dahlke, H.: Handbuch der Wälzlagertechnik, Deutsche Koyo Wälzlager-Verkaufs-
          gesellschaft, Hamburg, 1987

[5.5]   DIN-Taschenbuch 24: Wälzlager, Beuth-Verlag, Berlin, 1989

[5.6]   DIN-Taschenbuch 126: Gleitlager, Beuth-Verlag, Berlin, 1989

[5.7]   Fut, A.: Dreidimensionale thermodynamische Berechnung von Axialgleitlagern mit
          punktförmig abgestützten Segmenten, Institut für Grundlagen der Maschinenkon-
          struktion, ETH Zürich, 1981

[5.8]   Gersdorfer, O. Werkstoffe für Gleitlager. VDI-Bericht Nr. 141, Düsseldorf, 1970

[5.9]   Hampp, W.: Wälzlagerungen, Springer-Verlag, Berlin, 1971

[5.10]   Hermes, G. F.: Die Grenztragfähigkeit hochbelasteter hydrodynamischer Radial-
          gleitlager. Dissertation, Institut für Maschinenelemente und Maschinengestaltung,
          RWTH Aachen, 1986

[5.11]   Ioanides, E.; Beswick, J. M.: Moderne Wälzlagertechnik, Vogel-Verlag, Würzburg,
          1991

[5.12]   Knoll, G.: Tragfähigkeit zylindrischer Gleitlager unter elastohydrodynamischen Be-
          dingungen. Dissertation, Institut für Maschinenelemente und Maschinengestaltung,
          RWTH Aachen, 1974

[5.13]   Lang, O. R.; Steinhilper, W.: Gleitlager, Springer-Verlag, Berlin, 1978

[5.14]   Lundberg, G.: Die dynamische Tragfähigkeit der Wälzlager. Forsch. Ing.-Wesen 18
          (1952)

[5.15]   Mayer, E.: Axiale Gleitringdichtungen. 7. Auflage, VDI-Verlag, Düsseldorf, 1982

[5.16]   Motosh, N.: Das konstant belastete zylindrische Gleitlager unter Berücksichtigung
          der Abhängigkeit der Viskosität von Temperatur und Druck. Dissertation, TH
          Karlsruhe, 1962

[5.17]   Müller, H. K.: Abdichtung bewegter Maschinenteile, Medienverlag Waiblingen,
          1991

[5.18]   NN: Anwendungsbeispiele für Wälzlager. Druckschrift der Firma INA Wälzlager
          Schaeffler KG, Herzogenaurach

[5.19]   NN: SKF Hauptkatalog. Druckschrift der Firma SKF, Schweinfurt

[5.20]   NN: Wälzlager, Bauarten, Eigenschaften, neue Entwicklungen. Verlag Moderne
          Industrie

[5.21]   Ott, H. H.: Elastohydrodynamische Berechnung der Übergangsdrehzahl von Radial-
         gleitlagern. Z. VDI 118 (Mai 1976), Nr. 10, S. 456–459

[5.22]   Palmberg, A.: Grundlagen der Wälzlagertechnik, Francksche Verlagsbuchhandlung
         Stuttgart, 1964

[5.23]   Palmberg, J. O.: On thermo-elasto-hydrodynamic fluid film bearings. Doctoral The-
         sis, Chalmers University Gothenburg/Sweden, 1975

[5.24]   Palmgren, A.: Grundlagen der Wälzlagertechnik. 3. Auflage, Stuttgart, 1963

[5.25]   Peeken, H.: Hydrostatische Querlager. Z. Konstruktion 16 (1964)

[5.26]   Peeken, H.: Tragfähigkeit und Steifigkeit von Radiallagern mit fremderzeugtem
         Tragdruck (Hydrostatische Radiallager). Z. Konstruktion 1 (1966)

[5.27]   Peeken, H.: Verformungsgerechte Konstruktion steigert die Gleittragfähigkeit.
         Z. Antriebstechnik 21 (1981), Nr. 11, S. 558–563

[5.28]   Peeken, H.; Benner, J.: Berechnung von hydrostatischen Radial- und Axialgleitla-
         gern. in „Goldschmitt informiert" 61 (1984), Nr. 2, S. 42–148

[5.29]   Peeken, H.; Knoll, G.: Zylindrische Gleitlager unter elastohydrodynamischen Be-
         dingungen. Z. Konstruktion 27 (1975), S. 176–181

[5.30]   Rodermund, H.: Berechnung der Temperaturabhängigkeit der Viskosität von Mine-
         ralölen aus dem Viskositätsgrad. Z. Schmiertechnik & Tribologie. (1978), Nr. 2,
         S. 56–57

[5.31]   Schmitt, E.: Handbuch der Dichtungstechnik, Expert-Verlag, Grafenau/Württem-
         berg, 1981

[5.32]   Thier, B.; Faragallah, W. H.: Handbuch Dichtungen, Verlag und Bildarchiv W. H.
         Faragallah, Sulzbach i.Ts, 1990

[5.33]   Trutnovsky, K.: Berührungsdichtungen an ruhenden und bewegten Maschinenteilen.
         2. Auflage, Springer-Verlag, Berlin, 1975

[5.34]   Trutnovsky, K.: Berührungsfreie Dichtungen. 4. Auflage, VDI-Verlag, Düsseldorf,
         1981

[5.35]   VDI Richtlinie 2201 Bl 1: Gestaltung von Lagerungen. Einführung in die Wir-
         kungsweise von Gleitlagern

[5.36]   VDI Richtlinie 2201: Gestaltung von Lagerungen, VDI-Verlag, Düsseldorf, 1980

[5.37]   VDI Richtlinie 2202: Schmierstoffe und Schmiereinrichtungen für Gleit- und Wälz-
         lager, VDI-Verlag, Düsseldorf, 1970

[5.38]   VDI Richtlinie 2204: Auslegung von Gleitlagerungen, VDI-Verlag, Düsseldorf,
         1992

[5.39]   VDI Richtlinie 2541: Gleitlager aus thermoplastischen Kunststoffen, VDI-Verlag,
         Düsseldorf, 1975

[5.40]   VDI Richtlinie 2543: Verbundlager mit Kunststofflaufschicht

[5.41]   Vogelpohl, G.: Die Stribeck-Kurve als Kennzeichen des allgemeinen Reibungsver-
         haltens geschmierter Gleitflächen. Z. VDI 96 (1954), S. 261–268

[5.42]   Vogelpohl, G.: Betriebssichere Gleitlager. 2. Auflage, Springer-Verlag, Berlin, 1967

[5.43]   Zargari, P.: Einfluss der Makrogeometrie auf die Tragfähigkeit und Betriebssicher-
         heit von Gleitlagern. Dissertation, Institut für Maschinenelemente und Maschinen-
         gestaltung RWTH Aachen, 1980

5.3.2   Normen

[5.44]   DIN 38: Gleitlager; Lagermetallausguß in dickwandigen Verbundgleitlagern

[5.45]   DIN ISO 76: Wälzlager; Statische Tragzahlen

[5.46]   DIN 118 T1: Antriebselemente; Stehgleitlager für allgemeinen Maschinenbau

[5.47]   DIN ISO 281: Wälzlager; Dynamische Tragzahlen und nominelle Lebensdauer

[5.48]   DIN 322: Gleitlager; Lose Schmierringe für allgemeine Anwendung

[5.49]   DIN ISO 355: Wälzlager; Metrische Kegelrollenlager

[5.50]   DIN 471: Sicherungsringe für Wellen

[5.51]   DIN 472: Sicherungsringe für Bohrungen

[5.52]   DIN 502: Antriebselemente; Flanschlager, Befestigung mit zwei Schrauben

[5.53]   DIN 504: Antriebselement; Außenlager

[5.54]   DIN 505: Antriebselemente; Deckellager, Lagerschalen, Lagerbefestigung mit zwei
         Schrauben

[5.55]   DIN 505: Antriebselemente; Deckellager, Lagerschalen, Lagerbefestigung mit vier
         Schrauben

[5.56]   DIN 615: Wälzlager; Schulterkugellager

[5.57]   DIN 616: Wälzlager; Maßpläne für äußere Abmessungen

[5.58]   DIN 617: Wälzlager; Nadellager mit Käfig

[5.59]   DIN 620 T1: Wälzlager; Meßverfahren für Maß- und Lauftoleranzen

[5.60]   DIN 620 T2: Wälzlager; Wälzlagertoleranzen; Toleranzen für Radiallager

[5.61]   DIN 620 T3: Wälzlager; Wälzlagertoleranzen; Toleranzen für Axiallager

[5.62]   DIN 620 T4: Wälzlager; Wälzlagertoleranzen; Radiale Lagerluft

[5.63]   DIN 620 T6: Wälzlager; Metrische Lagerreihen; Grenzmaße für Kantenabstände

[5.64]   DIN 623 T1: Bezeichnung für Wälzlager; Allgemeine Lagerreihenzeichen für Ku-
         gellager, Zylinderrollenlager und Pendelrollenlager

[5.65]   DIN 625 T1: Wälzlager; Rillenkugellager, einreihig

[5.66]   DIN 625 T3: Wälzlager; (Radial-)Rillenkugellager, zweireihig, mit Füllnuten

[5.67]   DIN 628 T1: Wälzlager; (Radial-)Schrägkugellager, einreihig und zweireihig

[5.68]   DIN 628 T2: Wälzlager; (Radial-)Schrägkugellager, nicht selbsthaltend, einreihig

[5.69]   DIN 630 T1: Wälzlager; (Radial-)Pendelkugellager, zylindrische und kegelige Boh-
         rung

[5.70]   DIN 630 T2: Wälzlager; (Radial-)Pendelkugellager, breiter Innenring; Innenring
         mit Klemmhülse

[5.71]   DIN 635 T1: Wälzlager; Pendelrollenlager; Tonnenlager, einreihig

[5.72]   DIN 635 T2: Wälzlager; Pendelrollenlager; Tonnenlager, zweireihig

[5.73]   DIN 711: Wälzlager; Axialrillenkugellager, einseitig wirkend

[5.74]   DIN 715: Wälzlager; Axialrillenkugellager, zweiseitig wirkend

[5.75]   DIN 720: Wälzlager; Kegelrollenlager

[5.76]   DIN 722: Wälzlager; Axial-Zylinderrollenlager, einseitig wirkend

[5.77]   DIN 728 T1: Wälzlager; Axial-Pendelrollenlager, einseitig wirkend, mit unsymmetrischen Rollen

[5.78]   DIN 981: Wälzlagerzubehör; Nutmuttern

[5.79]   DIN 983: Sicherungsringe mit Lappen für Wellen

[5.80]   DIN 984: Sicherungsringe mit Lappen für Bohrungen

[5.81]   DIN 620 T2: Wälzlager; Wälzlagertoleranzen; Toleranzen für Radiallager

[5.82]   DIN 1494 T1: Gleitlager; gerollte Buchsen für Gleitlager

[5.83]   DIN 1591: Gleitlager; Schmierlöcher, Schmiernuten und Schmiertaschen für allgemeine Anwendung

[5.84]   DIN 1850 T3: Buchsen für Gleitlager, aus Sintermetall

[5.85]   DIN E 1850 T5: Buchsen für Gleitlager, aus Duroplasten

[5.86]   DIN 2909: Mineralölerzeugnisse; Berechnung des Viskositätsindex aus der kinematischen Viskosität

[5.87]   DIN E 4381: Gleitlager; Blei- und Zinn-Gußlegierungen für Verbundgleitlager

[5.88]   DIN E 4382: Gleitlager; Kupferlegierungen

[5.89]   DIN E 4383: Gleitlager; Metallische Verbundwerkstoffe für dünnwandige Gleitlager

[5.90]   DIN 5412 T1: Wälzlager; Zylinderrollenlager, einreihig, mit Käfig, Winkelringe

[5.91]   DIN 5412 T4: Wälzlager; Zylinderrollenlager, zweireihig, mit Käfig

[5.92]   DIN 5412 T9: Wälzlager; Zylinderrollenlager, zweireihig, vollrollig, nicht zerlegbar

[5.93]   DIN 5417: Befestigungsteile für Wälzlager; Sprengringe für Lager mit Ringnut

[5.94]   DIN E 5418: Wälzlager; Maße für den Einbau

[5.95]   DIN 5425 T1: Wälzlager; Toleranzen für den Einbau; Allgemeine Richtlinien

[5.96]   DIN 7473: Gleitlager; Dickwandige Verbundgleitlager mit zylindrischer Bohrung, ungeteilt

[5.97]   DIN E 31651 T1: Gleitlager; Kurzzeichen und Benennungen; Grundsystem

[5.98]   DIN E 31651 T2: Gleitlager; Berechnung und Konstruktion

[5.99]   DIN 31651 T1: Gleitlager; Hydrodynamische Radialgleitlager im stationären Betrieb; Berechnung von Kreiszylinderlagern

[5.100] DIN 31651 T2: Gleitlager; Hydrodynamische Radialgleitlager im stationären Betrieb; Funktionen für die Berechnung von Kreiszylinderlagern

[5.101] DIN 31651 T3: Gleitlager; Hydrodynamische Radialgleitlager im stationären Be-
         trieb; Betriebsrichtwerte für die Berechnung von Kreiszylinderlagern

[5.102] DIN E 31653: Gleitlager; Hydrodynamische Axial-Gleitlager im stationären Betrieb

[5.103] DIN E 31654: Gleitlager; Hydrodynamische Axial-Gleitlager im stationären Betrieb

[5.104] DIN E 31655 und DIN E 31655: Gleitlager; Hydrostatische Radial-Gleitlager im
         stationären Betrieb

[5.105] DIN 31661: Gleitlager; Begriffe, Merkmale und Ursachen von Veränderungen und
         Schäden

[5.106] DIN 31690: Gleitlager; Gehäusegleitlager; Zusammenstellung, Stehlagergehäuse

[5.107] DIN 31693: Gleitlager; Gehäusegleitlager; Zusammenstellung, Flanschlagergehäuse

[5.108] DIN 31696: Axialgleitlager; Segment-Axiallager; Einbaumaße

[5.109] DIN 31697: Axialgleitlager; Ring-Axiallager; Einbaumaße

[5.110] DIN 31698: Gleitlager; Passungen

[5.111] DIN 53015: Viskosimetrie; Messung der Viskosität mit dem Kugelfall-Viskosimeter
         nach Höppler

[5.112] DIN 53018 T1: Viskosimetrie; Messung der dynamischen Viskosität Newtonscher
         Flüssigkeiten mit Rotationsviskosimetern, Grundlagen

[5.113] DIN 55519: Schmierstoffe; ISO-Viskositäts-Klassifikation für flüssige Industrie-
         Schmierstoffe

[5.114] DIN 51561: Prüfung von Mineralölen, flüssigen Brennstoffen und verwandten Flüs-
         sigkeiten; Messung der Viskosität mit dem Vogel-Ossag-Viskosimeter: Temperatur-
         bereich: ungefähr 10 bis 150 °C

[5.115] DIN 51562 T1: Viskosimetrie; Messung der kinematischen Viskosität mit dem Ub-
         belohde-Viskosimeter, Normal-Ausführung

5.4   Aufgaben: Lagerungen

Lager mit Festkörperreibung (Bolzen)

A.5.1   Bolzen

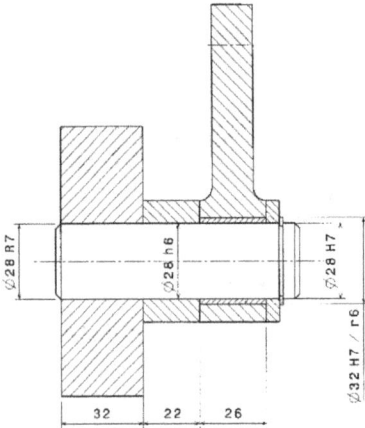

Der nebenstehend skizzierte Bolzen wird im linken Blech fest eingepresst. Auf das nach rechts herausragende Ende wird über eine Lasche eine quasistatische Kraft F eingeleitet, wobei sich die Lasche und damit die Krafteinleitungsrichtung in beliebige Richtung drehen lassen. Dieser Gleitsitz wird mit einer Buchse ausgestattet, die in die Lasche eingepresst ist und sich auf dem Bolzen drehen kann. Zwischen der Einspannung und der Lasche wird eine Distanzhülse montiert. Die Kraft wird in jedem Fall zentrisch in die Lasche eingeleitet.

Werkstoff von Bolzen/Stift: S335
Werkstoff der Gleitbuchse: Rg bzw. Bz

Wie groß darf die quasistatisch belastende Kraft F maximal werden? Treffen Sie dabei die Unterscheidung, ob die Lasche und die damit eingeleitete Kraft nur minimale Schwenkbewegungen ausführen oder ob sich die Lasche dreht. Berücksichtigen Sie dabei alle Festigkeitsaspekte und füllen Sie zweckmäßigerweise das unten stehende Schema aus.

	F_{max} [N], wenn die Lasche schwenkt	F_{max} [N], wenn sich die Lasche dreht
aufgrund der Biegung von Stift/Bolzen		
aufgrund des Querkraftschubes im Stift/Bolzen		
aufgrund der Pressung in der Gleitbuchse		
insgesamt übertragbar		

An der vorhandenen Konstruktion werden die unten aufgeführten Veränderungen vorgenommen. Überprüfen Sie, ob und wie sich dabei die übertragbare Kraft F_{max} ändert.

	Lasche schwenkt			Lasche dreht sich		
	F_{max} wird größer	F_{max} bleibt gleich	F_{max} wird kleiner	F_{max} wird größer	F_{max} bleibt gleich	F_{max} wird kleiner
Durchmesser von Stift/Bolzen wird geringfügig vergrößert.						
Länge der Gleitbuchse wird geringfügig vergrößert.						
Distanzhülse wird geringfügig verlängert.						

A.5.2   Kranlaufrad

Welche Kraft kann mit dem oben stehenden Kranlaufrad übertragen werden, wenn aufgrund der schwellenden Betriebsbelastung folgende zulässige Materialbelastungen ausgenutzt werden können?

- Die zulässige Biegespannung beträgt $80\,\text{N}/\text{mm}^2$. Nehmen Sie an, dass sich die Kräfte, die stellvertretend für die Flächenpressungen stehen, jeweils in der Mitte der Flächenbelastung angreifen.
- Der zulässige Querkraftschub kann mit $50\,\text{N}/\text{mm}^2$ angenommen werden.

- Die zulässige Flächenpressung an den relativ zueinander bewegten Flächen beträgt $8\,N/mm^2$.
- Die zulässige Flächenpressung an den nicht relativ zueinander bewegten Flächen beträgt $32\,N/mm^2$.

Die durch die Verschraubung eingeleiteten Kräfte sind zu vernachlässigen.

	F_{max} [N]
aufgrund der Biegung des Bolzens	
aufgrund des Querkraftschubes im Bolzen	
aufgrund der Pressung der Gleitbuchse	
aufgrund der Pressung des Festsitzes	
insgesamt übertragbar	

Zur Steigerung der insgesamt übertragbaren Kraft werden die unten stehenden Maßnahmen vorgeschlagen. Markieren Sie durch Ankreuzen, ob die dabei insgesamt übertragbare Kraft gesteigert wird, gleich bleibt oder sogar absinkt. Diese Aufgabenstellung kann nur dann sinnvoll bearbeitet werden, wenn die vorstehende Dimensionierung zu einem verwertbaren Ergebnis gekommen ist.

	F_{max} wird größer	F_{max} bleibt gleich	F_{max} wird kleiner
Der Durchmesser des Bolzens wird geringfügig vergrößert.			
Die Gleitbuchse wird zu beiden Seiten hin geringfügig verlängert.			
Der Festsitz des Bolzens wird zu beiden Seiten hin Verlängert.			
Die zulässige Flächenpressung am Festsitz wird erhöht.			
Die zulässige Flächenpressung am Gleitsitz wird erhöht.			
Die beiden Gleitlagerbuchsen werden näher zusammengerückt.			

Wälzlager

Zeitlich konstante Betriebsgrößen

A.5.3   Belastbarkeit und Gebrauchsdauer Wälzlager

Ein Kugellager 16013 mit $C_0 = 16.600\,N$ und $C = 21.250\,N$ soll bezüglich Tragfähigkeit und Gebrauchsdauer untersucht werden. Mit welcher Kraft F_{rmax} darf das Lager maximal belastet werden, wenn das Lager . . .

	F_{rmax} [N]
. . . nicht umläuft, sondern Schwenkbewegungen ausführt?	
. . . langsam umläuft und an die Laufruhe keine besonderen Ansprüche gestellt werden?	
. . . langsam umläuft und an die Laufruhe hohe Ansprüche gestellt werden?	

Bei schnell umlaufendem Lager ist die Gebrauchsdauer in Stunden für die in der unten stehenden Tabelle angegebenen Radiallasten F_r und Drehzahlen n zu ermitteln. Rechnen Sie die Gebrauchsdauerwerte ggf. in Tage, Wochen, Monate und Jahre um.

	$F_r = 1.000\,N$	$F_r = 2.000\,N$	$F_r = 4.000\,N$
$n = 1.000\,min^{-1}$			
$n = 2.000\,min^{-1}$			
$n = 4.000\,min^{-1}$			

A.5.4   Schubkarrenrad

Die im Detailbild oben links dargestellte Schubkarre wird mit 250 kg beladen. Für die Lagerung des Schubkarrenrades (Detail „X" unten links) werden zwei Kugellager 61803-2RS1 mit folgenden Daten verwendet:

$$C_0 = 930\,\text{N} \qquad C = 1.680\,\text{N}$$

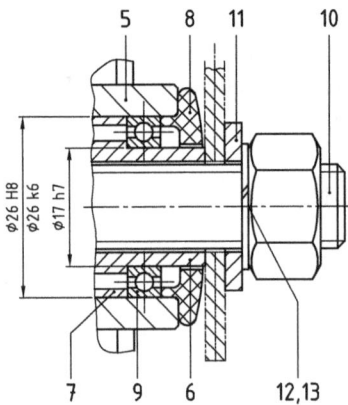

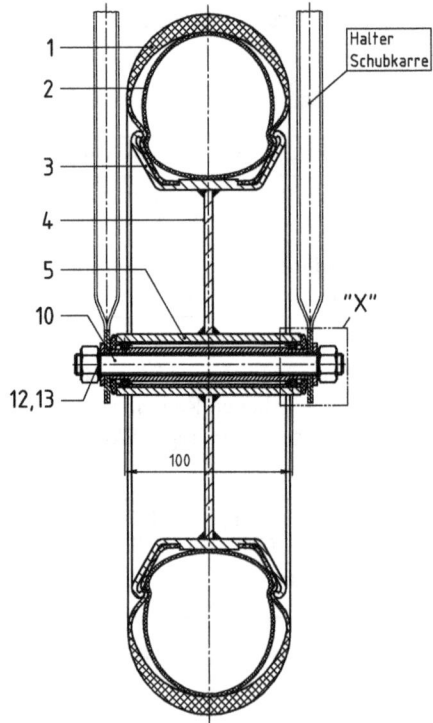

Wie groß ist die Radlast?	N	
Ermitteln Sie die Lagerlast!	N	

Ist das Lager tragfähig, wenn es als **statisch** beanspruchtes Lager betrachtet wird? Geben Sie den Kennwert f_s an.

Welche Fahrstrecke würde man zurücklegen können, wenn das Lager als **dynamisch** beansprucht betrachtet wird und der Außendurchmesser des Schubkarrenrades 397 mm beträgt? Geben Sie zunächst die Kennzahl L_{10} und die Anzahl der Überrollungen an. Notieren Sie die Fahrstrecke in Kilometer.

statisch belastet	f_s	–	
dynamisch belastet	L_{10}	–	
	Anzahl Überrollungen	–	
	Fahrstrecke	km	

A.5.5 Motorradvorderradlagerung

Ein Motorrad hat mitsamt Fahrer und Gepäck eine Gesamtmasse von 335 kg, die sich je zur Hälfte auf Vorder- und Hinterrad verteilt. Da die Vorderradlagerung aus zwei symmetrisch angeordneten Kugellagern besteht, verteilt sich die Radlast gleichmäßig auf beide Lager. Es treten keine Axialkräfte auf. Die Brems- und Beschleunigungskräfte gleichen sich gegenseitig aus und können deshalb vernachlässigt werden.

Die Lagerung ist für eine Fahrstrecke von 100.000 km zu dimensionieren. Die Bereifung des Vorderrades wird mit $2{,}75 \cdot 18''$ angegeben: Der Felgendurchmesser beträgt $18''$ und die Reifenhöhe $2{,}75''$ ($1'' = 25{,}4$ mm).

Wie groß ist die Kraft, die auf ein einzelnes Lager wirkt?	N	
Wie groß ist der effektive Raddurchmesser auf der Lauffläche des Reifens?	mm	
Wie viele Umdrehungen erfährt das Lager während seiner Gebrauchsdauer?	–	
Wie groß ist der Lebensdauerkennwert L_{10}?	–	
Welche dynamische Tragzahl ist erforderlich?	N	

A.5.6   Seilscheibenlagerung

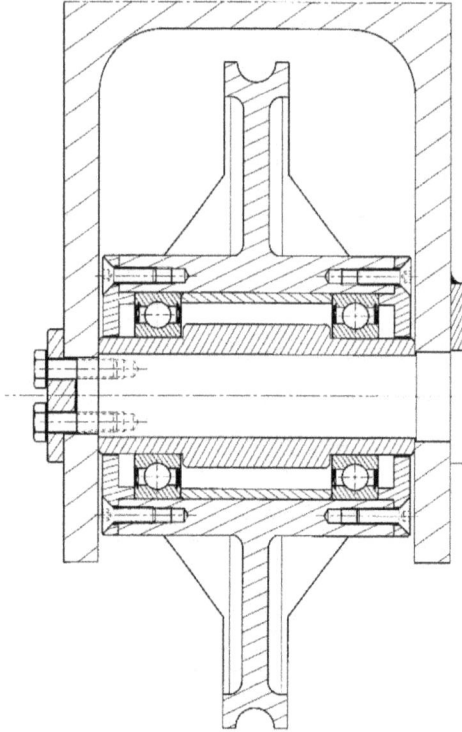

Die nebenstehend dargestellte Seilrolle wird mit zwei Rillenkugellagern des Typs 6007.2RS ausgestattet, die jeweils eine Tragzahl von 15.900 N aufweisen. Das unter einer Zugkraft von 12 kN stehende Seil umschlingt diese Umlenkrolle um 180°. Der effektive Seilrollendurchmesser beträgt 274 mm. Es gelten die folgende Betriebsbedingungen:

- Die Hubhöhe beträgt 3,5 m.
- Stündlich sind 25 Hubvorgänge (auf und ab unter Last) auszuführen.
- An 220 Betriebstagen pro Jahr wird die Lagerung an 14 Stunden pro Tag betrieben.

Wie groß ist die Last für das einzelne Lager?	P [N]	
Wie groß ist die Anzahl der Überrollungen pro Hubvorgang?	–	
Wie groß ist die Anzahl der Überrollungen pro Jahr?	–	
Wie groß ist der Lebensdauerkennwert L_{10}?	–	
Wie viele Jahre wird das Lager der Belastung standhalten?	a [–]	

Zeitlich veränderliche Betriebsgrößen

A.5.7   Fahrstuhl

Die Antriebslagerung eines Fahrstuhls ist zu berechnen. Die maximale Drehzahl beträgt $3.000\,\text{min}^{-1}$, die volle radiale Belastung auf das Kugellager $1,0\,\text{kN}$. Die Betriebsbedingungen sind jedoch nicht konstant, sondern staffeln sich folgendermaßen:

	Laststufe 1	Laststufe 2	Laststufe 3
Zeitanteil	10 %	60 %	30 %
n $[\text{min}^{-1}]$	1.500	3.000	1.500
F [N]	1.000	750	500

Welche Tragzahl muss das Lager mindestens aufweisen, wenn bei täglich zweistündigem Betrieb eine Lebensdauer von 10 Jahren erreicht werden soll?	C	N	

A.5.8   Schiffsdrucklager

Ein mit Wälzlagern ausgestattetes Schiffsdrucklager ist bezüglich seiner Lebensdauer zu berechnen.

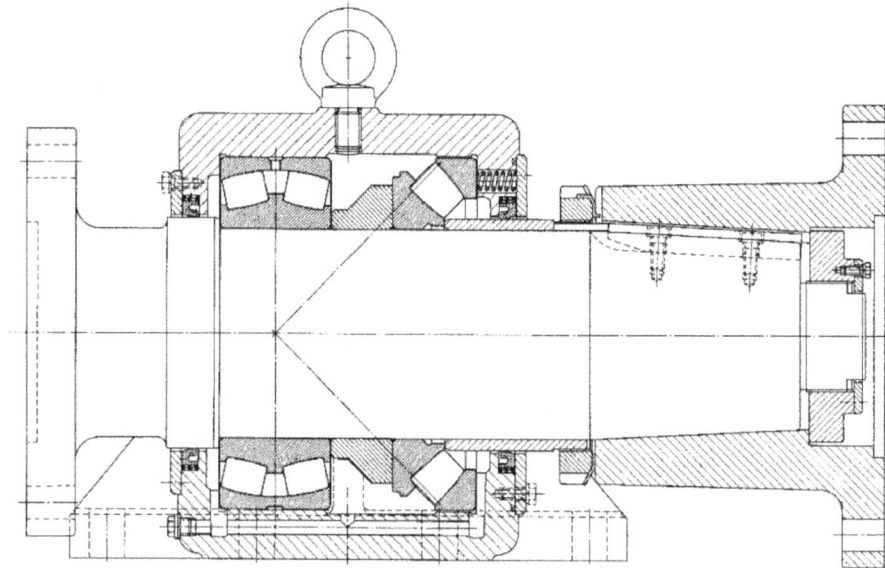

Während das linke Pendelrollenlager die Radialkraft aufnimmt, überträgt das rechts angeordnete Axial-Pendelrollenlager die vom Propeller erzeugte Schubkraft auf das Schiff. Durch Federn werden die beiden Lager gegeneinander verspannt, die dadurch eingeleitete Axialkraft ist jedoch so gering, dass sie bei der Lebensdauerberechnung der Lager keine wesentliche Rolle spielt.

Das Axial-Pendelrollenlager soll bezüglich seiner Gebrauchsdauer dimensioniert werden. Es wird der Lagertyp 29328E mit $C = 800\,kN$ und $C_0 = 2.700\,kN$ verwendet. Die Schiffsschraube erzeugt einen Schub von $0{,}27\,kN/kW$. Die Belastung des Antriebes kann mit den beiden Laststufen „Normallast" und „Volllast" beschrieben werden, die jeweils die Hälfte der gesamten Betriebszeit ausmachen. Bei Normallast läuft der Antrieb bei $296\,kW$ und einer Drehzahl von $425\,min^{-1}$, bei Volllast werden $354\,kW$ bei $575\,min^{-1}$ eingesetzt.

Welche Lebensdauer kann für diese Lagerung erwartet werden? Orientieren Sie sich bei der Berechnung an dem unten stehenden Schema, welches auch die Zwischenergebnisse dokumentiert.

		Normallast	Volllast
Zeitanteil	%	50	50
Drehzahl	min^{-1}	425	575
Leistung	kW	296	354
Axialschub	kN		
mittlere Drehzahl n_m	min^{-1}		
mittlere Axialbelastung P_m	kN		
L_{10}	–		
L_h			

A.5.9   Seilscheibe Fördertechnik

Die anschließend abgebildete Förderseilscheibe wird im Untertagebergbau eingesetzt und in den Fördertürmen über den Schächten angeordnet. Der Förderkorb ist an dem senkrecht von der Seilscheibe herunterhängenden Seilende befestigt. Auf der anderen Seite wird das Seil unter einem Winkel von 40° zur Fördermaschine geführt. Der Förderkorb wiegt insgesamt 30 t, bei der Aufwärtsbewegung müssen zusätzlich 10 t Kohle transportiert werden. Die Seilscheibe selber einschließlich der Welle wiegt 7,5 t. Der Durchmesser der Seilscheibe beträgt 6,3 m. Beschleunigungskräfte bleiben bei dieser Betrachtung unberücksichtigt. Der Förderkorb fährt auf 200 m Tiefe.

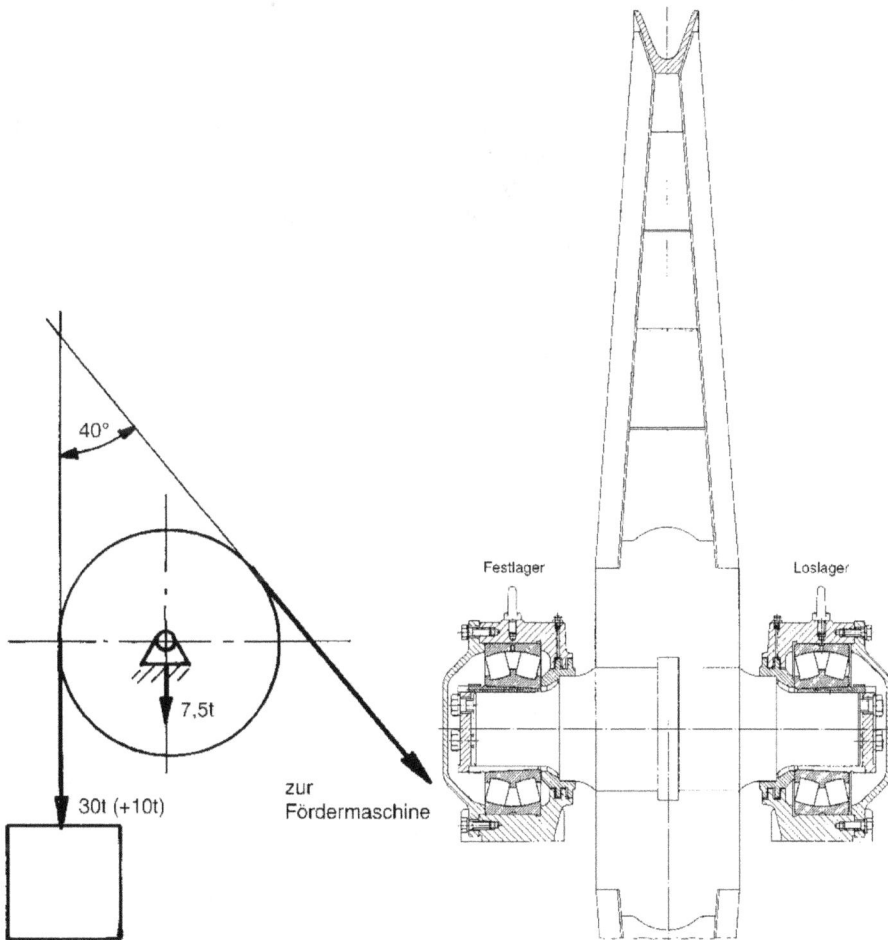

Wie groß ist die **maximale** Kraft, die ein einzelnes Lager belastet?	N	
Wie groß ist die **minimale** Kraft, die ein einzelnes Lager belastet?	N	
Wie groß ist die **äquivalente** Lagerlast?	N	
Wie viele Überrollungen erfährt das Lager, wenn eine Gebrauchsdauer von 50.000 Fördervorgängen gefordert wird?	–	
Wie groß muss die dynamische Tragzahl des Lagers mindestens sein?	N	

A.5.10   Hakenflasche

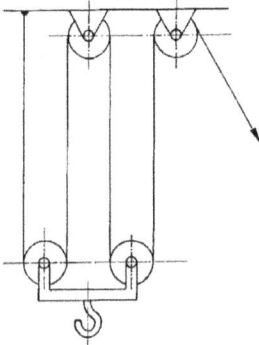

Zur Reduzierung der Seilkräfte wird in der Fördertechnik vielfach das Prinzip des Flaschenzugs angewendet. Die Skizze links zeigt für den Kranbau prinzipiell eine solche Anordnung, bei der der Flaschenzugeffekt doppelt ausgenutzt wird. Die reale Konstruktion fasst die beiden unteren Laufrollen zur sog. „Unterflasche" zusammen (rechte Darstellung).

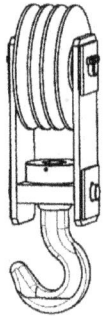

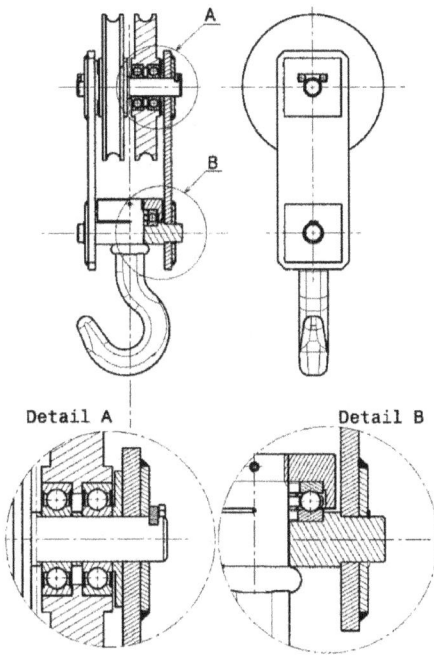

Detail A   Detail B

Die nebenstehende Zusammenstellungszeichnung zeigt die Lagerung der Seilrollen mit einem Durchmesser von 220 mm. Um bei einer Drehung der Last die Hubseile nicht zu verdrillen, wird der Kranhaken über ein Axiallager mit der Unterflasche verbunden. Die Hubhöhe beträgt 10 m. Für die Dimensionierung der Wälzlagerungen können folgende Annahmen getroffen werden:

- Der Kran wird zu je einem Viertel seiner Gebrauchsdauer unter Volllast von 10 t, unter halber Last und unter einer Last von 2 t betrieben. Im restlichen Viertel wird keine Last befördert (Leerfahrten).
- $f_s = 1{,}0$

Es sollen 25.000 Hubvorgänge ausgeführt werden können, bevor die Lager erneuert werden müssen.

Welche Tragzahl muss das **Axial**lager mindestens aufweisen?	N	
Wie groß ist die Maximallast auf ein einzelnes Seilrollenlager?	N	
Wie groß ist die äquivalente Last auf ein einzelnes Seilrollenlager?	N	
Wie viele Überrollungen erfährt das kritisch beanspruchte Seilrollenlager während seiner gesamten Gebrauchsdauer?	–	
Welche Tragzahl muss jedes der Lager der Seilrollenlagerung aufweisen?	N	

6 Welle-Nabe-Verbindungen

Es ist Aufgabe von Lagerungen, eine Relativbewegung zwischen einer Welle oder Achse gegenüber der Umgebungskonstruktion zu ermöglichen, wobei im Idealfall keinerlei Drehmoment übertragen wird. Das unvermeidliche Reibmoment wird durch konstruktive Maßnahmen
auf ein Minimum reduziert. Da Wellen aber zur Übertragung von Drehmomenten dienen, muss
dieses Drehmoment also von einem weiteren Bauteil in die Welle eingeleitet und schließlich
wieder von der Welle in ein benachbartes Bauteil abgeleitet werden, wobei eine Relativbewegung gezielt ausgeschlossen werden muss. Diese Aufgabe wird von sog. Welle-Nabe-Verbindungen übernommen, wobei der Begriff „Nabe" hier sehr weit gefasst wird und alle Bauteile
meint, mit denen Moment auf eine Welle übertragen werden kann. Wenn die Welle-Nabe-
Verbindung neben dem Torsionsmoment auch noch eine zusätzliche Längskraft übertragen
kann, so liegt ein Festsitz vor. Wird die Welle-Nabe-Verbindung hingegen axial beweglich
ausgeführt, so weicht sie gezielt der Axialkraft aus und es handelt sich um einen Schiebesitz.
Lagerungen und Welle-Nabe-Verbindungen werden damit zu sich gegenseitig ergänzenden
Komponenten der Antriebstechnik.

		Lager	Welle-Nabe-Verbindung
Belastung	Torsions-moment …	wird nicht übertragen (Reibmoment wird minimiert)	wird übertragen
Belastung	Längskraft …	wird übertragen ⇒ Festlager wird nicht übertragen ⇒ Loslager	wird übertragen ⇒ Festsitz wird nicht übertragen ⇒ Schiebesitz
Bewegung	rotatorisch …	wird ermöglicht	wird verhindert
Bewegung	trans-latorisch …	wird verhindert ⇒ Festlager wird ermöglicht ⇒ Loslager	wird verhindert ⇒ Festsitz wird ermöglicht ⇒ Schiebesitz

Entsprechend ihrer konstruktiven Ausführung werden die Welle-Nabe-Verbindungen in stoffschlüssige, formschlüssige und kraft- bzw. reibschlüssige Welle-Nabe-Verbindungen unterteilt. Im weiteren Sinne sind sie eine spezielle Anwendung der unter Kapitel 3 vorgestellten
Verbindungselemente und Verbindungstechniken.

https://doi.org/10.1515/9783110692143-007

6.1 Stoffschlüssige Welle-Nabe-Verbindungen

Der Begriff „stoffschlüssig" wird wie in der Verbindungstechnik (Kapitel 3) verwendet: Die Bauteile (hier Welle und Nabe) werden unter Hinzugabe eines zusätzlichen „Stoffes" so miteinander verbunden, dass eine vollständige, also „nichtlösbare" Materialverbindung entsteht. Der Ausdruck „stoffschlüssig" wird damit auch hier zum Sammelbegriff für Löten, Kleben und Schweißen. Bild 6.1 gibt einen Überblick über die stoffschlüssigen Welle-Nabe-Verbindungen.

Klebe- und Lötverbindungen:

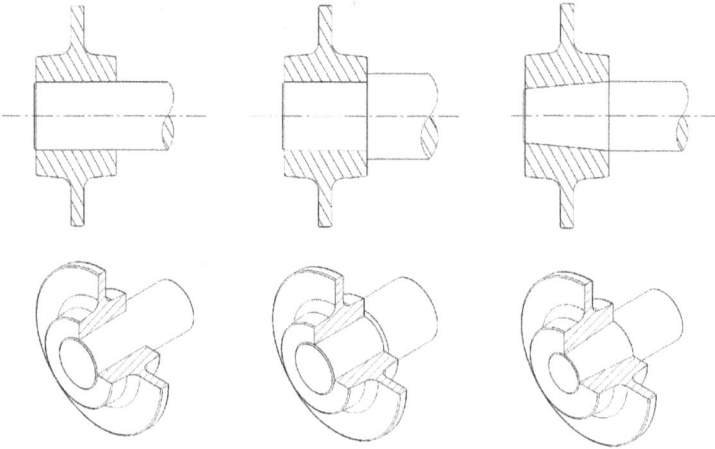

Schweißverbindungen:

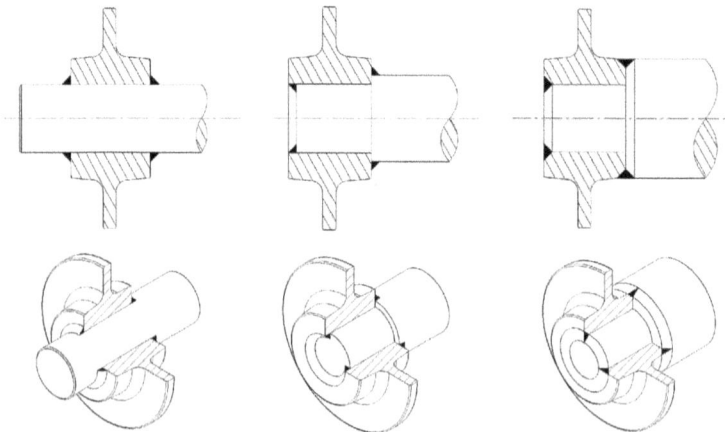

Bild 6.1: Stoffschlüssige Welle-Nabe-Verbindungen

In der oberen Bildzeile wird Klebstoff oder Lot zwischen Nabe und Welle eingebracht, wobei in den ersten beiden Beispielen die Trennfuge zylindrisch, im dritten Fall kegelig ist. In
der unteren Bildzeile deuten die schwarzen Dreiecke Schweißnähte an. Die jeweils erste Verbindung mit durchgehend zylindrischer Welle ist zwar fertigungstechnisch besonders einfach,
aber zur Fixierung der axialen Lage von Welle und Nabe ist in aller Regel eine Vorrichtung
erforderlich.

Die Modellbildung für die rechnerische Beschreibung dieser Welle-Nabe-Verbindungen kann
sich dabei vielfach an die der Verbindungstechniken anlehnen (s. auch Aufgaben 3.2 und 3.6),
die nachfolgenden Ausführungen konzentrieren sich deshalb auf einige zusätzliche Hinweise.
Liegt die fertigungstechnisch einfache zylindermantelförmige Trennfuge zwischen Welle und
Nabe vor, so lässt sich deren Geometrie nach Bild 6.2 mit dem Durchmesser d und der Länge L
beschreiben.

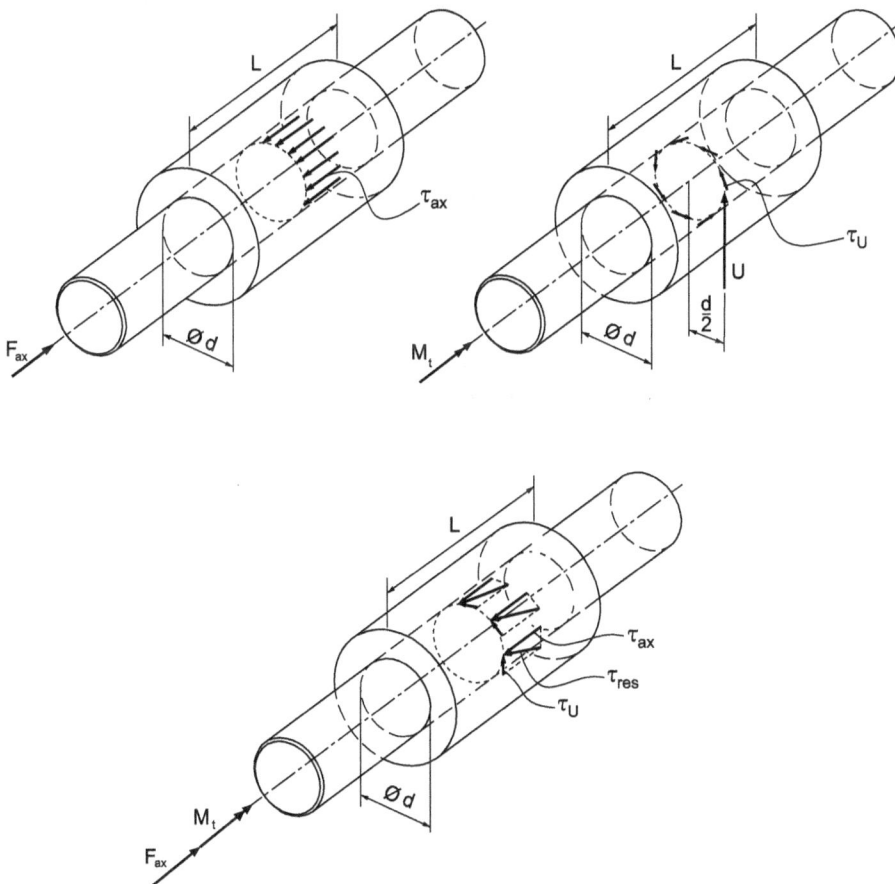

Bild 6.2: Rechenansatz zylindrische, stoffschlüssige Wellen-Nabe-Verbindung

Entsprechend der Lasteinleitung können drei Fälle unterschieden werden:

- **Längskraftbelastung**
  Bei Längskraft- oder Axialkraftbelastung (oben links in Bild 6.2) wird davon ausgegangen, dass sich die Kraft weitgehend als Schubspannung an der Trennfuge überträgt:

$$\tau_{tats} = \frac{F_{ax}}{A} \leq \tau_{zul} \quad \text{mit} \quad A = d \cdot \pi \cdot L \qquad\qquad \text{Gl. 6.1}$$

  A bezeichnet die Fläche, an der die beiden Bauteile miteinander in stoffschlüssigem Kontakt stehen. Die Schubspannung τ_{tats} darf den für das Verbindungsverfahren zulässigen Wert τ_{zul} (Tabelle 3.2 für Lötverbindungen und 3.3 für Klebeverbindungen) nicht überschreiten, ggf. ist die Sicherheit als Quotient dieser beiden Werte zu formulieren.

- **Torsionsbelastung**
  Die durch das Torsionsmoment M_t hervorgerufene Belastung (oben rechts in Bild 6.2) lässt sich zunächst durch eine fiktive Umfangskraft U ausdrücken, die sich ihrerseits als reale Schubspannung τ auf der lastübertragenden Fläche verteilt.

$$M_t = U \cdot \frac{d}{2} \quad \text{mit} \quad U = \tau \cdot A = \tau \cdot d \cdot \pi \cdot L \qquad\qquad \text{Gl. 6.2}$$

  Wird U nach der zweiten Gleichung in die erste eingesetzt, so lässt sich eine direkte Beziehung zwischen Lastmoment M_t und Schubspannung τ herstellen:

$$M_t = \frac{d^2}{2} \cdot L \cdot \pi \cdot \tau \quad \text{bzw.} \quad M_{tmax} = \frac{d^2 \cdot \pi \cdot L}{2} \cdot \tau_{zul} \qquad \text{Gl. 6.3}$$

- **Kombinierte Längskraft- und Torsionsmomentenbelastung**
  Sollen ein Torsionsmoment M_{tmax} und eine Axialkraft F_{ax} gleichzeitig übertragen werden (Bild 6.2 unten), so setzt sich die insgesamt zu übertragende Kraft F_{res} als Vektorsumme aus der Umfangskraft U und der Axialkraft F_{ax} zusammen. Mit $U = 2 \cdot M_t/d$ wird dann:

$$F_{res} = \sqrt{U^2 + F_{ax}^2} = \sqrt{\left(\frac{2 \cdot M_t}{d}\right)^2 + F_{ax}^2} \qquad\qquad \text{Gl. 6.4}$$

Für die Schubspannungsbelastung ergibt sich dann:

$$\tau = \frac{F_{res}}{A} = \frac{\sqrt{\left(\frac{2 \cdot M_t}{d}\right)^2 + F_{ax}^2}}{\pi \cdot d \cdot L} \qquad\qquad \text{Gl. 6.5}$$

Nach den vorgenannten Ansätzen steigt die übertragbare Belastung proportional mit der Länge der Verbindung L. Voraussetzung für diesen Ansatz ist eine gleichmäßige Schubspannungsverteilung. Tatsächlich kommt es jedoch zu einem Effekt, der in ähnlicher Weise bei den Klebverbindungen bereits mit Bild 3.13 erläutert worden ist: Auf der Seite, wo die Welle noch unter voller Belastung steht, ist sie auch der vollen damit verbundenen Verformung ausgesetzt, während die sie umgebende Nabe an dieser Stelle noch keine Belastung aufgenommen hat und sich demzufolge in diesem Bereich auch noch nicht verformt. Diese Ungleichmäßigkeit der

Verformungen zweier benachbarter Bauteile verursacht eine Ungleichmäßigkeit der Schub-spannungsverteilung, die mit zunehmender axialer Erstreckung der Welle-Nabe-Verbindung kritischer wird. Dieser Sachverhalt lässt sich nur durch eine Messung oder durch die Finite-Elemente-Berechnung genauer quantifizieren. Entsprechende Auswertungen haben ergeben, dass man für den Normalfall diesen Einfluss vernachlässigen kann, wenn die Länge L nicht wesentlich größer ist als der Durchmesser d der Verbindung.

6.2 Formschlüssige Welle-Nabe-Verbindungen

Der Begriff „formschlüssig" gibt an, dass die zu verbindenden Bauteile aufgrund ihrer Form-gebung ineinandergreifen und damit Kräfte und Momente übertragen können.

6.2.1 Keilwellenverbindungen

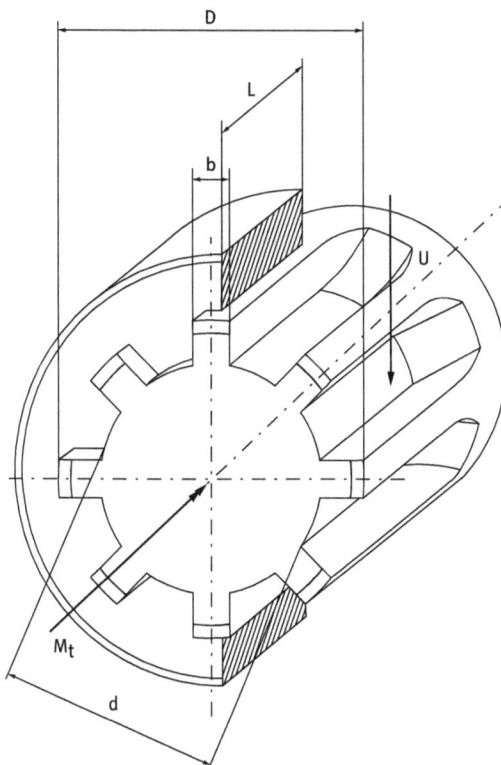

Eine Keilwelle nach Bild 6.3 weist einen inneren Durchmesser d auf, aus dem kon-zentrische Vorsprünge mit der Breite b und der Eingriffslänge L bis zum äußeren Durchmesser D herausragen. Tabelle 6.1 gibt einen Auszug aus der Norm für Keil-wellenverbindungen mit geraden Flanken wieder:

Bild 6.3: Keilwelle

Tabelle 6.1: Keilwellen

d	leichte Reihe nach DIN ISO 14				mittlere Reihe nach DIN ISO 14				schwere Reihe nach DIN 5464			
	Kurz-zeichen	An-zahl Keile	D	b	Kurz-zeichen	An-zahl Keile	D	b	Kurz-zeichen	An-zahl Keile	D	b
16					6×16×20	6	20	4	10×16×20	10	20	2,5
18					6×18×22	6	22	5	10×18×23	10	23	3
21					6×21×25	6	25	5	10×21×26	10	26	3
23	6×23×26	6	26	6	6×23×28	6	28	6	10×23×29	10	29	4
26	6×26×30	6	30	6	6×26×32	6	32	6	10×26×32	10	32	4
28	6×28×32	6	32	7	6×28×34	6	34	7	10×28×35	10	35	4
32	8×32×36	8	36	6	8×32×38	8	38	6	10×32×40	10	40	5
36	8×36×40	8	40	7	8×36×42	8	42	7	10×36×45	10	45	5
42	8×42×46	8	46	8	8×42×48	8	48	8	10×42×52	10	52	6
46	8×46×50	8	50	9	8×46×54	8	54	9	10×46×56	10	56	7
52	8×52×58	8	58	10	8×52×60	8	60	10	16×52×60	16	65	5
56	8×56×62	8	62	10	8×56×65	8	65	10	16×56×65	16	65	5
62	8×62×68	8	68	12	8×62×72	8	72	12	16×62×72	16	72	7

Während für den Festigkeitsnachweis der Welle der innere Durchmesser d maßgebend ist, vollzieht sich die Momentenübertragung zwischen Welle und Nabe über Flächenpressung an den Flanken. Zu deren Festigkeitsnachweis wird ähnlich wie bei der stoffschlüssigen Welle-Nabe-Verbindung zunächst eine Umfangskraft U eingeführt, die sich hier auf halbem Weg zwischen d/2 und D/2 abstützt:

$$M_t = U \cdot \frac{D+d}{2 \cdot 2} \quad \Rightarrow \quad U = \frac{4 \cdot M_t}{D+d} \qquad \text{Gl. 6.6}$$

Die Pressung p an den rechteckförmigen Flanken ergibt sich zu:

$$p = \frac{U}{A} = \frac{\frac{4 \cdot M_t}{D+d}}{z \cdot \frac{D-d}{2} \cdot L \cdot \varphi}$$

$$p = \frac{8 \cdot M_t}{(D+d) \cdot (D-d) \cdot z \cdot L \cdot \varphi} \leq p_{zul} \quad \text{für Keilwellen} \qquad \text{Gl. 6.7}$$

Dabei bedeutet z die Anzahl der Keile und L die tragende Länge der Verbindung. Mit zunehmender Anzahl von Keilen stößt jedoch die präzise Anordnung der einzelnen Flanken zueinander auf fertigungstechnische Probleme, was die gleichmäßige Verteilung der Umfangskraft auf die einzelnen Flanken beeinträchtigt. Dieser Effekt wird formal durch eine Reduktion der kraftübertragenden Fläche um den Traganteil φ berücksichtigt. Dieser hängt von den konstruktiven Randbedingungen und von den Fertigungsgenauigkeiten ab, für Keilwellen kann etwa $\varphi = 0{,}75$ angenommen werden. Für die Festlegung der werkstoffkundlich zulässigen Flächenpressung ist weiterhin folgende Differenzierung angebracht:

- **Festsitz**: Mit einer Keilwellenverbindung können **nur Torsionsmomente** übertragen werden, eventuell aufzunehmende Längskräfte müssen durch weitere konstruktive Maßnahmen (z. B. Wellenbund) gesondert abgestützt werden.
- **Schiebesitz**: Sollen die Welle und die Nabe jedoch **axial zueinander verschoben** werden können, so wird die Welle-Nabe-Verbindung zum Schiebesitz. Unter diesen Umständen können nur deutlich geringere Flächenpressungen zugelassen werden.

Tabelle 6.2 gibt einen Überblick über die zulässige Flankenpressung für einige gebräuchliche Werkstoffkombinationen:

Tabelle 6.2: Zulässige Flankenpressung p_{zul} für Festsitz

Stahl gegenüber ...	Drehmoment konstant	Drehmoment schwellend	Drehmoment wechselnd
Messing, Bronze	$40\,N/mm^2$	$30\,N/mm^2$	$12\,N/mm^2$
G-AlSi	$56\,N/mm^2$	$42\,N/mm^2$	$18\,N/mm^2$
GG	$72\,N/mm^2$	$54\,N/mm^2$	$22\,N/mm^2$
AlCuMg	$80\,N/mm^2$	$60\,N/mm^2$	$25\,N/mm^2$
GS oder Stahl	$120\,N/mm^2$	$75\,N/mm^2$	$32\,N/mm^2$

6.2.2   Passfederverbindungen

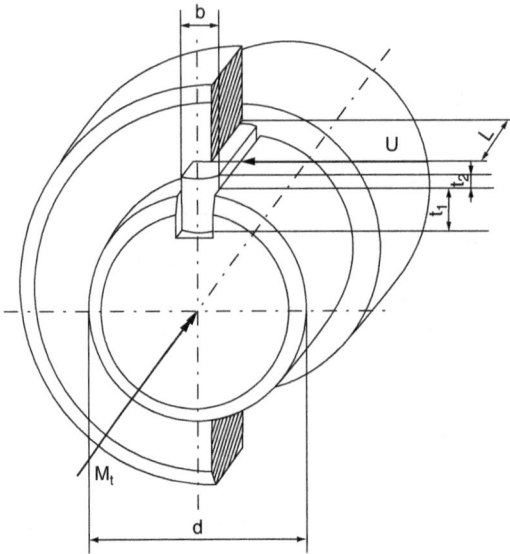

Die klassische Passfederverbindung nach Bild 6.4 lässt sich bezüglich ihrer Belastbarkeit näherungsweise mit dem oben vorgestellten Ansatz beschreiben, wobei die Umfangskraft aber über zwei hintereinander geschaltete Stellen übertragen wird: Am Übergang zwischen der Passfeder und der Welle tritt die Pressung p_W und an der Kontaktfläche zwischen der Passfeder und der Nabe tritt die Pressung p_N auf. Wegen der unterschiedlichen Abmessungen und Werkstoffpaarungen müssen im allgemeinen Fall beide Kriterien abgeschätzt werden:

Bild 6.4: Rechenansatz Passfederverbindung

$$p = \frac{U}{A}$$

$$p_W = \frac{2 \cdot M_t}{d \cdot t_1 \cdot L \cdot \varphi} \leq p_{Wzul} \quad \text{Verbindungsstelle Welle-Passfeder} \qquad \text{Gl. 6.8}$$

$$p_N = \frac{2 \cdot M_t}{d \cdot t_2 \cdot L \cdot \varphi} \leq p_{Nzul} \quad \text{Verbindungsstelle Passfeder-Nabe} \qquad \text{Gl. 6.9}$$

Für d kann näherungsweise der Nenndurchmesser der Welle gesetzt werden, obwohl der Hebelarm an der Nabe etwas größer und an der Welle etwas kleiner ist. t_1 bedeutet die Eindringtiefe der Passfeder in die Welle und t_2 die der Nabe. Von der konstruktiv vorhandenen Passfederlänge gelangt man zur rechnerisch ausnutzbaren Länge L durch das Abziehen der eventuell vorhandenen nichttragenden Ausrundungsradien. Der Traganteil kann nahezu $\varphi \approx 1$ gesetzt werden, da hier nicht das Problem der Lastaufteilung auf mehrere Lastübertragungsstellen besteht. Tabelle 6.3 gibt in Anlehnung an DIN 6885 die für die Dimensionierung wichtigen Abmessungen an.

Die Norm enthält noch weitere zur Fertigung notwendige Maßangaben (Passungen, Ausrundungsradien, Passfederlängen usw.) und weitere Bauformen.

Tabelle 6.3: Passfederverbindungen nach DIN 6885 (alle Abmessungen in [mm])

Wellendurchmesser d über	10	12	17	22	30	38	44	50	58	65	75	85
bis einschließlich	12	17	22	30	38	44	50	58	65	75	85	95
Passfederbreite b	4	5	6	8	10	12	14	16	18	20	22	25
Passfederhöhe h	4	5	6	7	8	8	9	10	11	12	14	14
Wellennuttiefe t_1	2,5	3	3,5	4	5	5	5,5	6	7	7,5	9	9
Nabennuttiefe t_2	1,8	2,3	2,8	3,3	3,3	3,3	3,8	4,3	4,4	4,9	5,4	5,4

- **Festsitz**: Sowohl am Durchmesser als auch an den Flanken ist ein **leichter Presssitz** vorzuziehen, um mögliche Anlagewechsel auszuschließen. Die einwirkenden Kräfte sollen keine Verlagerungen hervorrufen können, sodass eine unvorteilhafte Ungleichmäßigkeit der Pressungsverteilung weitgehend vermieden wird.
- **Schiebesitz**: In diesem Fall wird die Passfeder meist auf der Welle festgeschraubt und in der Nabe eine Spielpassung vorgesehen.

Aufgabe A.6.1

6.3 Kraft- bzw. reibschlüssige Welle-Nabe-Verbindungen

Kraft- bzw. reibschlüssige Welle-Nabe-Verbindungen verklemmen Welle und Nabe miteinander und nutzen die Coulomb'sche Reibung für die Lastübertragung aus. Nach den beiden äußeren Spalten von Bild 6.5 werden die Funktionsflächen dieser Welle-Nabe-Verbindungen fertigungstechnisch besonders einfach als ebene Fläche oder in Form eines Zylinders ausgeführt. Die in der Mitte angeordnete Spalte mit kegeliger Funktionsfläche kann als Zwischenform angesehen werden. Kennzeichen der Kraftschlüssigkeit ist das Fehlen von ineinandergreifenden Materialvorsprüngen und -vertiefungen. Weiterhin kann nach diesem Schema unterschieden werden, ob direkt oder mit Zwischenelementen übertragen wird.

Für die Dimensionierung von reibschlüssigen Welle-Nabe-Verbindungen ist die Kenntnis des Reibwertes von entscheidender Bedeutung. Tabelle 6.4 stellt die Reibwerte für Querpressverbände einiger gebräuchlicher Werkstoffkombinationen von Welle und Nabe nach DIN 7190 zusammen.

In Anlehnung daran können auch die Reibwerte für andere reibschlüssige Welle-Nabe-Verbindungen abgeschätzt werden.

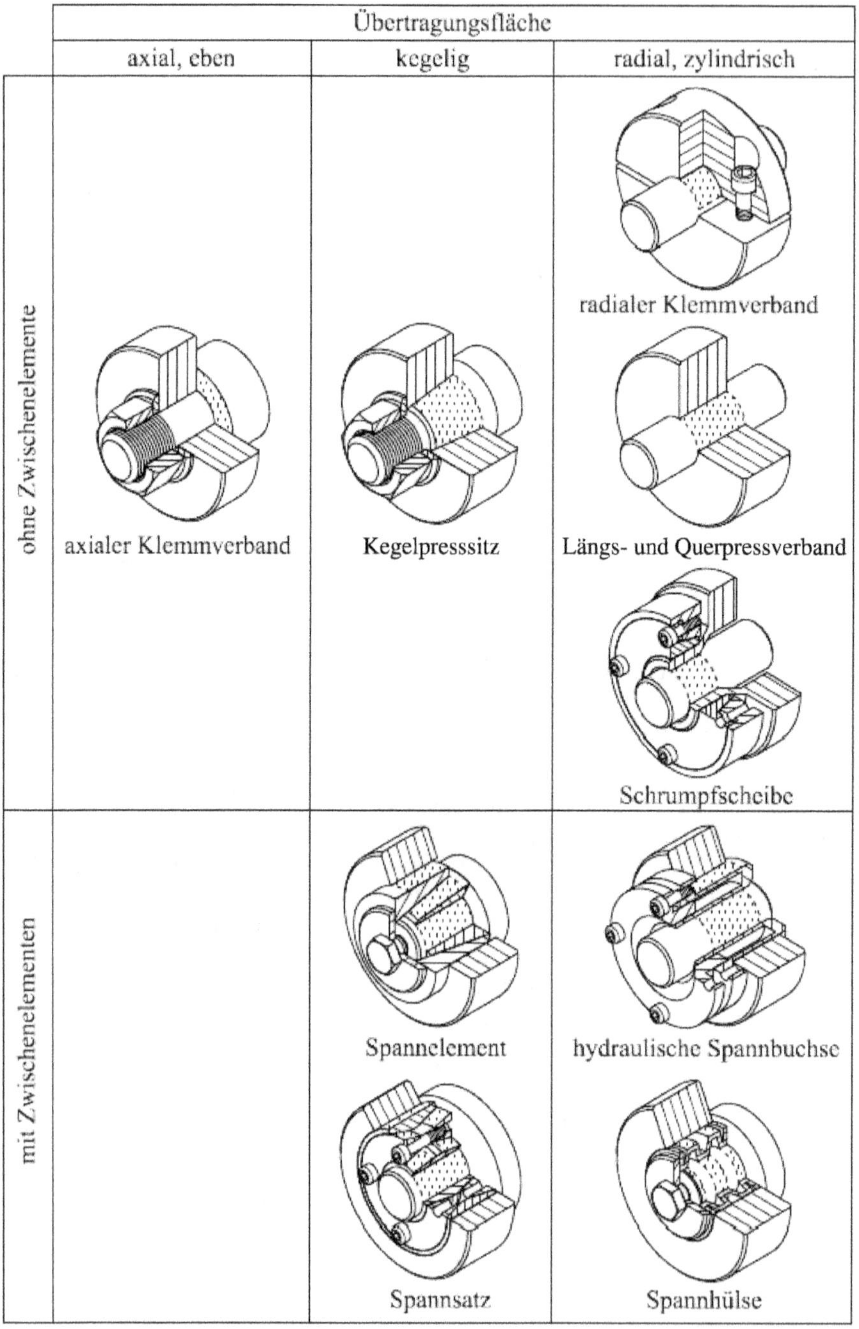

Übertragungsfläche		
axial, eben	kegelig	radial, zylindrisch

Row: ohne Zwischenelemente

- axialer Klemmverband
- Kegelpresssitz
- radialer Klemmverband
- Längs- und Querpressverband
- Schrumpfscheibe

Row: mit Zwischenelementen

- Spannelement
- hydraulische Spannbuchse
- Spannsatz
- Spannhülse

Bild 6.5: Übersicht über kraft- bzw. reibschlüssige Welle-Nabe-Verbindungen

Tabelle 6.4: Reibzahlen reibschlüssiger Welle-Naben-Verbindungen nach DIN 7190

Werkstoffpaarung, Schmierung, Fügeverfahren	Haftbeiwert μ
Paarung Stahl/Stahl	
Drucköverbände normal gefügt mit Mineralöl	0,12
Drucköverbände mit entfetteten Pressflächen, mit Glyzerin gefügt	0,18
Schrumpfverbände, normal, nach Erwärmen des Außenteils bis 300 °C im Elektroofen	0,14
Schrumpfverbände mit entfetteten Pressflächen, nach Erwärmen des Außenteils bis 300 °C im Elektroofen	0,20
Paarung Stahl/Gusseisen	
Drucköverbände normal gefügt mit Mineralöl	0,10
Drucköverbände mit entfetteten Pressflächen	0,16
Paarung Stahl/Mg-Al, trocken	0,10–0,15
Paarung St-Cu/Zn, trocken	0,17–0,25

6.3.1   Klemmverbindungen

6.3.1.1   Axialklemmverbindungen

Die einfachste Art der kraftschlüssigen Welle-Nabe-Verbindung besteht darin, die beiden Bauteile nach Bild 6.6 axial zu verklemmen, wobei die Klemmkraft in der oberen Bildzeile durch eine einzige zentrale Schraube und in der unteren Zeile durch eine Vielzahl von Schrauben aufgebracht wird.

Bei der Dimensionierung dieser Klemmverbindung sind drei Versagenskriterien nach Bild 6.7 zu berücksichtigen:

a) Der Reibschluss kann überlastet werden, sodass die Verbindung durchrutscht (Überbeanspruchung im Betrieb).

b) Die Flächenpressung an der reibschlussübertragenden Fläche kann überlastet werden (Überbeanspruchung bei der Montage).

c) Die Vorspannkraft der einzelnen zentralen Schraube oder der Vielzahl von n Schrauben ist nicht in der Lage, die für den Reibschluss erforderliche Axialkraft F_{ax} aufzubringen (Überbeanspruchung bei der Montage).

Zur rechnerischen Beschreibung des Problems müssen für jede der im Schema markierten Verbindungen Gleichungen formuliert werden. Für die waagerechte Verbindungslinie zwischen der Axialkraft F_{ax} und Flächenpressung p ist dies besonders einfach:

$$p = \frac{F_{ax}}{A} = \frac{F_{ax}}{\pi \cdot \left(r_a^2 - r_i^2\right)} \leq p_{zul} \qquad\qquad \text{Gl. 6.10}$$

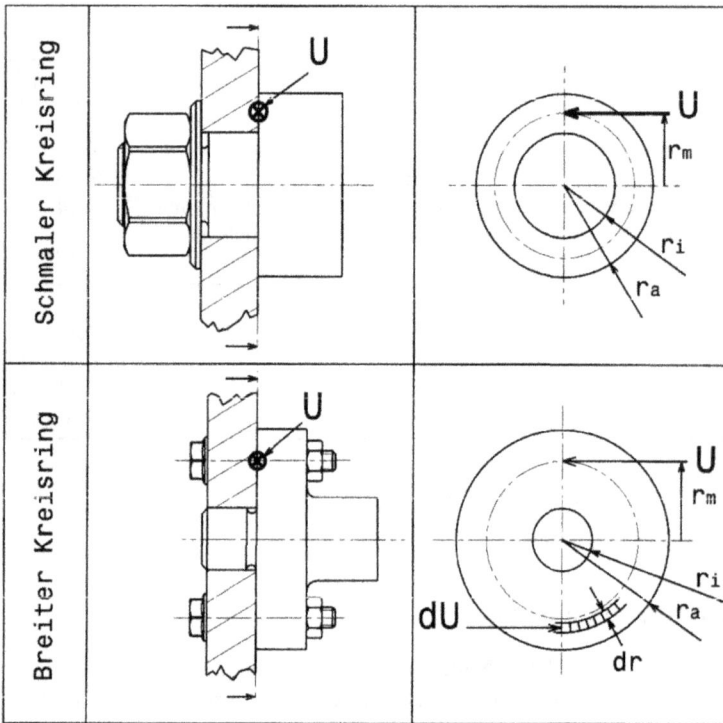

Bild 6.6: Axiales Verspannen von Welle und Nabe

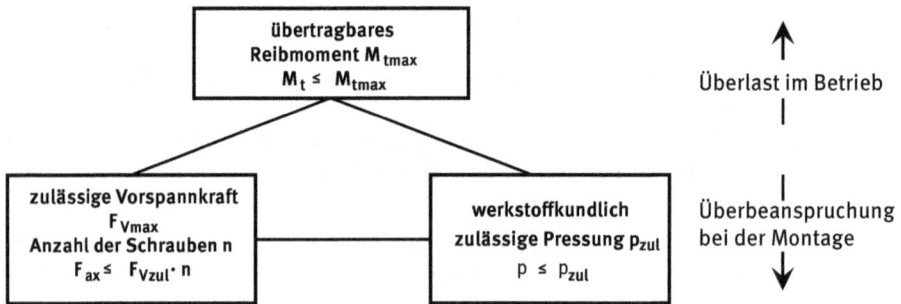

übertragbares
Reibmoment M_{tmax}
$M_t \leq M_{tmax}$

Überlast im Betrieb

zulässige Vorspannkraft
F_{Vmax}
Anzahl der Schrauben n
$F_{ax} \leq F_{Vzul} \cdot n$

werkstoffkundlich
zulässige Pressung p_{zul}
$p \leq p_{zul}$

Überbeanspruchung
bei der Montage

Bild 6.7: Dimensionierungsschema axialer Klemmverband qualitativ

Bei der Formulierung des übertragbaren Momentes M_{tmax} kann nach der rechten Spalte von Bild 6.6 unterschieden werden:

- Handelt es sich um einen schmalen Kreisring (obere Bildzeile), so wird eine formale Umfangskraft U eingeführt:

$$M_t = U \cdot r_m$$

Diese Vorgehensweise wurde bereits bei der Kopfreibung von Schrauben (Bild 4.7) praktiziert. Der wirksame Hebelarm r_m reicht bis zur Mitte der kraftübertragenden Kreisringfläche:

$$r_m = \frac{r_i + r_a}{2}$$

Um die Umfangskraft U auch tatsächlich als Reibkraft übertragen zu können, muss die Verbindung mit F_{ax} als Normalkraft vorgespannt werden:

$$\mu = \frac{U}{F_{ax}}$$

Es ergibt sich also der einfache Zusammenhang:

$$M_{tmax} = \mu \cdot F_{ax} \cdot r_m \quad \text{(schmaler Kreisring)} \qquad \text{Gl. 6.11}$$

- Liegt ein breiter Kreisring vor (untere Zeile von Bild 6.6), so trifft der vorgenannte Ansatz nur noch sehr grob zu. Bei differenzierter Betrachtung muss vielmehr berücksichtigt werden, dass jeder Flächenpressungsanteil mit seinem jeweiligen Hebelarm r zum Gesamtmoment beiträgt:

$$M_{tmax} = \int_{r_i}^{r_a} dU \cdot r = \int_{r_i}^{r_a} \mu \cdot p \cdot dA \cdot r$$

μ und p sind von der Integration nicht betroffen. Die Kreisringfläche dA lässt sich durch $dA = 2 \cdot \pi \cdot r \cdot dr$ ausdrücken:

$$M_{tmax} = \mu \cdot p \cdot 2 \cdot \pi \cdot \int_{r_i}^{r_a} r^2 \, dr = \mu \cdot p \cdot \pi \cdot 2 \cdot \left[\frac{r^3}{3} \right]_{r_i}^{r_a}$$

$$M_{tmax} = \mu \cdot p \cdot \pi \cdot \frac{2}{3} \cdot \left(r_a^3 - r_i^3 \right) \qquad \text{Gl. 6.12}$$

Mit $p = F_{ax}/A$ und $A = \pi \cdot (r_a^2 - r_i^2)$ folgt:

$$M_{tmax} = \mu \cdot F_{ax} \cdot \frac{2 \cdot \left(r_a^3 - r_i^3 \right)}{3 \cdot \left(r_a^2 - r_i^2 \right)} \quad \text{(breiter Kreisring)} \qquad \text{Gl. 6.13}$$

Stellt man Gl. 6.11 und Gl. 6.13 gegenüber, so kann auch für den breiten Kreisring ein „mittlerer" Radius r_m formuliert werden:

$$r_m = \frac{2 \cdot \left(r_a^3 - r_i^3\right)}{3 \cdot \left(r_a^2 - r_i^2\right)} \quad \text{(breiter und schmaler Kreisring)} \qquad \text{Gl. 6.14}$$

Somit lässt sich also auch für den breiten Kreisring eine einfache Gleichung angeben, bei der lediglich der effektive Radius r_m nicht als Mittelwert, sondern nach Gl. 6.14 berechnet werden muss. Damit gilt diese Gleichung auch für den Fall des schmalen Kreisringes und ergibt für diesen Grenzfall den gleichen Zahlenwert. Die Formulierung für den breiten Kreisring schließt also die für den schmalen Kreisring mit ein und lässt sich damit allgemeingültig verwenden. Das in Bild 6.7 skizzierte Schema lässt sich also nun auf der linken Dreieckseite mit den Gleichungen 6.13/6.14 und auf der unteren Dreieckseite mit Gl. 6.10 in Bild 6.8 vervollständigen.

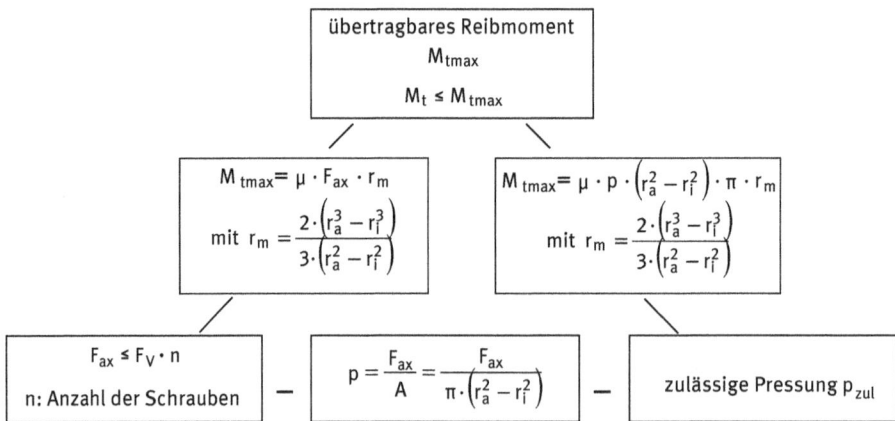

Bild 6.8: Dimensionierungsschema axialer Klemmverband quantitativ

Die Gleichung für die rechte Dreieckseite in Bild 6.8 ergibt sich, indem man sowohl Gl. 6.10 als auch 6.11 jeweils nach F_{ax} auflöst und gleichsetzt:

Gl. 6.10: $F_{ax} = p \cdot \pi \cdot \left(r_a^2 - r_i^2\right)$

Gl. 6.11: $F_{ax} = \dfrac{M_{tmax}}{\mu \cdot r_m}$

$\Rightarrow \quad M_{tmax} = \mu \cdot p \cdot \left(r_a^2 - r_i^2\right) \cdot \pi \cdot r_m \qquad \text{Gl. 6.15}$

Aufgaben A.6.2 und 6.3

6.3.1.2   Radialklemmverbindungen

Radialklemmverbindungen übertragen Momente oder Axialkräfte reibschlüssig auf der Zylindermantelfläche zwischen Welle und Nabe, wobei die Nabe meist aus zwei schalenförmigen Hälften besteht, die untereinander verschraubt werden und damit auf die Welle gepresst werden. Bei der Dimensionierung der Radialklemmverbindung lassen sich wie im vorangegangenen Fall (vgl. Bild 6.7 und 6.8) drei Kriterien ausmachen und ein dreieckförmiges Schema skizzieren, für dessen Verbindungslinien Gleichungen zu formulieren sind:

- Bei Überschreitung des **Moment**es rutscht die Nabe auf der Welle.
- Bei Überschreitung der **Pressung** wird die Kontaktfläche zwischen Welle und Nabe beschädigt.
- Bei Überschreitung der **Vorspannkraft** wird die zulässige Belastung der Schrauben überschritten.

Zunächst sei die Klemmverbindung mit geteilter Nabe betrachtet. Zur rechnerischen Beschreibung dieser Klemmverbindung können drei verschiedene Ansätze formuliert werden:

Ansatz „weites Spiel"

Wenn nach Bild 6.9 ein weites Spiel zwischen Welle und Nabe angenommen wird, so kann die Vorspannkraft $2 \cdot F_V \cdot i$ (i: Anzahl der Schrauben**paare**) nur in einem schmalen Bereich am oberen und unteren Scheitelpunkt der Verbindung abgestützt werden.

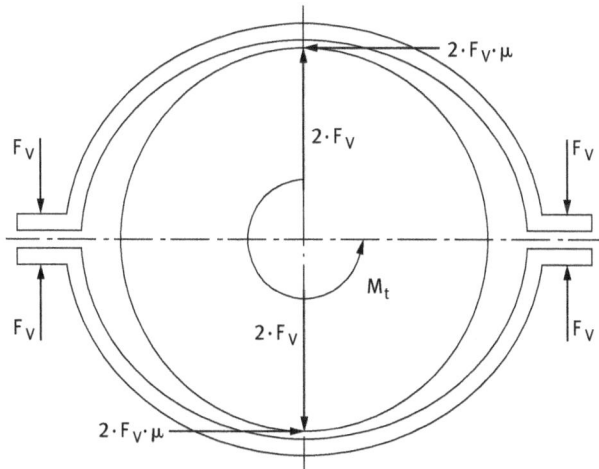

Bild 6.9: Radialklemmverbindung mit „weitem Spiel"

In diesem Fall ergibt sich das maximal übertragbare Moment zu zwei gleichen Anteilen aus unterer und oberer Nabenhälfte:

$$M_{tmax} = 2 \cdot \frac{2 \cdot F_V \cdot i \cdot \mu \cdot d}{2} = 2 \cdot \mu \cdot d \cdot i \cdot F_V \qquad \text{Gl. 6.16}$$

i: Anzahl der Schrauben**paare**

Dabei treten aber folgende Besonderheiten auf:

- An den kraftübertragenden Stellen zwischen Welle und Nabe entsteht örtlich eine hohe, mit einfachem Mittel kaum fassbare Flächenpressung.
- In der schalenförmigen Nabenhälfte selber kommt es durch die Vorspannkräfte zu einer hohen Biegemomentenbelastung.

Sowohl die Einbauverhältnisse als auch der daraus abgeleitete Ansatz sind also wenig brauchbar, die Betrachtung würde sich auf die linke Dreieckseite des Schemas nach Bild 6.7 reduzieren.

Ansatz „Presspassung mit biegestarrer Nabe"

Wird die Passung als leichte Presspassung (H8/n7) ausgeführt und sind die Nabenhälften biegesteif, so ruft die Verspannung in den beiden Nabenhälften keine kritische Biegeverformung hervor und an der Kontaktfläche zwischen Welle und Nabe stellt sich eine weitgehend konstante Flächenpressung p nach Bild 6.10 ein.

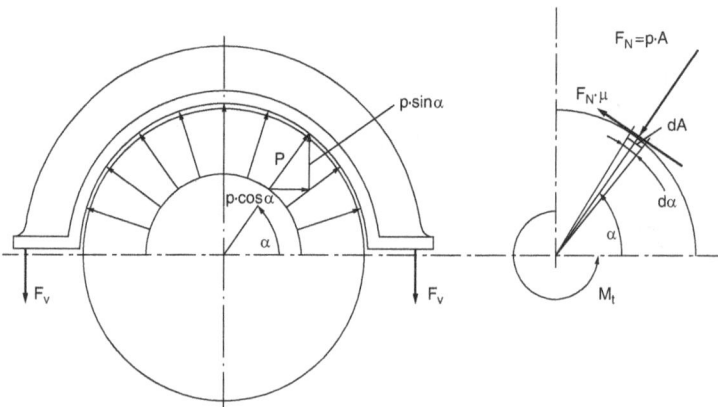

Bild 6.10: Radialklemmverbindung mit biegestarrer Nabe

Die Formulierung des Zusammenhangs zwischen Pressung und Moment M_t wird wesentlich erleichtert, wenn die in der gesamten Trennfuge wirkende Pressung nach der rechten Bildhälfte zu einer Normalkraft F_N zusammengefasst wird:

$$p = \frac{F_N}{A} = \frac{F_N}{\pi \cdot d \cdot L} \leq p_{zul} \quad \text{bzw.} \quad F_N = \pi \cdot d \cdot L \cdot p \qquad \text{Gl. 6.17}$$

Mit dieser Normalkraft F_N kann eine Reibkraft $F_R = \mu \cdot F_N$ ermittelt werden, mit der schließlich das Moment M_{tmax} übertragen werden kann:

$$M_{tmax} = F_N \cdot \mu \cdot \frac{d}{2}$$

Führt man für F_N den Ausdruck nach Gl. 6.17 ein, so ergibt sich das übertragbare Moment als Funktion der zulässigen Pressung:

$$M_{tmax} = \frac{\pi}{2} \cdot L \cdot d^2 \cdot \mu \cdot p_{zul} \qquad\qquad \text{Gl. 6.18}$$

Damit ist im Schema von Bild 6.12 auch die rechte Dreieckseite belegt. Die Pressung p und die Vorspannkraft der Schrauben F_V stehen über das Kräftegleichgewicht in y-Richtung für die obere Nabenhälfte in Zusammenhang:

$$2 \cdot F_V \cdot i = \int\limits_{\alpha=0}^{\alpha=180°} p \cdot \sin\alpha \cdot dA$$

mit $p = $ const. und $dA = d\alpha \cdot \frac{d}{2} \cdot L$

$$2 \cdot F_V \cdot i = \frac{p \cdot d \cdot L}{2} \cdot \int\limits_{\alpha=0}^{\alpha=180°} \sin\alpha \cdot d\alpha = \frac{p \cdot d \cdot L}{2} \cdot [-\cos\alpha]_{\alpha=0}^{\alpha=180°}$$

$$2 \cdot F_V \cdot i = \frac{p \cdot d \cdot L}{2} \cdot 2 = p \cdot d \cdot L$$

$$F_V = \frac{d \cdot L}{2 \cdot i} \cdot p$$

Lässt man für die Pressung p einen maximalen Wert p_{zul} zu, so kann die Schraubenvorspannkraft bis F_{Vmax} gesteigert werden:

$$F_{Vmax} = \frac{d \cdot L}{2 \cdot i} \cdot p_{zul} \qquad\qquad \text{Gl. 6.19}$$

Damit ist die untere Dreieckseite im Schema von Bild 6.12 geklärt. Dabei muss sichergestellt werden, dass die Schrauben auch tatsächlich diese Vorspannkraft aufnehmen können (s. Kapitel 4). Dazu lässt sich Gl. 6.19 so umstellen, dass die infolge der zulässigen Schraubenvorspannkraft F_{Vzul} erzielbare Pressung p_{max} zum Ausdruck kommt:

$$p_{max} = \frac{2 \cdot i}{d \cdot L} \cdot F_{Vzul} \qquad\qquad \text{Gl. 6.20}$$

Setzt man den Ausdruck nach Gl. 6.20 in Gl. 6.18 ein, so wird ein Zusammenhang zwischen der Schraubenvorspannkraft und dem übertragbaren Moment hergestellt, womit das Schema in Bild 6.12 auf der linken Dreieckseite vervollständigt wird:

$$M_{tmax} = \pi \cdot \mu \cdot d \cdot i \cdot F_{Vmax} \qquad\qquad \text{Gl. 6.21}$$

Ist die Schraube konstruktiv bereits festgelegt, so kann die erforderliche Anpresswirkung über die Anzahl der Schraubenpaare angepasst werden, wozu Gl. 6.21 nach der Anzahl der erforderlichen Schraubenpaare i_{min} aufgelöst wird:

$$i_{min} = \frac{M_{tmax}}{\pi \cdot \mu \cdot d \cdot F_{Vmax}} \qquad\qquad \text{Gl. 6.22}$$

Ansatz „biegeweiche Nabe"

Ist die Nabe im Sinne einer leichten Konstruktion dünnwandig und damit „biegeweich" ausgebildet, so trifft der zuvor verfolgte Ansatz einer konstanten Flächenpressung nicht mehr zu, sondern es stellt sich im Extremfall eine sinusförmige Flächenpressungsverteilung nach Bild 6.11 ein.

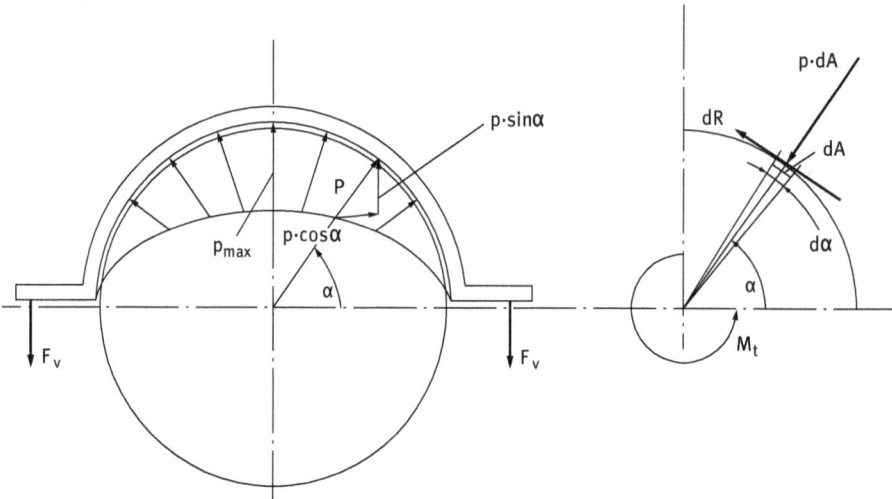

Bild 6.11: Radialklemmverbindung mit biegeweicher Nabe

Im Gegensatz zu Bild 6.10 müssen die einzelnen Reibkraftanteile zur Formulierung des gesamten übertragbaren Momentes integriert werden. Für die gesamte Welle-Nabe-Verbindung einschließlich der unteren Nabenhälfte ergibt sich dann:

$$M_{tmax} = 2 \cdot \frac{d}{2} \cdot \int_{\alpha=0}^{\alpha=180°} \mu \cdot p \cdot dA$$

mit $p = p_{max} \cdot \sin \alpha$ und $dA = d\alpha \cdot \frac{d}{2} \cdot L$

$$M_{tmax} = 2 \cdot \frac{d}{2} \cdot \int_{\alpha=0}^{\alpha=180°} \mu \cdot p_{max} \cdot \sin \alpha \cdot d\alpha \cdot \frac{d}{2} \cdot L$$

$$M_{tmax} = \frac{d^2 \cdot L \cdot \mu \cdot p_{max}}{2} \cdot \int_{\alpha=0}^{\alpha=180°} \sin \alpha \cdot d\alpha = \frac{d^2 \cdot L \cdot \mu \cdot p_{max}}{2} \cdot [-\cos \alpha]_{\alpha=0}^{\alpha=180°}$$

$$M_{tmax} = f_{(pmax)} = d^2 \cdot L \cdot \mu \cdot p_{max} \qquad \text{Gl. 6.23}$$

Damit ist die rechte Dreieckseite in Bild 6.12 in der unteren Zeile geklärt. Der Zusammenhang zwischen der Pressung p und der Vorspannkraft der Schrauben F_V lässt sich auch hier durch ein Kräftegleichgewicht in y-Richtung für die obere Nabenhälfte herstellen:

$$2 \cdot F_V \cdot i = \int\limits_{\alpha=0}^{\alpha=180°} p \cdot \sin \alpha \cdot dA \qquad\qquad \text{Gl. 6.24}$$

mit $\quad p = p_{max} \cdot \sin \alpha \quad$ und $\quad dA = d\alpha \cdot \dfrac{d}{2} \cdot L$

$$2 \cdot F_V \cdot i = \frac{p_{max} \cdot d \cdot L}{2} \cdot \int\limits_{\alpha=0}^{\alpha=180°} \sin^2 \alpha \cdot d\alpha \quad \text{mit} \quad \int\limits_{\alpha=0}^{\alpha=180°} \sin^2 \alpha \, d\alpha = \frac{\pi}{2}$$

$$2 \cdot F_V \cdot i = p_{max} \cdot \frac{d \cdot L}{2} \cdot \frac{\pi}{2}$$

$$F_V = \frac{d \cdot L \cdot \pi}{8 \cdot i} \cdot p_{max} \qquad\qquad \text{Gl. 6.25}$$

Diese Gleichung belegt die untere Zeile auf der unteren Seite des Schemas von Bild 6.12. Lässt man für den Höchstwert der Pressung p_{max} den werkstoffkundlich zulässigen Wert p_{zul} zu, so ergibt sich die maximale Schraubenkraft F_{Vmax}, mit der die Verbindung montiert werden darf:

$$F_{Vmax} = \frac{\pi}{8} \cdot \frac{d \cdot L}{i} \cdot p_{zul}$$

Ist hingegen die Schraubenvorspannkraft F_V durch einen Wert F_{Vzul} begrenzt, so ergibt sich die damit maximal erzielbare Pressung p_{max} zu:

$$p_{max} = \frac{8 \cdot i}{d \cdot L \cdot \pi} \cdot F_{Vzul} \qquad\qquad \text{Gl. 6.26}$$

Setzt man Gl. 6.26 in Gl. 6.23 ein, so wird auch die linke Seite im Schema von Bild 6.12 mit einer Gleichung belegt:

$$M_{tmax} = \frac{8 \cdot d}{\pi} \cdot i \cdot \mu \cdot F_{Vzul} \qquad\qquad \text{Gl. 6.27}$$

Auch diese Gleichung lässt sich nach der Anzahl der erforderlichen Schraubenpaare umstellen:

$$i_{min} = \frac{\pi \cdot M_{tmax}}{8 \cdot d \cdot \mu \cdot \pi \cdot F_{Vzul}} \qquad\qquad \text{Gl. 6.28}$$

Die Formulierungen nach Gl. 6.27 und 6.28 sind unabhängig von der Länge der Verbindung L.

Gegenüberstellung der Ansätze

Trägt man die Dimensionierungsgleichungen zusammen, so ergibt sich die Übersicht nach Bild 6.12:

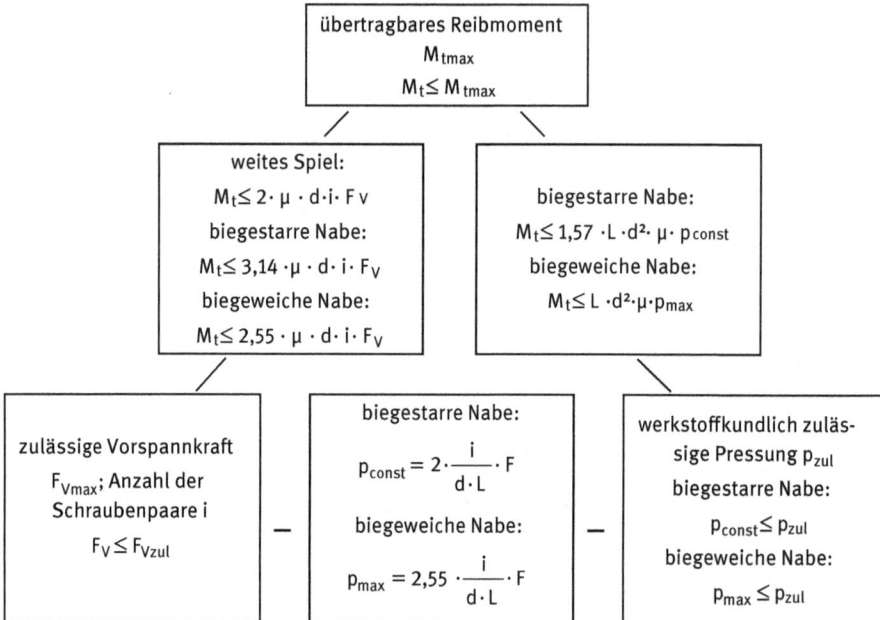

Bild 6.12: Dimensionierungsgleichungen radiale Klemmverbindung

Aus dieser Zusammenstellung geht hervor, dass die Rechnung für den Fall der „biegeweichen" Nabe stets auf der sicheren Seite liegt. Bei nicht klar zu übersehenden Randbedingungen ist dieser Ansatz also stets zu bevorzugen. Der erste Ansatz (weites Spiel) reduziert die ganze Problematik unzulässigerweise auf die linke Dreieckseite und muss deshalb als unbrauchbar gelten.

Die Flächenpressung p darf folgende zulässige Werte nicht überschreiten:

$$\text{für Stahlwelle/GG-Nabe} \quad p_{zul} = \frac{R_{mNabe}}{S} \quad S = 2 \ldots 3 \qquad \text{Gl. 6.29}$$

$$\text{für Stahlwelle/Stahlnabe} \quad p_{zul} = \frac{R_{emin}}{S} \quad S = 1, 2 \ldots 3 \qquad \text{Gl. 6.30}$$

Aufgaben A.6.4 und A.6.5

6.3.2 Zylinderpressverband

Ähnlich wie der radiale Klemmverband nutzt auch der Zylinderpressverband die fertigungstechnisch einfache Zylindermantelfläche zwischen Welle und Nabe aus. Die Nabe ist allerdings einteilig und die Passung wird als Presspassung ausgeführt: Vor der Montage ist der Durchmesser der Welle geringfügig größer als der Bohrungsdurchmesser der Nabe, sodass zum Fügen die Nabe aufgeweitet und die Welle zusammengedrückt werden muss. Durch diese meist elastischen Deformationen wird an der Kontaktfläche zwischen Welle und Nabe eine Pressung hervorgerufen, die die reibschlüssige Übertragung von Torsionsmomenten oder Axialkräften ermöglicht. Je nach Art des Fügens unterscheidet man zwischen Quer- und Längspressverband:

- **Längspressverband**
  Der Längspressverband wird bei Raumtemperatur „längs" mit Axialkraft gefügt. Da dabei zwangsläufig die Spitzen der Oberflächenrauheiten der Trennfuge plastisch eingeebnet werden, sind die erzielbare Pressung und damit auch die Momentenübertragbarkeit eher gering. Unter Umständen kann der Längspressverband wieder gelöst und erneut montiert werden.

- **Querpressverband**
  Der Querpressverband vermeidet diese Probleme, indem er ohne den Einsatz von Axialkraft gefügt wird: Durch Erwärmen der Nabe oder Abkühlen der Welle und der damit verbundenen thermischen Deformation wird die Presspassung vorübergehend aufgehoben, sodass ohne jede Kraft gefügt werden kann. Erst beim Abklingen des Temperaturgefälles nach dem Fügen baut sich die Pressung auf. Eine Demontage bedeutet aber häufig eine Zerstörung des Querpressverbandes.

Im Gegensatz zur radialen Klemmverbindung ist beim Zylinderpressverband die Differenzierung nach biegeweicher und biegestarrer Nabe gegenstandslos: Die Klemmwirkung ist stets radial gerichtet, sodass sich bei rotationssymmetrischer Nabe in jedem Fall eine konstante Pressungsverteilung ergibt. Der oben abgeleitete Zusammenhang zwischen dem maximal übertragbaren Moment M_{tmax} und der in der Fügefläche wirkenden Flächenpressung p kann also mit dem gleichen Ansatz ausgedrückt werden, Gl. 6.18 gilt also hier in gleicher Weise:

$$M_{tmax} = \frac{d^2 \cdot \pi \cdot L}{2} \cdot \mu \cdot p \quad \text{bzw.} \quad p_{min} = \frac{2}{\pi \cdot L \cdot d^2} \cdot \frac{1}{\mu} \cdot M_t \qquad \text{Gl. 6.31}$$

Auch hier muss sichergestellt werden, dass aus den bereits bekannten Gründen die Länge (axiale Erstreckung) der Verbindung nicht wesentlich größer ist als ihr Durchmesser:

$$\frac{L}{d} \leq 1,2 \ldots 1,5 \qquad \text{Gl. 6.32}$$

Sollen ein Torsionsmoment M_{tmax} und eine Axialkraft F_{ax} gleichzeitig übertragen werden, so sind die beiden am Umfang wirkenden Kraftanteile vektoriell zu addieren (vgl. Bild 6.2 und Gl. 6.5). Damit erweitert sich der obige Ausdruck für die minimal erforderliche Flächenpressung zu:

$$p_{min} = \frac{\sqrt{\left(\frac{2 \cdot M_t}{d}\right)^2 + F_{ax}^2}}{\pi \cdot d \cdot L \cdot \mu} \qquad \text{Gl. 6.33}$$

Die so ermittelte Flächenpressung p_{min} stellt aber nur einen minimalen Wert dar, der auf jeden Fall vorhanden sein muss, um die reibschlüssige Übertragung des Momentes und der Axialkraft sicherzustellen. Bei der weiteren Analyse des Problems ergeben sich aber drei weitere Fragestellungen:

- Eine höhere Flächenpressung wäre bezüglich des Reibschlusses zwar vorteilhaft, belastet aber sowohl die Nabe als auch die Welle zusätzlich. Ein Festigkeitsnachweis muss diesen Sachverhalt klären und eine festigkeitsmäßig zulässige Flächenpressung p_{max} formulieren.
- Die Flächenpressung muss über eine Presspassung definiert aufgebracht werden. Für den Zusammenhang zwischen Pressung p und Übermaß U kann eine Analogie zu Kapitel 2 (Federn) bemüht werden: Die Steifigkeit c einer Feder setzt die Kraft F zum Federweg f in Beziehung. Auch der Zylinderpressverband ist eine „Feder" mit einer Steifigkeit, die einen Zusammenhang zwischen der Pressung p als Belastung und dem Übermaß U der Presspassung als (sehr geringen) „Federweg" herstellt.
- Zur Montage wird der Federweg als Wärmeausdehnung vorübergehend vorweggenommen, wobei die Wärmeausdehnung des Werkstoffs gezielt ausgenutzt wird.

Diese drei Aspekte werden in der dreibändigen Ausgabe in den Abschnitten 6.3.2.2–8 weiterverfolgt.

Aufgaben A.6.6 und A.6.7

6.3.3   Kegelpressverband

Der Kegelverband (mittlere Spalte von Bild 6.5) lässt sich in seiner einfachsten Form ohne Zwischenelemente ausführen. Kapitel 6.3.4.2 der dreibändigen Ausgabe widmet sich auch der Bauform mit Zwischenelementen. Im vorliegenden Fall wird eine abschnittsweise kegelig ausgebildete Welle mit einer Nabe zusammengefügt, die auf der Innenseite einen Hohlkegel mit genau der gleichen Neigung aufweist. Kegel im Sinne der DIN 254 sind nicht nur vollständige Kegel, sondern auch die hier verwendeten Kegelstümpfe, deren Geometrie mit Bild 6.13 geklärt wird.

$$\tan\frac{\alpha}{2} = \frac{\frac{D-d}{2}}{L} \qquad\qquad\qquad \text{Gl. 6.34}$$

Das Kegelverhältnis C wird ausgedrückt durch:

$$C = \frac{D-d}{L} = 2\cdot\tan\frac{\alpha}{2} \qquad\qquad\qquad \text{Gl. 6.35}$$

und ist eine dimensionslose Größe, die meist als Verhältnis C = 1 : x angegeben wird. Tabelle 6.5 stellt die Abmessungen für einige normgerechte Kegelabmessungen zusammen und Bild 6.14 führt alle wesentlichen Bezeichnungen für die Dimensionierung des Kegelverbandes auf.

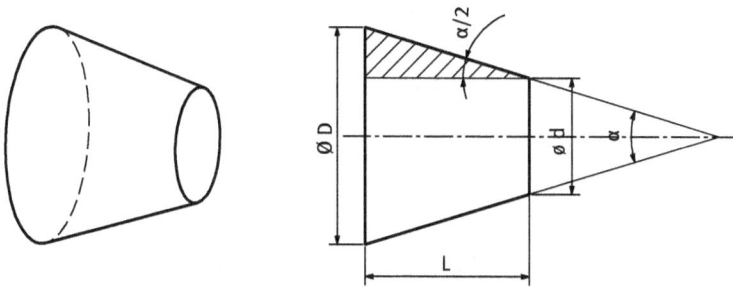

Bild 6.13: Geometrie am Kegel

Tabelle 6.5: Normgerechte Kegelabmessungen für Welle-Nabe-Verbindungen

Kegelwinkel α	Kegelverhältnis C	Anwendungsbeispiele
60°	1:0,866	Spannzangen, Zentrierspitzen
16,60°	7:24	Steilkegel für Frässpindelköpfe, Fräsdorne, Werkzeugschäfte nach DIN 2079 und DIN 2080
14,25°	1:4	Spindelköpfe
5,72°	1:10	Wellenenden, Kupplungen
4,77°	1:12	Spann- und Abziehhülsen
3,82°	1:15	Propellernaben für Schiffe
2,87°	1:20	Morsekegelverbindung nach DIN 228
1,92°	1:30	Werkzeuge

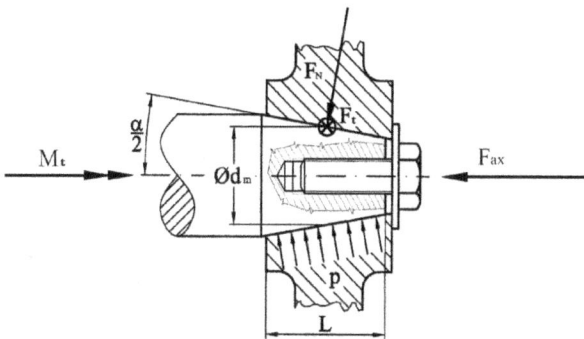

Bild 6.14: Belastungen am Kegel

Für die hier verwendeten Wellen-Nabe-Verbindungen kommen vorzugsweise Kegel mit geringem Kegelwinkel in Betracht, um den Keileffekt möglichst vorteilhaft auszunutzen. Für diesen
Fall lässt sich die Pressungsfläche A mit ausreichender Näherung ersatzweise als Mantelfläche
eines Kreiszylinders mit dem Durchmesser d_m darstellen:

$$d_m = \frac{D+d}{2} \quad \text{und} \quad A = \pi \cdot d_m \cdot L = \frac{\pi \cdot (D+d) \cdot L}{2} \qquad \text{Gl. 6.36}$$

Der Kegel verhält sich bezüglich seiner Kraftwirkung wie ein rotationssymmetrischer Keil:
Die Einpresskraft F_{ax} ruft eine senkrecht auf der Kegelmantelfläche stehende Kraft F_N hervor,
die ihrerseits eine tangential gerichtete Reibkraft F_t erlaubt, mit der das Drehmoment M_t übertragen werden kann. Die Axialkraft wird meist durch Schrauben oder durch eine Wellenmutter
aufgebracht. Setzt man die Normalkraft F_N formal jeweils zur Hälfte oben und unten an, so
wird damit die Analogie zum Keil deutlich, schließlich ist auch der Kegelpressverband querkraftfrei. Bei Momentenübertragung sind die Reibkräfte in Umfangsrichtung wirksam, was in
Bild 6.15 als herausgeklappte Dreiecke dargestellt wird.

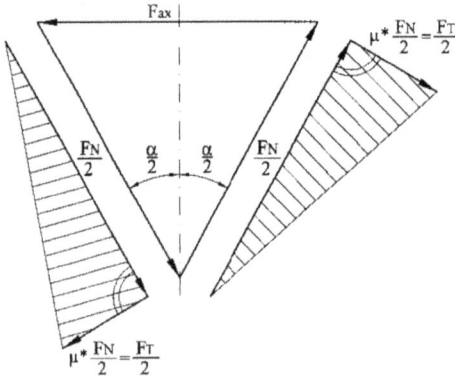

Bild 6.15: Kräfte bei Momentenübertragung

Die Normalkraft F_N entsteht durch die Keilwirkung von F_{ax}:

$$\sin\frac{\alpha}{2} = \frac{\frac{F_{ax}}{2}}{\frac{F_N}{2}} \quad \Rightarrow \quad F_N = \frac{F_{ax}}{\sin\frac{\alpha}{2}} \qquad \text{Gl. 6.37}$$

Damit ergibt sich das übertragbare Moment in Abhängigkeit der Axialkraft zu:

$$M_{tmax} = F_T \cdot \frac{d_m}{2} = \mu \cdot F_N \cdot \frac{d_m}{2} = \mu \cdot \frac{F_{ax}}{\sin\frac{\alpha}{2}} \cdot \frac{d_m}{2} \qquad \text{Gl. 6.38}$$

Bei der bisherigen Betrachtung wurde allerdings außer Acht gelassen, dass der Reibeinfluss
nicht nur in Umfangsrichtung auftritt, sondern bei der Montage und Demontage auch in Axialrichtung wirksam wird. Die zuvor zur Momentenübertragung in Umfangsrichtung erläuterten
Reibdreiecke werden dabei nach Bild 6.16 in der Axialebene wirksam.

Damit die zur Momentenübertragung erforderliche Kraft F_N auch tatsächlich in der erforderlichen Höhe zustande kommt, muss neben der Keilwirkung $F_N \cdot \sin(\alpha/2)$ auch noch die axiale

$F_{ax\,anz}$

$\frac{\alpha}{2}$ $\frac{\alpha}{2}$

$\frac{F_N}{2}$ $\mu^*F_N/2$ $\mu^*F_N/2$ $\frac{F_N}{2}$

$\frac{\alpha}{2}$

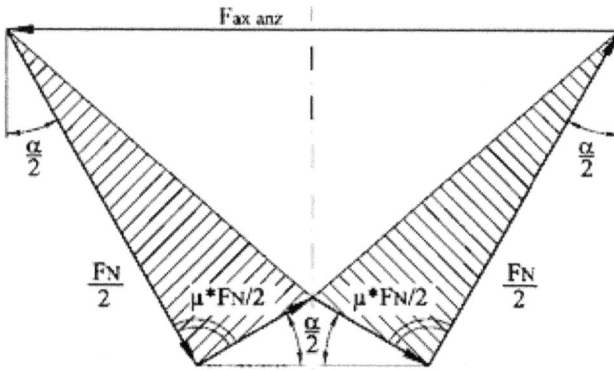

Bild 6.16: Kräfte bei der Montage

Reibwirkung der Normalkraft $F_N \cdot \mu \cdot \cos(\alpha/2)$ überwunden werden. Setzt man die Summe aller axial wirkenden Kräfte gleich null ($\sum F_X = 0$), so ist für die Montage die Kraft F_{axanz} aufzubringen:

$$F_{axanz} = F_N \cdot \left(\sin \frac{\alpha}{2} + \mu \cdot \cos \frac{\alpha}{2} \right) \quad \text{(Montage)} \qquad \text{Gl. 6.39}$$

$$\text{bzw.} \quad F_N = \frac{F_{axanz}}{\sin \frac{\alpha}{2} + \mu \cdot \cos \frac{\alpha}{2}} \qquad \text{Gl. 6.40}$$

Bei der Demontage hingegen wirkt die Reibkomponente nach der linken Hälfte von Bild 6.17 in umgekehrter Richtung.

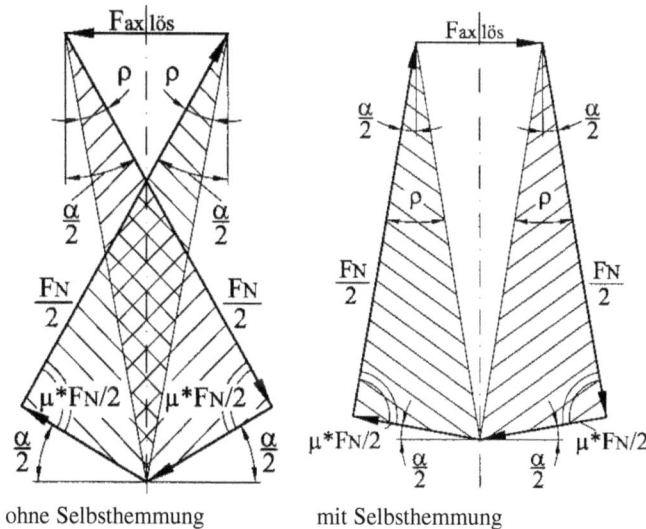

$F_{ax\,lös}$

ρ ρ

$\frac{\alpha}{2}$ $\frac{\alpha}{2}$

$\frac{F_N}{2}$ $\frac{F_N}{2}$

$\mu^*F_N/2$ $\mu^*F_N/2$

$\frac{\alpha}{2}$ $\frac{\alpha}{2}$

$F_{ax\,lös}$

$\frac{\alpha}{2}$ $\frac{\alpha}{2}$

ρ ρ

$\frac{F_N}{2}$ $\frac{F_N}{2}$

$\mu^*F_N/2$ $\mu^*F_N/2$

$\frac{\alpha}{2}$ $\frac{\alpha}{2}$

ohne Selbsthemmung   mit Selbsthemmung

Bild 6.17: Kräfte bei der Demontage

Damit ergibt sich die axiale Demontagekraft $F_{axlös}$ zu:

$$F_{axlös} = F_N \cdot \left(\sin \frac{\alpha}{2} - \mu \cdot \cos \frac{\alpha}{2} \right) \quad \text{(Demontage)}$$ Gl. 6.41

$$\text{bzw.} \quad F_N = \frac{F_{axlös}}{\sin \frac{\alpha}{2} - \mu \cdot \cos \frac{\alpha}{2}}$$ Gl. 6.42

Damit erweitert sich Gl. 6.38 zu:

$$M_{tmax} = \mu \cdot \frac{F_{axanz}}{\sin \frac{\alpha}{2} + \mu \cdot \cos \frac{\alpha}{2}} \cdot \frac{d_m}{2}$$ Gl. 6.43

Die bisherige Betrachtung berücksichtigt aber nur den Zusammenhang zwischen Axialkraft und übertragbarem Moment. In Anlehnung an die Schemata für axiale Klemmverbindungen (Bild 6.8) und radiale Klemmverbindungen (Bild 6.12) lässt sich zunächst einmal nur die linke Dreieckseite von Bild 6.18 mit einer Gleichung belegen:

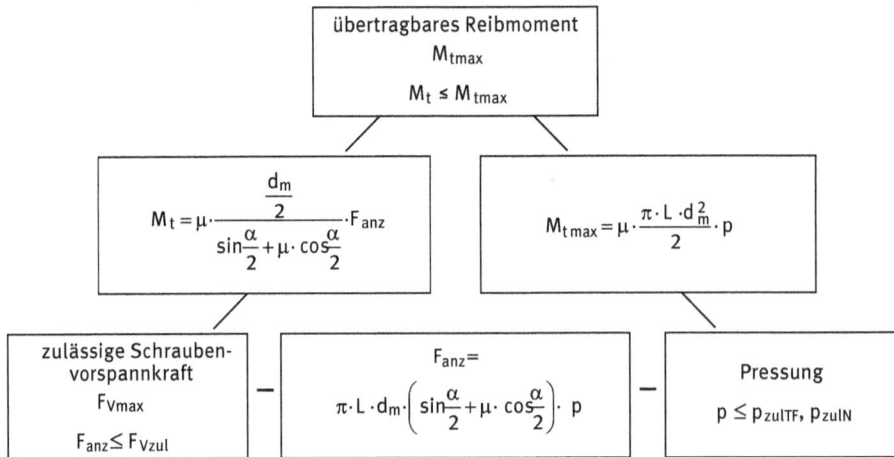

Bild 6.18: Dimensionierungsschema Kegelpressverband

Ähnlich wie beim Zylinderpressverband wird die Normalkraft F_N als Pressung in der Trennfuge wirksam, die auch hier ersatzweise als Mantelfläche eines Zylinders mit dem Durchmesser d_m betrachtet werden kann:

$$p = \frac{F_N}{\pi \cdot d_m \cdot L} \leq p_{zul}$$ Gl. 6.44

Wird für F_N der Ausdruck nach Gl. 6.40 eingesetzt, so ergibt sich der Zusammenhang zwischen axialer Anzugskraft und Flächenpressung:

$$p = \frac{\frac{F_{axanz}}{\sin \frac{\alpha}{2} + \mu \cdot \cos \frac{\alpha}{2}}}{\pi \cdot d_m \cdot L} = \frac{F_{axanz}}{\pi \cdot d_m \cdot L \cdot \left(\sin \frac{\alpha}{2} + \mu \cdot \cos \frac{\alpha}{2} \right)}$$ Gl. 6.45

Wird diese Gleichung nach F_{axanz} aufgelöst, so kann damit die untere Dreieckseite besetzt werden:

$$F_{axanz} = \pi \cdot L \cdot d_m \cdot \left(\sin \frac{\alpha}{2} + \mu \cdot \cos \frac{\alpha}{2} \right) \cdot p \qquad \text{Gl. 6.46}$$

Der Zusammenhang zwischen dem übertragbaren Moment M_{tmax} und der Flächenpressung p als rechter Dreieckseite kann vom Zylinderpressverband (Gl. 6.31) übernommen werden, wobei hier allerdings der mittlere Durchmesser d_m maßgebend ist.

$$M_{tmax} = \mu \cdot \frac{\pi \cdot L \cdot d_m^2}{2} \cdot p \qquad \text{Gl. 6.47}$$

Die gleiche Formulierung würde sich auch ergeben, wenn man die Gleichung der unteren Dreieckseite (Gl. 6.39) und die der linken Dreieckseite Gl. 6.43 kombiniert.

Die Gegenüberstellung der beiden Hälften von Bild 6.17 und Gl. 6.41 machen noch einen weiteren Sachverhalt deutlich: Ist der Neigungswinkel $\alpha/2$ größer als der Reibwinkel (links), so ist die Axialkraft positiv und die Verbindung löst sich von selbst, wenn die Axialkraft kleiner als $F_{axlös}$ wird. Kleinere Neigungswinkel $\alpha/2$ hingegen führen zu einer negativen Lösekraft und zur **Selbsthemmung** des Kegelverbandes: Zur Demontage muss $F_{axlös}$ entgegen der Montagerichtung aufgebracht werden. Dieser Grenzfall für $\alpha_G/2$ wird dann erreicht, wenn der Klammerausdruck in Gl. 6.41 gleich null wird:

$$\sin \frac{\alpha_G}{2} = \mu \cdot \cos \frac{\alpha_G}{2} \quad \Rightarrow \quad \frac{\sin \frac{\alpha_G}{2}}{\cos \frac{\alpha_G}{2}} = \mu \quad \Rightarrow \quad \tan \frac{\alpha_G}{2} = \mu \qquad \text{Gl. 6.48}$$

Dieser Sachverhalt lässt sich auch aus der Betrachtung des selbsthemmenden Keils unmittelbar ableiten. Demnach können die folgenden drei Fälle unterschieden werden, wobei der Reibwinkel $\rho = \arctan \mu$ mit $\mu = 0{,}10 \ldots 0{,}12$ angesetzt wird:

$C = 1:2{,}5 \quad \alpha/2 = 11{,}3° > \rho = 5{,}7 \ldots 6{,}8°$ leicht lösbar

$C = 1:4 \quad\quad \alpha/2 = 7{,}1° \approx \rho = 5{,}7 \ldots 6{,}8°$ an der Grenze der Selbsthemmung

$C = 1:5 \quad\quad \alpha/2 = 5{,}7° \approx \rho = 5{,}7 \ldots 6{,}8°$ an der Grenze der Selbsthemmung

$C = 1:10 \quad\: \alpha/2 = 2{,}9° < \rho = 5{,}7 \ldots 6{,}8°$ selbsthemmend

Während die Selbsthemmung für die Funktion von Befestigungsschrauben unabdingbar ist, muss die Frage beim Kegelpressverband differenzierter betrachtet werden: Die Selbsthemmung ist erwünscht, wenn die Klemmung nach der Montage entfernt werden soll (beispielsweise Werkzeughalter einer Bohr- oder Fräsmaschine). Handelt es sich allerdings um ein automatisches Werkzeugwechselsystem, so ist die Selbsthemmung eher hinderlich, da sie einen zusätzlichen Demontagemechanismus erforderlich macht. In diesem Fall soll die Selbsthemmung bewusst ausgeschlossen werden, was die Verwendung sog. Steilkegel erfordert.

Aufgaben A.6.8 bis A.6.11

6.4 Anhang

6.4.1 Literatur

[6.1] Beitz, W.: Berechnung von Welle-Nabe-Passfederverbindungen. Z Antriebstechnik 16 (1977), Nr. 10

[6.2] Berg, M.: Zum Festigkeitsverhalten schrumpfgeklebter Welle-Nabe-Verbindungen unter Torsionsbelastung. Dissertation, TH Darmstadt, 1989

[6.3] Burgtorf, U.: Montage- und Betriebseigenschaften von Zahnwellenverbindungen mit Presssitz. Dissertation, TU Clausthal-Zellerfeld, 1998

[6.4] Contag, D.: Festigkeitsminderung von Wellen unter dem Einfluss von Welle-Nabe-Verbindungen durch Lötung, Nut und Passfeder, Kerbverzahnung und Keilprofile bei wechselnder Drehung. Dissertation, TU Berlin, 1962

[6.5] Eberhard, G.: Theoretische und experimentelle Untersuchungen an Klemmverbindungen mit geschlitzter Nabe. Dissertation, Universität Hannover, 1980

[6.6] Findeisen, D.: Verspannungsschaubild der Welle-Nabe-Verbindung „rotierender Querpressverband; Analogie zur Schraubenverbindung unter axialer Zugkraft mit Querkraftschub". Z. Konstruktion 30 (1978), H. 11

[6.7] Galle, G.: Tragfähigkeit von Querpressverbänden, Schriftenreihe Konstruktionstechnik der TU Berlin, 1981

[6.8] Galle, G.: Fügen von Querpressverbänden. Konstruktion 8 (1979)

[6.9] Gropp, H.: Übertragungsverhalten dynamisch belasteter Pressverbindungen und die Entwicklung einer neuen Generation von Pressverbindungen. Habilitation, TU Chemnitz, 1997

[6.10] Groß, V.: Berechnungsverfahren zur Auslegung von Querpressverbänden mit axial veränderlichem Nabenaußendurchmesser. Konstruktion 47 (1995)

[6.11] Grunau, A.: Mechanisches Verhalten klebgeschrumpfter und geklebter Welle-Nabe-Verbindungen. Dissertation, Universität Paderborn, 1987

[6.12] Hinz, R.: Verbindungselemente – Achsen, Wellen, Lager, Kupplungen, VEB Fachbuchverlag Leipzig, 1989

[6.13] Hinzen, H.: Zylinderpressverband, die optimale Welle-Nabe-Verbindung für hochbelastete Klemmkörperfreiläufe. Konstruktion 41 (1989), Nr. 6, S. 173–181

[6.14] Juckenack, D.: Welle-Nabe-Verformungsanalyse mittels Holografie. (Untersuchung der Lastaufteilung an Welle-Nabe-Verbindungen durch Verformungsanalysen mittels holografischer Interferometrie). Dissertation, TU Berlin, 1982

[6.15] Kollmann, F. G.: Welle-Nabe-Verbindungen. Konstruktionsbücher Band 32, Springer-Verlag, 1984

[6.16] Leidich, E.: Beanspruchungen von Preßverbindungen im elastischen Bereich und Auslegung gegen Dauerbruch. Dissertation, TH Darmstadt, 1983

[6.17] Mechnik, R.-P.: Festigkeitsberechnung von genormten und optimierten Polygon-Welle-Nabe-Verbindungen unter reiner Torsion. Dissertation, TH Darmstadt, 1988

[6.18] Militzer, O.: Rechenmodell für die Auslegung von Welle-Naben-Passfeder-Verbindungen. Dissertation, TU Berlin, 1975

[6.19] Muschard, W. D.: Klebgerechte Gestaltung einer Welle-Nabe-Verbindung. Z. Konstruktion 36 (1984)

[6.20] Oldendorf, U.: Lastübertragungsmechanismen und Dauerhaltbarkeit von Paßfederverbindungen. Dissertation, TH Darmstadt, 1999

[6.21] Schäfer, G.: Der Einfluss von Oberflächenbehandlungen auf das Verschleißverhalten flankenzentrierter Zahnwellenverbindungen mit Schiebesitz. Dissertation, TU Clausthal-Zellerfeld, 1995

[6.22] Schmidt, E.: Drehmoment-Übertragung von Kegelpressverbindungen. Antriebstechnik 12 (1973)

[6.23] Seefluth, R.: Dauerfestigkeit an Welle-Nabe-Verbindungen, TU Berlin, 1970

[6.24] Smetana, T.: Untersuchungen zum Übertragungsverhalten biegebelasteter Kegel- und Zylinderpressverbindungen. Dissertation, TU Chemnitz, 2001

[6.25] Tersch, H.: Verbindungsmechanismen bei schrumpfgeklebten Welle-Nabe-Verbindungen. Antriebstechnik 41 (2002), Heft 12, S. 41–44

[6.26] Winterfeld, J.: Einflüsse der Reibdauerbeanspruchung auf die Tragfähigkeit von P4C-Welle-Nabe-Verbindunge. Dissertation, TU Berlin, 2001

[6.27] Zang, R.: Beanspruchung in der Welle einer Passfederverbindung bei statischer und dynamischer Torsionsbelastung. Dissertation, TH Darmstadt, 1987

6.4.2   Normen

[6.28] DIN ISO 14: Keilwellenverbindungen mit geraden Flanken und Innenzentrierung

[6.29] DIN 228: Morsekegel und metrische Kegel T1 (Kegelschäfte) und T2 (Kegelhülsen)

[6.30] DIN 748 T1: Zylindrische Wellenenden; Abmessungen, Nenndrehmomente

[6.31] DIN 748 T3: Zylindrische Wellenenden für elektrische Maschinen

[6.32] DIN 254: Kegel

[6.33] DIN 268: Tangentkeile und Tangentkeilnuten für stoßartige Beanspruchungen

[6.34] DIN 271: Tangentkeile und Tangentkeilnuten für gleichbleibende Beanspruchungen

[6.35] DIN ISO 286 T2: ISO-System für Grenzmaße und Passungen, Tabelle der Grundtoleranzgrade und Grenzabmaße für Bohrungen und Wellen

[6.36] DIN 1448 T1: Kegelige Wellenenden mit Außengewinde; Abmessungen

[6.37] DIN 1449: Kegelige Wellenenden mit Innengewinde; Abmessungen

[6.38] DIN ISO 3040: Kegelverbindungen

[6.39] DIN 5464: Keilwellenverbindungen mit geraden Flanken; Schwere Reihe

[6.40] DIN E 5466 T1: Tragfähigkeitsberechnung von Zahn- und Keilwellenverbindungen

[6.41] DIN 5471: Werkzeugmaschinen; Keilwellen- und Keilwellenprofile mit 4 Keilen, Innenzentrierung

[6.42] DIN 5472: Werkzeugmaschinen; Keilwellen- und Keilwellenprofile mit 6 Keilen, Innenzentrierung

[6.43] DIN 5480: Passverzahnungen mit Evolventenflanken und Bezugsdurchmesser

[6.44] DIN 5481: Passverzahnungen mit Kerbflanken

[6.45] DIN 6881: Spannungsverbindung mit Anzug; Hohlkeile

[6.46] DIN 6883: Spannungsverbindung mit Anzug; Flachkeile

[6.47] DIN 6884: Spannungsverbindung mit Anzug; Nasenflachkeile

[6.48] DIN 6885 T2: Passfedern

[6.49] DIN 6886: Einlegekeil A; Treibkeil B

[6.50] DIN 6887: Nasenkeil

[6.51] DIN 6888: Scheibenfeder

[6.52] DIN 6889: Nasenhohlkeil

[6.53] DIN 6892: Passfedern, Berechnung und Gestaltung

[6.54] DIN 7157: Passungstabelle mit Vorzugsreihen

[6.55] DIN 7178 T1: Kegeltoleranz- und Kegelpaßsystem für Kegel von Verjüngung C = 1:3 bis 1:500 und Längen von 6 bis 630 mm, Kegeltoleranzsystem

[6.56] DIN 7190: Pressverbände – Berechnungsgrundlage und Gestaltungsregeln

[6.57] DIN 9611: Landwirtschaftliche Traktoren, Heckzapwelle

[6.58] DIN 32711: Antriebselemente; Polygonprofile P3G

[6.59] DIN 32712: Antriebselemente; Polygonprofile P4C

6.5 Aufgaben: Welle-Nabe-Verbindungen

Formschluss

A.6.1 Vergleich formschlüssiger Welle-Nabe-Verbindungen

Die unten dargestellten formschlüssigen Welle-Nabe-Verbindungen beanspruchen etwa den gleichen Konstruktionsraum.

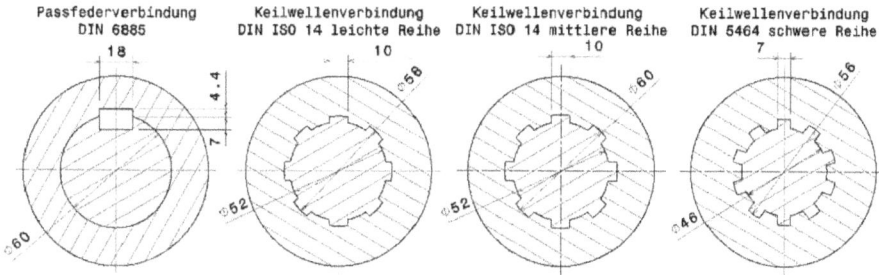

Es kann eine Flächenpressung von $p_{zul} = 60 \, N/mm^2$ zugelassen werden. Die wirksame Länge aller Verbindungen beträgt 40 mm. Berechnen Sie für alle vier Varianten das übertragbare Torsionsmoment, wenn für die Passfederverbindung der Traganteil $\varphi = 1$ und für die Keilwellenverbindungen der Traganteil $\varphi = 0{,}75$ angenommen werden kann. Ermitteln Sie das jeweils übertragbare Moment.

	Passfeder DIN 6885	Keilwelle DIN ISO 14 leichte Reihe	Keilwelle DIN ISO 14 mittlere Reihe	Keilwelle DIN 5464 schwere Reihe
M_{tmax} [Nm]				

Kraftschluss: Axialklemmverbindungen

A.6.2 Miniflex

Die unten abgebildete kleine Trennscheibe („Miniflex") wird vorwiegend im Modellbau und in der Elektronik zur trennenden und schleifenden Bearbeitung kleiner Werkstücke benutzt. Die Trennscheibe wird mit einer zentralen Schraube auf einem Werkzeugschaft montiert, der seinerseits vom (hier nicht dargestellten) Spannzeug einer hochtourigen Minibohrmaschine aufgenommen wird.

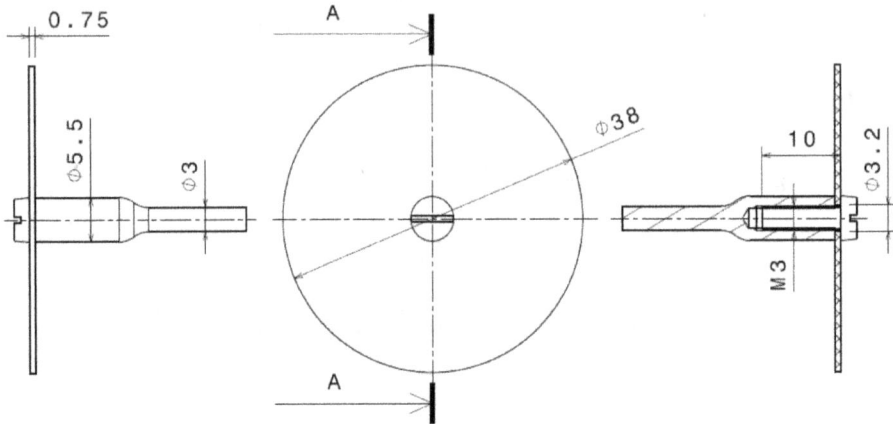

Da die Trenn- bzw. Schleifscheibe zwischen zwei Flanschen angeordnet ist, wird das am Werkzeug eingeleitete Torsionsmoment in einer Parallelschaltung von zwei Reibschlüssen auf diese beiden Flansche übertragen. Da jedoch der schraubenseitige Flansch über eine vergleichsweise verdrehweiche Schraubverbindung an die Welle angebunden ist, wird es zu einer stark ungleichmäßigen Aufteilung des Torsionsmomentes auf die beiden Flansche kommen. Deshalb wird sicherheitshalber angenommen, dass das Moment ausschließlich über die Fuge zwischen Trennscheibe und Werkzeugschaft übertragen wird. Der Antriebsmotor leistet 160 W bei einer Drehzahl von 22.000 min^{-1}. Alle Reibwerte können einheitlich mit 0,12 angenommen werden.

Welches Torsionsmoment ist zu übertragen?	M_t	Nmm	
Welcher Hebelarm ist für die Momentenübertragung zwischen Werkzeug und Flansch maßgebend?	r_m	mm	
Welche Axialkraft muss für die Momentenübertragung zwischen Werkzeug und Flansch aufgebracht werden?	F_{ax}	N	
Welche Flächenpressung entsteht zwischen Werkzeug und Flansch?	p	N/mm^2	
Welches Gewindemoment muss an der Schraube aufgebracht werden, um den Reibschluss des axialen Klemmverbandes sicherzustellen?	M_{Gew}	Nmm	
Mit welchem Gesamtmoment muss angezogen werden?	M_{ges}	Nmm	

A.6.3 Kreissägenblatt

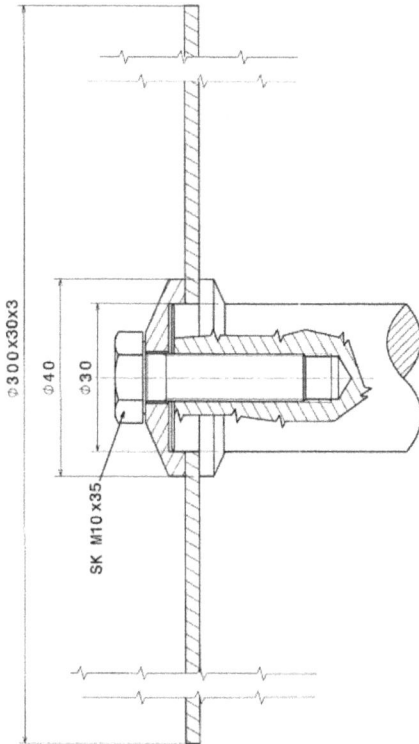

Das nebenstehend dargestellte Kreissägenblatt wird zwischen zwei Flansche gefasst, von denen der rechte Bestandteil der Antriebswelle ist. Der linke Flansch ist als deckelförmige Scheibe ausgebildet, die mit einer zentralen Schraube auf der Welle verspannt ist. Das am Umfang des Sägeblattes durch den Sägevorgang eingeleitete Moment wird also zunächst einmal in einer Parallelschaltung von zwei Reibschlüssen auf diese beiden Flansche übertragen. Da jedoch der linke Flansch über die vergleichsweise verdrehweiche Schraube an die Welle angekoppelt ist, wird es zu einer stark ungleichmäßigen Aufteilung des Torsionsmomentes auf die beiden Flansche kommen. Deshalb wird sicherheitshalber angenommen, dass das Moment ausschließlich rechts übertragen wird. An der Welle liegt eine Leistung von $6,4\,\mathrm{kW}$ bei einer Drehzahl von $1.350\,\mathrm{min}^{-1}$ vor. Zwischen Sägeblatt und Flansch kann eine Flächenpressung von $40\,\mathrm{N/mm^2}$ zugelassen werden, der Reibwert wird sicherheitshalber mit 0,08 angenommen. Der Reibwert am Kopf und im Gewinde der Schraube beträgt 0,12. Das Loch im linken Flansch ist ein Millimeter größer als der Nenndurchmesser der Schraube.

Welches Torsionsmoment ist zu übertragen?	M_t	Nm	
Welcher Hebelarm ist für die Momentenübertragung maßgebend?	r_m	mm	
Welche Axialkraft muss durch die Schraube aufgebracht werden?	F_{ax}	N	
Welche Flächenpressung entsteht zwischen Flansch und Sägeblatt?	p	$\mathrm{N/mm^2}$	
Welches Gewindemoment ist erforderlich?	M_{Gew}	Nm	
Mit welchem Gesamtmoment muss angezogen werden?	M_{ges}	Nm	
Wie hoch ist die Zugspannung in der Schraube?	σ_Z	$\mathrm{N/mm^2}$	
Wie hoch ist der Torsionsschub in der Schraube?	τ_t	$\mathrm{N/mm^2}$	
Welche Vergleichsspannung liegt in der Schraube vor?	σ_V	$\mathrm{N/mm^2}$	

Das Anzugsmoment der Schraube kann in der Welle abgestützt werden. Ist es auch möglich, stattdessen nur das Sägeblatt zu blockieren? Begründen Sie Ihre Aussage durch Ankreuzen.	○ Ja ○ Nein	weil ○ $M_{gesanz} < M_{WNV}$ weil ○ $M_{Gew} < M_{WNV}$ weil ○ $M_{Kopfreibung} < M_{WNV}$ weil ○ $M_{gesanz} \geq M_{WNV}$ weil ○ $M_{Gew} \geq M_{WNV}$ weil ○ $M_{Kopfreibung} \geq M_{WNV}$

Kraftschluss: Radialklemmverbindungen

A.6.4   Schalenkupplung

Mit der unten dargestellten nichtschaltbaren Kupplung werden zwei Wellenenden reibschlüssig miteinander verbunden. Die Schrauben werden mit ihrer zulässigen Vorspannkraft von 19 kN angezogen. Aufgrund der konstruktiven Ausführung kann eine biegesteife Nabe angenommen werden. Zwischen Welle und Nabe liegt ein Reibwert $\mu = 0{,}08$ vor.

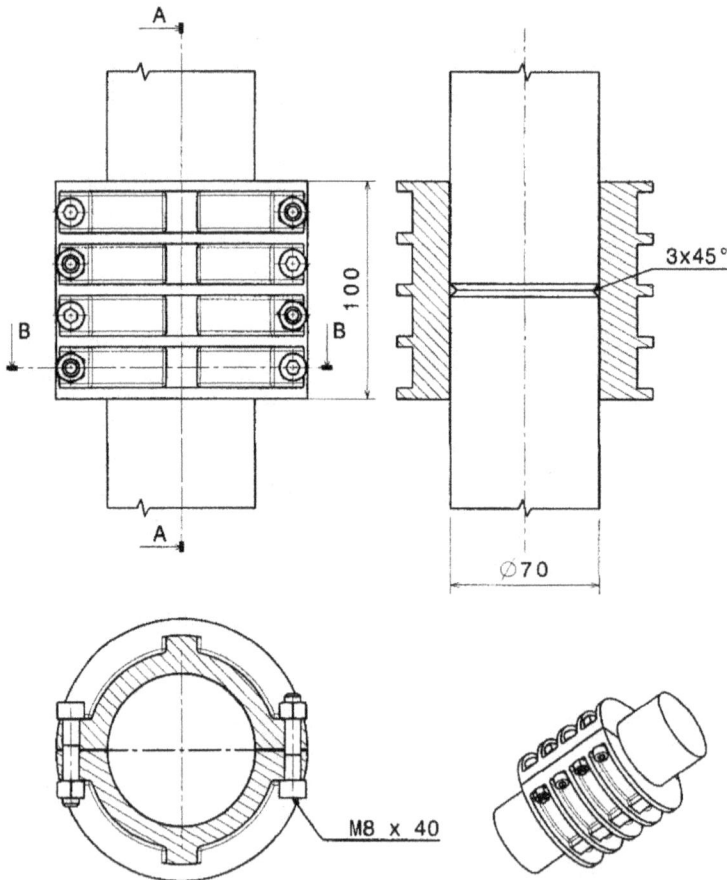

Welches maximale Moment kann übertragen werden, wenn die Verbindung nach der zulässigen Vorspannkraft der Schrauben dimensioniert wird?	M_{max}	Nm	
Welche Flächenpressung tritt dann zwischen Welle und Nabe auf?	p	$\frac{N}{mm^2}$	

Es kann eine Flächenpressung zwischen Welle und Nabe von $p = 60\,N/mm^2$ zugelassen werden. Kreuzen Sie in der folgenden Rubrik an, welche Maßnahme zur Erhöhung des übertragbaren Momentes sinnvoll ist.

	Ja	Nein
Verwendung von Schrauben höherer Festigkeit		
Verwendung einer Nabe höherer Festigkeit		
Verwendung von Schrauben größeren Durchmessers		
Erhöhung der Schraubenanzahl		
Verwendung einer Welle höherer Festigkeit		

A.6.5   Variation der Ansätze

Die unten dargestellte nichtschaltbare Kupplung verbindet zwei Wellenenden. Sie setzt sich aus zwei hintereinander geschalteten radialen Klemmverbindungen zusammen: Das Moment wird von der linken Welle auf die linke Hälfte der Kupplungsnabe übertragen, von dort auf die rechte Hälfte der Kupplungsnabe übergeleitet und schließlich auf die rechte Welle abgestützt. Wesentlicher Bestandteil der Kupplung sind zwei identische, hintereinander geschaltete Wellen-Nabe-Verbindungen als radialer Klemmverband. In einer gegenüberstellenden Betrachtung wird die Kupplung sowohl mit biegesteifer als auch mit biegeweicher Nabe ausgeführt. Zwischen Welle und Nabe liegt ein Reibwert $\mu = 0{,}1$ vor.

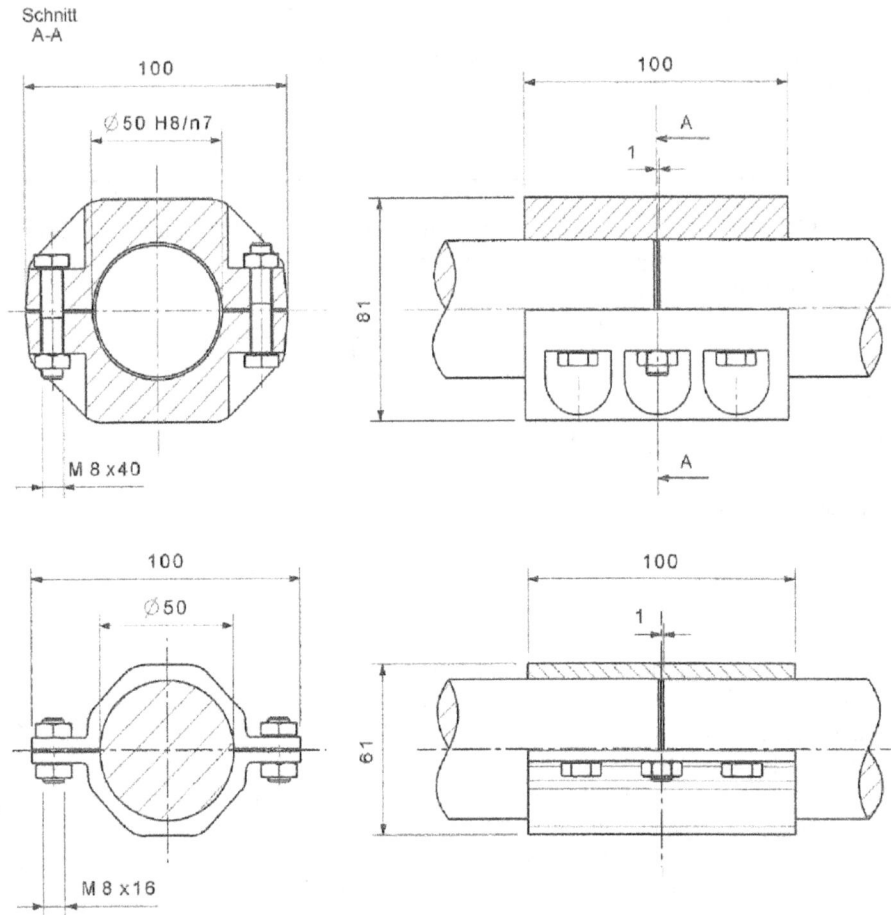

Die folgenden Berechnungen sind sowohl für die Annahme „biegesteife Nabe" als auch für „biegeweiche Nabe" anzustellen. Zur Dokumentation der Ergebnisse bedienen Sie sich der unten stehenden Schemata.

a. Dimensionierung nach der **zulässigen Pressung**:
Es wird die Werkstoffpaarung verwendet, die eine Flächenpressung zwischen Welle und Nabe von $p_{zul} = 60\,\text{N/mm}^2$ zulässt. Welches Torsionsmoment M_t ist dann übertragbar und mit welcher Vorspannkraft F_V muss die einzelne Schraube dann angezogen werden?

		Annahme „biegesteife Nabe"	Annahme „biegeweiche Nabe"
$p_{max} = p_{zul}$	N/mm^2	60	60
M_t	Nm		
F_V	kN		

b. Dimensionierung nach dem zu **übertragenden Moment**:
Es soll ein Torsionsmoment von $M_t = 450\,\text{Nm}$ übertragen werden. Mit welcher Vorspannkraft F_V müssen dann die Schrauben angezogen werden? Wie groß ist in diesem Fall die tatsächlich auftretende maximale Pressung p_{max}?

		Annahme „biegesteife Nabe"	Annahme „biegeweiche Nabe"
p_{max}	N/mm^2		
M_t	Nm	450	450
F_V	kN		

c. Dimensionierung nach der **maximalen Schraubenvorspannkraft**:
Die Vorspannkraft F_V der einzelnen Schraube ist auf 32 kN (Schraubengüte 12.9) begrenzt. Wie groß ist in diesem Fall die tatsächlich auftretende maximale Pressung p_{max}? Welches Torsionsmoment M_t kann dann übertragen werden?

		Annahme „biegesteife Nabe"	Annahme „biegeweiche Nabe"
p_{max}	N/mm^2		
M_t	Nm		
$F_V = F_{Vmax}$	kN	32	32

Kraftschluss: Zylinderpressverband

A.6.6   Erforderliche Pressung bei Torsions- und Längskraftbelastung

Ein Zylinderpressverband hat einen Durchmesser von $d = 38\,\text{mm}$ und eine Fügelänge $L = 32\,\text{mm}$. Es kann eine Reibzahl $\mu = 0{,}12$ angenommen werden.

Welche Pressung ist erforderlich, wenn eine Axialkraft $F_{ax} = 10\,\text{kN}$ übertragen werden soll?	p	N/mm^2	
Welche Pressung ist erforderlich, wenn ein Torsionsmoment $M_t = 500\,\text{Nm}$ übertragen werden soll?	p	N/mm^2	
Welche Pressung ist erforderlich, wenn sowohl die o. a. Axialkraft F_{ax} als auch das Torsionsmoment M_t gleichzeitig übertragen werden sollen?	p	N/mm^2	

A.6.7   Erforderlicher Durchmesser bei Torsions- und Längskraftbelastung

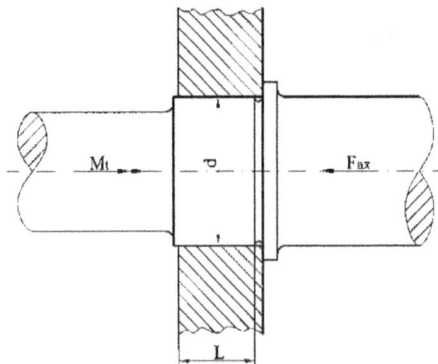

Die Flächenpressung einer Querpressverbindung beträgt $p = 70\,\text{N/mm}^2$, der Reibwert μ wird sicherheitshalber mit 0,08 angenommen. Die Pressverbindung soll zugleich ein Torsionsmoment $M_t = 820\,\text{Nm}$ und eine Axialkraft $F_{ax} = 42\,\text{kN}$ übertragen. Das Längen-Breiten-Verhältnis der Verbindung beträgt $L/d = 0{,}9$.

Bestimmen Sie den erforderlichen Fügedurchmesser der Verbindung, wenn die Axialkraft so eingeleitet wird wie in der Skizze dargestellt.	d	mm	
Bestimmen Sie den erforderlichen Fügedurchmesser für den Fall, dass die Axialkraft in umgekehrter Richtung eingeleitet wird. Hinweis: Die Berechnung vereinfacht sich, wenn Sie iterativ vorgehen.	d	mm	

A.6.8   **Kegelpressverband I**

Der unten dargestellte Kegelpressverband darf mit einer Flächenpressung von $60 \, \text{N/mm}^2$ belastet werden. Sowohl in der Trennfuge als auch im Schraubengewinde liegt ein Reibwert von 0,1 vor. Das Kopfreibungsmoment an der Schraube ist so groß wie das Gewindemoment beim Anziehen.

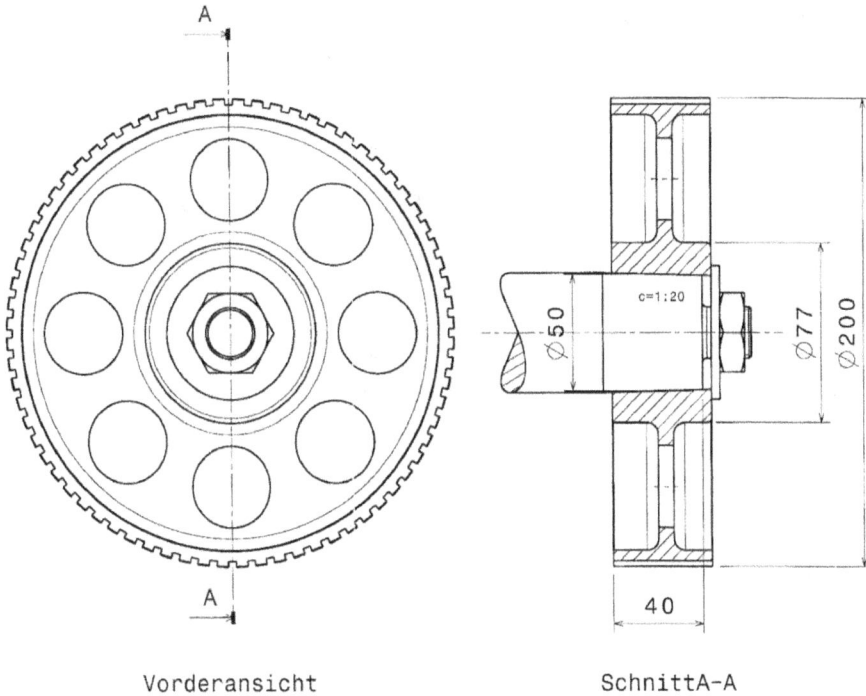

Vorderansicht   SchnittA-A

Wie groß ist der für die Dimensionierung entscheidende Durchmesser?	d_m	mm	
Welches maximale Torsionsmoment ist übertragbar, wenn die Flächenpressung zwischen Welle und Nabe vollständig ausgenutzt wird?	M_{tmax}	Nm	
Wie groß ist die axiale Kraft, die zur Montage der Verbindung aufgebracht werden muss?	F_{axanz}	N	
Wie groß ist die axiale Kraft, die zum Lösen der Verbindung aufgebracht werden muss?	$F_{axlös}$	N	
Ist für den Lösevorgang eine irgendwie geartete Abziehvorrichtung erforderlich?			○ Ja ○ Nein
Wie groß ist das Schraubenmoment bei der Montage der Verbindung, wenn ein normgerechtes Gewinde M20 verwendet wird?	M_{anz}	Nm	

A.6.9   Kegelpressverband II

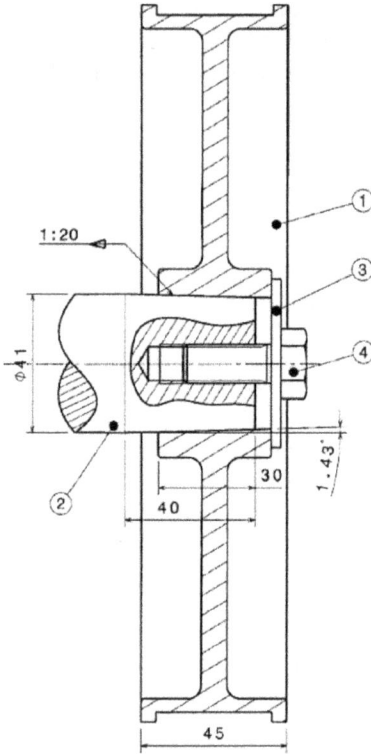

Der nebenstehende Kegelpressverband soll ein Moment von 450 Nm bei einer Reibzahl von 0,1 übertragen.

Die Einpresskraft wird mit einer Schraube M16 aufgebracht, wobei der Reibwert im Gewinde mit 0,15 anzusetzen ist. Es kann angenommen werden, dass das Kopfreibungsmoment dem 0,8-Fachen des Gewindemomentes entspricht.

Wie groß ist die Einpresskraft der Verbindung?	F_{axanz}	N	
Wie groß ist die Lösekraft der Verbindung?	$F_{axlös}$	N	
Welche Flächenpressung tritt an der Trennfläche zwischen Nabe und Welle auf?	p	N/mm^2	
Welches Gewindemoment ist erforderlich?	M_{Gew}	Nm	
Mit welchem Gesamtmoment muss angezogen werden?	M_{ges}	Nm	
Wie hoch ist die Zugspannung in der Schraube?	σ_Z	N/mm^2	
Wie hoch ist der Torsionsschub in der Schraube?	τ_t	N/mm^2	
Welche Vergleichsspannung liegt in der Schraube vor?	σ_V	N/mm^2	

Das Schraubenmoment bei der Montage kann in jedem Fall durch Blockieren der Welle abgestützt werden. Montagetechnisch wäre es jedoch einfacher, das Schraubenmoment auch durch Festsetzen der Nabe abstützen. Ist dies möglich? Nur eine der folgenden Aussagen trifft zu.

○ Ja, weil das Anzugsmoment der Schraube kleiner ist als das Moment der Welle-Nabe-Verbindung.

○ Ja, weil das Gewindemoment der Schraube kleiner ist als das Moment der Welle-Nabe-Verbindung.

○ Ja, weil das Kopfreibungsmoment der Schraube kleiner ist als das Moment der Welle-Nabe-Verbindung.

○ Nein, weil das Anzugsmoment der Schraube größer ist als das Moment der Welle-Nabe-Verbindung.

○ Nein, weil das Gewindemoment der Schraube größer ist als das Moment der Welle-Nabe-Verbindung.

○ Nein, weil das Kopfreibungsmoment der Schraube größer ist als das Moment der Welle-Nabe-Verbindung.

A.6.10   Kegelpressverband, Gegenüberstellung der Festigkeitskriterien

Gegeben ist ein Kegelpressverband mit der Steigung $1:15$, bei dem der mittlere Wellendurchmesser 30 mm und die axiale Erstreckung der Kontaktfläche 42 mm beträgt. Der Reibwert beträgt 0,08. Diese Konstruktion soll für drei verschiedene Anwendungsfälle dimensioniert werden, die jeweils durch verschiedene Kriterien begrenzt sind:

• Anwendungsfall I ist durch eine maximale Pressung an der Kegelmantelfläche von $60 \, \mathrm{N/mm^2}$ begrenzt.

• Bei Anwendungsfall II sollen 280 Nm übertragen werden.

• Im Anwendungsfall III kann die Schraube eine maximale Axialkraft von 30 kN aufbringen.

Ermitteln Sie für jeden der drei Anwendungsfälle die jeweils anderen Daten.

		I	II	III
p	$\mathrm{N/mm^2}$	60		
M_{tmax}	Nm		280	
F_{ax}	N			30.000

7 Grundsätzliche Bauformen gleichförmig übersetzender Getriebe

7.1 Anforderungen und Aufgaben

Wird eine gleichförmige, also zeitlich konstante Bewegung am Antrieb eines „gleichförmig übersetzenden Getriebes" eingeleitet, so bewegt sich auch der Abtrieb gleichförmig. Diese Getriebe dienen dazu, die von einem Motor abgegebene Leistung in ihren Faktoren Drehmoment und Drehzahl zu wandeln und damit an die speziellen Anforderungen eines Arbeitsprozesses anzupassen. Ergänzend dazu nehmen „ungleichförmig übersetzende" Getriebe (z. B. Kurbeltriebe) auch Einfluss auf den zeitlichen Verlauf von Geschwindigkeiten und Belastungen. Sie sind aber nicht Gegenstand der vorliegenden Betrachtungen, sondern vielmehr dem Fach „Getriebelehre" zuzuordnen.

Bereits in den zurückliegenden Kapiteln wurde immer wieder versucht, das einzelne Maschinenelement nicht isoliert, sondern vorzugsweise im Zusammenspiel mit den Nachbarkomponenten zu verstehen. Beim Getriebe ist diese Sichtweise unvermeidlich, weil es aus mehreren Maschinenelementen besteht, zu denen mindestens noch Lagerungen und Welle-Nabe-Verbindungen gehören.

Die Vielfalt der gleichförmig übersetzenden Getriebe verleitet allzu leicht dazu, sich auf spezielle Konstruktionen (vor allen Dingen Zahnradgetriebe) zu konzentrieren und sich in dessen konstruktive Besonderheiten zu vertiefen. Aus diesem Grunde ist sinnvoll, zunächst eine Betrachtung zu den grundsätzlichen Aufgaben und Anforderungen eines Getriebes in seinem Umfeld anzustellen, ohne dabei schon näher auf seine spezielle Bauform und die konstruktive Ausführung einzugehen. Schließlich kann ein Getriebe nur im Zusammenhang mit seiner antriebstechnischen Umgebung verstanden werden, das Getriebe dient stets als Bindeglied zwischen verschiedenen Gliedern einer Antriebskette. Die folgende Eingangsbetrachtung konzentriert sich auf die globale Funktion solcher Getriebe und soll anhand einiger einfacher Beispiele und Modellvorstellungen den Blick für die wesentlichen Kenngrößen gleichförmig übersetzender Getriebe schärfen. Erst in den folgenden Abschnitten soll das Augenmerk auf die konstruktive Ausführung und die Dimensionierung solcher Getriebe gerichtet werden. Sowohl die Auswahl als auch die Reihenfolge der anschließend betrachteten Bauformen orien-

https://doi.org/10.1515/9783110692143-008

tiert sich dann streng an didaktischen Belangen: Das Zahnradgetriebe wurde wegen seiner komplexen Problematik an den Schluss dieses Kapitels gesetzt, auch wenn diese Getriebebauform im umgangssprachlichen Gebrauch häufig für das Getriebe schlechthin steht.

7.1.1   Momentenwandlung

Das aus den Grundlagen der Mechanik als Produkt aus Kraft F und Hebelarm h bekannte Moment (vgl. Kapitel 0.2) wird im Detailbild Bild 7.1a sowohl als **Biege**moment im Hebel als auch als **Torsions**moment in der Welle wirksam:

$$M = F \cdot h$$

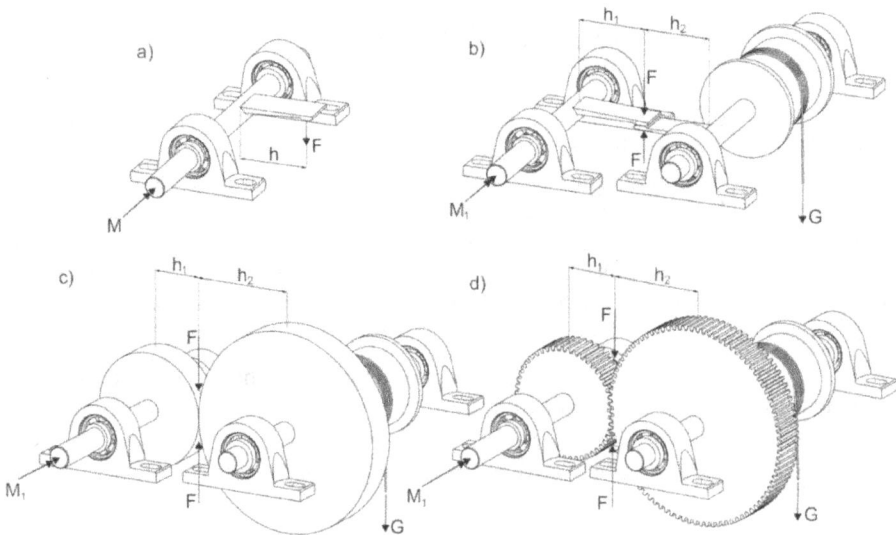

Bild 7.1: Prinzipdarstellung Getriebe ohne Zwischenglied

Ordnet man den Hebel nach Bild 7.1b doppelt an, so bewirkt eine gleiche Kraft F in jeder der beiden Wellen ein i. allg. Fall unterschiedliches Moment:

$$M_1 = F \cdot h_1 \quad \text{und} \quad M_2 = F \cdot h_2$$

Durch Auflösen der beiden Gleichungen nach F und Gleichsetzen ergibt sich:

$$\frac{M_1}{h_1} = \frac{M_2}{h_2} \quad \text{bzw.} \quad M_2 = M_1 \cdot \frac{h_2}{h_1} \qquad\qquad \text{Gl. 7.1}$$

Der Quotient h_2/h_1 wird auch als das „Übersetzungsverhältnis" i bezeichnet:

$$i = \frac{h_2}{h_1} \quad \Rightarrow \quad M_2 = M_1 \cdot i \qquad\qquad\qquad\qquad\qquad \text{Gl. 7.2}$$

Das Moment in Welle 2 wird im Detailbild b durch ein Seil mit der Gewichtsbelastung G aufgebracht, welches von einer Trommel abläuft. Ein vorgegebenes Moment M_1 lässt sich in ein
anderes Moment M_2 wandeln, indem man die dazugehörenden Hebelarme h_2 und h_1 in das
entsprechende Verhältnis i setzt. Die in Bild b skizzierte Anordnung erlaubt zunächst einmal
nur eine Kraftübertragung in der dargestellten Hebelstellung. In Erweiterung dazu muss aber
ein reales Getriebe in der Lage sein, die Momentenübertragung in jeder beliebigen Stellung
der Wellen zu gewährleisten. Dazu werden die Hebel von Bild b durch Räder mit entsprechenden „Wirkradien" nach Bild c ersetzt. Die Momentenwandlung findet auch dann statt, wenn
das System in Bewegung ist, also die am Seil befindliche Masse auf oder ab bewegt wird, sie
vollzieht sich also auch bei drehenden Rädern. Bei der konstruktiven Ausführung der Räderpaarung muss sichergestellt werden, dass die Kraft F von einem Rad auf das andere übertragen
werden kann. Dies kann wie in Bild c reibschlüssig durch Aneinanderpressen von Reibrädern
erreicht werden oder wie in Bild d formschlüssig durch Ineinandergreifen von formschlüssigen
Elementen als Zahnradgetriebe vollzogen werden.

Die Momentenübertragung kann sich aber nicht nur im direkten Kontakt zweier Räder, sondern auch indirekt über ein sog. Zugmittel vollziehen. Zu dessen Erläuterung wird der Sachverhalt von Bild 7.1 in ähnlicher Form in Bild 7.2 ausgeführt: Im Detail b steht der Hebel der
linken Welle nicht direkt mit einem Hebel der rechten Welle in Kontakt, sondern wird über ein
Seil im Sinne der Mechanik mit diesem verbunden.

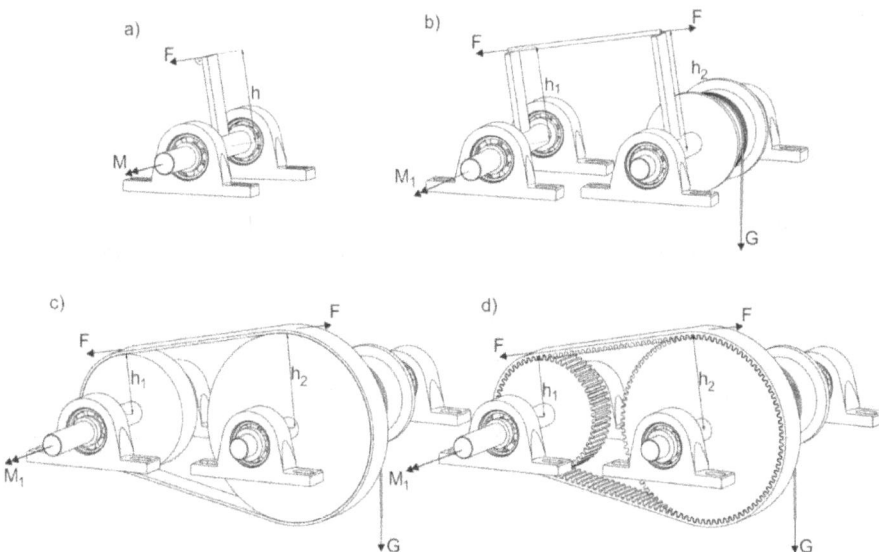

Bild 7.2: Prinzipdarstellung Getriebe mit Zwischenglied

Auch diese Anordnung kann das Momentengleichgewicht nur in der dargestellten Lage halten. Sollen die Wellen drehen können, so müssen nicht nur die Hebel zu Rädern, sondern auch das Seil zu einem umlaufenden Zugorgan ergänzt werden. Die reibschlüssige Variante könnte dann als Riementrieb (Detail c) und die formschlüssige als Zahnriementrieb (Detail d) oder beispielsweise auch als Kettentrieb ausgeführt werden.

7.1.2   Drehzahlwandlung

Anhand von Bild 7.3 lassen sich sowohl die Bewegungen als auch die Geschwindigkeiten betrachten. Die folgenden Aussagen gelten sowohl für den Fall, dass die Räder direkt miteinander gepaart sind (links, z. B. Zahnrad) oder über ein Zugorgan (rechts, z. B. Kette) miteinander in Verbindung stehen.

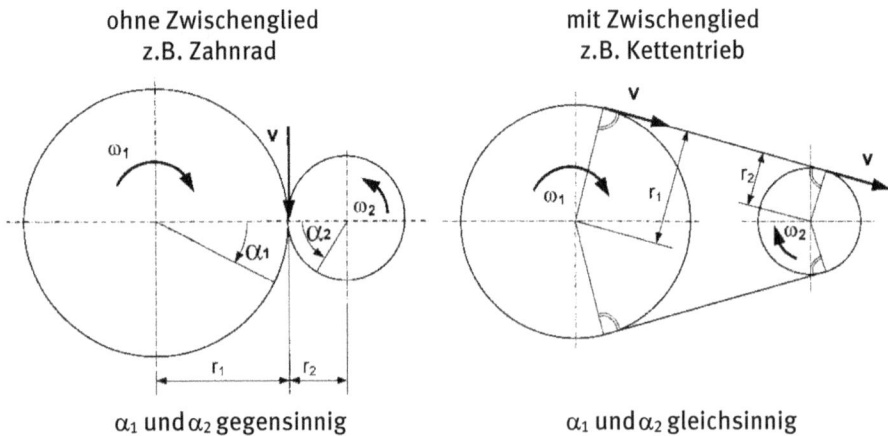

Bild 7.3: Geschwindigkeiten bei Räderpaaren ohne und mit Zwischenglied

Wird das Rad 1 in der linken Darstellung um den Winkel α_1 verdreht, so legt ein Punkt am Umfang einen entsprechenden Bogenabschnitt zurück. Bei dieser Drehung muss der gleiche Bogenabschnitt auch am Umfang des Rades 2 überstrichen werden:

$$\alpha_1 \cdot r_1 = \text{Bogenabschnitt} = \alpha_2 \cdot r_2$$

Dabei ist der Winkel α jeweils in Bogenmaß einzusetzen. Diese kinematische Verträglichkeitsbedingung muss auch dann erfüllt sein, wenn die beiden Räder über eine Kette (Bild 7.3 rechts) miteinander in Verbindung stehen. Werden die beiden Winkel zueinander ins Verhältnis gesetzt, so ergibt sich der Kehrwert des Übersetzungsverhältnisses:

$$\frac{\alpha_2}{\alpha_1} = \frac{r_1}{r_2} = \frac{1}{i} \quad \Rightarrow \quad \alpha_2 = \frac{\alpha_1}{i} \qquad \text{Gl. 7.3}$$

Wird diese Gleichung nach der Zeit abgeleitet, so ergibt sich die gleiche Verhältnismäßigkeit:

$$\frac{\frac{d\alpha_2}{dt}}{\frac{d\alpha_1}{dt}} = \frac{r_1}{r_2} = \frac{1}{i}$$

Dabei bedeutet der Ausdruck $d\alpha/dt$ die „Winkelgeschwindigkeit" ω, die in Bogenmaß pro Sekunde [1/s] angegeben wird (s. auch Gl. 0.62).

$$\frac{\omega_2}{\omega_1} = \frac{r_1}{r_2} = \frac{1}{i} \quad \Rightarrow \quad \omega_2 = \frac{\omega_1}{i} \qquad\qquad \text{Gl. 7.4}$$

Mit einer gegebenen Winkelgeschwindigkeit ω_1 lässt sich also eine andere Winkelgeschwindigkeit ω_2 hervorrufen, indem man die dazugehörenden Scheibenradien r_1 und r_2 in das entsprechende Verhältnis setzt. Bei Getrieben ohne Zwischenglied sind die Winkelgeschwindigkeiten von An- und Abtrieb gegensinnig, bei Getrieben mit Zwischenglied gleichsinnig. Die am Wirkradius des einen Rades auftretende tangentiale Geschwindigkeit v ergibt sich als das Produkt aus Winkelgeschwindigkeit ω und Radradius r:

$$v = \omega \cdot r \qquad\qquad \text{Gl. 7.5}$$

Die Geschwindigkeit v tritt bei Zugmitteltrieben als Absolutgeschwindigkeit des Zugorgans in Erscheinung (rechte Hälfte von Bild 7.3).

7.1.3   Formschluss und Reibschluss

Bei einer formschlüssigen Räderpaarung nach Bild 7.4 links greifen die Formelemente am Umfang des einen Rades genau in die Formelemente am Umfang des anderen Rades ein.

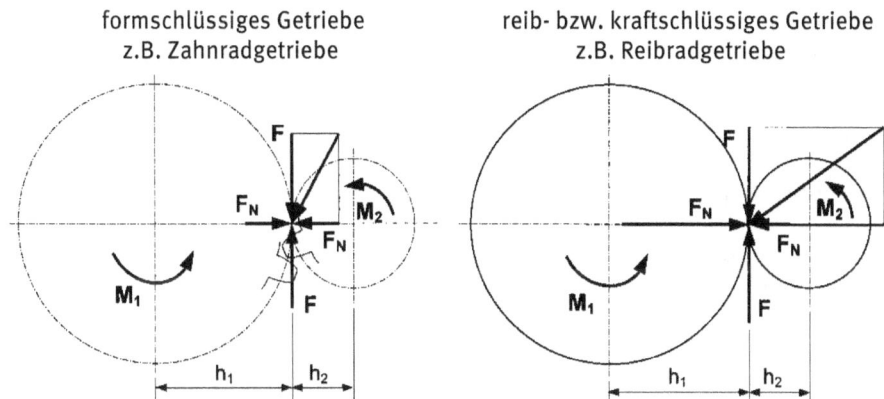

Bild 7.4: Gegenüberstellung formschlüssiges–reibschlüssiges Getriebe

Mit $U = 2 \cdot \pi \cdot r$ bzw. $r = U/2\pi$ lässt sich das ursprünglich mit Gl. 7.2/3 formulierte Übersetzungsverhältnis auch auf den Umfang beziehen:

$$i = \frac{r_2}{r_1} = \frac{\frac{U_2}{2 \cdot \pi}}{\frac{U_1}{2 \cdot \pi}} = \frac{U_2}{U_1}$$

Da der Umfang mit einer Anzahl z von Formelementen in gleichem Abstand p (Teilung) belegt ist ($U = z \cdot p$), kann das Übersetzungsverhältnis auch auf die Anzahl der Formelemente bezogen werden:

$$i = \frac{U_2}{U_1} = \frac{z_2 \cdot p}{z_1 \cdot p} = \frac{z_2}{z_1} \qquad\qquad\qquad \text{Gl. 7.6}$$

Dadurch wird das **Übersetzungsverhältnis** in **genau** dieser Form **reproduzierbar**: Auch wenn eine Zahnradbahn kilometerweit bergan fährt und anschließend wieder zurück ins Tal kommt, so kommen wieder exakt die gleichen Zahnflanken von Zahnrad und Zahnstange im Eingriff wie zuvor.

Während bei formschlüssigen Räderpaarungen nur eine vergleichsweise geringe, durch die Schiefstellung der Zahnflanken bedingte Normalkraft F_N entsteht, werden die beiden zylindrischen, scheibenförmigen Räder des reibschlüssigen Getriebes nach Bild 7.4 rechts hingegen mit einer eher hohen Normalkraft F_N so gegeneinander gedrückt, dass die momentenerzeugende Kraft als Reibkraft F_R übertragen werden kann. Dabei tritt **Schlupf** auf: Da an der reibschlüssigen Kraftübertragungsstelle stets physikalisch bedingte Gleitvorgänge auftreten, bleibt das angetriebene Getriebeglied stets hinter dem treibenden Getriebeglied zurück, sodass die Getriebestellungen **nie genau reproduzierbar** sind. Wenn die zuvor erwähnte Zahnradbahn durch eine normale reibschlüssige Eisenbahn ersetzt wird, so wird nach der Rückkehr des Zuges nicht wieder exakt die gleiche Radstellung eingenommen. Die Größe des Schlupfes hängt von der Höhe der zu übertragenden Kraft ab (mehr darüber in Kap. 9 der dreibändigen Ausgabe). Dieser systembedingte, unvermeidliche Fehler ist häufig ohne Bedeutung, kann aber in manchen technischen Problemstellungen nicht geduldet werden (z. B. Synchronisation der Kurbelwelle mit dem Ventiltrieb eines Verbrennungsmotors).

Die Gegenüberstellung in Tabelle 7.1 macht die charakteristischen Besonderheiten dieser beiden Kraftübertragungsmechanismen deutlich. Die gleichen Feststellungen gelten auch für Getriebe mit Zwischenglied, wo ebenfalls zwischen Formschluss (z. B. Kette, Zahnriemen) und Reibschluss (z. B. Flachriemen, Keilriemen) unterschieden werden kann. Während formschlüssige Getriebe mit Zwischenglied keine große Vorspannung benötigen, muss bei reibschlüssigen Getrieben eine Normalkraftvorspannung zur Aufrechterhaltung des Reibschlusses aufgebracht werden.

Tabelle 7.1: Gegenüberstellung formschlüssiges–reibschlüssiges Getriebe

Formschlüssiges Getriebe	Reibschlüssiges Getriebe
Vorteile:	Nachteile:
Reproduzierbare, winkelgetreue Übertragung der Drehbewegung, kein sog. Schlupf	Schlupfbehaftete, nicht exakt reproduzierbare, nicht exakt winkelgetreue Übertragung der Drehbewegung
Geringe Normalkraftbelastung: Neben der zur Momentenübertragung erforderlichen Kraft F tritt noch eine relativ geringe Kraft F_N auf, die durch die kinematisch bedingte Schiefstellung der Zahnflanken im Berührpunkt verursacht wird; daher insgesamt kompakte Bauweise	Hohe Normalkraftbelastung: Neben der zur Momentenübertragung erforderlichen Kraft F ist zur Sicherstellung des Reibschlusses eine hohe Normalkraft F_N erforderlich, was auch zu einer hohen Belastung von Wellen und Lagern führt; daher insgesamt platz- und gewichtsbeanspruchende Bauweise
Nachteile:	Vorteile:
Komplizierte Übertragungskinematik: Die Hebelarme der Räder sind als Radien konstruktiv **nicht** vorhanden; die komplizierte Formgebung der ineinandergreifenden Formelemente ist Gegenstand des Verzahnungsgesetzes	Einfache Übertragungskinematik: Hebelarme liegen als Radius der Räder konstruktiv vor
Überlast gefährdet die Festigkeit und führt ggf. zu Bauteilversagen, z. B. Zerstörung von Zähnen	Kurzzeitige Überlast kann ggf. durch Überschreiten der Haftreibung (Durchrutschen) schadlos aufgenommen werden
Übersetzungsverhältnis nur als (ganzzahliges) Verhältnis ineinandergreifender Formelemente (hier Zähne) möglich, daher Übersetzungsverhältnis nur in diskreten Stufen, nicht aber stufenlos möglich	In gewissen Grenzen jedes Übersetzungsverhältnis realisierbar, je nach Bauart auch stufenlos

7.1.4 Getriebe als Wandler mechanischer Leistung

Das Getriebe kann stets als Bindeglied zwischen einem Antrieb (Motor) und einem Abtrieb (Arbeitsmaschine) nach Bild 7.5 verstanden werden:

Der **Motor** gilt dabei ganz allgemein als „Antreiber", der hier als Verbrennungsmotor dargestellt ist. Ganz allgemein setzt der Motor aber nicht nur thermische, sondern beispielsweise auch elektrische Leistung (Elektromotor) oder Strömungsleistung (z. B. Turbine) in mechani-

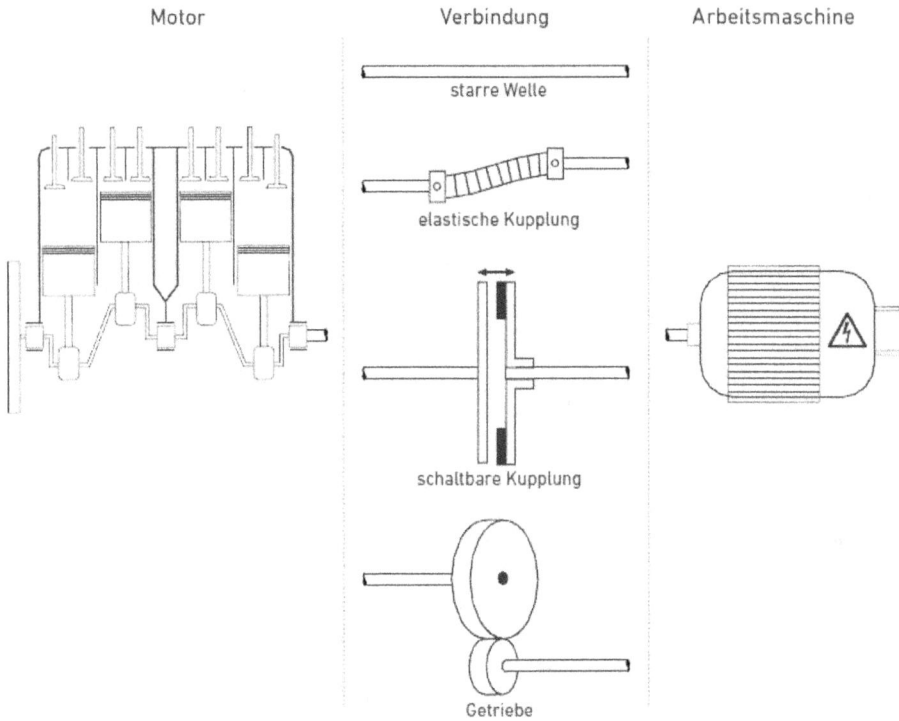

Bild 7.5: Motor – Zwischenglied – Arbeitsmaschine

sche Leistung um. Die **Arbeitsmaschine** hingegen ist der „Verbraucher" dieser mechanischen Leistung, der hier beispielhaft als elektrischer Generator dargestellt ist. Dies kann aber auch eine Pumpe, ein Verdichter, ein Kranhubwerk, ein Fahrzeugantrieb oder auch ein Fertigungsprozess (z. B. Bohren) sein. Im hier skizzierten Fall könnten Motor und Arbeitsmaschine sogar vertauscht werden: Die elektrische Maschine als Motor auf der rechten Seite treibt einen Kolbenverdichter als Arbeitsmaschine auf der linken Seite an.

- Ist keine Drehzahl-Drehmomenten-Wandlung erforderlich (n und M werden nicht verändert), so reicht eine Kupplung als Zwischenglied aus. Dies ist im einfachsten Fall eine durchgehende Welle, wie es z. B. bei vielen Schleifprozessen praktiziert wird: Die Schleifscheibe als „Arbeitsmaschine" verfügt noch nicht einmal über eine eigene Lagerung, sondern die Bearbeitungskräfte stützen sich auf der Motorlagerung ab („Motorspindel").
- Sind Motor und Arbeitsmaschine räumlich und konstruktiv voneinander getrennt, so müssen die beiden Wellen möglichst exakt zueinander ausgerichtet werden, was eine Ausgleichskupplung erforderlich macht, die sowohl Winkel- als auch Radial- und Axialversatz überbrückt.

- Soll der Momentenfluss unterbrochen werden, so muss die Kupplung schaltbar ausgeführt werden. In vielen Fällen wird die Kupplung „fremdbetätigt", also von außen geschaltet, wie dies z. B. beim Kraftfahrzeug der Fall ist. Zuweilen kann die Kupplung die Schaltfunktion aber auch selber ausführen und wird so zur selbsttätigen Kupplung: Ist die Schaltfunktion von der Drehzahl abhängig, so liegt eine Fliehkraftkupplung vor, ist sie von der Drehrichtung abhängig, so wird ein Freilauf verwendet. Überlastkupplungen unterbrechen den Momentenfluss in Funktion des Torsionsmomentes (mehr darüber in Kap. 11 der dreibändigen Ausgabe).
- Muss jedoch das Zwischenglied die Leistung in ihren Faktoren Drehzahl und Drehmoment wandeln, so wird ein Getriebe erforderlich, was Gegenstand des vorliegenden Kapitels ist.

Je nach Anwendungsfall wird man mit dem Getriebe mehr eine Drehzahlwandlung oder mehr eine Momentenwandlung beabsichtigen. Das Schema in Bild 7.6 und die anschließende Tabelle 7.2 fassen die oben aufgeführten Kenngrößen rotatorischer Getriebe in der linken Spalte noch einmal zusammen. Diese hier vorzugsweise behandelten rotatorischen Getriebe werden den translatorischen Getrieben in der rechten Spalte gegenübergestellt.

Das Kräftegleichgewicht an der unteren Rolle des Flaschenzuges zeigt, dass sich die nach unten gerichtete große Kraft F_2 in zwei entgegengesetzt gerichtete Kräfte F_1 halbiert, aber andererseits ist der Weg s_1 doppelt so wie der Weg s_2. Die Flüssigkeit (oder das Gas) zwischen den beiden Kolben des Druckübersetzers (angewendet z. B. beim Holzspalter) steht unter einem Druck, der am linken Kolben wegen der großen Fläche auch eine große Kraft F_2 hervorruft, während am rechten Kolben mit seiner kleinen Fläche auch nur eine kleine Kraft F_1 entsteht. Bei Bewegung des rechten Kolbens nach links würde das dadurch in die linke Kammer strömende Volumen auf eine größere Kolbenfläche treffen, wodurch der Kolbenweg s_2 kleiner ist als der Kolbenweg s_1. Der doppelarmige Hebel ist ebenfalls als translatorisches Getriebe zu verstehen, wenn die Bewegungen sehr klein sind, und der Keil wurde am Umfang der Schraube mit Gl. 4.1 und 4.7 bereits als translatorisches Getriebe gesehen.

Das Schema wird in der mittleren Spalte durch Getriebe vervollständigt, die Rotation und Translation miteinander verbinden, wobei hier die wesentlichen Zusammenhänge in Tabelle 7.2 am Beispiel der Schraube ausgeführt werden. Bei Schrauben kann der Quotient ($d_2 \cdot \tan \varphi)/2$ als Übersetzungsverhältnis i aufgefasst werden. Das System Ritzel-Zahnstange verknüpft die Rotation mit der Translation formschlüssig, während das System Rad-Schiene und Rad-Fahrbahn denselben Zusammenhang reibschlüssig ausführt. Auch bei der Treibscheibe und dem Kettenförderer wird eine rotatorische Bewegung eingeleitet, um eine translatorische Bewegung zu erzielen.

Bei den rein rotatorischen Getrieben ist neben den Aspekten der Drehzahl- und Momentenwandlung in vielen Fällen auch die Optimierung der Leistungsanpassung das entscheidende Kriterium: Das Übersetzungsverhältnis wird so ausgelegt, dass der Motor im Bereich seiner maximalen Leistungsentfaltung betrieben wird (z. B. Gangschaltung eines Fahrrades oder eines Kraftfahrzeuges, mehr darüber in Kap. 12.4 der dreibändigen Ausgabe).

Rotation	Rotation – Translation	Translation
Reibradgetriebe	Rad – Straße/Schiene	Flaschenzug
Zahnradgetriebe	Ritzel – Zahnstange	
Riementrieb	Treibscheibe	doppelarmiger Hebel
Kettentrieb	Kettenförderer	Keil
Schneckengetriebe	Bewegungsschraube	Druckübersetzer

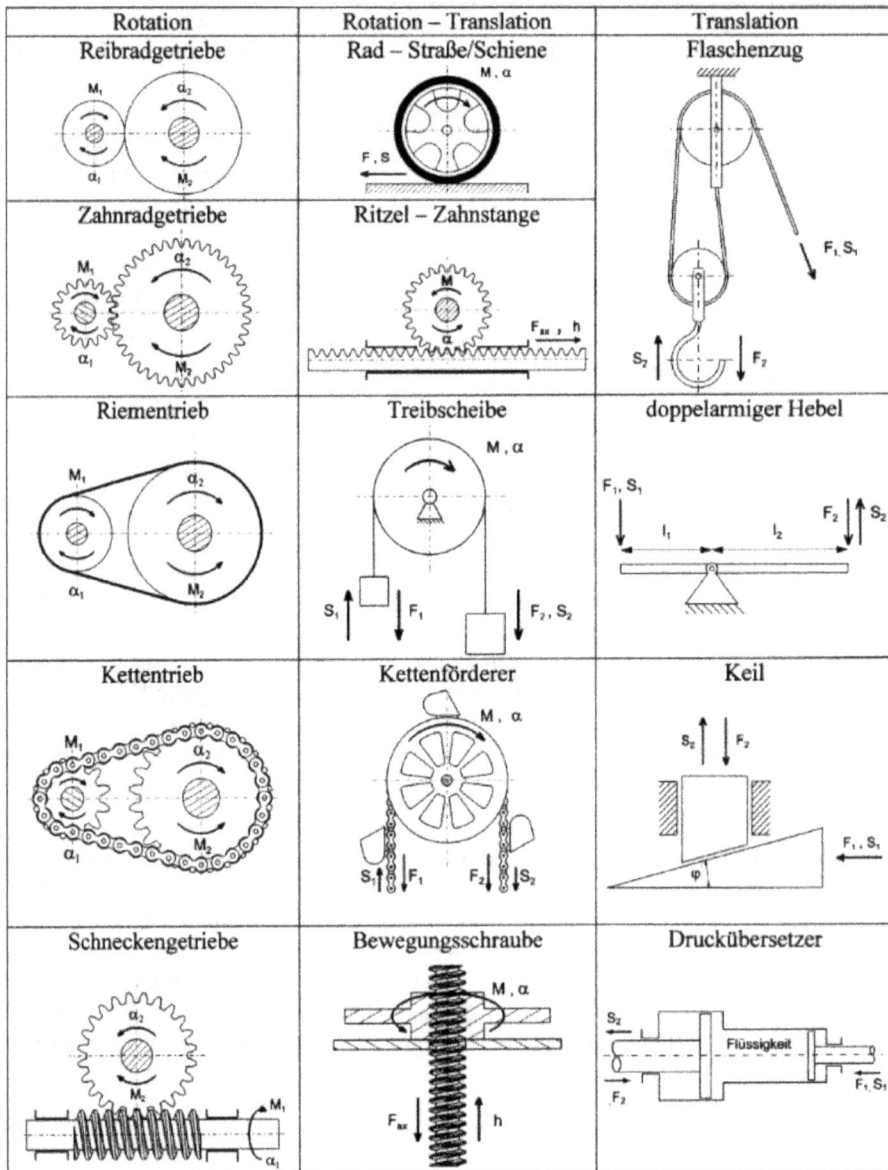

Bild 7.6: Gegenüberstellung Rotation–Translation gleichförmig übersetzender Getriebe; Konstruktionsbeispiele

Tabelle 7.2: Gleichförmig übersetzende Getriebe, wandelbare Größen

rotatorisch	rotatorisch–translatorisch	translatorisch
Moment M:	Moment M – Kraft F_{ax}:	Kraft F:
$M_2 = M_1 \cdot i$	$M = \dfrac{d_2 \cdot \tan\varphi}{2} \cdot F_{ax}$ $\dfrac{d_2 \cdot \tan\varphi}{2} = i$	$F_2 = F_1 \cdot i$
Drehwinkel α:	Drehwinkel α – Strecke h:	Strecke s:
$\alpha_2 = \dfrac{\alpha_1}{i}$	$\alpha = \dfrac{2}{d_2 \cdot \tan\varphi} \cdot h = \dfrac{1}{i} \cdot h$	$s_2 = \dfrac{s_1}{i}$
Winkelgeschwindigkeit ω:	Winkelgeschwindigkeit $d\alpha/dt$ – translatorische Geschwindigkeit dh/dt:	Geschwindigkeit v:
$\omega_2 = \dfrac{\omega_1}{i}$	$\dfrac{d\alpha}{dt} = \dfrac{2}{d_2 \cdot \tan\varphi} \cdot \dfrac{dh}{dt} = \dfrac{1}{i} \cdot \dfrac{dh}{dt}$	$v_2 = \dfrac{v_1}{i}$
Arbeit W:	Arbeit W:	Arbeit W:
$W = M_1 \cdot \alpha_1 = M_2 \cdot \alpha_2$	$W_{rot} = W_{trans}$ $W = M \cdot \alpha = F_{ax} \cdot h$	$W = F_1 \cdot s_1 = F_2 \cdot s_2$
Leistung P:	Leistung P:	Leistung P:
$P = M_1 \cdot \omega_1 = M_2 \cdot \omega_2$	$P_{rot} = P_{trans}$ $P = M \cdot d\alpha/dt = F_{ax} \cdot dh/dt$	$P = F_1 \cdot v_1 = F_2 \cdot v_2$

7.1.5   Anwendungsfaktor

Die Belastung eines jeden Antriebsstranges und damit auch eines jeden Getriebes ist nicht perfekt konstant, sondern stets mehr oder weniger großen Ungleichmäßigkeiten ausgesetzt. Während der Mittelwert dieser Last als „Nennlast" tatsächlich für die Leistungsermittlung herangezogen wird , ist der Maximalwert für die Festigkeit maßgebend. Die folgende Betrachtung möge diese Differenzierung verdeutlichen:

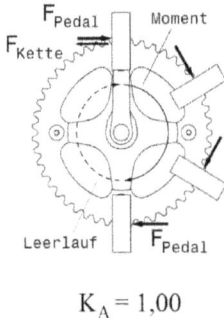

$$K_A = 1,00$$

Bild 7.7: Anwendungsfaktor $K_A = 1,00$

Die menschliche Muskulatur als Motor für den Antrieb eines Fahrrades kann von Natur aus kein Drehmoment liefern, sondern bringt die Leistung über die Einzelkräfte der beiden Beine auf die Tretkurbel als Hebelarm ein. Zunächst einmal wird die unrealistische Annahme getroffen, dass die vom Fuß ausgeübte Pedalkraft ständig tangential am Tretkurbelradius angreift. Der Kraftangriff des einen Fußes beginnt im oberen Scheitelpunkt der Pedalbewegung. Wenn der untere Scheitelpunkt erreicht ist, endet zwar die Kraftwirkung, aber genau in dieser Stellung tritt der andere Fuß in Aktion und vollendet die Kreisbewegung. Unter dieser unrealistischen Annahme bleibt das Torsionsmoment an der Tretlagerwelle konstant. Um die Kräfte direkt miteinander vergleichen zu können, wird in Bild 7.7 angenommen, dass das Kettenblatt genau so groß ist wie der Radius der Tretkurbel: In diesem Fall ist die Kettenkraft stets genau so groß wie die Pedalkraft.

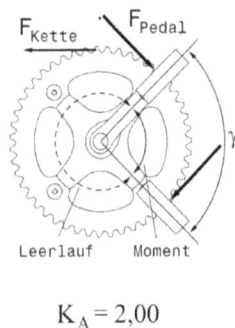

$$K_A = 2,00$$

Bild 7.8: Anwendungsfaktor $K_A = 2,00$

Tatsächlich ist jedoch die Kraftwirkung im Bereich des oberen und des unteren Scheitelpunktes ergonomisch so uneffektiv, dass der Radfahrer die Pedalkraft erst deutlich nach dem oberen Scheitelpunkt einsetzt und auch deutlich vor dem unteren Scheitelpunkt wieder aufhebt. Geht man in Bild 7.8 von der vereinfachenden Annahme aus, dass nur im vorderen Kreisviertel ein konstantes Moment erzeugt wird, so muss dieses Maximalmoment M_{max} doppelt so groß sein wie das Nennmoment M_{Nenn}, um bezogen auf die volle Kurbelumdrehung die gleiche Arbeit zu übertragen wie im vorherigen Fall. Das hat zur Folge, dass die Pedalkraft und damit auch die maximale Kettenkraft bei gleicher zeitlich gemittelter Leistung doppelt so groß ist wie zuvor. Der Anwendungsfaktor K_A als Quotient aus maximaler Belastung zur Nennbelastung ist genau 2, was für diesen speziellen Eingriffswinkel der Kraftwirkung von 90° gilt. Bei 180° wäre der Anwendungsfaktor 1 und bei abnehmendem Winkel wird er immer größer:

$$K_A = \frac{180°}{\gamma} \qquad\qquad \text{Gl. 7.7}$$

Aber auch diese Annahme ist nicht ganz realistisch, weil der Radfahrer die momentenerzeugende Kraft nicht tangential auf den Tretkurbelradius aufbringen kann, was im Radsport als „runder Tritt" postuliert wird. Tatsächlich wirkt die momentenerzeugende Kraft nach Bild 7.9 im Wesentlichen senkrecht nach unten, was alleine dadurch zu erkennen ist, dass das Pedal praktisch unabhängig von der Kurbelstellung stets weitgehend waagerecht steht. Während die als konstant angenommene Nennkraft F_{Nenn} einen Bogen auf dem Halbkreis mit der Strecke $r \cdot \pi$ beschreibt, legt die Pedalkraft F_{Pedal} den Weg $2 \cdot r \cdot \sin(\gamma/2)$ als Sekante eines Viertelkreises zurück. Setzt man die Arbeit der Pedalkraft als deren Produkt aus Kraft und Weg mit der Arbeit gleich, die die perfekt konstante Nennkraft als Arbeit ausmacht, so ergibt sich:

$F_{Nenn} \cdot \pi \cdot r = F_{Pedal} \cdot 2 \cdot r \cdot \sin \frac{\gamma}{2}$. Der Anwendungsfaktor formuliert sich als Quotient von Pedalkraft (entspricht der maximalen Kettenkraft) und Nennkraft:

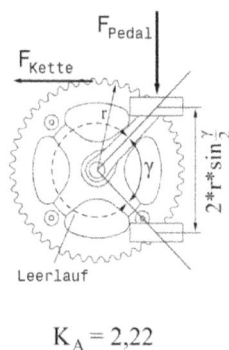

Bild 7.9: Anwendungsfaktor $K_A = 2{,}22$

$$K_A = \frac{F_{Pedal}}{F_{Nenn}} = \frac{\pi}{2 \cdot \sin \frac{\gamma}{2}} \qquad \text{Gl. 7.8}$$

Wird wie in der vorangegangenen Betrachtung ein Viertelkreis zur Kraftübertragung ausgenutzt, so errechnet sich der Anwendungsfaktor zu 2,221. Auch hier wird bei kleinerem Winkel γ der Anwendungsfaktor immer größer und damit die mechanische Belastung des Kettentriebes immer ungünstiger.

Diese Ungleichmäßigkeiten betreffen jeden beliebigen Motor: Ein Elektromotor mit vielpoliger Teilung hat wie eine Turbine einen Anwendungsfaktor nahe bei 1, der aber mit geringerer Polteilung ansteigt. Auch beim Verbrennungsmotor sinkt der Anwendungsfaktor mit steigender Zylinderzahl. Die Arbeitsmaschine ist in ähnlicher Weise betroffen. Weiterhin spielt die Verteilung von rotatorischen Massenträgheiten eine große Rolle: Eine Schwungscheibe glättet die Momentenspitzen erheblich und reduziert damit den Anwendungsfaktor. Für die Festigkeitsbetrachtung eines jeden Getriebes muss das Nennmoment mit dem Anwendungsfaktor K_A multipliziert werden:

$$M_{tmax} = M_t \cdot K_A \qquad \text{Gl. 7.9}$$

Er wird berechnet oder im Experiment gewonnen und kann nach Tabelle 7.3 in Anlehnung an DIN 3990 häufig mit ausreichender Genauigkeit als Erfahrungswert ausgedrückt werden.

Tabelle 7.3: Anwendungsfaktor K_A

Motor	Arbeitsmaschine		
	gleichmäßig	mittlere Stöße	starke Stöße
	Stromerzeuger, Gurtförderer, Lüfter, Gebläse, Rührer für homogene Gemische	Rührer für inhomogene Gemische, Mehrzylinderpumpen, Hauptantrieb Werkzeugmaschine	Einzylinderpumpen, Pressen, Stanzen, Walzwerkmaschinen, Scheren, Löffelbagger
gleichmäßig z. B. Elektromotor, Turbine, Hydraulikmotor	1,00	1,25	1,75
mittlere Stöße z. B. Verbrennungsmotor mit mehreren Zylindern	1,25	1,50	2,00 oder höher
starke Stöße z. B. Verbrennungsmotor mit einem Zylinder	1,50	1,75	2,25 oder höher

Aufgabe A.7.1

7.2   Reibradgetriebe (Wälzgetriebe)

Reibradgetriebe sind ein geeigneter Einstieg in die Dimensionierung gleichförmig übersetzender Getriebe, weil die für das Übersetzungsverhältnis entscheidenden Wirkradien auf Scheiben, Zylindern oder Kegeln konstruktiv tatsächlich vorhanden sind und sich die Kraftübertragung durch die Coulomb'sche Reibung relativ einfach beschreiben lässt.

7.2.1   Geschwindigkeiten im Wälzkontakt

Im Idealfall soll beim Abrollvorgang im Wälzkontakt keine Gleitbewegung entstehen. Wenn man einmal vom unvermeidlichen Schlupf absieht, so soll zumindest die Kinematik so angelegt sein, dass sie keine Relativbewegung zur Folge hat. Bild 7.10 macht diesen Sachverhalt deutlich:

a) Die Achsen der beiden Reibräder sind parallel, sodass sich an jedem Punkt des Wälzkontaktes die gleiche Umfangsgeschwindigkeit einstellen kann: Dadurch wird ein kinematisch eindeutiges Abwälzen ermöglicht, ohne dass im Wälzkontakt eine Relativbewegung der beiden Scheiben untereinander erzwungen wird.

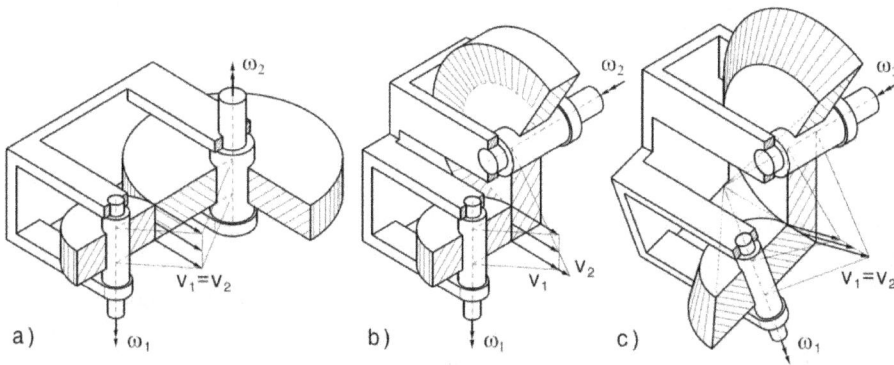

Bild 7.10: Umfangsgeschwindigkeit Wälzgetriebe

b) Die Achsen der beiden Reibräder schneiden einander: Wie im Fall a liegt am Umfang von Rad 1 zwar eine gleichbleibende Geschwindigkeit v_1 vor, aber die Winkelgeschwindigkeit ω_2 von Rad 2 ruft eine Umfangsgeschwindigkeit im Wälzkontakt v_2 hervor, die linear mit der Entfernung zur Rotationsachse immer größer wird. v_1 und v_2 können aber nur in einem einzigen Punkt gleich groß sein. Weiter unten wird Rad 1 von Rad 2 überholt, weiter oben bleibt es hinter ihm zurück. Ähnlich wie beim Axialzylinderrollenlager (Bild 5.19) macht sich die lokal unterschiedliche Differenz der beiden Geschwindigkeiten als erzwungene Relativgeschwindigkeit bemerkbar und verursacht aufgrund der sog. Bohrreibung Wirkungsgradverluste und Verschleiß.

c) Die Achsen der beiden Reibräder schneiden auch hier einander, aber beide Räder sind als Kegelstümpfe ausgebildet, wobei sich die imaginären Kegelspitzen in einem Punkt treffen. An jedem Punkt des Wälzkontaktes wird eine zum wirksamen Radius proportionale Umfangsgeschwindigkeit hervorgerufen, aber durch die Kegelgeometrie wird sichergestellt, dass an jedem beliebigen Punkt der Kegelmantelfläche die Umfangsgeschwindigkeiten beider Räder gleich sind und deshalb keine Relativgeschwindigkeit erzwungen wird. Dieser Zusammenhang ist unabhängig davon, welchen Winkel die beiden Rotationsachsen zueinander einnehmen. Insofern liegt hier eine Analogie zum Kegelrollenlager vor (Bild 5.17).

7.2.2   Belastungen im Wälzkontakt

Um die Reibkraftübertragung und damit die Momentenübertragung erst zu ermöglichen, muss eine relativ hohe Normalkraft aufgebracht werden. Dies führt nicht nur zu einer hohen Materialbeanspruchung im Wälzkontakt, sondern belastet auch Wellen und Lager. Alleine aus diesem Grund sind reibschlüssige Getriebe schwerer und beanspruchen mehr Bauraum als formschlüssige, sie haben eine geringere Leistungsdichte.

$$\mu = \tan \rho \geq \frac{F_U}{F_N} \quad \Rightarrow \quad F_N \geq \frac{F_U}{\mu} \qquad\qquad \text{Gl. 7.10}$$

Im Wälzkontakt treffen zwei gekrümmte Flächen aufeinander, die ähnlich wie im Fall der Wälzlager die Formulierung eines Ersatzkrümmungsdurchmessers erforderlich machen (vgl. auch Gl. 5.5):

$$d_0 = \frac{d_1 \cdot d_2}{d_1 \pm d_2} \qquad\qquad \text{Gl. 7.11}$$

\+   für Krümmung konvex-konvex
−   für Krümmung konvex-konkav

Bild 7.11 soll eine Vorstellung von der Größe des Ersatzkrümmungsdurchmessers vermitteln: Das mittlerer Detailbild geht vom Modellfall im Kontakt mit einer Ebene aus, wobei der Durchmesser des Wälzkörpers und der Ersatzkrümmungsdurchmesser gleich sind. Alle anderen Fälle sind so angelegt, dass sie gleichen Ersatzkrümmungsdurchmesser aufweisen: Sind die Berührverhältnisse konvex-konvex (rechts), so geht ein immer kleinerer unterer Durchmesser mit einem zunehmend größeren oberen Durchmesser einher. Für Berührverhältnisse konvex-konkav (linke Beispiele) wird der innenliegende Vollzylinder umso kleiner, je kleiner der ihn umgebende Hohlzylinder ist.

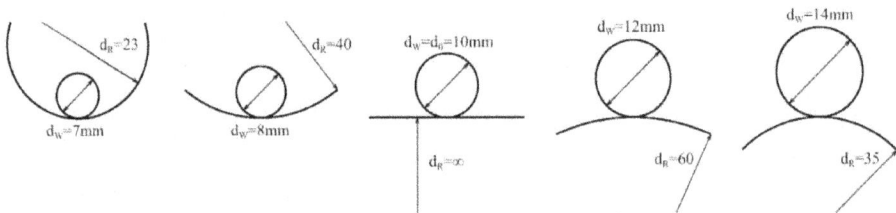

Bild 7.11: Ersatzkrümmungsdurchmesser

Bei der rechnerischen Beschreibung der Belastung im Wälzkontakt muss nach der Materialpaarung unterschieden werden.

- Bei **metallischen Werkstoffen** wird die Werkstoffbelastung wie bei Wälzlagern in Form der Hertz'schen Pressung ausgedrückt (vgl. auch Gl. 5.4 und 5.5):

$$\sigma_{Hz} = -\frac{1}{\pi} \cdot \sqrt[3]{\frac{6 \cdot F \cdot E^2}{d_0^2 \cdot (1 - \nu^2)}} \qquad \text{Kontakt Kugel-Ebene (,,Punkt``-Berührung)}$$

$$\text{Gl. 7.12}$$

$$\sigma_{Hz} = -\sqrt{\frac{F \cdot E}{\pi \cdot d_0 \cdot L \cdot (1 - \nu^2)}} \qquad \text{Kontakt Rolle-Ebene (,,Linien``-Berührung)}$$

$$\text{Gl. 7.13}$$

Dabei bedeuten:

σ_{Hz} Hertz'sche Pressung
F_N die den Wälzkontakt belastende Normalkraft
E   Elastizitätsmodul
L   Länge der Linienberührung (nur bei Linienberührung)
ν Querkontraktionszahl (Stahl: $\nu = 0{,}3$)

Die tatsächlich auftretende Hertz'sche Pressung muss kleiner sein als die in Tabelle 7.4 angegebenen zulässigen Werte.

- Bei **nichtmetallischen Werkstoffen** wird meist auf die historische Formulierung der „Wälzpressung k" zurückgegriffen, die die belastende Kraft auf die Projektion des Wälzzylinders mit Ersatzkrümmungsdurchmesser bezieht:

$$k = \frac{F_N}{d_0 \cdot L} \hspace{4cm} \text{Gl. 7.14}$$

Im Gegensatz zur zuvor aufgeführten Hertz'schen Pressung kann die Wälzpressung allerdings nicht als Druckspannung im physikalischen Sinne verstanden werden, sondern ist lediglich ein Kennwert zur Beschreibung der Belastung. Bei der Festlegung der zulässigen Wälzpressung nach Tabelle 7.4 muss jedoch noch ein weiterer Umstand berücksichtigen werden: Die Berührzonen am Umfang des Wälzkörpers wirken nicht nur als Federn, die verformt werden, wenn sie in die Laststellung hineinrollen, und die zurück federn, wenn sie die Laststellung wieder verlassen. Da Gummi nicht nur Feder, sondern gleichzeitig auch Dämpfer ist (vgl. Kap. 2.5.2 der dreibändigen Ausgabe), wird der Werkstoff mit zunehmender Geschwindigkeit thermisch mehr belastet. Die zulässige Wälzpressung wird

Tabelle 7.4: Materialwerte für Reibradgetriebe

Materialpaarung	μ	$\sigma_{Hz\,zul}$ $[N/mm^2]$	k_{zul} $[N/mm^2]$	
Gummi (aufvulkanisiert) – Stahl	0,6–0,8		$0{,}48$ $\dfrac{0{,}48}{\left(v\left[\frac{m}{s}\right]\right)^{0{,}75}}$	für $v \leq 1\,\text{m/s}$ für $1 \leq v \leq 30\,\text{m/s}$
Gummi (aufgepresst) – Stahl	0,6–0,8		$0{,}48$ $\dfrac{0{,}33}{\left(v\left[\frac{m}{s}\right]\right)^{0{,}75}}$	für $v \leq 0{,}6\,\text{m/s}$ für $0{,}6 \leq v \leq 30\,\text{m/s}$
organischer Reibwerkstoff – Stahl (trocken)	0,3–0,6		0,8–1,4	
E360 – GG 21 (trocken)	0,08–0,12	350		
Stahl – Stahl, gehärtet, geschmiert	0,02–0,04	650		

deshalb nach Tabelle 7.4 in Funktion der im Wälzpunkt vorliegenden Umfangsgeschwindigkeit v formuliert. Bei Geschwindigkeiten von über 30 m/s wird die thermische Belastung so hoch, dass der Werkstoff kaum noch mechanisch belastet werden kann, was einen praktischen Betrieb wenig sinnvoll macht.

Obwohl die Zahlenwerte für σ_{Hz} und k die gleiche Dimension [N/mm^2] aufweisen, sind sie **nicht** untereinander vergleichbar. Eine Zusammenstellung der zulässigen Werkstoffbelastungen nach Tabelle 7.4 ist nicht ganz unproblematisch und beschränkt sich auf erste grobe Anhaltswerte. Diese Zahlenwerte sind nur als Richtwerte für Reibradgetriebe mit annähernd konstanter Übersetzung anzusehen und spielen sich in jedem Fall nur im Zeitfestigkeitsbereich ab. Ähnlich wie bei Wälzlagern gibt es auch bei Reibradgetrieben keine Dauerfestigkeit. Bild 7.12 zeigt in einer beispielhaften Gegenüberstellung die markanten Unterschiede der Materialpaarungen Stahl-Stahl und Gummi-Stahl.

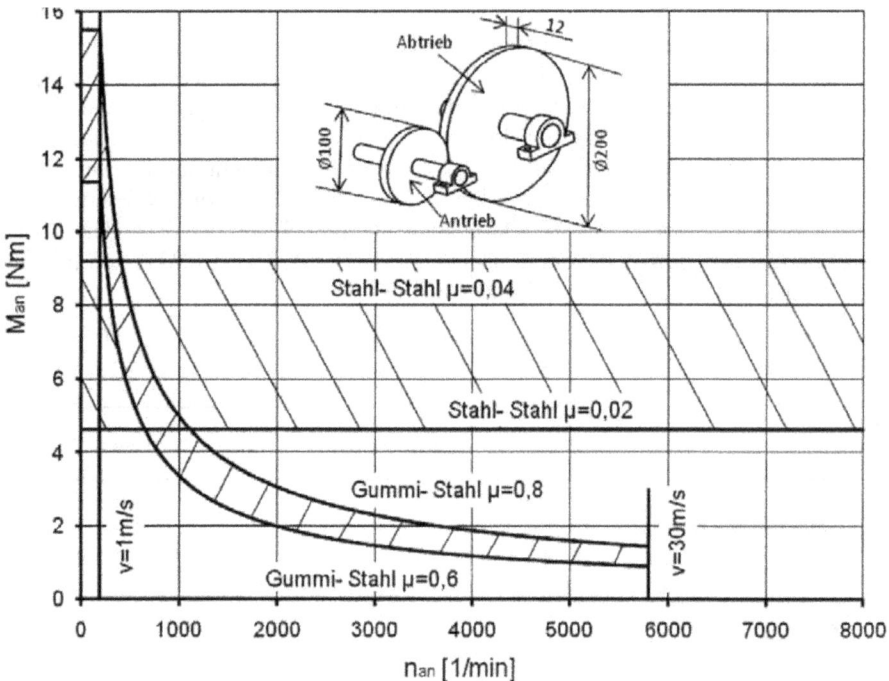

Bild 7.12: Übertragbares Antriebsmoment Reibradgetriebe Stahl-Stahl und Gummi-Stahl

Die oben rechts im Diagramm skizzierte Anordnung wird in gleichen Abmessungen sowohl in Stahl-Stahl als auch in Gummi-Stahl ausgeführt. Das Diagramm drückt die Belastbarkeit des Getriebes als übertragbares Antriebsmoment in Funktion der Antriebsdrehzahl aus. Daraus lassen sich die folgenden Feststellungen ableiten:

- Bei der Materialpaarung Stahl-Stahl ist das übertragbare Moment nahezu unabhängig von der Geschwindigkeit. Die im Wälzkontakt entstehende Verlustleistung wird durch das Schmiermittel abgeführt. Die relativ große Unsicherheit bei der Festlegung der Reibzahl ($\mu = 0{,}02 - 0{,}04$), für die vor allen Dingen die Beschaffenheit des Schmierstoffs verantwortlich ist, führt zu einer großen Bandbreite bei der Bestimmung des übertragbaren Momentes.
- Die Normalkraftbelastbarkeit von Gummi-Stahl ist zwar wesentlich geringer, aber wegen des hohen Reibwertes ($\mu = 0{,}6-0{,}8$) kann mit diesem Getriebe bei geringen Geschwindigkeiten deutlich mehr Moment übertragen werden. Bei Umfangsgeschwindigkeiten von mehr als 1 m/s wird die elastische Verformung im Wälzkontakt zunehmend von der für Gummiwerkstoffe typischen Materialdämpfung begleitet, die zu vermehrter Reibleistung und damit zu einer Erwärmung des Gummis führt. Wegen der Trockenreibung und wegen der geringen Wärmeleitfähigkeit des Gummis kann diese Wärme nur schlecht abgeführt werden. Um thermisch bedingte Materialschädigungen auszuschließen, müssen mit steigender Geschwindigkeit die Normalkraftbelastung und damit das übertragbare Moment reduziert werden. Geschwindigkeiten von über 30 m/s schließen die Verwendbarkeit von Gummi weitgehend aus. Da die Unsicherheit der Schmierstoffbeschaffenheit hier entfällt, lässt sich der Reibwert relativ genau beziffern, sodass sich die Bandbreite des übertragbaren Momentes in engeren Grenzen hält.

Aus dieser Gegenüberstellung lässt sich schlussfolgern, dass bei hohen Geschwindigkeiten nur die Materialpaarung Stahl-Stahl in Frage kommt, während bei geringen Drehzahlen Gummi-Stahl vorteilhaft eingesetzt werden kann. Bei diesen Getrieben muss zwar ein geringer Wirkungsgrad in Kauf genommen werden, aber sie erfordern wegen der trockenen Reibung nur einen vergleichsweise geringen konstruktiven Aufwand.

Aufgaben A.7.2 bis A.7.5

7.2.3 Vorspannen von Wälzgetrieben

Zur ordnungsgemäßen Funktion des Wälzgetriebes muss die für die Reibkraftübertragung erforderliche Normalkraft wohl dosiert aufgebracht werden. Dabei werden die Reibräder vorzugsweise nach Bild 7.13 radial gegeneinandergedrückt (weitere Vorspannungsvarianten unter Kap. 7.2.3 der dreibändigen Ausgabe). Aus Gründen der zeichnerischen Darstellbarkeit wird in den folgenden Beispielen ein (unrealistisch hoher) Reibwert von $\mu = 1{,}0$ (entspricht einem Reibwinkel ρ von 45°) angenommen. Die Vergleichbarkeit der Konstruktionsvarianten wird durch ein einheitliches Übersetzungsverhältnis von 1 : 2 sichergestellt. Die Kräfte im Wälzkontakt werden hier so angetragen, wie sie auf das obere Rad wirken.

a. **Verformung der Reibräder**: Die ortsfeste Anordnung der beiden Wellen im Gestell ist zwar konstruktiv besonders einfach, bedeutet aber für die Aufbringung einer definierten Normalkraft als Produkt aus Steifigkeit und Federweg ein besonderes Problem: Wenn die Steifigkeit der Konstruktion hoch ist, muss der Federweg als Verkürzung des Achsabstandes **während der Montage** sehr präzise erfolgen. Eine nachgiebige Konstruktion schwächt

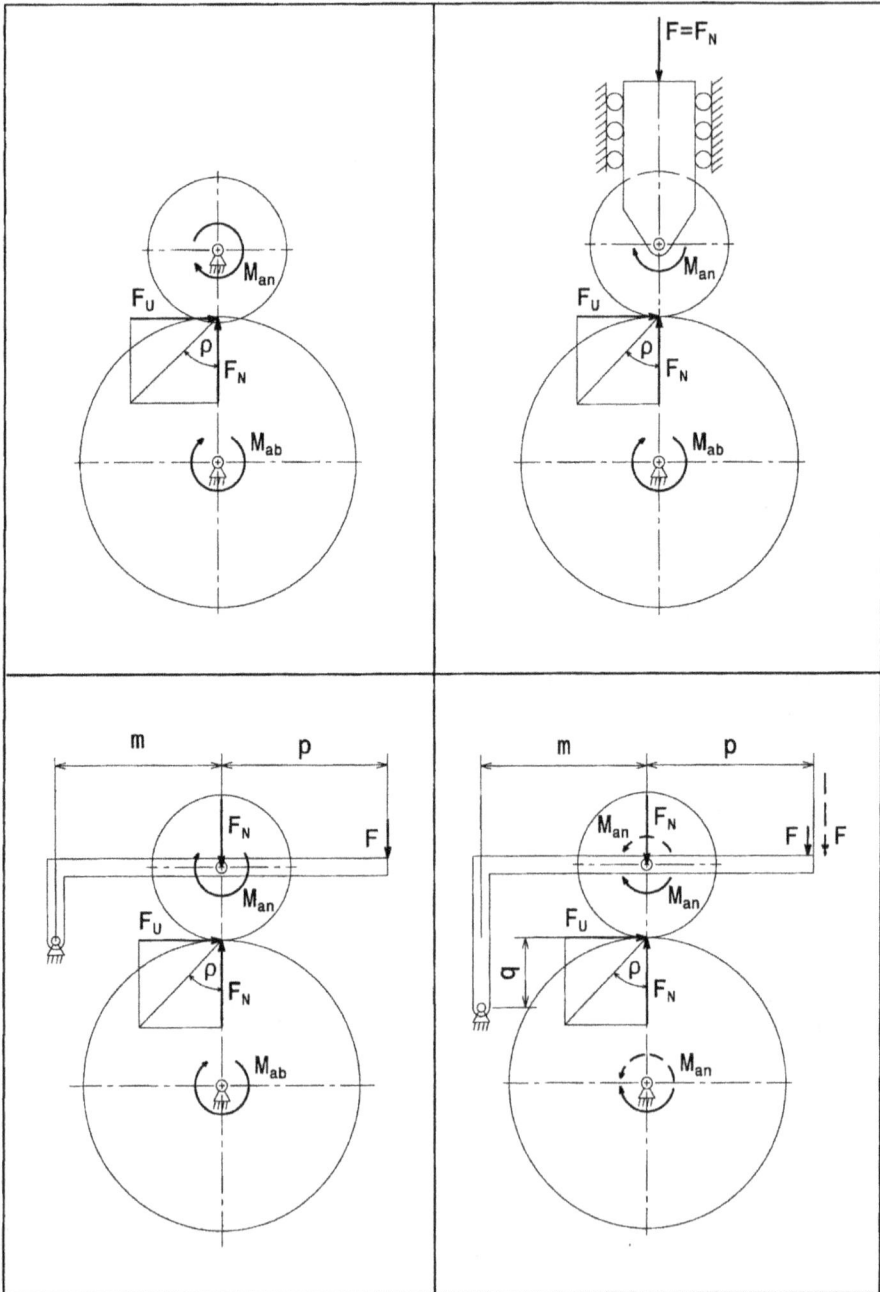

Bild 7.13: Radiale Vorspannung von Wälzgetrieben

das Problem ab, würde aber beispielsweise die Verwendung eines elastischen Gummirades bedeuten. Die weiteren Konstruktionsvarianten sehen deshalb vor, die Anpresswirkung durch eine externe Kraft aufzubringen, was aber nur möglich ist, wenn die Achse eines der beiden Reibräder **während des Betriebes** parallel verschoben werden kann.

b. **Linearführung**: Wird eines der beiden Räder in einer Linearführung angeordnet, so kann eine von außen eingeleitete Vorspannkraft F direkt als F_N auf den Wälzkontakt einwirken. Diese Konstruktion ist allerdings sehr aufwendig, weil die Linearführung neben Kräften auch ein Biegemoment abstützen muss.

c. **Hebel ohne Selbstverstärkung**: Wird das obere Reibrad gelenkig an das Gestell angebunden, so wird die Konstruktion einfacher und es kann eine Hebelwirkung ausgenutzt werden. Das Zusammenspiel der Kräfte orientiert sich am Momentengleichgewicht um das Gelenk des Hebels:

$$F_N \cdot m - F \cdot (m + p) = 0 \quad \Rightarrow \quad F = \frac{m}{m + p} \cdot F_N \qquad \text{Gl. 7.15}$$

Dieser einfache Zusammenhang gilt aber nur, wenn der Gelenkpunkt auf der Wirkungslinie von F_U liegt.

d. **Hebel mit Selbstverstärkung**: Wird der Gelenkpunkt wie hier dargestellt unterhalb der Wirkungslinie von F_U platziert, so nimmt auch die Umfangskraft am Momentengleichgewicht des Hebels teil:

$$-F_U \cdot q + F_N \cdot m - F \cdot (m + p) = 0$$

F_u steht aber selber über die Coulomb'sche Reibung ($F_U = \mu \cdot F_N$) mit F_N in Zusammenhang, sodass sich die vorstehende Gleichung vereinfachen lässt:

$$-\mu \cdot F_N \cdot q + F_N \cdot m - F \cdot (m + p) = 0$$
$$F \cdot (m + p) = F_N \cdot m - \mu \cdot F_N \cdot p = F_N \cdot (m - \mu \cdot q)$$

$$F = \frac{m - \mu \cdot q}{m + p} \cdot F_N \quad \text{(für Moment am Abtrieb im Uhrzeigersinn)} \qquad \text{Gl. 7.16}$$

Die Anpresswirkung wird also bei gleicher Betätigungskraft F gegenüber der Konstruktionsvariante c nach Gl. 7.15 verstärkt, sodass weniger Betätigungskraft F erforderlich ist. Wirkt das Moment am Abtriebsrad im Gegenuhrzeigersinn, so tritt eine umgekehrte, abschwächende Wirkung ein:

$$F_U \cdot q + F_N \cdot m - F \cdot (m + p) = 0$$
$$\mu \cdot F_N \cdot q + F_N \cdot m = F \cdot (m + p)$$

$$F = \frac{m + \mu \cdot q}{m + p} \cdot F_N \quad \text{(für Moment am Abtrieb im Gegenuhrzeigersinn)} \qquad \text{Gl. 7.17}$$

Damit wird mehr Betätigungskraft als bei Konstruktionsvariante c erforderlich. Diese Aussage ist vor allen Dingen dann wichtig, wenn auf der Antriebswelle auch gebremst werden soll. Ähnliches gilt, wenn der Anlenkpunkt des Gelenks nach oberhalb der Wirkungslinie von F_U verlagert wird.

Kapitel 7.2.3 der dreibändigen Ausgabe stellt darüber hinaus Mechanismen vor, die den Vorspannungszustand in Funktion des anliegenden Momentes selbsttätig regeln.

Aufgabe A.7.6

7.2.4　　Stufenlose Übersetzungsmöglichkeiten

Mit Gl. 7.6 wurde zum Ausdruck gebracht, dass sich für formschlüssige Getriebe das Übersetzungsverhältnis auch durch den Quotienten der Zähnezahlen ausdrücken lässt. Im Umkehrschluss kann festgestellt werden, dass das Übersetzungsverhältnis formschlüssiger Getriebe nur als Quotient von zwei natürlichen Zahlen zustande kommen kann. Feinere Abstufungen oder sogar eine stufenlose Verstellung des Übersetzungsverhältnisses ist bei formschlüssigen Getrieben nicht möglich. Reibschlüssige Getriebe unterliegen dieser Einschränkung nicht und so werden sie vielfach eingesetzt, wenn dieser Vorteil auch tatsächlich ausgenutzt wird. Bild 7.14 zeigt wesentliche Unterscheidungsmerkmale eines solchen stufenlos verstellbaren Getriebes:

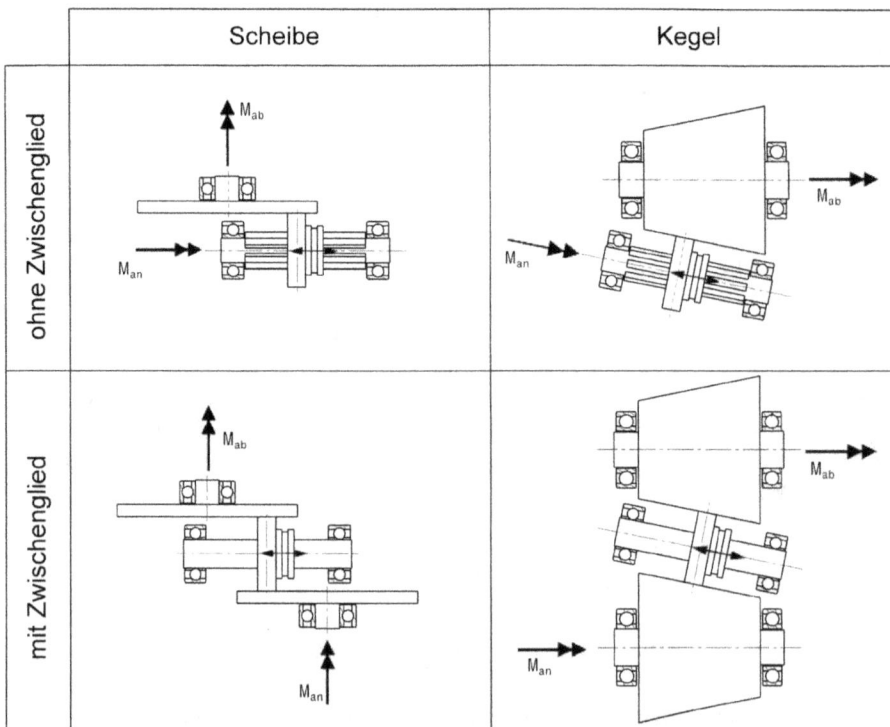

Bild 7.14: Prinzipien von Reibradgetrieben mit stufenlos verstellbarem Übersetzungsverhältnis

In der oberen Bildzeile wird das Moment in einer einzigen Stufe von der Antriebswelle auf die Abtriebswelle übertragen. Dabei wird eine (konstruktiv nicht unproblematische) längsverschiebbare Welle-Nabe-Verbindung erforderlich (s. Kapitel 6.2.1, Schiebesitz). Die in der unteren Bildzeile dargestellten Getriebe nutzen jeweils zwei hintereinander geschaltete Stufen aus. Damit wird nicht nur der Übersetzungsbereich erweitert, sondern auch eine längsverschiebbare Welle-Nabe-Verbindung überflüssig: Im linken Fall wird das Moment von der Antriebsscheibe über das Zwischenrad direkt auf die Abtriebsscheibe übertragen, im rechten Beispiel direkt vom Antriebskegel über das Zwischenrad auf den Abtriebskegel. In beiden Fällen wird das Zwischenrad nur auf einer Achse in Axialrichtung geführt, ohne dass dabei Moment auf diese Führungsachse übertragen wird.

7.3   Riemengetriebe

Der Riementrieb dient zur Übertragung von Moment, Drehbewegung und Leistung zwischen zwei Wellen, wobei große Achsabstände kostengünstig überbrückt werden können. Er kann dabei zwei elementare Aufgaben der Antriebstechnik übernehmen:

- **Kupplung**: Ist das Übersetzungsverhältnis 1 : 1, so nimmt der Riementrieb die Aufgaben einer nicht schaltbaren Kupplung wahr: Er ist in der Lage, Maßabweichungen im Achsabstand und geringe Schiefstellungen der Wellen untereinander auszugleichen. Unter gewissen Einschränkungen kann der Riementrieb auch als Sicherheitskupplung dienen: Bei Momentenüberlastung wird ein Gleitschlupf („Rutschen") erzwungen, wodurch andere Maschinenteile vor Überlastung geschützt werden (mehr darüber in Kap. 9.4.2.1 der dreibändigen Ausgabe).
- **Getriebe**: Bei der Verwendung des Riementriebs als drehzahl- und drehmomentenwandelndes Getriebe werden die Radien der Riemenscheiben in ein Verhältnis gesetzt, welches dem Übersetzungsverhältnis entspricht.

Der Reibschluss zwischen Riemen und Scheibe erfordert eine Anpressung des Riemens auf die Scheibe und damit eine Vorspannung des Riementriebes.

7.3.1   Seilreibung

Wie beim Reibradgetriebe liegt auch zwischen Riemen und Scheibe ein Reibzustand vor, der mit dem Coulomb'schen Gesetz beschrieben werden kann. Die rechnerische Formulierung dieses Reibschlusses wird jedoch durch einige Umstände erschwert:

- Die Kraftübertragung zwischen Scheibe und Riemen findet nicht an einer einzigen Stelle statt, sondern wird auf den gesamten Umschlingungsbogen zwischen Riemen und Scheibe verteilt.
- Die Anpresswirkung zwischen Riemen und Scheibe ist nicht konstant, sondern ändert sich entlang des Umschlingungsbogens.

- Die reibschlüssige Kraftübertragung vollzieht sich zwei Mal hintereinander, zunächst von der treibenden Scheibe zum Riemen und dann wieder vom Riemen auf die getriebene Scheibe.

Da dieser Sachverhalt in gleicher Weise bei einem Seil auftritt, welches um eine Seilrolle geschlungen ist und dabei ein Moment überträgt, wird diese Reibung in der klassischen Mechanik als „Seilreibung" bezeichnet. Mit der Modellvorstellung von Bild 7.15 und 7.16 sollen zunächst einmal die Abhängigkeiten der Seilreibung qualitativ abgeklärt werden.

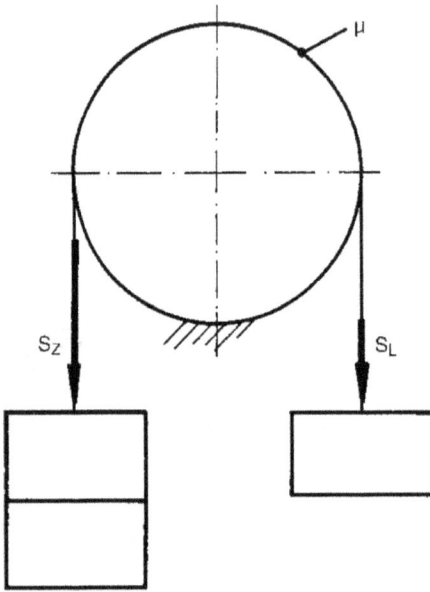

Bild 7.15: Seilreibung und Reibzahl   Bild 7.16: Seilreibung und Umschlingungswinkel

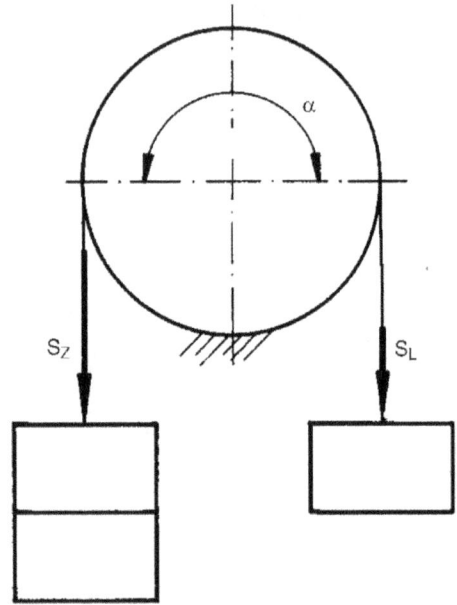

Ein Seil wird über eine drehfest angeordnete Scheibe geschlungen und nach Bild 7.15 an jedem Ende mit zunächst gleich großen Gewichtskräften S_Z und S_L belastet. Das System bleibt in jedem Fall im Gleichgewicht, das Seil bewegt sich nicht. Wird die Kraft S_Z wie hier dargestellt durch zusätzliche Gewichte vergrößert, so wird diese zusätzliche Kraft als Reibkraft zwischen Seil und Scheibe abgestützt. Dabei wird die größere der beiden Seilkräfte S_Z als „Zugtrumkraft" und die kleinere der beiden Kräfte S_L als „Leertrumkraft" bezeichnet. Wird der Unterschied zwischen S_Z und S_L zu groß, so rutscht das Seil durch. Dabei lässt sich beobachten, dass dieser Grenzfall vom Quotienten S_Z/S_L abhängt, wobei eine hohe Reibzahl (z. B. Gummiseil) einen deutlich höheren Quotienten zulässt als eine geringe Reibzahl (z. B. Stahlseil):

$$\frac{S_Z}{S_L} \leq G_1 = f_{(\mu)} \qquad\qquad\qquad\qquad Gl.\ 7.18$$

Auch in der Modellvorstellung von Bild 7.16 wird der Kraftquotient S_Z/S_L durch zusätzliches Auflegen von Gewicht auf der Zugtrumseite allmählich vergrößert. Wenn sich ein Durchrutschen ankündigt, wird der „Umschlingungswinkel" α von bisher 180° durch eine weiteres Herumführen des Seils um die Scheibe um weitere 360° vergrößert. Damit lässt sich der Kraftquotient S_Z/S_L deutlich erhöhen. Eine Vergrößerung von α erlaubt also ebenfalls eine Steigerung von S_Z/S_L. Der Seemann, der ein Schiff am Hafenpoller befestigt, macht sich genau diesen Effekt zu Nutze: Er schlingt das Seil gleich mehrfach um den Poller und ist damit in der Lage, mit seiner sehr geringen Handkraft S_L riesige Schiffe mit enormen Zugkräften S_Z festzuhalten. Der Quotient S_Z/S_L kann also offenbar bis zu einem weiteren Grenzwert G_2 gesteigert werden, der eine Funktion des Umschlingungswinkels α ist:

$$\frac{S_Z}{S_L} \leq G_2 = f_{(\alpha)} \qquad\qquad \text{Gl. 7.19}$$

Zur quantitativen Beschreibung dieses Sachverhaltes wird ein infinitesimal kleines Riemenelement nach Bild 7.17 betrachtet.

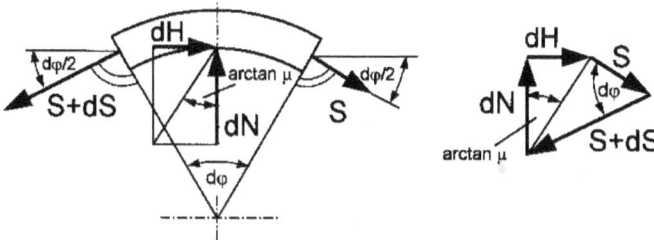

Bild 7.17: Kräfte am Riemenelement

Das Riemenelement wird von der Scheibenmitte aus unter dem Winkel $d\varphi$ gesehen. Am Riemenelement wirkt die Normalkraftkomponente dN, sodass unter Berücksichtigung des Reibwertes μ eine Horizontalkraft dH übertragen werden kann. Wenn an der rechten Seite des Riemenelementes tangential die Seilkraft S anliegt, kann aufgrund der Reibkraft auf der linken Seite S + dS als tangentiale Zugkraft zugelassen werden. Alle diese Kräfte stehen untereinander im Gleichgewicht, sodass sowohl in x-Richtung als auch in y-Richtung ein Kräftegleichgewicht formuliert werden kann:

$$\sum F_x = 0 = dH + S \cdot \cos\frac{d\varphi}{2} - (S + dS) \cdot \cos\frac{d\varphi}{2}$$

Wegen der sehr kleinen Winkel kann $\cos(d\varphi/2) = 1$ gesetzt werden. Damit gewinnt man:

$$dH + S - S - dS = 0 \quad \Rightarrow \quad dH = dS \qquad\qquad \text{Gl. 7.20}$$

Diese Gleichung weist zwei Unbekannte auf. Das Kräftegleichgewicht in y-Richtung liefert eine zweite Gleichung:

$$\sum F_y = 0 = dN - S \cdot \sin\frac{d\varphi}{2} - (S + dS) \cdot \sin\frac{d\varphi}{2}$$

Wegen der sehr kleinen Winkel kann $\sin d\varphi = d\varphi$ gesetzt werden:

$$dN - S \cdot \frac{d\varphi}{2} - (S + dS) \cdot \frac{d\varphi}{2} = 0 \quad \Rightarrow \quad dN - S \cdot \frac{d\varphi}{2} - S \cdot \frac{d\varphi}{2} - dS \cdot \frac{d\varphi}{2} = 0$$

Der letzte Ausdruck dieser Gleichung dS · dφ/2 ist „von höherer Ordnung klein", da zwei infinitesimal kleine Größen miteinander multipliziert werden. Dadurch verkürzt sich die letztgenannte Gleichung auf:

$$dN - 2 \cdot S \cdot \frac{d\varphi}{2} = 0 \quad \Rightarrow \quad dN = S \cdot d\varphi \qquad \text{Gl. 7.21}$$

Setzt man das Coulomb'sche Reibungsgesetz an diesem Riemenelement an und führt für die Reibkraft dH den Ausdruck nach Gl. 7.20 und für die Normalkraft dN das Ergebnis nach Gl. 7.21 ein, so ergibt sich:

$$\mu = \frac{dH}{dN} = \frac{dS}{S \cdot d\varphi} \quad \Rightarrow \quad \frac{dS}{S} = \mu \cdot d\varphi \qquad \text{Gl. 7.22}$$

Diese letztgenannte Gleichung wird auch als „Differentialgleichung der Seilreibung" bezeichnet. Bei deren Lösung muss über den gesamten Umschlingungswinkel α integriert werden, wobei an dem einen Seilende die größere Seilkraft S_Z und am anderen die kleinere Seilkraft S_L vorliegt:

$$\int_{S=S_L}^{S=S_Z} \frac{dS}{S} = \mu \cdot \int_{\varphi=0}^{\varphi=\alpha} d\varphi$$

Die Mathematik bietet für den Fall, dass im linken Integral im Zähler die Ableitung des Nenners steht, eine einfache Lösung an:

$$\left[\ln S\right]_{S=S_L}^{S=S_Z} = \mu \cdot \left[\varphi\right]_{\varphi=0}^{\varphi=\alpha} \quad \Rightarrow \quad \ln S_Z - \ln S_L = \mu \cdot (\alpha - 0)$$

Werden beide Gleichungsseiten in die e-te Potenz erhoben, so erhält man:

$$e^{\ln S_Z - \ln S_L} = e^{\mu\alpha}$$

$$\frac{S_Z}{S_L} = e^{\mu\alpha} \qquad \alpha \text{ in Bogenmaß!!} \qquad \text{Gl. 7.23}$$

Diese Gleichung gibt genau den Fall wieder, dass die Reibzahl μ gänzlich ausgenutzt wird, sie beschreibt also den Grenzfall des maximalen Quotienten S_Z/S_L. Natürlich kann S_Z/S_L auch kleiner als der Grenzwert $e^{\mu\alpha}$ sein.

$$\frac{S_Z}{S_L} \leq e^{\mu\alpha} \qquad \alpha \text{ in Bogenmaß!!} \qquad e^{\mu\alpha} = m \qquad \text{Gl. 7.24}$$

Diese Gleichung wird als „Eytelwein'sche Gleichung" bezeichnet und ist von elementarer Bedeutung für die Seilreibung und damit auch für die Kraftübertragung zwischen Riemen und Scheibe (Johann Albert Eytelwein, 1764–1848, Professor in Berlin). Die Handhabung dieser Gleichung ist besonders einfach, da bei einer einmal ausgeführten Konstruktion sowohl die Reibzahl μ als auch der Umschlingungswinkel α konstant ist. Der Ausdruck $e^{\mu\alpha}$ ist deshalb ebenfalls konstant und wird mit m bezeichnet. Diese Gleichung ist nicht nur der Ausgangspunkt für die weiter unten folgende Dimensionierung von Riementrieben, sondern auch von elementarer Bedeutung für Bandbremsen (s. Kap. 10.5.4 der dreibändigen Ausgabe).

7.3.2   Treibscheiben

Die Modellvorstellung der Seilreibung an der feststehenden Scheibe von Bild 7.15 und 7.16 wird in Bild 7.18 auf die drehende Scheibe erweitert.

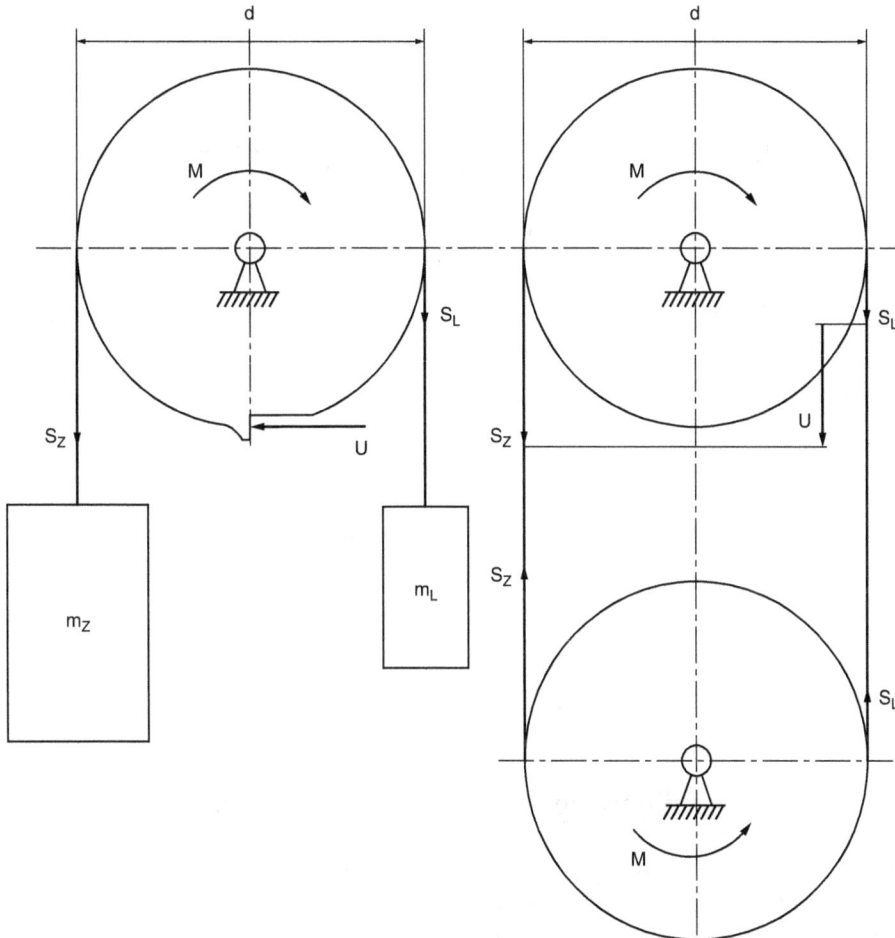

Bild 7.18: Treibscheibe Fördertechnik (links) und Momentenübertragung über zwei gleich großen Seilscheiben (rechts)

Die in der linken Bildhälfte dargestellte Konstellation findet in der Fördertechnik zum Heben und Senken von Lasten Verwendung: Eine Last m_Z (z. B. Förderkorb) soll mit einem Seil angehoben werden. Wenn das Seil direkt auf die Hubtrommel aufgewickelt wird, muss der Antriebsmotor die gesamte Hubarbeit aufbringen. Wird das Seil hingegen nach der skizzierten Anordnung über eine Scheibe geführt und am anderen Ende mit einer weiteren Masse m_L

verbunden, so wird das Antriebsmoment, welches der Motor auf die Scheibe aufzubringen hat, deutlich reduziert, weil nur noch die Differenz der beiden Massen angehoben werden muss. Es muss allerdings sichergestellt werden, dass das um die Scheibe geschlungene Seil der Eytelwein'schen Gleichung genügt und damit nicht durchrutscht. In der Fördertechnik werden solche Anordnungen „Treibscheiben" genannt. Das Antriebsmoment M errechnet sich zu:

$$M = (S_Z - S_L) \cdot \frac{d}{2}$$
Gl. 7.25

Die Seilkraftdifferenz $(S_Z - S_L)$ kann auch durch die fiktive Umfangskraft U ausgedrückt werden, die im Bild formal am unteren Scheitelpunkt der Seilscheibe angetragen ist und das Drehmoment an der Scheibe im Gleichgewicht hält:

$$U = S_Z - S_L$$
Gl. 7.26

Die Umfangskraft U erreicht dann ihren Maximalwert U_{max}, wenn der Betriebspunkt auf der Rutschgrenze liegt, wenn also $S_Z = S_L \cdot e^{\mu\alpha}$ oder $S_L = S_Z/e^{\mu\alpha}$ ist:

$$U_{max} = f_{(SL)} = S_L e^{\mu\alpha} - S_L = S_L (e^{\mu\alpha} - 1) \quad \text{bzw.}$$

$$U_{max} = f_{(SZ)} = S_Z - \frac{S_Z}{e^{\mu\alpha}} = S_Z \cdot \left(1 - \frac{1}{e^{\mu\alpha}}\right)$$
Gl. 7.27

Das maximal übertragene Moment M_{max} ergibt sich dann durch Einsetzen in Gl. 7.25:

$$M_{max} = U_{max} \cdot \frac{d}{2} = S_L \cdot (e^{\mu\alpha} - 1) \cdot \frac{d}{2} = S_Z \cdot \left(1 - \frac{1}{e^{\mu\alpha}}\right) \cdot \frac{d}{2}$$
Gl. 7.28

Aufgabe A.7.7

7.3.3   Momentenübertragung von Scheibe zu Scheibe

Die in der linken Hälfte von Bild 7.18 für eine einzelne Scheibe angestellten Überlegungen werden in der rechten Bildhälfte um eine zweite Scheibe erweitert, sodass sich eine Hintereinanderschaltung von zwei gleichen Seilreibungen ergibt. Der Einfachheit halber wird zunächst der Fall betrachtet, dass die Antriebs- und die Abtriebsscheibe gleichen Durchmesser aufweisen und damit ein Getriebe mit dem Übersetzungsverhältnis $i = 1$, also eine Kupplung entsteht.

Bei der Klärung der Frage nach dem maximal übertragbaren Moment ist aber nicht nur die Rutschgrenze, sondern auch die Festigkeitsgrenze zu berücksichtigen: Diese Problematik stellt sich beim Riementrieb aber besonders einfach dar, weil im Wesentlichen nur Zugkräfte wirken und die größtmögliche Zugkraft im Zugtrum auftritt:

$$S_{Zmax} = A_{Riemen} \cdot \sigma_{zul}$$
Gl. 7.29

Die spannungsübertragende Querschnittsfläche des Riemens A_{Riemen} ergibt sich bei homogenen Riemenwerkstoffen als Rechteckfläche aus Riemenbreite b und Riemenstärke s. Der Werkstoff des Riemens ist nicht dauerfest, die zulässige Spannung σ_{zul} gibt an, dass bei diesem Wert eine bestimmte Anzahl von Lastwechseln ertragen werden kann, also eine gewisse Gebrauchsdauer zu erwarten ist. Wird die Festigkeit nach Gl. 7.29 in Gl. 7.28 eingesetzt, so ergibt sich das maximal übertragbare Moment:

$$M_{max} = S_{Zmax} \cdot \left(1 - \frac{1}{e^{\mu\alpha}}\right) \cdot \frac{d}{2} = A_{Riemen} \cdot \sigma_{zul} \cdot \left(1 - \frac{1}{e^{\mu\alpha}}\right) \cdot \frac{d}{2} \qquad \text{Gl. 7.30}$$

Im theoretischen Grenzfall (sehr große Reibzahl μ und sehr großer Umschlingungswinkel α) kann der Riementrieb das Moment $M_{max} = A_{Riemen} \cdot \sigma_{zul} \cdot d/2$ übertragen. Werden für μ und α realistische Werte angenommen, so ergibt sich das mit zunehmender Reibzahl und mit zunehmendem Umschlingungswinkel ansteigende übertragbare Moment nach Bild 7.19.

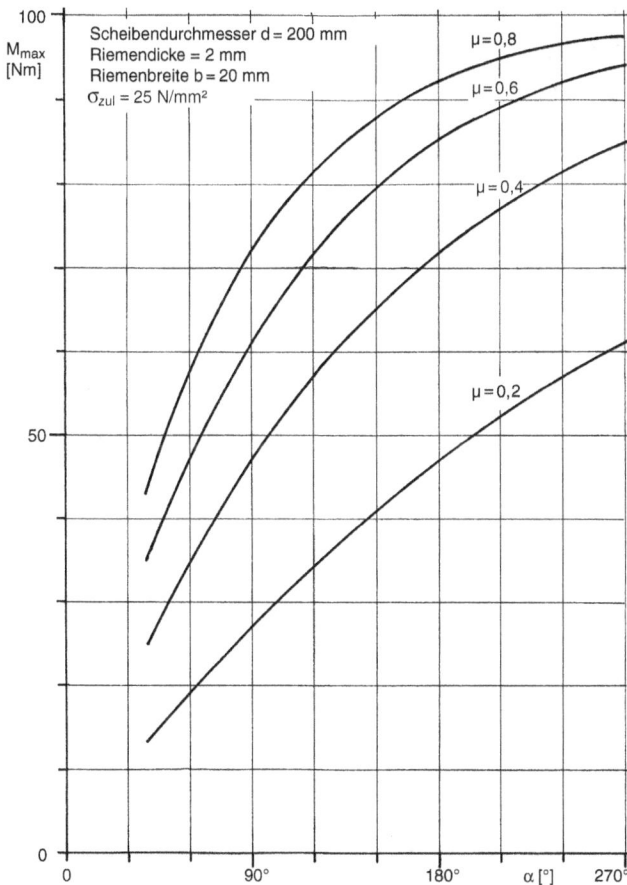

Bild 7.19: Übertragbares Moment Riementrieb

Kleine Umschlingungswinkel sind wenig sinnvoll, weil dann keine Umfangskraft und damit kein Moment übertragen werden kann. Andererseits sind Umschlingungswinkel von mehr als 270° (Dreiviertelkreis) kaum realisierbar, weil der Riemen in seiner ihm durch die Konstruktion zugewiesenen Ebene verbleiben muss. Der zuvor erwähnte Hafenpoller mit seiner Vielfachumschlingung ist ja nur praktikabel, weil die Seilgeschwindigkeit sehr gering ist und der mit der Berührung der Seillagen untereinander verbundene Verschleiß keine wesentliche Rolle spielt. Für den allgemeinen Fall, dass zur Drehzahl- und Drehmomentenwandlung unterschiedlich große Riemenscheiben verwendet werden, müssen nach Bild 7.20 noch einige geometrische Beziehungen geklärt werden:

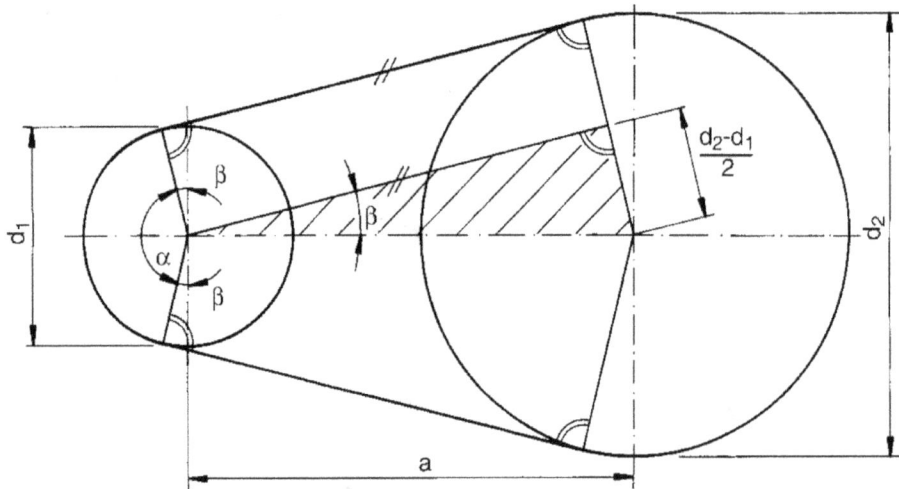

Bild 7.20: Geometrie Riementrieb mit unterschiedlich großen Scheiben

Bei einem nur aus zwei Scheiben bestehenden „offenen" Riementrieb erreicht der Riemen zuerst an der kleineren Scheibe seine Rutschgrenze, weil dort der kleinere Umschlingung**swinkel** vorliegt und nicht etwa wegen des kürzeren Umschlingung**sbogen**s. Der Umschlingungswinkel α lässt sich geometrisch ermitteln:

$$\alpha\,[°] = 180° - 2 \cdot \beta\,[°] \qquad\qquad\qquad\qquad \text{Gl. 7.31}$$

Wenn die Scheibendurchmesser d_1 und d_2 sowie der Achsabstand a gegeben sind, so lässt sich der Winkel β am schraffierten Hilfsdreieck formulieren zu:

$$\sin\beta = \frac{d_2 - d_1}{2 \cdot a} \quad \Rightarrow \quad \alpha\,[°] = 180° - 2 \cdot \arcsin\frac{d_2 - d_1}{2 \cdot a} \qquad \text{Gl. 7.32}$$

An dieser Stelle wird der Umschlingungswinkel in Grad ausgewiesen und auch ausdrücklich so gekennzeichnet. Diese Unterscheidung ist deshalb angebracht, weil der Umschlingungswinkel in die Eytelwein'sche Gleichung stets in Bogenmaß eingesetzt werden muss. Weiterhin lässt sich die Länge des gesamten Riemens L_{Riemen} als Summe der beiden freien Trumlängen und der auf den Riemenabschnitten aufliegenden Riemenbögen ausdrücken:

L_{Riemen} = 2 · freie Trumlänge

+ Umschlingungsbogen kleine Scheibe

+ Umschlingungsbogen große Scheibe

Da sich die Angabe der Riemenlänge auf die Riemenmitte als neutrale Faser bezieht, muss die Riemendicke s berücksichtigt werden.

$$L_{Riemen} = 2 \cdot a \cdot \cos\beta \, [°] + \pi \cdot (d_1 + s) \cdot \frac{180° - 2 \cdot \beta \, [°]}{360°} + \pi \cdot (d_2 + s) \cdot \frac{180° + 2 \cdot \beta \, [°]}{360°} \quad \text{Gl. 7.33}$$

Diese Gleichung kann auch für Winkelangaben in Bogenmaß ausgedrückt werden:

$$L_{Riemen} = 2 \cdot a \cdot \cos\beta + \pi \cdot (d_1 + s) \cdot \frac{\pi - 2 \cdot \beta}{2 \cdot \pi} + \pi \cdot (d_2 + s) \cdot \frac{\pi + 2 \cdot \beta}{2 \cdot \pi}$$

$$L_{Riemen} = 2 \cdot a \cdot \cos\beta + (d_1 + s) \cdot \frac{\pi - 2 \cdot \beta}{2} + (d_2 + s) \cdot \frac{\pi + 2 \cdot \beta}{2} \quad \text{Gl. 7.34}$$

Meist ist der Riemen nur in gewissen gestuften Längen erhältlich, sodass auf die nächste Riemenlänge gerundet werden muss. In diesem Fall kann der dazu passende Achsabstand durch Umstellung der obigen Gleichung berechnet werden:

$$a = \frac{L_{Riemen} - \pi \cdot (d_1 + s) \cdot \frac{180° - 2\cdot\beta\,[°]}{360°} - \pi \cdot (d_2 + s) \cdot \frac{180° + 2\cdot\beta\,[°]}{360°}}{2 \cdot \cos\beta\,[°]} \quad \text{Gl. 7.35}$$

Dabei ist allerdings zu berücksichtigen, dass durch die Anpassung des Achsabstandes auch die Winkel α und β geringfügig verändert werden, sodass je nach Genauigkeitsanforderung die Berechnung des Achsabstandes mit einem korrigierten β iterativ wiederholt werden muss. Die voranstehende Betrachtung gilt für den offenen Riementrieb. Andere Riementriebgeometrien mit möglicherweise zusätzlichen Spann- und Umlenkrollen erfordern entsprechend modifizierte Ansätze.

Die Trumkräfte verursachen sowohl an der antreibenden als auch an der getriebenen Scheibe eine Querkraft auf die Welle, die sich als Vektorsumme von S_Z und S_L nach Bild 7.21 ergibt und für den Festigkeitsnachweis von Wellen und Lagern von besonderer Bedeutung ist.

Die Winkelsumme eines jeden Dreiecks beträgt 180°, sodass der obere Winkel im Krafteck durch $180° - 2 \cdot \beta$ ausgedrückt werden kann. Dadurch lässt sich die auf die Welle wirkende Kraft F_{Welle} nach dem Kosinussatz berechnen:

$$F_{Welle} = \sqrt{S_Z^2 + S_L^2 - 2 \cdot S_Z \cdot S_L \cdot \cos(180° - 2 \cdot \beta\,[°])} = \sqrt{S_Z^2 + S_L^2 - 2 \cdot S_Z \cdot S_L \cdot \cos\alpha}$$

$$\text{Gl. 7.36}$$

Dabei ist es übrigens unerheblich, ob der Umschlingungswinkel α der größeren oder der kleineren Scheibe eingesetzt wird, da deren Kosinuswert gleich ist. Die radiale Kraft auf die beiden Wellen F_{Welle} ist ja ohnehin nach dem Gleichgewichtsprinzip der Mechanik gleich.

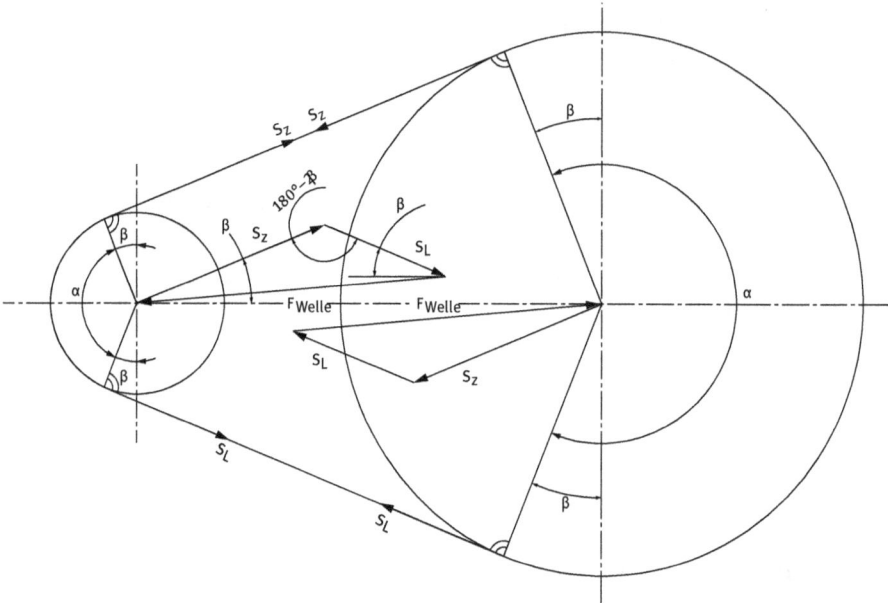

Bild 7.21: Wellenbelastung der Riemenscheiben

7.3.4 Vorspannung von Riementrieben

Während sich bei dem eingangs zitierten Beispiel der Treibscheibe aus der Fördertechnik in Ein-Scheiben-Anordnung die für die Momentenübertragung erforderliche Vorspannung im Seil quasi von selbst ergibt, muss sie bei der Zwei-Scheiben-Anordnung durch besondere konstruktive Maßnahmen gezielt eingeleitet werden.

7.3.4.1 Leertrumvorspannung

In einer ersten diesbezüglichen Betrachtung wird die Vorspannkraft durch eine Spannrolle aufgebracht, die nach der linken Hälfte von Bild 7.22 auf den Leertrum wirkt.

Die bei der Momentenübertragung wirkenden Kräfte lassen sich besonders anschaulich darstellen, wenn nach der rechten Hälfte von Bild 7.22 die Zugtrumkraft S_Z über der Leertrumkraft S_L aufgetragen wird. Wenn die Spannrolle mit konstanter Andruckkraft im Leertrum wirkt, so bleibt auch die Seilkraft im Leertrum S_L konstant, sie ist unabhängig vom aktuell übertragenen Moment. Wird kein Moment übertragen (Leerlauf), so wirkt im Zugtrum eine Seilkraft S_Z, deren Betrag genauso groß ist wie die Leertrumkraft S_L. Dieser Leerlaufzustand wird durch die Winkelhalbierende in der rechten Hälfte von Bild 7.22 repräsentiert, wobei sich mit steigender Vorspannung der Lastpunkt auf dieser Winkelhalbierenden zunehmend nach rechts oben verlagert. Wenn bei konstanter Leertrumkraft zusätzlich ein Moment übertragen

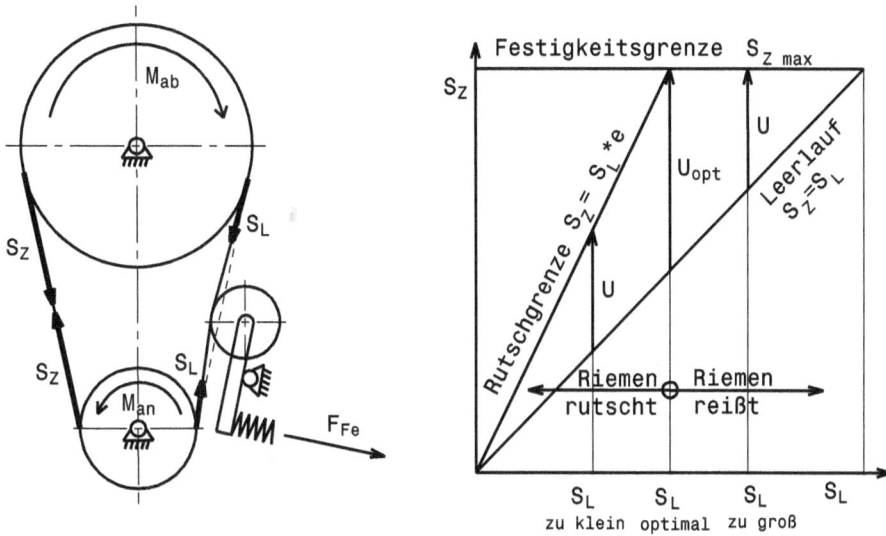

Bild 7.22: Leertrumvorspannung

wird, so wird die Zugtrumkraft S_Z um U größer als S_L, der Betriebspunkt verlagert sich also im Diagramm senkrecht nach oben. Dabei zeichnet sich zwischen der Winkelhalbierenden und dem Betriebspunkt die Umfangskraft U als Differenz zwischen S_Z und S_L ab.

Im gleichen Diagramm kann auch die Rutschgrenze eingetragen werden. Dazu wird die Eytelwein'sche Gleichung $S_Z/S_L = e^{\mu\alpha}$ (Gl. 7.23) umgestellt:

$$S_Z = S_L \cdot e^{\mu\alpha} = m \cdot S_L \qquad\qquad \text{Gl. 7.37}$$

Diese Gleichung der Form $y = m \cdot x$ wird als Geradengleichung ebenfalls in der rechten Hälfte von Bild 7.22 abgebildet. Weiterhin ist in diesem Diagramm die Festigkeitsgrenze des Riemens darstellbar: Die Zugtrumkraft S_Z darf die Werkstofffestigkeit des Riemens nicht überschreiten und wird als waagerechte Gerade aufgetragen. Die Lage des Betriebspunktes wird also eingegrenzt durch:

- die Winkelhalbierende als Leerlaufgerade
- die Rutschgrenze ($S_Z = S_L \cdot e^{\mu\alpha} = m \cdot S_L$) und
- die Festigkeitsgrenze (bzw. Ermüdungsgrenze) S_{max}

Der Betriebspunkt muss sich also innerhalb des Dreiecks Leerlaufgerade–Rutschgrenze–Festigkeitsgrenze befinden. Das Moment und die damit verbundene Umfangskraft kann ausgehend von der Winkelhalbierenden bis an die Rutschgrenze oder die Festigkeitsgrenze gesteigert werden. Bei der Frage nach der optimalen Vorspannung des Riemens lassen sich grundsätzlich die folgenden Fälle unterscheiden:

- Wird gering vorgespannt (S_{Lklein}), so kann die Zugtrumkraft S_Z nur so weit gesteigert werden, bis die durch die Eytelwein'sche Gleichung beschriebene Gerade erreicht ist. Bei weiterer Steigerung des zu übertragenden Momentes rutscht der Riemen durch.

- Wird hoch vorgespannt ($S_{Lgroß}$), so kann die Zugtrumkraft S_Z nur so weit gesteigert werden, bis die durch die Festigkeitsgrenze beschriebene horizontale Gerade erreicht ist. Bei weiterer Steigerung des zu übertragenden Momentes wird der Riemen durch übermäßige Zugspannung zerstört bzw. erreicht die erwartete Gebrauchsdauer nicht.
- Um mit dem Riementrieb ein möglichst großes Moment zu übertragen, muss eine möglichst große Umfangskraft U_{max} angestrebt werden. Die Vorspannkraft S_{Lopt} wird optimalerweise so eingestellt, dass die dazugehörende Senkrechte durch den Schnittpunkt der Rutschgrenze und der Festigkeitsgrenze verläuft.

7.3.4.2   Zugtrumvorspannung

Die Spannrolle kann auch nach Bild 7.23 im Zugtrum angebracht werden.

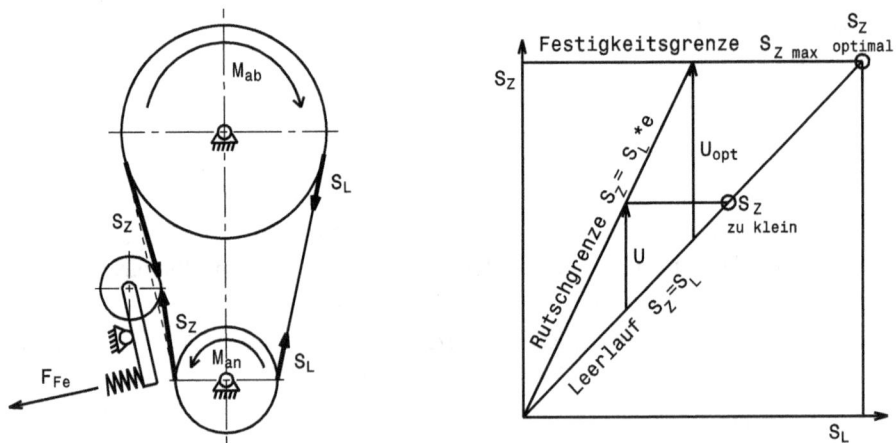

Bild 7.23: Zugtrumvorspannung

Dabei bleiben der Leerlauf als Winkelhalbierende, die Rutschgrenze und die Festigkeitsgrenze erhalten. Die Zugtrumkraft S_Z bleibt durch von der Spannrolle eingeleitete Belastung konstant. Im Leerlauf sind Zugtrumkraft S_Z und Leertrumkraft S_L gleich groß, der Betriebspunkt befindet sich wieder auf der Winkelhalbierenden. Wird Moment übertragen, so verlagert sich der Betriebspunkt nach links, bis er schließlich die durch $S_Z = S_L \cdot e^{\mu\alpha}$ beschriebene Rutschgrenze erreicht: Unabhängig vom Vorspannungszustand kann also keine mechanische Überlastung des Riemens eintreten, bei Überlast rutscht der Riemen vielmehr gezielt durch. Andererseits wird der Riemen aber unabhängig vom Lastzustand stets mit einer sehr hohen Kraft belastet, was beim zeitfesten Riemen eine eher kurze Gebrauchsdauer zur Folge hat.

Aufgaben A.7.8 bis A.7.12

7.3.4.3   Vorspannung durch Linearführung der Welle

Soll auf eine Spannrolle verzichtet werden, so kann eine der beiden Riemenscheiben (vorzugs-weise der Antrieb) nach Bild 7.24 links in einer Linearführung parallel verschiebbar angeord-net werden. Formuliert man an der Antriebsscheibe das Kräftegleichgewicht in Richtung des Achsabstandes, so ergibt sich:

$$F_{Spann} = (S_Z + S_L) \cdot \cos\beta$$

Bei größtmöglichem Moment sind Zugtrum- und Leertrumkraft über die Eytelwein'sche Glei-chung gekoppelt, sodass sich für die optimale Spannkraft ergibt:

$$F_{Spann} = S_Z \cdot \left(1 + \frac{1}{e^{\mu\alpha}}\right) \cdot \cos\beta \qquad\qquad\qquad \text{Gl. 7.38}$$

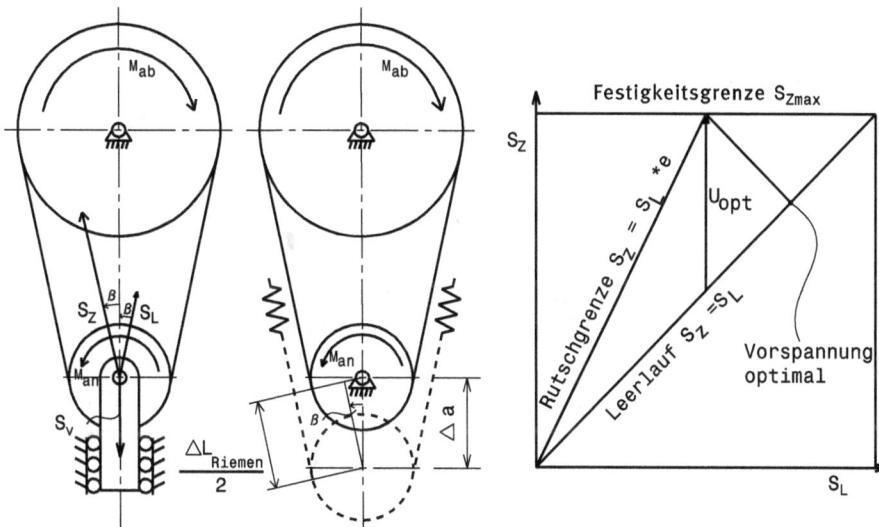

Bild 7.24: Vorspannung durch Linearführung und Riemendehnung

Durch das Vorspannen mit F_{Spann} wird im Riemen selbst eine Vorspannkraft S_V hervorgerufen. Mit steigender Umfangskraft U wird die Zugtrumkraft S_Z stets um genau den Betrag größer, um den die Leertrumkraft S_L absinkt. Die Vorspannkraft S_V ist also stets der Mittelwert von Zugtrumkraft S_Z und Leertrumkraft S_L:

$$S_V = \frac{S_Z + S_L}{2} \qquad\qquad\qquad \text{Gl. 7.39}$$

Damit ergibt sich der im Diagramm markierte optimale Vorspannungszustand. Diese Variante ist jedoch ähnlich wie der Reibradantrieb nach Bild 7.13b konstruktiv aufwendig, weil die Parallelverschiebbarkeit der Antriebswelle **während des Betriebes** ermöglicht werden muss.

7.3.4.4   Vorspannung durch Ausnutzung der Riemenelastizität

Die bisher vorgestellten Vorspannmechanismen leiteten die Vorspannung durch eine extern generierte Kraft ein. Die Konstruktion würde sich wesentlich vereinfachen, wenn zur Erzeugung der Vorspannung der Riemen selber als Feder genutzt wird, die um einen Federweg vorgespannt wird. Der diesbezüglich einfachste Fall besteht nach Bild 7.24 darin, dass der Achsabstand nicht wie im linken Fall während des Betriebs, sondern wie im rechten Fall vorab während der Montage parallel verschoben wird, was besonders bei kleinen Riementrieben praktiziert wird: Die Riemenvorspannung σ_{Vor} wird durch die Dehnung ε_R des Riemens mit dem statischen Elastizitätsmodul E_{stat} hervorgerufen (vgl. Gl. 0.3):

$$\sigma_{Vor} = E_{stat} \cdot \varepsilon_R \qquad\qquad \text{Gl. 7.40}$$

Die drei Terme dieser Gleichung lassen sich folgendermaßen ausdrücken:

Die im Riemen herrschende Vorspannung σ_{Vor} ergibt sich als Quotient aus der Vorspannkraft S_V und der Riemenquerschnittsfläche A_R:

$$\sigma_{Vor} = \frac{S_V}{A_R} \qquad\qquad \text{Gl. 7.41}$$

Für E_{stat} muss der sog. **statische** Elastizitätsmodul des Riemenwerkstoffs herangezogen werden (das Auflegen des Riemens und die damit verbundene Belastung des Riemens ist quasi-statisch).

Die gesamte Längenänderung ΔL_{Riemen} verteilt sich nach Bild 7.24 je zur Hälfte auf die Zug- und Leertrumseite und tritt dabei als Ankathete zum Winkel β im kleinen Dreieck an der kleinen Riemenscheibe auf, dessen Hypotenuse die Achsabstandsänderung Δa ist:

$$\cos\beta = \frac{\frac{\Delta L_{Riemen}}{2}}{\Delta a} \quad\Rightarrow\quad \Delta L_{Riemen} = 2 \cdot \Delta a \cdot \cos\beta = 2 \cdot \Delta a \cdot \sin\frac{\alpha}{2} \qquad \text{Gl. 7.42}$$

Spätestens nach einigen Umdrehungen hat sich die Riemendehnung auf die gesamte Riemenlänge, also auch auf die Umschlingungsbögen verteilt, sodass sich die relative Riemenlängung ε_R als Quotient aus Längenänderung ΔL_{Riemen} zu Ursprungslänge L_{Riemen} ergibt:

$$\varepsilon_R = \frac{\Delta L_{Riemen}}{L_{Riemen}} = \frac{2 \cdot a \cdot \sin\frac{\alpha}{2}}{L_{Riemen}} \qquad\qquad \text{Gl. 7.43}$$

Dabei wird vorausgesetzt, dass der Vorspannvorgang und die damit verbundene Achsabstandsänderung Δa keinen Einfluss auf den Umschlingungswinkel α (bzw. auf den Winkel β) hat.
Werden die drei Einzelterme nach Gl. 7.41–Gl. 7.43 in Gl. 7.40 eingesetzt, so ergibt sich:

$$\frac{S_V}{A_R} = E_{stat} \cdot \frac{2 \cdot \Delta a \cdot \sin \frac{\alpha}{2}}{L_{Riemen}} \quad \Rightarrow \quad S_V = E_{stat} \cdot A_R \cdot \frac{2 \cdot \sin \frac{\alpha}{2}}{L_{Riemen}} \cdot \Delta a \qquad \text{Gl. 7.44}$$

Die Vorspannkraft S_V und die Achsabstandsänderung Δa stehen also wie bei einer Feder in
proportionalem Zusammenhang. Einerseits erhält man dadurch eine Bestimmungsgleichung
für die erforderliche Achsabstandsänderung:

$$\Delta a = \frac{L_{Riemen}}{2 \cdot \sin \frac{\alpha}{2} \cdot A_R \cdot E_{stat}} \cdot S_V \qquad \text{Gl. 7.45}$$

Andererseits kann damit aber auch der gesamte Riementrieb bezüglich seiner Vorspannung
formal als Feder mit der Vorspannfedersteifigkeit c_{VS} aufgefasst werden:

$$c = \frac{F}{f} \quad \text{hier:} \quad c_{VS} = \frac{S_V}{\Delta a} = E_{stat} \cdot \frac{2 \cdot A_R \cdot \sin \frac{\alpha}{2}}{L_{Riemen}} \qquad \text{Gl. 7.46}$$

Im allgemeinen Fall wird sich der Riemen allerdings nach einer gewissen Gebrauchsdauer
etwas längen, was im weiteren Sinne mit dem „Setzen" der Schraube vergleichbar ist (vgl.
Kapitel 4.4.2). Da damit ein Vorspannungsverlust verbunden ist, muss gelegentlich nachge-
spannt werden. Um bei der Vorspannung keine übertriebene Maßgenauigkeit des Weges Δa
fordern zu müssen, ist ein „weicher" Riementrieb mit geringem c_{VS} von Vorteil. Dies lässt
sich durch lange Riemen mit geringer Querschnittsfläche und geringem Elastizitätsmodul gut
erreichen. Riemen mit Stahleinlagen und entsprechend hohem Elastizitätsmodul lassen sich
auf diese Art kaum spannen.

Die hier aufgeführten Gleichungen orientieren sich an einem offenen Riementrieb mit zwei
Riemenscheiben. Wird der Riemen über mehrere Scheiben geführt und durch diese ohne Fe-
derwirkung vorgespannt, so müssen die geometrischen Zusammenhänge entsprechend erweitert werden, was einen beträchtlichen Rechenaufwand erfordern kann.

In Kap. 7.3.4 der dreibändigen Ausgabe werden weitere Varianten der Vorspannung erläutert.
Dabei werden auch Mechanismen vorgestellt, die den Vorspannungszustand automatisch in
Funktion des anliegenden Momentes regeln (selbstspannende Riementriebe).

Aufgaben A.7.13 und A.7.14

7.4   Zahnradgetriebe

Das Zahnradgetriebe ist das am weitesten verbreitete gleichförmig übersetzende Getriebe, was wohl ein Grund dafür sein mag, dass im umgangssprachlichen Gebrauch unter dem Begriff „Getriebe" fälschlicherweise ausschließlich das Zahnradgetriebe verstanden wird. Die formschlüssige Momentenübertragung ermöglicht eine sehr kompakte Bauweise, die aber erst möglich wurde, nachdem die fertigungstechnischen und werkstoffkundlichen Probleme zur Herstellung präziser und belastbarer Zahnflanken gelöst waren. Die folgenden Ausführungen beziehen sich ausschließlich auf das ebene Zahnradgetriebe, welches durch eine parallele Anordnung der Achsen der beiden Räder gekennzeichnet ist. Um den Einstieg in die komplexe Geometrie der Verzahnung zu erleichtern, soll zunächst einmal versucht werden, die formschlüssige Charakteristik der Verzahnungsgeometrie aus den bereits bekannten Sachverhalten des Reibradgetriebes abzuleiten.

Beim Reibradgetriebe (Bild 7.25 links) weist jedes der beiden beteiligten Räder nur einen einzigen Durchmesser auf, sodass die Formulierung des Übersetzungsverhältnisses besonders einfach ist:

$$i = \frac{d_2}{d_1} = \frac{\omega_1}{\omega_2} = \frac{M_2}{M_1} = \frac{z_2}{z_1} \qquad\qquad\qquad \text{Gl. 7.47}$$

Die erste Überlegung, aus dieser reibschlüssigen Anordnung eine formschlüssige abzuleiten, besteht darin, sich die Oberflächen der beiden in Kontakt stehenden Räder als „Mikroverzahnung" (Bild 7.25 rechts) vorzustellen. Der Bogenabschnitt zwischen zwei Zähnen „Teilung" p bezieht sich in einer ersten Betrachtung auf den sog. Wälzkreisdurchmesser d_W, der als Konstruktionsmaß gar nicht vorhanden ist, sondern vielmehr ersatzweise für den Durchmesser des Wälzgetriebes steht (auf eine weitere Differenzierung wird später noch eingegangen). Der Umfang U des Wälzkreises d_W lässt sich als Produkt aus Zähnezahl z und Teilung p

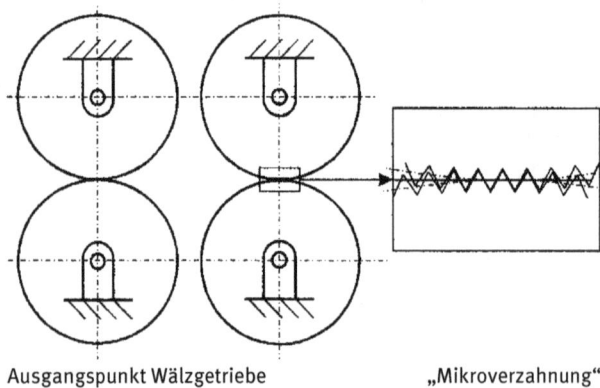

Ausgangspunkt Wälzgetriebe   „Mikroverzahnung"

Bild 7.25: Modellvorstellung „Mikroverzahnung"

ausdrücken:

$$\pi \cdot d_W = U = z \cdot p \quad \Rightarrow \quad p = \pi \cdot \frac{d_W}{z} \qquad\qquad \text{Gl. 7.48}$$

Zwei Räder können nur dann ineinandergreifen, wenn sie gleiche Teilung aufweisen. Weiterhin bleibt vor allen Dingen zu klären, welche Form die Zahnflanken aufweisen müssen, damit ein kinematisch einwandfreies Kämmen der Zahnräder möglich ist. Dieses Problem möge durch die folgende, vereinfachte Modellvorstellung deutlich werden:

Man stelle sich ein einzelnes Zahnrad mit regelmäßig angeordneten, untereinander gleichen Zähnen vor. Nun bringt man dieses bereits fertige, „harte" Rad mit einem „weichen", deformierbaren Radrohling aus Knetmasse in Eingriff. Wenn die beiden Räder so zueinander gedreht werden, wie es dem Übersetzungsverhältnis i am fertigen Radpaar entspricht, dann würde das harte Rad in das weiche Rad die entsprechende Gegenflanke von selbst hineinformen. Damit ist eine wesentliche Forderung des „Verzahnungsgesetzes" erfüllt: Jeweils zwei Zahnflanken, die miteinander in Kontakt stehen, dringen weder ineinander ein noch entfernen sie sich voneinander (mehr darüber in Kap. 7.5.1 der dreibändigen Ausgabe). Unter gewissen Einschränkungen sind damit beliebige Zahnkonturen möglich. Aus der theoretisch unendlich großen Vielfalt von geometrischen Zahnformen haben nur einige wenige Eingang in die industrielle Praxis gefunden, weil bei der Optimierung der Zahnform die folgenden Aspekte eine entscheidende Rolle spielen:

- **Standardisierung:** Die oben zitierte Kombination von hartem Schneidrad und „Knetmassenrad" ist ja nur in genau dieser Paarung kinematisch verträglich. So wie eine Schraube nicht nur mit einer einzigen Mutter, sondern allgemein mit Muttern der entsprechenden Normabmessungen gepaart werden kann, so soll auch ein Zahnrad mit anderen Zahnrädern der gleichen Normabmessungen in Eingriff gebracht werden können.
- **Fertigung:** Der Zahn soll fertigungstechnisch einfach herstellbar sein, was im Hinblick auf eine angestrebte hohe Härte der Zahnflanken ein besonderes Problem darstellt.
- **Belastbarkeit:** Um große Momente übertragen zu können, soll der Zahn festigkeitsmäßig möglichst hoch belastbar sein.

Tatsächlich gibt es eine Reihe von Verzahnungsarten, die diese einzelnen Forderungen mehr oder weniger gut erfüllen. Dabei stellt die sog. „Evolventenverzahnung" eine besonders günstige Lösung dar, was dazu geführt hat, dass diese Verzahnungsart eine breite Anwendung gefunden hat. Die folgenden Ausführungen befassen sich deshalb ausschließlich mit dieser Konstruktionsvariante.

7.4.1   Konstruktion der Evolvente

Die vollständige Zahnradgeometrie entsteht durch die zyklische Wiederholung der Zahnflanke als Evolvente, die wahlweise auf zwei geometrische Konstruktionen nach Bild 7.26 zurückgeführt werden kann:

- Die sog. Fadenkonstruktion ist besonders einfach zu übersehen (Bild 7.26a): Ein Faden wird mit seinem rechten Ende irgendwo am Umfang der Grundkreisscheibe befestigt, um

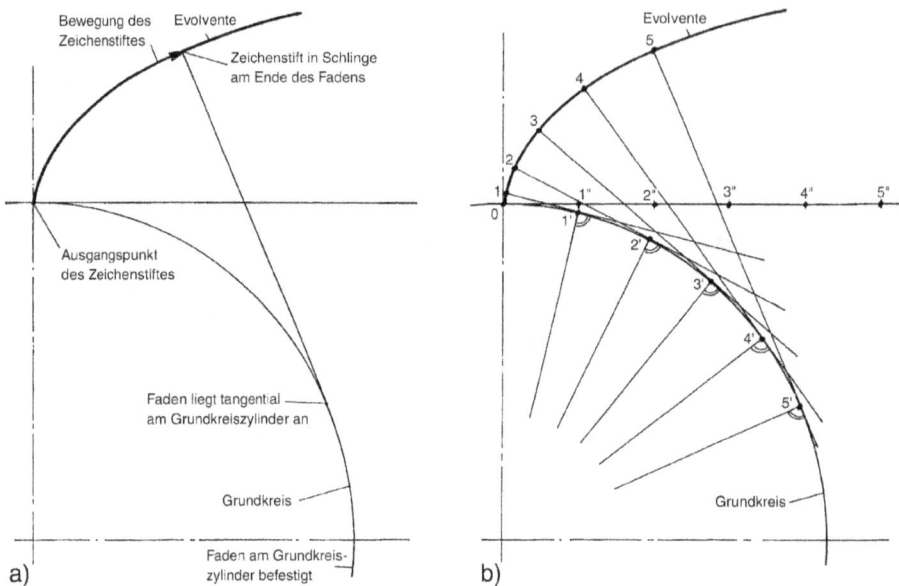

Bild 7.26: Evolventenkonstruktionen

diese herumgeschlungen und schließlich mit dem linken Ende zunächst an diese Scheibe angelegt. An diesem Fadenende wird nun ein Stift befestigt und auf eine darunterliegend angeordnete Zeichenebene aufgesetzt. Wird der Stift von der Scheibe fortbewegt und dabei der Faden stets unter Zug gehalten, so entfernt sich der Zeichenstift zunächst im rechten Winkel von der Grundkreisscheibe und beschreibt im weiteren Verlauf eine Evolvente.

- Ausgehend vom Punkt 0 (siehe Bild 7.26b) werden auf dem Grundkreis gleich lange Streckenabschnitte hintereinander aufgetragen, die jeweils durch die Endpunkte 1′, 2′, 3′ usw. markiert werden. Trägt man die gleichen Streckenabschnitte auf der im Punkt 0 in dieser Skizze waagerecht angelegten Tangenten ab, so ergeben sich auf dieser die Punkte 1″, 2″, 3″ usw. Wird die Tangente auf dem Grundkreis abgewälzt, so kommen nacheinander zunächst 1″ mit 1′, dann 2″ mit 2′ usw. zur Deckung. Der jeweilige Abstand $\overline{01''}$ bildet sich dabei auf der abgewälzten Tangente als Abstand $\overline{11'}$ ab und ergibt dabei den Punkt 1. Der weitere Abwälzvorgang liefert durch ähnliche Konstruktionen die Punkte 2, 3 usw., die schließlich in ihrer Gesamtheit die Evolvente ergeben.

Die Evolvente nimmt einerseits ihren Anfang am Grundkreis, hat aber andererseits zunächst kein Ende. Die Evolvente kann auch durch Gleichungen beschrieben werden, deren rechnerische Auswertung tabelliert wird.

7.4.2 Einzeleingriff zweier Evolventen

Zur weiteren Analyse des Zahneingriffs stellt Bild 7.27 die Grundkreise zweier Zahnräder zunächst einmal nur mit jeweils einer einzigen Evolvente dar.

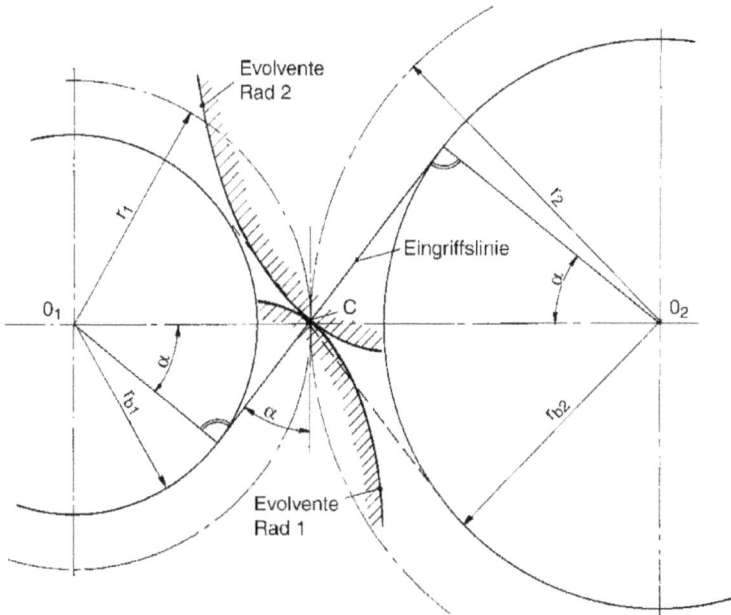

Bild 7.27: Schnurmodell

Diese beiden Grundkreisräder sind drehbar angeordnet und werden so positioniert, dass sich die beiden Evolventen auf der Verbindungslinie zwischen den Radmittelpunkten O_1 und O_2 berühren. Für die weitere Betrachtung werden die beiden Evolventen nun vorübergehend wieder weggelassen.

- Um den Mittelpunkt O_1 des Grundkreises r_{b1} kann ein weiterer Kreis durch C mit dem Radius r_1 angeordnet werden. Wird die gleiche Konstruktion auch für das Rad 2 ausgeführt, so entsteht ein virtuelles **Reibradgetriebe** mit dem Übersetzungsverhältnis $i = r_2/r_1 = d_2/d_1$. Dadurch kommt der „Wälzpunkt C" zustande.
- Wird um die beiden Grundkreisscheiben ein Seil in Form einer liegenden Acht geschlungen, so entsteht ein **Schnurtrieb**, der das gleiche Übersetzungsverhältnis aufweist wie das zuvor erwähnte Wälzgetriebe.
- Schnurtrieb und Reibradgetriebe sind dann zwei parallele, reibschlüssige Getriebe mit dem gleichen Übersetzungsverhältnis und dem gleichen Drehsinn, sie können also gleichzeitig in Betrieb sein, ohne sich gegenseitig zu stören.

- Werden nun wieder die beiden Evolventen eingeführt, so entsteht zusätzlich ein drittes, nunmehr aber **formschlüssiges Getriebe** mit zunächst einmal nur einem einzigen Zahnflankenpaar. Der gerade Abschnitt des Schnurtriebs läuft ebenfalls durch C, steht in diesem Punkt senkrecht auf den Evolventen und wirkt dabei als „Eingriffslinie": Werden die beiden Räder gedreht, so findet die Berührung der Zahnflanken (der „Eingriff") stets auf dieser Linie statt. Bei der Evolventenverzahnung ist die Eingriffslinie eine Gerade (Eingriffsgerade).

Man stelle sich vor, dass unter der Grundkreisscheibe von Rad 1 eine weitere, größere Scheibe befestigt wird. Befestigt man nun im Punkt C einen Zeichenstift an der Schnur und setzt das Getriebe langsam in Bewegung, so beschreibt dieser Stift auf der darunterliegenden Zeichenscheibe in Anlehnung an die Fadenkonstruktion von Bild 7.26a die Evolvente von Rad 1. In gleicher Weise kann die Evolvente von Rad 2 beschrieben werden.

Die Eingriffsgerade ist gegenüber der Wälzkreistangente um den Winkel α geneigt, der auch als „Eingriffswinkel" bezeichnet wird und für die Evolventenverzahnung eine ganz besondere Rolle spielt: Die zwischen den beiden Zahnflanken zu übertragende Kraft ist, wenn man von Reibeinflüssen zunächst absieht, stets normal zur Flankenkontur gerichtet. Unabhängig von der Stellung der beiden Zahnflanken liegt die Wirkungslinie der zu übertragenden Kraft also stets auf der Eingriffsgeraden und ist deshalb in ihrer geometrischen Lage einfach zu beschreiben. Anhand dieser Skizze lässt sich zwischen Eingriffswinkel, Grundkreis und Wälzkreis ein geometrischer Zusammenhang formulieren:

$$\cos \alpha = \frac{r_{b1}}{r_{w1}} = \frac{d_{b1}}{d_{w1}} = \frac{d_{b2}}{d_{w2}} \qquad \text{Gl. 7.49}$$

Der (hier übertrieben groß dargestellte) Eingriffswinkel α ist mit 20° genormt. Der Achsabstand der beiden Räder (Abstand $O_1 - O_2$) ergibt sich als die Summe der beiden Wälzkreisradien:

$$a = \frac{d_{w1} + d_{w2}}{2} \qquad \text{Gl. 7.50}$$

7.4.3   Kopfkreis und Fußkreis

Der äußerste Punkt des realen Zahnrades und damit der Endpunkt des ausgenutzten Abschnitts der Evolvente wird durch den Kopfkreis des Zahnrades festgelegt. Er ist für die Fertigung des Rades von besonderer Bedeutung, weil der Radrohling mit genau diesem Durchmesser bereitgestellt werden muss, bevor die Fertigung der Zähne durch Materialabtrag beginnen kann. Der Kopfkreisradius r_{a1} ergibt sich nach Bild 7.28 zunächst einmal aus der Summe von Wälzkreisradius r und Kopfhöhe h_a:

$$r_{a1} = r_1 + h_a \quad \text{bzw.} \quad d_{a1} = d_1 + 2 \cdot h_a$$

$$\text{und} \quad r_{a2} = r_2 + h_a \quad \text{bzw.} \quad d_{a2} = d_2 + 2 \cdot h_a \qquad \text{Gl. 7.51}$$

Wenn der Flankeneingriff aber durch den Kopfkreis des Rades 1 begrenzt ist, so braucht auch die Evolvente des Rades 2 nicht jenseits dieses Punktes fortgeführt zu werden. Dadurch ergibt sich der Fußkreis der Verzahnung d_f:

$$r_{f1} = r_1 - h_f \quad \text{bzw.} \quad d_{f1} = d_1 - 2 \cdot h_f$$

$$\text{und} \quad r_{f2} = r_2 - h_f \quad \text{bzw.} \quad d_{f2} = d_2 - 2 \cdot h_f \qquad \qquad \text{Gl. 7.52}$$

Die Zahnkopfhöhe h_a und die Zahnfußhöhe h_f sind hier zunächst einmal gleich. Weiter unten wird dieser Sachverhalt jedoch mit Rücksicht auf zusätzliche Aspekte noch erweitert.

7.4.4   Mehrfacheingriff

Nach der bisherigen Darstellung können sich die beiden Zahnräder zwar bewegen, aber noch keine vollständige Umdrehung ausführen. Da spätestens dann, wenn ein Flankenpaar außer Eingriff geht, ein weiteres Flankenpaar in Eingriff kommen muss, ist das Zusammenspiel mehrerer Zahnflankenpaare zu betrachten. Nach einer gewissen Drehung muss der nächste, um die Teilung p versetzte Zahn die kinematische Kopplung übernehmen. Zwei Zahnräder können nur dann miteinander kämmen, wenn sie die Teilung aufweisen:

$$p_1 = p_2 = p \qquad \qquad \text{Gl. 7.53}$$

Mit der in Gl. 7.48 festgelegten Definition der Teilung $p = \pi \cdot d/z$ ergibt sich:

$$\pi \cdot \frac{d_1}{z_1} = \pi \cdot \frac{d_2}{z_2} \quad \Rightarrow \quad \frac{d_1}{z_1} = \frac{d_2}{z_2} \qquad \qquad \text{Gl. 7.54}$$

Für den Quotienten d/z wird in der Verzahnungstechnik der Begriff „Modul" m definiert:

$$m = \frac{d}{z} \quad \text{und mit} \quad d = \frac{p \cdot z}{\pi} \quad \Rightarrow \quad m = \frac{p}{\pi} \qquad \qquad \text{Gl. 7.55}$$

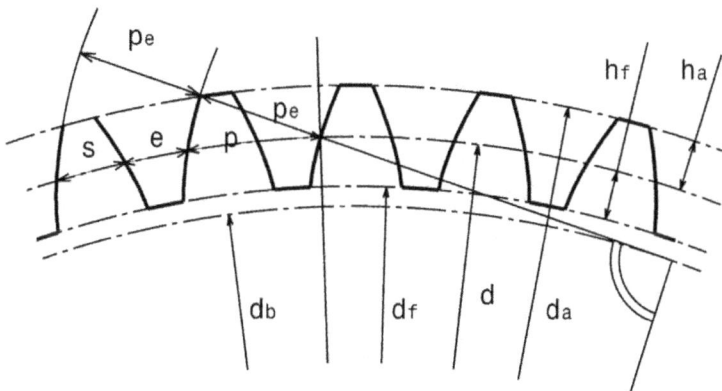

Bild 7.28: Kopfkreis, Fußkreis und Teilung

Der Modul m ist entsprechend Tab. 7.5 nach DIN 780 gestuft:

Tabelle 7.5: Module Evolventenverzahnung

m[mm]	0,10	0,12	0,16	0,20	0,25	0,30	0,40	0,50	0,60	0,70	0,80	0,90
	1,00	1,25	1,50	2,00	2,50	3,00	4,00	5,00	6,00		8,00	
	10	12	16	20	25	32	40	50	60			

Gleicher Modul ist die Voraussetzung dafür, dass zwei Zahnräder miteinander kämmen können. Damit ist der Modul m ein Grundmaß, auf das alle übrigen Maße der Verzahnung bezogen werden. Wie aus Bild 7.28 hervorgeht, verteilt sich die Teilung p zunächst einmal jeweils zur Hälfte auf die Zahndicke s und die Zahnlücke e, die ja ihrerseits Zahndicke des gegenüberliegenden Zahnrades ist:

$$s = e = \frac{p}{2} = \frac{m \cdot \pi}{2}$$ Gl. 7.56

Es bleibt immer noch die Frage offen, wie groß der Kopfkreisdurchmesser d_a und der Fußkreisdurchmesser d_f bemessen werden müssen. Diese und weitere Fragen sollen anhand von der linken oberen Darstellung von Bild 7.29 erörtert werden, wobei zunächst ein Zahneingriff betrachtet wird, der bei unendlich großem Raddurchmesser vorliegt. In diesem Fall entartet die

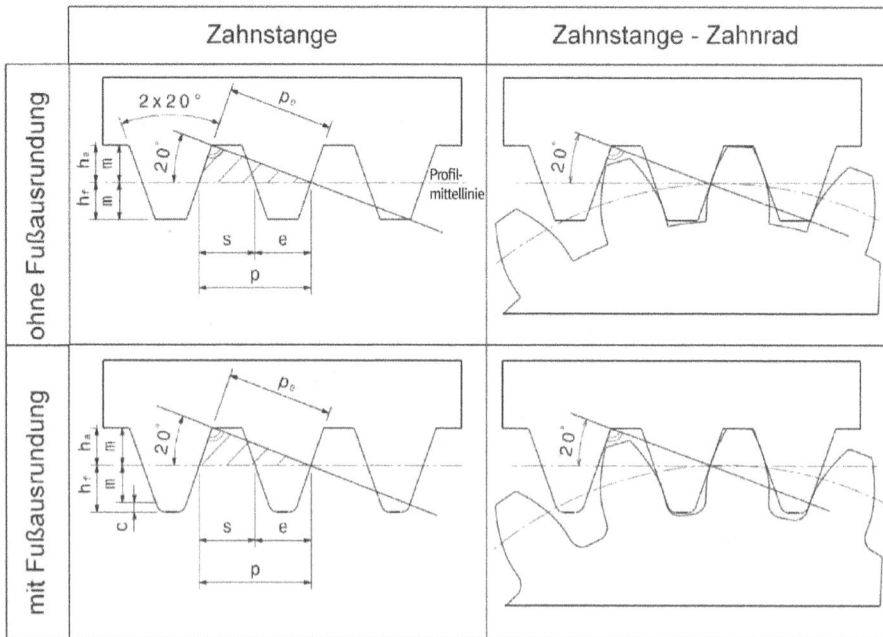

Bild 7.29: Zahnstange – Zahnrad

Evolvente zu einer Geraden und der Wälzkreis zur sog. „Profilmittellinie". Aus dieser Skizze geht hervor, dass die Teilung p und die Höhe des Zahnes in einem bestimmten Verhältnis zueinander stehen müssen:

- Ist bei vorgegebener Teilung die Zahnhöhe sehr klein, dann entstehen kurze Zähne mit kurzem Biegehebelarm und geringer Biegebelastung, aber die Eingriffsstrecke ist sehr kurz.
- Ist die Zahnhöhe sehr groß, so nimmt der Zahn die Form eines langen, schlanken Biegebalkens mit unnötig großem Hebelarm an, aber die Eingriffsstrecke ist sehr lang.

Diese beiden sich widerstrebenden Forderungen können zu einem günstigen Kompromiss zusammengeführt werden, wenn sowohl die Zahnfußhöhe h_f als auch die Zahnkopfhöhe h_a dem Modul gleichgesetzt werden:

$$h_a = h_f = m \hspace{6cm} \text{Gl. 7.57}$$

Bringt man eine so gestaltete Zahnstange mit einem Rad in Eingriff, so entsteht ein Zahnstangengetriebe (Bild 7.29 rechts oben).

7.4.5   Eingriffsstrecke und Überdeckungsgrad

Die Verzahnung erlaubt nur dann eine ordnungsgemäße Drehübertragung, wenn ein Flankenpaar erst dann außer Eingriff geht, wenn das nachfolgende Flankenpaar bereits in Eingriff gegangen ist. Bild 7.30 kennzeichnet die dafür maßgebenden geometrischen Größen.

So wie vom geometrischen Linienzug der Evolvente nur ein gewisser Abschnitt als Zahnflanke tatsächlich vorhanden ist, so wird auch von der Eingriffsgeraden nur ein bestimmter Abschnitt genutzt. Der Berührpunkt der beiden Flanken wandert zwar auf der Eingriffsgeraden entlang, er ist aber nur so lange existent, wie das Zahnflankenpaar auch tatsächlich im Eingriff ist. Da aber der Kontaktpunkt am Kopfkreis außer Eingriff geht, kann ein Kontakt nur innerhalb der beiden Kopfkreise eines Zahnradpaares stattfinden. Die beiden Kopfkreise schneiden also aus der Eingriffs**geraden** den tatsächlich ausgenutzten Abschnitt, die sog. „Eingriffs**strecke**" g heraus, die sich von A (Anfang) bis E (Ende) erstreckt. Die Eingriffsstrecke muss also mindestens so groß sein wie die Eingriffsteilung p_e (Bild 7.29):

$$\text{Eingriffsstrecke} > \text{Eingriffsteilung} \quad \text{bzw.} \quad g > p_e \hspace{2.5cm} \text{Gl. 7.58}$$

Die Eingriffsteilung p_e lässt sich als der Abschnitt der Eingriffsgeraden zwischen zwei gleichsinnigen Flankendurchgängen ausdrücken:

$$\cos \alpha = \frac{p_e}{p} \quad \Rightarrow \quad p_e = p \cdot \cos \alpha \hspace{3.5cm} \text{Gl. 7.59}$$

Zur rechnerischen Beschreibung der Eingriffsstrecke lassen sich anhand von Bild 7.30 die folgenden Gleichungen formulieren:

$$g = \overline{T_1 E} + \overline{T_2 A} - \overline{T_1 T_2} \hspace{5cm} \text{Gl. 7.60}$$

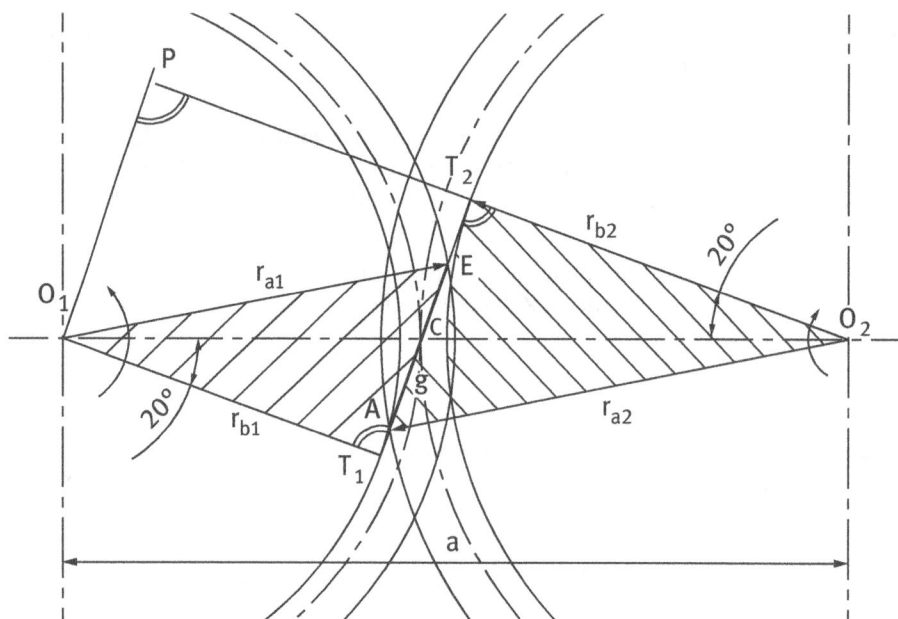

Bild 7.30: Eingriffsstrecke und Überdeckungsgrad

Diese Gleichung wurde so zusammengestellt, weil die darin vertretenen Einzelterme durch einfache geometrische Beziehungen ausgedrückt werden können:

Dreieck O_1T_1E: $\quad r_{b1}^2 + (\overline{T_1E})^2 = r_{a1}^2 \quad \Rightarrow \quad \overline{T_1E} = \sqrt{r_{a1}^2 - r_{b1}^2}$ Gl. 7.61

Dreieck O_2T_2A: $\quad r_{b2}^2 + (\overline{T_2A})^2 = r_{a2}^2 \quad \Rightarrow \quad \overline{T_2A} = \sqrt{r_{a2}^2 - r_{b2}^2}$ Gl. 7.62

$\overline{T_1T_2} = \overline{O_1P}$

Dreieck O_1O_2P: $\quad \sin\alpha = \dfrac{\overline{O_1P}}{a} = \dfrac{\overline{T_1T_2}}{a} \quad \Rightarrow \quad \overline{T_1T_2} = a \cdot \sin\alpha$ Gl. 7.63

Setzt man die Gln. 7.61, 7.62 und 7.63 in Gl. 7.60 ein, so ergibt sich die Länge der Eingriffsstrecke zu:

$$g = \sqrt{r_{a1}^2 - r_{b1}^2} + \sqrt{r_{a2}^2 - r_{b2}^2} - a \cdot \sin\alpha \qquad \text{Gl. 7.64}$$

Ersetzt man die Radien durch die halben Durchmesser, so folgt:

$$g = \frac{1}{2} \cdot \left(\sqrt{d_{a1}^2 - d_{b1}^2} + \sqrt{d_{a2}^2 - d_{b2}^2} - 2 \cdot a \cdot \sin\alpha \right) \qquad \text{Gl. 7.65}$$

Diese Gleichung gilt in dieser Form nur für den Fall, dass die Zahnköpfe nicht abgerundet oder angefast sind. Andernfalls lassen sich auch ausreichend genaue Zahlen gewinnen, wenn der Zahlenwert für den Kopfkreisradius r_k um den entsprechenden Betrag verringert wird.

Die Bedingung $g > p_e$ liefert nur eine Ja/Nein-Information zur Übertragungstauglichkeit der Verzahnung und ist damit so aussagefähig wie die in Kapitel 0 bei den Grundlagen der Festigkeitslehre getroffene Formulierung $\sigma_{zul} > \sigma_{tats}$. So wie die Sicherheit als Quotient aus σ_{zul} und σ_{tats} eine differenziertere Aussage ergibt, so lassen sich hier die Eingriffsverhältnisse durch den Quotienten der Eingriffsstrecke zur Eingriffsteilung definitionsgemäß als sog. „Überdeckungsgrad" oder „Profilüberdeckung" ε_α ausdrücken:

$$\varepsilon_\alpha = \frac{g}{p_e} = \frac{g}{p \cdot \cos \alpha} \geq 1 \qquad\qquad \text{Gl. 7.66}$$

In Ergänzung zur obigen Formulierung ist also eine einwandfreie Drehübertragung dann gewährleistet, wenn $\varepsilon_\alpha > 1$ erfüllt ist. Wird die Eingriffsstrecke g nach Gl. 7.65 eingeführt, so folgt für den Überdeckungsgrad:

$$\varepsilon_\alpha = \frac{\sqrt{d_{a1}^2 - d_{b1}^2} + \sqrt{d_{a2}^2 - d_{b2}^2} - 2 \cdot a \cdot \sin \alpha}{2 \cdot p \cdot \cos \alpha} \qquad\qquad \text{Gl. 7.67}$$

Eine große Profilüberdeckung ist vorteilhaft, weil damit die Laufruhe steigt.

7.4.6   Kopfspiel und Fußausrundung

Die so ausgeführte Verzahnung weist noch zwei Unzulänglichkeiten auf:

- Der Zahn**kopf**radius des einen Rades soll zwar mit dem Zahn**fuß**radius des anderen Rades genau in Berührung kommen, aber infolge von Fertigungstoleranzen kann es zum radialen Verklemmen der beiden Zahnräder kommen.
- Am Übergang von der Flanke zum Fußkreis entsteht eine festigkeitsmäßig ungünstige Kerbe.

Aus diesem Grund wird die tatsächlich ausgeführte Verzahnung mit einem Kopfspiel c versehen, wobei der Fußkreis und die Zahnflanke mit einer Rundung ineinander übergehen. Auch die Empfehlung für das Kopfspiel wird zum Modul in Beziehung gesetzt:

$$c = (0{,}1 \dots 0{,}3) \cdot m \qquad\qquad \text{Gl. 7.68}$$

Dadurch kommt es zur Evolventen-Planverzahnung nach DIN 876, die in der unteren Zeile von Bild 7.29 dargestellt ist. Ersetzt man die Zahnstange durch ein zweites Zahnrad, so entsteht eine reale Zahnradpaarung als Kernstück eines Zahnradgetriebes mach Bild 7.31. Damit sind in Erweiterung von Gl. 7.51 und 7.52 auch Kopf- und Fußkreis festgelegt:

$$d_f = d - 2 \cdot h_f = d - 2 \cdot (m + c) \qquad\qquad \text{Gl. 7.69}$$
$$d_a = d + 2 \cdot h_a = d + 2 \cdot m \qquad\qquad \text{Gl. 7.70}$$

ω_1

α

r_{a1}

r_1

r_{f1}

r_{b1}

Bezugsprofil

α

N_1

A

C

h_a

4

Eingriffslinie

C

E

h_f

3

2

1

N_2

2

3

Eingriffs-
strecke

a

r_2

r_{b2}

r_{f2}

4

α

r_{a2}

ω_2

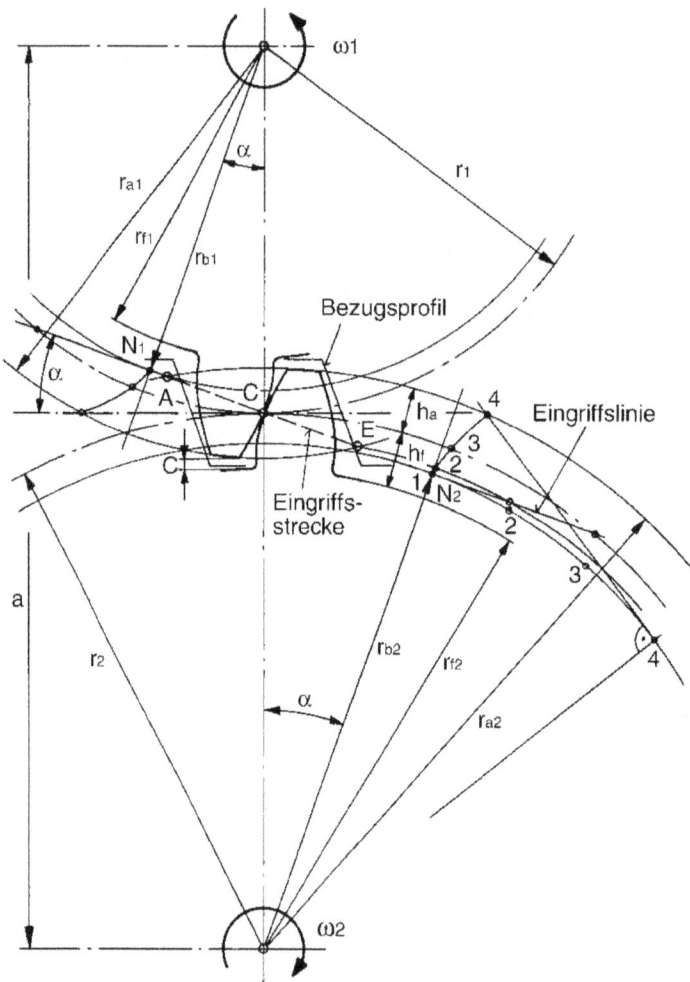

Bild 7.31: Zahnradpaar mit Evolventen-verzahnung

7.4.7 Zahnradherstellung

Die Herstellung von Verzahnungen ist zwar nicht vorrangiger Gegenstand der vorliegenden Ausführungen, aber die Betrachtung von deren Grundsätzen trägt wesentlich zum Verständnis der Verzahnungskinematik bei. Dazu sei noch einmal auf Bild 7.29 des Zahnstangenprofils nach DIN 867 verwiesen. Würde die dort dargestellte Zahnstange mit einem Radrohling aus Knetmasse in Eingriff gebracht werden und würden dabei die Drehung des Rades und die translatorische Bewegung der Zahnstange entsprechend synchronisiert werden, dann würde die Zahnstange das gewünschte Rad formen. Zur Demonstration der Zahnprofils dreht Bild 7.32 die Kinematik lediglich um und bewegt das Zahnstangenwerkzeug relativ zum Rad.

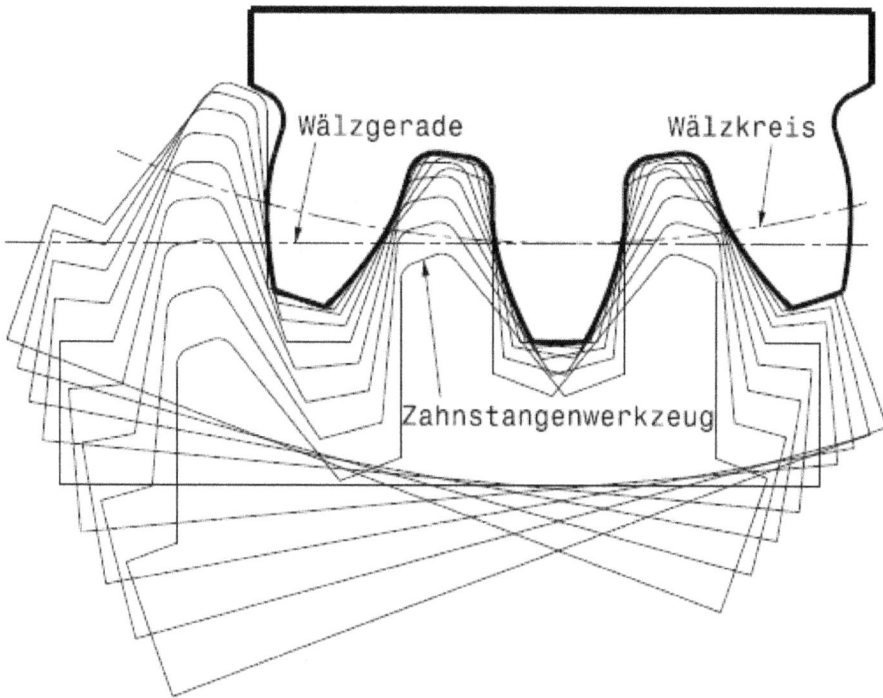

Bild 7.32: Herstellung einer Evolventenverzahnung mit geradflankigem Zahnstangenwerkzeug

Der besondere Vorteil der Evolventenverzahnung besteht darin, dass sich das Zahnstangen-werkzeug aus einer ganz einfachen Geometrie mit geraden Flanken zusammensetzt. Reale Zahnradfertigungsverfahren nach Bild 7.33 machen sich genau diese prinzipiell einfache Ki-nematik zu Nutze.

a) Die modellhafte Zahnstange wird dabei z. B. als Hobelkamm ausgeführt, der auf und ab bewegt wird und dabei in den metallischen Radrohling schrittweise die Zahnform hinein-schneidet. Da die Zahnstange zusätzlich einer Längsbewegung ausgesetzt wird und dabei der Radrohling entsprechend dem vorgegebenen Übersetzungsverhältnis Zahnstange-Rad gedreht wird, entsteht zwangsläufig die Zahnflankenform der Evolvente.

b) Eine andere weitverbreitete Möglichkeit zur Zahnradherstellung besteht darin, das Zahn-stangenwerkzeug zu einem rotierenden Fräswerkzeug zu ergänzen, das mit einem Radroh-ling in Eingriff gebracht wird. Die Drehung des Fräswerkzeuges muss mit der Drehung des Radrohlings synchronisiert werden. Die von oben nach unten gerichtete Vorschubbe-wegung wird meist vom Fräswerkzeug ausgeführt.

c) Das Stoßen von Zahnrädern vollzieht sich ähnlich wie das Hobeln, wobei allerdings der gerade Hobelkamm mit geraden Zahnflanken durch ein bereits rundes Stoßwerkzeug in Radform mit evolventenförmigen Zahnflanken ersetzt wird.

(a) Hobeln   (b) Wälzfräsen und Wälzvorschub   (c) Stoßen

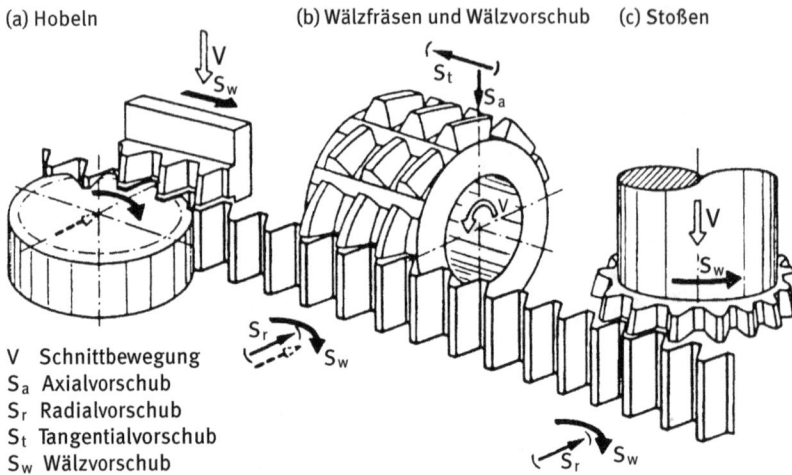

V   Schnittbewegung
S_a Axialvorschub
S_r Radialvorschub
S_t Tangentialvorschub
S_w Wälzvorschub

Bild 7.33: Prinzipien der Zahnrad-herstellung

Besonders zur Massenherstellung wird bevorzugt das Wälzfräsen angewendet, weil auf diese Weise eine ganze Reihe aufeinander gestapelter Radrohlinge unter Ausnutzung einer einzigen Vorschubbewegung bearbeitet werden kann. Hochbeanspruchte Zahnräder werden zunächst „vorverzahnt" (z. B. durch Wälzfräsen): Der Fertigungsvorgang wird so angelegt, dass an der Zahnflanke noch ein gewisses Übermaß stehen bleibt. Um die erforderliche Oberflächenhärte zu erzielen, werden die Zahnflanken anschließend einsatzgehärtet. Die endgültige Geometrie der Flanke wird schließlich durch ein Feinbearbeitungsverfahren (z. B. Schleifen) durchgeführt.

7.4.8   Das Problem der minimalen Zähnezahl

Die Berechnung der Festigkeit der Verzahnung wird zwar erst weiter unten angegangen, aber an dieser Stelle lässt sich bereits ein wichtiger Aspekt erkennen:

- Der Überdeckungsgrad ε_α muss zwar einerseits stets größer als 1 sein, erreicht aber nach den obigen Gleichungen nie den Wert 2. Aus diesem Grund muss sich die Festigkeitsberechnung auf einen einzelnen Zahnkontakt stützen. Dies gilt unabhängig von der Wahl des Moduls und damit von der Zahngröße.
- Der einzelne Zahn ist dann besonders belastungsfähig, wenn er besonders groß ist, weil dann der Einspannquerschnitt des Biegebalkens das größtmögliche Widerstandsmoment aufweist.
- Soll der Umfang eines vorgegebenen Raddurchmessers mit möglichst großen Zähnen besetzt werden, so wird dadurch die Anzahl der Zähne minimiert.

Die Zähnezahl kann aber aus geometrischen Gründen nicht beliebig reduziert werden, weil dann das Zahnstangenwerkzeug in den Grundkreis hineinschneidet, wo die Evolvente definitionsgemäß gar nicht mehr existiert. Die theoretische Mindestzähnezahl liegt bei 17 Zähnen. Praktisch kann die Zähnezahl jedoch bis auf 14 reduziert werden, ohne dass sich daraus nachteilige Konsequenzen ergeben. Eine weitere Reduzierung der Zähnezahl ist mit der sog. „Profilverschiebung" möglich (s. Abschnitt 7.5.2.10 der dreibändigen Ausgabe). Mit dieser Maßnahme kann auch der ansonsten mit Modul und Zähnezahlen vorgegebene Achsabstand in gewissen Grenzen modifiziert werden.

Aufgabe A.7.15

7.4.9 Ermittlung der Zahnkräfte

Die am Zahn wirkenden Kräfte sind nicht nur für die Festigkeit der Verzahnung von Bedeutung, sondern sind auch die Grundlage für die Dimensionierung von Wellen und Lagern. Aus dem in der Welle wirkenden Moment M_{max} ergibt sich nach Bild 7.34 zunächst die Tangentialkraft am Wälzkreis F_t.

$$M_{tmax} = F_t \cdot \frac{d_w}{2} \quad \Rightarrow \quad F_t = \frac{2 \cdot M_{tmax}}{d_w} \qquad \text{Gl. 7.71}$$

Diese Kraft wirkt tangential an den Wälzkreis. Aus den Betrachtungen der Zahnradkinematik ist bekannt, dass die Zahnflanke um den Eingriffswinkel α zur Wälzkreistangente geneigt ist. Die am Eingriff übertragene Gesamtkraft F_n wird also normal auf dieser Flanke wirksam und deshalb mit „n" indiziert. Die mit Gl. 7.71 ermittelte Tangentialkraft F_t ist also nur eine Komponente von F_n, durch die Schrägstellung der Zahnflanke wird die Radialkraft F_r als weitere Komponente hervorgerufen:

$$\tan \alpha = \frac{F_r}{F_t} \quad \Rightarrow \quad F_r = F_t \cdot \tan \alpha \qquad \text{Gl. 7.72}$$

Damit ergibt sich die senkrecht auf der Zahnflanke stehende Normalkraft zu:

$$\cos \alpha = \frac{F_t}{F_n} \quad \Rightarrow \quad F_n = \frac{F_t}{\cos \alpha} \qquad \text{Gl. 7.73}$$

Diese Kräfte sind maßgebend für jede Festigkeitsbetrachtung des Zahnes. Es sind zwar vorübergehend zwei Zähne im Eingriff ($\varepsilon > 1$), aber die kritische Belastung liegt vor, wenn gerade nur ein Zahn im Eingriff ist.

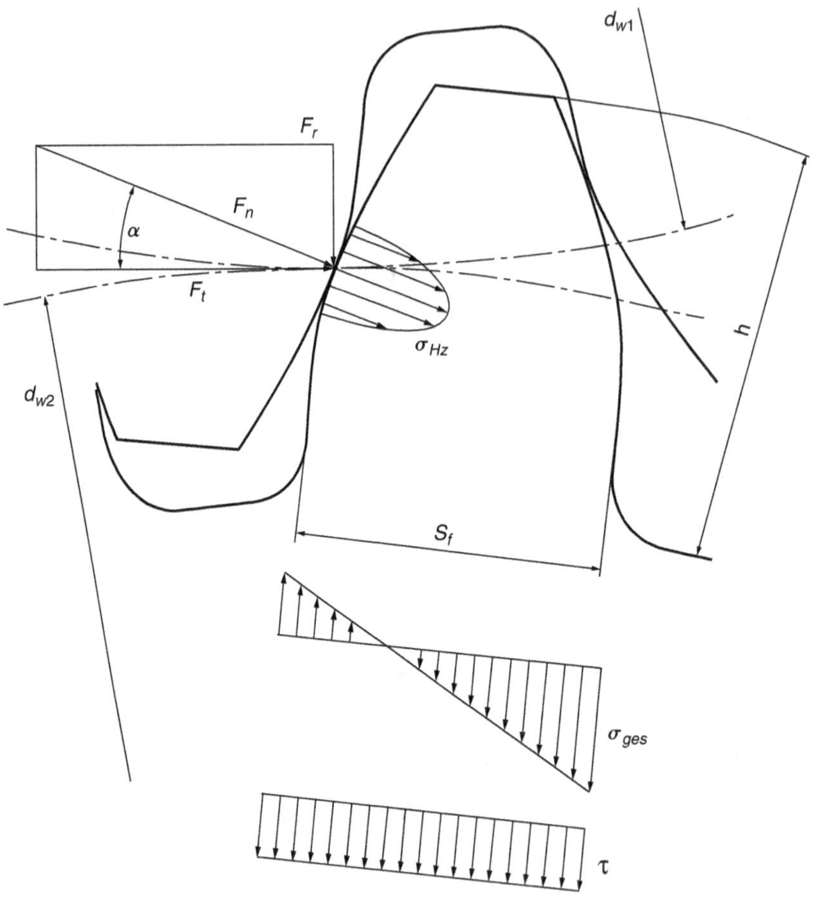

Bild 7.34: Belastungen am Zahn

7.4.10   Festigkeit der Evolventenverzahnung

Die Festigkeit der Verzahnung wird vor allen Dingen durch die folgenden Kriterien begrenzt:

- **Zahnfußtragfähigkeit**: An seinem Fuß wird der Zahn wie ein Biegebalken an seiner Einspannstelle belastet (vgl. auch Bild 0.13).
- **Zahnflankentragfähigkeit**: Die Kraftübertragung von einer Zahnflanke auf die andere hat eine Pressungsbelastung in der Übertragungszone zur Folge (vgl. auch Bild 5.22).
- **Zahnfresstragfähigkeit**: Da die Zahnflanken unter Pressung einer Gleitgeschwindigkeit ausgesetzt sind, muss im allgemeinen Fall mit Fressneigung gerechnet werden.

Bei gehärteten Werkstoffen stellt die Zahnfußtragfähigkeit das entscheidende Festigkeitskriterium dar, hinter dem die beiden anderen Schadensbilder deutlich zurücktreten. Aus diesem Grund wird vor allen Dingen dieses Kriterium betrachtet.

7.4.10.1 Beanspruchung am Zahnfuß

Die Beanspruchung im Zahnfuß wird dann am größten, wenn die mit Gl. 7.72 und 7.73 erfassten Kräfte in Erweiterung der Darstellung von Bild 7.34 am äußeren Ende der Zahnflanke angreifen. Die Belastung besteht aus einem Biege-, einem Druck- und einem Schubanteil. Der dominante Biegeanteil formuliert sich nach Gl. 0.31 und dem Widerstandsmoment nach Gl. 0.36 zu:

$$\sigma_b = \frac{M_b}{W_{ax}} = \frac{F_t \cdot h}{\frac{b \cdot s_f^2}{6}} = \frac{6 \cdot h}{b \cdot s_f^2} \cdot F_t \qquad \text{Gl. 7.74}$$

Dabei bezeichnet b die axiale Erstreckung des Zahnfußes. Wird die Verzahnung normgerecht und festigkeitsoptimiert ausgeführt, so entspricht die Zahnhöhe $h \approx 2{,}25 \cdot m$ (Zahnkopfhöhe + Zahnfußhöhe + Fußausrundung) und die Zahnfußdicke $s_f \approx 2 \cdot m$. Daraus ergibt sich eine Biegebeanspruchung am Zahnfuß von:

$$\sigma_b \approx \frac{6 \cdot 2{,}25 \cdot m}{b \cdot (2 \cdot m)^2} \cdot F_t = \frac{3{,}375}{b \cdot m} \cdot F_t \qquad \text{Gl. 7.75}$$

Die am Zahnfuß vorliegende Druckspannung formuliert sich unter den gleichen Annahmen zu:

$$\sigma_d = \frac{F_r}{b \cdot s_f} \approx \frac{F_t \cdot \tan \alpha}{b \cdot 2 \cdot m} = \frac{0{,}182}{b \cdot m} \cdot F_t \qquad \text{Gl. 7.76}$$

Der an gleicher Stelle auftretende Querkraftschub lässt sich auf ähnliche Weise ausdrücken durch:

$$\tau = \frac{F_t}{b \cdot s_f} \approx \frac{F_t}{b \cdot 2 \cdot m} = \frac{0{,}5}{b \cdot m} \cdot F_t \qquad \text{Gl. 7.77}$$

Daraus setzt sich die Vergleichsspannung σ_F zusammen:

$$\sigma_F = \sqrt{(\sigma_b + \sigma_d)^2 + 3\tau^2} = \sqrt{(3{,}375 + 0{,}182)^2 + 3 \cdot 0{,}5^2} \cdot \frac{F_t}{b \cdot m}$$

$$= 3{,}661 \cdot \frac{F_t}{b \cdot m} \qquad \text{Gl. 7.78}$$

Der Vergleich der Faktoren 3,375 für die Biegespannung in Gl. 7.75 und 3,661 für die Vergleichsspannung in Gl. 7.78 zeigt, dass auch hier die Biegung dominant ist. Tatsächlich muss dieser modellhaft ermittelte Faktor 3,661 noch modifiziert werden, um den folgenden Umständen Rechnung zu tragen:

- Die oben formulierten Angaben (Zahnhöhe $h \approx 2,25 \cdot m$ und Zahnfußdicke $s_f \approx 2 \cdot m$) treffen nur grob zu, sie sind vielmehr von der Zähnezahl z und weiteren Faktoren abhängig. Dies drückt sich durch den „Zahnformfaktor" Y_F aus.
- In der obigen Modellbetrachtung wurde zunächst angenommen, dass sich die Belastung nur auf einen Zahneingriff konzentriert ($\varepsilon = 1$). Tatsächlich ist zeitweise mehr als ein Zahn im Eingriff ($\varepsilon > 1$).
- Weiterhin kommt es entlang der axialen Erstreckung der Berührlinie der beiden Zahnflanken zu einer Ungleichmäßigkeit der Lastverteilung.

Wird der Faktor in Gl. 7.78 von 3,661 auf ca. 4,4 vergrößert, so ist dieser Ansatz für eine Näherungsrechnung in aller Regel ausreichend. Die DIN 3990, Teil 3 spezifiziert diese Formulierung zu:

$$\sigma_F = Y_F \cdot Y_\beta \cdot Y_S \cdot K_A \cdot K_V \cdot K_{F\beta} \cdot K_{F\alpha} \cdot \frac{F_t}{b \cdot m} \qquad \text{Gl. 7.79}$$

Dabei berücksichtigen:

$Y_F \cdot Y_\beta$ die Verzahnungsgeometrie
Y_S die Fußausrundung (Kerbe)
$K_A \cdot K_V \cdot K_{F\beta} \cdot K_{F\alpha}$ Belastungsverhältnisse, Fertigungsungenauigkeiten

Die Festigkeit des Zahnfußes ist nur dann gewährleistet, wenn die so berechnete Zahnfußspannung σ_F kleiner ist als die zulässige Zahnfußspannung σ_{FP}:

$$\sigma_F < \sigma_{FP} \qquad \text{Gl. 7.80}$$

Die zulässige Zahnfußfestigkeit σ_{FP} ergibt sich aus der Schwellfestigkeit der Zähne σ_{Fl} unter Berücksichtigung einer erforderlichen Sicherheit S_F:

$$\sigma_{FP} = \frac{\sigma_{Fl}}{S_F} \qquad \text{Gl. 7.81}$$

Bei praktisch ausgeführten normalen bis hochwertigen Getrieben können Zahnfußspannungen $\sigma_F = 450 - 500\,\text{N/mm}^2$ zugelassen werden.

7.4.10.2 Pressung an den Zahnflanken

Die Übertragung der Kraft F_n an der Zahnflanke vollzieht sich ähnlich wie die Kraftübertragung am Wälzkörper eines Zylinderrollenlagers: Auch hier liegt eine „Linien"-Berührung vor, aber die Kraft kann erst dann als Flächenpressung übertragen werden, wenn durch elastische Deformationen im Kontaktbereich eine entsprechende Fläche geschaffen worden ist, auf der die Kraft mit einer nicht gleichmäßigen Flächenpressung übertragen werden kann. Die dabei auftretende maximale Hertz'sche Pressung σ_{Hz} lässt sich für den allgemeinen Fall zweier aus Stahl oder Leichtmetall bestehender Zylinder folgendermaßen ausdrücken:

$$\sigma_{Hz} = \sqrt{\frac{0,175 \cdot F_n \cdot E}{r \cdot b}} \qquad \text{Gl. 7.82}$$

Darin bedeutet E den Elastizitätsmodul und r den „Ersatzkrümmungsradius", der sich aus den Krümmungsradien der beiden beteiligten Zylinder ersatzweise ermitteln lässt. Für den Fall zweier im Wälzpunkt im Kontakt stehender Zahnflanken kann Gl. 7.82 spezifiziert werden zu:

$$\sigma_{Hz} = \sqrt{0{,}35 \cdot \frac{i+1}{i} \cdot \frac{F_t \cdot E}{b \cdot d_1} \cdot \frac{1}{\sin\alpha \cdot \cos\alpha}} \qquad \text{Gl. 7.83}$$

Dieser Ansatz ist für eine Näherungsrechnung in aller Regel ausreichend. Die DIN 3990, Teil 2 verallgemeinert diese Formulierung zu:

$$\sigma_{Hz} = \sqrt{\frac{i+1}{i} \cdot \frac{F_t}{b \cdot d_1}} \cdot Z_H \cdot Z_\varepsilon \cdot Z_\beta \cdot Z_E \cdot \sqrt{K_A \cdot K_V \cdot K_{H\beta} \cdot K_{H\alpha}} \qquad \text{Gl. 7.84}$$

Dabei berücksichtigen:

$\sqrt{K_A \cdot K_V \cdot K_{H\beta} \cdot K_{H\alpha}}$ die Zahngeometrie
Z_E die Werkstoffelastizität
$Z_H \cdot Z_\varepsilon \cdot Z_\beta$ Belastungsverhältnisse, Fertigungsungenauigkeiten

Die Festigkeit an der Zahnflanke ist nur dann gewährleistet, wenn die vorliegende Hertz'sche Pressung σ_H kleiner ist als die zulässige Hertz'sche Pressung σ_{HP}:

$$\sigma_{Hz} < \sigma_{HP} \qquad \text{Gl. 7.85}$$

Die zulässige Hertz'sche Pressung σ_{HP} errechnet sich aus dem entsprechenden Materialkennwert σ_{Hl} unter Berücksichtigung einer erforderlichen Sicherheit S_H:

$$\sigma_{HP} = \frac{\sigma_{Hl}}{S_H} \qquad \text{Gl. 7.86}$$

Wie bereits oben erwähnt worden ist, gilt dieser Nachweis für die Pressungsbelastung im Wälzpunkt. Da sich die Krümmungsverhältnisse jedoch entlang der Zahnflanke ändern, müsste dieser Nachweis für alle weiteren Punkte wiederholt werden. Die Praxis hat aber gezeigt, dass dies nicht nötig ist. Lediglich für Zähnezahlen unter 20 kann die Pressung auch im inneren Einzeleingriffspunkt des Ritzels kritisch werden, sodass für diese Stelle auch dort ein entsprechender Nachweis geführt werden muss.

Während bei gehärteten Zahnrädern dieses Festigkeitskriterium eher unkritisch ist, treten Flankenschäden aufgrund zu hoher Pressung bei unbehandelten oder vergüteten Zahnradwerkstoffen auf.

7.4.10.3 Fressen der Zahnflanken

Werden zwei sich berührende Flächen aufeinandergepresst und dabei einer Relativbewegung unterworfen, so wird an der Kontaktfläche Wärme generiert, die sich nach einer vereinfachten tribologischen Modellvorstellung auf die sich berührenden Rauigkeitsspitzen konzentriert. Dadurch entstehen lokal begrenzt so hohe Temperaturen, dass es zu einem Anschmelzen der

Materialien und zu einer „Kaltverschweißung" (Verschweißung ohne Wärmezufuhr) kommt. Aufgrund der winzigen Verbindungsflächen ist diese Verschweißung jedoch nicht belastbar und bricht bei fortschreitender Bewegung der Flächen zueinander sofort wieder auf. Dauert dieser Vorgang an, so werden die Berührflächen zerstört.

Dieses komplexe tribologische Problem ist nicht so einfach zu quantifizieren. Dabei spielen der Schmierstoff und die Art der Schmierung eine entscheidende Rolle: Die Reibung wird reduziert, im günstigsten Fall wird sogar ein hydrodynamischer Reibzustand erzielt. Weiterhin sorgt der Schmierstoff für die Verteilung und die Abfuhr der Wärme und vermeidet dabei das Zustandekommen der lokal hohen Spitzentemperaturen. Bei nicht zu hohen Belastungen und Geschwindigkeiten kann mit normalen Schmierverfahren (Tauchschmierung, Umlaufschmierung) eine langfristige Fresssicherheit der Zahnflanken sichergestellt werden. Extreme Verhältnisse erfordern jedoch weitere tribologische Betrachtungen und besondere Maßnahmen (Einspritzschmierung, Ölnebelschmierung).

Aufgaben A.7.16 bis A.7.20

7.5   Anhang

7.5.1   Literatur

[7.1]   Bauer, R.; Schneider, G.: Hülltriebe und Reibradgetriebe. 6. Auflage, Fachbuchverlag Leipzig, 1975

[7.2]   Bausch, T.: Zahnradfertigung, Expert-Verlag, Grafenau/Württemberg, 1986

[7.3]   Funk, W.: Zugmittelgetriebe, Springer-Verlag, Berlin, 1995

[7.4]   Hinzen, H.: Unkonventionelles Spindelsystem für eine High-Tech-Werkzeugmaschine. Z. Antriebstechnik 8 (1989), S. 50–58

[7.5]   Krause, W.: Zahnriemengetriebe, Hüthig-Verlag, Heidelberg, 1988

[7.6]   Kücükay, F.: Dynamik der Zahnradgetriebe, Springer-Verlag, Berlin, 1987

[7.7]   Linke, H.: Stirnradverzahnung, Berechnung, Werkstoffe, Fertigung, Fachbuchverlag Leipzig/Carl Hanser Verlag, 1996

[7.8]   Lohmann, J.: Zahnradgetriebe. 2. Auflage, Springer-Verlag, Berlin, 1988

[7.9]   Peeken, H.; Hinzen, H.; Welter, R.: Das Kugelgetriebe, ein stufenlos verstellbares Leistungsgetriebe mit ungewöhnlicher Kinematik. Konstruktion 43 (1991), Nr. 7/8, S. 263–267

[7.10]   Pietsch, P.: Kettentriebe. Einbeck, 1965

[7.11]   Rachner, H.-G.: Stahlgelenkkette und Kettengetriebe. Konstruktionsbücher, Band 20, Springer, Berlin Göttingen Heidelberg, 1962

[7.12]   Roth, A.: Zahnradtechnik: Band 1 und 2, Springer-Verlag, Berlin, 1989

[7.13]   Thomas, A. K.; Charcut, W.: Die Tragfähigkeit der Zahnräder. 7. Auflage, München, 1971

[7.14]   VDI Richtlinie 2155: Gleichförmig übersetzende Reibschlussgetriebe, VDI-Verlag, Düsseldorf, 1977

[7.15]   VDI/VDE Richtlinie 2608. Einflanken- und Zweiflankenwälzprüfung von gerad- und schrägverzahnten Stirnrädern mit Evolventenprofil

[7.16]   VDI Richtlinie 2758: Riemengetriebe, VDI-Verlag, Düsseldorf, 1991

[7.17]   VDI Richtlinie 3336: Verzahnen von Stirnrädern, VDI-Verlag, Düsseldorf, 1984

[7.18]   Weck, M.: Moderne Leistungsgetriebe – Verzahnungsauslegung und Betriebsverhalten, Springer-Verlag, Berlin, 1992

[7.19]   Widmer, E.: Berechnen von Zahnrädern und Getriebe-Verzahnungen, Verlag Birkhäuser, Basel, 1981

[7.20]   Winter, H.: Kegelradgetriebe, Expert-Verlag, Ehningen, 1990

[7.21]   Zirpke, E.: Zahnräder, Fachbuchverlag Leipzig, 1989

[7.22]   Zollner, H.: Kettentriebe. München, 1966

7.5.2   Normen

[7.23]   DIN-Taschenbuch 106: Verzahnungsterminologie, Beuth-Verlag, Berlin, 1985

[7.24]   DIN-Taschenbuch 123: Zahnradfertigung, Beuth-Verlag, Berlin, 1987

[7.25]   DIN-Taschenbuch 173: Zahnradkonstruktionen, Beuth-Verlag, Berlin, 1986

[7.26]   DIN 37: Darstellung und vereinfachte Darstellung für Zahnräder und Räderpaarungen

[7.27]   DIN ISO 53: Bezugsprofil für Stirnräder für den allgemeinen Maschinenbau und den Schwermaschinenbau

[7.28]   DIN 109 T1: Antriebselemente; Umfangsgeschwindigkeiten

[7.29]   DIN 109 T2: Antriebselemente; Achsabstände für Riementriebe mit Keilriemen

[7.30]   DIN 111: Antriebselemente; Flachriemenscheiben; Maße, Nenndrehmomente

[7.31]   DIN ISO 701: Internationale Verzahnungsterminologie; Symbole für geometrische Größen

[7.32]   DIN 780: Modulreihe für Zahnräder

[7.33]   DIN 781: Werkzeugmaschinen; Zähnezahlen der Wechselräder

[7.34]   DIN 782: Werkzeugmaschinen; Wechselräder, Maße

[7.35]   DIN 867: Bezugsprofile für Evolventenverzahnungen an Stirnrädern (Zylinderrädern) für den allgemeinen Maschinenbau und den Schwermaschinenbau

[7.36]   DIN 868: Allgemeine Begriffe und Bestimmungsgrößen für Zahnräder, Zahnradpaare und Zahnradgetriebe

[7.37]   DIN 1825: Schneidräder für Stirnräder; Geradverzahnte Scheibenschneidräder

[7.38]   DIN 1828: Schneidräder für Stirnräder; Geradverzahnte Schaftschneidräder

[7.39]   DIN 1829 T1: Schneidräder für Stirnräder; Bestimmungsgrößen, Begriffe, Kennzeichen

[7.40]   DIN 1829 T2: Schneidräder für Stirnräder; Toleranzen, zulässige Abweichungen

[7.41]   DIN ISO 2203: Technische Zeichnungen; Darstellung von Zahnrädern

[7.42]   DIN 2211: Antriebselemente; Schmalkeilriemenscheiben

[7.43]   DIN 2215: Endlose Keilriemen; Maße

[7.44]   DIN 2216: Endliche Keilriemen; Maße

[7.45]   DIN 2217: Antriebselemente; Keilriemenscheiben

[7.46]   DIN 2218: Endlose Keilriemen für den Maschinenbau; Berechnung der Antriebe, Leistungswerte

[7.47]   DIN 3960: Begriffe und Bestimmungsgrößen für Stirnräder (Zylinderräder) und Stirnradpaare (Zylinderradpaare) mit Evolventenverzahnung

[7.48]   DIN 3961: Toleranzen für Stirnradverzahnungen; Grundlagen

[7.49]   DIN 3962 T1: Toleranzen für Stirnradverzahnungen; Toleranzen für Abweichungen einzelner Bestimmungsgrößen

[7.50]   DIN 3961 T2: Toleranzen für Stirnradverzahnungen; Toleranzen für Flankenlinienabweichungen

[7.51]   DIN 3961 T3: Toleranzen für Stirnradverzahnungen; Toleranzen für Teilungs-Spannenabweichungen

[7.52]   DIN 3963: Toleranzen für Stirnradverzahnungen; Toleranzen für Wälzabweichungen

[7.53]   DIN 3964: Abstandsmaße und Achslagetoleranzen von Gehäusen für Stirnradgetriebe

[7.54]   DIN 3965: Toleranzen für Kegelradverzahnungen

[7.55]   DIN 3966: Angaben für Verzahnungen in Zeichnungen

[7.56]   DIN 3967: Getriebe-Paßsystem; Flankenspiel, Zahndickenabmaße, Zahndickentoleranzen; Grundlagen

[7.57]   DIN 3968: Toleranzen eingängiger Wälzfräser für Stirnräder mit Evolventenverzahnung

[7.58]   DIN 3972: Bezugsprofile von Verzahnungswerkzeugen für Evolventenverzahnungen nach DIN 867

[7.59]   DIN 3971: Begriffe und Bestimmungsgrößen für Kegelräder und Kegelradpaare

[7.60]   DIN 3975: Begriffe und Bestimmungsgrößen für Zylinderschneckengetriebe mit Achswinkel 90°

[7.61]   DIN 3976: Zylinderschnecken; Maße, Zuordnung von Achsabständen und Übersetzungen in Schneckenradsätzen

[7.62]   DIN 3978: Schrägungswinkel für Stirnradverzahnungen

[7.63]   DIN 3979: Zahnschäden an Zahnradgetrieben; Bezeichnung, Merkmale, Ursachen

[7.64]   DIN 3990: T1: Tragfähigkeitsberechnung von Stirn- und Kegelrädern; Grundlagen
         und Berechnungsformeln

[7.65]   DIN 3990: T2: Tragfähigkeitsberechnung von Stirn- und Kegelrädern; Zahnform-
         faktor Y_F

[7.66]   DIN 3990: T3: Tragfähigkeitsberechnung von Stirn- und Kegelrädern; Lastanteil-
         faktor Y_ε, Sprungüberdeckung ε_β

[7.67]   DIN E 3990: T4: Tragfähigkeitsberechnung von Stirn- und Kegelrädern; Hilfsfaktor
         q_L, Stirnlastverteilfaktor $K_{F\alpha}$ für Zahnfuß- und $K_{H\alpha}$ für Zahnflankenbeanspruchung

[7.68]   DIN 3990: T5: Tragfähigkeitsberechnung von Stirn- und Kegelrädern; Flanken-
         formfaktor Z_H

[7.69]   DIN 3990: T6: Tragfähigkeitsberechnung von Stirn- und Kegelrädern; Materialfak-
         tor Z_M

[7.70]   DIN 3990: T7: Tragfähigkeitsberechnung von Stirn- und Kegelrädern; Ritzel-Einze-
         leingriffsfaktor Z_B, Rad-Einzeleingriffsfaktor Z_D, Profilüberdeckung ε_α

[7.71]   DIN 3990: T8: Tragfähigkeitsberechnung von Stirn- und Kegelrädern; Überde-
         ckungsfaktor $Z\varepsilon$

[7.72]   DIN 3990: T10: Tragfähigkeitsberechnung von Stirn- und Kegelrädern; Schrä-
         gungswinkelfaktor Y_β

[7.73]   DIN 3990: T1: Tragfähigkeitsberechnung von Stirn- und Kegelrädern; Einführung
         und allgemeine Einflußfaktoren

[7.74]   DIN 3990: T2: Tragfähigkeitsberechnung von Stirn- und Kegelrädern; Berechnung
         der Grübchentragfähigkeit

[7.75]   DIN 3990: T3: Tragfähigkeitsberechnung von Stirn- und Kegelrädern; Berechnung
         der Zahnfußtragfähigkeit

[7.76]   DIN 3990: T4: Tragfähigkeitsberechnung von Stirn- und Kegelrädern; Berechnung
         der Freßtragfähigkeit

[7.77]   DIN 3990: T5: Tragfähigkeitsberechnung von Stirn- und Kegelrädern; Dauerfestig-
         keitswerte und Werkstoffqualitäten

[7.78]   DIN E 3990: T6: Tragfähigkeitsberechnung von Stirn- und Kegelrädern; Betriebs-
         festigkeitsberechnung

[7.79]   DIN E 3990: T12: Tragfähigkeitsberechnung von Stirn- und Kegelrädern; Anwen-
         dungsnorm für Industriegetriebe

[7.80]   DIN 3991 T1: Tragfähigkeitsberechnung von Kegelrädern ohne Achsversetzung;
         Einführung und allgemeine Einflußfaktoren

[7.81]   DIN 3991 T2: Tragfähigkeitsberechnung von Kegelrädern ohne Achsversetzung;
         Berechnung der Grübchentragfähigkeit

[7.82]   DIN 3991 T3: Tragfähigkeitsberechnung von Kegelrädern ohne Achsversetzung;
         Berechnung der Zahnfußtragfähigkeit

[7.83]   DIN 3991 T4: Tragfähigkeitsberechnung von Kegelrädern ohne Achsversetzung;
         Berechnung der Freßtragfähigkeit

[7.84]   DIN 3992: Profilverschiebung bei Stirnrädern mit Außenverzahnung

[7.85]   DIN 3993 T1: Geometrische Auslegung von zylindrischen Innenradpaaren mit Evolventenverzahnung; Grundregeln

[7.86]   DIN 3993 T2: Geometrische Auslegung von zylindrischen Innenradpaaren mit Evolventenverzahnung; Diagramme über geometrische Grenzen für die Paarung Hohlrad – Ritzel

[7.87]   DIN 3993 T3: Geometrische Auslegung von zylindrischen Innenradpaaren mit Evolventenverzahnung; Diagramme zur Ermittlung der Profilverschiebungsfaktoren

[7.88]   DIN 3993 T4: Geometrische Auslegung von zylindrischen Innenradpaaren mit Evolventenverzahnung; Diagramme über Grenzen für die Paarung Hohlrad – Schneidrad

[7.89]   DIN 3994: Profilverschiebung bei geradverzahnten Stirnrädern mit 05-Verzahnung; Einführung

[7.90]   DIN 3995 T1: Geradverzahnte Außen-Stirnräder mit 05-Verzahnung; Achsabstände und Betriebseingriffswinkel

[7.91]   DIN 3995 T2: Geradverzahnte Außen-Stirnräder mit 05-Verzahnung; Fußkreisdurchmesser

[7.92]   DIN 3995 T3: Geradverzahnte Außen-Stirnräder mit 05-Verzahnung; Kopfkreisdurchmesser

[7.93]   DIN 3995 T4: Geradverzahnte Außen-Stirnräder mit 05-Verzahnung; Zahnweite

[7.94]   DIN 3995 T5: Geradverzahnte Außen-Stirnräder mit 05-Verzahnung; Profilmaß M_a

[7.95]   DIN 3995 T6: Geradverzahnte Außen-Stirnräder mit 05-Verzahnung; Zahndickensehne mit Zahnhöhe über der Sehne

[7.96]   DIN 3995 T7: Geradverzahnte Außen-Stirnräder mit 05-Verzahnung; Überdeckungsgrade

[7.97]   DIN 3995 T8: Geradverzahnte Außen-Stirnräder mit 05-Verzahnung; Gleitgeschwindigkeiten am Zahnkopf

[7.98]   DIN 3998 T1: Benennung an Zahnrädern und Zahnradpaaren; Allgemeine Begriffe

[7.99]   DIN 3998 T2: Benennung an Zahnrädern und Zahnradpaaren; Stirnräder und Stirnradpaare (Zylinderräder und -radpaare)

[7.100]   DIN 3998 T3: Benennung an Zahnrädern und Zahnradpaaren; Kegelräder und Kegelradpaare, Hypoidräder und Hypoidradpaare

[7.101]   DIN 3998 T4: Benennung an Zahnrädern und Zahnradpaaren; Schneckenradsätze

[7.102]   DIN 3999: Kurzzeichen für Verzahnungen

[7.103]   DIN ISO 5290: Rillenscheiben für Verbund-Schmalkeilriemen

[7.104]   DIN E ISO 5294: Synchronriementriebe, Scheiben

[7.105]   DIN E ISO 5296: Synchronriementriebe, Riemen; Zahnteilungskurzzeichen

[7.106]   DIN 7721: Synchronriementriebe, metrische Teilung

[7.107] DIN 7722: Endlose Hexagonalriemen für Landmaschinen und Rillenprofile der dazugehörigen Scheiben

[7.108] DIN 7753 T1: Endlose Schmalkeilriemen für den Maschinenbau; Maße

[7.109] DIN 7753 T2: Endlose Schmalkeilriemen für den Maschinenbau; Berechnung der Antriebe, Leistungswerte

[7.110] DIN 7753 T3: Endlose Schmalkeilriemen für den Kraftfahrzeugbau; Maße der Riemen und Scheibenrillenprofile

[7.111] DIN 8150: Gallketten

[7.112] DIN 8153: Scharnierbandketten, Form S, Form D

[7.113] DIN 8154: Buchsenketten mit Rollenbolzen; Amerikanische Bauart

[7.114] DIN 8164: Buchsenketten

[7.115] DIN 8187: Rollenketten; Europäische Bauart

[7.116] DIN 8188: Rollenketten; Amerikanische Bauart

[7.117] DIN 8195: Rollenketten, Kettenräder; Auswahl von Kettentrieben

[7.118] DIN 8196 und DIN 8199: Verzahnung der Kettenräder für Rollenketten

[7.119] DIN 58400: Bezugsprofil für Evolventenverzahnungen an Stirnrädern für die Feinwerktechnik

[7.120] DIN 58405 T1: Stirnradgetriebe der Feinwerktechnik; Gestaltungsbereich, Begriffe, Bestimmungsgrößen, Einteilung

[7.121] DIN 58405 T2: Stirnradgetriebe der Feinwerktechnik; Getriebepassungsauswahl; Toleranzen, Abmaße

[7.122] DIN 58405 T3: Stirnradgetriebe der Feinwerktechnik; Angabe in Zeichnungen, Berechnungsbeispiele

[7.123] DIN 58405 T1: Stirnradgetriebe der Feinwerktechnik; Tabellen

[7.124] DIN 58411: Wälzfräser für Stirnräder der Feinwerktechnik mit Modul 0,1 bis 1 mm

[7.125] DIN 58412: Bezugsprofile für Verzahnungswerkzeuge der Feinwerktechnik; Evolventenverzahnungen nach DIN 5844 und DIN 867

[7.126] DIN 58413: Toleranzen für Wälzfräser der Feinwerktechnik

7.6   Aufgaben: Grundsätzliche Bauformen gleichförmig übersetzender Getriebe

A.7.1   Gegenüberstellung formschlüssiges–reibschlüssiges Getriebe

In der folgenden Gegenüberstellung werden die wesentlichen Unterschiede zwischen form-schlüssigen und reibschlüssigen Getrieben betrachtet. Ordnen Sie die folgenden charakteristischen Merkmale einer der beiden Getriebearten durch Ankreuzen zu.

	Reibschluss	Formschluss
Kurzzeitige Überlast kann ggf. durch Gleitschlupf schadlos aufgenommen werden		
Hohe radiale Belastung der Räder zur Sicherstellung der Momentenübertragung erforderlich		
Übersetzungsverhältnis nur in diskreten Stufen, nicht aber stufenlos möglich		
Einfache Übertragungskinematik: Hebelarme des Übersetzungsverhältnisses als Radius der Räder konstruktiv vorhanden		
In gewissen Grenzen jedes beliebige Übersetzungsverhältnis realisierbar, je nach Bauart auch stufenlos		
Schlupfbehaftete, nicht exakt reproduzierbare, nicht exakt winkelgetreue Übertragung der Drehbewegung		
Komplizierte Übertragungskinematik: Die Hebelarme des Übersetzungsverhältnisses sind konstruktiv **nicht** vorhanden		
Hohe Belastung von Wellen und Lagern, aus diesem Grund raum- und gewichtsbeanspruchende Bauweise		
Reproduzierbare, winkelgetreue Übertragung der Drehbewegung, kein Schlupf		

Reibradgetriebe

A.7.2   Reibradgetriebe Gummi-Stahl

Die unten skizzierten drei Reibradpaarungen sollen vergleichend gegenübergestellt werden.

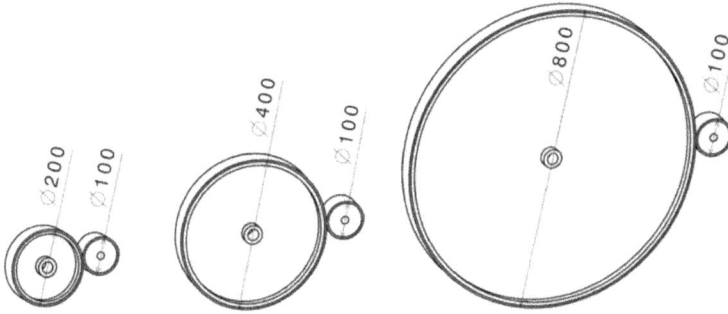

Das angetriebene Rad (links) ist mit einer aufvulkanisierten Gummilage versehen. Die Anpresskraft soll dabei so aufgebracht werden, dass der Reibwert $\mu = 0,8$ möglichst knapp ausgenutzt wird. Die hier dargestellte, antreibende Welle (rechts) hat ein Moment von 20 Nm zu übertragen.

In der folgenden Bearbeitung ist sowohl das Übersetzungsverhältnis als auch die Antriebsdrehzahl der Getriebewelle zu variieren.

a) Berechnen Sie zunächst in der zweiten Spalte die zulässige Wälzpressung bei den verschiedenen Antriebsdrehzahlen.
b) Berechnen Sie in der zweiten Zeile den Ersatzkrümmungsdurchmesser für die verschiedenen Übersetzungsverhältnisse.
c) Ermitteln Sie schließlich die erforderliche Scheibenbreite L.

	k_{zul} [N/mm^2]	$i = 100:200$	$i = 100:400$	$i = 100:800$
		$d_0 =$	$d_0 =$	$d_0 =$
$n_{an} = 100\,\text{min}^{-1}$		$L =$	$L =$	$L =$
$n_{an} = 200\,\text{min}^{-1}$		$L =$	$L =$	$L =$
$n_{an} = 400\,\text{min}^{-1}$		$L =$	$L =$	$L =$

A.7.3   Wälzgetriebe mit Kettenabtrieb

Das unten dargestellte Getriebe ist oben mit einer Reibradpaarung und unten mit einem Kettentrieb ausgerüstet. Die Reibradpaarung ist als Kombination Stahl-Gummi (aufvulkanisiert) ausgeführt. Der Reibwert von 0,6 wird vollständig ausgenutzt, der dazu erforderliche Anpressmechanismus ist hier nicht dargestellt.

Die Berechnung soll sowohl für eine Drehzahl der Zwischenwelle (Bildmitte) von $900\,\mathrm{min^{-1}}$ als auch von $1.800\,\mathrm{min^{-1}}$ durchgeführt werden. Welche maximale Leistung kann mit dem Getriebe übertragen werden? Gehen Sie zweckmäßigerweise nach dem unten aufgeführten Schema vor und berechnen Sie die dort aufgeführten Zwischenwerte.

Drehzahl Zwischenwelle	n_{ZW}	$\mathrm{min^{-1}}$	900	1.800
Ersatzkrümmungsdurchmesser	d_0	mm		
zulässige Wälzpressung	k_{zul}	$\mathrm{N/mm^2}$		
zulässige Normalkraft	F_N	N		
übertragbare Umfangskraft	F_U	N		
zulässiges Moment Zwischenwelle	M_{ZW}	Nm		
übertragbare Leistung	P	W		

A.7.4 **Zweistufiges Wälzgetriebe Stahl-Gummi**

Die Zwischenwelle des unten dargestellten Reibradgetriebes dreht mit $150\,\text{min}^{-1}$. Beide Reibradpaarungen sind als Stahlrad-Gummirad (aufvulkanisiert) ausgeführt, der Reibwert von $\mu = 0{,}7$ wird voll ausgenutzt. Der Mechanismus zur Aufbringung der Anpresskraft ist hier nicht dargestellt.

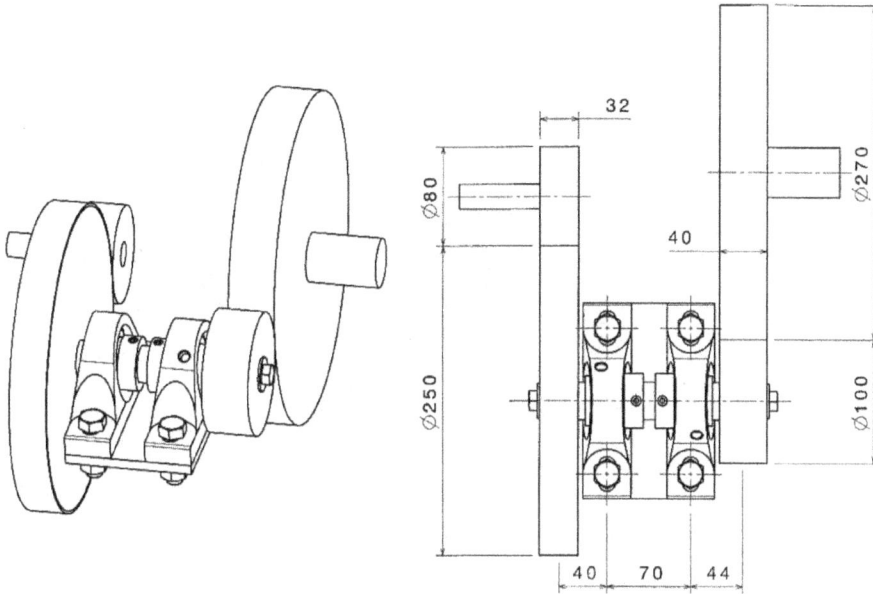

Welche maximale Leistung kann mit dem Getriebe übertragen werden? Differenzieren Sie dabei nach linker und rechter Stufe. Gehen Sie zweckmäßigerweise nach dem unten aufgeführten Schema vor und berechnen Sie die dort aufgeführten Zwischenwerte.

			linke Stufe	rechte Stufe
Umfangsgeschwindigkeit	v	m/s		
zulässige Wälzpressung	k_{zul}	N/mm²		
Ersatzkrümmungsdurchmesser	d_0	mm		
zulässige Normalkraft	F_n	N		
übertragbare Umfangskraft	F_t	N		
zulässiges Moment Zwischenwelle	M_{ZW}	Nm		
übertragbare Leistung	P	W		

A.7.5   Reibradgetriebe mit Wälzlagerung

Das unten dargestellte Reibradgetriebe wird an der unteren Welle mit einer Drehzahl von $414{,}7\,\text{min}^{-1}$ angetrieben.

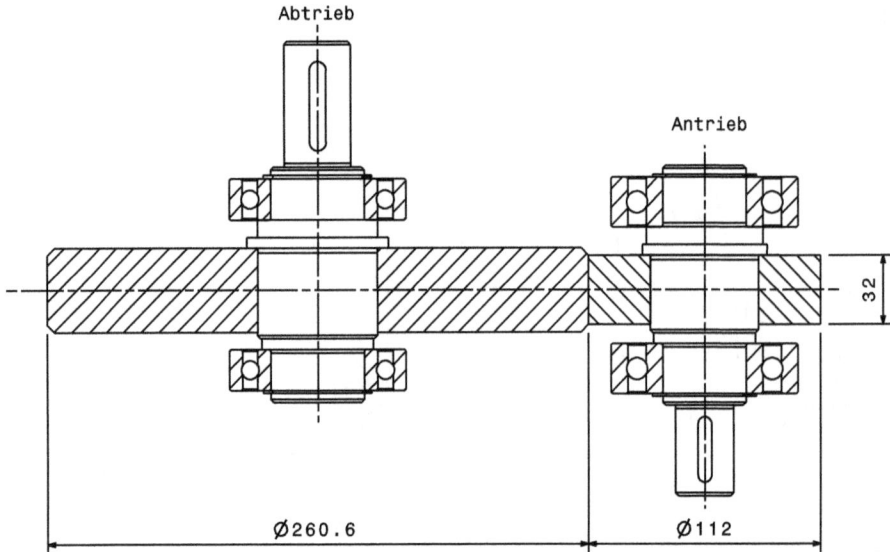

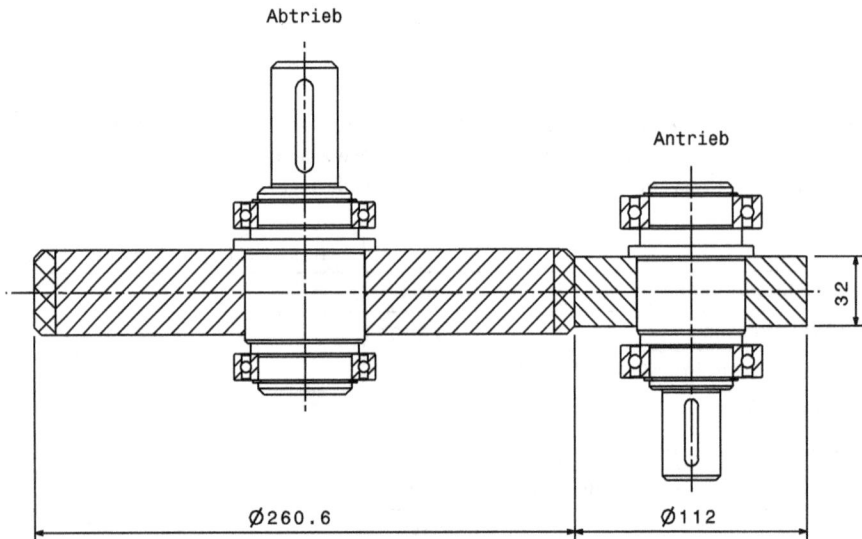

Dimensionierung der Reibräder

Das Getriebe wird sowohl als Getriebe mit zwei Stahlrädern (oben) als auch als Getriebe mit Stahlrad-Gummirad (unten) ausgeführt. Der Reibwert für Stahl-Stahl beträgt 0,03, der für Gummi-Stahl 0,7. Berechnen Sie die in der unten stehenden Tabelle aufgeführten Kenngrößen der jeweiligen Getriebevariante.

			Stahl-Stahl	Stahl-Gummi
Ersatzkrümmungsdurchmesser	d_0	mm		
Umfangsgeschwindigkeit	v	m/s		
zulässige Belastung	$\sigma_{Hz\ zul}$ bzw. k_{zul}	N/mm^2		
zulässige Normalkraft	F_N	N		
übertragbare Umfangskraft	F_U	N		
zulässiges Antriebsmoment	M_1	Nm		
übertragbare Leistung	P	kW		
Kraftresultierende im Wälzkontakt	F_{res}	N		

Dimensionierung der Wälzlagerung

Das Reibradgetriebe soll mit Kugellagern gelagert werden. Alle Lager sind so angebracht, dass sich die auf das Reibrad wirkenden Kräfte gleichmäßig auf die beiden Lager verteilen. Die Anpresskraft ist so bemessen, dass der Reibschluss gerade für die Übertragung des Maximalmomentes ausreicht. Das Getriebe wird während 20 % seiner Betriebsdauer mit Maximallast und während 80 % der Betriebsdauer mit halber Last betrieben, wobei die Drehzahl ständig beibehalten wird. Das Getriebe soll eine Gebrauchsdauer von 8.000 h aufweisen. Mit welcher Tragzahl müssen die einzelnen Lager mindestens ausgestattet sein?

		Stahl-Stahl		Stahl-Gummi	
		Antriebs-welle	Abtriebs-welle	Antriebs-welle	Abtriebs-welle
Drehzahl	min^{-1}	414,7		414,7	
Belastung pro Lager bei Volllast F_{VL}	N				
Belastung pro Lager bei Teillast F_{TL}	N				
mittlere Belastung P_m	N				
L_{10}	–				
erforderliche Tragzahl	N				

A.7.6   Reibradantrieb mit gewichtsbelasteter Wippe

Der unten skizzierte Reibradantrieb besteht aus einer großen stationären Abtriebsscheibe und einer kleinen Antriebsscheibe die an einen Elektromotor angeflanscht ist, der seinerseits auf einer Wippe angeordnet ist, die gelenkig an das Gestell angebunden ist. Durch das Eigengewicht von Motor und Wippe entsteht eine Anpresswirkung zwischen Antriebs- und Abtriebsscheibe. Zusätzlich werden an der Kontaktstelle der beiden Reibräder noch die Betriebskräfte übertragen. Es kann angenommen werden, dass sich der Schwerpunkt der Masse von Motor und Wippe von 8,9 kg auf der Motorachse befindet. Es liegt eine Reibzahl von $\mu = 0{,}6$ vor. Der Motor läuft bei einer Drehzahl von $1.480\,\mathrm{min}^{-1}$.

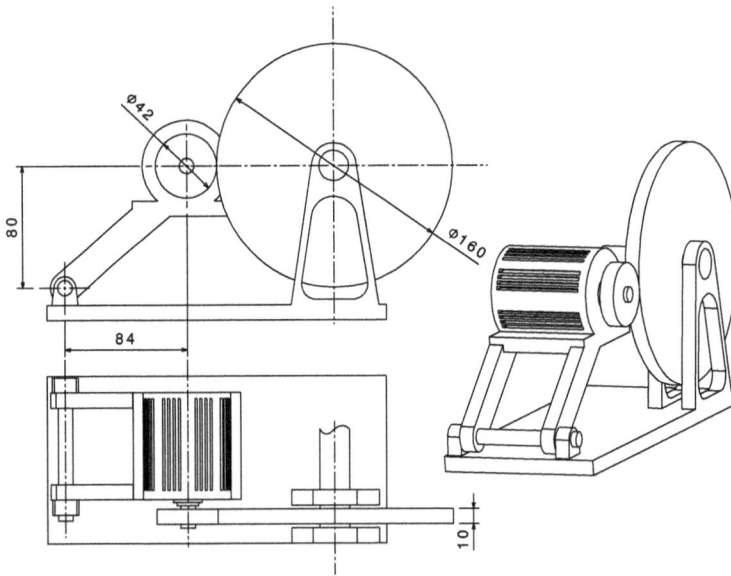

		Antreiben im Gegenuhrzeigersinn Welche Leistung P_{max} ist mit diesem Antrieb maximal übertragbar? Berechnen Sie dazu zunächst die Umfangskraft, die Normalkraft und das Antriebsmoment.	Bremsen im Uhrzeigersinn Es wird im Gegenuhrzeigersinn gebremst. Welches maximale Bremsmoment kann dann an der Motorwelle aufgebracht werden?
F_U	N		
F_N	N		
k	N/mm^2		
M_{an}	Nm		
P	W		

Welche Wälzpressung stellt sich an der Kontaktstelle ein?

Riemengetriebe

A.7.7 Treibscheibe Förderkorb

Die hier skizzierte Fördereinrichtung besteht aus einem Förderkorb mit der Masse von 4 t, mit dem eine Nutzlast von 1 t befördert werden soll. Um das Lastmoment an der Antriebsscheibe zu minimieren, wird am gegenüberliegenden Seilende ein Gegengewicht von 4,5 t angebracht. Die Reibzahl zwischen Seil und Scheibe kann mit $\mu = 0{,}07$ angenommen werden. Die Fördereinrichtung soll in vier verschiedenen Ausführungen a–d betrachtet werden.

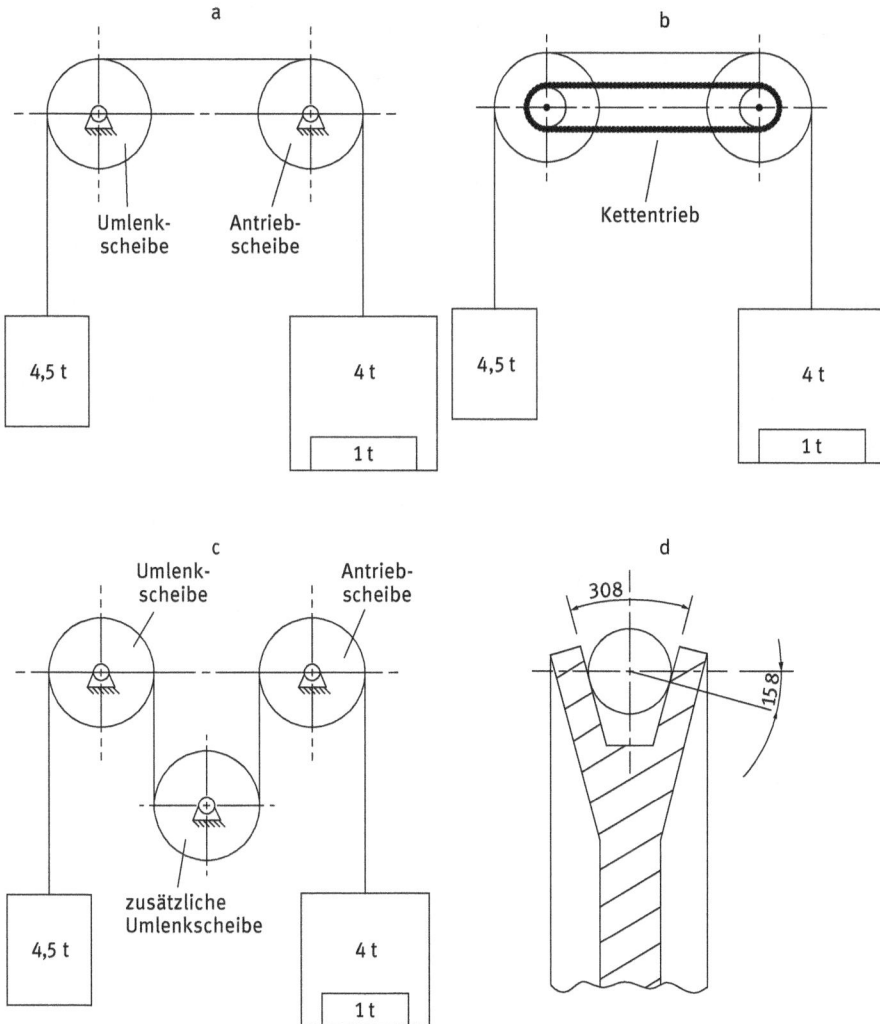

Welches Verhältnis von Zugtrumkraft zu Leertrumkraft ergibt sich, wenn die Fördereinrichtung mit bzw. ohne Nutzlast betrieben wird? Tragen Sie dieses Verhältnis für alle Varianten a–d in das folgende Schema ein.

	a		b		c		d	
	mit Nutzlast	ohne Nutzlast	mit Nutzlast	ohne Nutzlast	mit Nutzlast	ohne Nutzlast	mit Nutzlast	ohne Nutzlast
S_Z/S_L								
$e^{\mu\alpha}$								
Last übertragbar?	○ Ja ○ Nein	○ Ja ○ Nein	○ Ja ○ Nein	○ Ja ○ Nein	○ Ja ○ Nein	○ Ja ○ Nein	○ Ja ○ Nein	○ Ja ○ Nein

a) Die Mantelflächen der Treibscheiben sind zylindrisch und das Seil wird nach Skizze a geführt. Kreuzen Sie jeweils für den Fall „mit Nutzlast" und „ohne Nutzlast" an, ob die Last übertragbar ist oder der Seiltrieb durchrutscht.

b) Die rechts angeordnete Antriebsscheibe wird nach Skizze b mit der linken Umlenkscheibe über einen Kettentrieb gekoppelt. Kreuzen Sie auch hier an, ob die Last übertragbar ist oder der Seiltrieb durchrutscht.

c) Die Anordnung nach a wird dahingehend modifiziert, dass eine zusätzliche Umlenkscheibe angebracht wird.

d) In einer weiteren Parametervariation wird wieder von der ursprünglichen Kombination von Antriebscheibe und Umlenkscheibe nach a ausgegangen, wobei die Antriebsscheibe allerdings mit einer Keilrille ausgeführt wird.

A.7.8   **Leertrumvorspannung, Übersetzung** 1 : 1

Der unten skizzierte Riementrieb wird mit einer Drehzahl von $1.480\,\text{min}^{-1}$ im Gegenuhrzeigersinn betrieben. Der Riemen darf mit einer Spannung von maximal $25\,\text{N/mm}^2$ belastet werden, sein Reibwert beträgt $\mu = 0{,}4$. Die durch die Riemenvorspannung bedingte Vergrößerung des Umschlingungswinkels kann vernachlässigt werden.

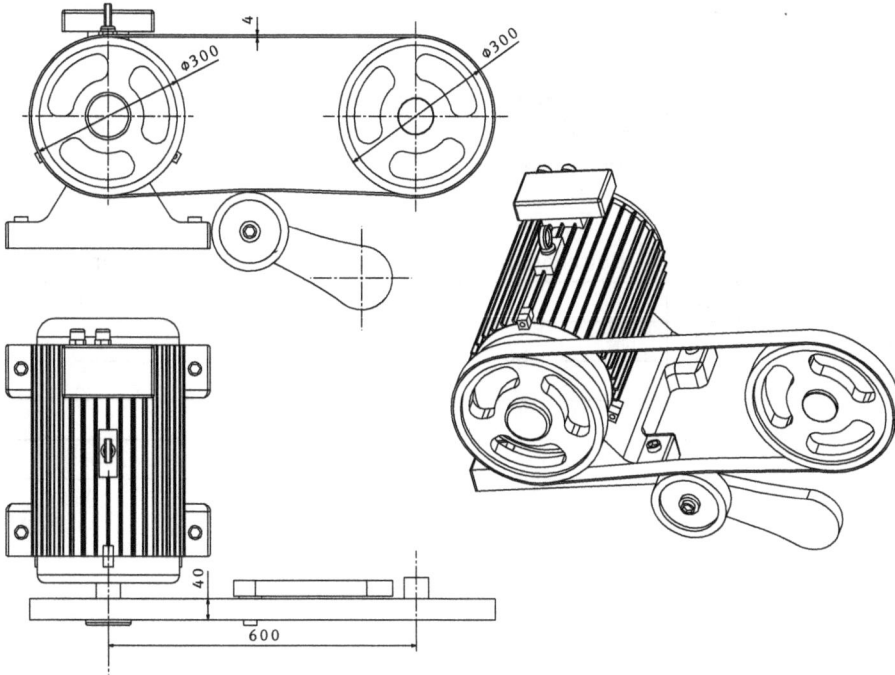

a) Die Belastbarkeit des Riementriebes soll voll ausgenutzt werden. Wie groß sind dann die Zugtrumkraft S_Z, Leertrumkraft S_L, die Umfangskraft U und das übertragbare Moment M? Welche Leistung kann mit diesem Riementrieb maximal übertragen werden?
b) Es wird ein Antriebsmotor verwendet, der bei gleicher Drehzahl 20 kW leistet. Wie hoch sind die zuvor genannten Kenngrößen, wenn die Vorspannkraft beibehalten wird?
c) Bei Verwendung dieses Motors kann die Vorspannkraft reduziert werden. Wie hoch sind dann die zuvor genannten Kenngrößen?

			a Belastbarkeit des Riementriebes voll ausgenutzt	b Antriebsmotor 20 kW, Vorspannkraft wie bei Volllast	c Antriebsmotor 20 kW, Vorspannkraft minimiert
			an der Rutschgrenze	**nicht** an der Rutschgrenze	an der Rutschgrenze
Zugtrumkraft	S_Z	N			
Leertrumkraft	S_L	N			
Umfangskraft	U	N			
Moment	M	Nm			
Leistung	P	kW		**20**	**20**

A.7.9   Zugtrumvorspannung

Der unten dargestellte Riementrieb überträgt eine Leistung von 12 kW bei einer Antriebsdrehzahl von $1.480 \, \text{min}^{-1}$. Die auf den Scheiben angegebenen Pfeile geben nicht den Drehsinn, sondern die Richtung des Momentes an. Die Veränderung des Umschlingungswinkels aufgrund der Spannrolle kann vernachlässigt werden. Der Riemen ist 3 mm dick, kann mit einer Spannung von $18 \, \text{N/mm}^2$ belastet werden und weist gegenüber der Scheibe einen Reibwert von $\mu = 0{,}7$ auf.

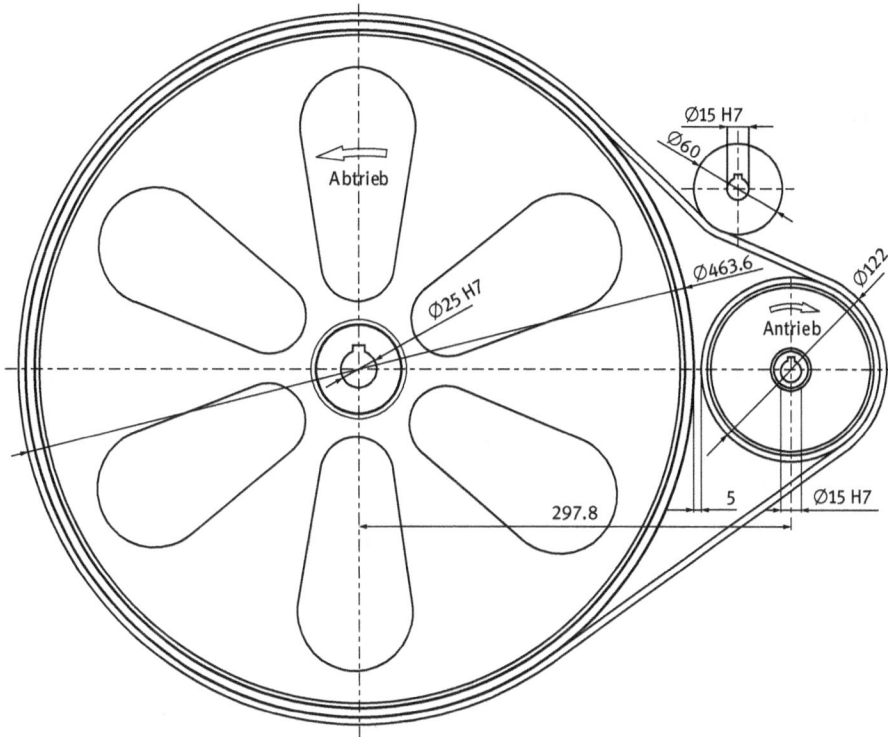

Wie groß ist die Zugtrumkraft, wenn der Riementrieb an der Rutschgrenze betrieben wird?	S_Z	N	
Wie groß ist dann die Leertrumkraft?	S_L	N	
Wie groß ist die Radialkraft auf die Antriebswelle?	F_{Welle}	N	
Wie groß ist die Radialkraft auf die Abtriebswelle?	F_{Welle}	N	
Wie groß muss die durch die Spannrolle in den Riemen eingeleitete Vorspannkraft sein?	$S_{V\,12\,kW}$	N	
Wie breit muss der Riemen mindestens sein?	$b_{12\,kW}$	mm	
Die Antriebsleistung wird unter Beibehaltung der Drehzahl auf 8 kW reduziert. Wie groß muss dann die in den Riemen eingeleitete Vorspannung sein?	$S_{V\,8\,kW}$	N	
Wie breit muss der Riemen mindestens sein, wenn die Vorspannung entsprechend angepasst wird?	$b_{8\,kW}$	mm	
Wie lang ist der Riemen?	L_{Riemen}	mm	

A.7.10   Minimaler Scheibendurchmesser eines Riementriebes

Ein Flachriementrieb soll bei einem Übersetzungsverhältnis von 1 : 1 eine Leistung von 3,5 kW bei einer Drehzahl von 1.800 min^{-1} übertragen und wird so vorgespannt, dass sowohl die Rutschgrenze als auch die Festigkeitsgrenze optimal ausgenutzt werden. Der Riemen ist 1,8 mm dick, 10 mm breit und darf maximal mit 18 N/mm^2 belastet werden.

Welchen Durchmesser müssen die Scheiben mindestens aufweisen, wenn vier verschiedene Riemen mit gleicher Festigkeit, aber unterschiedlichen Reibwerten zur Verfügung stehen? Berechnen Sie zweckmäßigerweise zunächst e$^{\mu\alpha}$, die Zugtrumkraft S_Z, die Leertrumkraft S_L und die Umfangskraft U.

		$\mu = 0,4$	$\mu = 0,5$	$\mu = 0,6$	$\mu = 0,7$
$e^{\mu\alpha}$	–				
S_Z	N				
S_L	N				
U	N				
d_{min}	mm				

A.7.11   Riementrieb, kleinstmöglicher Achsabstand

Ein Flachriementrieb übersetzt 1 : 2,8 ins Langsame und soll dabei einen möglichst kleinen Achsabstand aufweisen. Der Riemen ist 3 mm dick und 50 mm breit, darf bis $24\,\text{N/mm}^2$ belastet werden und weist gegenüber den Scheiben einen Reibwert von $\mu = 0,45$ auf.

Es soll ein Antriebsmoment von 252 Nm übertragen werden. Wie groß müssen die Scheibendurchmesser mindestens sein, damit der Riemen weder überlastet wird noch durchrutscht? Tragen Sie im folgenden Schema die wesentlichen Kenngrößen des Riementriebs ein.

S_Z	N		β	°		d_1	mm	
S_L	N		α	°		d_2	mm	
U	N		$e^{\mu\alpha}$	–		a	mm	

A.7.12   Riementrieb, Variation von Vorspannung und Moment

Der Riemen des unten skizzierten Riementriebes darf mit einer maximalen Spannung von $20\,\text{N/mm}^2$ belastet werden und hat gegenüber der Scheibe einen Reibwert von 0,65.

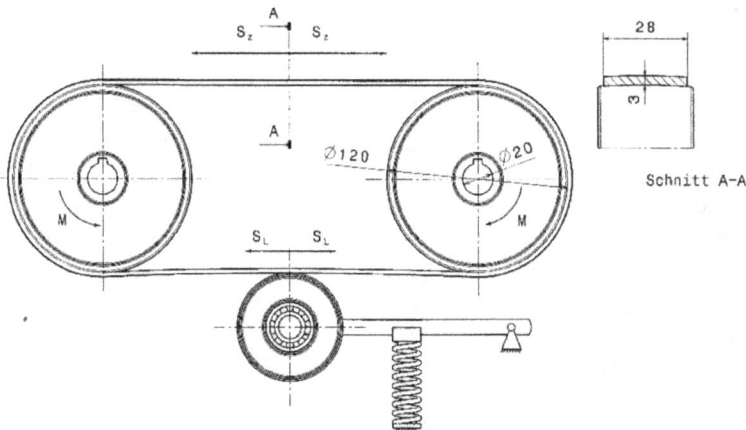

Berechnen Sie zunächst die für die Rutschgrenze entscheidende Größe $e^{\mu\alpha}$ und die zulässige Zugkraft im Riemen S_{zul}.

$e^{\mu\alpha}$		S_{zul} [N]	

Der Riementrieb wird im Leertrum mit den unten angegebenen Kräften vorgespannt und mit den Momenten belastet. Kreuzen Sie an, ob die Rutschgrenze und die Festigkeitsgrenze nicht ausgenutzt, genau ausgenutzt oder überschritten werden.

	M = 77,7 Nm	M = 87,7 Nm	M = 97,7 Nm
$S_L = 48\,N$	Rutschgrenze ○ nicht ausgenutzt ○ genau ausgenutzt ○ überschritten Festigkeitsgrenze ○ nicht ausgenutzt ○ genau ausgenutzt ○ überschritten	Rutschgrenze ○ nicht ausgenutzt ○ genau ausgenutzt ○ überschritten Festigkeitsgrenze ○ nicht ausgenutzt ○ genau ausgenutzt ○ überschritten	Rutschgrenze ○ nicht ausgenutzt ○ genau ausgenutzt ○ überschritten Festigkeitsgrenze ○ nicht ausgenutzt ○ ausgenutzt ○ überschritten
$S_L = 218\,N$	Rutschgrenze ○ nicht ausgenutzt ○ genau ausgenutzt ○ überschritten Festigkeitsgrenze ○ nicht ausgenutzt ○ genau ausgenutzt ○ überschritten	Rutschgrenze ○ nicht ausgenutzt ○ genau ausgenutzt ○ überschritten Festigkeitsgrenze ○ nicht ausgenutzt ○ genau ausgenutzt ○ überschritten	Rutschgrenze ○ nicht ausgenutzt ○ genau ausgenutzt ○ überschritten Festigkeitsgrenze ○ nicht ausgenutzt ○ genau ausgenutzt ○ überschritten
$S_L = 388\,N$	Rutschgrenze ○ nicht ausgenutzt ○ ausgenutzt ○ überschritten Festigkeitsgrenze ○ nicht ausgenutzt ○ ausgenutzt ○ überschritten	Rutschgrenze ○ nicht ausgenutzt ○ ausgenutzt ○ überschritten Festigkeitsgrenze ○ nicht ausgenutzt ○ ausgenutzt ○ überschritten	Rutschgrenze ○ nicht ausgenutzt ○ ausgenutzt ○ überschritten Festigkeitsgrenze ○ nicht ausgenutzt ○ ausgenutzt ○ überschritten

A.7.13   Riemenvorspannung durch Ausnutzung der Riemenelastizität

Der unten dargestellte Riementrieb wird mit $1.450\,\text{min}^{-1}$ angetrieben. Der Riemen darf maximal mit einer Zugspannung von $18\,\text{N/mm}^2$ belastet werden und weist gegenüber den Scheiben einen Reibwert von $\mu = 0{,}6$ auf. Der Riemen wird so vorgespannt, dass sowohl die Rutschgrenze als auch die Festigkeitsgrenze vollständig ausgenutzt wird.

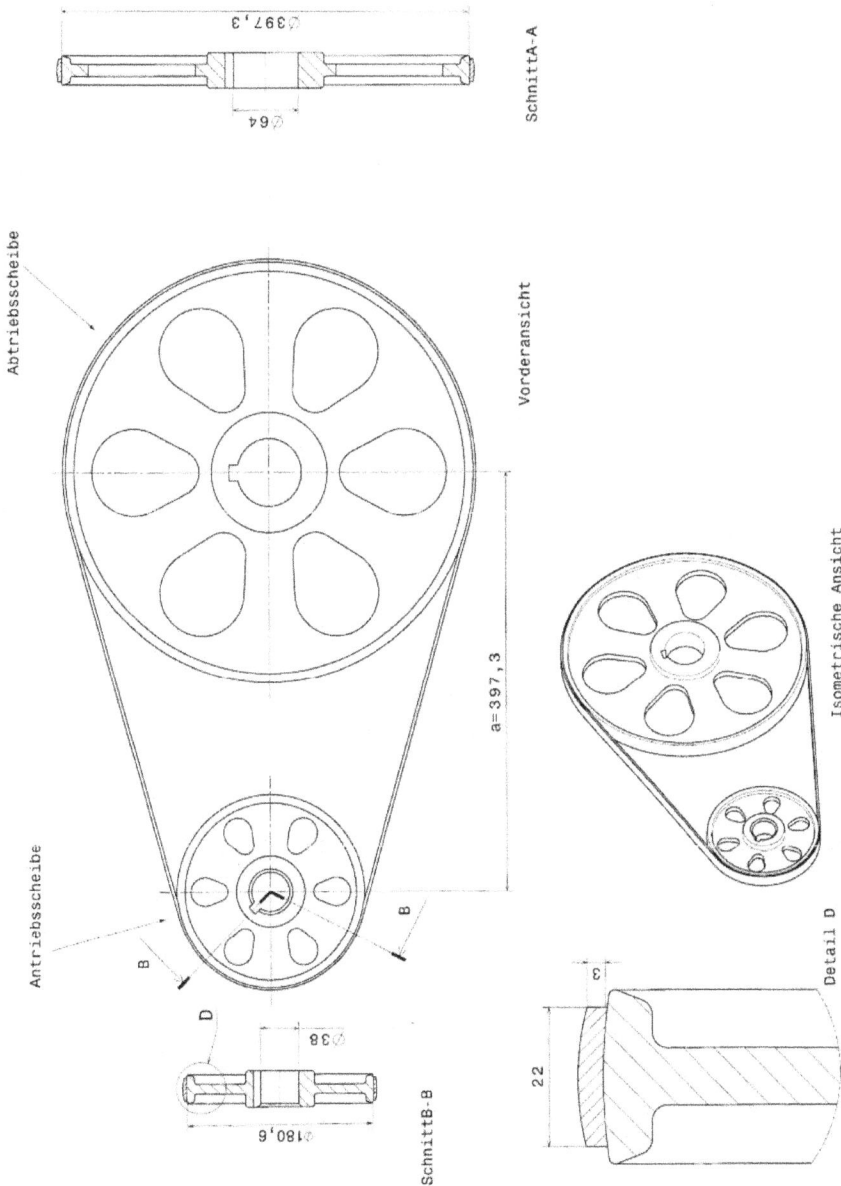

Übertragbare Leistung

Welche Leistung kann maximal übertragen werden? Berechnen Sie dazu zweckmäßigerweise zuvor die in der unten stehenden Tabelle aufgeführten Kenngrößen.

α	°		S_Z	N		U	N	
$e^{\mu\alpha}$	–		S_L	N		P	W	

Vorspannung

Der Riementrieb wird durch Vergrößerung des Achsabstands vorgespannt. Der statische Elastizitätsmodul des Riemenwerkstoffs beträgt $860\,\text{N/mm}^2$. Um welchen Betrag Δa muss der Achsabstand gegenüber der ungespannten Lage vergrößert werden? Berechnen Sie dazu zweckmäßigerweise zuvor die in der unten stehenden Tabelle aufgeführten Kenngrößen.

S_V	N		L_{Riemen}	mm		Δa	mm	

A.7.14   Bandsäge

Eine Bandsäge für die Holzbearbeitung wird mit einer Schnittgeschwindigkeit von $30\,\text{m/s}$ betrieben. Der Antrieb erfolgt über die im Gestell gelagerte untere Rolle, deren Reibwert gegenüber dem Sägeband wegen der Belegung mit Kork oder Gummi mit 0,3 angenommen werden kann. Die Achse der oberen Rolle kann durch eine Linearführung parallel verschoben werden. Mit einem Handrad wird eine Feder vorgespannt, die auf die Achse eine nach oben gerichtete Kraft von $220\,\text{N}$ ausübt. Der Abtrieb erfolgt hier über den Sägeprozess selber. Dieser Vorgang braucht hier nicht analytisch erfasst zu werden. Die in der Höhe einstellbare Bandführung oberhalb des Schnittes und die fest installierte Bandführung unterhalb des Tisches haben keinen Einfluss auf die wirkenden Kräfte. Der Durchmesser der beiden Rollen beträgt $700\,\text{mm}$, die Abmessungen des Sägebandes ergeben sich aus der Detaildarstellung oben rechts.

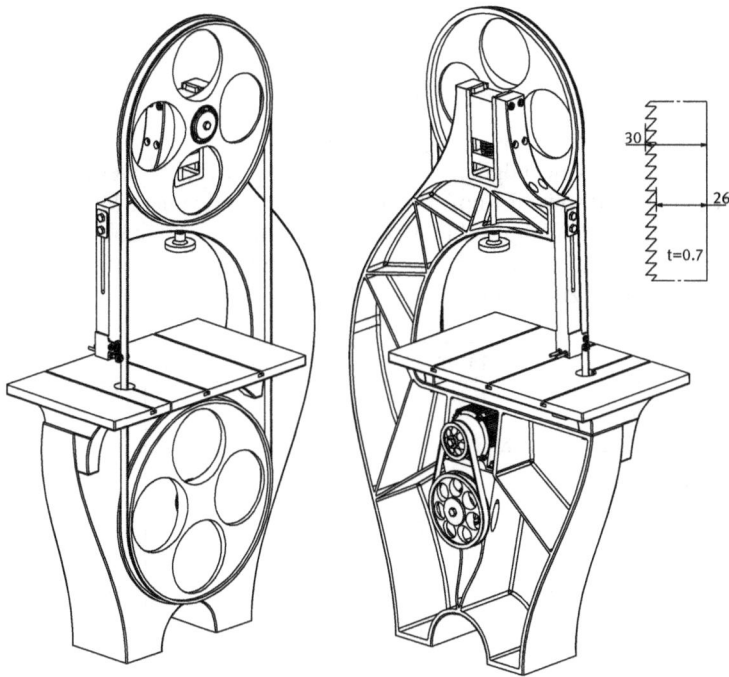

Wie groß ist die Leertrumkraft?	S_L	N	
Wie groß kann die Zugtrumkraft werden?	S_Z	N	
Welches Moment ergibt sich an der Antriebsrolle?	M	Nm	
Welche Winkelgeschwindigkeit liegt an der Antriebsrolle vor?	ω	s^{-1}	
Welche Leistung muss der Antriebsmotor aufweisen?	P	W	
Mit welcher Zugspannung wird dann das Sägeband belastet?	σ_Z	N/mm^2	

Zahnradgetriebe

A.7.15   Überdeckungsgrad Evolventenverzahnung

Mit einem Zahnradpaar soll bei einem möglichst genau einzuhaltenden Achsabstand von 200 mm ein Übersetzungsverhältnis von möglichst genau 1 : 2,5 verwirklicht werden. Der Eingriffswinkel beträgt $\alpha = 20°$ und sowohl Kopf- als auch Fußhöhe sollen dem Modul entsprechen ($h_a = h_f = m$). Die Fußausrundung soll in diesem ersten Beispiel nicht berücksichtigt werden. Für die Module m = 1 mm, 2 mm, 4 mm und 6 mm sind die unten aufgeführten geometrischen Daten der Verzahnung zu ermitteln.

			m = 1 mm	m = 2 mm	m = 4 mm	m = 6 mm
Zähnezahl des antreibenden Rades	z_1	–				
Zähnezahl des angetriebenen Rades	z_2	–				
tatsächliches Übersetzungsverhältnis	i_{tats}	–				
prozentuale Abweichung vom vorgegebenen Übersetzungsverhältnis	Δi	%				
Wälzkreisdurchmesser des antreibenden Rades	d_{w1}	mm				
Wälzkreisdurchmesser des angetriebenen Rades	d_{w2}	mm				
tatsächlicher Achsabstand	a_{tats}	mm				
Grundkreisdurchmesser des antreibenden Rades	d_{b1}	mm				
Grundkreisdurchmesser des angetriebenen Rades	d_{b2}	mm				
Kopfkreisdurchmesser des antreibenden Rades	d_{a1}	mm				
Kopfkreisdurchmesser des angetriebenen Rades	d_{a2}	mm				
Fußkreisdurchmesser des antreibenden Rades	d_{f1}	mm				
Fußkreisdurchmesser des angetriebenen Rades	d_{f2}	mm				
Teilung	p	mm				
Überdeckungsgrad	ε_α	–				

A.7.16   Beanspruchung von Zahnfuß und Zahnflanke

Die Festigkeit eines Zahnradpaares mit normgerechter Evolventenverzahnung soll untersucht werden.

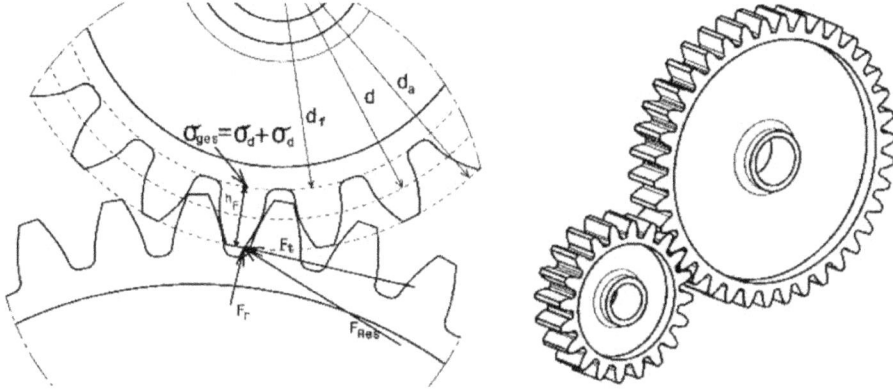

Die Zähnezahlen betragen $z_1 = 20$ und $z_2 = 38$ Zähne, der Modul $m = 3\,mm$ und die Zahnradbreite $b = 18\,mm$. Bei einer Ritzeldrehzahl von $n_1 = 1.480\,min^{-1}$ soll eine Leistung von $26\,kW$ übertragen werden. Es kann angenommen werden, dass das Produkt der Faktoren $Y_F \cdot Y_\beta \cdot Y_S \cdot K_A \cdot K_V \cdot K_{F\beta} \cdot K_{F\alpha} = 4,4$ ist.

Wie groß wird die Spannung im Zahnfuß?	N/mm^2	
Welche Zahnflankenpressung entsteht bei dieser Belastung?	N/mm^2	

A.7.17 Übertragbare Leistung Zahnradpaarung

Eine Zahnradpaarung mit normgerechter Evolventenverzahnung soll einen Achsabstand von 84 mm und ein Übersetzungsverhältnis von i = 3,2 aufweisen, wobei von diesen Werten im Rahmen der Rundung der Zähnezahlen geringfügig abgewichen werden darf. Das Verhältnis Zahnbreite zu Modul soll b/m = 25 betragen.

Die Antriebsdrehzahl beträgt $2.800\,min^{-1}$. Es kann angenommen werden, dass das Produkt der Faktoren $Y_F \cdot Y_\beta \cdot Y_S \cdot K_A \cdot K_V \cdot K_{F\beta} \cdot K_{F\alpha} = 4{,}4$ beträgt. Es kann eine Zahnfußspannung von $380\,N/mm^2$ zugelassen werden.

Berechnen Sie die übertragbare Leistung für die unten aufgeführten verwendeten Module.

Modul	m	mm	1,25	1,50	2,00	2,50
Zähnezahl	z_1	–				
Zähnezahl	z_2	–				
Wälzkreisdurchmesser	d_1	mm				
Wälzkreisdurchmesser	d_2	mm				
tatsächlicher Achsabstand	a_{tats}	mm				
Zahnbreite	b	mm				
zulässige Tangentialkraft	F_t	N				
Antriebsmoment	M_1	Nm				
Leistung	P	kW				

A.7.18   Erforderliche Zahnbreite

Mit einem Zahnradpaar mit normgerechter, nicht profilverschobener Verzahnung soll bei einem möglichst genau einzuhaltenden Achsabstand von 132 mm ein Übersetzungsverhältnis von möglichst genau 3,8 verwirklicht werden. Die Antriebsdrehzahl beträgt $n_1 = 2.200\,\text{min}^{-1}$. Es stehen die Module m = 2,5 mm, 3 mm, 4 mm und 5 mm zur Auswahl. Prüfen Sie zunächst, ob die Verzahnung ohne Unterschnitt zu verwirklichen ist. Für die Module, bei denen diese Gefahr nicht besteht, ermitteln Sie die minimale Zahnbreite b, wenn die unten aufgeführten Leistungen übertragen werden sollen. Es kann eine Zahnfußspannung von $\sigma_{FP} = 420\,\text{N/mm}^2$ zugelassen werden und das Produkt der Faktoren $Y_F \cdot Y_\beta \cdot Y_S \cdot K_A \cdot K_V \cdot K_{F\beta} \cdot K_{F\alpha}$ mit 4,4 angenommen werden.

			m = 2,5 mm	m = 3 mm	m = 4 mm	m = 5 mm
Zähnezahl antreibendes Rad	z_1	–				
Zähnezahl angetriebenes Rad	z_2	–				
Unterschnitt?			◯ Ja ◯ Nein	◯ Ja ◯ Nein	◯ Ja ◯ Nein	◯ Ja ◯ Nein
tats. Übersetzungsverhältnis	i_{tats}	–				
relative Abweichung vom geforderten Übersetzungsverhältnis	Δi	%				
Wälzkreisdurchmesser antreibendes Rad	d_{w1}	mm				
Wälzkreisdurchmesser angetriebenes Rad	d_{w2}	mm				
tatsächlicher Achsabstand	a_{tats}	mm				
Abweichung vom geforderten Achsabstand	Δa	mm				
Teilung	p	mm				
min. Zahnbreite bei 20 kW	b	mm				
min. Zahnbreite bei 30 kW	b	mm				

A.7.19   Zweistufiges Zahnradgetriebe

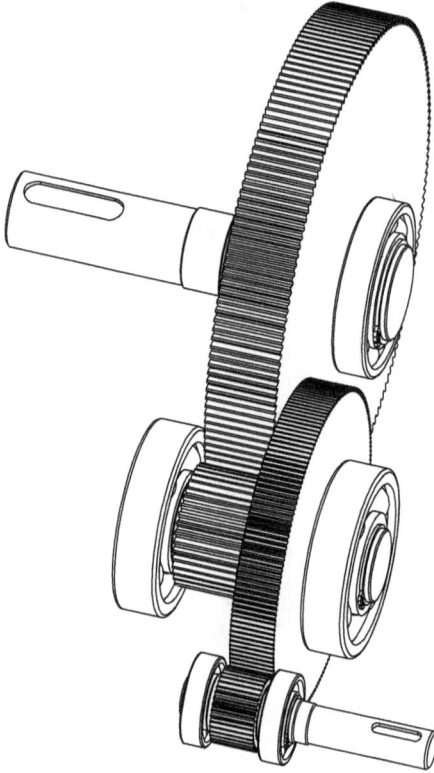

Ein zweistufiges Zahnradgetriebe soll eine Leistung von $50\,\text{kW}$ von einer Eingangsdrehzahl von $3.000\,\text{min}^{-1}$ auf eine Ausgangsdrehzahl von $150\,\text{min}^{-1}$ reduzieren. Das Gesamtübersetzungsverhältnis ist auf zwei gleiche Einzelübersetzungsverhältnisse aufzuteilen. Die Verzahnung ist mit dem normgerechten Eingriffswinkel von $20°$ auszuführen, die Mindestzähnezahl soll 17 betragen und es sind die unten aufgeführten Module zu verwenden. Es kann angenommen werden, dass das Produkt der Faktoren $Y_F \cdot Y_\beta \cdot Y_S \cdot K_A \cdot K_V \cdot K_{F\beta} \cdot K_{F\alpha} = 4{,}4$ beträgt.

- Berechnen Sie zunächst die beiden Einzelübersetzungsverhältnisse und die Zähnezahlen der Großräder!
- Ermitteln Sie die Geometrie der Verzahnung für beide Stufen: Wälzkreise, Grundkreise, Achsabstände, Kopfkreise, Überdeckungsgrade.
- Wie hoch ist die Zahnfußspannung in beiden Stufen?

			Eingangsstufe		Endstufe	
			Ritzel Antriebswelle	Großrad Zwischenwelle	Ritzel Zwischenwelle	Großrad Abtriebswelle
Modul	m	mm	2,5		4	
Übersetzungsverhältnis	i	–				
Zähnezahl	z	–	17		17	
Teilung	p	mm				
Wälzkreisdurchmesser	d	mm				
Grundkreisdurchmesser	d_b	mm				
Achsabstand	a	mm				
Kopfkreisdurchmesser	d_a	mm				
Überdeckungsgrad	ε_α	–				
Tangentialkraft	F_t	N				
Zahnfußspannung	σ_F	N/mm^2				

A.7.20   Getriebe mit zwei Übersetzungsverhältnissen

Das nachfolgend skizzierte Getriebe besteht aus einer links oben angeordneten Antriebswelle und einer Abtriebswelle rechts unten, die jeweils über zwei Wälzlager verfügen. An der Antriebswelle wird eine Leistung von 6 kW bei einer Drehzahl von $1.480 \, \mathrm{min}^{-1}$ eingeleitet.

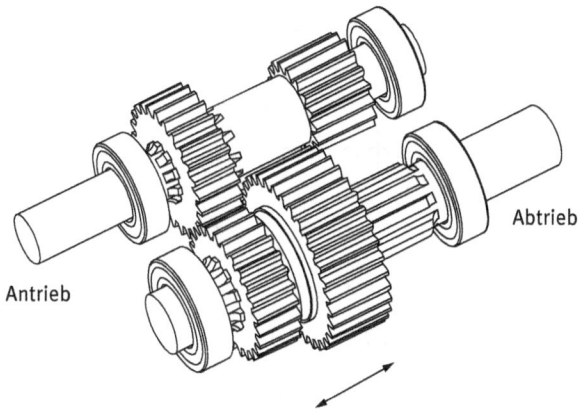

Abtrieb

Antrieb

In der dargestellten Stellung ist das linke Zahnradpaar im Eingriff und das Getriebe überträgt 1 : 1. Werden die beiden Zahnräder auf der Abtriebswelle gemeinsam auf ihrer längsverschiebbaren Welle-Nabe-Verbindung nach rechts verschoben, so wird das linke Zahnradpaar außer Eingriff gesetzt und das rechte Zahnradpaar kommt in Eingriff, welches dann 1 : 2 übersetzt. Beide Zahnradpaare sollen mit dem Modul m = 1,5 mm ausgeführt werden. Das kleinste Rad hat 17 Zähne. Sämtliche Zahnräder werden ohne Profilverschiebung ausgeführt.

Geometrie der Verzahnung

Die kleinste (also kritische) Zähnezahl tritt beim Ritzel des Zahnradpaares 1 : 2 auf. Bestimmen Sie für dieses Zahnradpaar die in unten stehendem Schema aufgeführten geometrischen Kenngrößen der Verzahnung.

Übersetzung 1 : 2			Rad 1	Rad 2
Zähnezahl	z	–		
Teilung	p	mm		
Wälzkreisdurchmesser	d	mm		
Grundkreisdurchmesser	d_b	mm		
Achsabstand	a	mm		

Beim Übersetzungsverhältnis 1 : 1 muss konstruktionsbedingt der zuvor ermittelte Achsabstand beibehalten werden. Es kann in Kauf genommen werden, dass das dabei ausgeführte Übersetzungsverhältnis nicht genau 1 : 1 beträgt. Bestimmen Sie auch für dieses Zahnradpaar die in unten stehendem Schema aufgeführten geometrischen Kenngrößen der Verzahnung.

Übersetzung 1 : 1			Rad 1	Rad 2
Zähnezahl	z	–		
Teilung	p	mm		
Wälzkreisdurchmesser	d	mm		
Grundkreisdurchmesser	d_b	mm		
Achsabstand	a	mm		

Zahnbreite

Es kann eine Zahnfußspannung von $420\,\mathrm{N/mm^2}$ zugelassen werden und es kann angenommen werden, dass das Produkt der Faktoren $Y_F \cdot Y_\beta \cdot Y_S \cdot K_A \cdot K_V \cdot K_{F\beta} \cdot K_{F\alpha} = 4{,}4$ beträgt.

a) Wie breit muss das Zahnradpaar werden, welches 1 : 2 übersetzt?
b) Wie breit muss das Zahnradpaar werden, welches 1 : 1 übersetzt?

			1 : 1	1 : 2
minimale Zahnbreite	b	mm		

Lösungsanhang

Dieser Anhang fasst die Lösungen der zuvor gestellten Übungsaufgaben zusammen, wobei hier lediglich die in den Aufgabenstellungen aufgeführten Lösungsschemata mit den endgültigen Zahlenwerten ausgefüllt werden. Die ausführlichen Lösungen mit allen Rechenansätzen, Zwischenergebnissen, weiteren Erläuterungen und Hinweisen auf die Gleichungen und Tabellen des Vorlesungsstoffes sind weiterhin unter folgender Internetadresse abrufbar:

www.degruyter.com/view/title/575172.

A.0.1   Schiefe Ebene

Wie groß ist die Gewichtskraft?	F_G	N	1.177
Wie groß ist die Normalkraft, mit der die Walze senkrecht auf die schiefe Ebene drückt?	F_N	N	1.106
Wie groß ist die Hangabtriebskraft?	F_H	N	403

A.0.2   Gleichgewicht mit drei Seilkräften

m_1	kg	8,45	m_2	kg	10,0

A.0.3   Öse an der Decke

Wie groß ist …		$h = 100\,mm$	$h = 200\,mm$
… die Längskraft in der Öse?	N	645	645
… die Querkraft in der Öse?	N	37,9	37,9
… das Biegemoment an der Einspannstelle der Öse?	Nm	3,79	7,58

A.0.4   Steg

x	mm	0	1.775	3.550	5.325
$F_{\text{Gelenk Ufer}}$	N	784,8	392,4	0	392,4
$F_{\text{Gelenk Stütze}}$	N	0	392,4	784,8	1.177,2

https://doi.org/10.1515/9783110692143-009

A.0.5   Spannungs-Dehnungs-Diagramm

Zugkraft	kN	5	10	20
Zugspannung	N/mm^2	139	278	556
ε_{elast}	10^{-3}	0,65	1,30	2,50
ε_{plast}	10^{-3}	0	0	10,50
ΔL_{elast}	mm	0,097	0,195	0,375
ΔL_{plast}	mm	0	0	1,575

$E\ [N/mm^2]$	ca. 214.000

Wie groß ist die maximale Kraft F_{max}, die diese Werkstoffprobe aufnehmen kann, wenn	
eine plastische Verformung ausgeschlossen werden soll?	eine plastische Verformung zugelassen wird?
$F_{maxelast}\ [N]$ 12.600	$F_{maxplast}\ [N]$ 25.200

A.0.6   Werkstoffvergleich im Spannungs-Dehnungs-Diagramm

Ordnen Sie die Werkstoffe nach ...	C 45	S 235	GG 20	Keramik	Glas
... dem Elastizitätsmodul!	2/3	2/3	4	1	5
... der Steifigkeit!	2/3	2/3	4	1	5
... der Streckgrenze!	2	3	4	1	5
... der Bruchlast!	2	3	4	1	5
... der maximalen elastischen Dehnung!	3	4	2	5	1
... der maximalen plastischen Dehnung!	2	1	3	4/5	4/5

A.0.7   Zugspannung homogener Werkstoffe

Eine runde, stabförmige Probe mit 10 mm Durchmesser wird aus E335 (früher St60) gefertigt. Mit welcher Kraft darf sie in Längsrichtung maximal belastet werden, wenn eine plastische Verformung in jedem Fall ausgeschlossen werden soll?	F	N	25.918
Eine quadratische, stabförmige Probe mit 12 mm Kantenlänge besteht aus dem Werkstoff 42CrMo4 und wird mit einer Kraft von 60 kN in Längsrichtung belastet. Wie groß ist die Sicherheit?	S	–	1,84

A.0.8   Seilaufhängung

			Seil 1	Seil 2	Seil 3	Seil 4	Seil 5
Werkstoff			Stahl	Kupfer	Alu	Kupfer	Stahl
zul. Spannung	σ_{zul}	N/mm^2	700	300	200	300	700
Elastizitätsmodul	E	$10^5 N/mm^2$	2,1	1,25	0,72	1,25	2,1
Querschnittsfläche	A	mm^2	10	20	30	20	10
relative Verformung	ε	10^{-3}	2,400	2,400	2,400	2,400	2,400
tatsächliche Spannung	σ_{tats}	N/mm^2	501	300	173	300	501
absolute Verformung	ΔL	mm	4,800	4,800	4,800	4,800	4,800
Seilkraft	S	N	5.040	6.000	5.184	6.000	5.040
Gesamtbelastung	G	N	27.270				

A.0.9   Flaschenzug

Wie groß ist die Gewichtskraft?	G	N	12.262
Wie groß ist die Seilkraft, die vom Bediener am freien Seilende aufgebracht werden muss, um das System im Gleichgewicht zu halten?	F	N	3.066
Wie groß ist die Kraft, mit der der Flaschenzug die Decke belastet?	D	N	15.328

			Stahl	Alu
	σ_{zul}	N/mm^2	300	200
	E	N/mm^2	$2,1 \cdot 10^5$	$0,7 \cdot 10^5$
Wie groß muss der metallische Querschnitt im Seil sein, wenn die zulässige Spannung vollständig ausgenutzt werden soll?	A	mm^2	10,220	15.330
Das Seil wird mit dem minimal möglichen Querschnitt ausgeführt. Wie groß ist die relative elastische Dehnung, die das Seil bei Aufbringung dieser Last erfährt?	ε	10^{-3}	1,429	2,857
Diese Längenänderung soll durch den Bediener am freien Seilende durch zusätzliches Einziehen des Seils ausgeglichen werden. Wie groß ist dieser Seileinzug, wenn sich die Last auf Bodenniveau befindet?	ΔL Last unten	mm	85,7	171,4
Wie groß ist dieser zusätzliche Seileinzug, wenn sich die Last auf halber Höhe befindet, der Bediener aber nach wie vor auf dem Boden steht?	ΔL Last halbe Höhe	mm	51,4	102,9
Wie groß ist dieser zusätzliche Seileinzug, wenn sich die Last in höchstmöglicher Stellung befindet?	ΔL Last oben	mm	17,1	34,3

A.0.10   U-Profil nach Norm

Wie groß ist die größte auftretende Biegespannung?	σ_b	$\frac{N}{mm^2}$	244
Wie groß ist die Sicherheit bezüglich dieser Biegespannung, wenn der Werkstoff S335 (früher St52-3, Werkstoff-Nr. 1.0570) verwendet wird?	S	–	1,41

A.0.11   I-Profil nach Norm

			Kraftangriffsrichtung	
			a	b
Wie groß ist das größte auftretende Biegemoment?	M_{bmax}	Nm	6.285	6.285
Wie groß ist die größte auftretende Biegespannung?	σ_b	$\frac{N}{mm^2}$	115	848
Wie groß ist die Sicherheit bezüglich dieser Biegespannung?	S	–	2,35	0,32
Hält das Bauteil dieser Belastung stand?			⊗ Ja ◯ Nein	◯ Ja ⊗ Nein

A.0.12   Hubvorrichtung mit starrem Ausleger

Das größte Biegemoment tritt an der Verbindungsstelle des waagerechten mit dem linken senkrechten Balken auf.

Berechnen Sie das größte Biegemoment!	M_{bmax}	Nm	18.840
Die zulässige Biegespannung beträgt $\sigma_{bzul} = 150\,N/mm^2$. Welches minimale Widerstandsmoment ist erforderlich, um die Belastung aufzunehmen?	W_{axmin}	$10^3\,mm^3$	125,6
Wählen Sie durch Ankreuzen ein genormtes, „hochkant" angeordnetes I-Profil aus, welches das vorliegende Biegemoment aufnehmen kann.	entweder DIN 1025 T1 ◯ I 160 ⊗ I 180 ◯ I 200		oder DIN 1025 T2 ◯ I 100 ⊗ I 120 ◯ I 140

A.0.13   Hubvorrichtung mit höhenverstellbarem Ausleger

In welcher Stellung φ erfährt der Ausleger seine höchste Biegebeanspruchung?	φ	°	0
Wie groß ist in dieser Stellung das größte auf den Ausleger wirkende Biegemoment?	M_{bmax}	Nm	21.582
Welches Widerstandsmoment müssen dann beide U-Träger gemeinsam mindestens aufweisen?	W_{axmin}	mm³	359.700
Welcher normgerechte U-Stahl (Kurzzeichen) muss dann verwendet werden?	–	–	U 200

A.0.14   Rollenlaufbahn

Welche Stellung der Katze x ist für die Belastung des horizontalen Trägers (Pos. 1) kritisch? Geben Sie x in Funktion der noch nicht berechneten Länge a an.	$x = f_{(a)}$	–	$\dfrac{a}{2}$
Wie weit dürfen die Befestigungspunkte des horizontalen Trägers (Pos. 1) für einen Laufbahnabschnitt a_{max} maximal auseinanderliegen?	a_{max}	mm	5.710

A.0.15   Widerstandsmomente nach Grundmustertabelle, Rechteckquerschnitt

			Voll-querschnitt	mitteldicke Wandstärke	mitteldünne Wandstärke	dünne Wandstärke
quer	I_{axy}	mm⁴	104.167	281.662	327.132	1.885.417
	W_{axy}	mm³	8.333	14.261	16.357	50.278
	σ_b	N/mm²	1.200	701	611	199
Quadrat	I_{axy}	mm⁴	333.293	444.185	866.667	3.341.667
	W_{axy}	mm³	14.906	18.393	28.889	63.651
	σ_b	N/mm²	671	544	346	157
hochkant	I_{axy}	mm⁴	1.066.667	540.047	771.606	4.797.917
	W_{axy}	mm³	26.667	19.638	24.527	71.080
	σ_b	N/mm²	375	509	408	141

A.0.16   Lochzange für Leder

	Lochdurchmesser	mm	2,0	2,5	3,0	3,5	4,0
a	Stanzkraft	N	226	283	339	396	452
b	Handkraft	N	47	59	70	82	94

A.0.17   Kreuzförmiger Schraubschlüssel

Welches **Torsions**moment kann maximal in Verlängerung der Schraubenachse auftreten?	Nm	520
Wie groß ist das Torsionswiderstandsmoment des auf Torsion belasteten Abschnitts?	mm^3	3.068
Wie hoch ist die maximale Torsionsspannung?	N/mm^2	169,5
Wie groß ist das **Biege**moment an der festigkeitsmäßig kritischen Stelle des querstehenden Hebelarmes?	Nm	210
Wie groß ist das axiale Widerstandsmoment an dieser Stelle?	mm^3	1.534
Wie groß ist die maximale Biegespannung?	N/mm^2	136,9
An welcher Stelle wird der Schraubschlüssel bei Überlast versagen, wenn bedacht wird, dass bei den hier verwendeten Werkstoffen die zulässige Schubspannung in aller Regel geringer ist als die zulässige Biegespannung?	$\otimes$ in der Verlängerung der Schraubenachse $\bigcirc$ am Querhebel	

A.0.18   Widerstandsmomente nach Grundmustertabelle, Kreisquerschnitt

			Vollquerschnitt	dickwandiges Rohr	dünnwandiges Rohr
Biegung	W_{ax}	mm^3	12.614	16.911	50.370
	σ_b	N/mm^2	793	591	199
Torsion	W_t	mm^3	25.227	33.822	100.739
	τ_t	N/mm^2	396	296	99

A.1.1 Transporteinrichtung mit Laufkatze

⊗ Das obere und untere Ende des Trägers erfahren die gleiche Belastung.

		für x = 0	für x = 200 mm	für x = 400 mm
σ_Z	N/mm²	12,1	12,1	12,1
σ_b	N/mm²	0	69,8	139,7
σ_{ges}	N/mm²	12,1	81,9	151,8

x_{max}	mm	309

A.1.2 Kran mit I-Trägern

L [N] = 76.062	σ_{ZD} [N/mm²] = 7,1
Q [N] = 59.149	τ_Q [N/mm²] = 5,5
M_b [Nm] = 185.728	σ_b [N/mm²] = 210,1
	σ_v [N/mm²] = 217,4

A.1.3 Bohrrohr für Erdbohrungen

		einwandiges Rohr	doppelwandiges Rohr		
M_t	kNm	360	585	kNm	M_t
F_D	kN	300	490	kN	F_D
D	mm	368	600	mm	D_a
d	mm	333	576	mm	d_a
			536	mm	D_i
			520	mm	d_i
A	mm²	$19,27 \cdot 10^3$	$35,44 \cdot 10^3$	mm²	A
W_{pol}	mm³	$3,224 \cdot 10^6$	$9,473 \cdot 10^6$	mm³	W_{pol}
σ_D	N/mm²	15,57	13,83	N/mm²	σ_D
τ_t	N/mm²	111,7	61,75	N/mm²	τ_t
σ_V	N/mm²	194,1	107,9	N/mm²	σ_V

A.1.4   Steinschleuder

Mit welcher Gesamtkraft kann der abzuschießende Körper maximal nach hinten gezogen werden, wenn im Gummizug eine Spannung von 30 N/mm² nicht überschritten werden darf?	N	259,2

Stelle	L N	Q N	M_b Nm	M_t Nm	σ_{ZD} $\frac{N}{mm^2}$	τ_Q $\frac{N}{mm^2}$	σ_b $\frac{N}{mm^2}$	τ_t $\frac{N}{mm^2}$	σ_V $\frac{N}{mm^2}$
1 Handgriff	0	259,2	22,55	0	0	0,83	28,71	0	28,74
2 Gabel	0	129,6	3,89	10,37	0	0,84	14,43	19,24	37,66

A.1.5   Wagenachse

b. $M_{bmax} = 135{,}5\,\mathrm{Nm}$ c. $d \geq 22{,}6\,\mathrm{mm}$ d. $d \geq 28{,}4\,\mathrm{mm}$

A.1.6   Belastung einer Achse in Abhängigkeit von der Lagerung

	statisch?	dynamisch?	M_{bzul} [Nm]	F_{zul} [N]
Variante 1	⊗	◯	78,54	785
Variante 2	◯	⊗	54,98	1.100
Variante 3	⊗	◯	78,54	1.570
Variante 4	◯	⊗	54,98	550

A.1.7   Belastung von Achsen und Wellen

a. Stillstehende Achse

L [N] = 0 Q [N] = 490,5 M_b [Nm] = 24,53 M_t [Nm] = 0	σ_{ZD} [N/mm²] = 0 τ_Q [N/mm²] = 1,6 σ_b [N/mm²] = 31,2 τ_t [N/mm²] = 0
	σ_v [N/mm²] = 31,3

b. Stillstehende Welle mit doppelarmigem Hebel

L [N] = 0 Q [N] = 0 M_b [Nm] = 0 M_t [Nm] = 49,0	σ_{ZD} [N/mm²] = 0 τ_Q [N/mm²] = 0 σ_b [N/mm²] = 0 τ_t [N/mm²] = 31,2
	σ_v [N/mm²] = 54,0

c. Stillstehende Welle mit einarmigem Hebel

L [N] $= 0$	σ_{ZD} [N/mm^2] $= 0$
Q [N] $= 490{,}5$	τ_Q [N/mm^2] $= 1{,}6$
M_b [Nm] $= 24{,}53$	σ_b [N/mm^2] $= 31{,}2$
M_t [Nm] $= 49{,}0$	τ_t [N/mm^2] $= 31{,}2$
	σ_v [N/mm^2] $= 64{,}8$

d. Drehende Welle mit einarmigem Hebel

	$\alpha = 0°$	$\alpha = 90°$	$\alpha = 180°$	$\alpha = 270°$
Q [N]	490,5	490,5	490,5	490,5
τ_Q [N/mm^2]	1,6	1,6	1,6	1,6
M_b [Nm]	24,53	24,53	24,53	24,53
σ_b [N/mm^2]	31,2	31,2	31,2	31,2
M_t [Nm]	49,0	0	49,0	0
τ_t [N/mm^2]	31,2	0	31,2	0
σ_V [N/mm^2]	64,8	31,3	64,8	31,3

e. Welle mit Zahnriemenscheibe

	statisch	dynamisch
L [N] $= 0$	σ_{ZDstat} [N/mm^2] $= 0$	σ_{ZDdyn} [N/mm^2] $= 0$
Q [N] $= 490{,}5$	τ_{Qstat} [N/mm^2] $= 0$	τ_{Qdyn} [N/mm^2] $= 1{,}6$
M_b [Nm] $= 24{,}53$	σ_{bstat} [N/mm^2] $= 0$	σ_{bdyn} [N/mm^2] $= 31{,}2$
M_t [Nm] $= 49{,}0$	τ_{tstat} [N/mm^2] $= 31{,}2$	τ_{tdyn} [N/mm^2] $= 0$
	σ_{vstat} [N/mm^2] $= 54{,}0$	σ_{vdyn} [N/mm^2] $= 31{,}3$

f. Senkrechte Achse mit einarmigem Hebel

	statisch	dynamisch
L [N] $= 490{,}5$	σ_{ZDstat} [N/mm^2] $= 1{,}6$	σ_{ZDdyn} [N/mm^2] $= 0$
Q [N] $= 548{,}3$	τ_{Qstat} [N/mm^2] $= 1{,}7$	τ_{Qdyn} [N/mm^2] $= 0$
M_b [Nm] $= 76{,}47$	σ_{bstat} [N/mm^2] $= 97{,}4$	σ_{bdyn} [N/mm^2] $= 0$
M_t [Nm] $= 0$	τ_{tstat} [N/mm^2] $= 0$	τ_{tdyn} [N/mm^2] $= 0$
	σ_{vstat} [N/mm^2] $= 99{,}0$	σ_{vdyn} [N/mm^2] $= 0$

A.1.8   Welle Kettentrieb

linkes Lager	statisch	dynamisch
L [N] $= 0$	σ_{ZDstat} [N/mm^2] $= 0$	σ_{ZDdyn} [N/mm^2] $= 0$
Q [N] $= 678,6$	τ_{Qstat} [N/mm^2] $= 0$	τ_{Qdyn} [N/mm^2] $= 2,2$
M$_b$ [Nm] $= 17,64$	σ_{bstat} [N/mm^2] $= 0$	σ_{bdyn} [N/mm^2] $= 22,5$
M$_t$ [Nm] $= 78,13$	τ_{tstat} [N/mm^2] $= 49,7$	τ_{tdyn} [N/mm^2] $= 0$
	σ_{vstat} [N/mm^2] $= 86,1$	σ_{vdyn} [N/mm^2] $= 22,8$

rechtes Lager	statisch	dynamisch
L [N] $= 0$	σ_{ZDstat} [N/mm^2] $= 0$	σ_{ZDdyn} [N/mm^2] $= 0$
Q [N] $= 2.035,7$	τ_{Qstat} [N/mm^2] $= 0$	τ_{Qdyn} [N/mm^2] $= 6,5$
M$_b$ [Nm] $= 52,93$	σ_{bstat} [N/mm^2] $= 0$	σ_{bdyn} [N/mm^2] $= 67,4$
M$_t$ [Nm] $= 78,13$	τ_{tstat} [N/mm^2] $= 49,7$	τ_{tdyn} [N/mm^2] $= 0$
	σ_{vstat} [N/mm^2] $= 86,1$	σ_{vdyn} [N/mm^2] $= 68,3$

A.1.9   Smith-Diagramm

Wie groß ist die Sicherheit gegenüber Dauerbruch für eine standardisierte Werkstoffprobe?	$\varnothing$ 10 mm $b_O = 1$ $\beta_k = 1$	$S_I = 4,00$ $S_{II} = 5,40$ $S_{III} = 3,00$
Wie groß sind die Sicherheiten, wenn eine Probe von 50 mm Durchmesser untersucht wird?	$\varnothing$ 50 mm $b_O = 1$ $\beta_k = 1$	$S_I = 3,20$ $S_{II} = 4,40$ $S_{III} = 2,41$
Wie groß sind die Sicherheiten, wenn eine Probe von 50 mm Durchmesser untersucht wird und wenn eine reale Oberfläche und eine Kerbwirkung angenommen werden?	$\varnothing$ 50 mm $b_O = 0,8$ $\beta_k = 2,5$	$S_I = 2,20$ $S_{II} = 1,40$ $S_{III} = 1,30$

A.1.10   Dauerfestigkeitsnachweis Kettenradwelle

	statisch	dynamisch
L [N] = 0	$\sigma_{ZDstat}\,[\text{N/mm}^2] = 0$	$\sigma_{ZDdyn}\,[\text{N/mm}^2] = 0$
Q [N] = 600	$\tau_{Qstat}\,[\text{N/mm}^2] = 0$	$\tau_{Qdyn}\,[\text{N/mm}^2] = 4,5$
M_b [Nm] = 9,00	$\sigma_{bstat}\,[\text{N/mm}^2] = 0$	$\sigma_{bdyn}\,[\text{N/mm}^2] = 41,7$
M_t [Nm] = 24,25	$\tau_{tstat}\,[\text{N/mm}^2] = 56,2$	$\tau_{tdyn}\,[\text{N/mm}^2] = 0$
	$\sigma_{vstat}\,[\text{N/mm}^2] = 97,4$	$\sigma_{vdyn}\,[\text{N/mm}^2] = 42,0$

σ_{bw}	250	σ_{bSch}	350	σ_{bS}	410
σ'_{bW}	245	σ'_{bSch}	343	σ'_{bS}	402
σ_{GbW}	136	σ'_{AK}	125	σ_{GAK}	70

Welche Sicherheit muss ermittelt werden?	◯ statische Belastung steigt, dynamische Belastung bleibt konstant ◯ statische Belastung bleibt konstant, dynamische Belastung steigt ⊗ statische und dynamische Belastung steigen

Wie groß ist die Sicherheit gegenüber Dauerbruch?	–	2,04
Welche maximale Leistung kann unter Beibehaltung der Drehzahl dauerfest übertragen werden?	W	932

A.1.11   Dauerfestigkeitsnachweis Getriebewelle Zahnrad – Reibrad

	statisch	dynamisch
L [N] = 0	$\sigma_{ZDstat}\,[\text{N/mm}^2] = 0$	$\sigma_{ZDdyn}\,[\text{N/mm}^2] = 0$
Q [N] = 2.899	$\tau_{Qstat}\,[\text{N/mm}^2] = 0$	$\tau_{Qdyn}\,[\text{N/mm}^2] = 4,8$
M_b [Nm] = 111,6	$\sigma_{bstat}\,[\text{N/mm}^2] = 0$	$\sigma_{bdyn}\,[\text{N/mm}^2] = 51,8$
M_t [Nm] = 119,4	$\tau_{tstat}\,[\text{N/mm}^2] = 27,7$	$\tau_{tdyn}\,[\text{N/mm}^2] = 0$
	$\sigma_{vstat}\,[\text{N/mm}^2] = 48,0$	$\sigma_{vdyn}\,[\text{N/mm}^2] = 52,4$

σ_{bw}	250	σ_{bSch}	350	σ_{bS}	410
σ'_{bW}	222	σ'_{bSch}	311	σ'_{bS}	365
σ_{GbW}	105	σ'_{AK}	118	σ_{GAK}	56

Welche Sicherheit muss ermittelt werden?	○ statische Belastung steigt, dynamische Belastung bleibt konstant ○ statische Belastung bleibt konstant, dynamische Belastung steigt ⊗ statische und dynamische Belastung steigen

Wie groß ist die Sicherheit gegenüber Dauerbruch?	–	1,67
Welche maximale Leistung kann unter Beibehaltung der Drehzahl dauerfest übertragen werden?	kW	16,7

A.1.12   Trommelwelle Haushaltswaschmaschine

Berechnen Sie das Biegemoment in [Nm], welches die Welle ... ... statisch belastet ... und dynamisch belastet.	700,5 24,7
Berechnen Sie die an dieser Stelle vorliegende ... statische Spannung in [N/mm^2] ... und dynamische Spannung in [N/mm^2]!	111,5 3,9
Wie groß ist die Sicherheit gegen Dauerbruch, wenn eine Überlastung durch ... das Einfüllen einer größeren Wäschemenge herbeigeführt wird? ... eine überhöhte Schleuderdrehzahl herbeigeführt wird?	3,64 3,80

A.2.1   Drei Schraubendruckfedern

$c_{\text{ges links}} = 4{,}364\,\text{N/mm}$ $c_{\text{ges rechts}} = 3{,}273\,\text{N/mm}$

A.2.2   Beidseitige Einspannung

	unverformte Federlänge	Steifigkeit einer einzelnen Feder	Steifigkeit des Gesamtsystems
Druckfeder	200 mm	10 N/mm	10 N/mm
Zug-/Druckfeder	200 mm	10 N/mm	20 N/mm
Druckfeder	220 mm	10 N/mm	20 N/mm

A.2.3   Gesamtsteifigkeit Schraubenzugfeder

a) 2 Federn parallel
b) 3 Federn parallel
c) 2 Federn hintereinander
d) 4 Federn hintereinander
e) Hintereinanderschaltung von zwei Anordnungen nach b)
f) Hintereinanderschaltung von drei Anordnungen nach a)

A.2.4   Drehstabfeder, Variation von Steifigkeit und Belastbarkeit

	b. gleiche Belastbarkeit doppelte Steifigkeit	a. Ausgangsfall	c. doppelte Belastbarkeit gleiche Steifigkeit
Federdurchmesser d [mm]	18	18	22,68
Federlänge L [mm]	141	282	710,84
Federsteifigkeit c_t [Nm]	5.116	2.558	2.558
Belastbarkeit M_{tmax} [Nm]	733	733	1.466
speicherbare Arbeit W_{max} [Nm]	52,5	105	420
Federmasse m [g]	281	562	2.251

A.2.5   Variation der Momenteneinleitungsstelle

	Fall A			Fall B			Fall C		
	linke Feder	rechte Feder	Gesamt-system	linke Feder	rechte Feder	Gesamt-system	linke Feder	rechte Feder	Gesamt-system
maximales Lastmoment M_{tmax} [Nm]	618	618	1.236	618	309	927	618	0	618
Torsions-steifigkeit c_T [Nm]	2.405	2.405	4.810	3.607	1.804	5.411	∞	1.202	∞
Verdrehwinkel φ_{max} [°] bei Maximallast	14,73	14,73	14,73	9,82	9,82	9,82	0	0	0

A.2.6   Drei rohrförmige Federn

	Zug-/Druckfeder	Drehstabfeder
Belastbarkeit	F_{max} [N] = 146.838	M_{tmax} [Nm] = 1.054,1
Steifigkeit inneres Rohr	c_i [N/μm] = 250,7	c_{ti} [Nm] = 7.730
Steifigkeit mittleres Rohr	c_m [N/μm] = 356,2	c_{tm} [Nm] = 21.909
Steifigkeit äußeres Rohr	c_a [N/μm] = 461,8	c_{ta} [Nm] = 48.040
Gesamtsteifigkeit	c_{ges} [N/μm] = 111,6	c_{tges} [Nm] = 5.107
max. speicherbare Arbeit	W_{max} [Nm] = 96,6	W_{max} [Nm] = 108,8

A.2.7   Drehstabfeder und rohrförmige Feder

			Drehstabfeder	Rohrfeder	Gesamtsystem
zul. Schubspannung	τ_{zul}	N/mm^2	720	580	——————
Belastbarkeit	M_{tmax}	Nm	477,1	384,4	384,4
Steifigkeit	c_t	Nm	1.739,5	4.070	1.219
speicherbare Arbeit	W_{max}	Nm	65,43	18,15	60,63

A.2.8   Schraubenzugfeder

Welche maximale Zugkraft kann in die Feder eingeleitet werden?	F_{max}	N	9,362
Wie groß ist die Steifigkeit dieser Feder?	c	N/mm	0,121
Um welchen maximalen Federweg darf die Feder ausgelenkt werden?	f_{max}	mm	77,1
Wie groß ist die Arbeit, die maximal in dieser Feder gespeichert werden kann?	W_{max}	Nm	0,362

A.2.9   Schraubenzugfeder unter Volllast und Teillast

		Aufgabenteil a	Aufgabenteil b	Aufgabenteil c	Aufgabenteil d
		Volllast	Teillast mit	Teillast mit	Teillast mit
F	N	266,6	**200**	147,6	243,0
f	mm	18,1	13,6	**10**	16,5
W	Nm	2,408	1,355	0,738	**2,000**

A.2.10   Federwaage

		a	b	c
τ_{zul}	K	d	i_W	m
N/mm^2	–	mm	–	g
300	1,173	2,516	17,5	42,9
400	1,155	2,274	11,7	23,4
500	1,142	2,104	8,57	14,7
600	1,133	1,974	6,64	10,0
700	1,126	1,871	5,36	7,26

A.2.11   Schraubenzugfeder, Variation von Steifigkeit und Belastbarkeit

	gleiche Belastbarkeit doppelte Steifigkeit		Ausgangs-fall	doppelte Belastbarkeit gleiche Steifigkeit	
	c.	b.	a.	d.	e.
Federdurchmesser d [mm]	1,2	1,2	1,2	1,2	1,6
Windungsdurch-messer D_m [mm]	15	15	15	6,5	15
Anzahl federnde Windungen i_w	6	6	12	147,5	37,9
Federsteifigkeit c [N/mm]	0,896	0,896	0,448	0,448	0,448
Federbelastbarkeit F_{max} [N]	24,54	24,54	24,54	49,08	49,08
speicherbare Arbeit W_{max} [Nm]	0,336	0,336	0,672	2,688	2,688
Federmasse m [g]	2,5	2,5	5,0	26,7	28,2

A.2.12   Vier schraubenförmig gewendelte Zug-/Druckfedern

Wie groß ist die Belastbarkeit dieser einzelnen Feder?	$F_{maxeinzeln}$	N	236,7
Wie groß ist die Steifigkeit dieser einzelnen Feder?	$c_{einzeln}$	N/mm	4,557
Welcher Federweg stellt sich bei maximaler Belastung ein?	$f_{maxeinzeln}$	mm	51,94

		A	B	C	D	E
c_{ges}	N/mm	∞	6,076	4,557	6,076	∞
f_{1max}	mm	0	51,94	51,94	17,31	0
f_{2max}	mm	0	17,31	51,94	17,31	0
f_{3max}	mm	0	17,31	51,94	17,31	0
f_{4max}	mm	0	17,31	51,94	51,94	0
F_{gesmax}	N	∞	315,5	473,4	315,6	∞

A.2.13   Zugstabfeder und schraubenförmig gewendelte Zugfeder

Zugstabfeder		schraubenförmig gewendelte Feder	
Wie groß muss der Stabdurchmesser d [mm] mindestens sein?	4,26	Wie groß muss der Drahtdurchmesser d [mm] mindestens sein, wenn ein Windungsverhältnis $D_m/d = 10$ ausgeführt wird?	24,52
Welche Länge L [mm] muss die Feder dann aufweisen?	150.000	Wie viele federnde Windungen muss die Feder dann aufweisen?	12,57
Wie groß ist die Federmasse [kg]?	16,76	Wie groß ist die Federmasse [kg]?	35,86

A.2.14   Leiterprüfung

Wie groß ist das Widerstandsmoment eines einzelnen Leiterholms im Bereich der Querbohrung, die die Leitersprosse aufnimmt?	mm^3	7.681
Wie groß ist das maximale Biegemoment, welches in der Leiter durch die Prüflast hervorgerufen wird?	Nm	604,3
Wie groß ist die maximale Biegespannung, die sich bei der Prüfbelastung in den Leiterholmen einstellt, wenn angenommen wird, dass die Leiter im Bereich der Querbohrungen in ihrer Festigkeit gefährdet ist?	$\frac{N}{mm^2}$	39,4
Wie groß ist das Flächenmoment eines einzelnen Leiterholms im ungeschwächten Querschnitt?	mm^4	224.590
Wie groß ist die Durchbiegung der Leiter an der Stelle der Lasteinleitung, wenn vereinfachend angenommen werden kann, dass die Leiterholme im Wesentlichen aus ungeschwächtem Querschnitt bestehen?	mm	96,7

A.2.15   Zimmermannssäge

Mit welchem maximalen Biegemoment können die senkrechten Schenkel belastet werden, wenn deren Werkstofffestigkeit vollständig ausgenutzt werden soll?	Nm	235,2
Welche maximale Zugkraft kann daraufhin in das Sägeblatt eingeleitet werden?	N	1.176
Welche Druckkraft erfährt dabei der mittlere Druckstab?	N	2.353

		Federweg einzeln am Objekt	dadurch bedingter Verstellweg an der Flügelmutter
Sägeblatt	μm	426	426
Gewindespindel	μm	88	88
Druckstab	μm	153	306
„halber" seitlicher Schenkel als Modellfall des „einseitig eingespannten Biegebalkens"	μm	4.978	19.911
Summe	μm	——————	20.731

Bei jeder Umdrehung der Flügelmutter wird ein Axialweg von 1,25 mm Axialweg zurückgelegt. Wie viele Umdrehungen müssen dann an der Flügelmutter von der ersten Festkörperberührung bis zum endgültigen Vorspannungszustand ausgeführt werden?	–	16,58

A.3.1   Lastverteilung Nietverbindung

		A	B	C	D	E	F
F_{Niet1}	N	10.000	10.000	14.140	10.000	10.000	30.000
F_{Niet2}	N	10.000	10.000	14.140	10.000	10.000	10.000

Wie groß ist die maximale Schubspannung im Niet?	τ_Q	N/mm^2	96
Wie groß ist der maximal auftretende Lochleibungsdruck (Berechnung wie ein kaltgeschlagener Niet)?	p_L	N/mm^2	100

A.3.2   Genietete Rohr-Muffe-Verbindung

Wie groß ist die längsbedingte Kraft auf den einzelnen Niet?	F_q	N	1.500
Wie groß ist die momentenbedingte Kraft auf den einzelnen Niet?	F_m	N	2.174
Wie groß ist die gesamte auf den einzelnen Niet wirkende Kraft?	F_{Niet}	N	2.641
Welche Schubspannung wirkt in den Nieten?	τ	N/mm^2	79,6
Welcher Lochleibungsdruck entsteht zwischen Niet und Muffe?	p_{NM}	N/mm^2	58,0
Welcher Lochleibungsdruck entsteht zwischen Niet und Rohr?	p_{NR}	N/mm^2	67,7

Die Nietverbindung wird gewaltsam durch eine höhere Längskraft überlastet. Kreuzen Sie an, welcher Schadensfall eintritt.		Verbindungsstelle Niet-Muffe versagt
	x	Niet schert ab
		Verbindungsstelle Niet-Rohr versagt
Die Nietverbindung wird gewaltsam durch ein höheres Moment überlastet. Kreuzen Sie an, welcher Schadensfall eintritt.		Verbindungsstelle Niet-Muffe versagt
	x	Niet schert ab
		Verbindungsstelle Niet-Rohr versagt

A.3.3   Achshalter Güterwaggon

Wie groß ist die Kraft, die einen einzelnen Niet maximal belasten kann?	F_{Niet}	N	8.882
Wie groß ist die maximale Schubspannung im Niet?	τ_Q	N/mm^2	28,2
Wie groß ist der maximal auftretende Lochleibungsdruck (Berechnung wie ein kaltgeschlagener Niet)?	p_L	N/mm^2	37,0

A.3.4   Verbindungslasche I-Träger

linke Verbindung		rechte Verbindung	
$F_q = 450$ $F_{qx} = -450$ $F_{qy} = 0$	$F_q = 450$ $F_{qx} = -450$ $F_{qy} = 0$	$F_q = 450$ $F_{qx} = 450$ $F_{qy} = 0$	
$F_m = 1.090$ $F_{mx} = 771$ $F_{my} = 771$	$F_m = 1.090$ $F_{mx} = 771$ $F_{my} = -771$	$F_m = 1.541$ $F_{mx} = -1.541$ $F_{my} = 0$	
$F_{Niet} = 835$	$F_{Niet} = 835$	$F_{Niet} = 1.091$	
		$F_q = 450$ $F_{qx} = 450$ $F_{qy} = 0$	$F_q = 450$ $F_{qx} = 450$ $F_{qy} = 0$
		$F_m = 1.541$ $F_{mx} = 0$ $F_{my} = -1.541$	$F_m = 1.541$ $F_{mx} = 0$ $F_{my} = 1.541$
		$F_{Niet} = 1.605$	$F_{Niet} = 1.605$
$F_q = 450$ $F_{qx} = -450$ $F_{qy} = 0$	$F_q = 450$ $F_{qx} = -450$ $F_{qy} = 0$	$F_q = 450$ $F_{qx} = 450$ $F_{qy} = 0$	
$F_m = 1.090$ $F_{mx} = -771$ $F_{my} = 771$	$F_m = 1.090$ $F_{mx} = -771$ $F_{my} = -771$	$F_m = 1.541$ $F_{mx} = 1.541$ $F_{my} = 0$	
$F_{Niet} = 1.444$	$F_{Niet} = 1.444$	$F_{Niet} = 1.991$	

d_{min} für linke Verbindung: 3,2 mm	d_{min} für rechte Verbindung: 4,2 mm

A.3.5   Lastverteilung auf zwei Nietgruppen

Nietgruppe I:

		Niet 1:	Niet 2:	Niet 3:	Niet 4:
F_{qx}	N	0	0	0	0
F_{qy}	N	−662	−662	−662	−662
F_{mx}	N	2.575	2.573	2.573	2.575
F_{my}	N	7.727	2.573	−2.573	−7.727
F_{Niet}	N	7.960	3.205	4.133	8.377
		Niet 5:	Niet 6:	Niet 7:	Niet 8:
F_{qx}	N	0	0	0	0
F_{qy}	N	−662	−662	−662	−662
F_{mx}	N	−2.575	−2.573	−2.573	−2.575
F_{my}	N	7.727	2.573	−2.573	−7.727
F_{Niet}	N	7.960	3.205	4.133	8.377

Nietgruppe II:

		Niet 1:				Niet 4:
F_{qx}	N	0	F_{qx}	N	0
F_{qy}	N	−883	F_{qy}	N	−883
F_{mx}	N	10.852	F_{mx}	N	−2.170
F_{my}	N	0	F_{my}	N	0
F_{Niet}	N	10.888	F_{Niet}	N	2.343
		Niet 2:				Niet 5:
F_{qx}	N	0	F_{qx}	N	0
F_{qy}	N	−883	F_{qy}	N	−883
F_{mx}	N	6.511	F_{mx}	N	−6.511
F_{my}	N	0	F_{my}	N	0
F_{Niet}	N	6.571	F_{Niet}	N	6.571
		Niet 3:				Niet 6:
F_{qx}	N	0	F_{qx}	N	0
F_{qy}	N	−883	F_{qy}	N	−883
F_{mx}	N	2.170	F_{mx}	N	−10.852
F_{my}	N	0	F_{my}	N	0
F_{Niet}	N	2.343	F_{Niet}	N	10.888

A.3.6   Verlötete Rohrverbindung

Ermitteln Sie das übertragbare Torsionsmoment, wenn die Rohre nur stirnseitig mit der Verbindungsmuffe verlötet werden.	M_t	Nm	414,2
Ermitteln Sie das übertragbare Torsionsmoment, wenn die Rohre nur an der Mantelfläche mit der Muffe verlötet werden.	M_t	Nm	1.413,7
Ermitteln Sie das übertragbare Torsionsmoment, wenn die Rohre sowohl stirnseitig als auch an der Mantelfläche mit der Muffe verlötet werden.	M_t	Nm	1.728,9
Ermitteln Sie die übertragbare Axialkraft F_L, wenn die Rohre nur an der Mantelfläche mit der Muffe verlötet werden.	F_L	N	56.549
Ermitteln Sie den maximal möglichen Rohrinnendruck p_i, wobei sicherheitshalber angenommen wird, dass die Rohre nur an der Mantelfläche mit der Muffe verlötet werden.	p_i	bar	1.152

A.3.7   Fahrradmuffe

	F_{max} [N]	M_{tmax} [Nm]
Muffe	38.485	374
Lötverbindung	79.577	1.353

A.3.8   Aufgeklebte Lasche

... $\alpha = 0°$ angreift?	F_{max}	N	18.000
... $\alpha = 90°$ angreift?	F_{max}	N	2.579

A.4.1   Winkelgesteuertes Anziehen

		M8	M10	M12
c_S	N/μm	96,1	152,2	221,3
M_{Gewanz}	Nm	12,64	15,67	18,70
$M_{Gewlös}$	Nm	5,34	6,91	8,47
M_{KR}	Nm	11,88	15,12	17,28
M_{gesanz}	Nm	24,52	30,79	35,98
$M_{geslös}$	Nm	17,22	22,03	25,75
f_{SV}	μm	187	118	81
f_{ZV}	μm	28	28	28
α	°	62	35	22
σ_Z	N/mm^2	492	310	213
τ_t	N/mm^2	202	126	86
σ_V	N/mm^2	604	379	260

A.4.2   Verschraubung stromführender Leiterbahnen

	Aufgabenteil a	Aufgabenteil b	Aufgabenteil c
Zwischenlage	20 °C	140 °C	140 °C
Schraube	20 °C	20 °C	140 °C
σ_Z [N/mm^2] =	594	594 + 211 = 805	594 + 66 = 660
τ_t [N/mm^2] =	241	241	241
σ_V [N/mm^2] =	726	906	781

A.4.3   Wellenflansch mit einem Teilkreis

Lochleibungsdruck	p_L	N/mm^2	5,6
Querkraftschub	τ_Q	N/mm^2	7,5

Mit welcher Vorspannkraft muss jede einzelne der Schrauben angezogen werden?	F_V	N	16.576
Wie groß ist das Gewindemoment?	M_{Gew}	Nm	14,4
Wie groß ist das Kopfreibungsmoment?	M_{KR}	Nm	11,5
Wie groß ist das Schraubenanzugsmoment M_{anz}?	M_{anz}	Nm	25,9
Welche Zugspannung σ_Z liegt vor?	σ_Z	N/mm^2	286
Wie groß ist der Torsionsschub?	τ_t	N/mm^2	116
Welche Vergleichsspannung ergibt sich?	σ_V	N/mm^2	348

A.4.4 Wellenflansch mit drei Teilkreisen

			innerer Lochkreis	mittlerer Lochkreis	äußerer Lochkreis	gesamt
a	M_{tWelle}	Nm	58	259	461	778
b	F_{Vmin}	N	6.000	9.000	12.000	
c	M_{Gew}	Nm	3,21	4,81	6,42	
d	σ_Z	N/mm^2	299	448	597	
	τ_t	N/mm^2	126	189	252	
	σ_V	N/mm^2	370	555	740	
	Schraubengüte		6.8	8.8	10.9	
e	M_{anz}	Nm	6,42	9,62	12,84	

A.4.5 Betriebskraft im Verspannungsschaubild

	F_{Smax} [kN]	F_{RK} [kN]	Δf_B [μm]
zeichnerisch	140	60	10
rechnerisch	140	60	10

A.4.6 Druckbehälter

Berechnen Sie die Steifigkeit der Schraube!	c_S	N/μm	687
Wie groß ist die Betriebskraft für jede einzelne Schraube?	F_{BL}	N	33.960
Welche Restklemmkraft übt die einzelne Schraube aus?	F_{RK}	N	8.490
Welche maximale Kraft erfährt die einzelne Schraube?	F_{Smax}	N	42.450
Mit welcher Kraft muss jede Schraube vorgespannt werden?	F_V	N	32.960
Welches Moment ist im Gewinde aufzubringen?	M_{Gew}	Nm	28,47
Welches Kopfreibungsmoment wird wirksam?	M_{KR}	Nm	27,45
Mit welchem Moment muss die Schraube angezogen werden?	M_{anz}	Nm	55,92
Wie groß ist die Zugspannung in der Schraube?	σ_Z	N/mm^2	732
Welche Torsionsspannung entsteht im Gewinde?	τ_t	N/mm^2	229
Welche Vergleichsspannung belastet die Schraube?	σ_V	N/mm^2	833
Ist die Festigkeit der Schraube ausreichend?			⊗ ja ◯ nein

A.4.7 Rohrleitungsflansch

Welches Moment wird im Gewinde wirksam?	M_{Gew}	Nm	6
Welches Kopfreibungsmoment tritt auf?	M_{KR}	Nm	6
Mit welcher Kraft wird jede Schraube vorgespannt?	F_V	N	7.231
Wie groß ist die Betriebskraft für jede einzelne Schraube?	F_{BL}	N	4.339
Welche Restklemmkraft übt die einzelne Schraube aus?	F_{RK}	N	4.339
Welche maximale Kraft erfährt die einzelne Schraube?	F_{Smax}	N	8.667
Welcher maximale Druck darf in der Rohrleitung wirksam werden?	p_{max}	bar	44,2
Wie groß ist die Zugspannung in der Schraube?	σ_Z	N/mm^2	237,1
Welche Torsionsspannung entsteht im Gewinde?	τ_t	N/mm^2	96,0
Welche Vergleichsspannung belastet die Schraube?	σ_V	N/mm^2	289,6
Welche Schraubengüte ist erforderlich?		3.6 – 4.6 – **5.6** – 5.8 – 6.8 – 8.8 – 10.9 – 12.9	

A.4.8 Druckbehälter statisch und dynamisch belastet

		Variante A statischer Druck 18 bar	Variante A dynamischer Druck zwischen 0 und 18 bar pulsierend	Variante B dynamischer Druck zwischen 0 und 18 bar pulsierend	Variante C dynamischer Druck zwischen 0 und 18 bar pulsierend
c_Z	N/μm	1.200	1.200	1.200	1.200
c_S bzw. c_{SH}	N/μm	990	990	687	438
F_{BL}	N	14.255	14.255	14.255	14.255
F_{RK}	N	28.510	28.510	28.510	28.510
F_V	N	36.321	36.321	37.575	38.935
F_{Smax}	N	42.765	42.765	42.765	42.765
F_{Smin}	N	42.765	36.321	37.575	38.953
F_{Sstat}	N	42.765	39.543	40.170	40.859
F_{Sdyn}	N	0	3.222	2.595	1.906
σ_{Zstat}	N/mm^2	507	469	693	485
σ_{Zdyn}	N/mm^2	0	38	45	23

A.4.9   Amboss

a	Skizzieren Sie das Verspannungsschaubild. Kennzeichnen und berechnen Sie		
	die Betriebskraft F_{BL},	kN	105
	die Restklemmkraft F_{RK},	kN	105
	die Vorspannkraft F_V,	kN	140
	die maximale Schraubenkraft F_{Smax}	kN	140
	und die minimale Schraubenkraft F_{Smin}!	kN	105
b.	Wie groß ist die in der Schraube wirkende statische Kraft F_{Sstat}	kN	122,5
	und die dynamische Kraft F_{Sdyn}?	kN	17,5
c.	Berechnen Sie das Gewindemoment M_{Gew},	Nm	360
	das Kopfreibungsmoment M_{KR}	Nm	314
	und das Anzugsmoment M_{anz}!	Nm	701
d.	Wie groß ist die statische Vergleichsspannung σ_{Vstat}	N/mm^2	275
	und die dynamische Vergleichsspannung σ_{Vdyn} der Schraube?	N/mm^2	31

A.4.10   Pufferbefestigungsschraube

die Betriebskraft	F_{BL}	N	87.500
die minimale Schraubenkraft	F_{Smin}	N	140.000
die Schraubensteifigkeit	c_S	N/μm	906,2
die Ersatzfläche für die Zwischenlagensteifigkeit	A_{ers}	mm^2	1.261
die Zwischenlagensteifigkeit	c_Z	N/μm	2.037
die Vorspannkraft	F_V	N	166.900
die maximale Schraubenkraft	F_{Smax}	N	166.900
das Gewindemoment beim Anziehen	M_{Gewanz}	Nm	429,4
das Kopfreibungsmoment	M_{KR}	Nm	494,4
das Schraubenanzugsmoment	M_{anz}	Nm	923,8
die statische Schraubenkraft	F_{Sstat}	N	153.450
die dynamische Schraubenkraft	F_{Sdyn}	N	13.450
die statische Vergleichsspannung in der Schraube	σ_{Vstat}	N/mm^2	337,7
die dynamische Vergleichsspannung in der Schraube	σ_{Vdyn}	N/mm^2	24,0

A.4.11   Verschraubung mit Titanhülse

c_{Schaft}	$c_{Gewinde}$	c_{Kopf}	c_{Mutter}	$c_{Hülse}$	$c_{PlatteSt}$	$c_{PlatteAl}$
4.222	634	5.278	5.278	783	5.059	2.526

c_S	c_Z	Φ
265	3.370	0,073

A.5.1   Bolzen

	F_{max} [N], wenn die Lasche schwenkt	F_{max} [N], wenn sich die Lasche dreht
aufgrund der Biegung von Stift/Bolzen	6.773	3.079
aufgrund des Querkraftschubes im Stift/Bolzen	43.103	21.551
aufgrund der Pressung in der Gleitbuchse	5.824	5.824
insgesamt übertragbar	5.824	3.079

	Lasche schwenkt			Lasche dreht sich		
	F_{max} wird größer	F_{max} bleibt gleich	F_{max} wird kleiner	F_{max} wird größer	F_{max} bleibt gleich	F_{max} wird kleiner
Durchmesser von Stift/Bolzen wird geringfügig vergrößert	X			X		
Länge der Gleitbuchse wird geringfügig vergrößert	X					X
Distanzhülse wird geringfügig verlängert		X				X

A.5.2   Kranlaufrad

	F_{max} [N]
aufgrund der Biegung des Bolzens	52.050
aufgrund des Querkraftschubes im Bolzen	70.686
aufgrund der Pressung der Gleitbuchse	32.400
aufgrund der Pressung des Festsitzes	19.200
insgesamt übertragbar	19.200

	F_{max} wird größer	F_{max} bleibt gleich	F_{max} wird kleiner
Der Durchmesser des Bolzens wird geringfügig vergrößert		X	
Die Gleitbuchse wird zu beiden Seiten hin geringfügig verlängert		X	
Der Festsitz des Bolzens wird zu beiden Seiten hin verlängert	X		
Die zulässige Flächenpressung am Festsitz wird erhöht	X		
Die zulässige Flächenpressung am Gleitsitz wird erhöht		X	
Die beiden Gleitlagerbuchsen werden näher zusammen gerückt		X	

A.5.3   Belastbarkeit und Gebrauchsdauer Wälzlager

	F_{rmax} [N]
nicht umläuft, sondern Schwenkbewegungen ausführt	33.200–16.600
langsam umläuft und an die Laufruhe keine besonderen Ansprüche gestellt werden	16.600–11.067
langsam umläuft und an die Laufruhe hohe Ansprüche gestellt werden	11.067–6.640

	$F_r = 1.000\,N$	$F_r = 2.000\,N$	$F_r = 4.000\,N$
$n = 1.000\,min^{-1}$	159.933 h = 18,5 Jahre	19.983 h = 2,28 Jahre	2.500 h = 104 Tage
$n = 2.000\,min^{-1}$	79.967 h = 9,25 Jahre	9.992 h = 1,14 Jahre	1.250 h = 52 Tage
$n = 4.000\,min^{-1}$	39.983 h = 4,635 Jahre	4.996 h = 208 Tage	625 h = 26 Tage

A.5.4   Schubkarrenrad

Wie groß ist die Radlast?	N	1.839
Ermitteln Sie die Lagerlast!	N	920

statisch belastet	f_s	–	1,01
dynamisch belastet	L_{10}	–	6,09
	Anzahl Überrollungen	–	6.090.000
	Fahrstrecke	km	7.596

A.5.5   Motorradvorderradlagerung

Wie groß ist die Kraft, die auf ein einzelnes Lager wirkt?	N	822
Wie groß ist der effektive Raddurchmesser auf der Lauffläche des Reifens?	mm	596,9
Wie viele Umdrehungen erfährt das Lager im Laufe seiner Gebrauchsdauer?	–	$53,327 \cdot 10^6$
Wie groß ist der Lebensdauerkennwert L_{10}?	–	53,327
Welche dynamische Tragzahl ist erforderlich?	N	3.094

A.5.6   Seilscheibenlagerung

Wie groß ist die äquivalente Lagerlast für das einzelne Lager?	P [N]	12.000
Wie groß ist die Anzahl der Überrollungen pro Hubvorgang?		8,132
Wie groß ist die Anzahl der Überrollungen pro Jahr?		626.000
Wie groß ist der Lebensdauerkennwert L_{10}?		2,326
Wie viele Jahre wird das Lager der Belastung standhalten?	a [–]	3,7

A.5.7   Fahrstuhl

Welche Tragzahl muss das Lager mindestens aufweisen, wenn bei täglich zweistündigem Betrieb eine Lebensdauer von 10 Jahren erreicht werden soll?	C	N	7.504

A.5.8   Schiffsdrucklager

		Normallast	Volllast
Zeitanteil	%	50	50
Drehzahl	min^{-1}	425	575
Leistung	kW	296	354
Axialschub	kN	79,92	95,58
mittlere Drehzahl n_m	min^{-1}	500	
mittlere Axialbelastung P_m	kN	89,69	
L_{10}	–	1.472	
L_h	h	49.050	

A.5.9   Seilscheibe Fördertechnik

Wie groß ist die **maximale** Kraft, die ein einzelnes Lager belastet?	N	403.500
Wie groß ist die **minimale** Kraft, die ein einzelnes Lager belastet?	N	311.375
Wie groß ist die **äquivalente** Lagerlast?	N	364.416
Wie viele Überrollungen erfährt das Lager, wenn eine Gebrauchsdauer von 50.000 Fördervorgängen gefordert wird?	–	1.010.508
Wie groß muss die dynamische Tragzahl des Lagers mindestens sein?	N	365

A.5.10   Hakenflasche

Welche Tragzahl muss das **Axial**lager mindestens aufweisen?	N	98.100
Wie groß ist die Maximallast auf ein einzelnes Seilrollenlager?	N	24.525
Wie groß ist die äquivalente Last auf ein einzelnes Seilrollenlager?	N	16.106
Wie viele Überrollungen erfährt das kritisch beanspruchte Seilrollenlager während seiner gesamten Gebrauchsdauer?	–	2.170.295
Welche Tragzahl muss jedes der Lager der Seilrollenlagerung aufweisen?	N	20.852

A.6.1 Vergleich formschlüssiger Welle-Nabe-Verbindungen

	Passfeder DIN 6885	Keilwelle DIN ISO 14 leichte Reihe	Keilwelle DIN ISO 14 mittlere Reihe	Keilwelle DIN 5464 schwere Reihe
M_{tmax} [Nm]	316,8	1.188	1.613	2.295

A.6.2 Miniflex

Welches Torsionsmoment ist zu übertragen?	M_t	Nmm	69,45
Welcher Hebelarm ist für die Momentenübertragung zwischen Werkzeug und Flansch maßgebend?	r_m	mm	2,23
Welche Axialkraft muss für die Momentenübertragung zwischen Werkzeug und Flansch aufgebracht werden?	F_{ax}	N	260,0
Welche Flächenpressung entsteht zwischen Werkzeug und Flansch?	p	N/mm^2	16,55
Welches Gewindemoment muss an der Schraube aufgebracht werden, um den Reibschluss des axialen Klemmverbandes sicherzustellen?	M_{Gew}	Nmm	69,49
Mit welchem Gesamtmoment muss angezogen werden?	M_{ges}	Nmm	139,07

A.6.3 Kreissägenblatt

Welches Torsionsmoment ist zu übertragen?	M_t	Nm	45,27
Welcher Hebelarm ist für die Momentenübertragung maßgebend?	r_m	mm	17,62
Welche Axialkraft muss durch die Schraube aufgebracht werden?	F_{ax}	N	32.117
Welche Flächenpressung entsteht zwischen Flansch und Sägeblatt?	p	N/mm^2	58,4
Welches Gewindemoment ist erforderlich?	M_{Gew}	Nm	27,96
Mit welchem Gesamtmoment muss angezogen werden?	M_{ges}	Nm	54,94
Wie hoch ist die Zugspannung in der Schraube?	σ_Z	N/mm^2	554
Wie hoch ist der Torsionsschub in der Schraube?	τ_t	N/mm^2	224
Welche Vergleichsspannung liegt in der Schraube vor?	σ_V	N/mm^2	676

| Das Anzugsmoment der Schraube kann in der Welle abgestützt werden. Ist es auch möglich, stattdessen nur das Sägeblatt zu blockieren? Begründen Sie Ihre Aussage durch Ankreuzen. | ⊗ Ja ◯ Nein | weil ◯ $M_{gesanz} < M_{WNV}$
weil ⊗ $M_{Gew} < M_{WNV}$
weil ◯ $M_{Kopfreibung} < M_{WNV}$
weil ◯ $M_{gesanz} \geq M_{WNV}$
weil ◯ $M_{Gew} \geq M_{WNV}$
weil ◯ $M_{Kopfreibung} \geq M_{WNV}$ |

A.6.4   Schalenkupplung

Welches maximale Moment kann übertragen werden, wenn die Verbindung nach der zulässigen Vorspannkraft der Schrauben dimensioniert wird?	M_{max}	Nm	668
Welche Flächenpressung tritt dann zwischen Welle und Nabe auf?	p	$\frac{N}{mm^2}$	23,1

	Ja	Nein
Verwendung von Schrauben höherer Festigkeit	X	
Verwendung einer Nabe höherer Festigkeit		X
Verwendung von Schrauben größeren Durchmessers	X	
Erhöhung der Schraubenanzahl	X	
Verwendung einer Welle höherer Festigkeit		X

A.6.5   Variation der Ansätze

a.

		Annahme „biegesteife Nabe"	Annahme „biegeweiche Nabe"
$p_{max} = p_{zul}$	N/mm²	**60**	**60**
M_t	Nm	1154	735
F_V	kN	49,0	38,4

b.

		Annahme „biegesteife Nabe"	Annahme „biegeweiche Nabe"
p_{max}	N/mm²	23,4	36,7
M_t	Nm	**450**	**450**
F_V	kN	19,1	23,5

c.

		Annahme „biegesteife Nabe"	Annahme „biegeweiche Nabe"
p_{max}	N/mm²	40,3	50,0
M_t	Nm	754	612
$F_V = F_{Vmax}$	kN	**32**	**32**

A.6.6   Erforderliche Pressung bei Torsions- und Längskraftbelastung

Welche Pressung ist erforderlich, wenn eine Axialkraft $F_{ax} = 10\,kN$ übertragen werden soll?	p	N/mm^2	21,8
Welche Pressung ist erforderlich, wenn ein Torsionsmoment $M_t = 500\,Nm$ übertragen werden soll?	p	N/mm^2	57,4
Welche Pressung ist erforderlich, wenn sowohl die o. a. Axialkraft F_{ax} als auch das Torsionsmoment M_t gleichzeitig übertragen werden soll?	p	N/mm^2	61,4

A.6.7   Erforderlicher Durchmesser bei Torsions- und Längskraftbelastung

Bestimmen Sie den erforderlichen Fügedurchmesser der Verbindung, wenn die Axialkraft so eingeleitet wird wie in der Skizze dargestellt.	d	mm	46,96
Bestimmen Sie den erforderlichen Fügedurchmesser für den Fall, dass die Axialkraft in umgekehrter Richtung eingeleitet wird. Hinweis: Die Berechnung vereinfacht sich, wenn Sie iterativ vorgehen.	d	mm	57

A.6.8   Kegelpressverband I

Wie groß ist der für die Dimensionierung entscheidende Durchmesser?	d_m	mm	49
Welches maximale Torsionsmoment ist übertragbar, wenn die Flächenpressung zwischen Welle und Nabe vollständig ausgenutzt wird?	M_{tmax}	Nm	905
Wie groß ist die axiale Kraft, die zur Montage der Verbindung aufgebracht werden muss?	F_{axanz}	N	46.153
Wie groß ist die axiale Kraft, die zum Lösen der Verbindung aufgebracht werden muss?	$F_{axlös}$	N	−27.714
Ist für den Lösevorgang eine irgendwie geartete Abziehvorrichtung erforderlich?			⊗ Ja ○ Nein
Wie groß ist das Schraubenmoment bei der Montage der Verbindung, wenn ein normgerechtes Gewinde M20 verwendet wird?	M_{anz}	Nm	135

A.6.9   Kegelpressverband II

Wie groß ist die Einpresskraft der Verbindung?	F_{axanz}	N	28.125
Wie groß ist die Lösekraft der Verbindung?	$F_{axlös}$	N	−16.875
Welche Flächenpressung tritt an der Trennfläche zwischen Nabe und Welle auf?	p	N/mm^2	59,7
Welches Gewindemoment ist erforderlich?	M_{Gew}	Nm	45,11
Mit welchem Gesamtmoment muss angezogen werden?	M_{ges}	Nm	81,2
Wie hoch ist die Zugspannung in der Schraube?	σ_Z	N/mm^2	179
Wie hoch ist der Torsionsschub in der Schraube?	τ_t	N/mm^2	82
Welche Vergleichsspannung liegt in der Schraube vor?	σ_V	N/mm^2	228

Das Schraubenmoment bei der Montage kann in jedem Fall durch Blockieren der Welle abgestützt werden. Montagetechnisch wäre es jedoch einfacher, das Schraubenmoment auch durch Festsetzen der Nabe abstützen. Ist dies möglich? Nur eine der folgenden Aussagen trifft zu.

○ Ja, weil das Anzugsmoment der Schraube kleiner ist als das Moment der Welle-Nabe-Verbindung
⊗ Ja, weil das Gewindemoment der Schraube kleiner ist als das Moment der Welle-Nabe-Verbindung
○ Ja, weil das Kopfreibungsmoment der Schraube kleiner ist als das Moment der Welle-Nabe-Verbindung
○ Nein, weil das Anzugsmoment der Schraube größer ist als das Moment der Welle-Nabe-Verbindung
○ Nein, weil das Gewindemoment der Schraube größer ist als das Moment der Welle-Nabe-Verbindung
○ Nein, weil das Kopfreibungsmoment der Schraube größer ist als das Moment der Welle-Nabe-Verbindung

A.6.10   Kegelpressverband, Gegenüberstellung der Festigkeitskriterien

		I	II	III
p	N/mm^2	**60**	58,9	66,9
M_{tmax}	Nm	285,0	**280**	317,8
F_{ax}	N	26.906	26.433	**30.000**

A.7.1 Gegenüberstellung formschlüssiges–reibschlüssiges Getriebe

	Reibschluss	Formschluss
Kurzzeitige Überlast kann ggf. durch Gleitschlupf schadlos aufgenommen werden	X	
Hohe radiale Belastung der Räder zur Sicherstellung der Momentenübertragung erforderlich	X	
Übersetzungsverhältnis nur in diskreten Stufen, nicht aber stufenlos möglich		X
Einfache Übertragungskinematik: Hebelarme des Übersetzungsverhältnisses als Radius der Räder konstruktiv vorhanden	X	
In gewissen Grenzen jedes beliebige Übersetzungsverhältnis realisierbar, je nach Bauart auch stufenlos	X	
Schlupfbehaftete, nicht exakt reproduzierbare, nicht exakt winkelgetreue Übertragung der Drehbewegung	X	
Komplizierte Übertragungskinematik: Die Hebelarme des Übersetzungsverhältnisses sind konstruktiv **nicht** vorhanden		X
Hohe Belastung von Wellen und Lager, aus diesem Grund raum- und gewichtsbeanspruchende Bauweise	X	
Reproduzierbare, winkelgetreue Übertragung der Drehbewegung, kein Schlupf		X

A.7.2 Reibradgetriebe Gummi-Stahl

	k_{zul} [N/mm^2]	$i = 100:200$ $d_0 = 66{,}7\,\text{mm}$	$i = 100:400$ $d_0 = 80{,}0\,\text{mm}$	$i = 100:800$ $d_0 = 88{,}9\,\text{mm}$
$n_{an} = 100\,\text{min}^{-1}$	0,480	$L = 15{,}6\,\text{mm}$	$L = 13{,}0\,\text{mm}$	$L = 11{,}7\,\text{mm}$
$n_{an} = 200\,\text{min}^{-1}$	0,464	$L = 16{,}2\,\text{mm}$	$L = 13{,}5\,\text{mm}$	$L = 12{,}1\,\text{mm}$
$n_{an} = 400\,\text{min}^{-1}$	0,276	$L = 27{,}2\,\text{mm}$	$L = 22{,}6\,\text{mm}$	$L = 20{,}4\,\text{mm}$

A.7.3   Wälzgetriebe mit Kettenabtrieb

Drehzahl Zwischenwelle	n_{ZW}	min^{-1}	900	1.800
Ersatzkrümmungsdurchmesser	d_0	mm	94,9	94,9
zulässige Wälzpressung	k_{zul}	N/mm^2	0,0766	0,0455
zulässige Normalkraft	F_N	N	261,7	155,6
übertragbare Umfangskraft	F_U	N	157,0	93,4
zulässiges Moment Zwischenwelle	M_{ZW}	Nm	19,23	11,4
übertragbare Leistung	P	W	1.813	2.156

A.7.4   Zweistufiges Wälzgetriebe Stahl-Gummi

			linke Stufe	rechte Stufe
Umfangsgeschwindigkeit	v	m/s	1,963	0,785
zulässige Wälzpressung	k_{zul}	N/mm^2	0,289	0,480
Ersatzkrümmungsdurchmesser	d_0	mm	60,6	73,0
zulässige Normalkraft	F_n	N	560,4	1.401,6
übertragbare Umfangskraft	F_t	N	392,3	981,1
zulässiges Moment Zwischenwelle	M_{ZW}	Nm	49,0	49,0
übertragbare Leistung	P	W	770,6	770,6

Das Getriebe ist perfekt abgestimmt: Die linke und die rechte Stufe können die gleiche maximale Leistung übertragen.

A.7.5   Reibradgetriebe mit Wälzlagerung

			Stahl-Stahl	Stahl-Gummi
Ersatzkrümmungsdurchmesser	d_0	mm	78,3	
Umfangsgeschwindigkeit	v	m/s	2,432	
zulässige Belastung	$\sigma_{Hz\,zul}$ bzw. k_{zul}	N/mm^2	650	0,246
zulässige Normalkraft	F_N	N	14.412	617,5
übertragbare Umfangskraft	F_U	N	432,4	432,4
zulässiges Antriebsmoment	M_1	Nm	24,21	24,21
übertragbare Leistung	P	kW	1,05	1,05
Kraftresultierende im Wälzkontakt	F_{res}	N	14.418	753,8

		Stahl-Stahl		Stahl-Gummi	
		Antriebs-welle	Abtriebs-welle	Antriebs-welle	Abtriebs-welle
Drehzahl	min^{-1}	414,7	178,2	414,7	178,2
Lagerbelastung bei Volllast F_{VL}	N	7.209		376,9	
Lagerbelastung bei Teillast F_{TL}	N	7.207		327,1	
mittlere Belastung P_m	N	7.207		338,3	
L_{10}	–	199,1	85,54	199,1	85,54
erforderliche Tragzahl	N	42.080	31.755	1.975	1.491

A.7.6 Reibradantrieb mit gewichtsbelasteter Wippe

		Antreiben im Gegenuhrzeigersinn	Bremsen im Uhrzeigersinn
F_U	N	258,8	30,77
F_N	N	431,4	51,29
k	N/mm^2	1,30	0,154
M_{an}	Nm	5,436	0,646
P	W	842	—

A.7.7 Treibscheibe Förderkorb

	a		b		c		d	
	mit Nutzlast	ohne Nutzlast	mit Nutzlast	ohne Nutzlast	mit Nutzlast	ohne Nutzlast	mit Nutzlast	ohne Nutzlast
S_Z/S_L	1,111	1,125	1,111	1,125	1,111	1,125	1,111	1,125
$e^{\mu\alpha}$	1,162		1,246		1,245		1,529	
Last über-tragbar?	⊗ Ja ○ Nein	○ Ja ⊗ Nein	⊗ Ja ○ Nein	⊗ Ja ○ Nein	⊗ Ja ○ Nein	⊗ Ja ○ Nein	⊗ Ja ○ Nein	⊗ Ja ○ Nein

A.7.8   Leertrumvorspannung, Übersetzung $1:1$

			a Belastbarkeit des Riementriebes voll ausgenutzt	b Antriebsmotor 20 kW, Vorspannkraft wie bei Volllast	c Antriebsmotor 20 kW, Vorspannkraft minimiert
			an der Rutschgrenze	**nicht** an der Rutschgrenze	an der Rutschgrenze
Zugtrumkraft	S_Z	N	4.000	1.999	1.203
Leertrumkraft	S_L	N	1.138	1.138	342
Umfangskraft	U	N	2.862	861	861
Moment	M	Nm	429	129	129
Leistung	P	kW	66,5	**20**	**20**

A.7.9   Zugtrumvorspannung

Wie groß ist die Zugtrumkraft, wenn der Riementrieb an der Rutschgrenze betrieben wird?	S_Z	N	1.717
Wie groß ist dann die Leertrumkraft?	S_L	N	448
Wie groß ist die Radialkraft auf die Antriebswelle?	F_{Welle}	N	1.917
Wie groß ist die Radialkraft auf die Abtriebswelle?	F_{Welle}	N	1.917
Wie groß muss die durch die Spannrolle in den Riemen eingeleitete Vorspannkraft sein?	$S_{V\,12\,kW}$	N	1.717
Wie breit muss der Riemen mindestens sein?	$b_{12\,kW}$	mm	31,8
Die Antriebsleistung wird unter Beibehaltung der Drehzahl auf 8 kW reduziert. Wie groß muss dann die in den Riemen eingeleitete Vorspannung sein?	$S_{V\,8\,kW}$	N	1.145
Wie breit muss der Riemen mindestens sein, wenn die Vorspannung entsprechend angepasst wird?	$b_{8\,kW}$	mm	21,2
Wie lang ist der Riemen?	L_{Riemen}	mm	1.626

A.7.10   Minimaler Scheibendurchmesser eines Riementriebes

		$\mu = 0{,}4$	$\mu = 0{,}5$	$\mu = 0{,}6$	$\mu = 0{,}7$
$e^{\mu\alpha}$	–	3,51	4,81	6,59	9,02
S_Z	N	324	324	324	324
S_L	N	92,3	67,4	49,2	35,9
U	N	232	257	275	288
d_{min}	mm	160	145	135	129

A.7.11   Riementrieb, kleinstmöglicher Achsabstand

S_Z	N	3.600	β	°	28,27	d_1	mm	225,5
S_L	N	1.365,3	α	°	123,45	d_2	mm	631,5
U	N	2.234,7	$e^{\mu\alpha}$	–	2,636	a	mm	428,5

A.7.12   Riementrieb, Variation von Vorspannung und Moment

$e^{\mu\alpha}$	7,706	S_{zul} [N]	1.680

	M = 77,7 Nm	M = 87,7 Nm	M = 97,7 Nm
$S_L = 48\,\text{N}$	**Rutschgrenze** ○ nicht ausgenutzt ○ genau ausgenutzt ⊗ überschritten **Festigkeitsgrenze** ⊗ nicht ausgenutzt ○ genau ausgenutzt ○ überschritten	**Rutschgrenze** ○ nicht ausgenutzt ○ genau ausgenutzt ⊗ überschritten **Festigkeitsgrenze** ⊗ nicht ausgenutzt ○ genau ausgenutzt ○ überschritten	**Rutschgrenze** ○ nicht ausgenutzt ○ genau ausgenutzt ⊗ überschritten **Festigkeitsgrenze** ⊗ nicht ausgenutzt ○ ausgenutzt ○ überschritten
$S_L = 218\,\text{N}$	**Rutschgrenze** ⊗ nicht ausgenutzt ○ genau ausgenutzt ○ überschritten **Festigkeitsgrenze** ⊗ nicht ausgenutzt ○ genau ausgenutzt ○ überschritten	**Rutschgrenze** ○ nicht ausgenutzt ⊗ genau ausgenutzt ○ überschritten **Festigkeitsgrenze** ○ nicht ausgenutzt ⊗ genau ausgenutzt ○ überschritten	**Rutschgrenze** ○ nicht ausgenutzt ○ genau ausgenutzt ⊗ überschritten **Festigkeitsgrenze** ○ nicht ausgenutzt ○ genau ausgenutzt ⊗ überschritten
$S_L = 388\,\text{N}$	**Rutschgrenze** ⊗ nicht ausgenutzt ○ ausgenutzt ○ überschritten **Festigkeitsgrenze** ○ nicht ausgenutzt ○ ausgenutzt ⊗ überschritten	**Rutschgrenze** ⊗ nicht ausgenutzt ○ ausgenutzt ○ überschritten **Festigkeitsgrenze** ○ nicht ausgenutzt ○ ausgenutzt ⊗ überschritten	**Rutschgrenze** ⊗ nicht ausgenutzt ○ ausgenutzt ○ überschritten **Festigkeitsgrenze** ○ nicht ausgenutzt ○ ausgenutzt ⊗ überschritten

A.7.13   Riemenvorspannung durch Ausnutzung der Riemenelastizität

α	°	148,35	S_Z	N	810	U	N	638,7
$e^{\mu\alpha}$	–	4,728	S_L	N	171,3	P	W	8.757

S_V	N	490,7	L_{Riemen}	mm	1.741	Δa	mm	11,4

A.7.14   Bandsäge

Wie groß ist die Leertrumkraft?	S_L	N	110
Wie groß kann die Zugtrumkraft werden?	S_Z	N	282
Welches Moment ergibt sich an der Antriebsrolle?	M	Nm	60,3
Welche Winkelgeschwindigkeit liegt an der Antriebsrolle vor?	ω	s^{-1}	85,71
Welche Leistung muss der Antriebsmotor aufweisen?	P	W	5.169
Mit welcher Zugspannung wird dann das Sägeband belastet?	σ_Z	N/mm^2	15,5

A.7.15 Überdeckungsgrad Evolventenverzahnung

			m = 1 mm	m = 2 mm	m = 4 mm	m = 6 mm
Zähnezahl des antreibenden Rades	z_1	–	114	57	29	19
Zähnezahl des angetriebenen Rades	z_2	–	286	143	71	48
tatsächliches Übersetzungsverhältnis	i_{tats}	–	2,509	2,509	2,448	2,526
prozentuale Abweichung vom vorgegebenen Übersetzungsverhältnis	Δi	%	0,351	0,351	2,07	1,05
Wälzkreisdurchmesser des antreibenden Rades	d_{w1}	mm	114	114	116	114
Wälzkreisdurchmesser des angetriebenen Rades	d_{w2}	mm	286	286	284	288
tatsächlicher Achsabstand	a_{tats}	mm	200	200	200	201
Grundkreisdurchmesser des antreibenden Rades	d_{b1}	mm	107,125	107,125	109,004	107,125
Grundkreisdurchmesser des angetriebenen Rades	d_{b2}	mm	268,752	268,752	266,873	270,631
Kopfkreisdurchmesser des antreibenden Rades	d_{a1}	mm	116	118	124	126
Kopfkreisdurchmesser des angetriebenen Rades	d_{a2}	mm	288	290	292	300
Fußkreisdurchmesser des antreibenden Rades	d_{f1}	mm	112	110	108	102
Fußkreisdurchmesser des angetriebenen Rades	d_{f2}	mm	284	282	276	276
Teilung	p	mm	3,1416	6,283	12,566	18,850
Überdeckungsgrad	ε_α	–	1,899	1,832	1,728	1,646

A.7.16   Beanspruchung von Zahnfuß und Zahnflanke

Wie groß wird die Spannung im Zahnfuß?	N/mm^2	456
Welche Zahnflankenpressung entsteht bei dieser Belastung?	N/mm^2	1.344

A.7.17   Übertragbare Leistung Zahnradpaarung

Modul	m	mm	1,25	1,50	2,00	2,50
Zähnezahl	z_1	–	32	27	20	16
Zähnezahl	z_2	–	102	86	64	51
Wälzkreisdurch-messer	d_1	mm	40,000	40,500	40,000	40,000
Wälzkreisdurch-messer	d_2	mm	127,500	129,000	128,000	127,500
tatsächlicher Achsabstand	a_{tats}	mm	83,75	84,75	84,000	83,75
Zahnbreite	b	mm	31,25	37,50	50,00	62,50
zulässige Tangentialkraft	F_t	N	3.374	4.858	8.636	13.494
Antriebsmoment	M_1	Nm	67,6	98,37	172,73	269,89
Leistung	P	kW	19,78	28,84	50,64	79,13

A.7.18   Erforderliche Zahnbreite

			m = 2,5 mm	m = 3 mm	m = 4 mm	m = 5 mm
Zähnezahl antreibendes Rad	z_1	–	22	18	14	11
Zähnezahl angetriebenes Rad	z_2	–	84	68	53	
Unterschnitt?			○ Ja ⊗ Nein	○ Ja ⊗ Nein	○ Ja ⊗ Nein	⊗ Ja ○ Nein
tats. Übersetzungsverhältnis	i_{tats}	–	3,818	3,778	3,786	
relative Abweichung vom geforderten Übersetzungsverhältnis	Δi	%	0,474	0,579	0,368	
Wälzkreisdurchmesser antreibendes Rad	d_{w1}	mm	55,000	54,000	56,000	
Wälzkreisdurchmesser angetriebenes Rad	d_{w2}	mm	210,000	204,000	212,000	
tatsächlicher Achsabstand	a_{tats}	mm	132,500	129,000	134,000	
Abweichung vom geforderten Achsabstand	Δa	mm	0,500	3,000	2,000	
Teilung	p	mm	7,854	9,425	12,566	
min. Zahnbreite bei 20 kW	b	mm	13,228	11,228	8,120	
min. Zahnbreite bei 30 kW	b	mm	19,843	16,842	12,180	

A.7.19   Zweistufiges Zahnradgetriebe

			Eingangsstufe		Endstufe	
			Ritzel Antriebs- welle	Großrad Zwischen- welle	Ritzel Zwischen- welle	Großrad Abtriebs- welle
Modul	m	mm	**2,5**		**4**	
Übersetzungsverhältnis	i	–	4,47		4,47	
Zähnezahl	z	–	**17**	76	**17**	76
Teilung	p	mm	7,854		12,566	
Wälzkreisdurchmesser	d	mm	42,500	190,000	68,000	304,000
Grundkreisdurchmesser	d_b	mm	39,937	178,542	63,899	285,667
Achsabstand	a	mm	116,250		186,000	
Kopfkreisdurchmesser	d_a	mm	47,500	195,000	76,000	312,000
Überdeckungsgrad	ε_α	–	1,667		1,667	
Tangentialkraft	F_t	N	7.498		20.921	
Zahnfußspannung	σ_F	N/mm^2	422		460	

A.7.20   Getriebe mit zwei Übersetzungsverhältnissen

Übersetzung ins Langsame			Rad 1	Rad 2
Zähnezahl	z	–	17	34
Teilung	p	mm	4,712	
Wälzkreisdurchmesser	d	mm	25,500	51,000
Grundkreisdurchmesser	d_b	mm	23,962	47,924
Achsabstand	a	mm	38,250	

Übersetzung 1 : 1			Rad 1	Rad 2
Zähnezahl	z	–	25	26
Teilung	p	mm	4,712	
Wälzkreisdurchmesser	d	mm	37,500	39,000
Grundkreisdurchmesser	d_b	mm	35,238	36,648
Achsabstand	a	mm	38,250	

			1 : 1	1 : 2
minimale Zahnbreite	b	mm	14,4	21,2

Index

https://doi.org/10.1515/9783110692143-010